高等学校"十二五"规划教材|基础课

大学文科数学

主　编　庞栓琴

副主编　郭　强　秦　雨

西安电子科技大学出版社

内容简介

本书根据高等学校大学文科数学教学大纲的基本要求编写而成.

全书分为四个部分：第一部分为微积分，内容包括函数、极限与连续、导数与微分、中值定理与导数的应用、不定积分和定积分；第二部分为线性代数，内容包括行列式、矩阵及其运算、线性方程组；第三部分为概率论与数理统计，内容包括随机事件及其概率、随机变量及其分布、随机变量的数字特征、数理统计基础和统计推断；第四部分为数学实验，内容包括MATLAB数学实验和用Excel软件解决数理统计问题.

全书例题丰富，除第四部分外，每章均配有一定数量的习题和自测题，书末附有习题和自测题参考答案，便于教师教学与学生自学.

本书可作为高等院校各个文科专业的教材及参考书，适当取舍内容后也可用于专科、高职各层次的经管类和文科专业等各类教学当中，亦可供自学者使用.

图书在版编目(CIP)数据

大学文科数学/庞栓琴主编. 一西安：西安电子科技大学出版社，2012.8
高等学校“十二五”规划教材
ISBN 978-7-5606-2840-0

Ⅰ.① 大… Ⅱ.① 庞… Ⅲ.① 高等数学—高等学校—教材 Ⅳ.① O13

中国版本图书馆 CIP 数据核字(2012)第 135051 号

策　　划　戚文艳
责任编辑　王　瑛　戚文艳
出版发行　西安电子科技大学出版社(西安市太白南路 2 号)
电　　话　(029)88242885　88201467　邮　　编　710071
网　　址　www.xduph.com　电子邮箱　xdupfxb001@163.com
经　　销　新华书店
印刷单位　陕西天意印务有限责任公司
版　　次　2012 年 8 月第 1 版　2012 年 8 月第 1 次印刷
开　　本　787 毫米×1092 毫米　1/16　印　张 23
字　　数　546 千字
印　　数　1～3000 册
定　　价　40.00 元
ISBN 978-7-5606-2840-0/O·0134

XDUP 3132001-1

前　言

目前我国许多高校的文科专业都开设有“大学文科数学”或者“文科高等数学”课程. 一个大学生在中小学阶段已学过12年的数学，数学教育是其所受的时间最长的教育之一. 那么，为什么到了大学阶段还要学习数学？特别是对文科专业的学生，安排他们学习数学的目的何在？

大家知道，数学的应用在近几十年来已经发生了根本的变化，数学已渗入到几乎所有的学科领域. “高科技本质上是数学”这句话已经得到越来越多的人们的认同. 数学追求一种完美的理性认识，要求对研究的对象有确切无误的刻画，从简单而明确的命题出发，以准确而令人信服的逻辑推理达到其明确的结论. 数学追求的是一种理性精神，追求的是真、善、美.

对文科专业的学生，我们强调的不是数学方法的应用，而是对数学作为一种文化精神、思维方式的认识，特别是对贯穿于数学学科中的那种无与伦比的理性精神的认识.

本书是按照高等学校大学文科数学教学大纲的基本要求，并结合作者多年在实际授课过程中的体会而编写的. 全书共分四部分，包括微积分、线性代数、概率论与数理统计以及数学实验. 本书从各个角度比较自然地引入了数学的基本概念，既展现了数学知识的来龙去脉，又保持了数学所特有的形式化本质特征；列举了一些有应用价值的实例，并扼要地阐明了具有启发意义的数学思想方法；通过对数学内容的辩证分析、典型数学史料的穿插融会，以及章末附设“阅读材料”等形式，介绍了数学与逻辑、数学与哲学、数学与教育、数学与文化、数学家品质与业绩等内容，渗透了数学的人文精神. 每章首设有本章的主要内容及要求；除第四部分外，每章末(微积分部分是每节末)配有相关习题，同时，为使学生能对自己的学习效果进行自我检测，每章末还配有自测题；带＊号的章节对文科学生可能会有一定的难度，这部分内容可在教学过程中酌情选用. 基于文科数学学时的限制，在必须精简的前提下，本书在教学内容的选择与组织上充分注意了学科的系统性.

庞栓琴担任本书主编，郭强、秦雨担任副主编. 本书第一部分及阅读材料由秦雨编写；第二部分由庞栓琴编写；第三部分和第四部分由郭强编写. 全书由王雪峰教授主审. 本书在编写过程中，得到了丁正生教授和乔宝明教授的鼓励和支持，同时也得到了西安科技大学(特别是高新学院)许多老师的大力支持和帮助，在此表示深深的谢意.

由于编者水平所限，书中难免存在疏漏之处，恳请读者批评指正.

编　者

2012年3月

目　录

第一部分　微　积　分

第二部分　线性代数

第三部分　概率论与数理统计

第四部分　数学实验

第一部分

微 积 分

微积分是近代数学中最伟大的成就，对它的重要性无论做怎样的估计都不会过分.

——冯·诺依曼

公元前3世纪，古希腊的阿基米德在解决抛物弓形的面积、球和球冠的面积、螺线下面积和旋转双曲体的体积的方法中就隐含着近代积分学的思想. 作为微分学基础的极限理论，早在古代就有比较清楚的论述. 比如我国的庄周所著的《庄子》一书的“天下篇”中，记有“一尺之棰，日取其半，万世不竭”. 三国时期的刘徽在他的割圆术中提到“割之弥细，所失弥小，割之又割，以至于不可割，则与圆周和体而无所失矣. ”这些都是朴素的、也是很典型的极限概念.

到了17世纪，有许多科学问题需要解决，这些问题也就成了促使微积分产生的因素. 归结起来，大约有四种主要类型的问题：第一类问题是研究运动的时候直接出现的，也就是求即时速度的问题；第二类问题是求曲线的切线的问题；第三类问题是求函数的最大值和最小值问题；第四类问题是求曲线的长度、曲线围成的面积、曲面围成的体积、物体的重心、一个体积相当大的物体作用于另一物体上的引力的问题.

17世纪许多著名的数学家、天文学家、物理学家都为解决上述几类问题做了大量的研究工作. 如法国的费马、笛卡尔、罗伯勃、笛沙格，英国的巴罗、瓦里士，德国的开普勒，意大利的卡瓦列利等人都提出了许多很有建树的理论，为微积分的创立做出了贡献.

17世纪下半叶，在前人工作的基础上，英国科学家牛顿和德国数学家莱布尼茨分别在自己的国度独自研究并完成了微积分的创立. 他们的最大功绩是把两个貌似毫不相关的问题联系在一起，一个是切线问题(微分学的中心问题)，一个是求积问题(积分学的中心问题).

直到19世纪初，法国科学院的科学家以柯西为首，对微积分的理论进行了认真研究，建立了极限理论，后来又经过德国数学家魏尔施特拉斯进一步地严格化，使极限理论成为了微积分的坚定基础，从而使微积分进一步地发展开来.

第1章 函 数

函数是现代数学的基本概念之一，是高等数学的主要研究对象. 本章将介绍函数的基本知识和有关的基本方法，为今后的学习打下必要的基础.

本章的基本要求如下：

(1) 了解函数的定义，会计算函数的定义域.

(2) 了解函数的有界性、单调性、奇偶性和周期性.

(3) 了解复合函数的基本概念，会分解复合函数.

(4) 掌握反函数的概念及计算方法.

(5) 了解初等函数的概念.

(6) 了解分段函数的概念.

1.1 函数的概念

历史上，“函数”这个概念是由著名的德国数学家莱布尼茨首先引入的，其后经过欧拉等人不断修正、扩充和完善，现在逐步形成了一个较为完整的概念.

在现实世界中，一切事物都在一定的空间中运动着. 17 世纪初，数学首先从对运动(如天文、航海等问题)的研究中引出了函数这个基本概念. 在那以后的 200 多年里，这个概念几乎在所有的科学研究工作中占据了中心位置.

本节将介绍函数的概念和函数关系的构建.

1.1.1 集合的基本概念

所谓集合，就是指具有某种特定性质的事物的总体. 组成这个集合的事物称为该集合的元素. 例如：

(1) 某大学在校生的全体为一集合；

(2) 方程 $x^2-3x+2=0$ 的解为一集合；

(3) 直线 $y=2x+1$ 上所有的点为一集合.

其中：(1)和(2)中的元素只有有限个，这样的集合叫做有限集；(3)中的元素有无限多个，这样的集合叫做无限集.

通常情况下，集合用大写字母(如 A、B、C)表示，其元素用小写字母(如 a、b、c)表示.

设 A 是一个集合，如果 a 是 A 的一个元素，则记做

$$a\in A$$

如果 a 不是 A 的元素，则记做

$$a\notin A$$

集合中的元素具有唯一性、排他性和无序性.

集合一般有两种表示方法：列举法和描述法. 所谓列举法，就是把集合中的所有元素都列举出来. 比如由方程 $x^2-3x+2=0$ 的根组成的集合，可表示为

$$A=\{1, 2\}$$

而描述法则是给出集合中元素所具有的共性，一般用

$$A=\{x|x\text{ 所具有的特征}\}$$

来表示. 比如满足方程 $y=2x+1$ 的点组成的集合，可表示为

$$A=\{(x, y)|y=2x+1\}$$

还有一些比较特殊的集合，比如不含任何元素的集合，称为空集，记做$\varnothing$. 如方程 $x^2+1=0$ 的实数解集合就是空集.

1.1.2 集合的关系与运算

定义 1.1.1 设 A、B 是两个集合，如果集合 A 中的元素都是集合 B 中的元素，即如果 $a\in A$，则 $a\in B$. 那么称 A 为 B 的子集，记做

$$A\subseteq B\text{ 或 }B\supseteq A$$

读做 A 包含于 B 或 B 包含 A. 若又有 $b\in B$ 但 $b\notin A$，则称 A 真包含于 B 或 B 真包含 A，记做

$$A\subset B\text{ 或 }B\supset A$$

定义 1.1.2 设 A、B 是两个集合，如果 $A\subseteq B$ 且 $B\subseteq A$，则称集合 A 与 B 相等，记做 $A=B$.

注意 空集$\varnothing$是任何集合的子集.

定义 1.1.3 设 A、B 是两个集合，由集合 A 与 B 的公共元素所构成的集合称为集合 A 与 B 的交集，记做

$$A\cap B$$

即

$$A\cap B=\{x|x\in A\text{ 且 }x\in B\}$$

交集具有以下简单性质：

(1) $(A\cap B)\subset A$；

(2) $(A\cap B)\subset B$.

例 1.1.1 有直线点集 $A=\{(x, y)|y=2x+1\}$和 $B=\{(x, y)|y=-x+4\}$，则两条直线的交点构成了两个集合的交集 $A\cap B=\{(1, 3)\}$.

定义 1.1.4 设 A、B 是两个集合，由集合 A 与 B 的所有元素构成的集合称为集合 A 与 B 的并集，记做

$$A\cup B$$

即

$$A\cup B=\{x|x\in A\text{ 或 }x\in B\}$$

并集具有以下简单性质：

(1) $(A\cup B)\supset A$;

(2) $(A\cup B)\supset B$.

例 1.1.2　$\{1, 2, 3, 5, 7, 9\}\cup\{2, 4, 6, 8, 9\}=\{1, 2, 3, 4, 5, 6, 7, 8, 9\}$.

定义 1.1.5　由所研究对象的全体构成的集合叫做全集，记做 Ω. 设 $A\subset\Omega$，那么由 Ω 中所有不属于 A 的元素构成的集合叫做集合 A 在 Ω 中的补集，记做

$$A^{C} \text{ 或 } \overline{A}$$

即

$$\overline{A}=\{x\mid x\in\Omega \text{ 且 } x\notin A\}$$

例 1.1.3　$\Omega=\{1, 2, 3, 4, 5, 6, 7, 8, 9\}$, $A=\{1, 3, 5, 7, 9\}$, 则 $\overline{A}=\{2, 4, 6, 8\}$.

集合之间的运算满足以下定律：

(1) 交换律：$A\cup B=B\cup A$, $A\cap B=B\cap A$.

(2) 结合律：$A\cup(B\cup C)=(A\cup B)\cup C$, $A\cap(B\cap C)=(A\cap B)\cap C$.

(3) 分配律：$A\cup(B\cap C)=(A\cup B)\cap(A\cup C)$, $A\cap(B\cup C)=(A\cap B)\cup(A\cap C)$.

(4) 德·摩根律：$\overline{A\cup B}=\overline{A}\cap\overline{B}$, $\overline{A\cap B}=\overline{A}\cup\overline{B}$.

1.1.3　实数集

我们首先来看看数的发展. 人类对于数的认识是逐步发展的. 最早认识的是自然数 0，1，2，3，…，其中对于 0 的认识要明显晚于对其他自然数的认识. 全体自然数的集合称做自然数集，记做 **N**. 在 **N** 中我们可以定义加法和乘法. 但是当利用自然数进行减法运算时，自然数集就不够用了. 于是我们将自然数集扩充到整数集 **Z**. 之后又为了除法的需要发展出了有理数集 **Q**. 这样在 **Q** 中我们就可以进行四则运算了.

任何一个有理数都可以写成两个整数的商的形式，也就是 $\frac{p}{q}$（其中 p, $q\in\mathbf{Z}$ 且 $q\neq0$）. 然而并不是所有的数都可以表示成这种形式的，例如一个直角三角形两个直角边长都为 1，那么根据勾股定理，可以得到其斜边的长度为 $\sqrt{2}$，这个数就不能表示成 $\frac{p}{q}$ 的形式，因此它不是有理数. 我们把这样的数称为无理数. 我们所熟知的无理数如 $\sqrt{2}$、$\sqrt{3}$、π 等. 有理数和无理数统称为实数. 全体实数构成的集合叫做实数集，记做 **R**.

实数集中的任何一个实数都可以和数轴上的唯一一个点相对应；反之，数轴上的任何一个点也可以和唯一一个实数相对应. 这样在以后的讨论中，我们就不详细区分数轴上的点和实数了.

微积分所研究的对象，就是现实世界中的事物在数量上的相互依赖关系，而这种数量关系都是建立在实数集的基础上的.

1.1.4　区间

在 **R** 的子集中，我们经常会遇到各种各样的区间，实际上就是各种集合. 区间可以是开、闭或半开半闭以及有限或无限的，如图 1.1.1 所示.

注意　在图 1.1.1 中，$-\infty$ 和 $+\infty$ 只是一种符号，既不能把它们视为实数，也不能对它们进行运算.

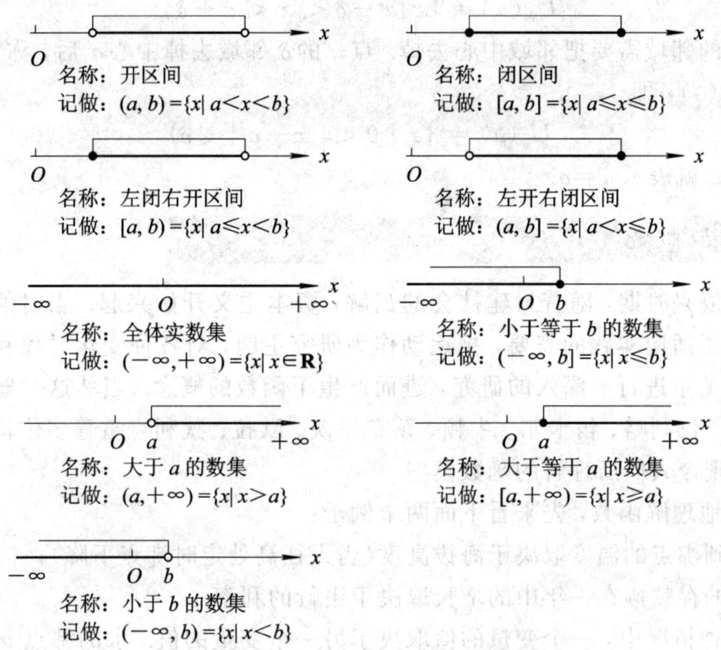

图 1.1.1

1.1.5 绝对值

定义 1.1.6 设 $x\in\mathbf{R}$，x 的绝对值是一个非负实数，记做 $|x|$，其定义为

$$|x|\overset{\text{def}}{=}\begin{cases}x, & x\geqslant 0\\ -x, & x<0\end{cases}$$

例如，$|5|=5$，$|-2|=2$. 绝对值在几何上表示的是数轴上的点到原点的距离.

常用绝对值的运算性质如下：

(1) $|xy|=|x||y|$；

(2) $\left|\dfrac{x}{y}\right|=\dfrac{|x|}{|y|}$；

(3) $|x|-|y|\leqslant|x\pm y|\leqslant|x|+|y|$；

(4) 设 $a>0$，则 $|x|\leqslant a\Rightarrow -a\leqslant x\leqslant a$，$|x|\geqslant a\Rightarrow x\leqslant -a$ 或 $x\geqslant a$.

1.1.6 邻域

邻域实际上就是一个特定的区间.

定义 1.1.7 设 $a\in\mathbf{R}$ 且 $\delta>0$，称集合

$$\{x\,|\,|x-a|<\delta\}$$

为 a 的一个 δ 邻域，记做 $U_\delta(a)$，其中 a 叫做邻域的中心，δ 叫做邻域的半径，如图 1.1.2 所示. 显然

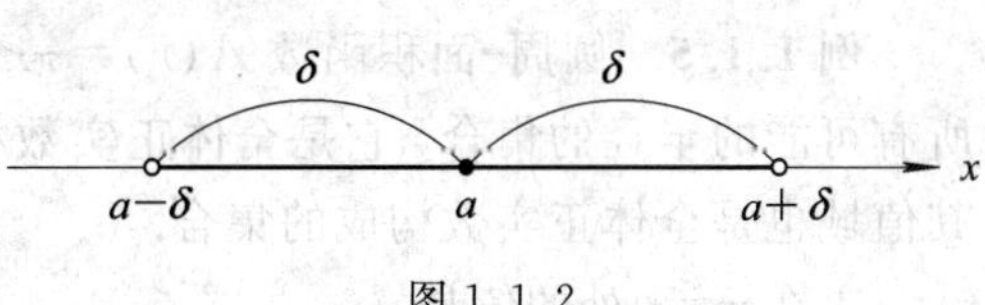

图 1.1.2

$$U_\delta(a)=\{x \mid a-\delta<x<a+\delta\}$$

有时用到的邻域需要把邻域中心去掉. 点 a 的 δ 邻域去掉中心 a 后，称为点 a 的去心 δ 邻域，记做 $U_\delta(\bar{a})$，即

$$U_\delta(\bar{a})=\{x \mid 0<|x-a|<\delta\}$$

这里 $0<|x-a|$ 就表示 $x\neq a$.

1.1.7　函数的概念

早在文艺复兴时期，随着封建社会的瓦解，资本主义开始兴起. 当时的力学、天文学等自然科学为了适应实践的需要，把运动作为研究主题，对各种变化过程和过程中变量之间的相互依赖关系进行了深入的研究，进而产生了函数的概念. 当然这一概念不是一蹴而就的，它历经了伽利略、笛卡尔、牛顿、莱布尼茨、欧拉、狄利克雷等多位科学家的思索提炼，才形成了现今人们所理解的函数模型.

为了更好地理解函数，先来看下面两个例子：

(1) 水达到沸点的温度取决于海拔高度(当人往高处走时沸点下降)；

(2) 某人的存款额在一年中的增长取决于银行的利率.

在上述两种情况中，一个变量的值取决于另一个变量的值. 水的沸点 b 取决于海拔高度 h；利息的多少 I 取决于利率 r. 我们称 b 和 I 为函数(或因变量)，因为它们是由它们所依赖的变量 h 和 r 所决定的，于是称 h 和 r 为自变量.

定义 1.1.8　设在某变化过程中有两个变量 x 和 y，如果给定一个 x 的取值，按照某个对应法则 f，y 都有唯一的值与它对应，则称 y 是 x 的函数，x 为自变量. x 的取值范围称做定义域，记做 D_f；y 的值称做函数值，其取值范围称做值域，记做 R_f. y 与 x 之间的函数关系记做

$$y=f(x)$$

所以所谓的函数，实际上类似于一个机器，对于每一个允许的输入值都有一个指定的输出值. 输入构成了函数的定义域，输出构成了函数的值域，如图 1.1.3 所示.

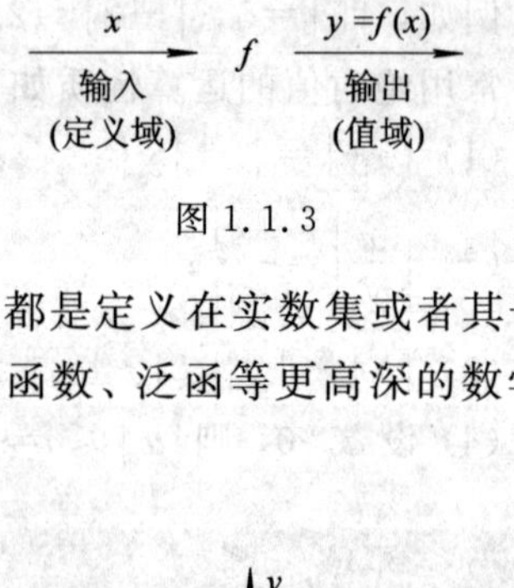

x → f → $y=f(x)$
输入(定义域)　　输出(值域)

图 1.1.3

在微积分的范畴下，我们所研究的函数的定义域和值域都是定义在实数集或者其子集上的. 当函数的定义域扩充到更大的范围时，就产生了复变函数、泛函等更高深的数学学科，这些内容不在本书研究范围内.

下面我们来看几个常见的函数的例子.

例 1.1.4　函数 $y=2$，定义域 $D_f=(-\infty,+\infty)$，值域 $R_f=\{2\}$，如图 1.1.4 所示.

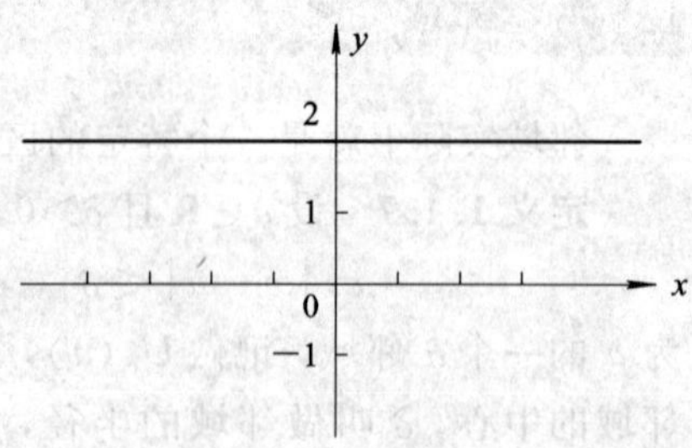

图 1.1.4

例 1.1.5　圆周-面积函数 $A(r)=\pi r^2$ 的定义域是所有可能的半径的集合，它是全体正实数构成的集合，其值域也是全体正实数构成的集合.

A 在 $r=3$ 处的值是

$$A(3)=\pi\times 3^2=9\pi$$

即半径 r 为 3 的圆的面积为 9π.

常见的函数表示法一般有三种，上面几例均为函数的解析表示法，特点是便于计算和分析研究. 此外，还有表格法和图像法. 表格法可以快速地求出一些特殊的自变量值对应的函数值，但是数量有限. 图像法能够清晰地反映出函数的变化趋势，但是不能准确地求出函数值. 因此，三种函数表示法各有长处.

例 1.1.6　绝对值函数

$$y=|x|=\begin{cases}x, & x\geqslant 0\\ -x, & x<0\end{cases}$$

定义域 $D_f=(-\infty,+\infty)$，值域 $R_f=[0,+\infty)$，如图 1.1.5 所示.

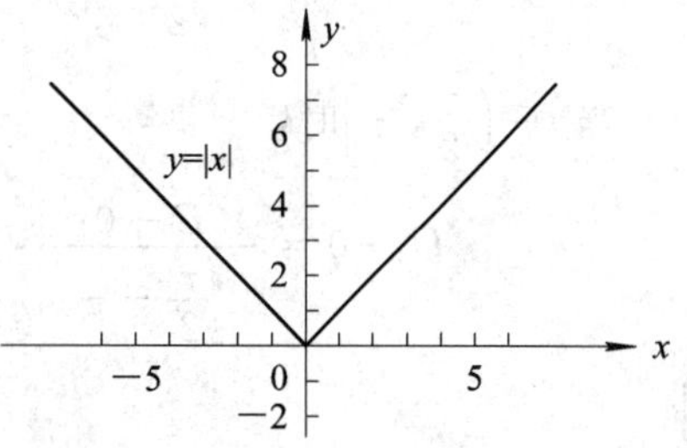

图 1.1.5

绝对值函数在不同的自变量取值区间有不同的解析表达式，这样的函数称做分段函数.

下面再来看一个常见的分段函数.

例 1.1.7　符号函数

$$y=\operatorname{sgn}(x)\overset{\text{def}}{=}\begin{cases}-1, & x<0\\ 0, & x=0\\ 1, & x>0\end{cases}$$

也是一个分段函数，如图 1.1.6 所示.

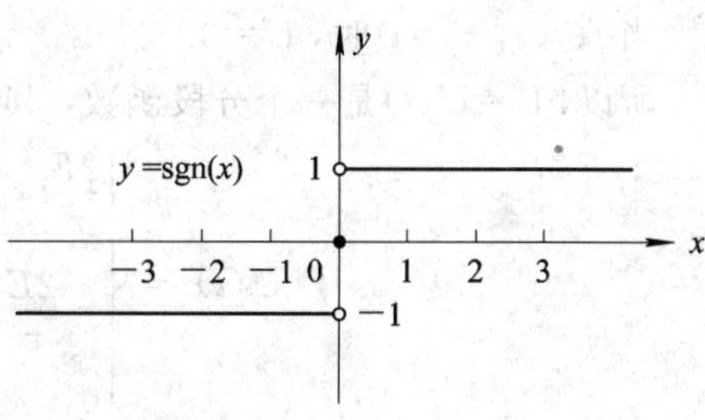

图 1.1.6

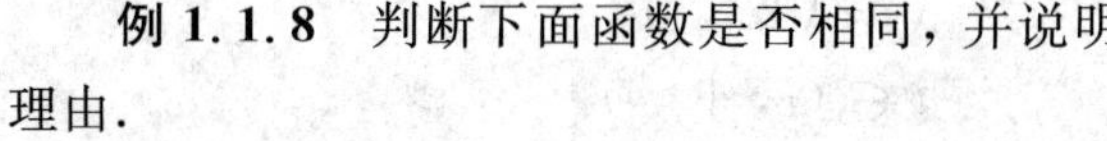

例 1.1.8　判断下面函数是否相同，并说明理由.

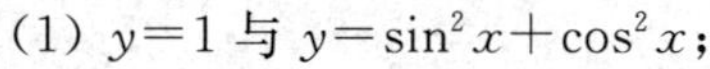

(1) $y=1$ 与 $y=\sin^2 x+\cos^2 x$；

(2) $y=2x+1$ 与 $x=2y+1$.

解　(1) 虽然这两个函数的表现形式不同，但它们的定义域$(-\infty,+\infty)$与对应法则均相同，所以这两个函数相同.

(2) 虽然它们的自变量与因变量所用的字母不同，但其定义域$(-\infty,+\infty)$和对应法则均相同，所以这两个函数相同.

一般地，当函数 $f(x)$用解析法表示时，如果不特别声明，则函数的定义域指的就是使 $f(x)$有意义的全体 x 的集合，通常称它为自然定义域.

如果需要对自变量的取值加以某些特定的限制，这时产生的定义域称为人为定义域.

例 1.1.9　求函数 $y=\dfrac{1}{\sqrt{4-x^2}}$的定义域.

解　由题设可知，要使表达式有意义，$4-x^2$ 必须大于 0，从而

$$x^2<4$$

因此，$-2<x<2$，从而定义域为$(-2,2)$.

1.1.8　建立函数关系

为了解决实际情况，我们需要先确定问题中自变量和因变量以及相互依赖的关系，并将其表示出来，再利用适当的数学方法加以分析和解决.

例 1.1.10 脉冲发生器产生一个单三角脉冲，其波形如图 1.1.7 所示，写出电压 U 与时间 $t(t\geqslant 0)$ 的函数关系式.

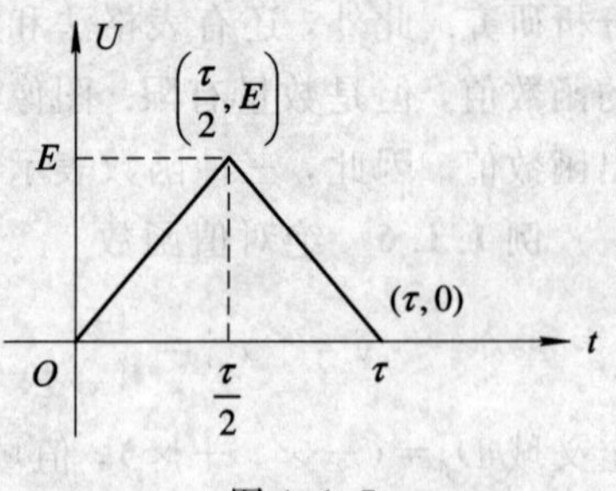

图 1.1.7

解 当 $t\in\left[0,\frac{\tau}{2}\right]$ 时，

$$U=\frac{E}{\frac{\tau}{2}}t=\frac{2E}{\tau}t$$

当 $t\in\left(\frac{\tau}{2},\tau\right]$ 时，

$$U-0=\frac{E-0}{\frac{\tau}{2}-\tau}\cdot(t-\tau)$$

即

$$U=-\frac{2E}{\tau}(t-\tau)$$

当 $t\in(\tau,+\infty)$ 时，$U=0$.

所以，$U=U(t)$ 是一个分段函数，其表达式为

$$U(t)=\begin{cases}\frac{2E}{\tau}t, & t\in\left[0,\frac{\tau}{2}\right]\\ -\frac{2E}{\tau}(t-\tau), & t\in\left(\frac{\tau}{2},\tau\right]\\ 0, & t\in(\tau,+\infty)\end{cases}$$

习 题 1.1

1. 叙述函数的定义，并指出下列两题中的两个函数是否相同，为什么？

(1) $y=\frac{x^2}{x}$ 与 $y=x$；(2) $y=|x|$ 与 $y=\sqrt{x^2}$.

2. 建立函数关系式：

(1) 把等边三角形的周长和面积表示为该三角形边长 x 的函数；

(2) 把正方形的边长表示为该正方形对角线长度 d 的函数，然后把该正方形的面积表示为对角线长度的函数.

3. 求下列函数的定义域：

(1) $f(x)=1+x^2$； (2) $f(x)=1-\sqrt{x}$； (3) $F(t)=\frac{1}{\sqrt{t}}$；

(4) $F(t)=\frac{1}{1+\sqrt{t}}$； (5) $g(z)=\sqrt{4-z^2}$； (6) $g(z)=\sqrt[3]{z-3}$；

(7) $y=\frac{1}{x^2-2x}$； (8) $f(x)=\sqrt{\frac{1+x}{1-x}}$； (9) $y=\sqrt{\ln\frac{x-3}{2}}$.

1.2 函数的性质

函数都具有一些共同的特性，研究这些特性有助于掌握它们的变化规律，从而更好地解决实际问题. 下面讨论函数的几个简单性质.

1.2.1 有界性

定义 1.2.1 设函数 $f(x)$的定义域为 D，能够找到一个正数 $M>0$，使得对于 D 中所有的 x，都有 $|f(x)|\leqslant M$ 成立，则称 $f(x)$在 D 内是有界的. 反之，则称函数 $f(x)$在 D 内是无界的.

图 1.2.1 所示的就是一个有界函数的图像.

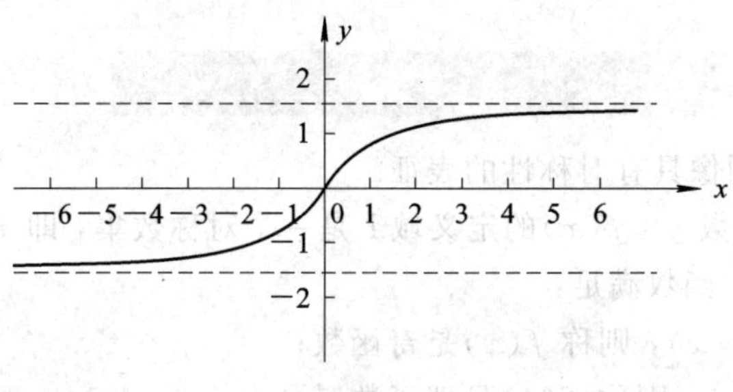

图 1.2.1

1.2.2 单调性

我们先看两个函数的图像，如图 1.2.2 所示.

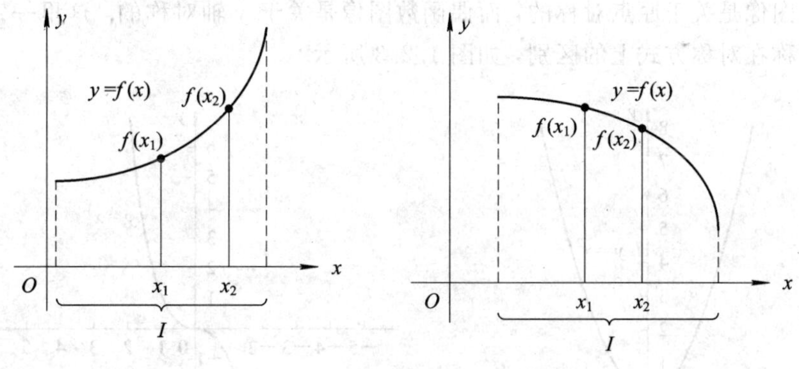

图 1.2.2

从图 1.2.2 中可以清晰地看到函数增减性变化的明显不同. 随着 x 的增大，如果函数图像是向上爬升或升高的，就是增函数；如果函数图像是下降或下落的，就是减函数. 下面给出函数单调性的具体数学定义.

定义 1.2.2 设函数 $y=f(x)$的定义域为 D，$I\subset D$，对于任意给定的 x_1、$x_2\in I$，当 $x_1<x_2$时，

(1) 如果 $f(x_1)<f(x_2)$，则称 $f(x)$在 I 上是单调递增的函数；

(2) 如果 $f(x_1)>f(x_2)$，则称 $f(x)$在 I 上是单调递减的函数.

例如，函数 $y=x^2$ 在 $(-\infty, 0)$ 内是单调递减的，在 $(0, +\infty)$ 内是单调递增的；函数 $y=x^3$ 在整个定义域 $\mathbf{R}$ 上都是单调递增的；函数 $y=\frac{1}{x}$ 在 $(-\infty, 0)$ 和 $(0, +\infty)$ 内分别是单调递减的.

例 1.2.1 证明函数 $f(x)=\frac{x}{1+x}$ 在 $(-1, +\infty)$ 内是单调递增的函数.

证 在 $(-1, +\infty)$ 内任取两点 x_1、x_2 且 $x_1<x_2$，则

$$f(x_1)-f(x_2)=\frac{x_1}{1+x_1}-\frac{x_2}{1+x_2}=\frac{x_1-x_2}{(1+x_1)(1+x_2)}$$

因为 x_1、x_2 是 $(-1, +\infty)$ 内任意两点，所以，$1+x_1>0$，$1+x_2>0$.

又因为 $x_1-x_2<0$，故 $f(x_1)-f(x_2)<0$，即 $f(x_1)<f(x_2)$.

所以 $f(x)=\frac{x}{1+x}$ 在 $(-1, +\infty)$ 内是单调递增的函数.

1.2.3 奇偶性

奇函数和偶函数图像具有对称性的表征.

定义 1.2.3 设函数 $y=f(x)$ 的定义域 I 是一个对称数集，即 $x\in I$ 时，$-x\in I$. 如果对于任意给定的 $x\in I$，函数满足：

(1) $f(-x)=-f(x)$，则称 $f(x)$ 是奇函数；

(2) $f(-x)=f(x)$，则称 $f(x)$ 是偶函数.

奇和偶的名称来自 x 的幂次. 如果 y 是 x 的奇次幂，如 $y=x$ 或 $y=x^3$，那么它们就是 x 的奇函数. 如果 y 是 x 的偶次幂，如 $y=x^2$ 或 $y=x^4$，那么它们就是 x 的偶函数. 当然，其他一些函数也有奇偶性，如 $y=\sin x$ 是奇函数，而 $y=\cos x$ 则是偶函数.

奇函数图像是关于原点对称的，而偶函数图像是关于 y 轴对称的. 这里一定要注意轴对称和点对称在对称方式上的区别，如图 1.2.3 所示.

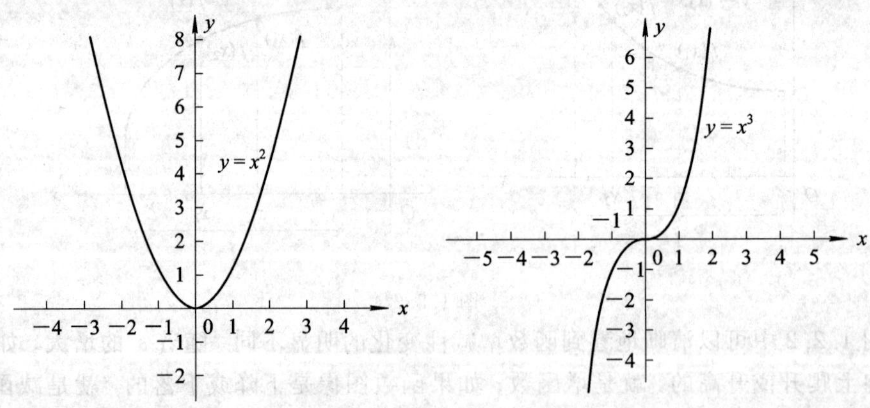

图 1.2.3

例 1.2.2 讨论下列函数的奇偶性：

(1) $f(x)=x^2$；　　(2) $f(x)=x^2+1$；

(3) $f(x)=x$；　　(4) $f(x)=x+1$.

解　(1) 因为 $f(-x)=(-x)^2=x^2=f(x)$，所以 $f(x)=x^2$ 是偶函数；

(2) 因为 $f(-x)=(-x)^2+1=x^2+1=f(x)$，所以 $f(x)=x^2+1$ 是偶函数；

(3) 因为 $f(-x)=-x=-f(x)$，所以 $f(x)=x$ 是奇函数；

(4) 因为 $f(-x)=-x+1$，$-f(x)=-(x+1)=-x-1$，所以 $f(x)=x+1$ 既不是奇函数也不是偶函数，称之为非奇非偶函数.

1.2.4　周期性

定义 1.2.4　设函数 $y=f(x)$，$x\in\mathbf{R}$. 若存在 $l>0$，对于任意给定的 $x\in\mathbf{R}$，有

$$f(x+l)=f(x)$$

则称 $f(x)$ 是周期函数，l 为其周期.

根据周期函数的定义，可以得到 $Kl(K\in\mathbf{N}^+)$ 都是它的周期，所以一个周期函数有无穷多个周期. 而在所有这些周期中，存在最小的一个正数 t_0，称为周期函数的最小正周期.

如图 1.2.4 所示，$y=\sin x$，$y=\sin 2x$ 等都是周期函数，它们的最小正周期分别是 2π 和 π.

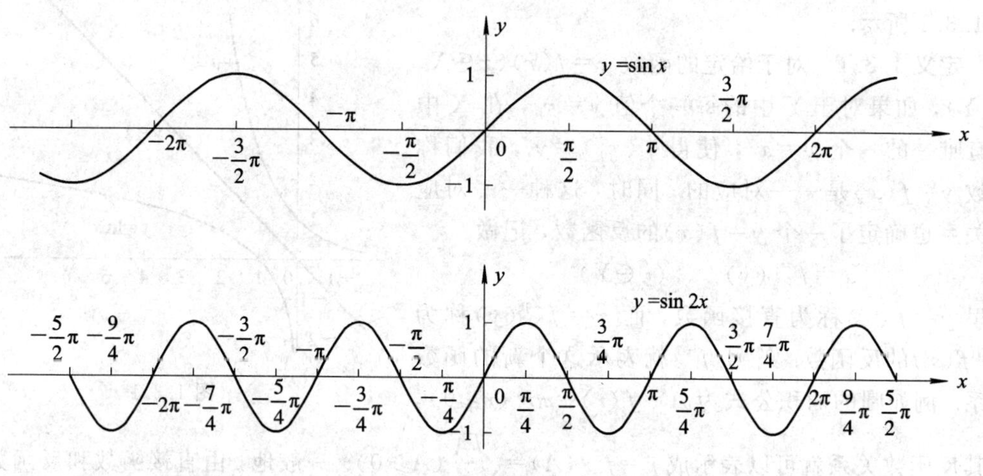

图 1.2.4

周期函数是非常重要的，因为科学研究中的许多现象都具有周期性. 如：脑电波和心跳及家用电器的电压和电流具有周期性；用以加热食物的微波炉中的电磁波和季节性商业销售中的现金流动，以及旋转机器的行为具有周期性；季节和气候具有周期性；月相和行星的运动具有周期性；冰河期也具有周期性，其周期为 90 000 年到 100 000 年.

习　题　1.2

1. 指出下列函数在指定区间内的单调性：

(1) $y=\sin x$，$0\leqslant x\leqslant\dfrac{\pi}{2}$；　　(2) $y=x^3$，$x\in\mathbf{R}$；

(3) $y=|x-1|$，$-1\leqslant x\leqslant 5$；　　(4) $y=\ln x$，$0<x<+\infty$.

2. 指出下列函数的奇偶性：

(1) $f(x)=3$； (2) $f(x)=x^{-5}$； (3) $f(x)=x^2+1$；

(4) $f(x)=x^2+x$； (5) $g(x)=x^3+x$； (6) $g(x)=x^4+3x^2+1$；

(7) $g(x)=\frac{1}{x^2-1}$； (8) $g(x)=\frac{x}{x^2-1}$； (9) $h(t)=\frac{1}{t-1}$；

(10) $h(t)=|t^3|$； (11) $h(t)=\sqrt{t^2+3}$； (12) $h(t)=2|t|+1$.

1.3 反函数与复合函数

1.3.1 反函数

我们已经知道了函数 $y=f(x)$ 确定的由定义域到值域的单值对应关系，反过来，上述函数关系是否能够确定由值域到定义域的单值对应关系呢？我们先来看几个函数.

例 1.3.1 $y=e^x(x\in\mathbf{R})$ 和 $y=\ln x(x>0)$，如图 1.3.1 所示.

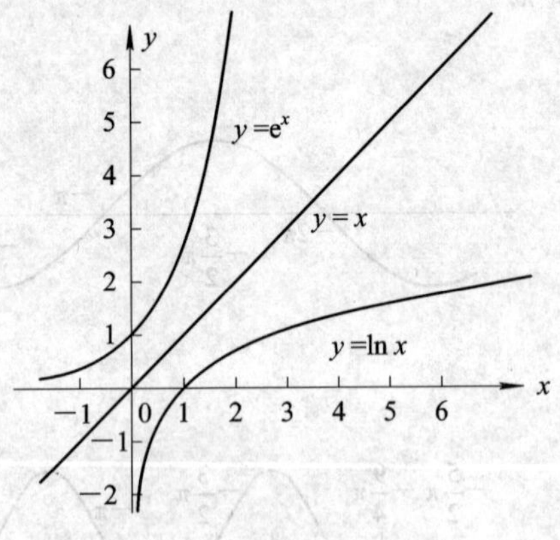

图 1.3.1

定义 1.3.1 对于给定的函数 $y=f(x)(x\in X, y\in Y)$，如果对于 Y 中的每一个值 $y=y_0$，在 X 中都有唯一的一个 $x=x_0$，使得 $f(x_0)=y_0$，我们称函数 $y=f(x)$ 是一一对应的. 同时，这种一一对应的关系也确定了一个 $y=f(x)$ 的反函数，记做

$$x=f^{-1}(y) \qquad (y\in Y)$$

这里 $y=f(x)$ 称为直接函数，而 $x=f^{-1}(y)$ 称为 $y=f(x)$ 的反函数. 符号 f^{-1} 就表示这个新的函数关系. 例如圆的面积公式为 $A=f(r)=\pi r^2(r\geqslant 0)$，则其反函数关系就可以表示成 $r=f^{-1}(A)=\sqrt{\frac{A}{\pi}}(A\geqslant 0)$. 一般地，由直接函数和反函数的对应关系可知，反函数的定义域和值域恰好是直接函数的值域和定义域.

由于自变量和因变量采用哪个字母表示并不会影响函数关系本身，而习惯上我们也用 x 表示自变量，y 表示因变量，所以我们经常将 $x=f^{-1}(y)$ 写成 $y=f^{-1}(x)$，从而 $y=f(x)$ 和 $y=f^{-1}(x)$ 的图像是关于直线 $y=x$ 对称的，这一点从例 1.3.1 中就可以得到充分说明.

注意 对于一个函数 $y=f(x)(x\in X, y\in Y)$，它在 X 上存在反函数的充要条件是 $f(x)$ 在 X 上是一一对应的. 而由于单调函数是一一对应的，所以单调函数一定有反函数，并且其反函数的单调性和直接函数的单调性是一致的. 例如 $y=3x+1$ 在其定义域 $\mathbf{R}$ 是一个单调递增函数，所以它存在反函数 $y=\frac{x-1}{3}$；而函数 $y=x^2$ 在 $x\in\mathbf{R}$ 上并不是一一对应的，所以它没有反函数. 但是当我们把 $y=x^2$ 定义在 $[0, +\infty)$（在 $(-\infty, 0]$ 上同样成立）时，就产生了一一对应，于是就存在反函数 $y=\sqrt{x}(x\geqslant 0)$，如图 1.3.2 所示.

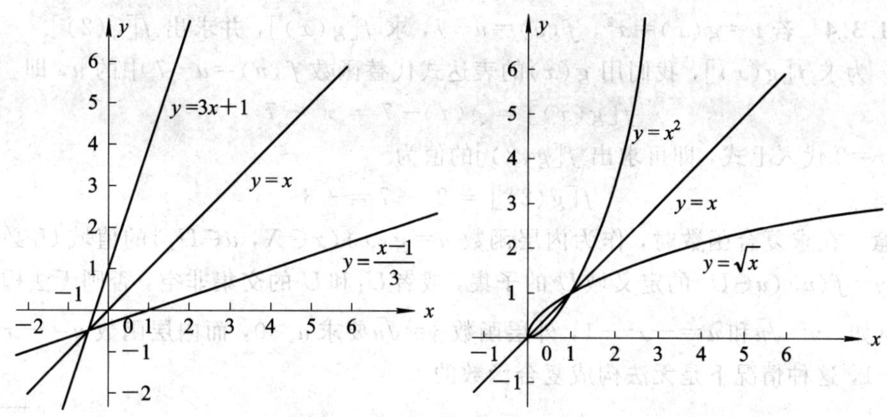

图 1.3.2

例 1.3.2　求函数 $y=\dfrac{x}{1+x}$的反函数.

解　由 $y=\dfrac{x}{1+x}$，解得 $x=\dfrac{y}{1-y}$，改变变量的记号，即得到所求反函数为

$$y=\frac{x}{1-x}$$

例 1.3.3　求函数 $y=\dfrac{1-\sqrt{1+4x}}{1+\sqrt{1+4x}}$的反函数.

解　令 $z=\sqrt{1+4x}$，则 $y=\dfrac{1-z}{1+z}$，故 $z=\dfrac{1-y}{1+y}$，即

$$\sqrt{1+4x}=\frac{1-y}{1+y}$$

从而解得

$$x=\frac{1}{4}\left[\left(\frac{1-y}{1+y}\right)^2-1\right]=-\frac{y}{(1+y)^2}$$

改变变量的记号，即得到所求反函数为

$$y=-\frac{x}{(1+x)^2}$$

1.3.2　复合函数

假定函数 $g(x)$的某些输出能够作为另一个函数 $f(x)$的输入，那么我们就可以构造一个新的函数把 g 和 f 联系在一起，该新函数的输入 x 是 g 的输出，而输出为函数 $f[g(x)]$. 如图 1.3.3 所示，函数 $f[g(x)]$是 g 和 f 的复合函数，也可以记做$(f\circ g)(x)=f[g(x)]$.

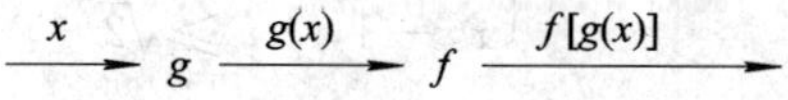

$$\xrightarrow{x} g \xrightarrow{g(x)} f \xrightarrow{f[g(x)]}$$

图 1.3.3

定义 1.3.2　设 $y=f(u)\,(u\in U)$，$u=g(x)\,(x\in X,\ u\in U_1)$. 若 $U_1\subseteq U$，则称 $f[g(x)]\,(x\in X)$为 $y=f(u)$和 $u=g(x)$的复合函数，称 u 为中间变量.

例 1.3.4　若 $u=g(x)=x^2$，$f(u)=u-7$，求 $f[g(x)]$，并求出 $f[g(2)]$.

解　为求 $f[g(x)]$，我们用 $g(x)$ 的表达式代替函数 $f(u)=u-7$ 中的 u，即

$$f[g(x)]=g(x)-7=x^2-7$$

然后将 $x=2$ 代入上式，即可求出 $f[g(2)]$ 的值为

$$f[g(2)]=2^2-7=-3$$

注意　在求复合函数时，作为内层函数 $u=g(x)$ $(x\in X,\ u\in U_1)$ 的值域 U_1 必须是外层函数 $y=f(u)$ $(u\in U)$ 的定义域 U 的子集，或者 U_1 和 U 的交集非空，否则无法构成复合函数. 例如，$y=\sqrt{u}$ 和 $u=-x^2-1$，外层函数 $y=\sqrt{u}$ 要求 $u\geqslant 0$，而内层函数 $u=-x^2-1$ 使得 $u\leqslant -1$，这种情况下是无法构成复合函数的.

复合函数的概念还可以推广到有限多个函数进行复合的情形. 例如，$y=\sqrt{\cot\frac{x}{2}}$ 是由 $y=\sqrt{u}$，$u=\cot v$ 和 $v=\frac{x}{2}$ 三个函数复合而成的.

例 1.3.5　分解下列函数的复合关系.

(1) $y=\sqrt{\ln\sin^2 x}$；　　(2) $y=e^{\arctan x^2}$；　　(3) $y=\cos^2\ln(2+\sqrt{1+x^2})$.

解　(1) $y=\sqrt{\ln\sin^2 x}$ 是由 $y=\sqrt{u}$，$u=\ln v$，$v=w^2$，$w=\sin x$ 四个函数复合而成的；

(2) $y=e^{\arctan x^2}$ 是由 $y=e^u$，$u=\arctan v$，$v=x^2$ 三个函数复合而成的；

(3) $y=\cos^2\ln(2+\sqrt{1+x^2})$ 是由 $y=u^2$，$u=\cos v$，$v=\ln w$，$w=2+t$，$t=\sqrt{h}$，$h=1+x^2$ 六个函数复合而成的.

* **例 1.3.6**　设 $f(x)=\begin{cases}e^x, & x<1\\ x, & x\geqslant 1\end{cases}$，$\varphi(x)=\begin{cases}x+2, & x<0\\ x^2-1, & x\geqslant 0\end{cases}$，求 $f[\varphi(x)]$.

解　$f[\varphi(x)]=\begin{cases}e^{\varphi(x)}, & \varphi(x)<1\\ \varphi(x), & \varphi(x)\geqslant 1\end{cases}$

(i) 当 $\varphi(x)<1$ 时：

或 $x<0$，$\varphi(x)=x+2<1\Rightarrow x<-1$；

或 $x\geqslant 0$，$\varphi(x)=x^2-1<1\Rightarrow 0\leqslant x<\sqrt{2}$.

(ii) 当 $\varphi(x)\geqslant 1$ 时：

或 $x<0$，$\varphi(x)=x+2\geqslant 1\Rightarrow -1\leqslant x<0$；

或 $x\geqslant 0$，$\varphi(x)=x^2-1\geqslant 1\Rightarrow x\geqslant\sqrt{2}$.

综上所述，可得

$$f[\varphi(x)]=\begin{cases}e^{x+2}, & x<-1\\ x+2, & -1\leqslant x<0\\ e^{x^2-1}, & 0\leqslant x<\sqrt{2}\\ x^2-1, & x\geqslant\sqrt{2}\end{cases}.$$

* **例 1.3.7**　设 $f\left(x+\frac{1}{x}\right)=x^2+\frac{1}{x^2}$，求 $f(x)$.

解　方法 1：令 $t=x+\frac{1}{x}$，则 $x^2-tx+1=0$，$x=\frac{t\pm\sqrt{t^2-4}}{2}$，取 $x=\frac{t+\sqrt{t^2-4}}{2}$，代入得

$$f\left(x+\frac{1}{x}\right)=f(t)=\left(\frac{t+\sqrt{t^2-4}}{2}\right)^2+\frac{1}{\left(\frac{t+\sqrt{t^2-4}}{2}\right)^2}$$

$$=\frac{(t+\sqrt{t^2-4})^2}{4}+\frac{(t-\sqrt{t^2-4})^2}{4}=\frac{4t^2-8}{4}=t^2-2$$

同理，取 $x=\frac{t-\sqrt{t^2-4}}{2}$ 可得 $f(t)=t^2-2$，所以 $f(x)=x^2-2$.

方法 2：因为 $f\left(x+\frac{1}{x}\right)=x^2+\frac{1}{x^2}=\left(x+\frac{1}{x}\right)^2-2$，所以 $f(x)=x^2-2$.

习 题 1.3

1. 求下列函数的反函数：

(1) $y=2x+3$； (2) $y=5-4x$； (3) $y=x^3-1$；

(4) $y=\ln(x+1)$； (5) $y=-(x-2)^2$，$x\leqslant 2$； (6) $y=\frac{2x+1}{x+3}$；

(7) $y=x^2+2x+1$，$x\geqslant -1$； (8) $y=\frac{x+3}{x-2}$.

2. 若 $f(x)=x+5$，$g(x)=x^2-3$，求下列复合函数的值和表达式：

(1) $f[g(0)]$； (2) $g[f(0)]$； (3) $f[g(x)]$；

(4) $g[f(x)]$； (5) $f[f(-5)]$； (6) $g[g(2)]$；

(7) $f[f(x)]$； (8) $g[g(x)]$.

1.4 初等函数

我们目前所研究的各种函数，都是由一些常见的函数经过各种运算所得到的. 我们把这些常见的函数称做基本初等函数. 下面分别介绍这些函数.

1.4.1 常函数

函数 $y=C$（C 为常数）叫做常函数. 常函数的定义域为 $\mathbf{R}$，值域为 $\{C\}$，图像是一条平行于 x 轴的直线，如图 1.4.1 所示.

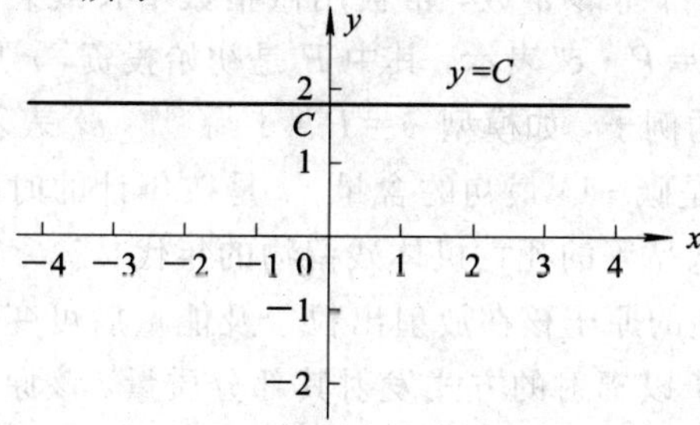

图 1.4.1

1.4.2 幂函数

函数 $y=x^a$(a 是常数)叫做幂函数. 幂函数的定义域取决于 a 的取值，但不论 a 取何值，函数 y 在$(0, +\infty)$上都有定义，并且函数图像都过$(1, 1)$点，如图 1.4.2 所示.

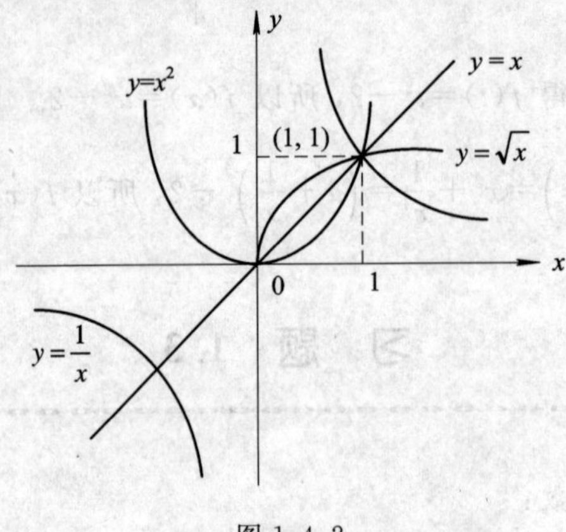

图 1.4.2

1.4.3 指数函数

函数 $y=a^x$(a 是常数且 $a>0$, $a\neq1$)叫做指数函数. 指数函数的定义域为 $\mathbf{R}$，值域为$(0, +\infty)$. 当 $a>1$ 时，函数单调递增；当 $a<1$ 时，函数单调递减. 不管 a 取何值，函数图像均过$(0, 1)$点，如图 1.4.3 所示.

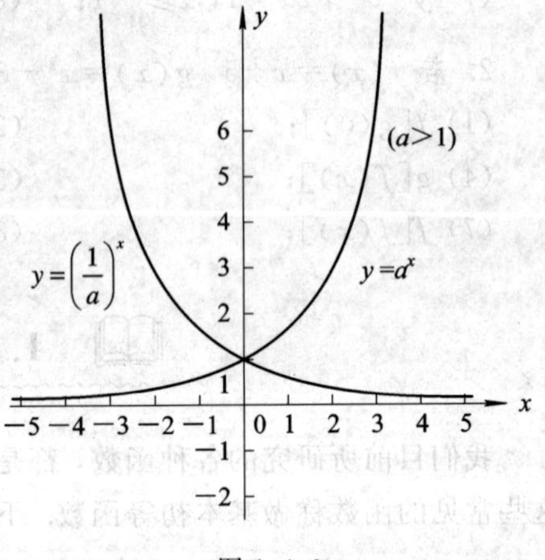

图 1.4.3

指数函数服从指数运算法则：若 $a>0$，$b>0$，则对于所有的实数 x、y，以下结果成立：

(1) $a^x\cdot a^y=a^{x+y}$；　　(2) $\dfrac{a^x}{a^y}=a^{x-y}$；

(3) $(a^x)^y=(a^y)^x=a^{xy}$；

(4) $a^x\cdot b^x=(ab)^x$；

(5) $\dfrac{a^x}{b^x}=\left(\dfrac{a}{b}\right)^x$.

在科学工程应用中，指数函数特别重要. 在自然、物理和经济现象中用到最多的指数函数就是自然指数函数，它的底数是著名的数 e，精确到 9 位小数时是 2.718 281 828. 指数函数 $y=\mathrm{e}^{kx}$，其中 k 是一个非零常数，常被用做指数增长或衰减的模型. 指数增长的例子，如连续复利，用模型 $y=P\cdot\mathrm{e}^{rt}$ 表示，其中 P 是初始投资，r 是以小数表示的利率，t 是按年计的时间. 指数衰减的例子，如模型 $y=P\cdot\mathrm{e}^{-1.2\times10^{-4}}t$，表示放射性元素碳-14 是怎样随时间衰减的，其中 P 是碳-14 最初的含量，t 是按年计的时间. 碳-14 被用来测量诸如贝壳、种子和木制手工艺品等的死亡机体残留物的年代.

例 1.4.1 具有放射性的原子核在放射出粒子及能量后可变得较为稳定，这个过程称为衰变. 实验表明某些原子以辐射的方式发射其部分质量，该原子用其剩余物重新组成新元素的原子. 例如，放射性碳-14 衰变成氮；镭最终衰变成铅. 若 y_0 是时刻 $x=0$ 时放射性

物质的数量，在以后任何时刻 x 的数量为

$$y=y_0\mathrm{e}^{-rx},\quad r>0$$

数 r 称为放射性物质的衰减率. 对碳-14 而言，当 x 用年份来度量时，其衰减率 $r=1.2\times10^{-4}$. 试预测 886 年后的碳-14 所占的百分比.

解　设碳-14 原子核数量从 y_0 开始，则 886 年后的剩余量是

$$y(886)=y_0\mathrm{e}^{(-1.2\times10^{-4})\times886}\approx0.899y_0$$

即 886 年后的碳-14 中约有 89.9%的留存，约有 10.1%的碳-14 衰减掉了.

例 1.4.2　某人在 2008 年欲用 1000 元投资 5 年，设年利率为 5%，试分别按单利率、复利率和连续复利率计算到第 5 年末，该人应得的本利和 S.

解　按单利率计算

$$S=1000(1+0.05\times5)=1250(\text{元})$$

按复利率计算

$$S=1000(1+0.05)^5\approx1276.28(\text{元})$$

按连续复利率计算

$$S=1000\mathrm{e}^{5\times0.05}\approx1284.03(\text{元})$$

表 1.4.1 为按单利率、复利率和连续复利率计算从 2008 年到 2012 年的本利和.

表 1.4.1

年　份	总额(元)		
	年单利率计	年复利率计	连续复利率计
2008	1050.00	1050.00	1051.27
2009	1100.00	1102.50	1105.17
2010	1150.00	1157.63	1161.83
2011	1200.00	1215.51	1221.40
2012	1250.00	1276.28	1284.03

我们看到，当按连续复利率计算时，投资者赚钱最多；按单利率计算时，投资者赚钱最少.

1.4.4　对数函数

函数 $y=\log_a x$（a 是常数且 $a>0$，$a\neq1$）叫做对数函数. 对数函数的定义域为$(0,+\infty)$，值域为 **R**. 当 $a>1$ 时，函数单调递增；当 $a<1$ 时，函数单调递减. 不管 a 取何值，函数图像均过$(1,0)$点，如图 1.4.4 所示.

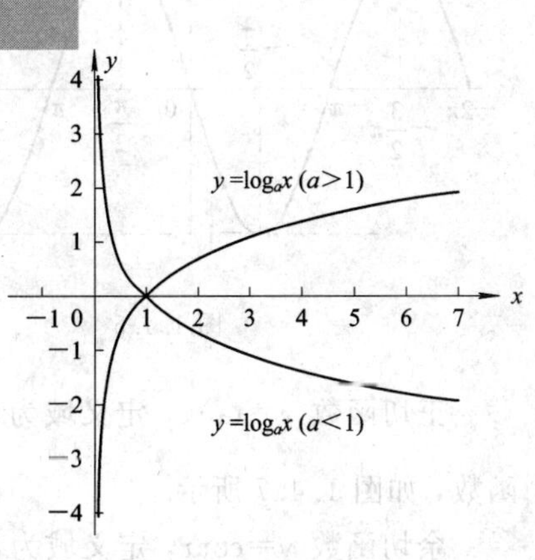

图 1.4.4

在科学工程应用当中，以 e 为底和以 10 为底的对数极其重要，所以也给它们指定了专门的记号和名称：

$\log_e x$ 写做 $\ln x$，$\log_{10} x$ 写做 $\log x$ 或者 $\lg x$.

函数 $\ln x$ 称为自然对数函数，而 $\log x$ 常称为普通对数函数.

由于对数函数 $y=\log_a x$ 与指数函数 $y=a^x$ 是互为反函数的，所以我们可以根据指数函数的一些运算性质，推导出对数函数的运算性质. 下面我们不加证明地给出这些性质：

对任何实数 $x>0$ 和 $y>0$，有

(1) $\log_a xy=\log_a x+\log_a y$；

(2) $\log_a \dfrac{x}{y}=\log_a x-\log_a y$；

(3) $\log_a x^y=y\log_a x$；

(4) $a^x=\mathrm{e}^{x\ln a}$；

(5) $\log_a x=\dfrac{\log_b x}{\log_b a}(a>0,\ a\neq1,\ b>0,\ b\neq1)$.

例 1.4.3　地震的里氏震级常用对数来刻画，其公式如下：

$$\text{里氏震级 } R=\lg\left(\frac{a}{T}\right)+B$$

其中：a 是监听站以微米计的地面运动的幅度；T 是地震波以秒计的周期；B 是由于随离震中的距离增大时地震波减弱所允许的一个经验因子. 对监听站 10 000 km 处的地震来说，$B=6.8$. 如果记录的垂直地面运动为 $a=10\ \mu\text{m}$ 而周期 $T=1$ s，那么震级为

$$R=\lg\left(\frac{a}{T}\right)+B=\lg\left(\frac{10}{1}\right)+6.8=7.8$$

这种强度的地震在其震中附近会造成极大的破坏.

1.4.5　三角函数

我们在中学阶段已经学习过一些三角函数，下面一一对其进行讲解.

正弦函数 $y=\sin x$，定义域为 $\mathbf{R}$，值域为 $[-1,1]$，周期为 2π，奇函数，如图 1.4.5 所示.

余弦函数 $y=\cos x$，定义域为 $\mathbf{R}$，值域为 $[-1,1]$，周期为 2π，偶函数，如图 1.4.6 所示.

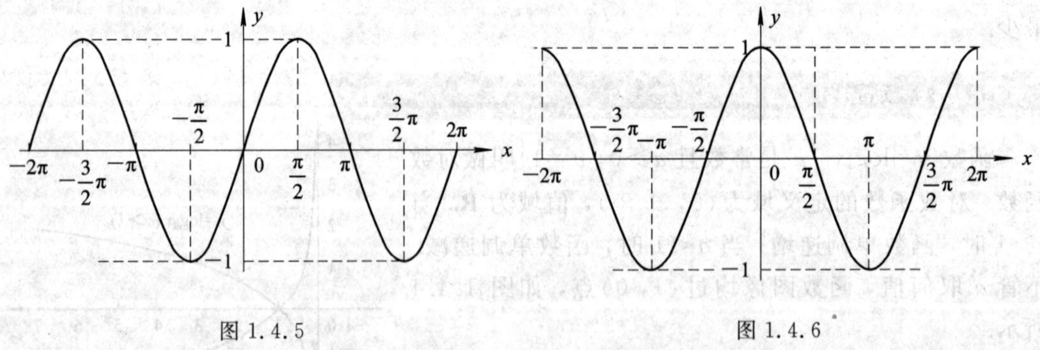

图 1.4.5　　　　图 1.4.6

正切函数 $y=\tan x$，定义域为 $x\in\mathbf{R}$ 且 $x\neq(2n+1)\dfrac{\pi}{2}$，$n\in\mathbf{Z}$，值域为 $\mathbf{R}$，周期为 π，奇函数，如图 1.4.7 所示.

余切函数 $y=\cot x$，定义域为 $x\in\mathbf{R}$ 且 $x\neq n\pi$，$n\in\mathbf{Z}$，值域为 $\mathbf{R}$，周期为 π，奇函数，如图 1.4.8 所示.

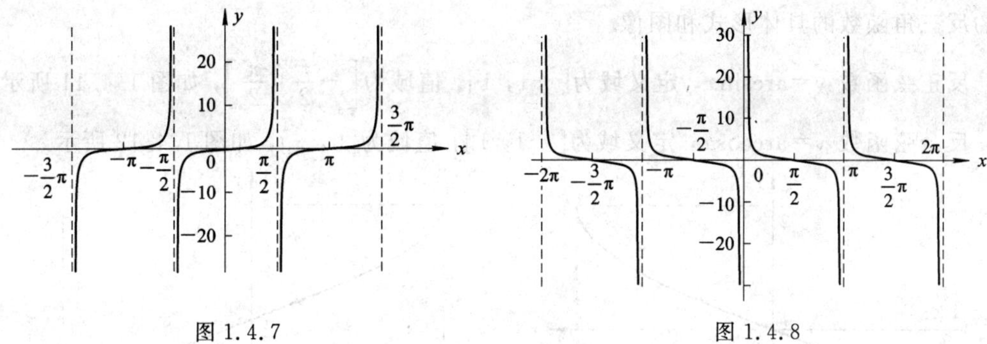

图 1.4.7　　　　图 1.4.8

在微积分中，我们还经常会遇到另外两类三角函数，其详细定义如下.

正割函数 $y=\sec x=\frac{1}{\cos x}$，定义域为 $x\in\mathbf{R}$ 且 $x\neq(2n+1)\frac{\pi}{2}$，$n\in\mathbf{Z}$，值域为 $y\leqslant-1$ 或 $y\geqslant1$，周期为 2π，偶函数，如图 1.4.9 所示.

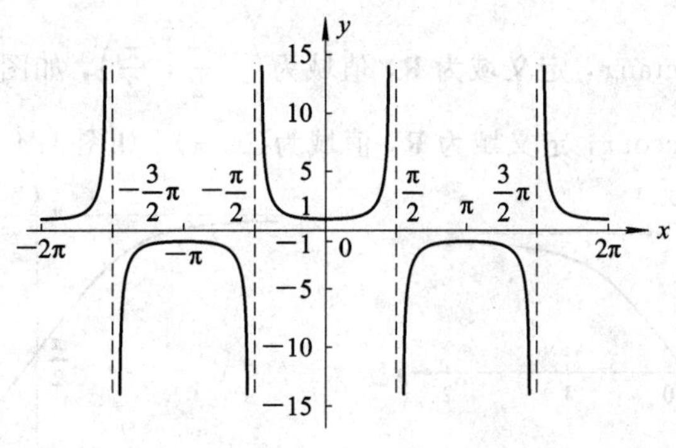

图 1.4.9

余割函数 $y=\csc x=\frac{1}{\sin x}$，定义域为 $x\in\mathbf{R}$ 且 $x\neq n\pi$，$n\in\mathbf{Z}$，值域为 $y\leqslant-1$ 或 $y\geqslant1$，周期为 2π，奇函数，如图 1.4.10 所示.

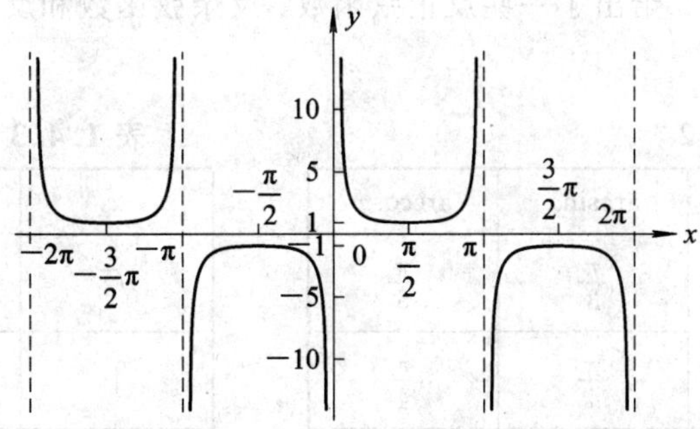

图 1.4.10

三角函数在研究周期性现象中相当重要. 在数学建模中用到的每个周期函数都可以表示成正弦和余弦的代数组合. 这样我们就能对大多数周期性现象进行分析了.

1.4.6　反三角函数

我们发现 6 个基本三角函数没有一个是一一对应的. 这些函数是没有反函数的. 但是如果在每一个情形中，限制其定义域就会产生一个有反函数的新的函数. 下面给出几个常用的反三角函数的具体形式和图像.

反正弦函数 $y=\arcsin x$，定义域为$[-1, 1]$，值域为$\left[-\frac{\pi}{2}, \frac{\pi}{2}\right]$，如图 1.4.11 所示.

反余弦函数 $y=\arccos x$，定义域为$[-1, 1]$，值域为$[0, \pi]$，如图 1.4.12 所示.

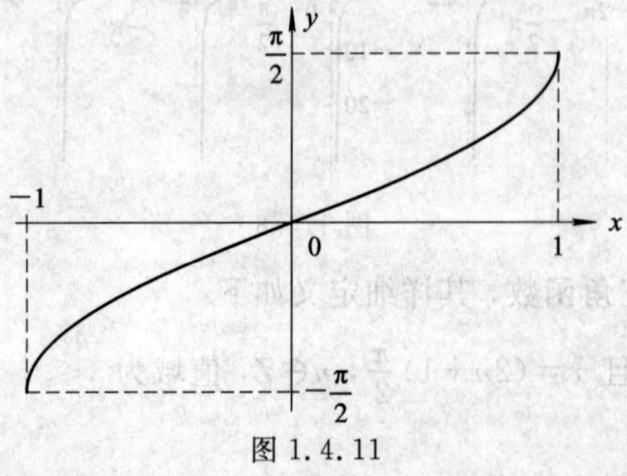

图 1.4.11

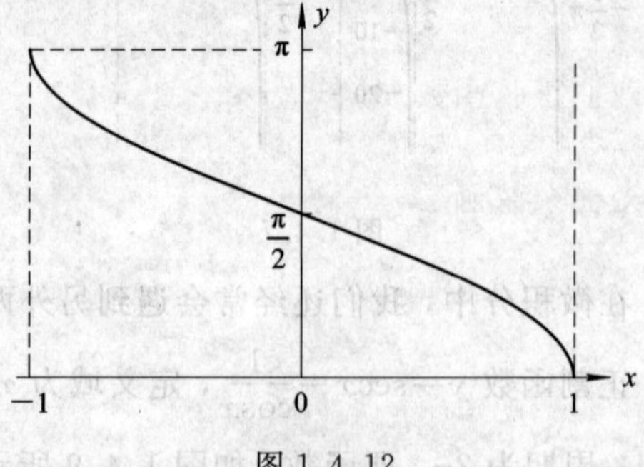

图 1.4.12

反正切函数 $y=\arctan x$，定义域为 **R**，值域为$\left(-\frac{\pi}{2}, \frac{\pi}{2}\right)$，如图 1.4.13 所示.

反余切函数 $y=\operatorname{arccot} x$，定义域为 **R**，值域为$(0, \pi)$，如图 1.4.14 所示.

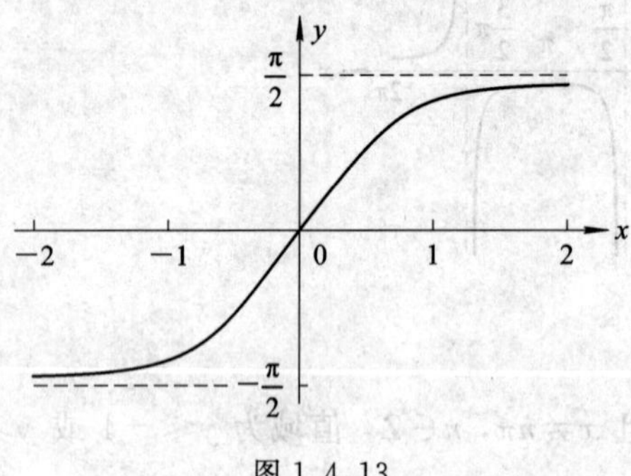

图 1.4.13

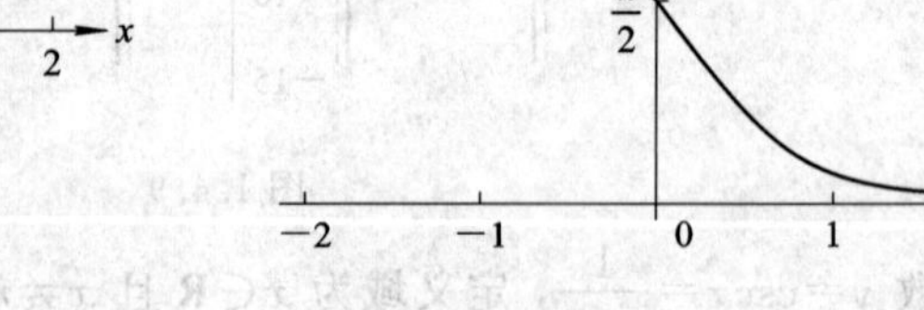

图 1.4.14

表 1.4.2 和表 1.4.3 给出了一些反正弦函数、反余弦函数和反正切函数的常用值，以便读者参考.

表 1.4.2

x	$\arcsin x$	$\arccos x$
$\frac{\sqrt{3}}{2}$	$\frac{\pi}{3}$	$\frac{\pi}{6}$
$\frac{\sqrt{2}}{2}$	$\frac{\pi}{4}$	$\frac{\pi}{4}$
$\frac{1}{2}$	$\frac{\pi}{6}$	$\frac{\pi}{3}$
$-\frac{1}{2}$	$-\frac{\pi}{6}$	$\frac{2\pi}{3}$
$-\frac{\sqrt{2}}{2}$	$-\frac{\pi}{4}$	$\frac{3\pi}{4}$
$-\frac{\sqrt{3}}{2}$	$-\frac{\pi}{3}$	$\frac{5\pi}{6}$

表 1.4.3

x	$\arctan x$
$\sqrt{3}$	$\frac{\pi}{3}$
1	$\frac{\pi}{4}$
$\frac{\sqrt{3}}{3}$	$\frac{\pi}{6}$
$-\frac{\sqrt{3}}{3}$	$-\frac{\pi}{6}$
-1	$-\frac{\pi}{4}$
$-\sqrt{3}$	$-\frac{\pi}{3}$

基本初等函数经过有限次加、减、乘、除和复合运算所得到的函数，称为初等函数. 我们在微积分中所研究的都是初等函数. 下面介绍一些常用的初等函数——双曲函数和反双曲函数.

1.4.7　双曲函数

双曲正弦函数 $\sinh x=\dfrac{e^x-e^{-x}}{2}$，定义域为 **R**，奇函数，如图 1.4.15 所示.

双曲余弦函数 $\cosh x=\dfrac{e^x+e^{-x}}{2}$，定义域为 **R**，偶函数，如图 1.4.16 所示.

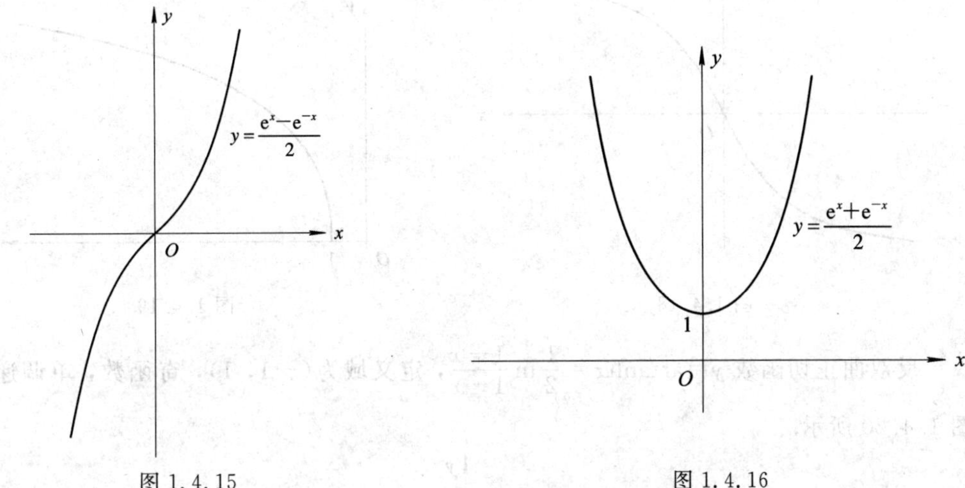

图 1.4.15　　图 1.4.16

双曲正切函数 $\tanh x=\dfrac{\sinh x}{\cosh x}=\dfrac{e^x-e^{-x}}{e^x+e^{-x}}$，定义域为 **R**，奇函数，有界函数，如图 1.4.17 所示.

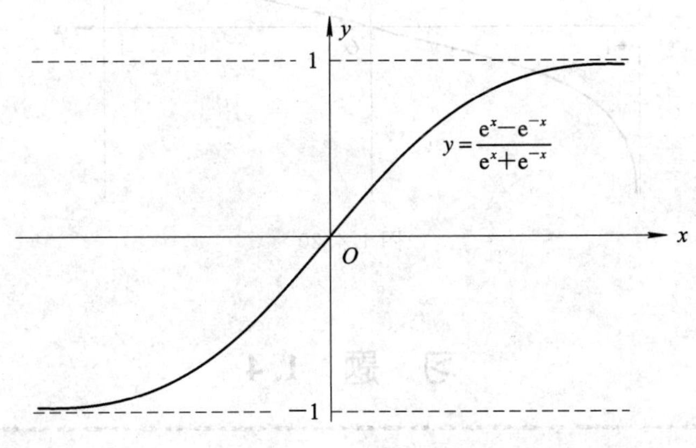

图 1.4.17

双曲函数常用公式如下：

(1) $\sinh(x\pm y)=\sinh x\ \cosh y\pm\cosh x\ \sinh y$；

(2) $\cosh(x\pm y)=\cosh x\ \cosh y\pm\sinh x\ \sinh y$；

(3) $\cosh^2 x-\sinh^2 x=1$；

(4) $\sinh 2x=2\ \sinh x\ \cosh x$；

(5) $\cosh 2x=\cosh^2 x+\sinh^2 x$.

1.4.8 反双曲函数

反双曲正弦函数 $y=\operatorname{arsinh}x=\ln(x+\sqrt{x^2+1})$，定义域为$\mathbf{R}$，奇函数，单调递增，如图1.4.18所示.

反双曲余弦函数 $y=\operatorname{arcosh}=\ln(x+\sqrt{x^2-1})$，定义域为$[1, +\infty)$，单调递增，如图1.4.19所示.

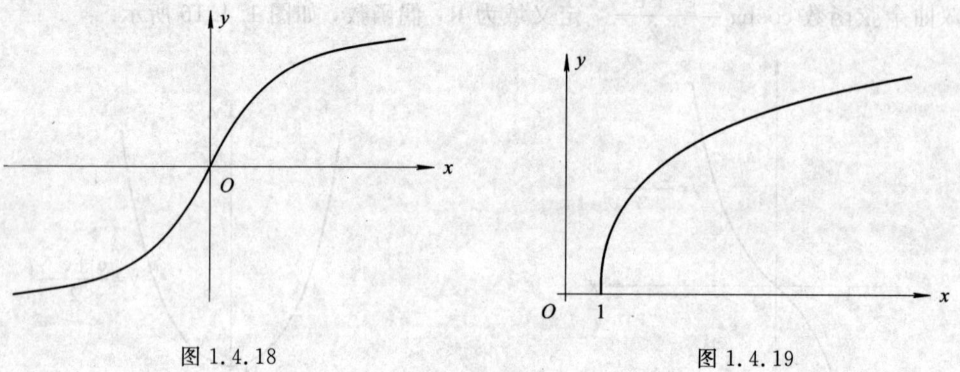

图 1.4.18　　　　图 1.4.19

反双曲正切函数 $y=\operatorname{artanh}x=\dfrac{1}{2}\ln\dfrac{1+x}{1-x}$，定义域为$(-1, 1)$，奇函数，单调递增，如图1.4.20所示.

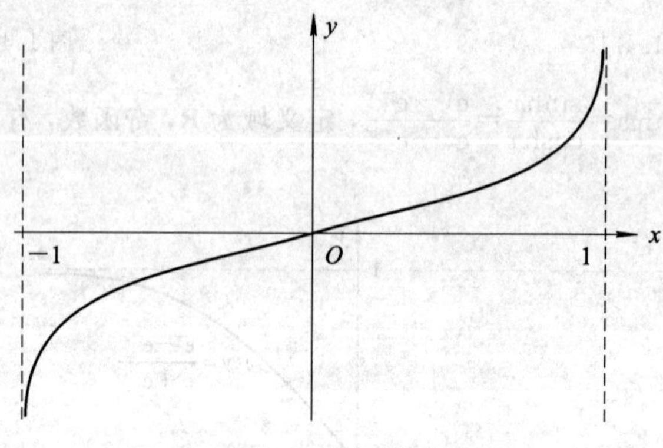

图 1.4.20

习 题 1.4

1. t 小时在细菌培养皿溶液中的细菌数为 $B=100e^{0.693t}$.

(1) 一开始的细菌数是多少?

(2) 6 小时后有多少细菌?

2. 设一个无盖的圆柱形容器的容积为 V，试将其表面积表示为底半径的函数.

3. (成本、收入和利润函数)设某企业生产某种产品，生产 x 件的总成本为 $C=C(x)$，称为总成本函数；销售 x 件的总收益为 $R=R(x)$，称为收益函数；收益函数和总成本函数之差 $L(x)=R(x)-C(x)$ 称为利润函数．这些函数的定义域均具有经济意义，一般情况下 $x>0$．假设该企业的总成本函数为 $C(x)=\frac{1}{2}x^2+20x+900$，收益函数为 $R(x)=306x-5x^2$．写出利润函数，并求销售10件时的利润．

自测题1

一、选择题

1. 下列函数中为奇函数的是(　　)．

A. $f(x)=\frac{e^x+e^{-x}}{2}$　　B. $f(x)=\frac{e^x-e^{-x}}{2}$

C. $f(x)=x^3-\cos x$　　D. $f(x)=x^5\sin x$

2. 设 $\varphi(t)=t^2+1$，则 $\varphi(t^2)=($　　$)$．

A. t^4+1　　B. t^4+2t^2+1

C. t^2+2t+1　　D. t^4+2t^2

3. 函数 $f(x)=\sqrt{\frac{1+x}{1-x}}$ 的定义域是(　　)．

A. $(-\infty, +\infty)$　　B. $(0, +\infty)$

C. $(-1, 1)$　　D. $[-1, 1)$

二、填空题

1. 设函数 $f(x)=2^x+a2^{-x}$ 是奇函数，则 $a=$________．

2. 函数 $f(x)=3^x$，则 $f(x+y)=$________．

3. 函数 $f(x)=\arccos\sqrt{2}x$ 的定义域是________．

4. 函数 $y=\ln(x-1)$ 的反函数是________．

三、解答题

1. 已知 $f(x)=\sin x$，$f[\varphi(x)]=1-x^2$，求 $\varphi(x)$．

2. 已知 $f(x)=\begin{cases}1, & |x|\leqslant 1\\ 0, & |x|>1\end{cases}$，求 $f[f(x)]$．

3. 已知 $f(x)=\frac{x+|x|}{2}(-\infty<x<+\infty)$，$g(x)=\begin{cases}x, & x<0\\ x^2, & x\geqslant 0\end{cases}$，求 $f[g(x)]$．

阅读材料1

第一次数学危机

从某种意义上来讲，现代意义下的数学(也就是作为演绎系统的纯粹数学)来源于古希腊的毕达哥拉斯学派. 这个学派兴旺的时期为公元前500年左右，它是一个唯心主义流派. 他们重视自然界及社会中不变因素的研究，把几何、算术、天文学、音乐称为“四艺”，在其中追求宇宙的和谐及规律性. 他们认为“万物皆数”，认为数学知识是可靠的、准确的，而且可以应用于现实世界中. 数学知识是由纯粹的思维而获得的，并不需要观察、直觉及日常经验.

毕达哥拉斯学派认为数就是指整数，他们在数学上的一项重大发现是证明了毕达哥拉斯定理，也就是我们所说的勾股定理. 他们知道满足直角三角形三边长的一般公式，但由此也发现了一些直角三角形的三边长不能用整数比来表达，也就是勾长或股长与弦长是不可通约的. 比如，两条直角边均为1的直角三角形，斜边的长度是$\sqrt{2}$. 而$\sqrt{2}$是无法用两个整数之比来表示的. 这样一来，就否定了毕达哥拉斯学派的信条：宇宙间的一切现象都能归结为整数或整数之比.

不可通约性的发现引起了第一次数学危机. 有人说，不可通约性是希帕索斯约在公元前400年发现的，为此，他的同伴把他抛进大海. 不过更有可能是毕达哥拉斯已经知道这种事实，而希帕索斯因泄密而被处死. 不管怎样，这个发现对古希腊的数学观点有极大冲击. 首先，对于全部依靠整数的毕氏哲学，这是一次致命的打击. 其次，无理数看来与常识似乎相矛盾. 在几何上的对应情况同样也是令人惊讶的，因为与直观相反，存在不可通约的线段，即没有公共的量度单位的线段. 由于毕氏学派关于比例定义假定了任何两个同类量是可通约的，所以毕氏学派比例理论中的所有命题都局限在可通约的量上，这样，他们的关于相似形的一般理论也失效了. “逻辑上的矛盾”是如此之大，以至于有一段时间，他们费了很大的精力将此事保密，不准外传. 但是人们很快发现不可通约性并不是罕见的现象. 泰奥多勒斯指出，面积等于3、5、6、…、17的正方形的边与单位正方形的边也不可通约，并对每一种情况都单独予以了证明. 随着时间的推移，无理数的存在逐渐成为人们所共知的事实.

在大约公元前370年，这个矛盾被毕氏学派的欧多克斯通过给比例下新定义的方法解决了. 他的处理不可通约量的方法出现在欧几里得的《几何原本》第5卷中，并且和狄德金于1872年给出的无理数的现代解释基本一致. 今天中学几何课本中对相似三角形的处理仍然反映出由不可通约量而带来的某些困难和微妙之处.

第一次数学危机表明，几何学的某些真理与算术无关，几何量不完全由整数及其比来表示，反之数却可以由几何量表示出来. 整数的尊崇地位受到挑战，古希腊的数学观点受到极大冲击，于是几何学开始在希腊数学中占有特殊地位. 同时也反映出，直觉和经验不一定靠得住，而推理证明才是可靠的. 从此希腊人开始从“自明的”公理出发，经过演绎推理，并由此建立了古典逻辑与欧氏几何学. 这是数学思想上一次巨大的革命，也是第一次数学危机的自然产物.

资料来源：百度百科

第2章 极限与连续

第1章中已经介绍了微积分的基础——集合和函数的一些基本概念，而微积分中的许多基本概念，如连续、导数、定积分等都是建立在极限基础上的. 数学家M. A.拉夫纶捷夫说过："数学极限法的创造是对那些不能够用算术、代数和初等几何的简单方法来求解的问题进行了许多世纪的顽强探索的结果". 本章将介绍数列的极限、函数的极限、极限的性质、极限的运算法则以及极限的一个应用——连续函数.

本章的基本要求如下：

(1) 了解数列极限和函数极限的定义.

(2) 熟练掌握极限的各种运算法则.

(3) 了解无穷大与无穷小的定义，熟练掌握无穷大与无穷小的性质.

(4) 熟练掌握等价无穷小的计算方法.

(5) 掌握连续的概念、间断点的分类以及闭区间上连续函数的性质.

2.1 数列的极限

我们先来看几个例子：

$1, 1, 1, 1, \cdots, 1, \cdots$

$1, \frac{1}{2}, \frac{1}{3}, \frac{1}{4}, \cdots, \frac{1}{n}, \cdots$

$\frac{1}{2}, \frac{1}{4}, \frac{1}{8}, \frac{1}{16}, \cdots, \frac{1}{2^n}, \cdots$

$-1, 1, -1, 1, \cdots, (-1)^{n-1}, \cdots$

在这几个例子当中，都是按照一定顺序排列的一些数. 我们把按照一定顺序排列的无穷多个数

$$a_1, a_2, \cdots, a_n, \cdots$$

称为无穷数列，简称数列，记做$\{a_n\}$. 其中a_n称为数列的通项或一般项. 例如：

$1, \frac{1}{2}, \frac{1}{3}, \frac{1}{4}, \cdots, \frac{1}{n}, \cdots$可以表示成$\left\{\frac{1}{n}\right\}$；

$\frac{1}{2}, \frac{1}{4}, \frac{1}{8}, \frac{1}{16}, \cdots, \frac{1}{2^n}, \cdots$可以表示成$\left\{\frac{1}{2^n}\right\}$；

$-1, 1, -1, 1, \cdots, (-1)^{n-1}, \cdots$可以表示成$\{(-1)^{n-1}\}$.

公元前 4 世纪，我国春秋战国时期的哲学家庄子在他的《庄子·天下篇》中记有这样一段极富哲理的名句："一尺之棰，日取其半，万事不竭"．也就是说，一尺长的木棍，每天取下它的一半，永远也取不完．我们把逐日取下来的木棍的长度依次列出来，就得到了一个前面给出的数列$\left\{\frac{1}{2^n}\right\}$．对于这个数列，当 n 无限增大时，通项$\frac{1}{2^n}$就会无限变小，并且无限地接近于常数 0，但是永远不等于 0．

公元 3 世纪，我国古代数学家刘徽利用圆内接正多边形来推算圆的面积，这个方法称做割圆术，即"割之弥细，所失弥少，割之又割，以至不可割，则与圆周合体而无所失矣"．割圆术，就是极限思想在几何学上的应用．

设有一圆，首先作内接正六边形，把它的面积记为 A_1；再作内接正十二边形，其面积记为 A_2；…；再作内接正 $6\times2^{n-1}$ 边形，其面积记为 $A_n(n\in\mathbf{N})$．当 n 无限增大时，这个数列$\{A_n\}$越来越接近圆的面积，如图 2.1.1 所示．

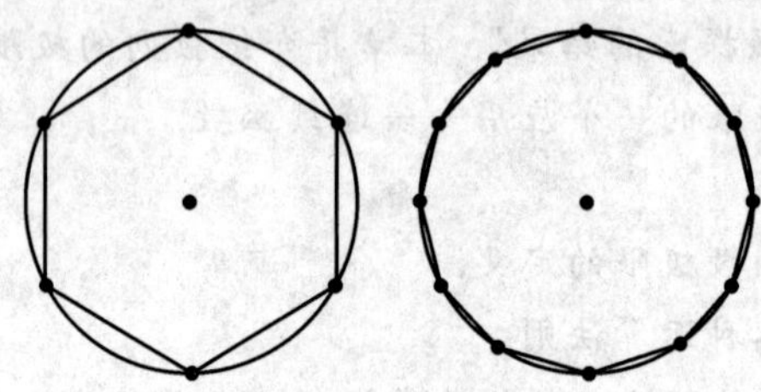

图 2.1.1

在数列$\left\{\frac{1}{n}\right\}$中，当 n 无限增大时，通项 $a_n=\frac{1}{n}$无限地接近于常数 0，并且是想让它有多近就能有多近，则称数列$\left\{\frac{1}{n}\right\}$以 0 为极限．

同样地，对于数列$\left\{1+\frac{(-1)^n}{n}\right\}$而言，当 n 无限增大时，通项 $a_n=1+\frac{(-1)^n}{n}$无限地接近于常数 1，则称数列$\left\{1+\frac{(-1)^n}{n}\right\}$的极限为 1．

由此，我们可以得出数列极限的定义．

定义 2.1.1 给定数列$\{a_n\}$，如果当项数 n 无限增大时，通项 a_n无限地趋向于(或接近于)某一个常数 A，则称 A 为 n 趋于无穷时数列$\{a_n\}$的极限，记做

$$\lim_{n\to\infty}a_n=A \text{ 或 } a_n\to A\ (n\to\infty)$$

当一个数列有极限的时候，我们也说这个数列是收敛的．

如果当 $n\to\infty$时，数列$\{a_n\}$不以任何常数为极限，则称数列$\{a_n\}$是发散的．

例 2.1.1 下列各数列是否收敛，若收敛，试指出其收敛于何值．

(1) $\{2^n\}$； (2) $\left\{\frac{1}{2^{n-1}}\right\}$； (3) $\{(-1)^{n+1}\}$； (4) $\left\{\frac{n-1}{n}\right\}$； (5) $\{1\}$．

解 (1) 数列$\{2^n\}$即为

$$2,\ 4,\ 8,\ \cdots,\ 2^n,\ \cdots$$

可见，当 n 无限增大时，2^n也无限增大，故该数列是发散的．

(2) 数列$\left\{\frac{1}{2^{n-1}}\right\}$即为

$$1, \frac{1}{2}, \frac{1}{3}, \cdots, \frac{1}{2^n}, \cdots$$

可见，当 n 无限增大时，$\frac{1}{2^{n-1}}$ 无限地接近于 0，故该数列收敛于 0，记做

$$\lim_{n\to\infty}\frac{1}{2^{n-1}}=0$$

(3) 数列 $\{(-1)^{n+1}\}$ 即为

$$1, -1, 1, -1, \cdots, (-1)^{n+1}, \cdots$$

可见，当 n 无限增大时，$(-1)^{n+1}$ 无休止地反复取 1，-1 两个数，而不会无限接近于任何一个确定的常数，故该数列是发散的.

(4) 数列 $\left\{\frac{n-1}{n}\right\}$ 即为

$$0, \frac{1}{2}, \frac{2}{3}, \frac{3}{4}, \cdots, \frac{n-1}{n}, \cdots$$

可见，当 n 无限增大时，$\frac{n-1}{n}$ 无限地接近于 1，故该数列收敛于 1，记做

$$\lim_{n\to\infty}\frac{n-1}{n}=1$$

(5) 数列 $\{1\}$ 即为

$$1, 1, 1, 1, \cdots, 1, \cdots$$

这个数列每一项都等于 1，这是我们所说的常数列. 对于常数列来说，它的极限就是它自身，即

$$\lim_{n\to\infty}1=1$$

习 题 2.1

下列各题中，哪些数列收敛，哪些数列发散？对收敛数列，通过观察 $\{a_n\}$ 的变化趋势，写出它的极限.

(1) $a_n=\frac{1}{3^n}$； (2) $a_n=(-1)^n\frac{1}{n}$； (3) $a_n=3+\frac{1}{n^2}$；

(4) $a_n=\frac{n-1}{n+1}$； (5) $a_n=(-1)^n n$； (6) $a_n=\frac{2^n}{3^n-1}$；

(7) $a_n=n-\frac{1}{n}$； (8) $[(-1)^n+1]\frac{n}{n+1}$.

2.2 函数的极限

2.1 节介绍了数列及其极限的基本概念，实际上一个数列可以看成是以正整数为自变量的函数 $y=f(n)$，当 n 依次取 1，2，3，…所得到的一系列函数值

$$a_1=f(1),\ a_2=f(2),\ a_3=f(3),\ \cdots,\ a_n=f(n),\ \cdots$$

所以数列的极限可以看成是一种特殊函数的极限. 下面我们来讨论定义在实数集上，而自变量连续取值的函数 $y=f(x)$ 的极限. 首先讨论当 x 无限增大(记做 $x\to+\infty$)时函数 $f(x)$ 的极限.

2.2.1 x 无限增大(记做 $x\to+\infty$)时函数 $f(x)$ 的极限

我们先来看两个例子.

例 2.2.1 考察当 $x\to+\infty$ 时，函数 $f(x)=\frac{1}{x}(x\neq0)$ 的变化趋势.

从图 2.2.1 中我们可以看到，当自变量 $x\to+\infty$ 时函数 $f(x)=\frac{1}{x}(x\neq0)$ 就会无限地变小，并且无限地接近于常数 0. 这时，我们就把常数 0 称为函数 $f(x)=\frac{1}{x}$ 当 $x\to+\infty$ 时的极限.

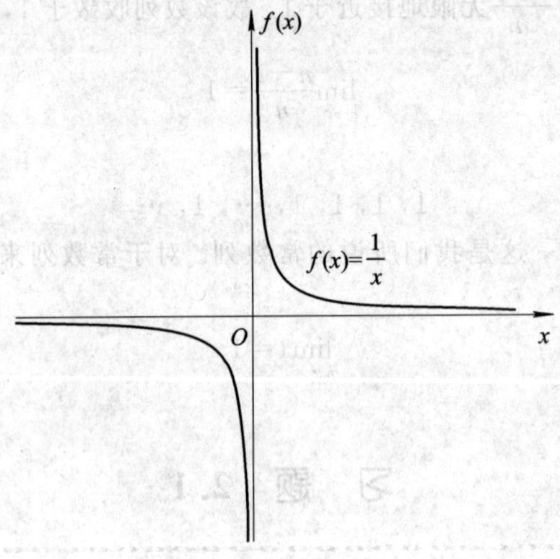

图 2.2.1

例 2.2.2 考察当 $x\to+\infty$ 时，函数 $f(x)=\frac{\sin x}{x}(x\neq0)$ 的变化趋势.

从图 2.2.2 中我们可以看到，当自变量 $x\to+\infty$ 时，函数 $f(x)=\frac{\sin x}{x}$ 的值在 0 的上下

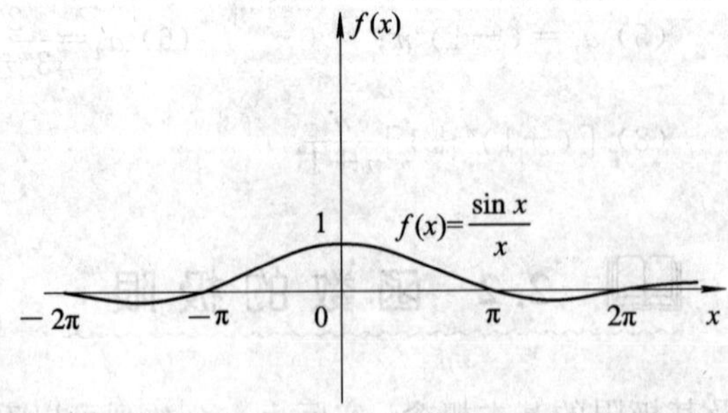

图 2.2.2

来回摆动，并且摆动的幅度越来越小，最终无限地接近于0. 这时，我们就把常数0称为函数 $f(x)=\frac{\sin x}{x}$ 当 $x\to+\infty$ 时的极限.

定义 2.2.1 一般地，给定函数 $f(x)$，如果当 x 无限增大时，$f(x)$ 无限地接近于某一个常数 A，那么我们就称这个常数 A 为函数 $f(x)$ 当 $x\to+\infty$ 时的极限，记做

$$\lim_{x\to+\infty} f(x)=A \text{ 或 } f(x)\to A(x\to+\infty)$$

例如，我们可以将例 2.2.1 和例 2.2.2 中的两个极限分别表示成

$$\lim_{x\to+\infty}\frac{1}{x}=0 \text{ 和 } \lim_{x\to+\infty}\frac{\sin x}{x}=0$$

从图 2.2.1 和图 2.2.2 中，我们还可以发现当 x 无限减小(记做 $x\to-\infty$)时，$f(x)=\frac{1}{x}$ 和 $f(x)=\frac{\sin x}{x}$ 都向0无限靠近，那么和 $x\to+\infty$ 时的情形类似，我们称0为这两个函数当 $x\to-\infty$ 时的极限，记做

$$\lim_{x\to-\infty}\frac{1}{x}=0 \text{ 和 } \lim_{x\to-\infty}\frac{\sin x}{x}=0$$

对于一个函数 $f(x)$ 而言，如果当 $x\to+\infty$ 时的极限和当 $x\to-\infty$ 时的极限都等于常数 A，则称这个常数 A 为函数 $f(x)$ 当 $x\to\infty$ 时的极限，记做

$$\lim_{x\to\infty} f(x)=A \text{ 或 } f(x)\to A(x\to\infty)$$

同时，我们能够得到一个函数 $f(x)$ 当 $x\to\infty$ 时极限存在的重要条件，即定理 2.2.1.

定理 2.2.1 $\lim\limits_{x\to\infty} f(x)=A \Leftrightarrow \lim\limits_{x\to+\infty} f(x)=A$ 且 $\lim\limits_{x\to-\infty} f(x)=A$.

例 2.2.3 考察当 $x\to\infty$ 时，函数 $f(x)=\frac{1+x^3}{2x^3}$ 的极限.

从图 2.2.3 中可以看到，无论 $x\to+\infty$ 还是 $x\to-\infty$，函数 $f(x)=\frac{1+x^3}{2x^3}$ 都无限地接近于常数 $\frac{1}{2}$，所以 $\lim\limits_{x\to\infty}\frac{1+x^3}{2x^3}=\frac{1}{2}$.

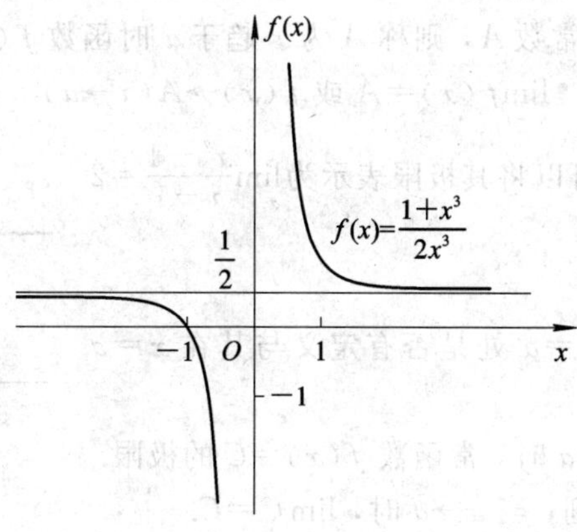

图 2.2.3

接下来讨论另一种函数的极限.

2.2.2 x 趋于有限值时的极限

例 2.2.4 考察函数 $f(x)=\dfrac{x^2-1}{x-1}$在 $x=1$ 处的特征.

从函数的形式中我们发现，该函数的定义域为 $x\in\mathbf{R}$ 且 $x\neq 1$. 对于任何 $x\neq 1$，我们可以通过对分子的因式分解，消去公因子而化简这个函数，即

$$f(x)=\frac{x^2-1}{x-1}=\frac{(x+1)(x-1)}{x-1}=x+1$$

因此该函数的图像就是挖掉点(1, 2)的直线 $y=x+1$，如图 2.2.4 所示.

而对于这个函数来说，尽管 $f(1)$没有定义，但是我们可以通过选 x 充分靠近 1 而使 $f(x)$的值靠近 2.

从表 2.2.1 中可以看到，当 x 趋近于 1(记做 $x\to 1$)时，$f(x)$无限地趋近于 2. 这时我们称常数 2 为函数 $f(x)=\dfrac{x^2-1}{x-1}$当 $x\to 1$ 时的极限.

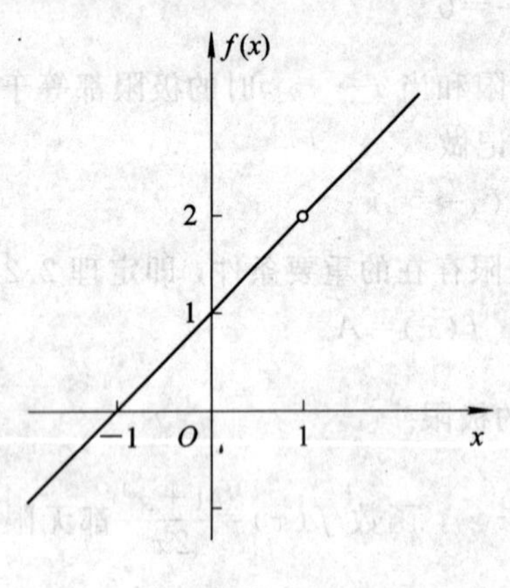

图 2.2.4

表 2.2.1

x	$f(x)=\dfrac{x^2-1}{x-1}$
0.9	1.9
1.1	2.1
0.99	1.99
1.01	2.01
0.999	1.999
1.001	2.001
0.9999	1.9999
1.0001	2.0001

定义 2.2.2 一般地，设函数 $f(x)$在 $U(\bar{a})$上有定义，如果当 x 无限地趋近于 a 时，$f(x)$无限地趋近于某一个常数 A，则称 A 为 x 趋于 a 时函数 $f(x)$的极限，记做

$$\lim_{x\to a}f(x)=A \text{ 或 } f(x)\to A(x\to a)$$

在例 2.2.4 中，我们可以将其极限表示为$\lim\limits_{x\to 1}\dfrac{x^2-1}{x-1}=2$

或$\dfrac{x^2-1}{x-1}\to 2(x\to 1)$.

注意 函数 $f(x)$在 $x=a$ 处是否有定义与其在 $x=a$ 处有没有极限并无关联.

例 2.2.5 考察当 $x\to a$ 时，常函数 $f(x)=C$ 的极限.

从图 2.2.5 中可以看到，当 $x\to a$ 时，$\lim\limits_{x\to a}C=C$.

f(x)
f(x)=C
C
O a x

图 2.2.5

以上所讲的 x 趋于 a 时 $f(x)$的极限为 A，包含了两种情形：一个是当 $x>a$ 时向 a 趋近；另一个是当 $x<a$ 时向 a 趋近. 这两种情形下 $f(x)$都趋近于 A. 有时我们还要考虑 x 仅从 a 的一侧趋近于 a 时 $f(x)$的极限.

例 2.2.6 函数 $y=f(x)$的图像如图 2.2.6 所示，从图像中我们可以看到，当 x 从 0 的左侧(即 $x<0$)向 0 趋近时，$f(x)$无限地趋近于-1，这时我们称-1 为 $f(x)$当 x 趋于 0 时的左极限. 当 x 从 0 的右侧(即 $x>0$)向 0 趋近时，$f(x)$无限地趋近于 1，类似地，我们称 1 为 $f(x)$当 x 趋于 0 时的右极限.

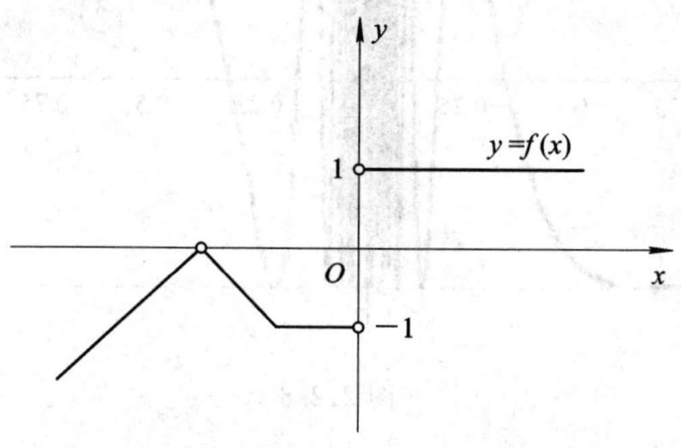

图 2.2.6

定义 2.2.3 一般地，设函数 $f(x)$在$U(\bar{a})$上有定义，如果 x 从 a 的左侧(即 $x<0$)无限地趋近于 a 时，$f(x)$无限地趋近于某一个常数 A，则称常数 A 为函数 $f(x)$当 x 趋于 a 时的左极限，记做

$$\lim_{x\to a^-} f(x)=A \text{ 或 } f(x)\to A(x\to a^-)$$

也可简记为 $f(a^-)$.

同样地，我们可以定义函数 $f(x)$当 x 趋于 a 时的右极限 $f(a^+)$，记做

$$\lim_{x\to a^+} f(x)=A \text{ 或 } f(x)\to A(x\to a^+)$$

在例 2.2.6 中，0 的左、右极限分别为 $\lim\limits_{x\to 0^-} f(x)=-1$，$\lim\limits_{x\to 0^+} f(x)=1$. 注意，$f(x)$在 $x=0$ 处的左、右极限不相等，所以 $f(x)$在 $x=0$ 处没有极限.

定理 2.2.2 $\lim\limits_{x\to a} f(x)=A \Leftrightarrow \lim\limits_{x\to a^+} f(x)=A$ 且 $\lim\limits_{x\to a^-} f(x)=A$.

例 2.2.7 证明$\lim\limits_{x\to 0}\dfrac{|x|}{x}$不存在.

证 因为

$$\lim_{x\to 0^-}\frac{|x|}{x}=\lim_{x\to 0^-}\frac{-x}{x}=\lim_{x\to 0^-}(-1)=-1$$

$$\lim_{x\to 0^+}\frac{|x|}{x}=\lim_{x\to 0^+}\frac{x}{x}=\lim_{x\to 0^+}1=1$$

可见，左、右极限存在但不相等，所以$\lim\limits_{x\to 0} f(x)$不存在，图像如图 2.2.7 所示.

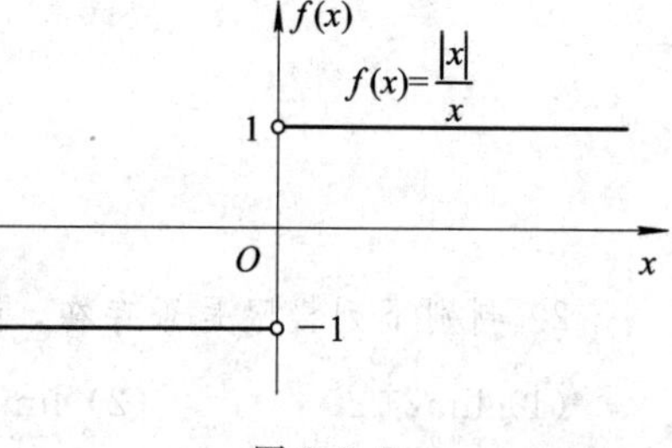

图 2.2.7

例 2.2.8 讨论当 x 趋于 0 时函数 $f(x)=\sin\dfrac{1}{x}$的变化趋势.

从图 2.2.8 中我们可以看到，当 x 无限地趋向于 0 时，$f(x)=\sin\dfrac{1}{x}$的图形在-1 与 1 之间发生了剧烈的振荡，即 $f(x)$不趋向于某一个常数，所以当 $x\to 0$ 时，$f(x)=\sin\dfrac{1}{x}$没有极限.

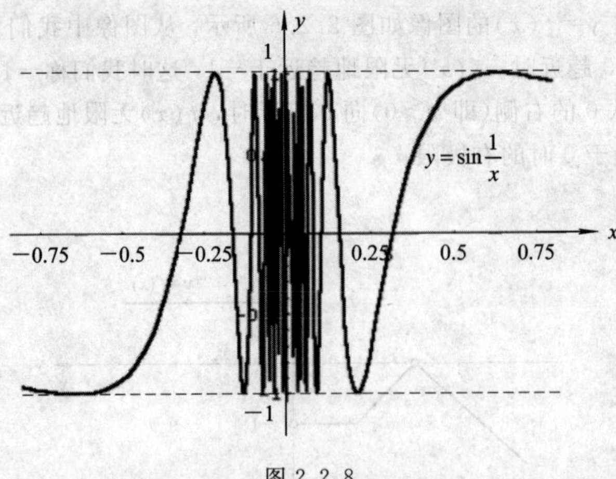

图 2.2.8

习 题 2.2

1. 讨论图 2.2.9 所示函数 $f(x)$ 的极限：

(1) $\lim\limits_{x\to-1}f(x)$；　(2) $\lim\limits_{x\to0}f(x)$；　(3) $\lim\limits_{x\to1}f(x)$；　(4) $\lim\limits_{x\to2}f(x)$.

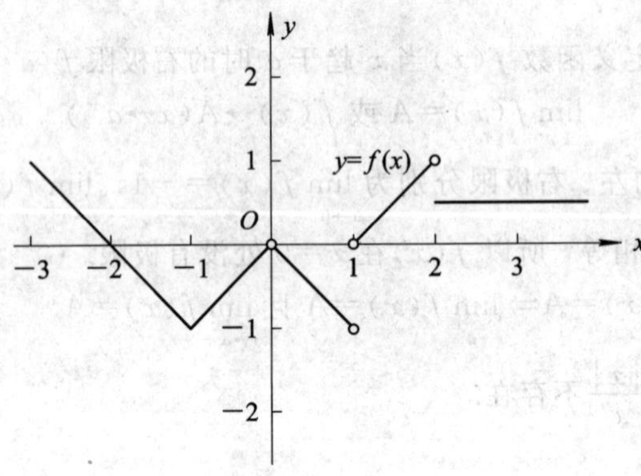

图 2.2.9

2. 判别下列极限是否存在，如果存在，求出其值：

(1) $\lim\limits_{x\to0}2^{\frac{1}{x}}$；　(2) $\lim\limits_{x\to\infty}e^{\frac{1}{x}}$；　(3) $\lim\limits_{x\to0}e^{-\frac{1}{x^2}}$.

2.3 无穷大量与无穷小量

2.3.1 无穷大量

我们先来看两个函数的极限：

$$\lim_{x\to+\infty}2^x=+\infty,\ \lim_{x\to0}\frac{1}{x}=\infty$$

对于函数 $f(x)=2^x$，当 $x\to+\infty$时，其函数值无限增大；而对于函数 $f(x)=\frac{1}{x}$，当 $x\to 0$ 时，其函数值的绝对值无限增大．这种函数的变化趋势称做是无穷大量．

如果在自变量的某一变化过程中，函数 $f(x)$的绝对值$|f(x)|$无限增大，则称函数 $f(x)$的极限是无穷大，记做 $f(x)\to\infty$ $(x\to a$ 或 $x\to\infty)$，称函数 $f(x)$为此过程中的无穷大量，简称无穷大．

注意 无穷大量是绝对值无限增大的变量，而不是很大的数．另外，无穷大一定要和自变量的变化过程联系起来．例如 $f(x)=\frac{1}{x}$，当 $x\to 0$ 时，其极限为无穷大，而当 $x\to 1$ 时，其极限为 1.

2.3.2 无穷小量

与无穷大量相反，有些函数在自变量的某一变化过程中，其函数值的绝对值会越变越小，并最终趋向于 0，我们把这种以 0 为极限的变量称做是无穷小量．即如果函数 $f(x)$在自变量的某一变化过程中以 0 为极限，则称 $f(x)$为此过程中的无穷小量，简称无穷小．

例如，因为$\lim\limits_{x\to 0}\sin x=0$，所以函数 $f(x)=\sin x$ 是当 $x\to 0$ 时的无穷小．

因为$\lim\limits_{x\to\infty}\frac{1}{x}=0$，所以函数 $f(x)=\frac{1}{x}$是当 $x\to\infty$时的无穷小．

因为$\lim\limits_{n\to\infty}\frac{(-1)^n}{n}=0$，所以数列$\left\{\frac{(-1)^n}{n}\right\}$是当 $n\to\infty$时的无穷小．

注意 无穷小量是一个变量，描述了向 0 趋近的变化趋势，而不是很小的数．但是 0 可以作为无穷小量的唯一的常数，是一个特殊的无穷小．

无穷小量是微积分理论中的一个非常重要的基本概念，极限就与无穷小量有密切的关系，下面我们给出一个将变量、极限和无穷小量联系起来的定理．

定理 2.3.1 $\lim\limits_{x\to x_0}f(x)=A\Leftrightarrow f(x)=A+\alpha(x)$，其中 $\alpha(x)$是当 $x\to x_0$时的无穷小．

除此之外，无穷小量还具有其他一些非常重要的性质．

定理 2.3.2 在同一过程中，有限个无穷小的代数和仍是无穷小．

注意 无穷多个无穷小的代数和未必是无穷小．

例如，当 $n\to\infty$时，$\frac{1}{n}$是无穷小，但 n 个$\frac{1}{n}$的和为 1 而不是无穷小．

定理 2.3.3 有界函数与无穷小的乘积是无穷小．

推论 2.3.1 在自变量的同一变化过程中，有极限的变量与无穷小的乘积是无穷小．

推论 2.3.2 常数与无穷小的乘积是无穷小．

推论 2.3.3 有限个无穷小的乘积是无穷小．

例如，当 $x\to 0$ 时，$x\sin\frac{1}{x}$，$x^2\arctan\frac{1}{x}$都是无穷小．

2.3.3 无穷小与无穷大的关系

我们先来看函数 $f(x)=x^2$，当 $x\to\infty$时，$x^2\to+\infty$，而$\frac{1}{x^2}\to 0$．对于另一个函数

$f(x)=\sin x$，当 $x\to 0$ 时，$\sin x\to 0$，而$\frac{1}{\sin x}\to\infty$. 于是我们有了下面的定理.

定理 2.3.4 在自变量的同一变化过程中，

(1) 若 $f(x)$是无穷大量，则$\frac{1}{f(x)}$为无穷小量；

(2) 若 $f(x)$是无穷小量且 $f(x)\neq 0$，则$\frac{1}{f(x)}$为无穷大量.

注意 无穷大与无穷小互为倒数的关系，必须置于自变量的同一变化过程中，否则两者之间没有必然联系.

例 2.3.1 求$\lim\limits_{x\to\infty}\frac{x^4}{x^3+5}$.

解 因为$\lim\limits_{x\to\infty}\frac{x^3+5}{x^4}=\lim\limits_{x\to\infty}\left(\frac{1}{x}+\frac{5}{x^4}\right)=0$，根据无穷小与无穷大的关系有$\lim\limits_{x\to\infty}\frac{x^4}{x^3+5}=\infty$.

习 题 2.3

1. 两个无穷小量的商是否一定是无穷小量？举例说明.

2. 下列变量在给定的变化过程中，哪些是无穷大量？哪些是无穷小量？

(1) $y=\frac{x^2-9}{x+3}(x\to 3)$；

(2) $y=\frac{x+3}{x^2-1}(x\to 1)$；

(3) $y=\sin\frac{1}{x}(x\to\infty)$；

(4) $y=\ln x(x\to 0^+)$.

3. 求下列极限：

(1) $\lim\limits_{x\to\infty}\frac{2x+1}{x}$；

(2) $\lim\limits_{x\to 0}\frac{1-x^2}{1-x}$.

2.4 极限运算法则

前面我们已经介绍了极限的基本概念和运算. 但是在实际中碰到的函数往往形式都比较复杂，这时求解函数的极限也就变得非常复杂. 为了解决这类函数的极限问题，我们可以通过一些基本的运算法则达到简化计算并迅速求解的目的.

2.4.1 极限的四则运算法则

定理 2.4.1 若在同一变化过程下，$\lim f(x)$和 $\lim g(x)$都存在，并且 $\lim f(x)=A$，$\lim g(x)=B$，则

(1) $\lim[f(x)\pm g(x)]=A\pm B$；

(2) $\lim[f(x)\cdot g(x)]=A\cdot B$；

(3) $\lim\frac{f(x)}{g(x)}=\frac{A}{B}$，其中 $B\neq 0$.

这就是关于极限的四则运算法则，定理中的结论(1)和(2)可以推广到有限多个函数相加减和相乘的情形．同时，根据结论(2)，我们还可以得到下面的推论．

推论 2.4.1　如果 $\lim f(x)$存在，而 c 为常数，则

$$\lim[cf(x)]=c\lim f(x)$$

这说明，在极限运算中，常数因子可以提到极限符号外面．

推论 2.4.2　如果 $\lim f(x)$存在，n 是正整数，则

$$\lim[f(x)]^n=[\lim f(x)]^n$$

例 2.4.1　求$\lim\limits_{x\to 2}(x^2-3x+5)$．

解

$$\begin{aligned}\lim_{x\to 2}(x^2-3x+5)&=\lim_{x\to 2}x^2-\lim_{x\to 2}3x+\lim_{x\to 2}5\\&=(\lim_{x\to 2}x)^2-3\lim_{x\to 2}x+\lim_{x\to 2}5\\&=2^2-3\cdot 2+5=3\end{aligned}$$

例 2.4.2　求$\lim\limits_{x\to 2}\dfrac{x^3-1}{x^2-3x+5}$．

解　因为

$$\begin{aligned}\lim_{x\to 2}(x^2-3x+5)&=\lim_{x\to 2}x^2-\lim_{x\to 2}3x+\lim_{x\to 2}5\\&=(\lim_{x\to 2}x)^2-3\lim_{x\to 2}x+\lim_{x\to 2}5\\&=2^2-3\cdot 2+5=3\neq 0\end{aligned}$$

所以

$$\lim_{x\to 2}\frac{x^3-1}{x^2-3x+5}=\frac{\lim\limits_{x\to 2}x^3-\lim\limits_{x\to 2}1}{\lim\limits_{x\to 2}(x^2-3x+5)}=\frac{2^3-1}{3}=\frac{7}{3}$$

通过这个例题，我们可以总结出求这种多项式函数以及有理函数极限的一般方法：

(1) 设 $f(x)=a_0x^n+a_1x^{n-1}+\cdots+a_n$，则有

$$\lim_{x\to x_0}f(x)=a_0(\lim_{x\to x_0}x)^n+a_1(\lim_{x\to x_0}x)^{n-1}+\cdots+a_n=a_0x_0{}^n+a_1x_0{}^{n-1}+\cdots+a_n=f(x_0)$$

(2) 设 $f(x)=\dfrac{P(x)}{Q(x)}$且 $Q(x_0)\neq 0$，则有

$$\lim_{x\to x_0}f(x)=\frac{\lim\limits_{x\to x_0}P(x)}{\lim\limits_{x\to x_0}Q(x)}=\frac{P(x_0)}{Q(x_0)}=f(x_0)$$

注意，如果 $Q(x_0)=0$，则上述法则不能应用．

例 2.4.3　求$\lim\limits_{x\to 1}\dfrac{4x-1}{x^2+2x-3}$．

解　因为$\lim\limits_{x\to 1}(x^2+2x-3)=0$，所以商的法则不能用．

又因为$\lim\limits_{x\to 1}(4x-1)=3\neq 0$，所以

$$\lim_{x\to 1}\frac{x^2+2x-3}{4x-1}=\frac{0}{3}=0$$

出无穷小与无穷大的关系，得

$$\lim_{x\to 1}\frac{4x-1}{x^2+2x-3}=\infty$$

例 2.4.4 求$\lim\limits_{x\to1}\frac{x^2-1}{x^2+2x-3}$.

解 当 $x\to1$ 时，分子、分母的极限都是 0，这种类型的极限记做$\frac{0}{0}$型. 求解时可以先约去不为 0 的无穷小因子 $x-1$ 后再求极限，即

$$\lim_{x\to1}\frac{x^2-1}{x^2+2x-3}=\lim_{x\to1}\frac{(x+1)(x-1)}{(x+3)(x-1)}=\lim_{x\to1}\frac{x+1}{x+3}=\frac{1}{2}$$

我们把这种方法称做约去零因子法.

例 2.4.5 求$\lim\limits_{x\to\infty}\frac{2x^3+3x^2+5}{7x^3+4x^2-1}$.

解 当 $x\to\infty$时，分子、分母的极限都是无穷大，这种类型的极限记做$\frac{\infty}{\infty}$型. 求解时可以用分子、分母中幂次最高的项去除分子、分母，分出无穷小，再求极限. 本例中，我们用 x^3去除分子、分母，即

$$\lim_{x\to\infty}\frac{2x^3+3x^2+5}{7x^3+4x^2-1}=\lim_{x\to\infty}\frac{2+\frac{3}{x}+\frac{5}{x^3}}{7+\frac{4}{x}-\frac{1}{x^3}}=\frac{2}{7}$$

我们把这种方法称做无穷小因子分出法. 同时，我们可以总结出对于这种极限的求解法则，即当 $a_0\neq0$，$b_0\neq0$，m 和 n 为非负整数时，有

$$\lim_{x\to\infty}\frac{a_0x^m+a_1x^{m-1}+\cdots+a_m}{b_0x^n+b_1x^{n-1}+\cdots+b_n}=\begin{cases}\frac{a_0}{b_0}, & \text{当 } n=m \text{ 时}\\ 0, & \text{当 } n>m \text{ 时}\\ \infty, & \text{当 } n<m \text{ 时}\end{cases}$$

例 2.4.6 求$\lim\limits_{x\to4}\frac{x-4}{\sqrt{x+5}-3}$.

解 当 $x\to4$ 时，$(\sqrt{x+5}-3)\to0$，所以不能直接使用商的极限运算法则. 但是可以采用分母有理化消去分母中的零因子，即

$$\begin{aligned}\lim_{x\to4}\frac{x-4}{\sqrt{x+5}-3}&=\lim_{x\to4}\frac{(x-4)(\sqrt{x+5}+3)}{(\sqrt{x+5}-3)(\sqrt{x+5}+3)}\\&=\lim_{x\to4}\frac{(x-4)(\sqrt{x+5}+3)}{x-4}\\&=\lim_{x\to4}(\sqrt{x+5}+3)=\lim_{x\to4}\sqrt{x+5}+3=6\end{aligned}$$

例 2.4.7 求$\lim\limits_{n\to\infty}\left(\frac{1}{n^2}+\frac{2}{n^2}+\cdots+\frac{n}{n^2}\right)$.

解 当 $n\to\infty$时，原数列是无穷小之和，可以先变形再求极限，即

$$\begin{aligned}\lim_{n\to\infty}\left(\frac{1}{n^2}+\frac{2}{n^2}+\cdots+\frac{n}{n^2}\right)&=\lim_{n\to\infty}\frac{1+2+\cdots+n}{n^2}=\lim_{n\to\infty}\frac{\frac{1}{2}n(n+1)}{n^2}\\&=\lim_{n\to\infty}\frac{1}{2}\left(1+\frac{1}{n}\right)=\frac{1}{2}\end{aligned}$$

例 2.4.8 求$\lim\limits_{x\to\infty}\dfrac{\sin x}{x}$.

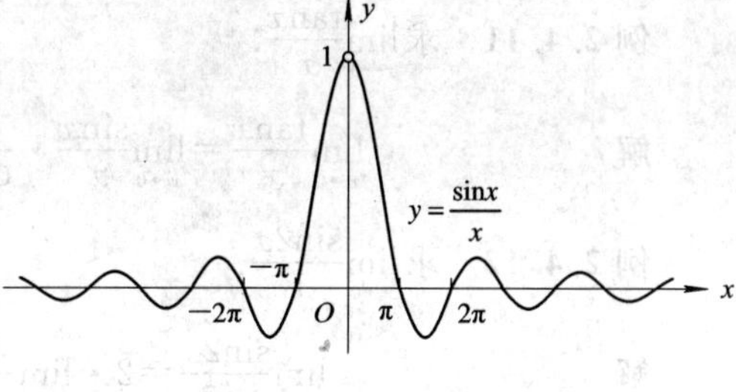

图 2.4.1

解 当$x\to\infty$时，$\dfrac{1}{x}$为无穷小. 而 $\sin x$ 是有界函数，所以

$$\lim_{x\to\infty}\frac{\sin x}{x}=0$$

$y=\dfrac{\sin x}{x}$的图形如图 2.4.1 所示.

例 2.4.9 设 $f(x)=\begin{cases}1-x, & x<0\\ x^2+1, & x\geqslant 0\end{cases}$，求$\lim\limits_{x\to 0}f(x)$.

解 $x=0$ 是函数的分段点，两个单侧极限分别为

$$\lim_{x\to 0^-}f(x)=\lim_{x\to 0^-}(1-x)=1$$

$$\lim_{x\to 0^+}f(x)=\lim_{x\to 0^+}(x^2+1)=1$$

可见左、右极限存在且相等，故$\lim\limits_{x\to 0}f(x)=1$.

例 2.4.10 求$\lim\limits_{x\to\infty}e^{\frac{1}{x}}$.

解 令 $u=\dfrac{1}{x}$，则$\lim\limits_{x\to\infty}\dfrac{1}{x}=0$，且$\lim\limits_{u\to 0}e^u=1$，所以

$$\lim_{x\to\infty}e^{\frac{1}{x}}=\lim_{u\to 0}e^u=1$$

2.4.2 两个重要极限

除了利用极限的概念和运算法则之外，在计算极限的时候我们会使用到两个重要极限.

1. $\lim\limits_{x\to 0}\dfrac{\sin x}{x}=1$

下面通过一组数据的对比，来观察当 $x\to 0$ 时，$\sin x$ 取值的变化情况，如表 2.4.1 所示.

表 2.4.1

x	$\sin x$	x	$\sin x$
1	0.841 471	0.5	0.479 426
0.1	0.099 833	0.05	0.049 979
0.01	0.009 999 8	0.005	0.004 999 7
0.001	0.000 999 999 8	0.0005	0.000 499 999 97
0.0001	0.000 099 999 999	0.000 05	0.000 049 999 999

表 2.4.1 中的数据还可以无限地列举下去. 通过表格中数据的对比，我们发现，当 x 趋近于 0 时，$\sin x$ 与 x 的值越来越接近. 而从理论上我们也可以证明，$\lim\limits_{x\to 0}\dfrac{\sin x}{x}=1$.

例 2.4.11 求$\lim\limits_{x\to 0}\dfrac{\tan x}{x}$.

解 $$\lim_{x\to 0}\frac{\tan x}{x}=\lim_{x\to 0}\frac{\sin x}{x}\cdot\frac{1}{\cos x}=\lim_{x\to 0}\frac{\sin x}{x}\cdot\lim_{x\to 0}\frac{1}{\cos x}=1$$

例 2.4.12 求$\lim\limits_{x\to 0}\dfrac{\sin 2x}{x}$.

解 $$\lim_{x\to 0}\frac{\sin 2x}{x}=2\cdot\lim_{x\to 0}\frac{\sin 2x}{2x}\xlongequal{令 t=2x}2\lim_{t\to 0}\frac{\sin t}{t}=2$$

例 2.4.13 求$\lim\limits_{x\to 0}\dfrac{1-\cos x}{x^2}$.

解 $$\lim_{x\to 0}\frac{1-\cos x}{x^2}=\lim_{x\to 0}\frac{2\sin^2\frac{x}{2}}{x^2}=\frac{1}{2}\lim_{x\to 0}\frac{\sin^2\frac{x}{2}}{\left(\frac{x}{2}\right)^2}=\frac{1}{2}\lim_{x\to 0}\left(\frac{\sin\frac{x}{2}}{\frac{x}{2}}\right)^2=\frac{1}{2}\cdot 1^2=\frac{1}{2}$$

例 2.4.14 求$\lim\limits_{x\to 0}\dfrac{\tan 2x}{\sin 4x}$.

解 $$\lim_{x\to 0}\frac{\tan 2x}{\sin 4x}=\lim_{x\to 0}\left(\frac{\sin 2x}{\sin 4x}\cdot\frac{1}{\cos 2x}\right)=\lim_{x\to 0}\left(\frac{\frac{\sin 2x}{2x}}{\frac{\sin 4x}{4x}}\cdot\frac{2}{4}\frac{1}{\cos 2x}\right)=\frac{1}{1}\times\frac{1}{2}\times 1=\frac{1}{2}$$

例 2.4.15 求$\lim\limits_{x\to 0}\dfrac{x-\sin 3x}{x+\sin x}$.

解 $$\lim_{x\to 0}\frac{x-\sin 3x}{x+\sin x}=\lim_{x\to 0}\frac{1-\frac{\sin 3x}{x}}{1+\frac{\sin x}{x}}=\lim_{x\to 0}\frac{1-3\frac{\sin 3x}{3x}}{1+\frac{\sin x}{x}}=\frac{1-3}{1+1}=-1$$

2. $\lim\limits_{n\to\infty}\left(1+\dfrac{1}{n}\right)^n=e$

同样，通过一组数据来得到一个实验性的结论，如表 2.4.2 所示.

表 2.4.2

n	$\left(1+\frac{1}{n}\right)^n$	n	$\left(1+\frac{1}{n}\right)^n$
1	2	2	2.25
3	2.370 370 370	4	2.442 406 25
5	2.488 32	10	2.593 742 460 1
100	2.704 813 829 4	1000	2.716 923 932 2
10000	2.718 145 926 8	100 000	2.718 268 237 2

通过对比，我们发现当 n 越来越大时，$\left(1+\dfrac{1}{n}\right)^n$ 的值越来越趋近于自然常数 e 的真值.

我们从理论上也可以证明$\lim\limits_{n\to\infty}\left(1+\dfrac{1}{n}\right)^n=e$.

这个极限的结果还可以推广到函数领域，并得到以下两个极限：

$$\lim_{x\to\infty}\left(1+\frac{1}{x}\right)^x=e \quad 和 \quad \lim_{x\to 0}(1+x)^{\frac{1}{x}}=e$$

例 2.4.16　求$\lim\limits_{x\to\infty}\left(1+\dfrac{1}{x}\right)^{x+2}$.

解

$$\lim_{x\to\infty}\left(1+\frac{1}{x}\right)^{x+2}=\lim_{x\to\infty}\left[\left(1+\frac{1}{x}\right)^{x}\cdot\left(1+\frac{1}{x}\right)^{2}\right]$$

$$=\lim_{n\to\infty}\left(1+\frac{1}{x}\right)^{x}\cdot\lim_{n\to\infty}\left(1+\frac{1}{x}\right)^{2}=\mathrm{e}\cdot 1=\mathrm{e}$$

例 2.4.17　求$\lim\limits_{x\to\infty}\left(1+\dfrac{k}{x}\right)^{x}$.

解

$$\lim_{x\to\infty}\left(1+\frac{k}{x}\right)^{x}=\lim_{x\to\infty}\left[\left(1+\frac{k}{x}\right)^{\frac{x}{k}}\right]^{k}=\left[\lim_{x\to\infty}\left(1+\frac{k}{x}\right)^{\frac{x}{k}}\right]^{k}=\mathrm{e}^{k}$$

特别地，当$k=-1$时，有$\lim\limits_{x\to\infty}\left(1-\dfrac{1}{x}\right)^{x}=\mathrm{e}^{-1}$.

例 2.4.18　求$\lim\limits_{x\to\infty}\left(1-\dfrac{1}{x}\right)^{x}$.

解

$$\lim_{x\to\infty}\left(1-\frac{1}{x}\right)^{x}=\lim_{x\to\infty}\left[\left(1+\frac{1}{-x}\right)^{-x}\right]^{-1}=\lim_{x\to\infty}\frac{1}{\left(1+\dfrac{1}{-x}\right)^{-x}}=\frac{1}{\mathrm{e}}$$

例 2.4.19　求$\lim\limits_{x\to 0}(1-3x)^{\frac{1}{x}}$.

解

$$\lim_{x\to 0}(1-3x)^{\frac{1}{x}}=\lim_{x\to 0}\left[(1-3x)^{-\frac{1}{3x}}\right]^{-3}=\left[\lim_{x\to 0}(1-3x)^{-\frac{1}{3x}}\right]^{-3}=\mathrm{e}^{-3}$$

例 2.4.20　求$\lim\limits_{x\to\infty}\left(\dfrac{2+x}{3+x}\right)^{3x}$.

解

$$\lim_{x\to\infty}\left(\frac{2+x}{3+x}\right)^{3x}=\lim_{x\to\infty}\left[\left(1+\frac{1}{-x-3}\right)^{x}\right]^{3}=\lim_{x\to\infty}\left[\left(1+\frac{1}{-x-3}\right)^{-x-3+3}\right]^{3}$$

$$=\lim_{x\to\infty}\left[\left(1+\frac{1}{-x-3}\right)^{-x-3}\right]^{3}\cdot\lim_{n\to\infty}\left(1+\frac{1}{-x-3}\right)^{9}=\mathrm{e}^{3}$$

例 2.4.21　一投资者欲用1000元投资5年，设年利率为6%，试分别按单利率、复利率、每年4次复利率和连续复利率付息方式计算，到第5年末，该投资者应得的本利和S.

解　按单利率计算

$$S=1000+1000\times 0.06\times 5=1300(\text{元})$$

按复利率计算

$$S=1000\times(1+0.06)^{5}=1000\times 1.338\,23=1338.23(\text{元})$$

按每年4次复利率计算

$$S=1000\times\left(1+\frac{0.06}{4}\right)^{4\times 5}=1000\times 1.015^{20}=1000\times 1.346\,86=1346.86(\text{元})$$

按连续复利率计算

$$S=1000\cdot \mathrm{e}^{0.06\cdot 5}=1000\cdot \mathrm{e}^{0.3}=1349.86(\text{元})$$

习　题　2.4

1. 计算下列极限：

(1) $\lim\limits_{x\to1}(3x^2-2x+1)$；

(2) $\lim\limits_{x\to2}\dfrac{x^2-5}{x+3}$；

(3) $\lim\limits_{x\to1}\dfrac{x^2-3x+2}{x-1}$；

(4) $\lim\limits_{x\to\infty}\left(3-\dfrac{1}{x}+\dfrac{1}{x^2}\right)$；

(5) $\lim\limits_{x\to\infty}\dfrac{(2x-3)^{20}(3x-1)^{30}}{(5x+2)^{50}}$；

(6) $\lim\limits_{h\to0}\dfrac{(x+h)^2-x^2}{h}$；

(7) $\lim\limits_{x\to\infty}\dfrac{4x^3+2x-1}{7x^3-4x^2+2x+3}$；

(8) $\lim\limits_{x\to\infty}\dfrac{3x^3+x-2}{2x^5-3x+2}$；

(9) $\lim\limits_{x\to\infty}\dfrac{4x-\cos x}{x}$；

(10) $\lim\limits_{n\to\infty}\dfrac{1+2+\cdots+n}{2n^2}$；

(11) $\lim\limits_{n\to\infty}\left(1+\dfrac{1}{2}+\dfrac{1}{4}+\cdots+\dfrac{1}{2^n}\right)$；

(12) $\lim\limits_{x\to+\infty}(\sqrt{x+1}-\sqrt{x-1})$；

(13) $\lim\limits_{x\to2}\dfrac{x^3+2x^2}{(x-2)^2}$；

(14) $\lim\limits_{x\to\infty}\dfrac{x^3}{2x+1}$；

(15) $\lim\limits_{x\to1}\dfrac{\sqrt{x+1}-\sqrt{2}}{x-1}$；

(16) $\lim\limits_{x\to0}x^2\sin\dfrac{1}{x}$.

2. 计算下列极限：

(1) $\lim\limits_{x\to0}\dfrac{\sin4x}{3x}$；

(2) $\lim\limits_{x\to0}\dfrac{x}{\sin x}$；

(3) $\lim\limits_{x\to0}x\cot2x$；

(4) $\lim\limits_{x\to0}\dfrac{\tan x-\sin x}{\sin^3 2x}$；

(5) $\lim\limits_{x\to1}\dfrac{\sin(x-1)}{x^2-1}$；

(6) $\lim\limits_{x\to0}\dfrac{1-\cos2x}{x\sin x}$；

(7) $\lim\limits_{x\to0}\dfrac{\cos x-1}{x^2}$；

(8) $\lim\limits_{n\to\infty}2^n\sin\dfrac{x}{2^n}$.

3. 计算下列极限：

(1) $\lim\limits_{n\to\infty}\left(1+\dfrac{1}{n}\right)^{2n+5}$；

(2) $\lim\limits_{x\to\infty}\left(\dfrac{1+x}{x}\right)^{3x}$；

(3) $\lim\limits_{x\to0}(1+2x)^{\frac{1}{x}}$；

(4) $\lim\limits_{x\to\infty}\left(\dfrac{3+x}{2+x}\right)^{\frac{x}{2}}$；

(5) $\lim\limits_{x\to\infty}\left(\dfrac{x}{x-1}\right)^{x}$；

(6) $\lim\limits_{x\to+\infty}(3^x+9^x)^{\frac{1}{x}}$；

(7) $\lim\limits_{x\to0}(e^x+x)^{\frac{1}{x}}$；

(8) $\lim\limits_{x\to\infty}\left(\dfrac{x^2}{x^2-1}\right)^{x}$.

2.5 等价无穷小

前面介绍了无穷小的概念，在学习中我们发现在自变量的同一变化过程中，有很多函数都是无穷小，那么这些同一变化过程中的无穷小之间是否有差别呢？我们先来看几个例子.

当 $x\to\infty$ 时，$\dfrac{1}{x}$，$\dfrac{1}{x^2}$ 和 $\dfrac{1}{x^3}$ 都是无穷小量，那么这三个无穷小量之间有什么区别？我们

先用一组数据来进行说明，如表 2.5.1 所示.

表 2.5.1

x	$\frac{1}{x}$	$\frac{1}{x^2}$	$\frac{1}{x^3}$
10	0.1	0.01	0.001
100	0.01	0.0001	0.000001
1000	0.001	0.000001	0.000000001

从表 2.5.1 中我们可以发现，当 $x\to+\infty$，$\frac{1}{x}$，$\frac{1}{x^2}$和$\frac{1}{x^3}$都趋近于 0，但是$\frac{1}{x^3}$趋于 0 的速度要比$\frac{1}{x}$和$\frac{1}{x^2}$快得多. 为了刻画这种趋于 0 的"快慢"程度，我们引入无穷小量的阶数的概念.

定义 2.5.1 设 α、β 是同一自变量变化过程中的无穷小，且 $\alpha\neq 0$.

(1) 如果 $\lim\frac{\beta}{\alpha}=0$，则称 β 是比 α 高阶的无穷小；

(2) 如果 $\lim\frac{\beta}{\alpha}=C(C\neq 0)$，则称 β 与 α 是同阶的无穷小，特殊地，如果 $\lim\frac{\beta}{\alpha}=1$，则称 β 与 α 是等价无穷小，记做 $\alpha\sim\beta$；

(3) 如果 $\lim\frac{\beta}{\alpha^k}=C(C\neq 0,\ k>0)$，则称 β 是 α 的 k 阶无穷小.

通过这个定义，我们就可以将同一过程中的不同的无穷小进行数量级上的比较了.

例 2.5.1 证明：当 $x\to 0$ 时，$2x\tan^3 x$ 为 x 的四阶无穷小.

证 因为

$$\lim_{x\to 0}\frac{2x\tan^3 x}{x^4}=2\lim_{x\to 0}\left(\frac{\tan x}{x}\right)^3=2$$

故当 $x\to 0$ 时，$2x\tan^3 x$ 为 x 的四阶无穷小.

例 2.5.2 当 $x\to 0$ 时，求 $\tan x-\sin x$ 关于 x 的阶数.

解 因为

$$\lim_{x\to 0}\frac{\tan x-\sin x}{x^3}=\lim_{x\to 0}\left(\frac{\tan x}{x}\cdot\frac{1-\cos x}{x^2}\right)=\frac{1}{2}$$

所以 $\tan x-\sin x$ 为 x 的三阶无穷小.

例 2.5.3 当 $x\to 1$ 时，将下列各量与无穷小量 $x-1$ 进行比较.

(1) x^3-3x+2； (2) $\lg x$； (3) $(x-1)\sin\frac{1}{x-1}$.

解 (1) 由$\lim\limits_{x\to 1}(x^3-3x+2)=0$ 知，当 $x\to 1$ 时，x^3-3x+2 是无穷小量，又

$$\lim_{x\to 1}\frac{x^3-3x+2}{x-1}=\lim_{x\to 1}\frac{(x-1)^2(x+2)}{x-1}=0$$

所以 x^3-3x+2 是比 $x-1$ 高阶的无穷小量.

(2) 由$\lim\limits_{x\to 1}\lg x=0$ 知，当 $x\to 1$ 时，$\lg x$ 是无穷小量，又

$$\lim_{x\to 1}\frac{\lg x}{x-1}=\lim_{x\to 1}\frac{\ln[1+(x-1)]}{(x-1)\cdot\ln 10}=\frac{1}{\ln 10}$$

所以 $\lg x$ 是关于 $x-1$ 的同阶无穷小量.

(3) 由 $\lim\limits_{x\to1}(x-1)\sin\dfrac{1}{x-1}=0$ 知，当 $x\to1$ 时，$(x-1)\sin\dfrac{1}{x-1}$ 是无穷小量，但是

$$\lim_{x\to1}\frac{(x-1)\cdot\sin\dfrac{1}{x-1}}{x-1}=\lim_{x\to1}\sin\frac{1}{x-1}\quad(\text{不存在})$$

所以，$(x-1)\sin\dfrac{1}{x-1}$ 与 $x-1$ 不能比较.

在以上所介绍的无穷小中，等价无穷小在求函数极限中是常用的一类，它的应用主要通过下面的定理给出.

定理 2.5.1　设 $\alpha\sim\alpha'$，$\beta\sim\beta'$ 且 $\lim\dfrac{\beta'}{\alpha'}$ 存在，则 $\lim\dfrac{\beta}{\alpha}=\lim\dfrac{\beta'}{\alpha'}$.

这个定理意味着在求解极限的过程中，可以用等价无穷小来进行部分替换.

例 2.5.4　求 $\lim\limits_{x\to0}\dfrac{\sin x}{3x}$.

解　因为 $\lim\limits_{x\to0}\dfrac{\sin x}{x}=1$，所以当 $x\to0$ 时，$\sin x\sim x$，于是

$$\lim_{x\to0}\frac{\sin x}{3x}=\lim_{x\to0}\frac{x}{3x}=\frac{1}{3}$$

例 2.5.4 就应用了等价无穷小替换原理. 但需要注意的是，等价无穷小的替换只能替换极限表达式中的因式. 也就是说，替换的部分与其他部分必须是乘积或者是商的关系，和或者差的关系是不可以进行等价无穷小替换的.

下面介绍一些经常使用的等价无穷小：

$$\sin x\sim x,\ \arcsin x\sim x,\ \tan x\sim x,\ \arctan x\sim x$$

$$\ln(1+x)\sim x,\ e^x-1\sim x,\ a^x-1\sim x\ln a\,(a>0)$$

$$1-\cos x\sim\frac{1}{2}x^2,\ \sqrt[n]{1+x}-1\sim\frac{1}{n}x,\ (1+x)^\alpha-1\sim\alpha x\ (\text{其中 }\alpha\neq0\text{ 是常数})$$

注意，这些等价无穷小都是在 $x\to0$ 过程下的.

例 2.5.5　求 $\lim\limits_{x\to0}\dfrac{\tan 3x}{\sin 2x}$.

解　当 $x\to0$ 时，$\tan 3x\sim3x$，$\sin 2x\sim2x$，故

$$\lim_{x\to0}\frac{\tan 3x}{\sin 2x}=\lim_{x\to0}\frac{3x}{2x}=\frac{3}{2}$$

例 2.5.6　求 $\lim\limits_{x\to0}\dfrac{\tan^2 2x}{1-\cos x}$.

解　当 $x\to0$ 时，$1-\cos x\sim\dfrac{1}{2}x^2$，$\tan 2x\sim2x$，故

$$\lim_{x\to0}\frac{\tan^2 2x}{1-\cos x}=\lim_{x\to0}\frac{(2x)^2}{\dfrac{1}{2}x^2}=8$$

例 2.5.7　求 $\lim\limits_{x\to0}\dfrac{\tan x-\sin x}{\sin^3 x}$.

错解　当 $x\to0$ 时，$\tan x\sim x$，$\sin x\sim x$，所以

$$\lim_{x\to 0}\frac{\tan x-\sin x}{\sin^3 x}=\lim_{x\to 0}\frac{x-x}{x^3}=0$$

正解　当 $x\to 0$ 时，$\sin x\sim x$，$\tan x-\sin x=\tan x(1-\cos x)\sim\frac{1}{2}x^3$，故

$$\lim_{x\to 0}\frac{\tan x-\sin x}{\sin^3 x}=\lim_{x\to 0}\frac{\frac{1}{2}x^3}{x^3}=\frac{1}{2}$$

例 2.5.8　求 $\lim\limits_{x\to 0}\frac{(1+x^2)^{\frac{1}{3}}-1}{\cos x-1}$.

解　当 $x\to 0$ 时，$(1+x^2)^{\frac{1}{3}}-1\sim\frac{1}{3}x^2$，$\cos x-1\sim-\frac{1}{2}x^2$，故

$$\lim_{x\to 0}\frac{(1+x^2)^{\frac{1}{3}}-1}{\cos x-1}=\lim_{x\to 0}\frac{\frac{1}{3}x^2}{-\frac{1}{2}x^2}=-\frac{2}{3}$$

例 2.5.9　求 $\lim\limits_{x\to 0}\frac{\sqrt{1+\tan x}-\sqrt{1-\tan x}}{\sqrt{1+2x}-1}$.

解　当 $x\to 0$ 时，$\sqrt{1+2x}-1\sim x$，$\tan x\sim x$，故

$$\lim_{x\to 0}\frac{\sqrt{1+\tan x}-\sqrt{1-\tan x}}{\sqrt{1+2x}-1}=\lim_{x\to 0}\frac{2\tan x}{x(\sqrt{1+\tan x}+\sqrt{1-\tan x})}$$

$$=\lim_{x\to 0}\frac{2}{\sqrt{1+\tan x}+\sqrt{1-\tan x}}=1$$

例 2.5.10　求 $\lim\limits_{x\to 0}\frac{\sqrt{2}-\sqrt{1+\cos x}}{\sin^2 x}$.

解　当 $x\to 0$ 时，$1-\cos\frac{x}{2}\sim\frac{1}{2}\left(\frac{x}{2}\right)^2$，$\sin^2 x\sim x^2$，故

$$\lim_{x\to 0}\frac{\sqrt{2}-\sqrt{1+\cos x}}{\sin^2 x}=\lim_{x\to 0}\frac{\sqrt{2}-\sqrt{2\cos^2\frac{x}{2}}}{\sin^2 x}=\sqrt{2}\lim_{x\to 0}\frac{1-\cos\frac{x}{2}}{\sin^2 x}$$

$$=\sqrt{2}\lim_{x\to 0}\frac{\frac{1}{2}\left(\frac{x}{2}\right)^2}{x^2}=\frac{\sqrt{2}}{8}$$

例 2.5.11　求 $\lim\limits_{x\to 0}\frac{\ln(1+x+x^2)+\ln(1-x+x^2)}{\sec x-\cos x}$.

解　先化简分子，得

$$\lim_{x\to 0}\frac{\ln(1+x+x^2)+\ln(1-x+x^2)}{\sec x-\cos x}=\lim_{x\to 0}\frac{\ln(1+x^2+x^4)}{\sec x-\cos x}$$

因为当 $x\to 0$ 时，$\ln(1+x^2+x^4)\sim x^2+x^4$，

$$\sec x-\cos x=\frac{1-\cos^2 x}{\cos x}=\frac{\sin^2 x}{\cos x}\sim x^2$$

所以

$$\lim_{x\to 0}\frac{\ln(1+x+x^2)+\ln(1-x+x^2)}{\sec x-\cos x}=\lim_{x\to 0}\frac{x^2+x^4}{x^2}=1$$

习 题 2.5

1. 当 $x\to 0$ 时，$2x-x^2$ 与 x^2-x^3 相比，哪一个是高阶无穷小？

2. 求下列极限：

(1) $\lim\limits_{x\to 0}\dfrac{\tan 5x}{2x}$；(2) $\lim\limits_{x\to 0^+}\dfrac{\sqrt{1-\cos x}}{\sin x}$；(3) $\lim\limits_{x\to a}\dfrac{1-\cos x}{\sin^2 x}$；

(4) $\lim\limits_{x\to 0}\dfrac{\sin x^2}{3x}$；(5) $\lim\limits_{x\to 0}\dfrac{e^{3x}-1}{2x}$；(6) $\lim\limits_{x\to \pi}\dfrac{\sin x}{\pi-x}$；

(7) $\lim\limits_{\alpha\to \beta}\dfrac{e^{\alpha}-e^{\beta}}{\alpha-\beta}$；(8) $\lim\limits_{x\to 0}\dfrac{2\tan 3x}{3\arcsin 2x}$；(9) $\lim\limits_{x\to 0}\dfrac{\ln(1+3x)}{\tan 2x}$.

2.6 函数的连续与间断

客观世界的许多现象和事物都是连续变化的，并且其过程也是连绵不断的，比如日月起落、岁月流逝、生命延续、物种演化等. 当我们将这些连续变化的事物中不同变量之间的相互依赖关系用函数表示出来后，这些函数就是所说的连续函数. 而连续函数正是我们在微积分中主要研究的内容.

然而在微积分酝酿和产生的初期，连续函数的基本概念是非常粗糙的. 那时人们把能一笔画成、没有间断的图像所表示的函数叫做连续函数. 很明显，这个定义是非常直观的. 这样的情况一直延续到 19 世纪，直到数学家柯西以及其后的魏尔施特拉斯等数学家建立起严格的极限定义后，才对连续的概念做出了精确的数学定义.

本节就来介绍关于连续的一些基本概念和性质.

2.6.1 连续

为了介绍连续的定义，我们先来讨论增量的概念.

如图 2.6.1 所示，设函数 $f(x)$ 在 $U_\delta(x_0)$ 内有定义，$\forall x\in U_\delta(x_0)$，$\Delta x=x-x_0$ 称为自变量在点 x_0 处的增量，$\Delta y=f(x)-f(x_0)$ 称为函数 $f(x)$ 相应于 Δx 的增量.

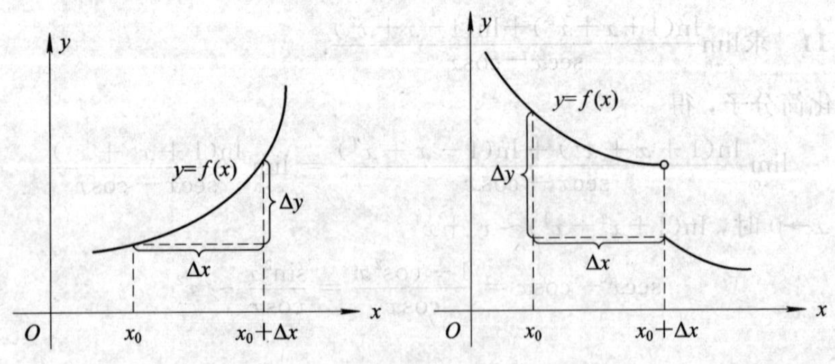

图 2.6.1

通过以上增量的定义，并且根据图中两个不同函数的图像的区别，我们不难给出函数连续的第一个定义.

定义 2.6.1 设函数 $f(x)$在 $U_\delta(x_0)$内有定义，如果当自变量的增量 Δx 趋向于零时，对应的函数的增量 Δy 也趋向于零，即 $\lim\limits_{\Delta x\to 0}\Delta y=0$ 或 $\lim\limits_{\Delta x\to 0}[f(x_0+\Delta x)-f(x_0)]=0$，则称函数 $f(x)$在点 x_0处连续，$x=x_0$称为 $f(x)$的连续点.

这个定义在应用的时候是比较简便的，我们可以将其总结为一句很简单的表述，那就是自变量的变化很小时，函数值的变化也很小.

下面再假设 $x=x_0+\Delta x$，$\Delta y=f(x)-f(x_0)$，那么 $\Delta x\to 0$ 就是 $x\to x_0$，$\Delta y\to 0$ 就是 $f(x)\to f(x_0)$. 于是我们得到了连续的第二个定义.

定义 2.6.2 设函数 $f(x)$在 $U_\delta(x_0)$内有定义，如果当 $x\to x_0$时函数 $f(x)$的极限存在，且等于它在点 x_0处的函数值 $f(x_0)$，即 $\lim\limits_{x\to x_0}f(x)=f(x_0)$，则称函数 $f(x)$在点 x_0处连续；否则称 $f(x)$在点 x_0处是间断的，并称 x_0是函数 $f(x)$的间断点.

在上述连续的定义中，定义式 $\lim\limits_{x\to x_0}f(x)=f(x_0)$揭示了函数连续的三个条件：首先，$f(x)$在 x_0处要有定义值，即 $f(x_0)$存在；其次，$f(x)$在 x_0处要有极限值，即 $\lim\limits_{x\to x_0}f(x)=A$；最后，$f(x)$在 x_0处的定义值要等于极限值，即 $f(x_0)=A$. 这三个条件缺一不可.

例 2.6.1 试证函数 $f(x)=\begin{cases}x\sin\dfrac{1}{x}, & x\neq 0\\ 0, & x=0\end{cases}$ 在 $x=0$ 处连续.

证 因为 $\lim\limits_{x\to 0}x\sin\dfrac{1}{x}=0$，又 $f(0)=0$，故

$$\lim_{x\to 0}f(x)=f(0)$$

由定义 2.6.2 知，函数 $f(x)$在 $x=0$ 处连续.

如果函数 $f(x)$在开区间(a, b)内每一点都连续，则称 $f(x)$为开区间(a, b)上的连续函数. 在此基础上，如果 $f(x)$在开区间(a, b)的两个端点也连续，则称 $f(x)$为闭区间$[a, b]$上的连续函数.

例如，有理函数在区间$(-\infty, +\infty)$上是连续函数.

例 2.6.2 证明函数 $y=\sin x$ 在区间$(-\infty, +\infty)$上是连续的.

证 任取 $x\in(-\infty, +\infty)$，有

$$\Delta y=\sin(x+\Delta x)-\sin x=2\sin\frac{\Delta x}{2}\cdot\cos\left(x+\frac{\Delta x}{2}\right)$$

因为 $\left|\cos\left(x+\dfrac{\Delta x}{2}\right)\right|\leqslant 1$，则 $|\Delta y|\leqslant 2\left|\sin\dfrac{\Delta x}{2}\right|$.

对任意的 α，当 $\alpha\neq 0$ 时，有 $|\sin\alpha|<\alpha$，故 $|\Delta y|\leqslant 2\left|\sin\dfrac{\Delta x}{2}\right|<|\Delta x|$，所以当 $\Delta x\to 0$ 时，$\Delta y\to 0$，即函数 $y=\sin x$ 对任意 $x\in(-\infty, +\infty)$都是连续的.

同理可证，函数 $y=\cos x$ 在区间$(-\infty, +\infty)$上也是连续的.

例 2.6.3 讨论函数 $f(x)=\begin{cases}1+\dfrac{x}{2}, & x<0\\ 0, & x=0\\ 1+x^2, & 0<x<1\\ 4-x, & x>1\end{cases}$ 在 $x=0$ 和 $x=1$ 处的连续性.

解 在 $x=0$ 处:

$$\lim_{x\to0^-}f(x)=\lim_{x\to0^-}\left(1+\frac{x}{2}\right)=1,\quad \lim_{x\to0^+}f(x)=\lim_{x\to0^+}(1+x^2)=1$$

因为 $\lim\limits_{x\to0^-}f(x)=\lim\limits_{x\to0^+}f(x)=1$,所以 $\lim\limits_{x\to0}f(x)=1$,但是 $f(0)=0$,$\lim\limits_{x\to0}f(x)\neq f(0)$,故 $f(x)$ 在 $x=0$ 处不连续.

在 $x=1$ 处:

$$\lim_{x\to1^-}f(x)=\lim_{x\to1}(1+x^2)=2,\quad \lim_{x\to1^+}f(x)=\lim_{x\to1^+}(4-x)=3$$

因为 $\lim\limits_{x\to1^-}f(x)\neq\lim\limits_{x\to1^+}f(x)$,所以 $\lim\limits_{x\to1}f(x)$ 不存在,$f(x)$ 在 $x=1$ 处不连续.

例 2.6.4 已知函数 $f(x)=\begin{cases}x^2+1, & x<0\\ 2x-b, & x\geqslant0\end{cases}$ 在 $x=0$ 处连续,求 b 的值.

解 因为

$$\lim_{x\to0^-}f(x)=\lim_{x\to0^-}(x^2+1)=1,\quad \lim_{x\to0^+}f(x)=\lim_{x\to0^+}(2x-b)=-b$$

又知 $f(x)$ 在 $x=0$ 处连续,则 $\lim\limits_{x\to0^-}f(x)=\lim\limits_{x\to0^+}f(x)$,即 $b=-1$.

2.6.2 间断

接下来介绍函数间断的几个情况.

定义 2.6.3 如果 $f(x)$ 在点 x_0 处的左、右极限都存在,但 $f(x_0^-)\neq f(x_0^+)$,则称点 x_0 为函数 $f(x)$ 的跳跃间断点.

例 2.6.5 讨论函数 $f(x)=\begin{cases}-x, & x\leqslant0\\ 1+x, & x>0\end{cases}$ 在 $x=0$ 处的连续性.

解 因为由 $f(0^-)=0$ 和 $f(0^+)=1$ 知,

$$f(0^-)\neq f(0^+)$$

所以 $x=0$ 为函数 $f(x)$ 的跳跃间断点.

定义 2.6.4 如果 $f(x)$ 在点 x_0 处的极限存在,但 $\lim\limits_{x\to x_0}f(x)=A\neq f(x_0)$,或 $f(x)$ 在点 x_0 处无定义,则称点 x_0 为函数 $f(x)$ 的可去间断点.

例 2.6.6 讨论函数 $f(x)=\begin{cases}2\sqrt{x}, & 0\leqslant x<1\\ 1, & x=1\\ 1+x, & x>1\end{cases}$ 在 $x=1$ 处的连续性.

解 因为 $f(1)=1$,$f(1^-)=2$,$f(1^+)=2$,所以

$$\lim_{x\to1}f(x)=2\neq f(1)$$

故 $x=0$ 为函数的可去间断点,$f(x)$ 图形如图 2.6.2 所示.

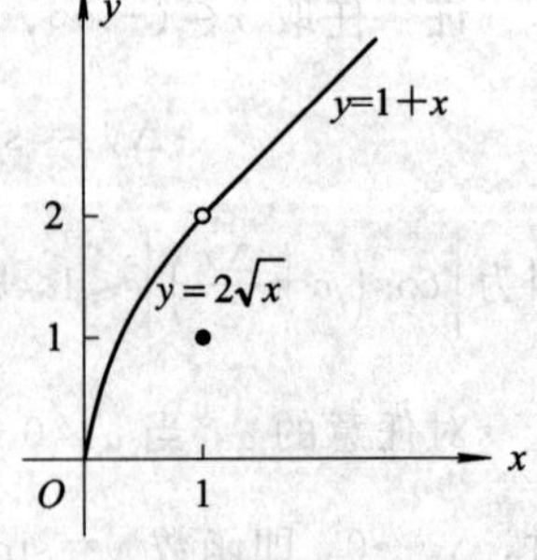

图 2.6.2

注意 可去间断点只要改变或者补充间断处函数的定义，则可使其变为连续点. 比如在例 2.6.6 中，如果令 $f(1)=2$，则 $f(x)$ 在 $x=1$ 处连续.

我们把跳跃间断点与可去间断点统称为第一类间断点，其特点是函数 $f(x)$ 在点 x_0 处的左、右极限都存在.

凡不属于第一类间断点的都属于第二类间断点，其特点是函数 $f(x)$ 在点 x_0 处的左、右极限至少有一个不存在.

例 2.6.7 讨论函数 $f(x)=\begin{cases}\dfrac{1}{x}, & x>0\\ x, & x\leqslant 0\end{cases}$ 在 $x=0$ 处的连续性.

解 因为 $f(0^-)=0$，$f(0^+)=+\infty$，所以 $x=0$ 为函数的第二类间断点. 这种情况称为无穷间断点.

例 2.6.8 讨论函数 $f(x)=\sin\dfrac{1}{x}$ 在 $x=0$ 处的连续性.

解 因为 $f(x)$ 在 $x=0$ 处没有定义，且 $\lim\limits_{x\to 0}\sin\dfrac{1}{x}$ 不存在，所以 $x=0$ 为第二类间断点.

习 题 2.6

1. 设 $y=f(x)$ 的图像如图 2.6.3 所示，试指出 $f(x)$ 的全部间断点，并对可去间断点补充或修改函数值的定义，使它成为连续点.

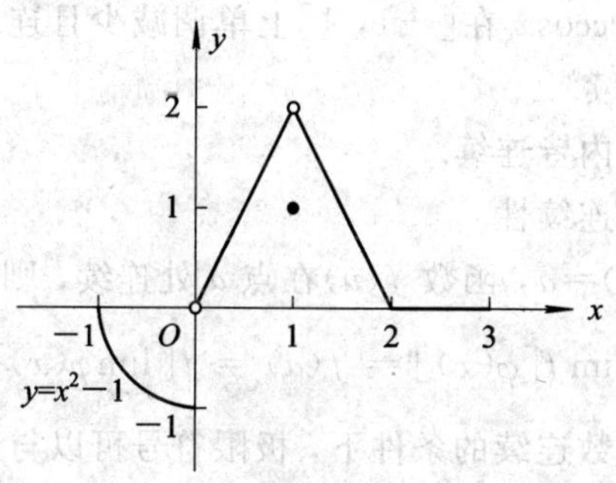

图 2.6.3

2. 讨论函数 $f(x)=\begin{cases}x+2, & x\geqslant 0\\ x-2, & x<0\end{cases}$ 在 $x=0$ 处的连续性.

3. 讨论函数 $f(x)\begin{cases}-x, & x\leqslant 0\\ 1+x, & x>0\end{cases}$ 在 $x=0$ 处的连续性.

4. 讨论函数 $f(x)=\begin{cases}2\sqrt{x}, & 0\leqslant x<1\\ 1, & x=1\\ 1+x, & x>1\end{cases}$ 在 $x=1$ 处的连续性.

5. a 取何值时，$f(x)=\begin{cases}\cos x, & x<0\\ a+x, & x\geqslant 0\end{cases}$ 在 $x=0$ 处连续.

2.7 连续函数的运算与性质

我们在实际工作中所接触到的函数，不只是前面所说的那些基本初等函数，而是由这些基本初等函数按照一定的法则进行组合而成的. 本节将介绍这些函数的组合法则以及所具有的一些性质.

2.7.1 连续函数的运算性质

定理 2.7.1 若函数 $f(x)$、$g(x)$在点 x_0 处连续，则 $f(x)\pm g(x)$，$f(x)\cdot g(x)$，$\dfrac{f(x)}{g(x)}$ $(g(x_0)\neq 0)$在点 x_0 处也连续.

例如，$\sin x$、$\cos x$ 在$(-\infty, +\infty)$内连续，故 $\tan x$、$\cot x$、$\sec x$、$\csc x$ 在其定义域内连续.

定理 2.7.1 可以推广到有限多个函数的情形.

除了函数的四则运算外，还有反函数和复合函数可以进行连续性的运算. 我们先来看看反函数的连续性.

定理 2.7.2 严格单调的连续函数必有严格单调的连续反函数.

例如，$y=\sin x$ 在$\left[-\dfrac{\pi}{2}, \dfrac{\pi}{2}\right]$上单调增加且连续，故 $y=\arcsin x$ 在$[-1, 1]$上也为单调增加且连续. 同理，$y=\arccos x$ 在$[-1, 1]$上单调减少且连续；$y=\arctan x$、$y=\text{arccot}\, x$ 在$[-\infty, +\infty]$上单调且连续.

反三角函数在其定义域内皆连续.

接下来看看复合函数的连续性.

定理 2.7.3 若$\lim\limits_{x\to x_0}\varphi(x)=a$，函数 $f(u)$在点 a 处连续，则有

$$\lim_{x\to x_0}f[\varphi(x)]=f(a)=f[\lim_{x\to x_0}\varphi(x)]$$

这个定理告诉我们在函数连续的条件下，极限符号可以与函数符号进行互换.

例 2.7.1 求$\lim\limits_{x\to 0}\dfrac{\ln(1+x)}{x}$.

解 $$\lim_{x\to 0}\frac{\ln(1+x)}{x}=\lim_{x\to 0}\ln(1+x)^{\frac{1}{x}}=\ln[\lim_{x\to 0}(1+x)^{\frac{1}{x}}]=\ln e=1$$

例 2.7.2 求$\lim\limits_{x\to 0}\dfrac{e^x-1}{x}$.

解 令 $e^x-1=y$，则 $x=\ln(1+y)$. 当 $x\to 0$ 时，$y\to 0$，所以

$$\lim_{x\to 0}\frac{e^x-1}{x}=\lim_{y\to 0}\frac{y}{\ln(1+y)}=\lim_{y\to 0}\frac{1}{\ln(1+y)^{\frac{1}{y}}}=1$$

同理可得 $\lim\limits_{x\to 0}\dfrac{a^x-1}{x}=\ln a$.

定理 2.7.4 设函数 $u=\varphi(x)$ 在点 $x=x_0$ 处连续，且 $\varphi(x_0)=u_0$，而函数 $y=f(u)$ 在点 $u=u_0$ 处连续，则复合函数 $y=f[\varphi(x)]$ 在点 $x=x_0$ 处也连续.

注意 定理2.7.4是定理2.7.3的特殊情况. 例如，$u=\dfrac{1}{x}$ 在 $(-\infty,0)\cup(0,+\infty)$ 内连续，$y=\sin u$ 在 $(-\infty,+\infty)$ 内连续，所以 $y=\sin\dfrac{1}{x}$ 在 $(-\infty,0)\cup(0,+\infty)$ 内连续.

2.7.2 初等函数的连续性

前面介绍的常函数、幂函数、指数函数、对数函数、三角函数和反三角函数在其定义域上都是连续的，我们称这六类函数为基本初等函数. 而将这六类基本初等函数经过有限次的四则运算和有限次的复合运算后得到的函数就是初等函数，也是微积分研究的主要对象. 于是根据上面的分析和论证，初等函数在其定义区间内都是连续的，这里的定义区间是指包含在定义域内的区间.

注意 定义区间不等同于定义域. 例如 $y=\sqrt{x^2(x-1)^3}$，其定义域是 $x=0$ 及 $x\geqslant 1$，显然函数在0点的邻域内没有定义，所以函数在 $x=0$ 处是不连续的，其连续区间是 $[1,+\infty)$.

例 2.7.3 求 $\lim\limits_{x\to 1}\sin\sqrt{e^x-1}$.

解
$$\lim_{x\to 1}\sin\sqrt{e^x-1}=\sin\sqrt{e^1-1}=\sin\sqrt{e-1}$$

例 2.7.4 求 $\lim\limits_{x\to 0}\dfrac{\sqrt{1+x^2}-1}{x}$.

解
$$\lim_{x\to 0}\frac{\sqrt{1+x^2}-1}{x}=\lim_{x\to 0}\frac{(\sqrt{1+x^2}-1)(\sqrt{1+x^2}+1)}{x(\sqrt{1+x^2}+1)}=\lim_{x\to 0}\frac{x}{\sqrt{1+x^2}+1}=\frac{0}{2}=0$$

例 2.7.5 求 $\lim\limits_{x\to 2}\dfrac{e^x}{2x+1}$.

解 因为 $f(x)=\dfrac{e^x}{2x+1}$ 是初等函数，且 $x_0=2$ 是其定义区间内的点，所以 $f(x)$ 在点 $x_0=2$ 处连续，于是
$$\lim_{x\to 2}\frac{e^x}{2x+1}=\frac{e^2}{2\times 2+1}=\frac{e^2}{5}$$

例 2.7.6 求 $\lim\limits_{x\to 0}(x+2e^x)^{\frac{1}{x-1}}$.

解
$$\lim_{x\to 0}(x+2e^x)^{\frac{1}{x-1}}=[\lim_{x\to 0}(x+2e^x)]^{\lim\limits_{x\to 0}\frac{1}{x-1}}=2^{-1}=\frac{1}{2}$$

2.7.3 闭区间上连续函数的性质

下面给出闭区间上连续函数所具有的几个重要性质，这些性质常用来作为分析问题的理论依据.

首先给出闭区间上连续函数的最大、最小值的定义.

定义 2.7.1 对于在区间 I 上有定义的函数 $f(x)$，如果有 $x_0\in I$，使得对于任一 $x\in I$，都有

$$f(x)\leqslant f(x_0)\quad (f(x)\geqslant f(x_0))$$

则称 $f(x_0)$ 是函数 $f(x)$ 在区间 I 上的最大(小)值.

例如，函数 $y=1+\sin x$ 在 $[0, 2\pi]$ 上的最大值为 2，最小值为 0.

定理 2.7.5(最大值和最小值定理) 在闭区间上连续的函数一定有最大值和最小值.

注意 这个定理成立的前提条件是一定要在闭区间上连续. 如果区间是开区间(见图 2.7.1(a))或者区间内有间断点(见图 2.7.1(b))，该定理不一定成立.

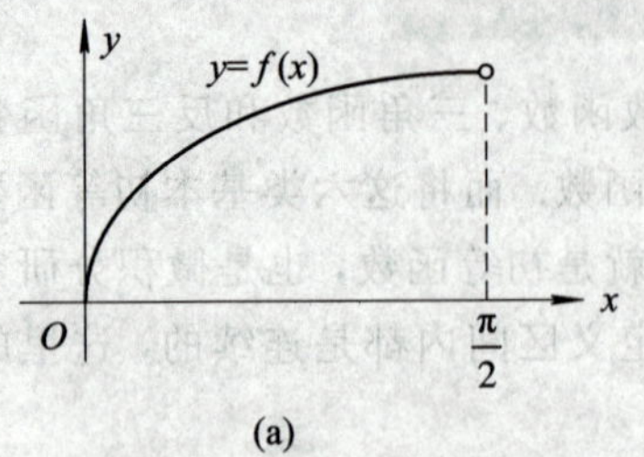

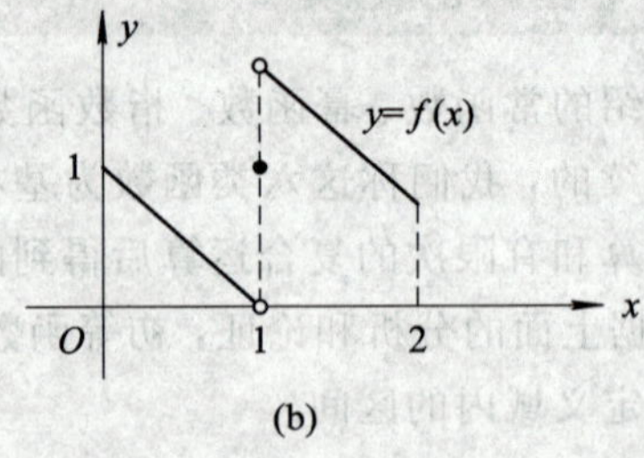

图 2.7.1

根据这个最大值和最小值定理，我们可以推导出闭区间上连续函数的有界性定理.

定理 2.7.6(有界性定理) 在闭区间上连续的函数一定在该区间上有界.

闭区间上的连续函数还有非常重要的另一个性质，就是零点定理. 那么什么叫零点呢?

定义 2.7.2 如果 $x=x_0$ 使 $f(x_0)=0$，则称 x_0 为函数 $f(x)$ 的零点.

定理 2.7.7(零点定理) 设函数 $f(x)$ 在闭区间 $[a, b]$ 上连续，且 $f(a)$ 与 $f(b)$ 异号(即 $f(a)\cdot f(b)<0$)，那么在开区间 (a, b) 内至少有函数 $f(x)$ 的一个零点，即至少有一点 $\xi(a<\xi<b)$，使 $f(\xi)=0$，如图 2.7.2 所示.

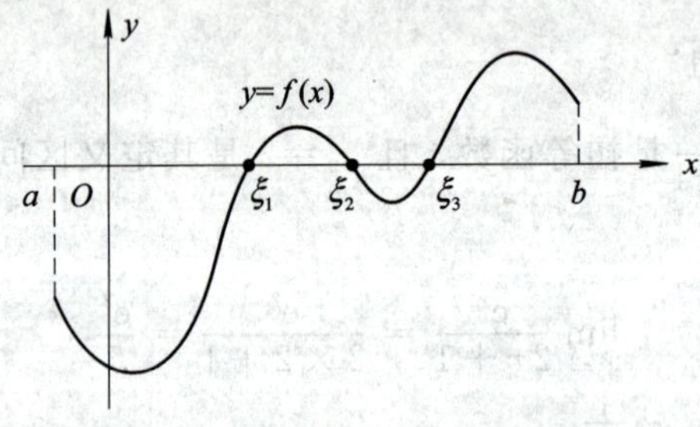

图 2.7.2

这个定理告诉我们方程 $f(x)=0$ 在 (a, b) 内至少存在一个实根.

注意 这个定理中所指出的是零点的存在性，也就是满足定理的条件下零点是一定存在的，但是有几个零点，零点在什么位置，是无法从定理中得出的.

这个性质的几何意义在于，如果连续曲线弧 $y=f(x)$ 的两个端点位于 x 轴的不同侧，则曲线弧与 x 轴至少有一个交点.

根据零点定理，我们还可推出介值定理.

定理 2.7.8(介值定理) 设函数 $f(x)$ 在闭区间 $[a, b]$ 上连续，且在该区间的端点取不同的函数值 $f(a)=A$ 及 $f(b)=B$，那么，对于 A 与 B 之间的任意一个数 C，在开区间

(a, b)内至少有一点ξ，使得$f(\xi)=C(a<\xi<b)$.

推论 2.7.1 在闭区间上连续的函数必取得介于最大值M与最小值m之间的任何值.

例 2.7.7 证明方程$x^3-4x^2+1=0$在区间$(0, 1)$内至少有一个根.

证 令$f(x)=x^3-4x^2+1$，则$f(x)$在$[0, 1]$上连续. 又

$$f(0)=1>0, \quad f(1)=-2<0$$

由零点定理知，$\exists\xi\in(a, b)$，使得$f(\xi)=0$，即

$$\xi^3-4\xi^2+1=0$$

所以方程$x^3-4x^2+1=0$在区间$(0, 1)$内至少有一个根ξ.

例 2.7.8 设函数$f(x)$在区间$[a, b]$上连续，且$f(a)<a$，$f(b)>b$. 证明$\exists\xi\in(a, b)$，使得$f(\xi)=\xi$.

证 令$F(x)=f(x)-x$，则$F(x)$在$[a, b]$上连续. 又

$$F(a)=f(a)-a<0, \quad F(b)=f(b)-b>0$$

由零点定理知，$\exists\xi\in(a, b)$，使$F(\xi)=f(\xi)-\xi=0$，即$f(\xi)=\xi$.

习 题 2.7

1. 求函数$f(x)=\dfrac{x^2-1}{x^2-3x+2}$的连续区间，并求极限$\lim\limits_{x\to1}f(x)$和$\lim\limits_{x\to2}f(x)$.

2. 利用连续函数求下列极限：

(1) $\lim\limits_{x\to0}\left[\cos x-\dfrac{\ln(x+1)}{x+1}\right]$；　(2) $\lim\limits_{x\to+\infty}\left[\dfrac{\pi}{2}-\arctan\sqrt{2x+1}\right]$；

(3) $\lim\limits_{x\to5}\dfrac{\sqrt{x-1}-2}{x-5}$；　(4) $\lim\limits_{x\to\frac{\pi}{4}}\arcsin\left[\dfrac{1}{2}-\tan x-\cos\left(x+\dfrac{\pi}{12}\right)\right]$.

3. 证明方程$x^5-3x=1$至少有一个根介于1和2之间.

4. 假设函数$f(x)$在闭区间$[0, 1]$上连续，并且对$[0, 1]$内任一点x有$0\leqslant f(x)\leqslant1$，试证明$[0, 1]$内必存在一点$c$，使得$f(c)=c$($c$称为函数$f(x)$的不动点).

自测题 2

一、选择题

1. 下列各式正确的是(　　).

A. $\lim\limits_{x\to0^+}\left(1+\dfrac{1}{x}\right)^x=1$　　B. $\lim\limits_{x\to0^+}\left(1+\dfrac{1}{x}\right)^x=\mathrm{e}$

C. $\lim\limits_{x\to\infty}\left(1-\dfrac{1}{x}\right)^x=-\mathrm{e}$　　D. $\lim\limits_{x\to\infty}\left(1+\dfrac{1}{x}\right)^{-x}=\mathrm{e}$

2. 当$x\to0$时，变量$\dfrac{1}{x^2}\sin\dfrac{1}{x}$是(　　).

A. 无穷小　　B. 有界的，但不是无穷小

C. 无穷大　　D. 无界的，但不是无穷大

3. 设 $f(x)=x^3+4x^2-2x-1$，则方程 $f(x)=0$(　　).

A. 在(0, 1)内没有实根　　B. 在(−1, 0)内没有实根

C. 在(−∞, 0)内有两个不同实根　　D. 在(0, +∞)内有两个不同实根

4. 如果 $f(x)$在$[a, b]$上连续，无零点，但有使 $f(x)$取正值的点，则 $f(x)$在$[a, b]$上(　　).

A. 可正可负　　B. 为正

C. 为负　　D. 无界

二、解答题

1. 求下列极限：

(1) $\lim\limits_{x\to 0}(1+3x)^{\frac{2}{\sin x}}$；　　(2) $\lim\limits_{x\to 0}\dfrac{x^2\sin\dfrac{1}{x}}{\sin 2x}$；

(3) $\lim\limits_{x\to\infty}\left(\dfrac{x+a}{x-a}\right)^x$($a$ 为非零常数)；　　(4) $\lim\limits_{x\to 0}\dfrac{\tan x-\sin x}{\sin^3 x}$；

(5) $\lim\limits_{x\to 1}\dfrac{\sqrt[3]{x}-1}{\sqrt{x}-1}$；　　(6) $\lim\limits_{x\to\infty}\left(\dfrac{3+x}{6+x}\right)^{\frac{x-1}{2}}$.

2. 设 $f(x)=\begin{cases}x^2\cos\dfrac{1}{x}, & x>0\\ a+8x^2, & x\leqslant 0\end{cases}$ 在(−∞, +∞)上连续，求 a 的值.

3. 设$\lim\limits_{x\to\infty}\left(\dfrac{x+2a}{x-a}\right)^x=8$，求 a 的值.

阅读材料 2

函数发展的历史

17 世纪，伽利略在《两门新科学》一书中用文字和比例的语言表达了函数的关系. 1673 年前后笛卡尔在他的解析几何中已注意到一个变量对另一个变量的依赖关系，但因当时尚未意识到要提炼函数概念，因此直到 17 世纪后期牛顿、莱布尼茨建立微积分时还没有人明确函数的一般意义，大部分函数是被当做曲线来研究的.

1673 年，莱布尼茨首次使用“function”(函数)表示“幂”，后来他用该词表示曲线上点的横坐标、纵坐标、切线长等有关几何量. 与此同时，牛顿在微积分的讨论中，使用“流量”来表示变量间的关系.

1718 年，约翰·伯努利在莱布尼茨函数概念的基础上对函数概念进行了定义：“由任一变量和常数的任一形式所构成的量. ”他的意思是凡变量 x 和常量构成的式子都叫做 x 的函数，并强调函数要用公式来表示.

1755 年，欧拉把函数定义为“如果某些变量，以某一种方式依赖于另一些变量，即当后面这些变量变化时，前面这些变量也随着变化，我们把前面的变量称为后面变量的函

数. ”他还给出了“一个变量的函数是由这个变量和一些数即常数以任何方式组成的解析表达式”的定义. 他把约翰·伯努利给出的函数定义称为解析函数，并进一步把它区分为代数函数和超越函数，还考虑了“随意函数”. 不难看出，欧拉给出的函数定义比约翰·伯努利的定义更普遍、更具有广泛意义.

1821 年，柯西从定义自变量给出了函数的定义：“在某些变数间存在着一定的关系，当一经给定其中某一变数的值，其他变数的值可随着而确定时，则将最初的变数叫做自变量，其他各变数叫做函数. ”在柯西的定义中，首先出现了自变量一词，同时指出对函数来说不一定要有解析表达式. 不过他仍然认为函数关系可以用多个解析式来表示，这是一个很大的局限.

1822 年，傅立叶发现某些函数不仅可以用曲线表示，也可以用一个式子表示，或用多个式子表示，从而结束了函数概念是否以唯一一个式子表示的争论，把对函数的认识又推进了一个新层次.

1837 年，狄利克雷突破了这一局限，认为怎样去建立 x 与 y 之间的关系无关紧要，他拓展了函数概念，指出：“对于在某区间上的每一个确定的 x 值，y 都有一个确定的值，那么 y 叫做 x 的函数. ”这个定义避免了函数定义中对依赖关系的描述，以清晰的方式被所有数学家接受. 这就是人们常说的经典函数定义.

等到康托创立的集合论在数学中占有重要地位之后，维布伦用“集合”和“对应”的概念给出了近代函数定义，通过集合概念把函数的对应关系、定义域及值域进一步具体化，且打破了“变量是数”的局限，即变量可以是数，也可以是其他对象.

1914 年，豪斯多夫在《集合论纲要》中用不明确的概念“序偶”来定义函数，其避开了意义不明确的“变量”、“对应”概念. 库拉托夫斯基于 1921 年用集合概念来定义“序偶”，使豪斯多夫的定义更加严谨.

1930 年，新的现代函数定义为“若对集合 M 的任意元素 x，总有集合 N 确定的元素 y 与之对应，则称在集合 M 上定义一个函数，记为 $y=f(x)$. 元素 x 称为自变元，元素 y 称为因变元. ”至此，现代函数的概念真正出现了.

资料来源：百度百科

第3章 导数与微分

数学中研究导数、微分及其应用的部分称为微分学，研究不定积分、定积分及其应用的部分称为积分学. 微分学与积分学统称为微积分学.

微积分学是高等数学最基本、最重要的组成部分，是现代数学许多分支的基础，是人类认识客观世界、探索宇宙奥秘乃至人类自身的典型数学模型之一.

导数与微分是微分学的两个基本概念. 导数反映函数相对于自变量的变化快慢的程度；微分则指明当自变量有微小变化时，函数大体上变化多少. 本章我们主要讨论导数和微分的概念，以及它们的计算公式和运算法则.

本章的基本要求如下：

(1) 掌握导数的基本定义(包括左导数、右导数)以及导数存在的充要条件.

(2) 了解导数的几何意义和物理意义.

(3) 了解可导和连续的关系.

(4) 熟练掌握各种求导方法，包括定义法、四则运算法则、复合函数求导、隐函数求导和反函数求导.

(5) 掌握高阶导数的定义和计算方法.

(6) 了解微分的基本概念.

3.1 导数的概念

从 15 世纪初文艺复兴时期起，欧洲的工业、农业、航海事业与商业贸易得到空前发展，形成了一个新的经济时代. 而之后的欧洲，正处在资本主义萌芽时期，生产力得到了很大的发展. 生产实践的发展对自然科学提出了新的课题，迫切要求力学、天文学等基础科学的发展，而这些学科都是深深依赖于数学的，因而也推动了数学的发展. 在各类学科对数学提出的种种要求中，下列四类问题导致了微分学的产生：

(1) 求变速运动的瞬时速度的问题；

(2) 求曲线的切线的问题；

(3) 求函数的极大值和极小值问题；

(4) 求曲线长度、曲线围成的面积、曲面围成的体积、物体的重心、一个体积相当大的物体作用于另一物体上的引力的问题.

这四类实际问题的现实原型在数学上都可归结为函数相对于自变量变化而变化的快慢程度，即所谓函数的变化率问题．牛顿从第一个问题出发，莱布尼茨从第二个问题出发，分别给出了导数的概念．

3.1.1　问题的提出

我们先来看几个导数概念的实例原型．

1. 变速直线运动的瞬时速度问题

设一质点 M 从点 O 开始做变速直线运动，经过 T 秒到达点 P，求该质点在 $t_0\in[0,T]$时刻的瞬时速度．

我们建立如图 3.1.1 所示的坐标系，用 s 表示质点的位移，那么很明显，s 是与时间 t 相关的，也就是说位移 s 是时间 t 的函数，记做 $s=s(t)$．

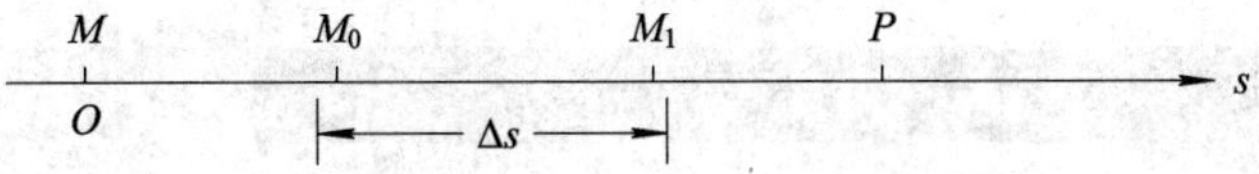

图 3.1.1

在中学我们已经学习过，如果质点做匀速直线运动，那么速度就是路程与时间之比．但是现在是做变速直线运动，那么在 t_0时刻的瞬时速度就不能用这种方法来求解了．为此，我们按照下面三个步骤来完成，假设质点在 t_0时刻到达点 M_0．

(1) 假设在 t_0时刻后又产生了一个微小的时间增加 Δt，即时间从 t_0变化到 $t_0+\Delta t$，相应地，质点的位置也从 M_0变化到了 M_1，于是就产生了位移增量

$$\Delta s=M_1-M_0=s(t_0+\Delta t)-s(t_0)$$

这一步称为求增量；

(2) 为了求得$[t_0,t_0+\Delta t]$这一时间段内质点移动的平均速度，我们用 Δs 除以 Δt，即

$$\bar{v}=\frac{\Delta s}{\Delta t}=\frac{s(t_0+\Delta t)-s(t_0)}{\Delta t}$$

这一步称为求增量比；

(3) 为了求得 t_0时刻的瞬时速度，我们可以让时间的间隔 Δt 越来越小，这样 M_1就和 M_0越靠越近，而这一段上的平均速度 $\bar{v}$ 也就和 t_0时刻的瞬时速度 v_0越靠越近．于是，当 $\Delta t\to 0$ 时，平均速度的极限就是瞬时速度，即

$$v_0=\lim_{\Delta t\to 0}\frac{\Delta s}{\Delta t}=\lim_{\Delta t\to 0}\frac{s(t_0+\Delta t)-s(t_0)}{\Delta t}$$

这一步称为求极限．

于是，我们利用极限的工具，很好地解决了这个问题．

2. 曲线切线的斜率问题

假设函数 $y=f(x)$的图像如图 3.1.2 所示，当 $x=x_0$时，函数值 $y=y_0$，即图中 M_0点的位置．当自变量发生了一个小的增量，即从 x_0变化到 $x_0+\Delta x$ 时，点的位置变化到了 M，这样 M_0M 就成为了该函数的一条割线，同时也产生了函数值的增量 $\Delta y=f(x_0+\Delta x)-f(x_0)$，于是这条割线的斜率 $K'=\dfrac{f(x_0+\Delta x)-f(x_0)}{\Delta x}$．

为了求得 $f(x)$ 的图像在 x_0 处的切线，我们让 M 点沿着曲线向 M_0 移动. 随着点的移动，M_0M 这条割线也越来越趋近于 M_0 这点的切线. 而点 M 的移动反映在自变量的变化上则是使 Δx 越来越趋近于 0. 于是当 $\Delta x \to 0$ 时，割线的极限就是切线. 同时，割线的斜率就变成了切线的斜率. 于是若 M_0 点切线的斜率为 K，则

$$K = \tan\alpha = \lim_{\Delta x \to 0} K' = \lim_{\Delta x \to 0} \frac{f(x_0 + \Delta x) - f(x_0)}{\Delta x}$$

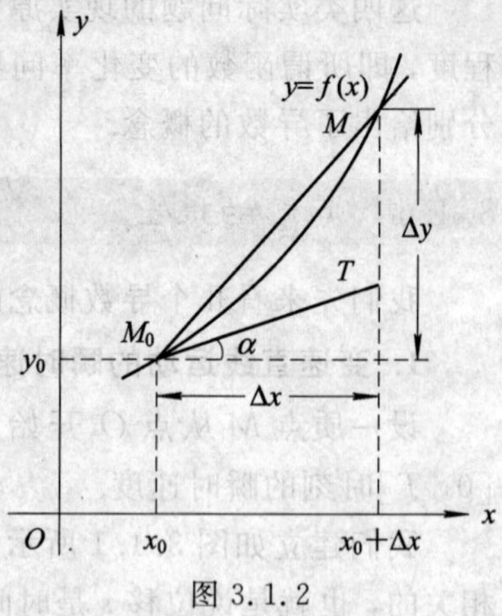

图 3.1.2

以上两个例子虽然不属于微积分的范畴，但是其所反映的一个变量的变化与另一个变量的变化之间的这种相互依赖的关系，正是微积分中导数所描述的内容. 那么什么叫做导数呢?

3.1.2　导数的定义

定义 3.1.1　设函数 $y=f(x)$ 在点 x_0 处的某个邻域内有定义，当自变量 x 在 x_0 处取得增量 Δx（点 $x_0+\Delta x$ 仍在该邻域内）时，相应地，函数 y 也取得增量 $\Delta y = f(x_0+\Delta x) - f(x_0)$；如果当 $\Delta x \to 0$ 时，Δy 与 Δx 之比的极限存在，则称函数 $y=f(x)$ 在点 x_0 处可导，并称这个极限为函数 $y=f(x)$ 在点 x_0 处的导数，记做

$$y'\big|_{x=x_0} \text{ 或 } \frac{\mathrm{d}y}{\mathrm{d}x}\bigg|_{x=x_0} \text{ 或 } \frac{\mathrm{d}f(x)}{\mathrm{d}x}\bigg|_{x=x_0}$$

即

$$y'\big|_{x=x_0} = \lim_{\Delta x \to 0} \frac{\Delta y}{\Delta x} = \lim_{\Delta x \to 0} \frac{f(x_0 + \Delta x) - f(x_0)}{\Delta x}$$

如果上式的极限存在，则称函数 $f(x)$ 在点 x_0 处可导；反之，则称函数 $f(x)$ 在点 x_0 处不可导.

于是，在变速直线运动的瞬时速度问题中，所求出的瞬时速度 v_0 实际上就是位移函数 $s(t)$ 在 t_0 处的导数. 而在曲线切线的斜率问题中，M_0 切线的斜率 k 其实就是函数 $f(x)$ 在 x_0 点处的导数.

除了以上的定义形式外，函数 $f(x)$ 在 x_0 处的导数还有其他的表示方法，比如用 h 代替自变量增量 Δx，即得

$$f'(x_0) = \lim_{h \to 0} \frac{f(x_0 + h) - f(x_0)}{h}$$

而如果令 $x = x_0 + \Delta x$，那么 $\Delta x \to 0$ 就意味着 $x \to x_0$，于是可得

$$f'(x_0) = \lim_{x \to x_0} \frac{f(x) - f(x_0)}{x - x_0}$$

这两种形式也都是函数导数的定义式，在不同的函数求导问题中各有优点.

需要注意几个问题：第一，以上所说的导数指的是点导数，它反映了因变量在点 x_0 处的变化率，也即因变量随自变量的变化而变化的快慢程度；第二，如果函数 $y=f(x)$ 在一个开区间 I 内的每点处都可导，则称函数 $f(x)$ 在开区间 I 内可导；第三，如果函数 $f(x)$ 在开区间 I 内可导，就意味着对于每一个 $x \in I$，都对应着 $f(x)$ 的一个确定的导数值. 这样就

建立了一个从 $x_0\in I$ 到 $\left.\dfrac{\mathrm{d}f(x)}{\mathrm{d}x}\right|_{x=x_0}$ 的对应，对应法则就是求 $f(x)$ 在 x_0 处的导数. 这相当于建立了一个从自变量到函数导数值的函数关系，我们把这个函数关系称为原来函数 $f(x)$ 的导函数，记做 y'、$f'(x)$、$\dfrac{\mathrm{d}y}{\mathrm{d}x}$ 或 $\dfrac{\mathrm{d}f(x)}{\mathrm{d}x}$，即

$$y'=\lim_{\Delta x\to 0}\frac{f(x+\Delta x)-f(x)}{\Delta x}\text{ 或 }f'(x)=\lim_{h\to 0}\frac{f(x+h)-f(x)}{h}$$

而我们前面所求的导数 $f'(x)|_{x=x_0}$ 则是导函数 $f'(x)$ 在 x_0 处的值，即

$$f'(x_0)=f'(x)|_{x=x_0}$$

同时也由于两者之间的这种联系，我们以后把导函数简称为导数.

有了以上的结论，我们就可以按照以下步骤来求解一些函数的导数了.

(1) 求增量 $\Delta y=f(x+\Delta x)-f(x)$；

(2) 求比值 $\dfrac{\Delta y}{\Delta x}=\dfrac{f(x+\Delta x)-f(x)}{\Delta x}$；

(3) 求极限 $y'=\lim\limits_{\Delta x\to 0}\dfrac{\Delta y}{\Delta x}$.

例 3.1.1 求函数 $f(x)=C$ 的导数，其中 C 为常数.

解
$$f'(x)=\lim_{h\to 0}\frac{f(x+h)-f(x)}{h}=\lim_{h\to 0}\frac{C-C}{h}=0$$

即
$$(C)'=0$$

例 3.1.2 设函数 $f(x)=\sin x$，求 $(\sin x)'$ 及 $(\sin x)'|_{x=\frac{\pi}{4}}$.

解
$$(\sin x)'=\lim_{h\to 0}\frac{\sin(x+h)-\sin x}{h}=\lim_{h\to 0}\left[\cos\left(x+\frac{h}{2}\right)\cdot\frac{\sin\frac{h}{2}}{\frac{h}{2}}\right]=\cos x$$

即
$$(\sin x)'=\cos x$$

所以

$$(\sin x)'|_{x=\frac{\pi}{4}}=\cos x|_{x=\frac{\pi}{4}}=\frac{\sqrt{2}}{2}$$

例 3.1.3 求函数 $y=x^2$ 的导数.

解
$$(x^2)'=\lim_{h\to 0}\frac{(x+h)^2-x^2}{h}=\lim_{h\to 0}\frac{x^2+2hx+h^2-x^2}{h}=\lim_{h\to 0}(2x+h)=2x$$

即
$$(x^2)'=2x$$

例 3.1.4 求函数 $y=x^3$ 的导数.

解
$$(x^3)'=\lim_{h\to 0}\frac{(x+h)^3-x^3}{h}=\lim_{h\to 0}\frac{x^3+3hx^2+3h^2x+h^3-x^3}{h}$$
$$=\lim_{h\to 0}(3x^2+3hx+h^2)=3x^2$$

即
$$(x^3)'=3x^2$$

由此，我们可以推广到 x^n 的情形，其中 $n\in\mathbf{Z}$，即 $(x^n)'-nx^{n-1}$.

更一般地，$(x^\mu)'=\mu x^{\mu-1}$，其中 $\mu\in\mathbf{R}$.

例如：

$$(\sqrt{x})' = (x^{\frac{1}{2}})' = \frac{1}{2}x^{\frac{1}{2}-1} = \frac{1}{2\sqrt{x}}$$

$$(x^{-1})' = (-1)x^{-1-1} = -\frac{1}{x^2}$$

同时，我们还可以求得

$$(a^x)' = a^x \ln a$$

特殊地，$(e^x)'=e^x$.

3.1.3 导数的几何意义和物理意义

1. 几何意义

前面我们已经提到了，函数 $f(x)$ 在 x_0 处的导数实际上表示的是曲线 $y=f(x)$ 在点 $M(x_0, f(x_0))$ 处的切线的斜率，即 $f'(x_0)=\tan\alpha$，其中 α 为倾角. 这样我们就可以轻松地得到曲线在该点的切线方程和法线方程，即

切线方程 $\quad y-y_0=f'(x_0)(x-x_0)$

法线方程 $\quad y-y_0=-\dfrac{1}{f'(x_0)}(x-x_0)$

例 3.1.5 求等边双曲线 $y=\dfrac{1}{x}$ 在点 $\left(\dfrac{1}{2}, 2\right)$ 处的切线的斜率，并写出在该点处的切线方程和法线方程.

解 由导数的几何意义，得切线斜率为

$$k = y'\Big|_{x=\frac{1}{2}} = \left(\frac{1}{x}\right)'\Big|_{x=\frac{1}{2}} = -\frac{1}{x^2}\Big|_{x=\frac{1}{2}} = -4$$

从而所求切线方程为

$$y-2=-4\left(x-\frac{1}{2}\right)$$

即

$$4x+y-4=0$$

所求法线方程为

$$y-2=\frac{1}{4}\left(x-\frac{1}{2}\right)$$

即

$$2x-8y+15=0$$

2. 物理意义

由变速直线运动的瞬时速度可以看到，导数在物理中表示的是非均匀变化量的瞬时变化率.

比如，在变速直线运动中，位移对时间的导数为物体的瞬时速度，$v(t)=\lim\limits_{\Delta t\to 0}\dfrac{\Delta s}{\Delta t}=\dfrac{\mathrm{d}s}{\mathrm{d}t}$.

在电学中，电量对时间的导数为电流强度，$i(t)=\lim\limits_{\Delta t\to 0}\dfrac{\Delta q}{\Delta t}=\dfrac{\mathrm{d}q}{\mathrm{d}t}$.

除了这些，非均匀物体的质量对其长度（面积、体积）的导数是该物体的线（面、体）密度.

3.1.4　单侧导数

在第 2 章介绍极限的时候，我们给大家介绍了左、右极限的概念. 由于导数的定义是由一个极限给出的，那么自然而然地就可以由左、右极限产生出左、右导数的概念. 下面给出左、右导数具体的定义.

左导数：$f'_{-}(x_0)=\lim\limits_{x\to x_0^-}\dfrac{f(x)-f(x_0)}{x-x_0}=\lim\limits_{\Delta x\to 0^-}\dfrac{f(x_0+\Delta x)-f(x_0)}{\Delta x}$

右导数：$f'_{+}(x_0)=\lim\limits_{x\to x_0^+}\dfrac{f(x)-f(x_0)}{x-x_0}=\lim\limits_{\Delta x\to 0^+}\dfrac{f(x_0+\Delta x)-f(x_0)}{\Delta x}$

同样地，关于极限存在的充要条件也可以平行地推广到导数当中.

定理 3.1.1(导数存在的充要条件)　函数 $f(x)$在点 x_0处可导⇔左导数 $f'_{-}(x_0)$和右导数 $f'_{+}(x_0)$都存在且相等.

由于有了左、右导数的概念，我们就可以将函数 $f(x)$在开区间(a, b)内可导推广到函数在闭区间可导，即如果 $f(x)$在开区间(a, b)内可导，且 $f'_{+}(a)$及 $f'_{-}(b)$都存在，就说 $f(x)$在闭区间$[a, b]$上可导.

对于左、右导数而言，经常用其讨论分段函数在分段点处的可导性，即设函数

$$f(x)=\begin{cases}\varphi(x), & x\geqslant x_0\\ \psi(x), & x<x_0\end{cases}$$

讨论其在点 x_0处的可导性，步骤如下：

如果

$$\lim_{\Delta x\to 0^-}\frac{f(x_0+\Delta x)-f(x_0)}{\Delta x}=\lim_{\Delta x\to 0^-}\frac{\psi(x_0+\Delta x)-\varphi(x_0)}{\Delta x}=f_-{}'(x_0)\text{ 存在}$$

$$\lim_{\Delta x\to 0^+}\frac{f(x_0+\Delta x)-f(x_0)}{\Delta x}=\lim_{\Delta x\to 0^+}\frac{\varphi(x_0+\Delta x)-\varphi(x_0)}{\Delta x}=f'_+(x_0)\text{ 存在}$$

且

$$f_-{}'(x_0)=f_+{}'(x_0)=a$$

则 $f(x)$在点 x_0处可导，且 $f'(x_0)=a$.

例 3.1.6　讨论函数 $f(x)=|x|$在 $x=0$ 处的可导性.

解　因为

$$\frac{f(0+h)-f(0)}{h}=\frac{|h|}{h}$$

$$\lim_{h\to 0^+}\frac{f(0+h)-f(0)}{h}=\lim_{h\to 0^+}\frac{h}{h}=1$$

$$\lim_{h\to 0^-}\frac{f(0+h)-f(0)}{h}=\lim_{h\to 0^-}\frac{-h}{h}=-1$$

即 $f'_{+}(0)\neq f'_{-}(0)$，所以函数 $y=f(x)$在 $x=0$ 处不可导.

例 3.1.7　设函数

$$f(x)=\begin{cases}a, & x<0\\ x^2+1, & 0\leqslant x<1\end{cases}$$

问 a 取何值时，$f(x)$为可导函数?

解 只需讨论在 $x=0$ 处 $f(x)$ 为可导时 a 的取值情况.

在 $x=0$ 处，因为

$$\lim_{x\to0^+}\frac{\Delta y}{\Delta x}=\lim_{x\to0^+}\frac{f(0+\Delta x)-f(0)}{\Delta x}=\lim_{x\to0^+}\frac{(\Delta x)^2+1-1}{\Delta x}=0$$

$$\lim_{x\to0^-}\frac{\Delta y}{\Delta x}=\lim_{x\to0^-}\frac{f(0+\Delta x)-f(0)}{\Delta x}=\lim_{x\to0^-}\frac{a-1}{\Delta x}$$

要使 $f(x)$ 在 $x=0$ 处可导，必须 $\lim\limits_{x\to0^-}\frac{a-1}{\Delta x}=0\Rightarrow a=1$. 所以，当 $a=1$ 时，$f(x)$ 为可导函数.

3.1.5 可导与连续的关系

前面我们介绍了初等函数在定义区间上都是连续的，那么其可导性呢？这个问题由下面的定理来解答.

定理 3.1.2 可导函数都是连续函数.

这就意味着，只要函数 $f(x)$ 在点 x_0 处是可导的，那么它在 x_0 处一定是连续的. 但是需要注意，这个定理的逆定理不成立，即函数 $f(x)$ 在点 x_0 处是连续的，却不一定在 x_0 处是可导的.

比如 $f(x)=\begin{cases}x^2, & x\leqslant0\\ x, & x>0\end{cases}$，$f(0^+)=f(0^-)=f(0)=0$，所以函数在 $x=0$ 处是连续的，但是 $f'_-(0)=0$，$f'_+(0)=1$，$f'_-(0)\neq f'_+(0)$，所以该函数在 $x=0$ 处是不可导的.

例 3.1.8 讨论函数

$$f(x)=\begin{cases}x\sin\dfrac{1}{x}, & x\neq0\\ 0, & x=0\end{cases}$$

在 $x=0$ 处的连续性与可导性.

解 因为 $\sin\frac{1}{x}$ 是有界函数，所以 $\lim\limits_{x\to0}x\sin\frac{1}{x}=0$. 又因为 $f(0)=\lim\limits_{x\to0}f(x)=0$，所以 $f(x)$ 在 $x=0$ 处连续. 但在 $x=0$ 处有

$$\frac{\Delta y}{\Delta x}=\frac{(0+\Delta x)\sin\dfrac{1}{0+\Delta x}-0}{\Delta x}=\sin\frac{1}{\Delta x}$$

当 $\Delta x\to0$，$\frac{\Delta y}{\Delta x}$ 在 -1 与 1 之间剧烈震荡，没有极限.

所以 $f(x)$ 在 $x=0$ 处不可导.

习 题 3.1

1. 按定义求函数 $f(x)=5x^2$ 的导数，并求 $f'(-1)$.

2. 求下列函数的导数：

(1) $y=x^5$； (2) $y=\sqrt[3]{x^2}$； (3) $y=x^{2.6}$； (4) $y=\frac{1}{\sqrt{x}}$；

(5) $y=\frac{1}{x^3}$；　　(6) $y=x^2\cdot\sqrt[3]{x^4}$；　　(7) $y=\frac{x^3\cdot\sqrt[3]{x^2}}{\sqrt{x^5}}$.

3. 求曲线 $y=e^x$ 在点(0，1)处的切线方程和法线方程.

3.2 函数的求导法则

求函数的变化率——导数，是理论研究和实践应用中经常遇到的一个普遍问题. 但根据定义求导往往非常复杂，有时甚至是不可行的. 能否找到求导的一般法则或常用函数的求导公式，使求导的运算变得更为简单易行呢？从微积分诞生之日起，数学家们就在探索这一途径. 牛顿和莱布尼茨都做了大量的工作. 特别是数学符号大师莱布尼茨对此做出了不朽的贡献. 今天我们所学的微积分学中的法则、公式，特别是所采用的符号，基本上是由莱布尼茨完成的.

本节将介绍函数的求导法则.

3.2.1 函数的和、差、积、商的求导法则

定理 3.2.1 如果函数 $u(x)$、$v(x)$ 在点 x 处可导，则它们的和、差、积、商(分母不为零)在点 x 处也可导，并且

(1) $[u(x)\pm v(x)]'=u'(x)\pm v'(x)$；

(2) $[u(x)\cdot v(x)]'=u'(x)v(x)+u(x)v'(x)$；

(3) $\left[\frac{u(x)}{v(x)}\right]'=\frac{u'(x)v(x)-u(x)v'(x)}{v^2(x)}(v(x)\neq 0)$.

由这些求导法则，我们还可以推导出一些常用的法则：

$$\left[\sum_{i=1}^{n}f_i(x)\right]'=\sum_{i=1}^{n}f_i'(x)$$

$$[Cf(x)]'=Cf'(x)$$

$$\begin{aligned}\left[\prod_{i=1}^{n}f_i(x)\right]'&=f_1'(x)f_2(x)\cdots f_n(x)+\cdots+f_1(x)f_2(x)\cdots f_n'(x)\\&=\sum_{i=1}^{n}\prod_{\substack{k=1\\k\neq i}}^{n}f_i'(x)f_k(x)\end{aligned}$$

例 3.2.1 求 $y=x^3-2x^2+\sin x$ 的导数.

解 $y'=(x^3-2x^2+\sin x)'=(x^3)'-(2x^2)'+(\sin x)'=3x^2-4x+\cos x$

例 3.2.2 求 $y=2\sqrt{x}\sin x$ 的导数.

解
$$\begin{aligned}y'&=(2\sqrt{x}\sin x)'=2(\sqrt{x}\sin x)'=2[(\sqrt{x})'\sin x+\sqrt{x}(\sin x)']\\&=2\left(\frac{1}{2\sqrt{x}}\sin x+\sqrt{x}\cos x\right)=\frac{1}{\sqrt{x}}\sin x+2\sqrt{x}\cos x\end{aligned}$$

例 3.2.3 求 $y=\sin 2x\cdot\ln x$ 的导数.

解 因为 $y=2\sin x\cdot\cos x\cdot\ln x$，所以

$$y'=2\cos x\cdot\cos x\cdot\ln x+2\sin x\cdot(-\sin x)\cdot\ln x+2\sin x\cdot\cos x\cdot\frac{1}{x}$$

例 3.2.4 求 $y=\tan x$ 的导数.

解
$$y'=(\tan x)'=\left(\frac{\sin x}{\cos x}\right)'=\frac{(\sin x)'\cos x-\sin x(\cos x)'}{\cos^2 x}$$
$$=\frac{\cos^2 x+\sin^2 x}{\cos^2 x}=\frac{1}{\cos^2 x}=\sec^2 x$$

即
$$(\tan x)'=\sec^2 x$$

同理可得
$$(\cot x)'=-\csc^2 x$$

例 3.2.5 求 $y=\sec x$ 的导数.

解
$$y'=(\sec x)'=\left(\frac{1}{\cos x}\right)'=\frac{-(\cos x)'}{\cos^2 x}=\frac{\sin x}{\cos^2 x}=\sec x\tan x$$

同理可得
$$(\csc x)'=-\csc x\cot x$$

例 3.2.6 求 $y=\sinh x$ 的导数.

解
$$y'=(\sinh x)'=\left[\frac{1}{2}(e^x-e^{-x})\right]'=\frac{1}{2}(e^x+e^{-x})=\cosh x$$

同理可得
$$(\cosh x)'=\sinh x$$

例 3.2.7 设 $f(x)=\begin{cases}x, & x<0\\ \ln(1+x), & x\geqslant 0\end{cases}$，求 $f'(x)$.

解 当 $x<0$ 时，$f'(x)=1$.

当 $x>0$ 时，
$$f'(x)=\lim_{h\to 0}\frac{\ln(1+x+h)-\ln(1+x)}{h}$$
$$=\lim_{h\to 0}\frac{1}{h}\ln\left(1+\frac{h}{1+x}\right)$$
$$=\frac{1}{1+x}$$

当 $x=0$ 时，
$$f'_-(0)=\lim_{h\to 0^-}\frac{(0+h)-\ln(1+0)}{h}=1$$
$$f'_+(0)=\lim_{h\to 0^+}\frac{\ln[1+(0+h)]-\ln(1+0)}{h}=1$$

所以 $f'(0)=1$，故
$$f'(x)=\begin{cases}1, & x\leqslant 0\\ \dfrac{1}{1+x}, & x>0\end{cases}$$

例 3.2.8 求曲线 $y=2x-x^3$ 上与 x 轴平行的切线方程.

解 $y'=2-3x^2$，令 $y'=0\Rightarrow 2-3x^2=0$，解得
$$x_1=\sqrt{\frac{2}{3}},\quad x_2=-\sqrt{\frac{2}{3}}$$

于是切点为$\left(\sqrt{\frac{2}{3}}, \frac{4\sqrt{6}}{9}\right)$和$\left(-\sqrt{\frac{2}{3}}, -\frac{4\sqrt{6}}{9}\right)$，所以切线方程为

$$y=\frac{4\sqrt{6}}{9} \quad \text{和} \quad y=-\frac{4\sqrt{6}}{9}$$

例 3.2.9（经济学中的导数） 某产品在生产 8 到 20 件的情况下，其生产 x 件的成本与销售 x 件的收入分别为

$$C(x)=x^3-2x^2+12x(\text{元}) \text{ 与 } R(x)=x^3-3x^2+10x(\text{元})$$

某工厂目前每天生产 10 件，试问每天多生产一件产品的成本为多少？每天多销售一件产品获得的收入为多少？

解 在每天生产 10 件的基础上再多生产一件的成本大约为 $C'(10)$：

$$C'(x)=\frac{\mathrm{d}}{\mathrm{d}x}(x^3-2x^2+12x)=3x^2-4x+12,\ C'(10)=272(\text{元})$$

即多生产一件的附加成本为 272 元. 边际收入为

$$R'(x)=\frac{\mathrm{d}}{\mathrm{d}x}(x^3-3x^2+10x)=3x^2-6x+10,\ R'(10)=250(\text{元})$$

即多销售一件产品而增加的收入为 250 元.

除了上面这些和、差、积、商的求导法则外，还有反函数的求导法则和复合函数的求导法则.

3.2.2 反函数的导数

定理 3.2.2 如果函数 $x=\varphi(y)$在某区间 I_y 内单调可导且 $\varphi'(y)\neq 0$，那么它的反函数 $y=f(x)$在对应区间 I_x 内也可导，且有 $f'(x)=\frac{1}{\varphi'(x)}$.

这个定理告诉我们，反函数的导数等于直接函数导数的倒数.

例 3.2.10 求函数 $y=\arcsin x$ 的导数.

解 因为 $x=\sin y$ 在 $I_y\in\left(-\frac{\pi}{2}, \frac{\pi}{2}\right)$内单调可导，且$(\sin y)'=\cos y>0$，所以在 $I_x\in(-1, 1)$内，有

$$(\arcsin x)'=\frac{1}{(\sin y)'}=\frac{1}{\cos y}=\frac{1}{\sqrt{1-\sin^2 y}}=\frac{1}{\sqrt{1-x^2}}$$

同理可得

$$(\arccos x)'=-\frac{1}{\sqrt{1-x^2}},\ (\arctan x)'=\frac{1}{1+x^2},\ (\operatorname{arccot} x)'=-\frac{1}{1+x^2}$$

例 3.2.11 求函数 $y=\log_a x$ 的导数.

解 因为 $x=a^y$ 在 $I_y\in(-\infty, +\infty)$内单调可导，且$(a^y)'=a^y\ln a\neq 0$，所以在 $I_x\in(0, +\infty)$内，有

$$(\log_a x)'=\frac{1}{(a^y)'}=\frac{1}{a^y\ln a}=\frac{1}{x\ln a}$$

特别地，

$$(\ln x)'=\frac{1}{x}$$

3.2.3 复合函数的求导法则

定理 3.2.3 如果函数 $u=\varphi(x)$ 在点 x_0 处可导，而 $y=f(u)$ 在点 $u_0=\varphi(x_0)$ 处可导，则复合函数 $y=f[\varphi(x)]$ 在点 x_0 处可导，且其导数为

$$\left.\frac{\mathrm{d}y}{\mathrm{d}x}\right|_{x=x_0}=f'(u_0)\cdot\varphi'(x_0)$$

即因变量对自变量求导，等于因变量对中间变量求导，乘以中间变量对自变量求导(链式法则).

这个求导法则还可以推广到多层复合的情况.

推广 设 $y=f(u)$，$u=\varphi(v)$，$v=\psi(x)$，则复合函数 $y=f\{\varphi[\psi(x)]\}$ 的导数为

$$\frac{\mathrm{d}y}{\mathrm{d}x}=\frac{\mathrm{d}y}{\mathrm{d}u}\cdot\frac{\mathrm{d}u}{\mathrm{d}v}\cdot\frac{\mathrm{d}v}{\mathrm{d}x}$$

例 3.2.12 求函数 $y=\ln\sin x$ 的导数.

解 因为 $y=\ln u$，$u=\sin x$，所以

$$\frac{\mathrm{d}y}{\mathrm{d}x}=\frac{\mathrm{d}y}{\mathrm{d}u}\cdot\frac{\mathrm{d}u}{\mathrm{d}x}=\frac{1}{u}\cdot\cos x=\frac{\cos x}{\sin x}=\cot x$$

例 3.2.13 求函数 $y=(x^2+1)^{10}$ 的导数.

解 $$\frac{\mathrm{d}y}{\mathrm{d}x}=10(x^2+1)^9\cdot(x^2+1)'=10(x^2+1)^9\cdot 2x=20x(x^2+1)^9$$

例 3.2.14 求函数 $y=\frac{x}{2}\sqrt{a^2-x^2}+\frac{a^2}{2}\arcsin\frac{x}{a}$.

解 $$y'=\left(\frac{x}{2}\sqrt{a^2-x^2}\right)'+\left(\frac{a^2}{2}\arcsin\frac{x}{a}\right)'$$
$$=\frac{1}{2}\sqrt{a^2-x^2}-\frac{1}{2}\frac{x^2}{\sqrt{a^2-x^2}}+\frac{a^2}{2\sqrt{a^2-x^2}}=\sqrt{a^2-x^2}$$

例 3.2.15 求函数 $y=\mathrm{e}^{\sin\frac{1}{x}}$ 的导数.

解 $$y'=\mathrm{e}^{\sin\frac{1}{x}}\left(\sin\frac{1}{x}\right)'=\mathrm{e}^{\sin\frac{1}{x}}\cdot\cos\frac{1}{x}\cdot\left(\frac{1}{x}\right)'=-\frac{1}{x^2}\mathrm{e}^{\sin\frac{1}{x}}\cdot\cos\frac{1}{x}$$

复合函数求导既是重点又是难点. 在求复合函数的导数时，首先要分清函数的复合层次，然后从外向里，逐层推进求导，不要遗漏，也不要重复. 在求导过程中，始终要明确所求的导数是哪个函数对哪个变量(不管是自变量还是中间变量)的导数. 在开始时可以先设中间变量，一步一步地做. 熟练之后，中间变量可以省略不写，直接把表示中间变量的部分写出来，整个过程一气呵成.

接下来看几道比较复杂的问题.

例 3.2.16 求导数 $y=x^{a^a}+a^{x^a}+a^{a^x}\ (a>0)$.

解 $$y'=a^a x^{a^a-1}+a^{x^a}\ln a\cdot(x^a)'+a^{a^x}\cdot\ln a\cdot(a^x)'$$
$$=a^a x^{a^a-1}+ax^{a-1}a^{x^a}\ln a+a^x a^{a^x}\cdot\ln^2 a$$

例 3.2.17 已知 $f(u)$ 可导，求函数 $y=f(\sec x)$ 的导数.

这是函数求导中比较复杂的一类，含有抽象函数的导数，在求解时应特别注意记号表示的真实含义. 此例中，$f'(\sec x)$ 表示对 $\sec x$ 求导，而 $[f(\sec x)]'$ 表示对 x 求导.

解 $y'=[f(\sec x)]'=f'(\sec x)\cdot(\sec x)'=f'(\sec x)\cdot\sec x\cdot\tan x$

例 3.2.18 求函数 $y=f(\tan x)+\tan[f(x)]$ 的导数，且 $f(x)$ 可导.

解 $y'=\sec^2 x f'(\tan x)+\sec^2[f(x)]\cdot f'(x)$

例 3.2.19 求函数 $y=f^n[\varphi^n(\sin x^n)]$($n$ 为常数)的导数.

解 $y'=nf^{n-1}[\varphi^n(\sin x^n)]\cdot f'[\varphi^n(\sin x^n)]\cdot n\varphi^{n-1}(\sin x^n)\cdot\varphi'(\sin x^n)\cdot\cos x^n\cdot nx^{n-1}$

$=n^3\cdot x^{n-1}\cos x^n\cdot f^{n-1}[\varphi^n(\sin x^n)]\cdot\varphi^{n-1}(\sin x^n)\cdot f'[\varphi^n(\sin x^n)]\cdot\varphi'(\sin x^n)$

至此，我们求出了所有基本初等函数的导数. 下面列出这些基本导数公式：

(1) $(C)'=0$(C 为常数)；

(2) $(x^\alpha)'=\alpha x^{\alpha-1}$($\alpha$ 为实数)；

(3) $(a^x)'=a^x\ln a(a>0,\ a\neq 1)$，$(e^x)'=e^x$；

(4) $(\log_a x)'=\dfrac{1}{x\ln a}$，$(\ln x)'=\dfrac{1}{x}$；

(5) $(\sin x)'=\cos x$；

(6) $(\cos x)'=-\sin x$；

(7) $(\tan x)'=\sec^2 x$；

(8) $(\cot x)'=-\csc^2 x$；

(9) $(\sec x)'=\sec x\tan x$；

(10) $(\csc x)'=-\csc x\cot x$；

(11) $(\arcsin x)'=\dfrac{1}{\sqrt{1-x^2}}$；

(12) $(\arccos x)'=-\dfrac{1}{\sqrt{1-x^2}}$；

(13) $(\arctan x)'=\dfrac{1}{1+x^2}$；

(14) $(\operatorname{arccot} x)'=-\dfrac{1}{1+x^2}$.

有了这些公式，再利用四则运算及复合函数的求导法则，就可以把初等函数的导数求出来了.

习 题 3.2

1. 求下列函数的导数：

(1) $y=x^3+\dfrac{7}{x^4}-\dfrac{2}{x}+12$； (2) $y=5x^3-2^x+3e^x$；

(3) $y=2\tan x+\sec x-1$； (4) $y=\sin x\cos x$；

(5) $y=x^2\ln x$； (6) $y=3e^x\cos x$；

(7) $y=\dfrac{\ln x}{x}$； (8) $y=\dfrac{e^x}{x^2}+\ln 3$；

(9) $y=x^2\ln x\cos x$；

(10) $y=\dfrac{1+\sin x}{1+\cos x}$.

2. 求曲线 $y=2\sin x+x^2$ 上横坐标为 $x=0$ 的点处的切线方程和法线方程.

3. 求下列函数的导数：

(1) $y=(2x+3)^5$；

(2) $y=\cos(3-4x)$；

(3) $y=e^{-2x^3}$；

(4) $y=\ln(1+x^2)$；

(5) $y=\sin^3 x$；

(6) $y=\sqrt{a^2-x^2}$；

(7) $y=\tan x^3$；

(8) $y=\arctan e^x$；

(9) $y=(\arcsin x)^3$；

(10) $y=\ln\sin x$；

(11) $y=\arcsin(2x-1)$；

(12) $y=\dfrac{1}{\sqrt{1-x^2}}$；

(13) $y=e^{-x}\cos 2x$；

(14) $y=\arcsin\dfrac{1}{x}$；

(15) $y=\dfrac{1-\ln x}{1+\ln x}$；

(16) $y=\dfrac{\sin 2x}{x}$；

(17) $y=\arcsin\sqrt{x}$；

(18) $y=\ln\left(x+\sqrt{x^2+a^2}\right)$；

(19) $y=\ln(\sec x+\tan x)$；

(20) $y=\ln(\csc x-\cot x)$.

4. 设 $f(x)$ 可导，求下列函数的导数：

(1) $y=f(x^2)$；

(2) $y=f(\sin x)+f(\cos x)$.

3.3 高阶导数和隐函数的导数

由 3.1 节的例子可知，当质点做变速直线运动时，其瞬时速度 $v(t)$ 是位移函数 $s=s(t)$ 对时间 t 的导数，即

$$v(t)=s'(t)$$

进一步地，速度函数 $v(t)$ 对于时间 t 的变化率，即速度的改变量，就是加速度 $a(t)$，即 $a(t)$ 是 $v(t)$ 对于时间 t 的导数，

$$a(t)=v'(t)=[s'(t)]'$$

于是，加速度 $a(t)$ 是位移函数 $s(t)$ 对时间 t 的导数的导数，称为 $s(t)$ 对 t 的二阶导数，记为 $s''(t)$. 因此，变速直线运动的加速度就是位移函数 $s(t)$ 对 t 的二阶导数，即

$$a(t)=s''(t)$$

3.3.1 高阶导数

我们把函数 $f(x)$ 的导数 $f'(x)$ 的导数称做 $f(x)$ 的二阶导数，记做

$$f''(x) \quad 或 \quad \frac{d^2 f(x)}{dx^2}$$

其中

$$\frac{d^2 f(x)}{dx^2}=\frac{d}{dx}\left(\frac{df(x)}{dx}\right)$$

由此又可以推导出函数的三阶导数

$$f'''(x)=\frac{\mathrm{d}^3 f(x)}{\mathrm{d}x^3}=\frac{\mathrm{d}}{\mathrm{d}x}\left(\frac{\mathrm{d}^2 f(x)}{\mathrm{d}x^2}\right)$$

定义 3.3.1 设函数 $f(x)$ 存在 $n-1$ 阶导数，并且 $n-1$ 阶导数也是可导的，那么把 $f^{(n-1)}(x)$ 的导数称做函数 $f(x)$ 的 n 阶导数，记做

$$f^{(n)}(x) \quad \text{或} \quad y^{(n)}$$

二阶及二阶以上的导数统称为高阶导数. 二阶导数记做 $f''(x)$，三阶导数记做 $f'''(x)$，三阶以上的高阶导数均记做 $f^{(n)}(x)$.

为了和高阶导数相对应，我们把函数 $f(x)$ 本身称做 $f(x)$ 的零阶导数.

例 3.3.1 设 $y=\arctan x$，求 $f'''(0)$.

解 因为

$$y'=\frac{1}{1+x^2}$$

$$y''=\left(\frac{1}{1+x^2}\right)'=\frac{-2x}{(1+x^2)^2}$$

$$y'''=\left(\frac{-2x}{(1+x^2)^2}\right)'=\frac{2(3x^2-1)}{(1+x^2)^3}$$

所以

$$f'''(0)=\left.\frac{2(3x^2-1)}{(1+x^2)^3}\right|_{x=0}=2$$

例 3.3.2 证明：函数 $y=\sqrt{2x-x^2}$ 满足关系式 $y^3y''+1=0$.

证 因为

$$y'=\frac{1}{2\sqrt{2x-x^2}}\cdot(2x-x^2)'=\frac{2-2x}{2\sqrt{2x-x^2}}=\frac{1-x}{\sqrt{2x-x^2}}$$

$$y''=\frac{(1-x)'\cdot\sqrt{2x-x^2}-(1-x)\cdot(\sqrt{2x-x^2})'}{2x-x^2}$$

$$=\frac{-\sqrt{2x-x^2}-(1-x)\dfrac{2-2x}{2\sqrt{2x-x^2}}}{2x-x^2}$$

$$=\frac{-2x+x^2-(1-x)^2}{(2x-x^2)\sqrt{2x-x^2}}$$

$$=-\frac{1}{(2x-x^2)^{\frac{3}{2}}}=-\frac{1}{y^3}$$

所以 $y^3y''+1=0$.

3.3.2 隐函数的导数

我们以前所学习的函数，如 $y=x^2$、$y=\sin x$ 等，都可以表示成 $y=f(x)$ 的形式. 也就是因变量在等号的一边，所有与自变量相关的项都在另一边. 这样的函数我们称之为显函数.

与显函数相对应的，由一个方程，即 $F(x, y)=0$ 确定的 y 是 x 的函数，称做隐函数. 顾名思义，隐函数就是函数关系被隐藏在方程当中了.

那么对于隐函数，如果因变量 y 关于自变量 x 是可导的，应该如何求 y 的导数呢?

例 3.3.3 求由方程 $xy-e^x+e^y=0$ 所确定的 y 的导数 $\dfrac{dy}{dx}$ 和 $\left.\dfrac{dy}{dx}\right|_{x=0}$.

对于这样的问题，我们可以使用复合函数求导法则，直接对方程两边的自变量求导.

解 方程两边对 x 求导，即

$$y+x\frac{dy}{dx}-e^x+e^y\frac{dy}{dx}=0$$

解得

$$\frac{dy}{dx}=\frac{e^x-y}{x+e^y}$$

由原方程知，$x=0$ 时，$y=0$.

所以

$$\left.\frac{dy}{dx}\right|_{x=0}=\left.\frac{e^x-y}{x+e^y}\right|_{\substack{x=0\\y=0}}=1$$

例 3.3.4 设曲线 C 的方程为 $x^3+y^3=3xy$，求过 C 上点 $\left(\dfrac{3}{2}, \dfrac{3}{2}\right)$ 的切线方程，并证明曲线 C 在该点的法线通过原点.

解 方程两边对 x 求导，即

$$3x^2+3y^2y'=3y+3xy'$$

所以

$$y'\Big|_{\left(\frac{3}{2},\frac{3}{2}\right)}=\left.\frac{y-x^2}{y^2-x}\right|_{\left(\frac{3}{2},\frac{3}{2}\right)}=-1$$

故切线方程为 $y-\dfrac{3}{2}=-\left(x-\dfrac{3}{2}\right)$，即 $x+y-3=0$；法线方程为 $y-\dfrac{3}{2}=x-\dfrac{3}{2}$，即 $y=x$，显然通过原点.

例 3.3.5 设 $x^4-xy+y^4=1$，求 y'' 在点 $(0, 1)$ 处的值.

解 方程两边对 x 求导，得

$$4x^3-y-xy'+4y^3y'=0 \tag{1}$$

将 $x=0$，$y=1$ 代入，得

$$y'\Big|_{\substack{x=0\\y=1}}=\frac{1}{4}$$

方程(1)两边再对 x 求导，得

$$12x^2-2y'-xy''+12y^2(y')^2+4y^3y''=0$$

将 $x=0$，$y=1$，$y'\Big|_{\substack{x=0\\y=1}}=\dfrac{1}{4}$ 代入，得

$$y''\Big|_{\substack{x=0\\y=1}}=-\frac{1}{16}$$

习 题 3.3

1. 求下列函数的二阶导数：

(1) $y=2x^3+\ln x$； (2) $y=e^{2x}$；

(3) $y=x\cos x$； (4) $y=e^{-x}\sin x$.

2. 设 $f(x)=(x+5)^6$，求 $f'''(-4)$.

3. 求下列方程所确定的隐函数的导数$\frac{dy}{dx}$：

(1) $y^2-2xy+9=0$； (2) $x^3+y^3-3axy=0$；

(3) $xy=e^{x+y}$； (4) $y=1+xe^y$.

4. 求曲线 $x^{\frac{2}{3}}+y^{\frac{2}{3}}=a^{\frac{2}{3}}$ 在点$\left(\frac{\sqrt{2}}{4}a, \frac{\sqrt{2}}{4}a\right)$处的切线方程和法线方程.

3.4 函数的微分

在许多实际问题中，我们经常会遇到当自变量发生一个微小的改变量时，需要计算函数相应的改变量的问题. 一般来说，直接去计算函数的改变量是比较繁琐，甚至是困难的. 但是对于可导函数来说，可以找到一个简单的近似计算公式.

3.4.1 问题的提出

第一个问题：假设一个正方形金属薄片受热后，边长由 x_0变到 $x_0+\Delta x$(图 3.4.1)，那么它的面积改变了多少？

因为正方形的面积为

$$A = {x_0}^2$$

所以

$$\Delta A = (x_0+\Delta x)^2 - x_0^2 = 2x_0 \cdot \Delta x + (\Delta x)^2$$

从上式可以看出，ΔA 分成两部分：第一部分 $2x_0 \cdot \Delta x$ 是 Δx 的线性函数，即图中带有斜线的两个矩形面积之和，是 ΔA 的主要部分；第二部分$(\Delta x)^2$ 在图中是带有交叉斜线的小正方形的面积，当 $\Delta x\to 0$ 时，$(\Delta x)^2$是比 Δx 高阶的无穷小，并且当$|\Delta x|$很小时，可以忽略不计.

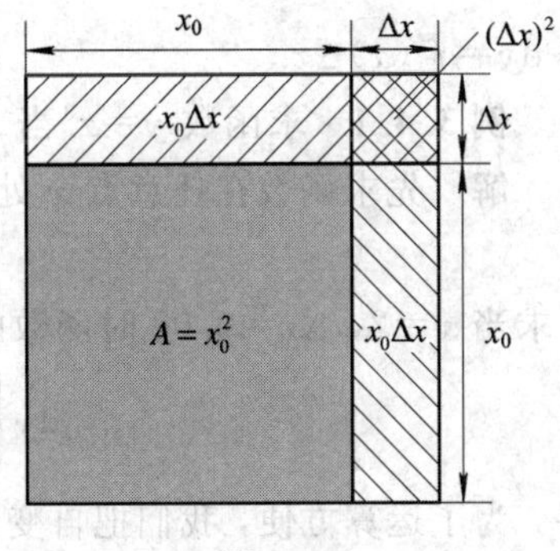

图 3.4.1

如取 $x_0=1$，$\Delta x=0.0002$，则有

$$\Delta A = 2\times 0.0002 + (0.0002)^2$$

由此可以看到，上式中的第一项 $2\times 0.0002=0.0004$，第二项$(0.0002)^2=0.000\,000\,04$. 所以第二项是可以忽略不计的，而用 $2x_0 \cdot \Delta x$ 作为 ΔA 的近似统计量.

第二个问题：设函数 $y=x^3$在点 x_0处的增量为 Δx，求函数的增量 Δy.

因为

$$\Delta y=(x_0+\Delta x)^3-x_0^3=3x_0^2\cdot\Delta x+3x_0\cdot(\Delta x)^2+(\Delta x)^3$$

当$|\Delta x|$很小时，$3x_0\cdot(\Delta x)^2+(\Delta x)^3$是比$\Delta x$高阶的无穷小$o(\Delta x)$，所以$\Delta y\approx 3x_0^2\cdot\Delta x$.

注意到，上述两个问题中，Δy都可以用Δx的一个线性函数来近似. 那么所有函数的改变量是不是都有这个线性函数？它究竟是什么？如何求解呢？

3.4.2 微分的定义

定义 3.4.1 设函数$y=f(x)$在某区间内有定义，x_0及$x_0+\Delta x$在这区间内，如果函数的增量

$$\Delta y=f(x_0+\Delta x)-f(x_0)=A\cdot\Delta x+o(\Delta x)$$

成立(其中A是与Δx无关的常数，而$o(\Delta x)$是比Δx高阶的无穷小)，则称函数$y=f(x)$在点x_0处可微，并称$A\cdot\Delta x$为函数$y=f(x)$在点x_0处相应于自变量增量Δx的微分，记做

$$\mathrm{d}y\big|_{x=x_0} \text{ 或 } \mathrm{d}f(x_0)$$

即$\mathrm{d}y\big|_{x=x_0}=A\cdot\Delta x$. 同时，我们把微分$\mathrm{d}y$叫做函数增量$\Delta y$的线性主部.

在上述微分表达式中，A是一个与Δx无关的常数，但是与$f(x)$和x_0都有关. 而且当$|\Delta x|$很小时，$\mathrm{d}y$可以作为Δy的近似值.

那么这个A究竟是什么呢？在3.4.1节的第一个问题中，$A=2x_0$恰好是$A=x^2$在x_0点的导数，而在3.4.1节的第二个问题中，$3x_0^2$恰好是$y=x^3$在x_0点的导数. 于是，得到下面的定理.

定理 3.4.1 函数$f(x)$在点x_0可微的充分必要条件是函数$f(x)$在点x_0处可导，且$A=f'(x_0)$.

上面讨论的是函数$f(x)$在一点处的可微性. 如果函数在一个区间内都是可微的，我们就称$f(x)$是这个区间上的可微函数，并且把$f(x)$在任意点x的微分，称为函数的微分，记做

$$\mathrm{d}y \text{ 或 } \mathrm{d}f(x)$$

即$\mathrm{d}y=f'(x)\Delta x$.

例 3.4.1 求函数$y=x^3$当$x=2$，$\Delta x=0.02$时的微分.

解 先求函数在任意点x处的微分，即

$$\mathrm{d}y=(x^3)'\Delta x=3x^2\Delta x$$

再求当$x=2$，$\Delta x=0.02$时函数的微分，即

$$\mathrm{d}y\Big|_{\substack{x=2\\ \Delta x=0.02}}=3x^2\Delta x\Big|_{\substack{x=2\\ \Delta x=0.02}}=0.24$$

为了运算方便，我们把自变量x的增量Δx称为自变量的微分，记做$\mathrm{d}x$，即$\mathrm{d}x=\Delta x$. 于是函数的微分$\mathrm{d}y=f'(x)\Delta x$又可记做$\mathrm{d}y=f'(x)\mathrm{d}x$，从而有

$$\frac{\mathrm{d}y}{\mathrm{d}x}=f'(x)$$

也就是说，函数的微分$\mathrm{d}y$与自变量的微分$\mathrm{d}x$之商等于该函数的导数. 因此导数也称做“微商”.

例 3.4.2 求函数$y=x^3\mathrm{e}^{2x}$的微分.

解 因为

$$y' = (x^3 e^{2x})' = 3x^2 e^{2x} + 2x^3 e^{2x} = x^2 e^{2x}(3+2x)$$

所以

$$dy = y'dx = x^2 e^{2x}(3+2x)dx$$

例 3.4.3 求函数 $y=\frac{\sin x}{x}$的微分.

解 因为

$$y' = \left(\frac{\sin x}{x}\right)' = \frac{x\cos x - \sin x}{x^2}$$

所以

$$dy = y' dx = \frac{x\cos x - \sin x}{x^2} dx$$

3.4.3 微分的几何意义

为了对微分有比较直观的了解，我们来说明微分的几何意义.

函数 $y=f(x)$的图像如图 3.4.2 所示，假定 $f(x)$在点 x_0处可微，则 $f'(x_0)$存在. 在 x 轴上取两点 $(x_0, 0)$和 $(x_0+\Delta x, 0)$，在曲线上对应的有两点 $M(x_0, f(x_0))$和 $N(x_0+\Delta x, f(x_0+\Delta x))$. 过 M 做平行于 x 轴的直线，交直线 $x=x_0+\Delta x$ 与 Q；过 M 做曲线的切线 MT(倾角为 α)交 NQ 于 P. 于是

$$\Delta y = f(x_0+\Delta x) - f(x_0) = NQ$$

根据微分的定义

$$dy = f'(x_0)\Delta x = \tan\alpha \cdot \Delta x = PQ$$

这表明，当 x 从 x_0变到 $x_0+\Delta x$ 时，曲线 $y=f(x)$在点$(x_0, f(x_0))$处的切线的纵坐标的改变量 PQ 就是函数 $y=f(x)$在点 x_0处的微分. 当以 dy 代替函数的增量 Δy 时，所产生的绝对误差$|\Delta y - dy|$就是 NP 的长度. 当$|\Delta x|$减小时，$|\Delta y - dy|$比$|\Delta x|$减小得更快. 因此在点 M 的邻近，我们可以用切线段来近似代替曲线段.

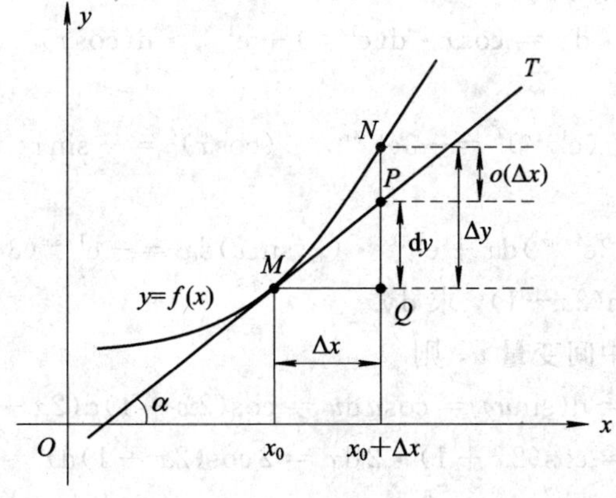

图 3.4.2

3.4.4 基本初等函数的微分公式与微分运算法则

由函数的微分表达式可知，要计算函数的微分，只要计算函数的导数，再乘以自变量的微分. 因此，可得如下的微分公式和微分运算法则.

1. 基本初等函数的微分公式

$\mathrm{d}(C)=0$； $\mathrm{d}(x^{\mu})=\mu x^{\mu-1}\mathrm{d}x$；

$\mathrm{d}(\sin x)=\cos x\,\mathrm{d}x$； $\mathrm{d}(\cos x)=-\sin x\,\mathrm{d}x$；

$\mathrm{d}(\tan x)=\sec^2 x\,\mathrm{d}x$； $\mathrm{d}(\cot x)=-\csc^2 x\,\mathrm{d}x$；

$\mathrm{d}(\sec x)=\sec x\tan x\,\mathrm{d}x$； $\mathrm{d}(\csc x)=-\csc x\cot x\,\mathrm{d}x$；

$\mathrm{d}(a^x)=a^x\ln a\,\mathrm{d}x$； $\mathrm{d}(\mathrm{e}^x)=\mathrm{e}^x\,\mathrm{d}x$；

$\mathrm{d}(\log_a x)=\dfrac{1}{x\ln a}\,\mathrm{d}x$； $\mathrm{d}(\ln x)=\dfrac{1}{x}\,\mathrm{d}x$；

$\mathrm{d}(\arcsin x)=\dfrac{1}{\sqrt{1-x^2}}\mathrm{d}x$； $\mathrm{d}(\arccos x)=-\dfrac{1}{\sqrt{1-x^2}}\mathrm{d}x$；

$\mathrm{d}(\arctan x)=\dfrac{1}{1+x^2}\mathrm{d}x$； $\mathrm{d}(\mathrm{arccot}\,x)=-\dfrac{1}{1+x^2}\mathrm{d}x$.

2. 函数和、差、积、商的微分法则

$\mathrm{d}(u\pm v)=\mathrm{d}u\pm\mathrm{d}v$； $\mathrm{d}(Cu)=C\,\mathrm{d}u$；

$\mathrm{d}(uv)=v\,\mathrm{d}u+u\,\mathrm{d}v$； $\mathrm{d}\left(\dfrac{u}{v}\right)=\dfrac{v\,\mathrm{d}u-u\,\mathrm{d}v}{v^2}$.

例 3.4.4 设 $y=\ln(x+\mathrm{e}^{x^2})$，求 $\mathrm{d}y$.

解 因为

$$y'=\frac{1+2x\mathrm{e}^{x^2}}{x+\mathrm{e}^{x^2}}$$

所以

$$\mathrm{d}y=\frac{1+2x\mathrm{e}^{x^2}}{x+\mathrm{e}^{x^2}}\mathrm{d}x$$

例 3.4.5 设 $y=\mathrm{e}^{1-3x}\cos x$，求 $\mathrm{d}y$.

解 应用积的微分法则，得

$$\mathrm{d}y=\cos x\cdot\mathrm{d}(\mathrm{e}^{1-3x})+\mathrm{e}^{1-3x}\cdot\mathrm{d}(\cos x)$$

又因为

$$(\mathrm{e}^{1-3x})'=-3\mathrm{e}^{1-3x},\quad(\cos x)'=-\sin x$$

所以

$$\mathrm{d}y=\cos x\cdot(-3\mathrm{e}^{1-3x})\mathrm{d}x+\mathrm{e}^{1-3x}\cdot(-\sin x)\mathrm{d}x=-\mathrm{e}^{1-3x}(3\cos x+\sin x)\mathrm{d}x$$

例 3.4.6 设 $y=\sin(2x+1)$，求 $\mathrm{d}y$.

解 把 $2x+1$ 看成中间变量 u，则

$$\begin{aligned}\mathrm{d}y&=\mathrm{d}(\sin u)=\cos u\,\mathrm{d}u=\cos(2x+1)\mathrm{d}(2x+1)\\&=\cos(2x+1)\cdot2\,\mathrm{d}x=2\cos(2x+1)\mathrm{d}x\end{aligned}$$

例 3.4.7 设 $y=\mathrm{e}^{-ax}\sin(bx)$，求 $\mathrm{d}y$.

解

$$\begin{aligned}\mathrm{d}y&=\mathrm{e}^{-ax}\cdot\cos(bx)\mathrm{d}(bx)+\sin(bx)\cdot\mathrm{e}^{-ax}\mathrm{d}(-ax)\\&=\mathrm{e}^{-ax}\cdot\cos(bx)\cdot b\,\mathrm{d}x+\sin(bx)\cdot\mathrm{e}^{-ax}\cdot(-a)\mathrm{d}x\\&=\mathrm{e}^{-ax}[b\cos(bx)-a\sin(bx)]\,\mathrm{d}x\end{aligned}$$

例 3.4.8 求由方程 $\mathrm{e}^{xy}=2x+y^3$ 所确定的隐函数 $y=f(x)$ 的微分 $\mathrm{d}y$.

解 对方程两边求微分，得

$$d(e^{xy}) = d(2x + y^3)$$
$$e^{xy} d(xy) = d(2x) + d(y^3)$$
$$e^{xy}(y\,dx + x\,dy) = 2\,dx + 3y^2\,dy$$

于是

$$dy = \frac{2 - ye^{xy}}{xe^{xy} - 3y^2}dx$$

例 3.4.9 在下列等式左端的括号中填入适当的函数，使等式成立.

(1) d(　　)$=\cos\omega t\,dt$；　　(2) d$(\sin x^2)=($　　$)d(\sqrt{x})$.

解 (1) 因为

$$d(\sin\omega t) = \omega\cos\omega t\,dt$$

所以

$$\cos\omega t\,dt = \frac{1}{\omega}d(\sin\omega t) = d\left(\frac{1}{\omega}\sin\omega t\right)$$

即

$$d\left(\frac{1}{\omega}\sin\omega t + C\right) = \cos\omega t\,dt$$

(2) 因为

$$\frac{d(\sin x^2)}{d(\sqrt{x})} = \frac{2x\cos x^2\,dx}{\frac{1}{2\sqrt{x}}dx} = 4x\sqrt{x}\cos x^2$$

所以

$$d(\sin x^2) = (4x\sqrt{x}\cos x^2)d(\sqrt{x})$$

3.4.5 微分在近似计算中的应用

在前面的讨论中我们已经知道，以函数的微分 dy 代替函数的增量 Δy 时所产生的绝对误差$|\Delta y - dy|$，当$|\Delta x|$减小时，它比$|\Delta x|$减小得更快. 因此当$|\Delta x|$很小时，可以使用下面的式子来做一些近似计算：

$$f(x_0 + \Delta x) - f(x_0) \approx f'(x_0)\Delta x$$
$$f(x) \approx f(x_0) + f'(x_0)(x - x_0)$$

例 3.4.10 半径 10 cm 的金属圆片加热后，半径伸长了 0.05 cm，求面积增量.

解 设 $A=\pi r^2$，已知 $r=10$(cm)，$\Delta r=0.05$(cm)，所以

$$\Delta A \approx d = 2\pi r \cdot \Delta r = 2\pi \times 10 \times 0.05 = \pi(\text{cm}^2)$$

例 3.4.11 利用微分计算 cos60°30′的近似值.

解 把 60°30′化为弧度，得

$$60°30' = \frac{\pi}{3} + \frac{\pi}{360}$$

由于所求的是余弦函数的值，故设 $f(x)=\cos x$. 此时 $f'(x)=-\sin x$(x 为弧度). 取

$$x_0 = \frac{\pi}{3}, \quad \Delta x = \frac{\pi}{360}$$

则
$$f\left(\frac{\pi}{3}\right)=\frac{1}{2},\quad f'\left(\frac{\pi}{3}\right)=-\frac{\sqrt{3}}{2}$$

故

$$\cos 60°30'=\cos\left(\frac{\pi}{3}+\frac{\pi}{360}\right)\approx\cos\frac{\pi}{3}-\sin\frac{\pi}{3}\cdot\frac{\pi}{360}=\frac{1}{2}-\frac{\sqrt{3}}{2}\cdot\frac{\pi}{360}\approx 0.4924$$

例 3.4.12 计算下列各数的近似值.

(1) $\sqrt[3]{998.5}$； (2) $e^{-0.03}$

解 (1) $\sqrt[3]{998.5}=\sqrt[3]{1000-1.5}=\sqrt[3]{1000\left(1-\frac{1.5}{1000}\right)}\approx 10\left(1-\frac{1}{3}\times 0.0015\right)=9.995$

(2) $e^{-0.03}\approx 1-0.03=0.97$

习 题 3.4

1. 已知函数 $y=x^3-x$，计算在 $x=2$ 处当 Δx 分别等于 1、0.1、0.01 处的 Δy 及 dy.

2. 求下列函数的微分：

(1) $y=\frac{2}{x}+2\sqrt{x}$； (2) $y=x\sin x$；

(3) $y=\ln^3(1-x)$； (4) $y=\tan(1-2x^2)$；

(5) $y=x^2e^{2x}$； (6) $y=e^{-x}\sin(2x-1)$.

3. 将适当的函数填入下面的括号内：

(1) d(　　)$=3dx$； (2) d(　　)$=2x\,dx$；

(3) d(　　)$=\cos x\,dx$； (4) d(　　)$=\sin(\omega x)dx$；

(5) d(　　)$=\frac{1}{1+x}dx$； (6) d(　　)$=e^{-x}\,dx$.

4. 假设扇形的圆心角 $\alpha=60°$，半径 $R=100$ cm. 如果 R 不变，α 减少 $30'$，问扇形面积大约改变了多少？又如果 α 不变，R 增加了 1 cm，问扇形面积大约改变了多少？

自测题 3

一、选择题

1. 已知 $f(x)$ 具有任意阶导数，且 $f'(x)=[f(x)]^2$，则当 n 为大于 2 的奇数时，$f^{(n)}(x)$ 是(　　).

A. $n!\,[f(x)]^{n+1}$　　B. $n[f(x)]^{n+1}$　　C. $[f(x)]^{2n}$　　D. $n[f(x)]^{2n}$

2. 设 $f(a)=0$，$f'(a)=1$，$f''(x)$ 不存在，则 $\lim\limits_{n\to\infty}nf\left(a-\frac{1}{n}\right)$(　　).

A. 不存在　　B. 不一定存在　　C. 等于-1　　D. 等于 1

3. 设 $f(x)=\begin{cases}\sqrt{x}\sin\dfrac{1}{x^2}, & x\neq 0\\ 0, & x=0\end{cases}$，则 $f(x)$ 在 $x=0$ 处(　　).

A. 极限不存在　　B. 极限存在，但不连续

C. 连续但不可导　　D. 可导

4. 设 $f(x)=\begin{cases}\dfrac{2}{3}x^3, & x\leqslant 1\\ x^2, & x>1\end{cases}$，则 $f(x)$ 在 $x=1$ 处(　　).

A. 左、右导数都存在　　B. 左导数存在，但右导数不存在

C. 左导数不存在，但右导数存在　　D. 左、右导数都不存在

5. $f(x)$ 在点 $x=a$ 处可导，则 $\lim\limits_{x\to 0}\dfrac{f(a+x)-f(a-x)}{x}$ 等于(　　).

A. $f'(a)$　　B. $2f'(a)$　　C. 0　　D. $f'(2a)$

6. 设 $f(x)$ 可微，则 $\mathrm{d}(\mathrm{e}^{f(x)})=$(　　).

A. $f'(x)\mathrm{d}x$　　B. $\mathrm{e}^{f(x)}\mathrm{d}x$　　C. $f'(x)\mathrm{e}^{f(x)}\mathrm{d}x$　　D. $f'(x)\mathrm{d}\mathrm{e}^{f(x)}$

二、解答题

1. 已知 $f'(3)=2$，求 $\lim\limits_{h\to 0}\dfrac{f(3-h)-f(3)}{2h}$.

2. 已知 $xy+\mathrm{e}^y=\mathrm{e}^2$，求 $y''(0)$.

3. 设 $f(x)=-2x^2$，且 $f'(a)=12$，求 a.

4. 设 $y=a^{\arctan x^2}$ ($a>0$ 为常数，$a\neq 1$)，求 y'.

5. 设 $y=\ln(x+\sqrt{1+x^2})$，求 $y'''(\sqrt{3})$.

6. 设 $y=\ln\dfrac{\sqrt{1+x^2}-1}{\sqrt{1+x^2}+1}$，求 y'.

7. 设 $f(x)=\dfrac{1}{(1-2x)(1+x)}$，求 $f^{(n)}(0)$.

8. 试确定常数 a、b 的值，使 $f(x)=\begin{cases}2\mathrm{e}^x+a, & x<0\\ x^2+bx+1, & x\geqslant 0\end{cases}$ 处处可导.

阅读材料 3

第二次数学危机

17 世纪和 18 世纪关于微积分发生的激烈的争论，被称为第二次数学危机. 从历史或逻辑的观点来看，它的发生也带有必然性. 微积分产生初期，由于还没有建立起巩固的理论基础(主要是极限理论)，出现了这样那样的问题，而往后百多年亦没有人能清楚地回答这些问题. 这就是历史上的第二次数学危机，而这次危机的引发和牛顿有直接的关系.

牛顿和莱布尼茨被公认为微积分的奠基者. 他们的功绩主要在于：把各种问题的解法统一成一种方法，微分法和积分法；有明确的计算微分法的步骤；微分法和积分法互为逆运算.

由于运算的完整性和应用范围的广泛性，微积分成为了解决问题的重要工具. 同时关于微积分基础的问题也越来越严重. 以求速度为例，瞬时速度是$\frac{\Delta s}{\Delta t}$当 Δt 趋向于零时的值. Δt 是零，是很小的量，还是什么东西？这个无穷小量究竟是不是零？这引起了极大的争论，从而引发了第二次数学危机.

第二次数学危机的实际问题来源于牛顿的求导数方法. 牛顿在《求积术》一文中用论证法得出了 $y=x^n$ 的导数是 nx^{n-1}，这个方法和结果在实际应用中非常成功，大大推进了科学技术的发展. 然而，牛顿的论证其实是有严重纰漏的. 在增量无穷小的情况下，牛顿直接令其等于零从而解决问题，但是，一个无穷小量真的等于零吗？

显然，牛顿时代对于极限的研究尚不够深入，使得增量时有时无的逻辑问题显得尤为严重. 牛顿在微积分问题上的不严谨，直接导致了第二次数学危机.

于是在极限的问题没有被完全认清之前，微积分的基础问题一直受到一些人的批判和攻击，其中最有名的是贝克莱主教在 1734 年的攻击. 贝克莱主教是英国著名的哲学家，1734 年，他在《分析家或致一位不信神的数学家》的小书中明确指出牛顿论证的逻辑问题，为那个无穷小量的莫名消失而质疑.

现在看来，18 世纪的数学思想的确是不严密的、直观的、强调形式的计算，而不管基础的可靠与否，其中特别是没有清楚的无穷小概念，因此导数、微分、积分等概念不清楚；对无穷大的概念也不清楚；发散级数求和的任意性；符号使用的不严格性；不考虑连续性就进行微分，不考虑导数及积分的存在性以及可否展成幂级数，等等.

直到 19 世纪 20 年代，一些数学家才开始比较关注于微积分的严格基础. 从波尔查诺、阿贝尔、柯西、狄利克雷等人的工作开始，最终由魏尔施特拉斯、狄德金和康托彻底完成，中间经历了半个多世纪，基本上解决了矛盾，为数学分析奠定了一个严格的基础.

波尔查诺不仅承认无穷小数和无穷大数的存在，而且给出了连续性的正确定义. 柯西在 1821 年的《代数分析教程》中从定义变量开始，认识到函数不一定要有解析表达式，他抓住了极限的概念，指出无穷小量和无穷大量都不是固定的量而是变量，并定义了导数和积分；阿贝尔指出要严格限制滥用级数展开及求和；狄利克雷给出了函数的现代定义.

在这些数学工作的基础上，魏尔施特拉斯消除了其中不确切的地方，给出现在通用的 $\varepsilon-\delta$ 的极限、连续定义，并把导数、积分等概念都严格地建立在极限的基础上，从而克服了危机和矛盾. 同时，魏尔施特拉斯给出一个处处不可微的连续函数的例子. 这个发现以及后来许多病态函数的例子，充分说明了直观及几何的思考不可靠，而必须诉诸严格的概念及推理. 由此，第二次数学危机使数学更深入地探讨数学分析的基础——实数论的问题. 这不仅导致集合论的诞生，并且由此把数学分析的无矛盾性问题归结为实数论的无矛盾性问题，而这正是 20 世纪数学基础中的首要问题.

第二次数学危机在数学史上有着深刻的影响. 作为新生事物的微积分的出现，大大推进了数学的发展. 当然，新生事物的不完备是必然的，但它却具有强大的生命力. 在微积分发现的 200 多年后，经过无数数学家的努力，终于成功地建立起非常严格的实数理论和极限理论，不仅彻底解决了牛顿时期的论证问题，而且为微积分今后的发展奠定了牢固的理论基础.

资料来源：百度百科

第 4 章　中值定理与导数的应用

著名的英国数学家怀特黑德曾经说过："只有将数学应用于社会科学的研究之后，才能使文明社会的发展成为可控制的现实."由 3.1 节可知，导致微分学产生的第三类问题是"求最大值和最小值". 此类问题在当时的生产实践中具有深刻的应用背景. 例如，求炮弹从炮管里射出后运行的水平距离(即射程)，其依赖于炮筒对地面的倾斜角(即发射角). 又如，在天文学中，求行星离开太阳的最远和最近距离等. 一直以来，导数作为函数的变化率，在研究函数变化的性态中有着十分重要的意义，因而在自然科学、工程技术以及社会科学等领域中得到广泛的应用. 本章以微分学基本定理——微分中值定理为基础，进一步介绍利用导数研究函数的性态，例如判断函数的单调性和凹凸性，求函数的极限、极值、最大(小)值以及函数作图的方法.

本章的基本要求如下：

(1) 掌握罗尔定理、拉格朗日中值定理.

(2) 熟练掌握洛必达法则.

(3) 熟练掌握函数单调性和函数极值、最值的计算方法.

4.1 中 值 定 理

中值定理揭示了函数在某区间的整体性质与该区间内部某一点的导数之间的关系. 中值定理既是用微分学知识解决应用问题的理论基础，又是解决微分学自身发展的一种理论性模型，因而称为微分中值定理.

4.1.1　罗尔(Rolle)定理

定理 4.1.1(罗尔(Rolle)定理)　如果函数 $f(x)$满足条件：

(1) 在闭区间$[a, b]$上连续；

(2) 在开区间(a, b)内可导；

(3) 在区间两个端点的函数值相等，即 $f(a)=f(b)$，

那么在(a, b)内至少有一点 $\xi(a<\xi<b)$，使得函数 $f(x)$在该点的导数等于零，即

$$f'(\xi) = 0$$

例如，$f(x)=x^2-2x-3=(x-3)(x+1)$在$[-1, 3]$上连续，在$(-1, 3)$上可导，且$f(-1)=f(3)=0$，因为 $f'(x)=2(x-1)$，取 $\xi=1(1\in(-1, 3))$，$f'(\xi)=0$.

证明定理之前，先考察一下定理的几何意义. 由图 4.1.1 可以看出，假设 $y=f(x)$表

示一条连续、光滑的曲线，并且两个端点 A、B 处的纵坐标是相等的，那么在这条曲线上至少能找到一点，使得该曲线在该点处的切线平行于 x 轴.

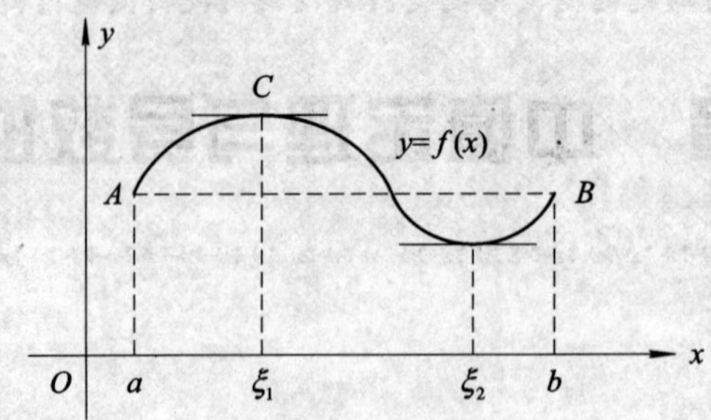

图 4.1.1

证 因为 $f(x)$在闭区间$[a, b]$上连续，根据闭区间上连续函数的最大值和最小值定理，$f(x)$在闭区间$[a, b]$上必有最大值 M 和最小值 m.

(1) 若 $M=m$，则 $f(x)=M$. 由此得 $f'(x)=0$，于是对于 $\forall \xi\in(a, b)$，都有 $f'(\xi)=0$.

(2) 若 $M\neq m$，因为 $f(a)=f(b)$，所以最值不可能同时在端点处取得.

设 $M\neq f(a)$，则在(a, b)内至少存在一点 ξ，使得 $f(\xi)=M$. 下面证明 $f(x)$在点 ξ 处的导数等于零.

因为 $f(\xi+\Delta x)\leqslant f(\xi)$，所以 $f(\xi+\Delta x)-f(\xi)\leqslant 0$.

若 $\Delta x>0$，则有

$$\frac{f(\xi+\Delta x)-f(\xi)}{\Delta x}\leqslant 0$$

若 $\Delta x<0$，则有

$$\frac{f(\xi+\Delta x)-f(\xi)}{\Delta x}\geqslant 0$$

所以

$$f_-'(\xi)=\lim_{\Delta x\to 0^-}\frac{f(\xi+\Delta x)-f(\xi)}{\Delta x}\geqslant 0$$

$$f_+'(\xi)=\lim_{\Delta x\to 0^+}\frac{f(\xi+\Delta x)-f(\xi)}{\Delta x}\leqslant 0$$

因为 $f'(\xi)$存在，所以 $f_-'(\xi)=f_+'(\xi)$，故只有 $f'(\xi)=0$.

注意 罗尔定理的三个条件缺一不可. 如果有一个不满足，其结论可能就不成立.

例如，$y=|x|$，$x\in[-2, 2]$，在$[-2, 2]$上除 $f'(0)$不存在外，满足罗尔定理的一切条件，但在区间内部找不到一点能使 $f'(x)=0$.

又例如，$y=1-x$，$x\in(0, 1]$.

例 4.1.1 对函数 $f(x)=\sin^2 x$ 在区间$[0, \pi]$上验证罗尔定理的正确性.

解 显然 $f(x)$在$[0, \pi]$上连续，在$(0, \pi)$内可导，且 $f(0)=f(\pi)=0$，而在$(0, \pi)$内确存在一点 $\xi=\frac{\pi}{2}$使

$$f'\left(\frac{\pi}{2}\right)=(2\sin x\cos x)\Big|_{x=\frac{\pi}{2}}=0$$

例 4.1.2　不求导数，判断函数 $f(x)=(x-1)(x-2)(x-3)$ 的导数有几个零点及这些零点所在的范围.

解　因为 $f(1)=f(2)=f(3)=0$，所以 $f(x)$ 在闭区间 $[1, 2]$、$[2, 3]$ 上满足罗尔定理的三个条件，从而在 $(1, 2)$ 内至少存在一点 ξ_1，使 $f'(\xi_1)=0$，即 ξ_1 是 $f'(x)$ 的一个零点；又在 $(2, 3)$ 内至少存在一点 ξ_2，使 $f'(\xi_2)=0$，即 ξ_2 是 $f'(x)$ 的一个零点.

又因为 $f'(x)$ 为二次多项式，最多只能有两个零点，故 $f'(x)$ 恰好有两个零点，分别在区间 $(1, 2)$ 和 $(2, 3)$ 内.

例 4.1.3　证明方程 $x^5-5x+1=0$ 有且仅有一个小于 1 的正实根.

证　设 $f(x)=x^5-5x+1$，则 $f(x)$ 在 $[0, 1]$ 上连续，且 $f(0)=1$，$f(1)=-3$. 由介值定理，存在 $x_0\in(0, 1)$，使 $f(x_0)=0$，即为方程的小于 1 的正实根.

设另有 $x_1\in(0, 1)$，$x_1\neq x_0$，使 $f(x_1)=0$. 因为 $f(x)$ 在 x_0、x_1 之间满足罗尔定理的条件，所以至少存在一点 ξ（在 x_0、x_1 之间），使得 $f'(\xi)=0$. 但 $f'(x)=5(x^4-1)<0$ $(x\in(0, 1))$，与 $f'(\xi)=0$ 矛盾，故 x_0 为唯一实根.

4.1.2　拉格朗日(Lagrange)中值定理

定理 4.1.2（拉格朗日(Lagrange)中值定理）　如果函数 $f(x)$ 满足条件：

(1) 在闭区间 $[a, b]$ 上连续；

(2) 在开区间 (a, b) 内可导，

那么在 (a, b) 内至少有一点 $\xi(a<\xi<b)$，使得

$$f(b)-f(a)=f'(\xi)(b-a)$$

我们可以看到，与罗尔定理相比，条件中去掉了 $f(a)=f(b)$. 而其结论也可以写成

$$\frac{f(b)-f(a)}{b-a}=f'(\xi)$$

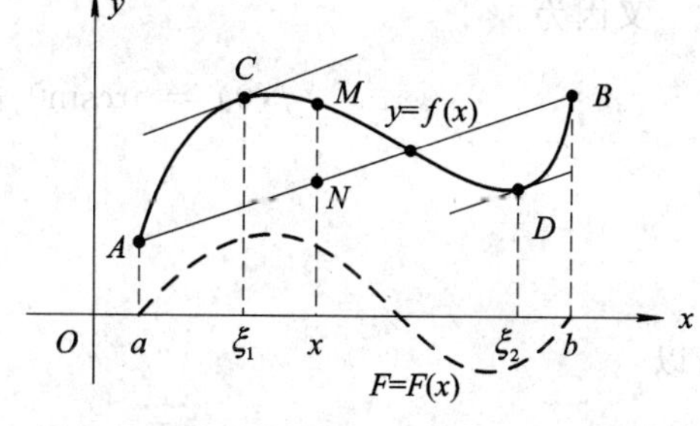

图 4.1.2

在证明定理之前，先考察一下定理的几何意义. 由图 4.1.2 可以看出，如果一条连续、光滑的曲线 $y=f(x)$ 的两个端点分别为 A、B，那么在这条曲线上至少能找到一点，使得曲线在该点处的切线平行于直线 AB.

分析　拉格朗日中值定理的条件中与罗尔定理相差 $f(a)=f(b)$.

弦 AB 的方程为

$$y=f(a)+\frac{f(b)-f(a)}{b-a}(x-a)$$

曲线 $f(x)$ 减去弦 AB，所得曲线 a、b 两端点的函数值相等.

证　引进辅助函数

$$F(x)=f(x)-\left[f(a)+\frac{f(b)-f(a)}{b-a}(x-a)\right]$$

容易验证 $F(x)$ 满足罗尔定理的条件：$F(a)=F(b)=0$；$F(x)$ 在闭区间 $[a, b]$ 上连续，在开区间 (a, b) 内可导，且

$$F'(x) = f'(x) - \frac{f(b) - f(a)}{b - a}$$

根据罗尔定理，可知在(a, b)内至少存在一点ξ，使得$F'(\xi)=0$，即

$$f'(\xi) - \frac{f(b) - f(a)}{b - a} = 0$$

由此得

$$f(b) - f(a) = f'(\xi)(b - a)$$

定理证毕.

我们从拉格朗日中值定理可以看到，这个公式精确地表达了函数在一个区间上的增量与函数在这个区间内某点处的导数之间的关系.

直接应用该定理，可以得到以下两个推论.

推论 4.1.1 如果函数$f(x)$在区间I上的导数恒为0，那么$f(x)$在区间I上是一个常数.

例 4.1.4 证明$\arcsin x+\arccos x=\frac{\pi}{2}$，$-1\leqslant x\leqslant 1$.

证 设$f(x)=\arcsin x+\arccos x$，$x\in[-1, 1]$. 因为

$$f'(x) = \frac{1}{\sqrt{1-x^2}} + \left(-\frac{1}{\sqrt{1-x^2}}\right) = 0$$

所以

$$f(x)\equiv C, \quad x\in[-1, 1]$$

又因为

$$f(0) = \arcsin 0 + \arccos 0 = 0 + \frac{\pi}{2} = \frac{\pi}{2}$$

即

$$C=\frac{\pi}{2}$$

所以

$$\arcsin x + \arccos x = \frac{\pi}{2}$$

推论 4.1.2 如果函数$f(x)$与$g(x)$在区间(a, b)内每一点处的导数都相等，即

$$f'(x) = g'(x)$$

那么这两个函数在区间(a, b)内最多相差一个常数.

例 4.1.5 证明当$x>0$时，$\frac{x}{1+x}<\ln(1+x)<x$.

证 设$f(x)=\ln(1+x)$，$f(x)$在$[0, x]$上满足拉格朗日中值定理的条件，则有

$$f(x) - f(0) = f'(\xi)(x - 0), \quad 0 < \xi < x$$

因为$f(0)=0$，$f'(x)=\frac{1}{1+x}$，由上式得

$$\ln(1 + x) = \frac{x}{1 + \xi}$$

又因为$0<\xi<x$，$1<1+\xi<1+x$，$\frac{1}{1+x}<\frac{1}{1+\xi}<1$，所以

$$\frac{x}{1+x}<\frac{x}{1+\xi}<x$$

即

$$\frac{x}{1+x}<\ln(1+x)<x$$

习 题 4.1

1. 验证罗尔定理对函数 $y=\ln\sin x$ 在区间 $\left[\frac{\pi}{6},\frac{5\pi}{6}\right]$ 上的正确性.

2. 验证拉格朗日中值定理对函数 $y=4x^3-5x^2+x-2$ 在区间 $[0,1]$ 上的正确性.

3. 不用求出函数 $f(x)=(x-1)(x-2)(x-3)(x-4)$ 的导数，说明方程 $f'(x)=0$ 有几个实根，并指出它们所在的区间.

4. 证明恒等式 $\arcsin x+\arccos x=\frac{\pi}{2}$，$x\in[-1,1]$.

5. 若函数 $f(x)$ 在区间 (a,b) 内具有二阶导数，且 $f(x_1)=f(x_2)=f(x_3)$，其中

$$a<x_1<x_2<x_3<b$$

证明：在 (x_1,x_3) 内至少有一点 ξ，使得 $f''(\xi)=0$.

6. 证明下列不等式：

(1) $\sin\frac{x}{2}>\frac{x}{\pi}$，$0<x<\pi$；　　(2) $|\arctan a-\arctan b|\leqslant|a-b|$；

(3) $e^x>e\cdot x$，$x>1$；　　(4) $e^x>1+x$，$x\neq0$.

4.2 洛必达法则

在第 2 章中，我们分别计算了 $\frac{0}{0}$ 型和 $\frac{\infty}{\infty}$ 型的极限，当时是针对具体问题进行具体分析的. 本节介绍一种通用的求这种未定式的极限的方法，其依据就是 4.1 节所讲的中值定理.

4.2.1 $\frac{0}{0}$ 型和 $\frac{\infty}{\infty}$ 型未定式的解法

定义 4.2.1 如果当 $x\to a$(或 $x\to\infty$)时，两个函数 $f(x)$ 与 $F(x)$ 都趋于零或都趋于无穷大，那么极限 $\lim\limits_{\substack{x\to a\\(x\to\infty)}}\frac{f(x)}{F(x)}$ 可能存在，也可能不存在，通常把这种极限叫做未定式，并分别简记为 $\frac{0}{0}$ 或 $\frac{\infty}{\infty}$.

例如，$\lim\limits_{x\to0}\frac{\tan x}{x}$ 是 $\frac{0}{0}$ 型，$\lim\limits_{x\to0}\frac{\ln\sin(ax)}{\ln\sin(bx)}$ 就是 $\frac{\infty}{\infty}$ 型.

对于这种类型的极限，我们可以使用洛必达法则进行求解.

定理 4.2.1 设函数 $f(x)$与 $F(x)$满足条件：

(1) 当 $x\to 0$ 时，函数 $f(x)$及 $F(x)$都趋于零；

(2) 在点 a 的某去心邻域内，$f'(x)$及 $F'(x)$都存在且 $F'(x)\neq 0$；

(3) $\lim\limits_{x\to a}\dfrac{f'(x)}{F'(x)}$存在(或为无穷大)，

那么

$$\lim_{x\to a}\frac{f(x)}{F(x)}=\lim_{x\to a}\frac{f'(x)}{F'(x)}$$

这种在一定条件下通过分子、分母分别求导再求极限来确定未定式的值的方法称为洛必达法则. 当 $x\to\infty$时，该法则仍然成立.

注意 一定要把洛必达法则和商的求导法则区分开.

例 4.2.1 求$\lim\limits_{x\to 0}\dfrac{\tan x}{x}\ \left(\dfrac{0}{0}\right)$.

解
$$\lim_{x\to 0}\frac{\tan x}{x}=\lim_{x\to 0}\frac{(\tan x)'}{(x)'}=\lim_{x\to 0}\frac{\sec^2 x}{1}=1$$

例 4.2.2 求$\lim\limits_{x\to 1}\dfrac{x^3-3x+2}{x^3-x^2-x+1}\ \left(\dfrac{0}{0}\right)$.

解
$$\lim_{x\to 1}\frac{x^3-3x+2}{x^3-x^2-x+1}=\lim_{x\to 1}\frac{3x^2-3}{3x^2-2x-1}=\lim_{x\to 1}\frac{6x}{6x-2}=\frac{3}{2}$$

例 4.2.3 求 $\lim\limits_{x\to +\infty}\dfrac{\dfrac{\pi}{2}-\arctan x}{\dfrac{1}{x}}\ \left(\dfrac{0}{0}\right)$.

解
$$\lim_{x\to +\infty}\frac{\dfrac{\pi}{2}-\arctan x}{\dfrac{1}{x}}=\lim_{x\to +\infty}\frac{-\dfrac{1}{1+x^2}}{-\dfrac{1}{x^2}}=\lim_{x\to +\infty}\frac{x^2}{1+x^2}=1$$

例 4.2.4 求$\lim\limits_{x\to 0}\dfrac{\ln\sin(ax)}{\ln\sin(bx)}$，$b\neq 0\ \left(\dfrac{\infty}{\infty}\right)$.

解
$$\lim_{x\to 0}\frac{\ln\sin(ax)}{\ln\sin(bx)}=\lim_{x\to 0}\frac{a}{b}\frac{\cos(ax)\cdot\sin(bx)}{\cos(bx)\cdot\sin(ax)}=\lim_{x\to 0}\frac{\cos(bx)}{\cos(ax)}=1$$

例 4.2.5 求$\lim\limits_{x\to\frac{\pi}{2}}\dfrac{\tan x}{\tan 3x}\ \left(\dfrac{\infty}{\infty}\right)$.

解
$$\lim_{x\to\frac{\pi}{2}}\frac{\tan x}{\tan 3x}=\lim_{x\to\frac{\pi}{2}}\frac{\sec^2 x}{3\sec^2 3x}=\frac{1}{3}\lim_{x\to\frac{\pi}{2}}\frac{\cos^2 3x}{\cos^2 x}=\frac{1}{3}\lim_{x\to\frac{\pi}{2}}\frac{-6\cos 3x\sin 3x}{-2\cos x\sin x}$$

$$=\lim_{x\to\frac{\pi}{2}}\frac{\sin 6x}{\sin 2x}=\lim_{x\to\frac{\pi}{2}}\frac{6\cos 6x}{2\cos 2x}=3$$

例 4.2.6 求$\lim\limits_{x\to 0}\dfrac{e^x-e^{-x}-2x}{x-\sin x}$.

解
$$\lim_{x\to 0}\frac{e^x-e^{-x}-2x}{x-\sin x}=\lim_{x\to 0}\frac{e^x-e^{-x}-2}{1-\cos x}=\lim_{x\to 0}\frac{e^x-e^{-x}}{\sin x}=\lim_{x\to 0}\frac{e^x+e^{-x}}{\cos x}=2$$

例 4.2.7　求 $\lim\limits_{x\to 0^+}\dfrac{\ln\cot x}{\ln x}$.

解

$$\lim_{x\to 0^+}\frac{\ln\cot x}{\ln x}=\lim_{x\to 0^+}\frac{\dfrac{1}{\cot x}\cdot\left(-\dfrac{1}{\sin^2 x}\right)}{\dfrac{1}{x}}=-\lim_{x\to 0^+}\frac{x}{\sin x\cos x}$$

$$=-\lim_{x\to 0^+}\frac{x}{\sin x\cos x}=-\lim_{x\to 0^+}\frac{1}{\cos x}=-1$$

从以上几题中我们可以看到，洛必达法则可以连续使用，但每次使用前必须先审查是否符合定理的条件. 同时，洛必达法则是求未定式的一种有效方法，但与其他求极限方法结合使用，效果更好.

例 4.2.8　求 $\lim\limits_{x\to 0}\dfrac{\tan x-x}{x^2\tan x}$.

解　因为当 $x\to 0$ 时，$\tan x\sim x$，所以

$$\lim_{x\to 0}\frac{\tan x-x}{x^2\tan x}=\lim_{x\to 0}\frac{\tan x-x}{x^3}=\lim_{x\to 0}\frac{\sec^2 x-1}{3x^2}$$

$$=\lim_{x\to 0}\frac{2\sec^2 x\tan x}{6x}$$

$$=\frac{1}{3}\lim_{x\to 0}\frac{\tan x}{x}=\frac{1}{3}$$

例 4.2.9　求 $\lim\limits_{x\to 0}\dfrac{3x-\sin 3x}{(1-\cos x)\ln(1+2x)}$.

解　因为当 $x\to 0$ 时，$1-\cos x\sim\dfrac{1}{2}x^2$，$\ln(1-2x)\sim 2x$，故

$$\lim_{x\to 0}\frac{3x-\sin 3x}{(1-\cos x)\ln(1+2x)}=\lim_{x\to 0}\frac{3x-\sin 3x}{x^3}=\lim_{x\to 0}\frac{3-3\cos 3x}{3x^2}$$

$$=\lim_{x\to 0}\frac{3\sin 3x}{2x}=\frac{9}{2}$$

4.2.2　$0\cdot\infty$，$\infty-\infty$，0^0，1^∞，∞^0 型未定式的解法

洛必达法则除了可以解决 $\dfrac{0}{0}$ 型和 $\dfrac{\infty}{\infty}$ 型未定式的极限外，还可以解决如 $0\cdot\infty$，$\infty-\infty$，0^0，1^∞，∞^0 型未定式的极限. 其关键就是将这些类型未定式化为洛必达法则可解决的 $\dfrac{0}{0}$ 型和 $\dfrac{\infty}{\infty}$ 型.

1. $0\cdot\infty$ 型

步骤：$0\cdot\infty\Rightarrow\dfrac{1}{\infty}\cdot\infty$，或者 $0\cdot\infty\Rightarrow 0\cdot\dfrac{1}{0}$.

例 4.2.10　求 $\lim\limits_{x\to+\infty}x^{-2}e^x$.

解

$$\lim_{x\to+\infty}x^{-2}e^x=\lim_{x\to+\infty}\frac{e^x}{2x}=\lim_{x\to+\infty}\frac{e^x}{2}=+\infty$$

2. ∞−∞型

步骤：$\infty-\infty \Rightarrow \frac{1}{0}-\frac{1}{0} \Rightarrow \frac{0-0}{0\cdot 0}$.

例 4.2.11 求$\lim\limits_{x\to 0}\left(\frac{1}{\sin x}-\frac{1}{x}\right)$.

解
$$\lim_{x\to 0}\left(\frac{1}{\sin x}-\frac{1}{x}\right)=\lim_{x\to 0}\frac{x-\sin x}{x\cdot\sin x}=\lim_{x\to 0}\frac{1-\cos x}{\sin x+x\cos x}=0$$

3. 0^0，1^∞，∞^0型

步骤：$\left.\begin{matrix}0^0\\1^\infty\\\infty^0\end{matrix}\right\}\xrightarrow{\text{取对数}}\left\{\begin{matrix}0\cdot\ln 0\\\infty\cdot\ln 1\\0\cdot\ln\infty\end{matrix}\right.\Rightarrow 0\cdot\infty$.

例 4.2.12 求$\lim\limits_{x\to 0^+}x^x\ (0^0)$.

解
$$\lim_{x\to 0^+}x^x=\lim_{x\to 0^+}e^{x\ln x}=e^{\lim\limits_{x\to 0^+}x\ln x}=e^{\lim\limits_{x\to 0^+}\frac{\ln x}{\frac{1}{x}}}=e^{\lim\limits_{x\to 0^+}\frac{\frac{1}{x}}{-\frac{1}{x^2}}}=e^0=1$$

例 4.2.13 求$\lim\limits_{x\to 1}x^{\frac{1}{1-x}}\ (1^\infty)$.

解
$$\lim_{x\to 1}x^{\frac{1}{1-x}}=\lim_{x\to 1}e^{\frac{1}{1-x}\ln x}=e^{\lim\limits_{x\to 1}\frac{\ln x}{1-x}}=e^{\lim\limits_{x\to 1}\frac{\frac{1}{x}}{-1}}=e^{-1}$$

例 4.2.14 求$\lim\limits_{x\to 0^+}(\cot x)^{\frac{1}{\ln x}}\ (\infty^0)$.

分析 取对数得$(\cot x)^{\frac{1}{\ln x}}=e^{\frac{1}{\ln x}\cdot\ln(\cot x)}$.

解 因为
$$\lim_{x\to 0^+}\frac{1}{\ln x}\cdot\ln(\cot x)=\lim_{x\to 0^+}\frac{-\frac{1}{\cot x}\cdot\frac{1}{\sin^2 x}}{\frac{1}{x}}=\lim_{x\to 0^+}\frac{-x}{\cos x\cdot\sin x}=-1$$
所以$\lim\limits_{x\to 0^+}(\cot x)^{\frac{1}{\ln x}}=e^{-1}$.

习 题 4.2

利用洛必达法则求下列极限：

(1) $\lim\limits_{x\to\pi}\frac{\sin 3x}{\tan 5x}$；　(2) $\lim\limits_{x\to\frac{\pi}{2}}\frac{\ln\sin x}{(\pi-2x)^2}$；

(3) $\lim\limits_{x\to a}\frac{\sin x-\sin a}{x-a}$；　(4) $\lim\limits_{x\to 0}\frac{\ln(1+x)}{x}$；

(5) $\lim\limits_{x\to 0}\frac{e^x-e^{-x}}{\sin x}$；　(6) $\lim\limits_{x\to a}\frac{x^m-a^m}{x^n-a^n}$；

(7) $\lim\limits_{x\to 0^+}\frac{\ln\tan 5x}{\ln\tan 2x}$；　(8) $\lim\limits_{x\to\frac{\pi}{2}}\frac{\sin 3x}{\tan 5x}$；

(9) $\lim\limits_{x\to+\infty}\dfrac{\ln\left(1+\dfrac{1}{x}\right)}{\text{arccot}x}$；　(10) $\lim\limits_{x\to1}\left(\dfrac{2}{x^2-1}-\dfrac{1}{x-1}\right)$；

(11) $\lim\limits_{x\to0}x\cot x$；　(12) $\lim\limits_{x\to0^+}x^{\sin x}$；

(13) $\lim\limits_{x\to0}\dfrac{\ln(1+x^2)}{\sec x-\cos x}$；　(14) $\lim\limits_{x\to0^+}\left(\dfrac{1}{x}\right)^{\tan x}$；

(15) $\lim\limits_{x\to0}x^2e^{\frac{1}{x^2}}$；　(16) $\lim\limits_{x\to\infty}\left(1+\dfrac{2}{x}\right)^x$.

4.3　函数的单调性、极值和最值

第 1 章介绍了函数单调性的概念，以及如何利用定义来判断单调性. 但是这种方法局限于某些相对简单的函数. 那么对于一些比较复杂的函数，如何判断单调性，以及由函数的单调性推导函数的极值和最值，就是本节所要介绍的内容.

4.3.1　单调性的判定法

首先来看两个函数图像. 在图 4.3.1 中，函数 $f(x)$是单调递增的，同时发现，这段图像上任意一点的切线都是斜向右上的，也就是说，每一点的斜率都是大于零的，这就意味着这个区间上 $f'(x)>0$；同理，在图 4.3.2 中，$f'(x)<0$. 于是可得下面的定理.

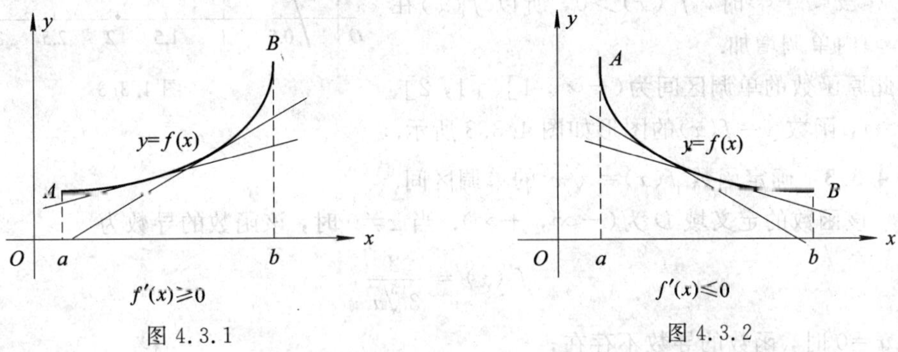

图 4.3.1　　图 4.3.2

定理 4.3.1　设函数 $y=f(x)$在$[a, b]$上连续，在(a, b)内可导.

(1) 如果在(a, b)内 $f'(x)>0$，那么函数 $y=f(x)$在$[a, b]$内单调增加；

(2) 如果在(a, b)内 $f'(x)<0$，那么函数 $y=f(x)$在$[a, b]$内单调减少.

这个定理的证明应用的是拉格朗日中值定理，详细证明过程略去. 这样，我们就可以利用函数导数的正负来确定函数的单调性了.

例 4.3.1　讨论函数 $y=e^x-x-1$ 的单调性.

解　函数的定义域 D 为$(-\infty, +\infty)$，且

$$y'=e^x-1$$

因为在$(-\infty, 0)$内，$y'<0$，所以函数单调减少；因为在$(0, +\infty)$内，$y'>0$，所以函数单调增加.

注意　函数的单调性是一个区间上的性质，要用导数在这一区间上的符号来判定，而不能用一点处的导数符号来判定一个区间上的单调性.

另外，从这个例题中也可发现，一个函数有时并不是在整个定义域上保持一致的单调性. 那么如果出现单调性的变化，我们如何处理呢？

4.3.2 单调区间求法

定义 4.3.1 若函数在其定义域的某个区间内是单调的，则该区间称为函数的单调区间.

导数等于零的点和导数不存在的点，有可能是单调区间的分界点. 因此可以先求出函数 $f(x)$ 的导数，令其等于零，求出方程 $f'(x)=0$ 的根以及 $f'(x)$ 不存在的点，以这些点划分函数 $f(x)$ 的定义区间，然后判断区间内导数的符号即可.

例 4.3.2 确定函数 $f(x)=2x^3-9x^2+12x-3$ 的单调区间.

解 该函数的定义域 D 为 $(-\infty, +\infty)$. 求该函数的导数：

$$f'(x) = 6x^2 - 18x + 12 = 6(x-1)(x-2)$$

解方程 $f'(x)=0$，得

$$x_1 = 1, \quad x_2 = 2$$

当 $-\infty<x<1$ 时，$f'(x)>0$，所以 $f(x)$ 在 $(-\infty, 1]$ 内单调增加；

当 $1<x<2$ 时，$f'(x)<0$，所以 $f(x)$ 在 $[1, 2]$ 内单调减少；

当 $2<x<+\infty$ 时，$f'(x)>0$，所以 $f(x)$ 在 $[2, +\infty)$ 内单调增加.

因此原函数的单调区间为 $(-\infty, 1]$、$[1, 2]$、$[2, +\infty)$，函数 $y=f(x)$ 的图形如图 4.3.3 所示.

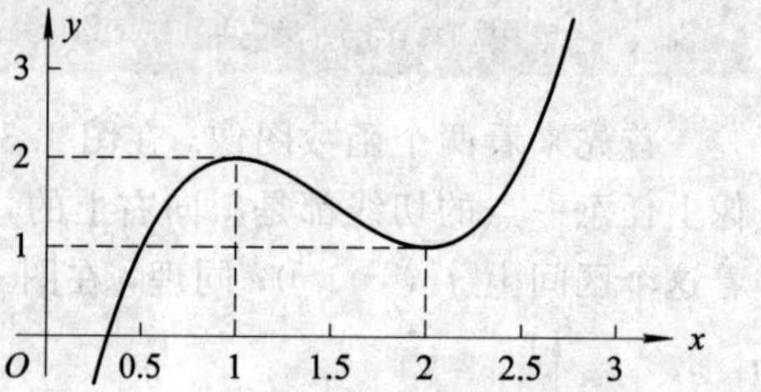

图 4.3.3

例 4.3.3 确定函数 $f(x)=\sqrt[3]{x^2}$ 的单调区间.

解 该函数的定义域 D 为 $(-\infty, +\infty)$. 当 $x\neq0$ 时，该函数的导数为

$$f'(x) = \frac{2}{3\sqrt[3]{x}}$$

当 $x=0$ 时，函数的导数不存在；

当 $-\infty<x<0$ 时，$f'(x)<0$，所以 $f(x)$ 在 $(-\infty, 0]$ 内单调减少；

当 $0<x<\infty$ 时，$f'(x)>0$，所以 $f(x)$ 在 $[0, +\infty)$ 内单调增加.

因此 $f(x)$ 的单调区间为 $(-\infty, 0]$ 和 $[0, +\infty)$，函数的图形如图 4.3.4 所示.

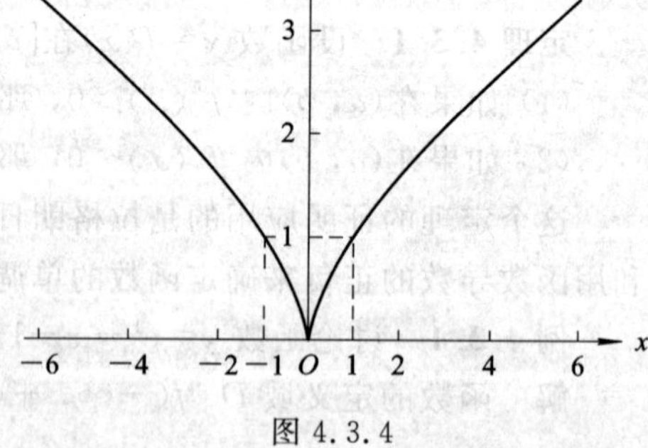

图 4.3.4

注意 在求解函数的单调区间时，区间内个别点导数为零，并不影响区间的单调性. 例如，$y=x^3$，$y'|_{x=0}=0$，但在 $(-\infty, +\infty)$ 内单调增加.

另外，函数的单调性还有其他一些应用，下面来看几个例题.

例 4.3.4 当 $x>0$ 时，试证 $x>\ln(1+x)$ 成立.

证　设 $f(x)=x-\ln(1+x)$，则 $f'(x)=\dfrac{x}{1+x}$.

因为 $f(x)$ 在 $[0,+\infty)$ 内连续，且在 $(0,+\infty)$ 内可导，$f'(x)>0$，所以 $f(x)$ 在 $[0,+\infty)$ 内单调增加.

又因为 $f(0)=0$，所以当 $x>0$ 时，$x-\ln(1+x)>0$，即

$$x>\ln(1+x)$$

例 4.3.5　证明方程 $x^5+x+1=0$ 在区间 $(-1, 0)$ 内有且只有一个实根.

证　令 $f(x)=x^5+x+1$，因为 $f(x)$ 在闭区间 $[-1, 0]$ 内连续，且

$$f(-1)=-1<0,\quad f(0)=1>0$$

根据零点定理 $f(x)$ 在 $(-1, 0)$ 内至少有一个零点. 另一方面，对于任意实数 x，有

$$f'(x)=5x^4+1>0$$

所以 $f(x)$ 在 $(-\infty, +\infty)$ 内单调增加，因此曲线 $y=f(x)$ 与 x 轴至多只有一个交点.

综上所述可知，方程 $x^5+x+1=0$ 在区间 $(-1, 0)$ 内有且只有一个实根.

例 4.3.6　证明方程 $\ln x=\dfrac{x}{\mathrm{e}}-1$ 在区间 $(0, +\infty)$ 内有两个实根.

证　令 $f(x)=\ln x-\dfrac{x}{\mathrm{e}}+1$，欲证题设结论等价于证 $f(x)$ 在 $(0, +\infty)$ 内有两个零点.

令 $f'(x)=\dfrac{1}{x}-\dfrac{1}{\mathrm{e}}=0$，解得 $x=\mathrm{e}$. 因为 $f(\mathrm{e})=1$，$\lim\limits_{x\to 0^+}f(x)=-\infty$，故 $f(x)$ 在 $(0, \mathrm{e})$ 内有一零点.

又因为在 $(0, \mathrm{e})$ 内 $f'(x)>0$，故 $f(x)$ 在 $(0, \mathrm{e})$ 内单调增加，零点唯一.

同理可证，$f(x)$ 在 $(\mathrm{e}, +\infty)$ 内有唯一零点.

因此，$f(x)$ 在 $(0, +\infty)$ 内有且仅有两个零点，证毕.

4.3.3　函数极值的定义

为了利用单调性求解函数的极值，首先介绍函数极值的定义. 先来看如图 4.3.5 所示的函数的图像. 从图 4.3.5 中可以看到，横坐标 x_1、x_4、x_6 所对应的函数图像上的点在邻近区域内是最小的，这样的点称做函数的极小值点，而横坐标 x_2、x_5 所对应的函数图像上的点在邻近区域内是最大的，这样的点称做函数的极大值点.

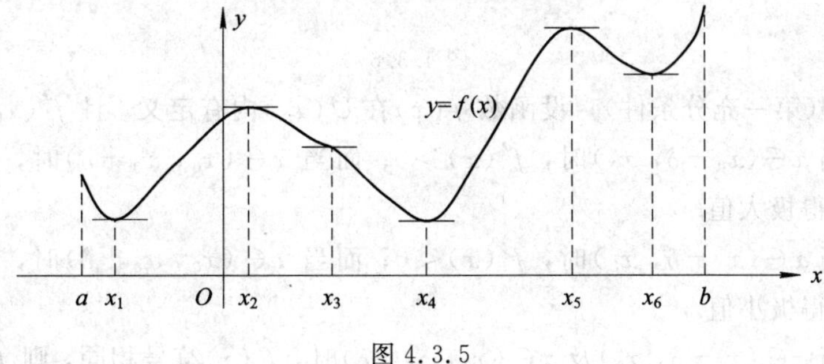

图 4.3.5

定义 4.3.2　设函数 $f(x)$ 在区间 (a, b) 内有定义，x_0 是 (a, b) 内的一个点. 如果存在着点 x_0 的一个邻域，对于该邻域内的任意点 $x(x\neq x_0)$，$f(x)<f(x_0)$ 均成立，就称 $f(x_0)$ 是函数 $f(x)$ 的一个极大值；如果存在着点 x_0 的一个邻域，对于该邻域内的任意点

$x(x\neq x_0)$，$f(x)>f(x_0)$均成立，就称 $f(x_0)$是函数 $f(x)$的一个极小值.

函数的极大值与极小值统称为极值，使函数取得极值的点称为极值点.

注意　函数的极大值和极小值概念是局部性的.

4.3.4　函数极值的求法

我们注意到，图 4.3.5 中能够取得极值的点都有水平切线，也就是导数为零.

定理 4.3.2(必要条件)　设函数 $f(x)$在点 x_0处可导，且在 x_0处取得极值，那么必定有

$$f'(x_0)=0$$

我们把导数为零的点，即 $f'(x)=0$ 的实根叫做函数 $f(x)$的驻点. 因此所有的极值点都是驻点，但是否所有的驻点都是极值点呢？这个回答是否定的. 从图 4.3.5 中也能发现，x_3所对应的点也具有水平切线，但却不是极值点. 又例如，$y=x^3$，$y'|_{x=0}=0$，但 $x=0$ 不是极值点.

那么怎样判定函数的极值呢？

从图 4.3.6(a)、(b)中可以看出，只要是极值点，其左、右导数都变号了，而图 4.3.6(c)、(d)中虽然有水平切线，但是点的左、右导数没有变号，不是极值点.

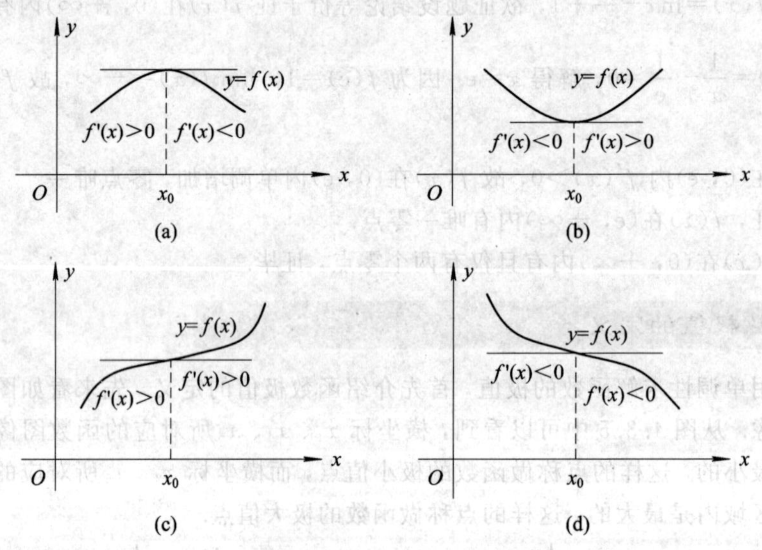

图 4.3.6

定理 4.3.3(第一充分条件)　设函数 $f(x)$在 $U(x_0)$内有定义，且 $f'(x_0)=0$.

(1) 如果当 $x\in(x_0-\delta, x_0)$时，$f'(x)>0$；而当 $x\in(x_0, x_0+\delta)$时，$f'(x)<0$，则 $f(x)$在 x_0处取得极大值.

(2) 如果当 $x\in(x_0-\delta, x_0)$时，$f'(x)<0$；而当 $x\in(x_0, x_0+\delta)$时，$f'(x)>0$，则 $f(x)$在 x_0处取得极小值.

(3) 如果当 $x\in(x_0-\delta, x_0)$及 $x\in(x_0, x_0+\delta)$时，$f'(x)$符号相同，则 $f(x)$在 x_0处无极值.

根据第一充分条件，我们可以按下列步骤来求函数 $f(x)$的极值点和极值.

(1) 求出导数 $f'(x)$；

(2) 求出 $f(x)$ 的全部驻点(即求出方程 $f'(x)=0$ 在所讨论的区间内的全部实根)；

(3) 检查 $f'(x)$ 的符号在每个驻点的左、右邻近的情形，以便确定该驻点是否是极值点，如果是极值点，还要按定理 4.3.3 确定对应的函数值是极大值还是极小值；

(4) 求出各极值点处的函数值，就得函数 $f(x)$ 的全部极值.

例 4.3.7 求出函数 $f(x)=x^3-3x^2-9x+5$ 的极值.

解
$$f'(x)=3x^2-6x-9=3(x+1)(x-3)$$

令 $f'(x)=0$，得驻点 $x_1=-1$，$x_2=3$. 列表讨论如下：

x	$(-\infty, -1)$	-1	$(-1, 3)$	3	$(3, +\infty)$
$f'(x)$	+	0	−	0	+
$f(x)$	↑	极大值 $f(-1)=10$	↓	极小值 $f(3)=-22$	↑

故 $f(x)$ 在点 $x=-1$ 处有极大值 $f(-1)=10$，$f(x)$ 在点 $x=3$ 处有极小值 $f(3)=-22$.

$f(x)=x^3-3x^2-9x+5$ 的图形如图 4.3.7 所示.

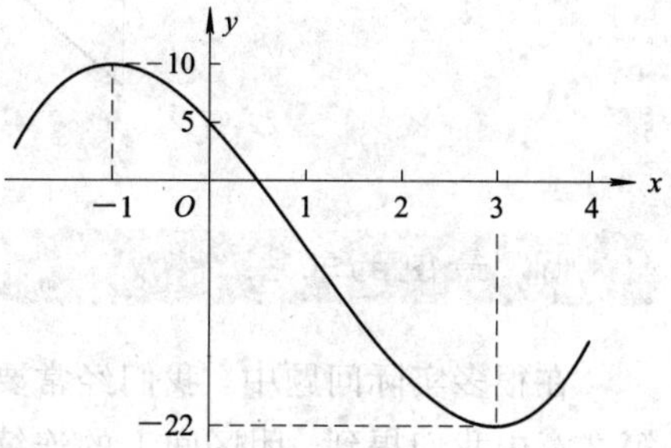

图 4.3.7

除了第一充分条件以外，我们还有另外一种充分条件可以求解函数极值，只是在条件上比第一充分条件限制更多.

定理 4.3.4(第二充分条件)　设 $f(x)$ 在 x_0 处具有二阶导数，且 $f'(x_0)=0$，$f''(x_0)\neq 0$，那么

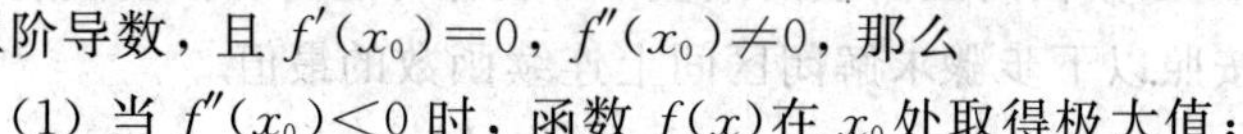

(1) 当 $f''(x_0)<0$ 时，函数 $f(x)$ 在 x_0 处取得极大值；

(2) 当 $f''(x_0)>0$ 时，函数 $f(x)$ 在 x_0 处取得极小值.

例 4.3.8 求出函数 $f(x)=x^3+3x^2-24x-20$ 的极值.

解
$$f'(x)=3x^2+6x-24=3(x+4)(x-2)$$

令 $f'(x)=0$，得驻点 $x_1=-4$，$x_2=2$.

因为 $f''(x)=6x+6$，而 $f''(-4)=-18<0$，$f''(2)=18>0$，故 $f(x)$ 在点 $x=-4$ 处有极大值 $f(-4)=60$，$f(x)$ 在点 $x=2$ 处有极小值 $f(2)=-48$.

$f(x)=x^3+3x^2-24x-20$ 的图形如图 4.3.8 所示.

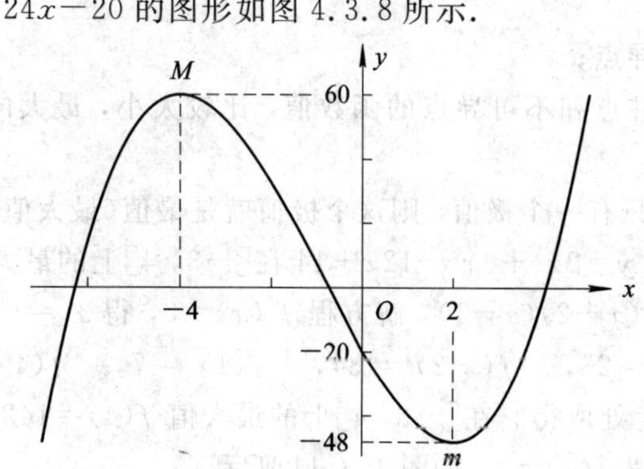

图 4.3.8

例 4.3.9　求出函数 $f(x)=1-(x-2)^{\frac{2}{3}}$ 的极值.

解
$$f'(x)=-\frac{2}{3}(x-2)^{-\frac{1}{3}}\ (x\neq 2)$$

当 $x=2$ 时，$f'(x)$不存在，但函数 $f(x)$在该点连续.

当 $x<2$ 时，$f'(x)>0$. 当 $x>2$ 时，$f'(x)<0$. 故 $f(2)=1$ 为 $f(x)$的极大值.

$f(x)=1-(x-2)^{\frac{2}{3}}$ 的图形如图 4.3.9 所示.

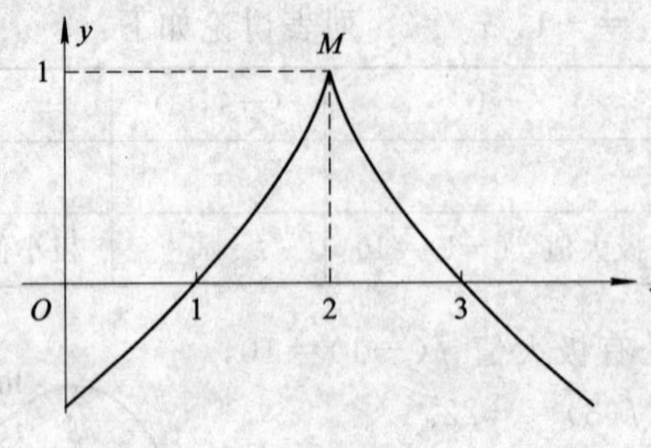

图 4.3.9

4.3.5　最值的求法

在很多实际问题中，我们经常要求解一个函数在某个区间上的最大值或者最小值. 在第 2 章中我们提到，闭区间上的连续函数一定有最大值和最小值.

从图 4.3.10 中可以看到，连续函数在闭区间上的最值，一般有可能出现在极值点或者区间的两个端点，所以我们可以按照以下步骤求解闭区间上连续函数的最值.

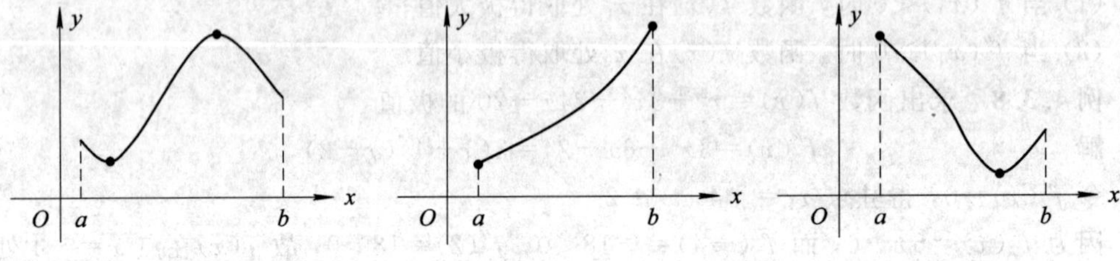

图 4.3.10

步骤如下：

(1) 求驻点和不可导点；

(2) 求区间端点及驻点和不可导点的函数值，比较大小，最大的就是最大值，最小的就是最小值.

注意　如果区间内只有一个极值，则这个极值就是最值(最大值或最小值).

例 4.3.10　求函数 $y=2x^3+3x^2-12x+14$ 在$[-3, 4]$上的最大值和最小值.

解　因为 $f'(x)=6(x+2)(x-1)$，解方程 $f'(x)=0$，得 $x_1=-2$，$x_2=1$. 由于
$$f(-3)=23,\quad f(-2)=34,\quad f(1)=7,\quad f(4)=142$$
比较可得，$f(x)$在 $x=4$ 处取得它在$[-3, 4]$上的最大值 $f(4)=142$，$f(x)$在 $x=1$ 处取得它在$[-3, 4]$上的最小值 $f(1)=7$，如图 4.3.11 所示。

在实际问题求最值中应该注意首先建立目标函数，然后根据具体情况确定闭区间以求最值. 若目标函数只有唯一驻点，则该点的函数值即为所求的最值.

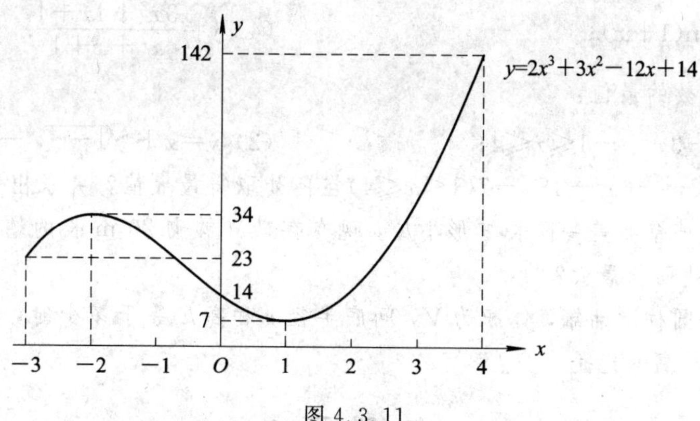

图 4.3.11

例 4.3.11　某房地产公司有 50 套公寓要出租，当租金定为每月 180 元时，公寓会全部租出去．当租金每月增加 10 元时，就有一套公寓租不出去，而租出去的房子每月需花费 20 元的整修维护费．试问房租定为多少可获得最大收入？

解　设房租为每月 x 元，则租出去的房子有 $50-\left(\dfrac{x-180}{10}\right)$套，每月总收入为

$$R(x)=(x-20)\left(50-\frac{x-180}{10}\right)=(x-20)\left(68-\frac{x}{10}\right)$$

$$R'(x)=\left(68-\frac{x}{10}\right)+(x-20)\left(-\frac{1}{10}\right)=70-\frac{x}{5}$$

令 $R'(x)=0$，解得 $x=350$(唯一驻点)，故每月每套租金为 350 元时收入最高，最大收入为

$$R(350)=(350-20)\left(68-\frac{350}{10}\right)=10\ 890(\text{元})$$

习　题　4.3

1. 判定函数 $f(x)=\arctan x-x$ 的单调性.

2. 确定下列函数的单调区间：

(1) $y=2x^3-6x^2-18x-7$；　　(2) $y=2x+\dfrac{8}{x}(x>0)$；

(3) $y=(x-1)(x+1)^3$；　　(4) $y=\ln(x+\sqrt{1+x^2})$.

3. 证明下列不等式：

(1) 当 $x>0$ 时，$1+\dfrac{1}{2}x>\sqrt{1+x}$；

(2) 当 $0<x<\dfrac{\pi}{2}$ 时，$\sin x+\tan x>2x$；

(3) 当 $x>4$ 时，$2^x>x^2$.

4. 求下列函数的极值：

(1) $y=2x^3-6x^2-18x+7$；　　(2) $y=x+\sqrt{1-x}$；

(3) $y=x-\ln(1+x)$；　　(4) $y=\dfrac{3x^2+4x+4}{x^2+x+1}$.

5. 求下列函数的最值：

(1) $y=2x^3-3x^2$，$-1\leqslant x\leqslant 4$；　　(2) $y=x+\sqrt{1-x}$，$-5\leqslant x\leqslant 1$.

6. 函数 $y=2x^3-6x^2-18x-7(1\leqslant x\leqslant 4)$在何处取得最大值？并求出它的最大值.

7. 某车间靠墙壁要盖一间长方形小屋，现有存砖只够砌 20 m 长的墙壁，问应围成怎样的长方形才能使面积最大？

8. 要造一个圆柱形油罐，体积为 V，问底半径 r 和高 h 等于多少时，才能使表面积最小？这时底直径与高的比是多少？

自测题 4

一、选择题

1. 使 $f(x)=\sqrt[3]{x^2(1-x^2)}$适合罗尔定理条件的区间是(　　).

A. $[0, 1]$　　B. $[-1, 1]$　　C. $[-2, 2]$　　D. $\left[-\dfrac{1}{3}, \dfrac{2}{3}\right]$

2. 设 $x\to 0$ 时，$e^{\tan x}-e^2$ 与 x^n 是同阶无穷小，则 n 为(　　).

A. 1　　B. 2　　C. 3　　D. 4

二、解答题

1. 求下列极限：

(1) $\lim\limits_{x\to 0}\left(\dfrac{3-e^x}{2+x}\right)^{\csc x}$；　　(2) $\lim\limits_{x\to 0}\dfrac{1-\cos x\sqrt{\cos 2x}}{x^2}$；

(3) $\lim\limits_{x\to 1}\left(\dfrac{1}{\ln x}-\dfrac{1}{x-1}\right)$；　　(4) $\lim\limits_{x\to\infty}\dfrac{x^2-x\arctan x+1}{2x^2+3}$.

2. 当 $x\to 0$ 时，$(1+ax^2)^{\frac{1}{2}}-1$ 与 $\cos x-1$ 是等价无穷小，求 a.

3. $f(x)=x^3+ax^2+bx$ 在 $x=1$ 处有极大值，求 a、b.

4. 证明函数 $f(x)=(1+x)^{\frac{1}{x}}$在区间$(0, +\infty)$内单调增加.

5. 证明 $0<x<\pi$ 时，有 $\sin\dfrac{x}{2}>\dfrac{x}{\pi}$.

6. 设 $f(x)$在$[0, 1]$上可微，对于$[0, 1]$上的每一个 x，$f(x)$的值都在开区间$(0, 1)$内，且 $f'(x)\neq 1$. 证明：在$(0, 1)$内有且仅有一个 x，使 $f(x)=x$.

阅读材料 4

业余数学家——皮耶·德·费马

皮耶·德·费马(Pierre de Fermat)是 17 世纪的法国律师，他在数学上的成就不比职业数学家差，他似乎对数论最有兴趣，亦对现代微积分的建立有所贡献.

著名的数学史学家贝尔在 20 世纪初所撰写的著作中，称皮耶·德·费马为“业余数学家之王”. 贝尔深信，费马比其同时代的大多数专业数学家更有成就.

1629 年以前，费马便着手重写公元前 3 世纪古希腊几何学家阿波罗尼奥斯失传的《平面轨迹》一书. 他用代数方法对阿波罗尼奥斯关于轨迹的一些失传的证明做了补充，对古希腊几何学，尤其是阿波罗尼奥斯圆锥曲线论进行了总结和整理，对曲线做了一般研究，并于 1630 年用拉丁文撰写了仅有八页的论文《平面与立体轨迹引论》.

16、17 世纪，微积分是继解析几何之后的最璀璨的明珠. 人所共知，牛顿和莱布尼茨是微积分的缔造者，并且在其之前，至少有数十位科学家为微积分的发明做了奠基性的工作. 但在诸多先驱者当中，费马仍然值得一提，费马建立了求切线、求极大值和极小值以及定积分方法，对微积分做出了重大贡献.

早在古希腊时期，偶然性与必然性及其关系问题便引起了众多哲学家的兴趣与争论，但是对其进行数学的描述和处理却是 15 世纪以后的事. 16 世纪早期，意大利出现了卡尔达诺等数学家研究掷骰子中的博弈机会，在博弈的点中探求赌金的划分问题. 到了 17 世纪，法国的布莱士·帕斯卡和费马研究了意大利的帕乔里的著作《摘要》，建立了通信联系，从而建立了概率学的基础.

17 世纪初，欧洲流传着公元 3 世纪古希腊数学家丢番图所写的《算术》一书. 1621 年费马在巴黎买到此书，他利用业余时间对书中的不定方程进行了深入研究. 费马将不定方程的研究限制在整数范围内，从而开始了数论这门数学分支.

费马在数论领域中的成果是巨大的，其中主要有：

费马大定理：$n>2$ 是整数，则方程 $x^n+y^n=z^n$ 没有满足 $xyz\neq 0$ 的整数解. 这个是不定方程，它已经由英国数学家怀尔斯证明了(1995 年)，证明的过程是相当艰深的！

费马小定理：$a^p-a=0(\mathrm{mod}\,p)$，其中 p 是一个素数，a 是正整数，它的证明比较简单. 事实上它是 Euler 定理的一个特殊情况.

费马一生从未受过专门的数学教育，数学研究也不过是业余爱好. 然而，在 17 世纪的法国还找不到哪位数学家可以与之匹敌：他是解析几何的发明者之一；对于微积分诞生的贡献仅次于牛顿、莱布尼茨；他是概率论的主要创始人，以及独承 17 世纪数论天地的人. 此外，费马对物理学也有重要贡献. 一代数学天才费马堪称是 17 世纪法国最伟大的数学家之一.

资料来源：百度百科

第5章 不定积分

17世纪，微积分的创立首先是为了解决当时数学面临的四类核心问题中的第四类问题，即求曲线长度、曲线围成的面积、曲面围成的体积、物体的重心和引力等. 此类问题的研究具有久远的历史. 例如，古希腊人曾用穷竭法求出了某些图形的面积和体积，我国南北朝时期的祖冲之、祖恒也曾推导出某些图形的面积和体积. 而在欧洲，对此类问题的研究兴起于17世纪，先是穷竭法被逐渐修改，后来由于微积分的创立彻底改变了解决这一大类问题的方法.

由求运动速度、曲线的切线和极值等问题产生了导数和微分，构成了微积分学的微分学部分；同时由已知速度求路程、已知切线求曲线以及上述求面积与体积等问题产生了不定积分和定积分，构成了微积分学的积分学部分.

前面已经介绍已知函数求导数的问题，现在我们要考虑其反问题：已知导数求其函数，即求一个未知函数，使其导数恰好是某一已知函数. 这种由导数或微分求原来函数的逆运算称为不定积分. 本章将介绍不定积分的概念及其计算方法.

本章的基本要求如下：

(1) 了解原函数与不定积分的基本概念.

(2) 掌握不定积分的性质.

(3) 熟练掌握基本积分公式、直接积分法、两类换元积分法和分部积分法.

5.1 不定积分的概念和性质

5.1.1 原函数与不定积分的概念

定义 5.1.1 如果在区间 I 内，可导函数 $F(x)$的导函数为 $f(x)$，即 $\forall x\in I$，都有 $F'(x)=f(x)$或 $\mathrm{d}F(x)=f(x)\mathrm{d}x$，那么函数 $F(x)$就称为 $f(x)$在区间 I 内的原函数.

例如：因$(\sin x)'=\cos x$，故 $\sin x$ 是 $\cos x$ 的原函数；因$(\ln x)'=\dfrac{1}{x}(x>0)$，故 $\ln x$ 是$\dfrac{1}{x}$在区间$(0, +\infty)$内的原函数.

那么是不是所有的函数都有原函数呢?

定理 5.1.1(原函数存在定理) 如果函数 $f(x)$在区间 I 内连续，那么在区间 I 内存在可导函数 $F(x)$，使 $\forall x\in I$，都有 $F'(x)=f(x)$.

也就是说，连续函数一定有原函数.

这样就产生了另一个问题：连续函数的原函数是否唯一呢？更进一步地，如果不唯一，它们之间有什么联系呢？

我们来看下面的例子：

$$(\sin x)' = \cos x$$
$$(\sin x + 2)' = \cos x$$
$$(\sin x + C)' = \cos x \qquad (\text{这里 } C \text{ 是任意常数})$$

从这个例子中可以看到，如果 $F(x)$是 $f(x)$的原函数，即 $F'(x)=f(x)$，那么对于任意常数 C，$F(x)+C$ 都是 $f(x)$的原函数. 同时，如果 $F(x)$和 $G(x)$都是 $f(x)$的原函数，那么这两个原函数之间只相差一个常数，即

$$F(x)-G(x)=C \qquad (C \text{ 为任意常数})$$

那么什么叫不定积分呢？

定义 5.1.2 在区间 I 内，函数 $f(x)$的带有任意常数项的原函数称为 $f(x)$在区间 I 内的不定积分，记为 $\int f(x)\mathrm{d}x$，即

$$\int f(x)\mathrm{d}x = F(x) + C$$

其中，$\int$ 称做积分号，$f(x)$称做被积函数，x 称做积分变量，$f(x)\mathrm{d}x$ 称做被积表达式.

于是，求一个函数的不定积分，就是计算这个函数的原函数的全体的一个过程.

例 5.1.1 求 $\int x^5\,\mathrm{d}x$.

解 因为$\left(\dfrac{x^6}{6}\right)'=x^5$，所以

$$\int x^5\,\mathrm{d}x = \frac{x^6}{6} + C$$

例 5.1.2 求 $\int \dfrac{1}{1+x^2}\mathrm{d}x$.

解 因为$(\arctan x)'=\dfrac{1}{1+x^2}$，所以

$$\int \frac{1}{1+x^2}\mathrm{d}x = \arctan x + C$$

例 5.1.3 设曲线通过点(1，2)，且其上任一点处的切线斜率等于这点横坐标的两倍，求此曲线方程.

解 假设曲线方程为 $y=f(x)$，根据题意知$\dfrac{\mathrm{d}y}{\mathrm{d}x}=2x$，即 $f(x)$是 $2x$ 的一个原函数.

因为

$$\int 2x\,\mathrm{d}x = x^2 + C$$

所以

$$f(x)=x^2+C$$

因曲线通过点(1，2)，故 $2=1+C$，$C=1$，于是所求曲线方程为 $y=x^2+1$.

我们把函数 $f(x)$的原函数 $F(x)$的图形称为 $f(x)$的积分曲线，如图 5.1.1 所示. 显然，求不定积分得到原函数的全体，我们称之为原函数族，这个原函数族的图形就是函数 $f(x)$的积分曲线族.

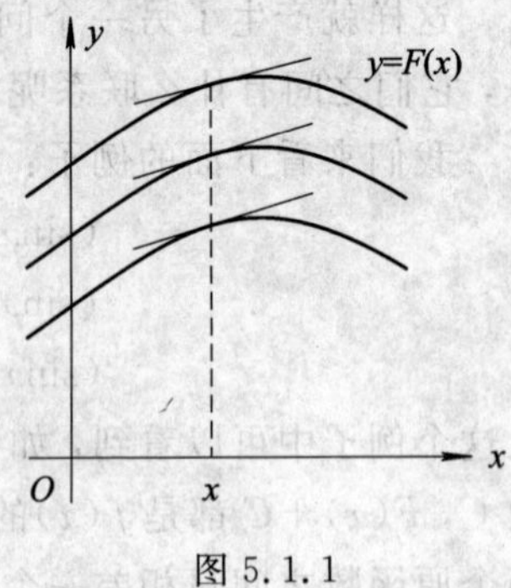

图 5.1.1

另外，根据不定积分的定义，可知

$$\frac{\mathrm{d}}{\mathrm{d}x}\left[\int f(x)\mathrm{d}x\right]=f(x),\quad \mathrm{d}\left[\int f(x)\mathrm{d}x\right]=f(x)\mathrm{d}x$$

$$\int F'(x)\mathrm{d}x=F(x)+C,\quad \int \mathrm{d}F(x)=F(x)+C$$

于是，我们得到一个结论，微分运算与求不定积分的运算是互逆的.

5.1.2 基本积分表

既然不定积分求解的是被积函数的原函数，那么我们就可以根据第 3 章中所介绍的函数的求导法则逆向来计算不定积分. 下面我们把一些基本的积分公式列成一个表，这个表通常叫做基本积分表.

(1) $\int k\,\mathrm{d}x=kx+C$(k 是常数)；

(2) $\int x^{\mu}\,\mathrm{d}x=\dfrac{x^{\mu+1}}{\mu+1}+C\ (\mu\neq -1)$；

(3) $\int \dfrac{\mathrm{d}x}{x}=\ln|x|+C$；

(4) $\int \dfrac{\mathrm{d}x}{1+x^2}=\arctan x+C$；

(5) $\int \dfrac{\mathrm{d}x}{\sqrt{1-x^2}}=\arcsin x+C$；

(6) $\int \cos x\,\mathrm{d}x=\sin x+C$；

(7) $\int \sin x\,\mathrm{d}x=-\cos x+C$；

(8) $\int \dfrac{\mathrm{d}x}{\cos^2 x}=\int \sec^2 x\,\mathrm{d}x=\tan x+C$；

(9) $\int \dfrac{\mathrm{d}x}{\sin^2 x}=\int \csc^2 x\,\mathrm{d}x=-\cot x+C$；

(10) $\int \sec x\tan x\,\mathrm{d}x=\sec x+C$；

(11) $\int \csc x\cot x\,\mathrm{d}x=-\csc x+C$；

(12) $\int \mathrm{e}^x\,\mathrm{d}x=\mathrm{e}^x+C$；

(13) $\int a^x\,\mathrm{d}x=\dfrac{a^x}{\ln a}+C$.

需要说明的是，对于

$$\int \frac{\mathrm{d}x}{x} = \ln|x| + C$$

当 $x>0$ 时，$\int \frac{\mathrm{d}x}{x} = \ln x + C$；当 $x<0$ 时，因为 $[\ln(-x)]' = \frac{1}{-x}(-x)' = \frac{1}{x}$，于是

$$\int \frac{\mathrm{d}x}{x} = \ln(-x) + C$$

所以

$$\int \frac{\mathrm{d}x}{x} = \ln|x| + C$$

例 5.1.4 求 $\int x^2\sqrt{x}\,\mathrm{d}x$.

解 $$\int x^2\sqrt{x}\,\mathrm{d}x = \int x^{\frac{5}{2}}\,\mathrm{d}x = \frac{x^{\frac{5}{2}+1}}{\frac{5}{2}+1} + C = \frac{2}{7}x^{\frac{7}{2}} + C$$

5.1.3 不定积分的性质

不定积分具有以下性质：

(1) $\int [f(x) \pm g(x)]\mathrm{d}x = \int f(x)\mathrm{d}x \pm \int g(x)\mathrm{d}x$；

(2) $\int kf(x)\mathrm{d}x = k\int f(x)\mathrm{d}x$ (k 是常数，$k \neq 0$).

这些性质能够帮助我们进行不定积分的计算.

例 5.1.5 求 $\int \left(\frac{3}{1+x^2} - \frac{2}{\sqrt{1-x^2}}\right)\mathrm{d}x$.

解 $$\begin{aligned}\int \left(\frac{3}{1+x^2} - \frac{2}{\sqrt{1-x^2}}\right)\mathrm{d}x &= 3\int \frac{1}{1+x^2}\mathrm{d}x - 2\int \frac{1}{\sqrt{1-x^2}}\mathrm{d}x \\ &= 3\arctan x - 2\arcsin x + C\end{aligned}$$

例 5.1.6 求 $\int \frac{1+x+x^2}{x(1+x^2)}\mathrm{d}x$.

解 $$\begin{aligned}\int \frac{1+x+x^2}{x(1+x^2)}\mathrm{d}x &= \int \frac{x+(1+x^2)}{x(1+x^2)}\mathrm{d}x = \int \left(\frac{1}{1+x^2} + \frac{1}{x}\right)\mathrm{d}x \\ &= \int \frac{1}{1+x^2}\mathrm{d}x + \int \frac{1}{x}\mathrm{d}x \\ &= \arctan x + \ln|x| + C\end{aligned}$$

例 5.1.7 求 $\int \frac{1+2x^2}{x^2(1+x^2)}\mathrm{d}x$.

解 $$\begin{aligned}\int \frac{1+2x^2}{x^2(1+x^2)}\mathrm{d}x &= \int \frac{1+x^2+x^2}{x^2(1+x^2)}\mathrm{d}x - \int \frac{1}{x^2}\mathrm{d}x + \int \frac{1}{1+x^2}\mathrm{d}x \\ &= -\frac{1}{x} + \arctan x + C\end{aligned}$$

例 5.1.8 求 $\int \frac{1}{1+\cos 2x}\mathrm{d}x$.

解 $\int \frac{1}{1+\cos 2x}\mathrm{d}x = \int \frac{1}{1+2\cos^2 x-1}\mathrm{d}x = \frac{1}{2}\int \frac{1}{\cos^2 x}\mathrm{d}x = \frac{1}{2}\tan x + C$

例 5.1.9 求 $\int 2^x e^x \mathrm{d}x$.

解 $$\int 2^x e^x \mathrm{d}x = \int (2e)^x \mathrm{d}x = \frac{(2e)^x}{\ln(2e)} + C = \frac{2^x e^x}{1+\ln 2} + C$$

例 5.1.10 已知一曲线 $y=f(x)$ 在点 $(x, f(x))$ 处的切线斜率为 $\sec^2 x+\sin x$，且此曲线与 y 轴的交点为(0，5)，求此曲线的方程.

解 因为

$$\frac{\mathrm{d}y}{\mathrm{d}x} = \sec^2 x + \sin x$$

所以

$$y = \int (\sec^2 x + \sin x)\mathrm{d}x = \tan x - \cos x + C$$

又因为 $y(0)=5$，所以 $C=6$，故所求曲线方程为

$$y = \tan x - \cos x + 6$$

习 题 5.1

1. 计算下列不定积分：

(1) $\int \frac{1}{x^3}\mathrm{d}x$；　(2) $\int x^2\sqrt{x}\mathrm{d}x$；　(3) $\int \frac{1}{\sqrt{x}}\mathrm{d}x$；

(4) $\int x\sqrt[3]{x^2}\mathrm{d}x$；　(5) $\int \sqrt[n]{x^m}\mathrm{d}x$；　(6) $\int \frac{1}{x^2\sqrt{x}}\mathrm{d}x$.

2. 计算下列不定积分：

(1) $\int \left(\frac{1}{1+x^2} - \frac{1}{\sqrt{1-x^2}}\right)\mathrm{d}x$；　(2) $\int e^x\left(1-\frac{e^{-x}}{\sqrt[3]{x}}\right)$；

(3) $\int 3^x e^x \mathrm{d}x$；　(4) $\int \cos^2\frac{x}{2}\mathrm{d}x$；

(5) $\int \frac{5^x + 7\cdot 3^x}{2^x}\mathrm{d}x$；　(6) $\int \frac{\cos 2x}{\cos x - \sin x}\mathrm{d}x$；

(7) $\int \frac{\cos 2x}{\cos^2 x\sin^2 x}\mathrm{d}x$；　(8) $\int \cot^2 x\,\mathrm{d}x$；

(9) $\int \cos x(\sec x + \tan x)\mathrm{d}x$；　(10) $\int \sec x(\tan x - \sec x)\mathrm{d}x$；

(11) $\int \frac{1}{1+\cos 2x}\mathrm{d}x$；　(12) $\int \frac{x^2}{x^2+1}\mathrm{d}x$；

(13) $\int \frac{3x^4+2x^2}{x^2+1}\mathrm{d}x$.

3. 一曲线通过点(e^2，3)，且在任一点处的切线的斜率等于该点横坐标的倒数，求该曲

线的方程.

5.2 换元积分法

5.1 节介绍了不定积分的基本概念和利用基本积分表的直接积分法. 但是这些只能解决很小一部分的积分问题. 下面介绍一些求解不定积分的技巧.

5.2.1 第一类换元法

我们来看看这个问题.

$\int \cos 2x\,\mathrm{d}x$ 的结果是什么? 是 $\sin 2x + C$ 吗?

很明显, 这个不定积分的结果并不是 $\sin 2x + C$, 那么它的结果是什么呢?

由于被积函数是 $\cos 2x$, 这是一个复合函数, 所以解决方法就是利用复合函数, 设置中间变量, 即令 $t=2x$, 则 $x=\frac{1}{2}t$, $\mathrm{d}x=\frac{1}{2}\mathrm{d}t$, 所以

$$\int \cos 2x\,\mathrm{d}x = \frac{1}{2}\int \cos t\,\mathrm{d}t = \frac{1}{2}\sin t + C = \frac{1}{2}\sin 2x + C$$

从这个问题中可以看到, 对于这种复合函数的积分, 我们可以利用变量代换来将内层函数用中间变量替换掉, 以此达到积分的目的.

一般情况下, 设 $F'(u)=f(u)$, 则

$$\int f(u)\,\mathrm{d}u = F(u) + C$$

如果 $u=\varphi(x)$ 可微, 则根据复合函数微分法, 有

$$\mathrm{d}F[\varphi(x)] = f[\varphi(x)]\varphi'(x)\mathrm{d}x$$

从而根据不定积分的定义可得

$$\int f[\varphi(x)]\varphi'(x)\mathrm{d}x = F[\varphi(x)] + C = \left[\int f(u)\mathrm{d}u\right]_{u=\varphi(x)}$$

由此可得换元积分法定理.

定理 5.2.1 设 $f(u)$ 具有原函数, $u=\varphi(x)$ 可导, 则有换元公式

$$\int f[\varphi(x)]\varphi'(x)\mathrm{d}x = \left[\int f(u)\mathrm{d}u\right]_{u=\varphi(x)}$$

这个公式叫做第一类换元公式, 也叫凑微分法.

这个公式的关键在于将 $\int g(x)\mathrm{d}x$ 化为 $\int f[\varphi(x)]\varphi'(x)\mathrm{d}x$, 所以在解决问题的时候, 需要着重观察被积函数的形式.

例 5.2.1 求 $\int \sin 2x\,\mathrm{d}x$.

解 方法一:

$$\int \sin 2x\,\mathrm{d}x = \frac{1}{2}\int \sin 2x\,\mathrm{d}(2x) = -\frac{1}{2}\cos 2x + C$$

方法二:

$$\int \sin 2x\,\mathrm{d}x = 2\int \sin x\cos x\,\mathrm{d}x = 2\int \sin x\,\mathrm{d}(\sin x) = (\sin x)^2 + C$$

方法三：

$$\int \sin 2x\,\mathrm{d}x = 2\int \sin x\cos x\,\mathrm{d}x = -2\int \cos x\,\mathrm{d}(\cos x) = -(\cos x)^2 + C$$

例 5.2.2 求 $\int \frac{1}{3+2x}\mathrm{d}x$.

解 因为 $\frac{1}{3+2x}=\frac{1}{2}\cdot\frac{1}{3+2x}\cdot(3+2x)'$，所以

$$\int \frac{1}{3+2x}\mathrm{d}x = \frac{1}{2}\int \frac{1}{3+2x}\cdot(3+2x)'\mathrm{d}x = \frac{1}{2}\int \frac{1}{u}\mathrm{d}u$$

$$= \frac{1}{2}\ln|u| + C = \frac{1}{2}\ln|3+2x| + C$$

一般地，

$$\int f(ax+b)\mathrm{d}x = \frac{1}{a}\left[\int f(u)\mathrm{d}u\right]_{u=ax+b}$$

例 5.2.3 求 $\int \frac{1}{x(1+2\ln x)}\mathrm{d}x$.

解 $$\int \frac{1}{x(1+2\ln x)}\,\mathrm{d}x = \int \frac{1}{1+2\ln x}\mathrm{d}(\ln x) = \frac{1}{2}\int \frac{1}{1+2\ln x}\,\mathrm{d}(1+2\ln x)$$

$$\xlongequal{u=1+2\ln x} \frac{1}{2}\int \frac{1}{u}\mathrm{d}u = \frac{1}{2}\ln|u| + C$$

$$= \frac{1}{2}\ln|1+2\ln x| + C$$

例 5.2.4 求 $\int \frac{x}{(1+x)^3}\mathrm{d}x$.

解 $$\int \frac{x}{(1+x)^3}\mathrm{d}x = \int \frac{x+1-1}{(1+x)^3}\,\mathrm{d}x = \int\left[\frac{1}{(1+x)^2} - \frac{1}{(1+x)^3}\right]\mathrm{d}(1+x)$$

$$= -\frac{1}{1+x} + C_1 + \frac{1}{2(1+x)^2} + C_2 = -\frac{1}{1+x} + \frac{1}{2(1+x)^2} + C$$

例 5.2.5 求 $\int \frac{1}{a^2+x^2}\mathrm{d}x$.

解 $$\int \frac{1}{a^2+x^2}\mathrm{d}x = \frac{1}{a^2}\int \frac{1}{1+\frac{x^2}{a^2}}\mathrm{d}x = \frac{1}{a}\int \frac{1}{1+\left(\frac{x}{a}\right)^2}\mathrm{d}\left(\frac{x}{a}\right) = \frac{1}{a}\arctan\frac{x}{a} + C$$

例 5.2.6 求 $\int \frac{1}{x^2-8x+25}\mathrm{d}x$.

解 $$\int \frac{1}{x^2-8x+25}\mathrm{d}x = \int \frac{1}{(x-4)^2+9}\mathrm{d}x = \frac{1}{3^2}\int \frac{1}{\left(\frac{x-4}{3}\right)^2+1}\mathrm{d}x$$

$$= \frac{1}{3}\int \frac{1}{\left(\frac{x-4}{3}\right)^2+1}\mathrm{d}\left(\frac{x-4}{3}\right) = \frac{1}{3}\arctan\frac{x-4}{3} + C$$

例 5.2.7 求 $\int \frac{1}{1+\mathrm{e}^x}\mathrm{d}x$.

解 $\int \frac{1}{1+e^x}dx = \int \frac{1+e^x-e^x}{1+e^x}dx = \int\left(1-\frac{e^x}{1+e^x}\right)dx = \int dx - \int \frac{e^x}{1+e^x}dx$

$$= \int dx - \int \frac{1}{1+e^x}d(1+e^x) = x - \ln|1+e^x| + C$$

例 5.2.8 求 $\int\left(1-\frac{1}{x^2}\right)e^{x+\frac{1}{x}}dx$.

解 因为 $\left(x+\frac{1}{x}\right)'=1-\frac{1}{x^2}$，所以

$$\int\left(1-\frac{1}{x^2}\right)e^{x+\frac{1}{x}}dx = \int e^{x+\frac{1}{x}}\,d\left(x+\frac{1}{x}\right) = e^{x+\frac{1}{x}}+C$$

例 5.2.9 求 $\int \frac{1}{\sqrt{2x+3}+\sqrt{2x-1}}dx$.

解 $\int \frac{1}{\sqrt{2x+3}+\sqrt{2x-1}}dx = \int \frac{\sqrt{2x+3}-\sqrt{2x-1}}{(\sqrt{2x+3}+\sqrt{2x-1})(\sqrt{2x+3}-\sqrt{2x-1})}dx$

$$= \frac{1}{4}\int\sqrt{2x+3}\,dx - \frac{1}{4}\int\sqrt{2x-1}\,dx$$

$$= \frac{1}{8}\int\sqrt{2x+3}\,d(2x+3) - \frac{1}{8}\int\sqrt{2x-1}\,d(2x-1)$$

$$= \frac{1}{12}(\sqrt{2x+3})^3 - \frac{1}{12}(\sqrt{2x-1})^3 + C$$

例 5.2.10 求 $\int \frac{1}{1+\cos x}dx$.

解 $\int \frac{1}{1+\cos x}dx = \int \frac{1-\cos x}{(1+\cos x)(1-\cos x)}dx = \int \frac{1-\cos x}{1-\cos^2 x}dx$

$$= \int \frac{1-\cos x}{\sin^2 x}dx = \int \frac{1}{\sin^2 x}dx - \int \frac{1}{\sin^2 x}d(\sin x)$$

$$= -\cot x + \frac{1}{\sin x} + C$$

例 5.2.11 求 $\int \sin^2 x\cdot\cos^5 x\,dx$.

解 $\int \sin^2 x\cdot\cos^5 x\,dx = \int \sin^2 x\cdot\cos^4 x\,d(\sin x)$

$$= \int \sin^2 x\cdot(1-\sin^2 x)^2 d(\sin x)$$

$$= \int(\sin^2 x - 2\sin^4 x + \sin^6 x)d(\sin x)$$

$$= \frac{1}{3}\sin^3 x - \frac{2}{5}\sin^5 x + \frac{1}{7}\sin^7 x + C$$

注意 当被积函数是三角函数相乘时，我们拆开奇次项去凑微分.

例 5.2.12 求 $\int \cos 3x\cos 2x\,dx$.

解 因为 $\cos A\cos B=\frac{1}{2}[\cos(A-B)+\cos(A+B)]$，所以

$$\cos 3x\cos 2x = \frac{1}{2}(\cos x + \cos 5x)$$

$$\int \cos 3x \cos 2x \, dx = \frac{1}{2} \int (\cos x + \cos 5x) \, dx = \frac{1}{2} \sin x + \frac{1}{10} \sin 5x + C$$

例 5.2.13　求$\int \csc x \, dx$.

解　方法一：

$$\int \csc x \, dx = \int \frac{1}{\sin x} dx = \int \frac{1}{2\sin\frac{x}{2}\cos\frac{x}{2}} dx = \int \frac{1}{\tan\frac{x}{2}\left(\cos\frac{x}{2}\right)^2} d\left(\frac{x}{2}\right)$$

$$= \int \frac{1}{\tan\frac{x}{2}} d\left(\tan\frac{x}{2}\right) = \ln\left|\tan\frac{x}{2}\right| + C$$

$$= \ln|\csc x - \cot x| + C$$

方法二：

$$\int \csc x \, dx = \int \frac{1}{\sin x} dx = \int \frac{\sin x}{\sin^2 x} dx = -\int \frac{1}{1 - \cos^2 x} d(\cos x)$$

$$\xlongequal{u = \cos x} -\int \frac{1}{1 - u^2} du = -\frac{1}{2} \int \left(\frac{1}{1-u} + \frac{1}{1+u}\right) du$$

$$= \frac{1}{2}\ln\left|\frac{1-u}{1+u}\right| + C = \frac{1}{2}\ln\left|\frac{1-\cos x}{1+\cos x}\right| + C$$

类似地，可推出

$$\int \sec x \, dx = \ln|\sec x + \tan x| + C$$

5.2.2　第二类换元法

有一些不定积分问题使用第一类换元计算有困难，但是主动引入一个中间变量，就可以实现问题的简化.

对于$\int x^5 \sqrt{1-x^2} \, dx$，我们可以主动引入一个中间变量，即令 $x=\sin t$，那么 $dx=\cos t \, dt$，于是

$$\int x^5 \sqrt{1-x^2} \, dx = \int (\sin t)^5 \sqrt{1-\sin^2 t} \cos t \, dt = \int \sin^5 t \cos^2 t \, dt$$

这样就将被积函数中比较复杂的部分替换掉了.

定理 5.2.2　设 $x=\psi(t)$是单调的、可导的函数，并且 $\psi'(t)\neq 0$. 又设 $f[\psi(t)]\psi'(t)$具有原函数，则有换元公式

$$\int f(x) dx = \left[\int f[\psi(t)]\psi'(t) dt\right]_{t=\bar{\psi}(x)}$$

其中，$\bar{\psi}(x)$是 $x=\psi(t)$的反函数.

这就是第二类换元法，相比于第一类换元法来说，第二类换元法的形式比较固定. 针对不同的类型，有不同的换元方法.

例 5.2.14　求$\int \frac{1}{\sqrt{x^2+a^2}} dx \ (a>0)$.

解 如图 5.2.1 所示，令 $x=a\tan t$，则 $dx=a\sec^2 t\,dt$，$t\in\left(-\dfrac{\pi}{2},\dfrac{\pi}{2}\right)$，于是

$$\begin{aligned}\int\frac{1}{\sqrt{x^2+a^2}}dx&=\int\frac{1}{a\sec t}\cdot a\sec^2 t\,dt\\&=\int\sec t\,dt=\ln|\sec t+\tan t|+C\\&=\ln\left|\frac{x}{a}+\frac{\sqrt{x^2+a^2}}{a}\right|+C\end{aligned}$$

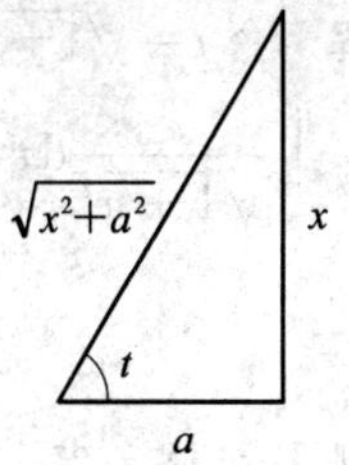

图 5.2.1

例 5.2.15 求 $\int x^3\sqrt{4-x^2}\,dx$.

解 如图 5.2.2 所示，令 $x=2\sin t$，则 $dx=2\cos t\,dt$，$t\in\left(-\dfrac{\pi}{2},\dfrac{\pi}{2}\right)$，于是

$$\begin{aligned}\int x^3\sqrt{4-x^2}\,dx&=\int(2\sin t)^3\sqrt{4-4\sin^2 t}\cdot 2\cos t\,dt\\&=32\int\sin^3 t\cos^2 t\,dt\\&=32\int\sin t(1-\cos^2 t)\cos^2 t\,dt\\&=-32\int(\cos^2 t-\cos^4 t)d(\cos t)\\&=-32\left(\frac{1}{3}\cos^3 t-\frac{1}{5}\cos^5 t\right)+C\\&=-\frac{4}{3}(\sqrt{4-x^2})^3+\frac{1}{5}(\sqrt{4-x^2})^5+C\end{aligned}$$

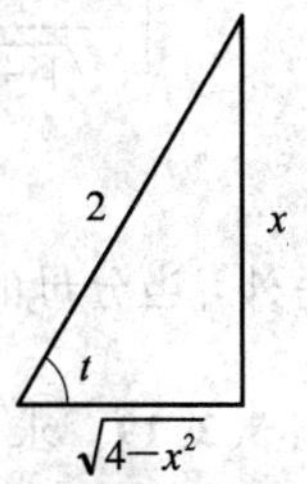

图 5.2.2

例 5.2.16 求 $\int\frac{1}{\sqrt{x^2-a^2}}dx\ (a>0)$.

解 如图 5.2.3 所示，令 $x=a\sec t$，则 $dx=a\sec t\tan t\,dt$，$t\in\left(0,\dfrac{\pi}{2}\right)$，于是

$$\begin{aligned}\int\frac{1}{\sqrt{x^2-a^2}}dx&=\int\frac{a\sec t\cdot\tan t}{a\tan t}dt\\&=\int\sec t\,dt=\ln|\sec t+\tan t|+C\\&=\ln\left|\frac{x}{a}+\frac{\sqrt{x^2-a^2}}{a}\right|+C\end{aligned}$$

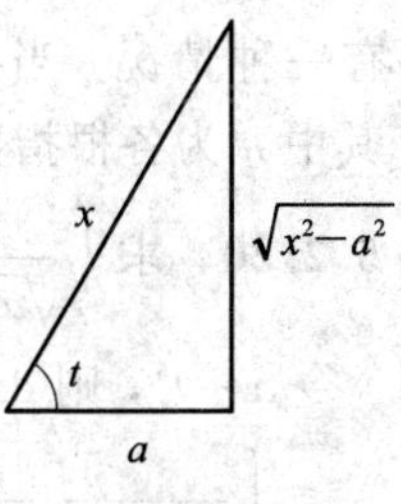

图 5.2.3

上面几个例子均采用三角代换，其目的是化去根式. 我们可以总结出如下一些规律：

(1) 如果被积函数中含有 $\sqrt{a^2-x^2}$，可以作代换 $x=a\sin t$ 化去根式；

(2) 如果被积函数中含有 $\sqrt{a^2+x^2}$，可以作代换 $x=a\tan t$ 化去根式；

(3) 如果被积函数中含有 $\sqrt{x^2-a^2}$，可以作代换 $x=a\sec t$ 化去根式.

另外，为了化去根式是否一定采用三角代换并不是绝对的，需根据被积函数的情况来定.

例 5.2.17 求$\int\frac{x^5}{\sqrt{1+x^2}}dx$.

解 令 $t=\sqrt{1+x^2}$，则 $x^2=t^2-1$，$x\,dx=t\,dt$，于是

$$\int\frac{x^5}{\sqrt{1+x^2}}dx=\int\frac{(t^2-1)^2}{t}t\,dt=\int(t^4-2t^2+1)\,dt=\frac{1}{5}t^5-\frac{2}{3}t^3+t+C$$

$$=\frac{1}{15}(8-4x^2+3x^4)\sqrt{1+x^2}+C$$

例 5.2.18 求$\int\frac{1}{\sqrt{1+e^x}}dx$.

解 令 $t=\sqrt{1+e^x}$，则 $e^x=t^2-1$，$x=\ln(t^2-1)$，$dx=\frac{2t}{t^2-1}dt$，于是

$$\int\frac{1}{\sqrt{1+e^x}}dx=\int\frac{2}{t^2-1}dt=\int\left(\frac{1}{t-1}-\frac{1}{t+1}\right)dt=\ln\left|\frac{t-1}{t+1}\right|+C$$

$$=2\ln(\sqrt{1+e^x}-1)-x+C$$

另外，当分母的幂次较高时，可采用倒代换 $x=\frac{1}{t}$.

例 5.2.19 求$\int\frac{1}{x(x^7+2)}dx$.

解 令 $x=\frac{1}{t}$，则 $dx=-\frac{1}{t^2}dt$，于是

$$\int\frac{1}{x(x^7+2)}dx=\int\frac{t}{\left(\frac{1}{t}\right)^7+2}\cdot\left(-\frac{1}{t^2}\right)dt=-\int\frac{t^6}{1+2t^7}dt$$

$$=-\frac{1}{14}\ln|1+2t^7|+C$$

$$=-\frac{1}{14}\ln|2+x^7|+\frac{1}{2}\ln|x|+C$$

还有一种情况，当被积函数含有两种或两种以上的根式$\sqrt[k]{x}$，…，$\sqrt[l]{x}$时，可采用令 $x=t^n$，其中 n 为各根指数的最小公倍数.

例 5.2.20 求$\int\frac{1}{\sqrt{x}(1+\sqrt[3]{x})}dx$.

解 令 $x=t^6$，则 $dx=6t^5\,dt$，于是

$$\int\frac{1}{\sqrt{x}(1+\sqrt[3]{x})}dx=\int\frac{6t^5}{t^3(1+t^2)}dt=\int\frac{6t^2}{1+t^2}dt=6\int\frac{t^2+1-1}{1+t^2}dt$$

$$=6\int\left(1-\frac{1}{1+t^2}\right)dt=6(t-\arctan t)+C$$

$$=6(\sqrt[6]{x}-\arctan\sqrt[6]{x})+C$$

我们在 5.1.2 节的基本积分表的基础上再补充一些积分公式：

(14) $\int\tan x\,dx=-\ln|\cos x|+C$；

(15) $\int\cot x\,dx=\ln|\sin x|+C$；

(16) $\int \sec x\,dx = \ln|\sec x + \tan x| + C$;

(17) $\int \csc x\,dx = \ln|\csc x - \cot x| + C$;

(18) $\int \frac{1}{a^2+x^2}dx = \frac{1}{a}\arctan\frac{x}{a} + C$;

(19) $\int \frac{1}{x^2-a^2}dx = \frac{1}{2a}\ln\left|\frac{x-a}{x+a}\right| + C$

(20) $\int \frac{1}{a^2-x^2}dx = \frac{1}{2a}\ln\left|\frac{a+x}{a-x}\right| + C$;

(21) $\int \frac{1}{\sqrt{a^2-x^2}}dx = \arcsin\frac{x}{a} + C$;

(22) $\int \frac{1}{\sqrt{x^2\pm a^2}}dx = \ln\left|x+\sqrt{x^2\pm a^2}\right| + C$.

习 题 5.2

1. 在下列各式等号右端的空白处填入适当的系数，使等式成立：

(1) $dx=$________ $d(ax)$；
(2) $dx=$________ $d(2x-3)$；

(3) $x\,dx=$________ dx^2；
(4) $x\,dx=$________ $d(3x^2)$；

(5) $e^{2x}dx=$________ de^{2x}；
(6) $\sin\frac{3}{2}x\,dx=$________ $d\cos\frac{3}{2}x$；

(7) $\frac{dx}{x}=$________ $d(3-2\ln x)$；
(8) $\frac{1}{1+4x^2}dx=$________ $d\arctan 2x$；

(9) $\frac{1}{\sqrt{1-x^2}}dx=$________ $d(1-\arcsin x)$；
(10) $\frac{x\,dx}{\sqrt{1-x^2}}=$________ $d\sqrt{1-x^2}$.

2. 求下列不定积分：

(1) $\int e^{4x}dx$；
(2) $\int (3-2x)^3dx$；

(3) $\int \frac{dx}{1-x}$；
(4) $\int \frac{1}{\sqrt[3]{2-3x}}dx$；

(5) $\int\left(\sin\frac{x}{a}-e^{bx}\right)dx$；
(6) $\int \frac{\sin\sqrt{x}}{\sqrt{x}}dx$；

(7) $\int xe^{-x^2}dx$；
(8) $\int x\sin x^2\,dx$；

(9) $\int \frac{x}{\sqrt{2-3x^2}}dx$；
(10) $\int \frac{3x^3}{1-x^4}dx$.

3. 求下列不定积分：

(1) $\int \frac{x+1}{x^2+2x-5}dx$；
(2) $\int \cos^2\omega t\,\sin\omega t\,dt$；

(3) $\int \frac{\sin x}{\cos^3 x} dx$；

(4) $\int \frac{\sin x + \cos x}{\sqrt[3]{\sin x - \cos x}} dx$；

(5) $\int \tan^{10} x \sec^2 x \, dx$；

(6) $\int \frac{dx}{x \ln x \ln \ln x}$；

(7) $\int \frac{dx}{\arcsin^2 x \cdot \sqrt{1-x^2}}$；

(8) $\int \frac{10^{2\arccos x}}{\sqrt{1-x^2}} dx$；

(9) $\int \tan \sqrt{1+x^2} \cdot \frac{x \, dx}{\sqrt{1+x^2}}$；

(10) $\int \frac{\arctan \sqrt{x}}{\sqrt{x}(1+x)} dx$.

4. 求下列不定积分：

(1) $\int \frac{1+\ln x}{(x \ln x)^2} dx$；

(2) $\int \frac{dx}{\sin x \cos x}$；

(3) $\int \frac{\ln \tan x}{\cos x \sin x} dx$；

(4) $\int \cos^3 x \, dx$；

(5) $\int \cos^2(\omega t + \varphi) dt$；

(6) $\int \tan^3 x \sec x \, dx$；

(7) $\int \frac{dx}{e^x + e^{-x}}$；

(8) $\int \frac{1-x}{\sqrt{9-4x^2}} dx$；

(9) $\int \frac{x^3}{9+x^2} dx$；

(10) $\int \frac{1}{2x^2-1} dx$.

5. 求下列不定积分：

(1) $\int \frac{x^2 dx}{\sqrt{a^2-x^2}} \ (a>0)$；

(2) $\int \frac{dx}{x\sqrt{x^2-1}}$；

(3) $\int \frac{dx}{\sqrt{(x^2+1)^3}}$；

(4) $\int \frac{\sqrt{x^2-9}}{x} dx$；

(5) $\int \frac{dx}{1+\sqrt{2x}}$；

(6) $\int \frac{dx}{1+\sqrt{1-x^2}}$.

5.3 分部积分法

前面我们已经给大家介绍了很多关于不定积分的计算技巧. 但如果出现被积函数是两个不同类型函数乘积的积分时，不论是直接积分法还是换元积分法，都无法解决. 这种问题就要用到分部积分法.

在 $\int xe^x dx$ 这个不定积分中，被积函数是由幂函数 x 和指数函数 e^x 的乘积构成的. 这种不定积分用前面介绍的知识是无法进行求解的. 但是如果利用两个函数乘积的求导公式，却可以找到解决这个不定积分的方法. 我们先来回顾一下两个函数乘积的求导公式.

设函数 $u=u(x)$ 和 $v=v(x)$ 具有连续导数，则

$$(uv)' = u'v + uv'$$

于是有

$$uv' = (uv)' - u'v$$

在这个等式的两端同时做不定积分，得到

$$\int uv'\mathrm{d}x = uv - \int u'v\,\mathrm{d}x$$

从而有

$$\int u\,\mathrm{d}v = uv - \int v\,\mathrm{d}u$$

这就是分部积分公式. 利用这个公式，可以轻松地解决两个不同类型函数乘积的积分问题.

例 5.3.1 求 $\int x\cos x\,\mathrm{d}x$.

解 方法一：令 $u=\cos x$，$x\,\mathrm{d}x=\frac{1}{2}\mathrm{d}x^2=\mathrm{d}v$，于是

$$\int x\cos x\,\mathrm{d}x = \frac{x^2}{2}\cos x + \int \frac{x^2}{2}\sin x\,\mathrm{d}x$$

显然，若 u、v' 选择不当，可能使积分更难进行.

方法二：令 $u=x$，$\cos x\,\mathrm{d}x=\mathrm{d}(\sin x)=\mathrm{d}v$，于是

$$\int x\cos x\,\mathrm{d}x = \int x\,\mathrm{d}(\sin x) = x\sin x - \int \sin x\,\mathrm{d}x = x\sin x + \cos x + C$$

例 5.3.2 求 $\int x^2\mathrm{e}^x\mathrm{d}x$.

解 令 $u=x^2$，$\mathrm{e}^x\mathrm{d}x=\mathrm{d}\mathrm{e}^x=\mathrm{d}v$，于是

$$\int x^2\mathrm{e}^x\mathrm{d}x = x^2\mathrm{e}^x - 2\int x\mathrm{e}^x\mathrm{d}x = x^2\mathrm{e}^x - 2(x\mathrm{e}^x - \mathrm{e}^x) + C$$

我们可以看到，若被积函数是幂函数和正(余)弦函数或幂函数和指数函数的乘积，就可以考虑用分部积分法，并设幂函数为 u，使其幂次降低一次(假定幂指数是正整数).

例 5.3.3 求 $\int x\arctan x\,\mathrm{d}x$.

解 令 $u=\arctan x$，$x\,\mathrm{d}x=\mathrm{d}\left(\frac{x^2}{2}\right)=\mathrm{d}v$，于是

$$\begin{aligned}\int x\arctan x\,\mathrm{d}x &= \frac{x^2}{2}\arctan x - \int \frac{x^2}{2}\mathrm{d}(\arctan x)\\ &= \frac{x^2}{2}\arctan x - \int \frac{x^2}{2}\cdot\frac{1}{1+x^2}\mathrm{d}x\\ &= \frac{x^2}{2}\arctan x - \int \frac{1}{2}\cdot\left(1-\frac{1}{1+x^2}\right)\mathrm{d}x\\ &= \frac{x^2}{2}\arctan x - \frac{1}{2}(x-\arctan x) + C\end{aligned}$$

例 5.3.4 求 $\int x^3\ln x\,\mathrm{d}x$.

解 令 $u=\ln x$，$x^3\mathrm{d}x=\mathrm{d}\left(\frac{x^4}{4}\right)=\mathrm{d}v$，于是

$$\int x^3 \ln x\,dx = \frac{1}{4}x^4\ln x - \frac{1}{4}\int x^3\,dx = \frac{1}{4}x^4\ln x - \frac{1}{16}x^4 + C$$

我们可以看出，若被积函数是幂函数和对数函数或幂函数和反三角函数的乘积，就可以考虑用分部积分法，并设对数函数或反三角函数为 u.

例 5.3.5 求 $\int \sec^3 x\,dx$.

解 令 $u=\sec x$，$\sec^2 x\,dx=d(\tan x)=dv$，于是

$$\begin{aligned}\int \sec^3 x\,dx &= \int \sec x\,d(\tan x) = \sec x\tan x - \int \sec x\tan^2 x\,dx \\ &= \sec x\tan x - \int \sec x(\sec^2 x - 1)\,dx \\ &= \sec x\tan x - \int \sec^3 x\,dx + \int \sec x\,dx \\ &= \sec x\tan x + \ln|\sec x + \tan x| - \int \sec^3 x\,dx\end{aligned}$$

由于上式右端的第三项就是所求的积分 $\int \sec^3 x\,dx$，把它移到等号左端去，再两端各除以 2，便得

$$\int \sec^3 x\,dx = \frac{1}{2}(\sec x\tan x + \ln|\sec x + \tan x|) + C$$

例 5.3.6 求 $\int \sin(\ln x)\,dx$.

解 因为

$$\begin{aligned}\int \sin(\ln x)\,dx &= x\sin(\ln x) - \int x\,d[\sin(\ln x)] \\ &= x\sin(\ln x) - \int x\cos(\ln x)\cdot\frac{1}{x}\,dx \\ &= x\sin(\ln x) - x\cos(\ln x) + \int x\,d[\cos(\ln x)] \\ &= x[\sin(\ln x) - \cos(\ln x)] - \int \sin(\ln x)\,dx\end{aligned}$$

所以

$$\int \sin(\ln x)\,dx = \frac{x}{2}[\sin(\ln x) - \cos(\ln x)] + C$$

例 5.3.7 求 $\int e^x \sin x\,dx$.

解 因为

$$\begin{aligned}\int e^x\sin x\,dx &= \int \sin x\,d(e^x) = e^x\sin x - \int e^x\,d(\sin x) = e^x\sin x - \int e^x\cos x\,dx \\ &= e^x\sin x - \int \cos x\,d(e^x) = e^x\sin x - \left[e^x\cos x - \int e^x\,d(\cos x)\right] \\ &= e^x(\sin x - \cos x) - \int e^x\sin x\,dx\end{aligned}$$

所以

$$\int e^x \sin x \, dx = \frac{e^x}{2}(\sin x - \cos x) + C$$

例 5.3.8 求 $\int \frac{x \arctan x}{\sqrt{1+x^2}} dx$.

解 因为

$$(\sqrt{1+x^2})' = \frac{x}{\sqrt{1+x^2}}$$

所以

$$\begin{aligned}\int \frac{x\arctan x}{\sqrt{1+x^2}} dx &= \int \arctan x \, d(\sqrt{1+x^2}) \\ &= \sqrt{1+x^2} \arctan x - \int \sqrt{1+x^2} \, d(\arctan x) \\ &= \sqrt{1+x^2} \arctan x - \int \sqrt{1+x^2} \cdot \frac{1}{1+x^2} dx \\ &= \sqrt{1+x^2} \arctan x - \int \frac{1}{\sqrt{1+x^2}} dx\end{aligned}$$

而

$$\begin{aligned}\int \frac{1}{\sqrt{1+x^2}} dx &= \int \frac{1}{\sqrt{1+\tan^2 t}} \sec^2 t \, dt = \int \sec t \, dt \\ &= \ln|\sec t + \tan t| + C = \ln|x + \sqrt{1+x^2}| + C\end{aligned}$$

故

$$\int \frac{x\arctan x}{\sqrt{1+x^2}} dx = \sqrt{1+x^2} \arctan x - \ln|x + \sqrt{1+x^2}| + C$$

例 5.3.9 求 $\int e^{\sqrt{x}} \, dx$.

解 令 $t=\sqrt{x}$，则 $x=t^2$，$dx=2t\,dt$，于是

$$\begin{aligned}\int e^{\sqrt{x}} \, dx &= 2\int e^t t \, dt = 2\int t d(e^t) = 2te^t - 2\int e^t \, dt = 2te^t - 2e^t + C \\ &= 2e^t(t-1) + C = 2e^{\sqrt{x}}(\sqrt{x}-1) + C\end{aligned}$$

例 5.3.10 已知 $f(x)$的一个原函数是 e^{-x^2}，求 $\int xf'(x)dx$.

解 $\int xf'(x)dx = \int x \, d[f(x)] = xf(x) - \int f(x)dx$

因为 $$\left(\int f(x)dx\right)' = f(x)$$

所以 $$\int f(x)dx = e^{-x^2} + C$$

两边同时对 x 求导，得 $f(x) = -2xe^{-x^2}$. 故

$$\int xf'(x)dx = xf(x) - \int f(x)dx = -2x^2 e^{-x^2} - e^{-x^2} + C$$

习 题 5.3

1. 计算下列积分：

(1) $\int x\sin x\,dx$；

(2) $\int \arcsin x\,dx$；

(3) $\int \ln x\,dx$；

(4) $\int x\,e^{-x}\,dx$；

(5) $\int x^2\ln x\,dx$；

(6) $\int x\cos\frac{x}{2}dx$；

(7) $\int e^{-x}\cos x\,dx$；

(8) $\int x^2\arctan x\,dx$；

(9) $\int x\tan^2 x\,dx$；

(10) $\int e^{-2x}\sin\frac{x}{2}dx$；

(11) $\int x\,e^{-2x}\,dx$；

(12) $\int x^2\cos x\,dx$.

2. 计算下列积分：

(1) $\int \ln^2 x\,dx$；

(2) $\int x\sin x\cos x\,dx$；

(3) $\int x\ln(x-1)dx$；

(4) $\int x^2\cos^2\frac{x}{2}dx$；

(5) $\int (x^2-1)\sin 2x\,dx$；

(6) $\int \frac{\ln^3 x}{x^2}dx$；

(7) $\int e^{\sqrt[3]{x}}dx$；

(8) $\int \cos(\ln x)dx$；

(9) $\int (\arcsin x)^2 dx$；

(10) $\int x\ln^2 x\,dx$；

(11) $\int e^x\sin^2 x\,dx$；

(12) $\int e^{\sqrt{3x+9}}dx$.

自 测 题 5

一、选择题

1. 若 $f(x)$的导函数为 $\sin x$，则 $f(x)$的一个原函数为(　　).

A. $1+\sin x$　　B. $1-\sin x$　　C. $1+\cos x$　　D. $1-\cos x$

2. 设$\int f(x)dx = x^2+C$，则$\int xf(-x^2)dx=$(　　).

A. $\frac{1}{2}x^4+C$　　B. $-\frac{1}{2}x^4+C$　　C. x^4+C　　D. $-x^4+C$

3. 若$\int f(x)dx = F(x)+C$，且 $x=t^2$，则$\int f(t)\,dt=$(　　).

A. $F(t)+C$ B. $F(t^2)+C$ C. $F(x)+C$ D. $2tF(t^2)+C$

二、填空题

1. $\int\frac{1+\cos^2 x}{1+\cos 2x}\mathrm{d}x=$ ________.

2. $\int x^2\sqrt[3]{1+x^3}\mathrm{d}x=$ ________.

3. 设 $\int xf(x)\mathrm{d}x=\arcsin x+C$，则 $\int\frac{1}{f(x)}\mathrm{d}x=$ ________.

三、解答题

1. 计算下列不定积分：

(1) $\int\frac{(x+1)\mathrm{e}^x}{x(1+x\mathrm{e}^x)}\mathrm{d}x$； (2) $\int\frac{\ln(\tan x)}{\sin 2x}\mathrm{d}x$；

(3) $\int\frac{x+\ln(1-x)}{x^2}\mathrm{d}x$； (4) $\int\mathrm{e}^{2x}(\tan x+1)^2\mathrm{d}x$；

(5) $\int x(\arctan x)^2\mathrm{d}x$； (6) $\int\frac{\mathrm{d}x}{1+\sin x}$；

(7) $\int\frac{\ln x}{(1-x)^2}\mathrm{d}x$； (8) $\int\frac{1}{\sin^2 x\cos^2 x}\mathrm{d}x$.

2. 当 $x>0$ 时，有 $\int\frac{f(x)}{x}\mathrm{d}x=\ln(x+\sqrt{1+x^2})+C$，求 $\int xf'(x)\mathrm{d}x$.

阅读材料5

第三次数学危机

第三次数学危机是由于在康托的一般集合理论的边缘发现悖论造成的. 由于集合概念已经渗透到众多的数学分支，并且实际上集合论已经成了数学的基础，因此集合论中悖论的发现自然地引起了对数学的整个基本结构的有效性的怀疑.

1897年，福尔蒂揭示了集合论中的第一个悖论；两年后，康托发现了相似的悖论，它们涉及集合论中的结果. 1902年，罗素发现了一个悖论，它除了涉及集合概念本身外不涉及别的概念.

罗素悖论曾被以多种形式通俗化，其中最著名的是罗素于1919年给出的，它讲的是某村理发师的困境. 理发师宣布了这样一条原则：他只给不给自己刮胡子的人刮胡子. 当人们试图答复下列疑问时，就认识到了这种情况的悖论性质："理发师是否可以给自己刮胡子?"如果他给自己刮胡子，那么他就不符合他的原则；如果他不给自己刮胡子，那么他按原则就该给自己刮胡了.

罗素悖论使整个数学大厦动摇了，无怪乎弗雷格在收到罗素的信之后，在他刚要出版的《算术的基本法则》第2卷末尾写道："一位科学家不会碰到比这更难堪的事情了，即在工作完成之时，它的基础垮掉了. 当本书等待付印的时候，罗素先生的一封信把我就置于这种境地". 狄德金原来打算把《连续性及无理数》第3版付印，这时也把稿件抽了回来. 发现拓扑学中“不动点原理”的布劳恩也认为自己过去做的工作都是无用功，声称要放弃不动点原理.

自从在康托的集合论中发现上述矛盾之后，还产生了许多附加的悖论. 集合论的现代悖论与逻辑的几个古代悖论有关系. 例如，公元前4世纪的欧伯利得悖论：“我现在正在做的这个陈述是假的”. 如果这个陈述是真的，则它是假的；然而，如果这个陈述是假的，则它又是真的了. 于是，这个陈述既不能是真的，又不能是假的，怎么也逃避不了矛盾. 更早的还有埃皮门尼德悖论：“克利特人总是说谎的人”. 只要简单分析一下，就能看出这句话也是自相矛盾的.

集合论中悖论的存在，明确地表示某些地方出了毛病. 自从发现它们之后，人们发表了大量关于这个课题的文章，并且为解决它们做过大量的尝试. 就数学而论，看来有一条容易的出路：人们只要把集合论建立在公理化的基础上，加以充分限制以排除所知道的矛盾.

从1900年到1930年，数学的危机使许多数学家卷入一场大辩论当中. 他们看到这次危机涉及数学的根本，因此必须对数学的哲学基础加以严密的考察. 在这场大辩论中，原来不明显的意见分歧扩展成为学派的争论. 以罗素为代表的逻辑主义、以布劳恩为代表的直觉主义、以希尔伯特为代表的形式主义三大数学哲学学派应运而生. 他们都是唯心主义学派，他们都提出了各自的处理一般集合论中的悖论的办法. 他们在争论中尽管言语尖刻，好像势不两立，其实各自的观点都吸收了对方的看法而又有很多变化.

1931年，哥德尔不完全性定理的证明暴露了各派的弱点，哲学的争论黯淡了下来. 此后，各派力量沿着自己的道路发展演化. 尽管争论的问题远未解决，但大部分数学家并不大关心哲学问题. 直到近年，数学哲学问题才又激起人们的兴趣.

承认无穷集合、承认无穷基数，就好像一切灾难都出来了，这就是第三次数学危机的实质. 尽管悖论可以消除，矛盾可以解决，然而数学的确定性却在一步一步地丧失. 现代公理集合论中一大堆的公理，简直难说孰真孰假，可是又不能把它们都消除掉，它们跟整个数学是血肉相连的. 所以，第三次数学危机表面上解决了，实质上更深刻地以其他形式延续着.

数学中的矛盾既然是固有的，它的激烈冲突——危机就不可避免. 危机的解决给数学带来了许多新认识、新内容，有时也带来了革命性的变化. 把20世纪的数学同以前全部数学相比，内容要丰富得多，认识要深入得多. 在集合论的基础上，诞生了抽象代数学、拓扑学、泛函分析与测度论，数理逻辑也发展成为数学有机体的一部分. 古代的代数几何、微分几何、复分析现在已经推广到高维. 代数数论的面貌也多次改变，变得越来越优美、完整. 一系列经典问题完满地得到解决，同时又产生更多的新问题. 特别是第二次世界大战之后，新成果层出不穷，从未间断. 数学呈现无比兴旺发达的景象，而这正是人们同数学中的矛盾、危机斗争的产物.

资料来源：百度百科

第6章 定 积 分

不定积分是微分法逆运算的一个侧面，本章所要介绍的定积分则是它的另一个侧面.定积分起源于求图形的面积和体积等实际问题. 古希腊的阿基米德用“穷竭法”，我国的刘徽用“割圆术”，都曾计算过一些几何体的面积和体积，这些均为定积分的雏形. 直到17世纪中叶，牛顿和莱布尼茨先后提出了定积分的概念，并发现了积分与微分之间的内在联系，给出了计算定积分的一般方法，从而使定积分成为解决有关实际问题的有力工具，并使各自独立的微分学与积分学联系在一起，构成完整的理论体系——微积分学.

本章先从几何与力学问题出发引入定积分的定义，然后讨论定积分的性质、计算方法以及定积分在几何学中的应用.

本章的基本要求如下：

(1) 了解定积分的基本概念、几何意义和性质.

(2) 熟练掌握变上限函数及其导数，牛顿-莱布尼茨公式.

(3) 熟练掌握基本积分公式、换元积分法、分部积分法.

(4) 掌握无穷限广义积分的概念和计算方法.

(5) 熟练掌握平面图形面积和旋转体体积的计算方法.

6.1 定积分的概念和性质

无论是求曲边梯形的面积，还是求变速直线运动的路程，初等数学都无法解决，而高等数学可迎刃而解. 奥妙何在? 奥妙就在于恩格斯所指出的：“初等数学，即常数的数学，是在形式逻辑的范围内活动的，至少总的说来是这样；而变量数学——其中最主要的部分是微积分——本质上不外是辩证法在数学方面的应用。”

从初等数学到变量数学的过渡，反映了人类思维从形式逻辑向辩证逻辑的跨越，是人类的认识能力由低级向高级的发展. 求曲边梯形的面积和求变速直线运动的路程的前两步，即“分割”和“求和”，是初等数学方法的体现，而且也是初等数学方法中形式逻辑思维的体现. 只有第三步“取极限”这种蕴含于变量数学中的丰富的辩证逻辑思维，才使得初等数学无法解决的问题柳暗花明，别有洞天!

在第1章极限部分已指出极限方法中蕴含着丰富的辩证思维，在求定积分过程中关键的步骤是取极限，因而辩证思维也体现得很充分.

定积分中的极限方法可以使有关常量与变量、近似与精确、变与不变等矛盾的对立双方相互转化，从而化未知为已知，体现了对立统一法则. 同时，定积分中的极限方法也体现了否定之否定法则：为求总量 U，在取极限过程中，当 $n\to\infty$ 时，一方面使积分和 $\sum_{i=1}^{n} f(\xi_i)\Delta x_i$ 中的积分元素 $f(\xi_i)\Delta x_i$ 转化为总量 U 的微分 $dU=f(x)dx$，这是对总量 U 的否定，这次否定的结果得到了 U 的微分 dU，这是对总量 U 的无限项细分；另一方面，当 $n\to\infty$ 时，积分和 $\sum_{i=1}^{n} f(\xi_i)\Delta x_i$ 转化为对微分 dU 的无限项相加，这是对 dU 的否定，这一次否定的结果得到了总量 U，这是对 dU 的无限积累.

正是由于求定积分过程中包含着丰富的辩证思维，才使得高等数学——主要是微积分——巧妙地、有效地解决了初等数学所不能解决的问题.

6.1.1 问题的提出

例 6.1.1 求曲边梯形的面积.

什么叫曲边梯形呢？曲边梯形指的是由连续曲线 $y=f(x)(f(x)\geqslant 0)$、x 轴与两条直线 $x=a$、$x=b$ 所围成的一个封闭区域，如图 6.1.1 所示.

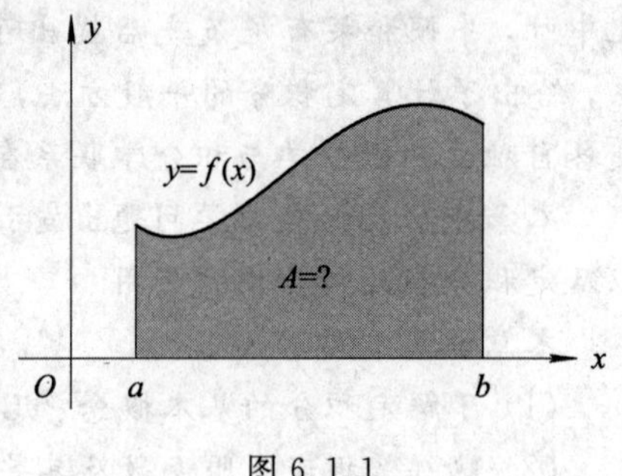

图 6.1.1

对于这样的曲边梯形，我们如何求它的面积呢？

我们知道，矩形的高是不变的，它的面积可按公式

$$\text{矩形面积} = \text{高} \times \text{底}$$

来定义和计算. 而曲边梯形在底边上各点处的高 $f(x)$ 在区间 $[a, b]$ 上是处处变化的，所以它的面积不能直接按上述公式来定义和计算.

但是，由于函数 $f(x)$ 在区间 $[a, b]$ 上是连续变化的，当自变量 x 发生一个很小的变化时，函数值的变化也是非常小的. 也就是说，当我们在区间 $[a, b]$ 上取一个很小的变化区间 $[x, x+\Delta x]$ 时，相应的小区间上函数值 $f(x)$ 可以看成是一个常数. 于是我们可以把整个区间 $[a, b]$ 划分为许多个小区间，这些小区间将曲边梯形划分成了许多个小的曲边梯形. 在每个小区间上选取一点的函数值作为高，以小区间的长度作为底，就可以用一个小矩形来近似代替这个小曲边梯形. 那么所有的小矩形面积的和就是对整个曲边梯形面积的近似. 当我们将区间 $[a, b]$ 进行无限细分的时候，小矩形的面积就越来越近似于小曲边梯形的面积，那么所有小矩形的面积之和就逼近了整个曲边梯形的面积，最终达到了曲边梯形面积的精确值. 这个思想方法也给出了求曲边梯形面积的方法(如图 6.1.2 所示)：

(1) 在区间 $[a, b]$ 内插入 $n-1$ 个分点 $a=x_0<x_1<x_2<\cdots<x_{n-1}<x_n=b$，把区间 $[a, b]$ 分成 n 个小区间 $[x_{i-1}, x_i]$，长度为 $\Delta x_i=x_i-x_{i-1}(i=1, 2, \cdots, n)$；

(2) 在每个小区间 $[x_{i-1}, x_i]$ 上任取一点 ξ_i，以 $[x_{i-1}, x_i]$ 为底、$f(\xi_i)$ 为高的小矩形的面积为 $A_i=f(\xi_i)\Delta x_i$，则曲边梯形面积的近似值为 $A\approx\sum_{i=1}^{n} f(\xi_i)\Delta x_i$；

(3) 当分割无限加细，即小区间的最大长度 $\lambda=\max\{\Delta x_1, \Delta x_2, \cdots, \Delta x_n\}$ 趋近于零 $(\lambda\to 0)$ 时，曲边梯形的面积为 $A=\lim_{\lambda\to 0}\sum_{i=1}^{n} f(\xi_i)\Delta x_i$.

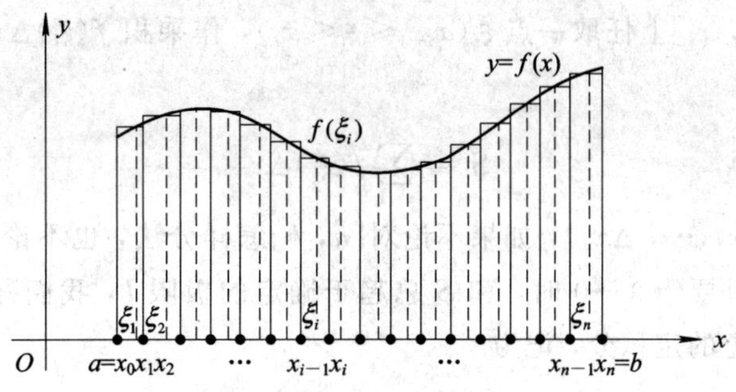

图 6.1.2

例 6.1.2　求变速直线运动的路程.

设某物体做直线运动，已知速度 $v=v(t)$ 是时间间隔 $[T_1, T_2]$ 上 t 的连续函数，且 $v(t)\geqslant 0$，求物体在这段时间内所经过的路程 s.

我们知道，对于匀速直线运动，有公式：

$$路程 = 速度 \times 时间$$

但是在这个问题中，速度是一个 $[T_1, T_2]$ 上的连续变化的函数，也即每一点的速度都不一样，所以不能直接按匀速直线运动的路程公式来计算. 但是，物体运动的速度函数 $v=v(t)$ 是连续变化的，在很短一段时间内，速度的变化很小，近似于匀速. 因此，如果把时间间隔分小，在小段时间内，以匀速运动代替变速运动，则可算出部分路程的近似值；再求和，得到整个路程的近似值；最后，通过对时间间隔的无限细分的极限过程求得变速直线运动的路程的精确值.

具体计算步骤如下：

(1) 分割：在 $[T_1, T_2]$ 中插入 $n-1$ 个分点 $T_1=t_0<t_1<t_2<\cdots<t_{n-1}<t_n=T_2$，每个时间间隔为 $\Delta t_i=t_i-t_{i-1}$，每个时间间隔上的路程为 $\Delta s_i\approx v(\tau_i)\Delta t_i (i=1, 2, \cdots, n)$；

(2) 求所有小间隔上的路程之和 $s\approx\sum\limits_{i=1}^{n}v(\tau_i)\Delta t_i$；

(3) 令 $\lambda=\max\{\Delta t_1, \Delta t_2, \cdots, \Delta t_n\}$，对路程之和取极限，则可得到路程的精确值

$$s=\lim_{\lambda\to 0}\sum_{i=1}^{n}v(\tau_i)\Delta t_i$$

6.1.2　定积分的定义

从 6.1.1 节的两个例子中可以看到：不论是求曲边梯形的面积，还是求变速直线运动的路程问题，都是通过“分割、求和、取极限”的过程，转化成了 $\lim\limits_{\lambda\to 0}\sum\limits_{i=1}^{n}f(\xi_i)\Delta x_i$ 问题，这就是我们所说的定积分的定义.

定义 6.1.1　设函数 $f(x)$ 在 $[a, b]$ 上有界，在 $[a, b]$ 中任意插入若干个分点

$$a=x_0<x_1<x_2<\cdots<x_{n-1}<x_n=b$$

把区间 $[a, b]$ 分成 n 个小区间

$$[x_0, x_1], [x_1, x_2], \cdots, [x_{n-1}, x_n]$$

各个小区间的长度依次为

$$\Delta x_1=x_1-x_0, \Delta x_2=x_2-x_1, \cdots, \Delta x_n=x_n-x_{n-1}$$

在各个小区间$[x_{i-1}, x_i]$上任取一点$\xi_i(x_{i-1}\leqslant\xi_i\leqslant x_i)$，作乘积$f(\xi_i)\Delta x_i(i=1, 2, \cdots, n)$，并作和

$$S=\sum_{i=1}^{n}f(\xi_i)\Delta x_i$$

记$\lambda=\max\{\Delta x_1, \Delta x_2, \cdots, \Delta x_n\}$，如果不论对$[a, b]$怎样分法，也不论在小区间$[x_{i-1}, x_i]$上点$\xi_i$怎样取法，只要当$\lambda\to 0$时，和$S$总趋于确定的极限$I$，我们称这个极限$I$为函数$f(x)$在区间$[a, b]$上的定积分，记为

$$\int_a^b f(x)\mathrm{d}x=I=\lim_{\lambda\to 0}\sum_{i=1}^{n}f(\xi_i)\Delta x_i$$

在定积分的定义中，需要注意以下几点：

(1) 积分值仅与被积函数及积分区间有关，而与积分变量的记法无关，即

$$\int_a^b f(x)\mathrm{d}x=\int_a^b f(t)\mathrm{d}t=\int_a^b f(u)\mathrm{d}u$$

(2) 定义中区间的分法和ξ_i的取法是任意的.

(3) 当函数$f(x)$在区间$[a, b]$上的定积分存在时，称$f(x)$在区间$[a, b]$上可积.

6.1.3 存在定理

对于定积分有这样一个重要问题：究竟什么样的函数是可积的？这就是关于定积分的存在定理.

定理 6.1.1 设函数$f(x)$在区间$[a, b]$上连续，则$f(x)$在区间$[a, b]$上可积.

定理 6.1.2 设函数$f(x)$在区间$[a, b]$上有界，且只有有限个间断点，则$f(x)$在区间$[a, b]$上可积.

例 6.1.3 利用定义计算定积分$\int_0^1 x^2\,\mathrm{d}x$.

解 将$[0, 1]$区间n等分，分点为$x_i=\frac{i}{n}(i=1, 2, \cdots, n)$，则每个小区间$[x_{i-1}, x_i]$的长度为$\Delta x_i=\frac{1}{n}(i=1, 2, \cdots, n)$.

取$\xi_i=x_i(i=1, 2, \cdots, n)$，则

$$\sum_{i=1}^{n}f(\xi_i)\Delta x_i=\sum_{i=1}^{n}\xi_i^{\,2}\Delta x_i=\sum_{i=1}^{n}x_i^2\Delta x_i=\sum_{i=1}^{n}\left(\frac{i}{n}\right)^2\cdot\frac{1}{n}=\frac{1}{n^3}\sum_{i=1}^{n}i^2$$

$$=\frac{1}{n^3}\cdot\frac{n(n+1)(2n+1)}{6}=\frac{1}{6}\left(1+\frac{1}{n}\right)\left(2+\frac{1}{n}\right)$$

当$\lambda\to 0$即$n\to\infty$时，取上式右端的极限. 由定积分的定义，即得所要计算的积分为

$$\int_0^1 x^2\mathrm{d}x=\lim_{\lambda\to 0}\sum_{i=1}^{n}\xi_i^{\,2}\Delta x_i=\lim_{n\to\infty}\frac{1}{6}\left(1+\frac{1}{n}\right)\left(2+\frac{1}{n}\right)=\frac{1}{3}$$

例 6.1.4 利用定义计算定积分$\int_1^2\frac{1}{x}\mathrm{d}x$.

解 在$[1, 2]$中插入分点$q, q^2, \cdots, q^{n-1}$，则第i个小区间为$[q^{i-1}, q^i](i=1, 2, \cdots, n)$，小区间的长度$\Delta x_i=q^i-q^{i-1}=q^{i-1}(q-1)$. 取$\xi_i=q^{i-1}(i=1, 2, \cdots, n)$，则

$$\sum_{i=1}^{n} f(\xi_i)\Delta x_i = \sum_{i=1}^{n} \frac{1}{\xi_i}\Delta x_i = \sum_{i=1}^{n} \frac{1}{q^{i-1}} q^{i-1}(q-1) = \sum_{i=1}^{n}(q-1) = n(q-1)$$

取 $q^n = 2$ 即 $q = 2^{\frac{1}{n}}$，则

$$\sum_{i=1}^{n} f(\xi_i)\Delta x_i = n(2^{\frac{1}{n}} - 1)$$

因为

$$\lim_{x\to+\infty} x(2^{\frac{1}{x}} - 1) = \lim_{x\to+\infty} \frac{2^{\frac{1}{x}} - 1}{\frac{1}{x}} = \ln 2$$

所以

$$\lim_{n\to\infty} n(2^{\frac{1}{n}} - 1) = \ln 2$$

故

$$\int_1^2 \frac{1}{x}\mathrm{d}x = \lim_{\lambda\to 0}\sum_{i=1}^{n} \frac{1}{\xi_i}\Delta x_i = \lim_{n\to\infty} n(2^{\frac{1}{n}} - 1) = \ln 2$$

6.1.4 定积分的几何意义

从例 6.1.1 中我们可以看到，当 $f(x) \geqslant 0$ 时，定积分 $\int_a^b f(x)\mathrm{d}x$ 在几何上表示一个曲边梯形的面积；当 $f(x) < 0$ 时，定积分 $\int_a^b f(x)\mathrm{d}x$ 表示这个曲边梯形面积的负值，即

$$\text{当 } f(x) < 0 \text{ 时，} \quad \int_a^b f(x)\mathrm{d}x = -A$$

而当 $f(x)$ 在区间 $[a, b]$ 上有正有负的时候，定积分则表示各部分面积的代数和(见图 6.1.3)，即

$$\int_a^b f(x)\mathrm{d}x = A_1 - A_2 + A_3 - A_4$$

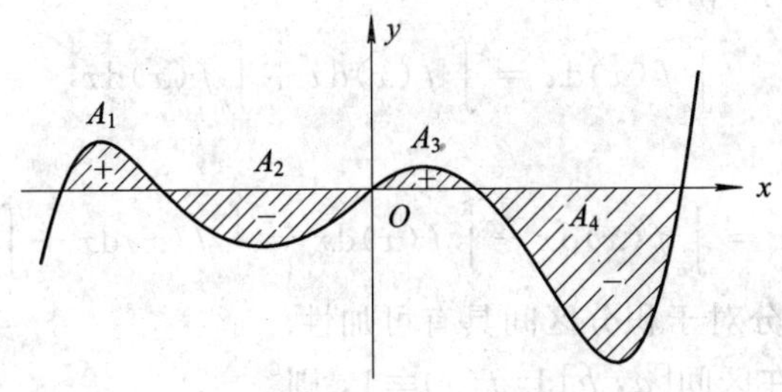

图 6.1.3

6.1.5 定积分的性质

在介绍定积分的性质之前，我们先对定积分做以下两点补充规定：

(1) 当 $a = b$ 时，$\int_a^b f(x)\mathrm{d}x = 0$；

(2) 当 $a>b$ 时，$\int_a^b f(x)\mathrm{d}x=-\int_b^a f(x)\mathrm{d}x$.

注意 在下面的性质中，假定定积分都存在，且不考虑积分上、下限的大小.

性质 6.1.1 函数的和(差)的定积分等于它们的定积分的和(差)，即

$$\int_a^b [f(x)\pm g(x)]\mathrm{d}x=\int_a^b f(x)\mathrm{d}x\pm\int_a^b g(x)\mathrm{d}x$$

证

$$\begin{aligned}\int_a^b [f(x)\pm g(x)]\mathrm{d}x&=\lim_{\lambda\to 0}\sum_{i=1}^{n}[f(\xi_i)\pm g(\xi_i)]\Delta x_i\\&=\lim_{\lambda\to 0}\sum_{i=1}^{n}f(\xi_i)\Delta x_i\pm\lim_{\lambda\to 0}\sum_{i=1}^{n}g(\xi_i)\Delta x_i\\&=\int_a^b f(x)\mathrm{d}x\pm\int_a^b g(x)\mathrm{d}x\end{aligned}$$

注意 此性质可以推广到有限多个函数作和的情况.

性质 6.1.2 被积函数的常数因子可以提到积分号外面，即

$$\int_a^b kf(x)\mathrm{d}x=k\int_a^b f(x)\mathrm{d}x \qquad (k\text{ 为常数})$$

证

$$\begin{aligned}\int_a^b kf(x)\mathrm{d}x&=\lim_{\lambda\to 0}\sum_{i=1}^{n}kf(\xi_i)\Delta x_i=\lim_{\lambda\to 0}k\sum_{i=1}^{n}f(\xi_i)\Delta x_i\\&=k\lim_{\lambda\to 0}\sum_{i=1}^{n}f(\xi_i)\Delta x_i=k\int_a^b f(x)\mathrm{d}x\end{aligned}$$

性质 6.1.3 如果将积分区间分成两部分，则在整个区间上的定积分等于这两部分区间上定积分之和，即设 $a<c<b$，则

$$\int_a^b f(x)\mathrm{d}x=\int_a^c f(x)\mathrm{d}x+\int_c^b f(x)\mathrm{d}x$$

注意 这个性质中不论 a、b、c 的相对位置如何，上式总成立.

例如，当 $a<b<c$ 时，由于

$$\int_a^c f(x)\mathrm{d}x=\int_a^b f(x)\mathrm{d}x+\int_b^c f(x)\mathrm{d}x$$

则

$$\int_a^b f(x)\mathrm{d}x=\int_a^c f(x)\mathrm{d}x-\int_b^c f(x)\mathrm{d}x=\int_a^c f(x)\mathrm{d}x+\int_c^b f(x)\mathrm{d}x$$

这个性质表明定积分对于积分区间具有可加性.

性质 6.1.4 如果在区间$[a, b]$上 $f(x)\equiv 1$，则

$$\int_a^b 1\cdot\mathrm{d}x=\int_a^b \mathrm{d}x=b-a$$

显然，这个性质表示的是底边为$[a, b]$、高为 1 的矩形的面积.

性质 6.1.5 如果在区间$[a, b]$上 $f(x)\geqslant 0$，则

$$\int_a^b f(x)\mathrm{d}x\geqslant 0 \qquad (a<b)$$

例 6.1.5 比较积分值 $\int_0^{-2}\mathrm{e}^x\mathrm{d}x$ 和 $\int_0^{-2}x\,\mathrm{d}x$ 的大小.

解 令 $f(x)=\mathrm{e}^x-x$，$x\in[-2, 0]$. 因为 $f(x)>0$，所以 $\int_{-2}^{0}(\mathrm{e}^x-x)\mathrm{d}x>0$，从而有 $\int_{-2}^{0}\mathrm{e}^x\mathrm{d}x>\int_{-2}^{0}x\mathrm{d}x$，于是 $\int_{0}^{-2}\mathrm{e}^x\mathrm{d}x<\int_{0}^{-2}x\mathrm{d}x$.

推论 6.1.1 如果在区间$[a, b]$上，$f(x)\leqslant g(x)$，则

$$\int_a^b f(x)\mathrm{d}x\leqslant\int_a^b g(x)\mathrm{d}x \qquad (a<b)$$

推论 6.1.2 $\left|\int_a^b f(x)\mathrm{d}x\right|\leqslant\int_a^b|f(x)|\mathrm{d}x \ (a<b)$.

性质 6.1.6 设 M 及 m 分别是函数 $f(x)$在区间$[a, b]$上的最大值及最小值，则

$$m(b-a)\leqslant\int_a^b f(x)\mathrm{d}x\leqslant M(b-a) \qquad (a<b)$$

性质 6.1.5 以及它的两个推论和性质 6.1.6(见图 6.1.4)都叫做定积分的不等式性质. 根据这些性质我们可以对定积分进行大小比较，估计范围等计算.

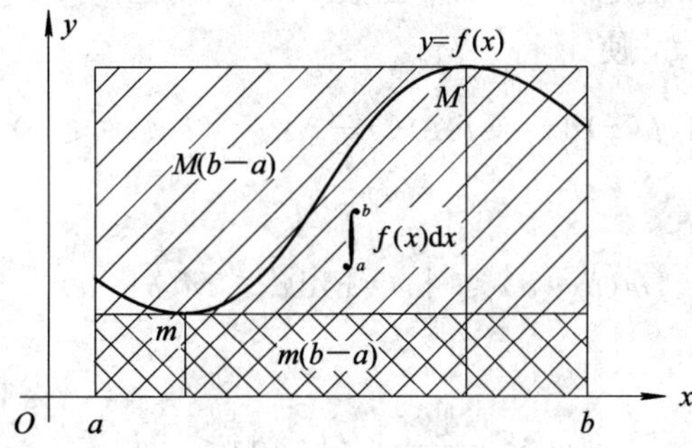

图 6.1.4

例 6.1.6 估计积分 $\int_0^{\pi}\frac{1}{3+\sin^3x}\mathrm{d}x$ 的值.

解 被积函数 $f(x)=\frac{1}{3+\sin^3x}$，$\forall x\in[0, \pi]$，$0\leqslant\sin^3x\leqslant1$，所以

$$\frac{1}{4}\leqslant\frac{1}{3+\sin^3x}\leqslant\frac{1}{3}$$

从而有

$$\int_0^{\pi}\frac{1}{4}\mathrm{d}x\leqslant\int_0^{\pi}\frac{1}{3+\sin^3x}\mathrm{d}x\leqslant\int_0^{\pi}\frac{1}{3}\mathrm{d}x$$

于是有

$$\frac{\pi}{4}\leqslant\int_0^{\pi}\frac{1}{3+\sin^3x}\mathrm{d}x\leqslant\frac{\pi}{3}$$

例 6.1.7 估计积分 $\int_{\frac{\pi}{4}}^{\frac{\pi}{2}}\frac{\sin x}{x}\mathrm{d}x$ 的值.

解 被积函数 $f(x)=\frac{\sin x}{x}$，$x\in\left[\frac{\pi}{4}, \frac{\pi}{2}\right]$. 因为

$$f'(x)=\frac{x\cos x-\sin x}{x^2}=\frac{\cos x(x-\tan x)}{x^2}<0$$

所以 $f(x)$ 在 $\left[\frac{\pi}{4}, \frac{\pi}{2}\right]$ 上单调下降，故 $x=\frac{\pi}{4}$ 为极大值点，$x=\frac{\pi}{2}$ 为极小值点，

$$M = f\left(\frac{\pi}{4}\right) = \frac{2\sqrt{2}}{\pi}, \quad m = f\left(\frac{\pi}{2}\right) = \frac{2}{\pi}$$

又因为

$$b - a = \frac{\pi}{2} - \frac{\pi}{4} = \frac{\pi}{4}$$

所以

$$\frac{2}{\pi} \cdot \frac{\pi}{4} \leqslant \int_{\frac{\pi}{4}}^{\frac{\pi}{2}} \frac{\sin x}{x} \mathrm{d}x \leqslant \frac{2\sqrt{2}}{\pi} \cdot \frac{\pi}{4}$$

从而有

$$\frac{1}{2} \leqslant \int_{\frac{\pi}{4}}^{\frac{\pi}{2}} \frac{\sin x}{x} \mathrm{d}x \leqslant \frac{\sqrt{2}}{2}$$

性质 6.1.7（定积分中值定理） 如果函数 $f(x)$ 在闭区间 $[a, b]$ 上连续，则在积分区间 $[a, b]$ 上至少存在一个点 ξ，使

$$\int_a^b f(x)\mathrm{d}x = f(\xi)(b-a) \qquad (a \leqslant \xi \leqslant b)$$

证 因为

$$m(b-a) \leqslant \int_a^b f(x)\mathrm{d}x \leqslant M(b-a)$$

所以

$$m \leqslant \frac{1}{b-a}\int_a^b f(x)\mathrm{d}x \leqslant M$$

由闭区间上连续函数的介值定理知：在区间 $[a, b]$ 上至少存在一个点 ξ，使得

$$f(\xi) = \frac{1}{b-a}\int_a^b f(x)\mathrm{d}x$$

即

$$\int_a^b f(x)\mathrm{d}x = f(\xi)(b-a) \qquad (a \leqslant \xi \leqslant b)$$

积分中值公式指的是在区间 $[a, b]$ 上至少存在一个点 ξ，使得以区间 $[a, b]$ 为底边，以曲线 $y=f(x)$ 为曲边的曲边梯形的面积等于同一底边而高为 $f(\xi)$ 的一个矩形的面积，如图 6.1.5 所示.

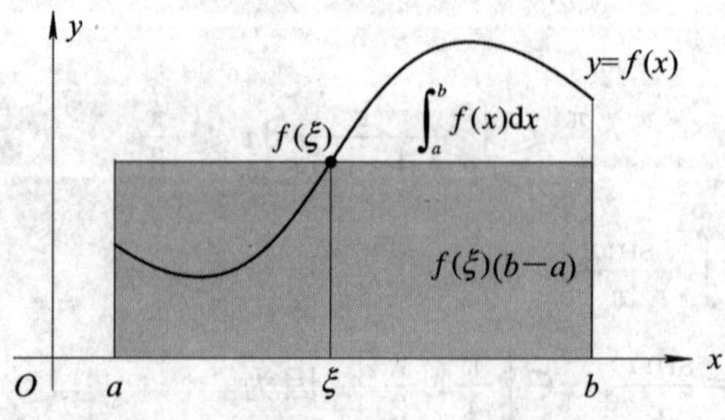

图 6.1.5

例 6.1.8 设 $f(x)$ 可导，且 $\lim\limits_{x\to+\infty}f(x)=1$，求 $\lim\limits_{x\to+\infty}\int_x^{x+2} t\sin\frac{3}{t}f(t)\mathrm{d}t$.

解 由积分中值定理知有 $\xi\in[x, x+2]$，使得

$$\int_x^{x+2} t\sin\frac{3}{t}f(t)\mathrm{d}t=\xi\sin\frac{3}{\xi}f(\xi)(x+2-x)$$

故

$$\lim_{x\to+\infty}\int_x^{x+2} t\sin\frac{3}{t}f(t)\mathrm{d}t=2\lim_{\xi\to+\infty}\xi\sin\frac{3}{\xi}f(\xi)=2\lim_{\xi\to+\infty}3f(\xi)=6$$

习 题 6.1

1. 利用定积分的定义计算由曲线 $y=x^2+1$，两直线 $x=a$、$x=b$ 和 x 轴所围成的图形的面积.

2. 利用定积分的定义计算：

(1) $\int_0^1 x\,\mathrm{d}x$； (2) $\int_0^1 \mathrm{e}^x\,\mathrm{d}x$.

3. 利用定积分的几何意义计算：

(1) $\int_{-1}^2 |x|\,\mathrm{d}x$； (2) $\int_{-3}^3 \sqrt{9-x^2}\,\mathrm{d}x$.

4. 估计下列各积分的值：

(1) $\int_1^4 (x^2+1)\mathrm{d}x$； (2) $\int_{\frac{\pi}{4}}^{\frac{5\pi}{4}} (1+\sin^2 x)\mathrm{d}x$；

(3) $\int_{\frac{1}{\sqrt{3}}}^{\sqrt{3}} x\arctan x\,\mathrm{d}x$； (4) $\int_2^0 \mathrm{e}^{x^2-x}\,\mathrm{d}x$.

5. 比较下列各组定积分值的大小：

(1) $\int_0^1 x^2\mathrm{d}x$， $\int_0^1 x^3\mathrm{d}x$； (2) $\int_1^2 x^2\mathrm{d}x$， $\int_1^2 x^3\mathrm{d}x$；

(3) $\int_0^1 \ln x\,\mathrm{d}x$， $\int_0^1 (\ln x)^2\mathrm{d}x$； (4) $\int_0^1 x\,\mathrm{d}x$， $\int_0^1 \ln(1+x)\mathrm{d}x$.

6.2 微积分基本公式

积分学中的两个主要问题：第一个就是求解一个函数的原函数，我们在第 5 章中已经对它做了讨论；第二个问题就是定积分的计算问题. 如果按照 6.1 节介绍的定积分的定义来计算，其计算过程非常困难，且繁琐. 于是寻求一种计算定积分的有效方法便成为积分学发展的关键. 17 世纪，牛顿和莱布尼茨各自独立地建立了所谓的“微积分基本定理”，并由此巧妙地开辟了求定积分的新途径——牛顿-莱布尼茨公式，从而使积分学与微分学一起构成变量数学的基础学科——微积分学.

6.2.1 问题的提出

我们来考察变速直线运动中位置函数与速度函数之间的联系.

假设某物体做直线运动，已知速度 $v=v(t)$是时间间隔$[T_1, T_2]$上 t 的一个连续函数，且 $v(t)\geqslant 0$，求物体在这段时间内所经过的路程. 由 6.1 节可知，变速直线运动中的路程可以表示为$\int_{T_1}^{T_2} v(t)\mathrm{d}t$；另一方面如果用 $s(t)$表示这个时间段上的路程函数，那么这段路程又可以表示为 $s(T_2)-s(T_1)$. 由此可见，位置函数 $s(t)$与速度函数 $v(t)$之间有如下关系：

$$\int_{T_1}^{T_2} v(t)\mathrm{d}t = s(T_2) - s(T_1)$$

而我们从第 4 章中可以得到，$s'(t)=v(t)$.

6.2.2 积分上限函数及其导数

设函数 $f(x)$在区间$[a, b]$上连续，并且设 x 为$[a, b]$上的一点. 考察定积分

$$\int_a^x f(x)\mathrm{d}x$$

首先，由于 $f(x)$在$[a, x]$上仍旧连续，因此这个定积分存在. 这时，x 既表示定积分的上限，又表示积分变量. 因为定积分与积分变量无关，所以，为了明确起见，可以把积分变量改用其他符号，例如用 t 表示，则上面的积分可写成

$$\int_a^x f(t)\mathrm{d}t$$

如果上限 x 在区间$[a, b]$上任意变动，则对于每一个取定的 x 值，定积分有一个对应值，所以它在$[a, b]$上定义了一个函数，记

$$\Phi(x) = \int_a^x f(t)\mathrm{d}t \qquad (a \leqslant x \leqslant b)$$

为 $f(x)$的积分上限函数.

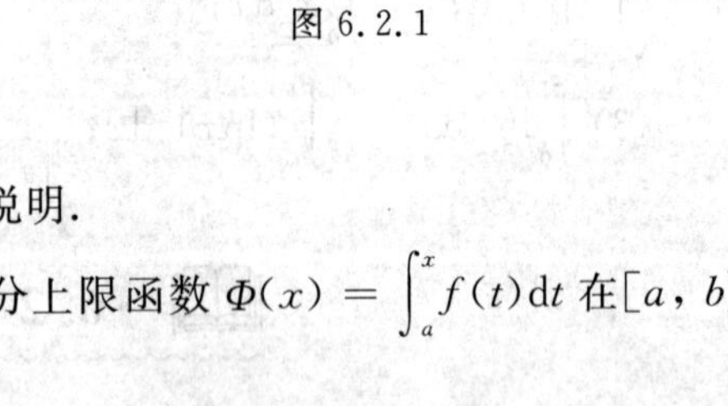

$\Phi(x)$的几何意义是右侧直线可以随意移动的曲边梯形的面积，如图 6.2.1 所示. 对于不同的 x，会产生一个不同的面积值.

图 6.2.1

对于积分上限函数，其可导性由如下定理予以说明.

定理 6.2.1 如果 $f(x)$在$[a, b]$上连续，则积分上限函数 $\Phi(x)=\int_a^x f(t)\mathrm{d}t$ 在$[a, b]$上具有导数，且它的导数是

$$\Phi'(x) = \frac{\mathrm{d}}{\mathrm{d}x}\int_a^x f(t)\mathrm{d}t = f(x) \qquad (a \leqslant x \leqslant b)$$

证 这里要求 $\Phi(x)$的导数，我们就按照导数的定义来求解. $\Phi(x)$在 $x+\Delta x$ 处的函数值为

$$\Phi(x+\Delta x) = \int_a^{x+\Delta x} f(t)\mathrm{d}t$$

由此得函数的增量

$$\Delta\Phi = \Phi(x+\Delta x) - \Phi(x) = \int_a^{x+\Delta x} f(t)\mathrm{d}t - \int_a^x f(t)\mathrm{d}t$$

$$= \int_a^x f(t)\mathrm{d}t + \int_x^{x+\Delta x} f(t)\mathrm{d}t - \int_a^x f(t)\mathrm{d}t = \int_x^{x+\Delta x} f(t)\mathrm{d}t$$

由积分中值定理得

$$\Delta\Phi = f(\xi)\Delta x, \quad \xi \in [x, x+\Delta x]$$

把上式两端各除以 Δx，得函数增量与自变量增量的比值

$$\frac{\Delta\Phi}{\Delta x} = f(\xi)$$

当 $\Delta x \to 0$ 时，即 $\xi \to x$，所以

$$\lim_{\Delta x \to 0} \frac{\Delta\Phi}{\Delta x} = \lim_{\Delta x \to 0} f(\xi) = f(x)$$

故 $\Phi'(x) = f(x)$.

这个定理建立了积分和导数之间的联系，故称之为微积分积分定理.

作为对定理 6.2.1 的补充，我们可以得到下面的定理.

定理 6.2.2 如果 $f(t)$连续，$a(x)$、$b(x)$可导，则 $F(x) = \int_{a(x)}^{b(x)} f(t)\mathrm{d}t$ 的导数$F'(x)$为

$$F'(x) = \frac{\mathrm{d}}{\mathrm{d}x}\int_{a(x)}^{b(x)} f(t)\mathrm{d}t = f[b(x)]b'(x) - f[a(x)]a'(x)$$

证 因为

$$F(x) = \left(\int_{a(x)}^0 + \int_0^{b(x)}\right) f(t)\mathrm{d}t = \int_0^{b(x)} f(t)\mathrm{d}t - \int_0^{a(x)} f(t)\mathrm{d}t$$

所以

$$F'(x) - f[b(x)]b'(x) - f[a(x)]a'(x)$$

定理 6.2.2 是变限积分函数的基本求导法则.

例 6.2.1 求 $\frac{\mathrm{d}}{\mathrm{d}x}\left(\int_0^x \cos^2 t\,\mathrm{d}t\right)$.

解 $\frac{\mathrm{d}}{\mathrm{d}x}\left(\int_0^x \cos^2 t\,\mathrm{d}t\right) = \cos^2 x$

例 6.2.2 求 $\frac{\mathrm{d}}{\mathrm{d}x}\left(\int_1^{x^3} \mathrm{e}^{t^2}\,\mathrm{d}t\right)$.

解 这里$\int_1^{x^3} \mathrm{e}^{t^2}\,\mathrm{d}t$ 是 x^3的函数，因而是 x 的复合函数. 令 $x^3 = u$，则 $\Phi(u) = \int_1^u \mathrm{e}^{t^2}\,\mathrm{d}t$. 根据复合函数求导公式，有

$$\frac{\mathrm{d}}{\mathrm{d}x}\left(\int_1^{x^3} \mathrm{e}^{t^2}\,\mathrm{d}t\right) = \frac{\mathrm{d}}{\mathrm{d}u}\left(\int_1^u \mathrm{e}^{t^2}\,\mathrm{d}t\right) \cdot \frac{\mathrm{d}u}{\mathrm{d}x} = \Phi'(u) \cdot 3x^2 = \mathrm{e}^{u^2} \cdot 3x^2 = 3x^2\mathrm{e}^{x^6}$$

例 6.2.3 求 $\lim\limits_{x\to 0}\frac{\int_{\cos x}^1 \mathrm{e}^{-t^2}\,\mathrm{d}t}{x^2}$.

解 当 $x \to 0$ 时，$\cos x \to 1$，则分子 $\int_{\cos x}^1 \mathrm{e}^{-t^2}\,\mathrm{d}t \to 0$，所以这是一个$\frac{0}{0}$型的极限，可以使用洛必达法则.

因为

$$\frac{\mathrm{d}}{\mathrm{d}x}\int_{\cos x}^{1}\mathrm{e}^{-t^2}\,\mathrm{d}t=-\frac{\mathrm{d}}{\mathrm{d}x}\int_{1}^{\cos x}\mathrm{e}^{-t^2}\,\mathrm{d}t=-\mathrm{e}^{-\cos^2 x}\cdot(\cos x)'=\sin x\cdot\mathrm{e}^{-\cos^2 x}$$

所以

$$\lim_{x\to 0}\frac{\int_{\cos x}^{1}\mathrm{e}^{-t^2}\,\mathrm{d}t}{x^2}=\lim_{x\to 0}\frac{\sin x\cdot\mathrm{e}^{-\cos^2 x}}{2x}=\frac{1}{2\mathrm{e}}$$

例 6.2.4 设 $f(x)$在$[0, 1]$上连续，且 $f(x)<1$. 证明：$2x-\int_0^x f(t)\,\mathrm{d}t=1$ 在$[0, 1]$上只有一个解.

证 令 $F(x)=2x-\int_0^x f(t)\,\mathrm{d}t-1$. 因为 $f(x)<1$，所以

$$F'(x)=2-f(x)>0$$

故 $F(x)$在$[0, 1]$上为单调增加函数. 而

$$F(0)=-1<0,\quad F(1)=1-\int_0^1 f(t)\,\mathrm{d}t=\int_0^1[1-f(t)]\,\mathrm{d}t>0$$

所以 $F(x)=0$ 即原方程在$[0, 1]$上只有一个解.

定理 6.2.3（原函数存在定理） 如果函数 $f(x)$在$[a, b]$上连续，则积分上限函数 $\Phi(x)=\int_a^x f(t)\,\mathrm{d}t$ 就是 $f(x)$在$[a, b]$上的一个原函数.

这个定理的重要意义是：一方面肯定了连续函数的原函数是存在的，另一方面进一步地揭示了积分学中的定积分与原函数之间的联系. 这个定理为我们后面引入定积分计算公式，也就是牛顿-莱布尼茨公式建立了理论基础.

6.2.3 牛顿-莱布尼茨公式

定理 6.2.4（微积分基本公式） 如果函数 $F(x)$是连续函数 $f(x)$在区间$[a, b]$上的一个原函数，则

$$\int_a^b f(x)\,\mathrm{d}x=F(b)-F(a)$$

证 已知函数 $F(x)$是 $f(x)$的一个原函数，又根据定理 6.2.3 知，积分上限函数

$$\Phi(x)=\int_a^x f(t)\,\mathrm{d}t$$

也是 $f(x)$的一个原函数. 于是 $F(x)$与 $\Phi(x)$只相差一个常数，即

$$F(x)-\Phi(x)=C,\quad x\in[a, b]$$

在上式中令 $x=a$，得 $F(a)-\Phi(a)=C$. 因为 $\Phi(a)=\int_a^a f(t)\,\mathrm{d}t=0$，得 $F(a)=C$.

因为

$$F(x)-\int_a^x f(t)\,\mathrm{d}t=C$$

所以

$$\int_a^x f(t)\,\mathrm{d}t=F(x)-F(a)$$

在上式中令 $x=b$，得

$$\int_a^b f(x)\mathrm{d}x = F(b) - F(a)$$

于是可得

$$\int_a^b f(x)\mathrm{d}x = F(b) - F(a) = [F(x)]_a^b$$

这个公式就是牛顿-莱布尼茨公式，也叫微积分基本公式.

这个公式表明：一个连续函数在区间 $[a, b]$ 上的定积分等于它的任意一个原函数在区间 $[a, b]$ 上的增量. 于是，求定积分问题就转化为求原函数的问题. 这样的转化远比按照定义求定积分要简单得多. 所以这个公式在各种科学工程的计算当中都起到了至关重要的作用.

注意　当 $a>b$ 时，$\int_a^b f(x)\mathrm{d}x = F(b) - F(a)$ 仍成立.

例 6.2.5　求 $\int_0^{\frac{\pi}{2}} (2\cos x + \sin x - 1)\mathrm{d}x$.

解　因为 $2\cos x+\sin x-1$ 的原函数是 $2\sin x-\cos x-x$，所以

$$\int_0^{\frac{\pi}{2}} (2\cos x + \sin x - 1)\mathrm{d}x = [2\sin x - \cos x - x]_0^{\frac{\pi}{2}} = 3 - \frac{\pi}{2}$$

例 6.2.6　求 $\int_0^1 x^2\mathrm{d}x$.

解　因为 $\frac{x^3}{3}$ 是 x^2 的一个原函数，所以由牛顿-莱布尼茨公式得

$$\int_0^1 x^2\mathrm{d}x = \left[\frac{x^3}{3}\right]_0^1 = \frac{1}{3} - \frac{0}{3} = \frac{1}{3}$$

例 6.2.7　求 $\int_{-2}^{-1} \frac{1}{x}\mathrm{d}x$.

解　当 $x<0$ 时，$\frac{1}{x}$ 的一个原函数是 $\ln|x|$，所以

$$\int_{-2}^{-1} \frac{1}{x}\mathrm{d}x = [\ln|x|]_{-2}^{-1} = \ln 1 - \ln 2 = -\ln 2$$

例 6.2.8　计算 $\int_0^1 |2x-1|\mathrm{d}x$.

解　因为

$$|2x-1| = \begin{cases} 1-2x, & x \leqslant \frac{1}{2} \\ 2x-1, & x > \frac{1}{2} \end{cases}$$

所以

$$\begin{aligned} \int_0^1 |2x-1|\mathrm{d}x &= \int_1^{\frac{1}{2}} (1-2x)\mathrm{d}x + \int_{\frac{1}{2}}^1 (2x-1)\mathrm{d}x \\ &= [x - x^3]_0^{\frac{1}{2}} + [x^2 - x]_{\frac{1}{2}}^0 \\ &= \frac{1}{2} \end{aligned}$$

例 6.2.9　如图 6.2.2 所示，设 $f(x)=\begin{cases}2x, & 0\leqslant x\leqslant 1\\ 5, & 1<x\leqslant 2\end{cases}$，求 $\int_0^2 f(x)\mathrm{d}x$.

解　已知

$$\int_0^2 f(x)\mathrm{d}x=\int_0^1 f(x)\mathrm{d}x+\int_1^2 f(x)\mathrm{d}x$$

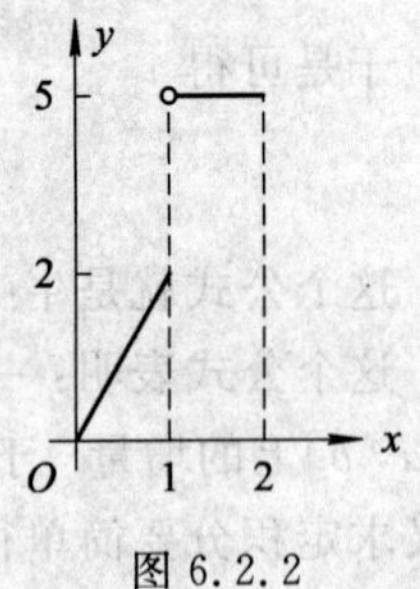

图 6.2.2

在[1，2]上规定当 $x=1$ 时，$f(x)=5$，所以

$$\int_0^2 f(x)\mathrm{d}x=\int_0^1 2x\,\mathrm{d}x+\int_1^2 5\,\mathrm{d}x=6$$

例 6.2.10　求 $\int_{-2}^2 \max\{x,\ x^2\}\mathrm{d}x$.

解　如图 6.2.3 所示，由图形可知

$$f(x)=\max\{x,\ x^2\}=\begin{cases}x^2, & -2\leqslant x\leqslant 0\\ x, & 0\leqslant x\leqslant 1\\ x^2, & 1\leqslant x\leqslant 2\end{cases}$$

所以

$$\int_{-2}^2 \max\{x,\ x^2\}\mathrm{d}x=\int_{-2}^0 x^2\mathrm{d}x+\int_0^1 x\,\mathrm{d}x+\int_1^2 x^2\mathrm{d}x=\frac{11}{2}$$

例 6.2.11　如图 6.2.4 所示，计算曲线 $y=\sin x$ 在$[0,\pi]$上与 x 轴所围成的平面图形的面积.

解　面积

$$A=\int_0^\pi \sin x\,\mathrm{d}x=[-\cos x]_0^\pi=2$$

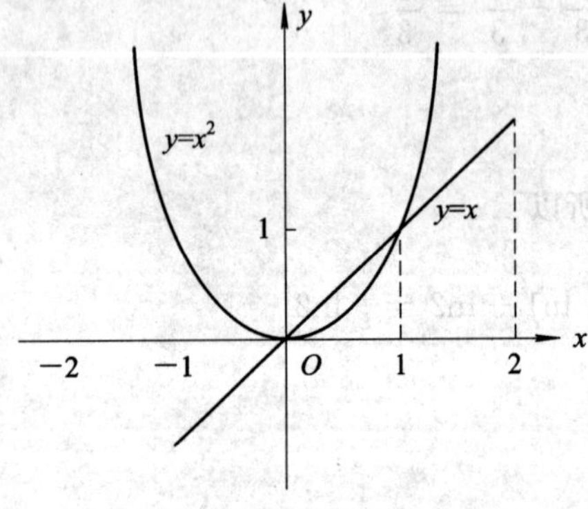

图 6.2.3

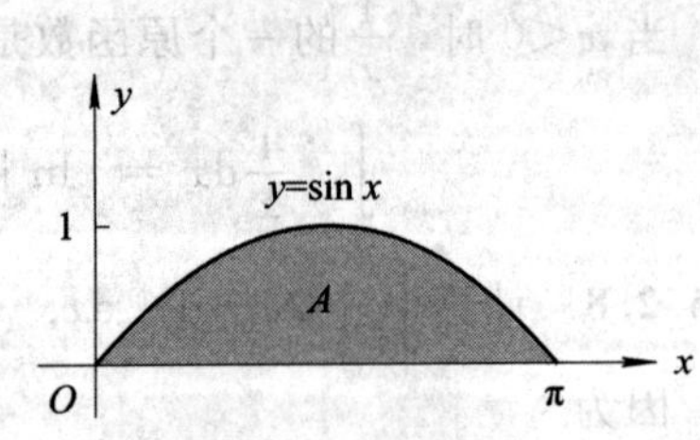

图 6.2.4

习　题　6.2

1. 计算下列函数的导数：

(1) $y=\int_0^x \sin t\,\mathrm{d}t$；　　(2) $y=\int_0^{x^2}\sqrt{1-t^2}\,\mathrm{d}t$；

(3) $y=\int_{x^2}^{x^3}\frac{\mathrm{d}t}{\sqrt{1+t^2}}$；　　(4) $y=\int_{\cos x}^{\sin x}\cos(\pi t^2)\mathrm{d}t$.

2. 计算下列极限：

(1) $\lim\limits_{x\to 0}\dfrac{\int_0^x \cos t^2\,\mathrm{d}t}{x}$；　　(2) $\lim\limits_{x\to 0}\dfrac{\left(\int_0^x \mathrm{e}^{t^2}\,\mathrm{d}t\right)^2}{\int_0^x t\mathrm{e}^{2t^2}\,\mathrm{d}t}$.

3. 计算下列定积分：

(1) $\int_0^1 (3x^2-x+1)\mathrm{d}x$；　　(2) $\int_1^2 \left(x^2+\dfrac{1}{x^4}\right)\mathrm{d}x$；

(3) $\int_4^9 \sqrt{x}(1+\sqrt{x})\mathrm{d}x$；　　(4) $\int_{\frac{1}{\sqrt{3}}}^{\sqrt{3}} \dfrac{\mathrm{d}x}{1+x^2}$；

(5) $\int_{-\frac{1}{2}}^{\frac{1}{2}} \dfrac{\mathrm{d}x}{\sqrt{1-x^2}}$；　　(6) $\int_{-1}^{0} \dfrac{3x^4+3x^2+1}{1+x^2}\mathrm{d}x$；

(7) $\int_{-\mathrm{e}-1}^{-2} \dfrac{\mathrm{d}x}{1+x}$；　　(8) $\int_0^{\frac{\pi}{4}} \tan^2 x\,\mathrm{d}x$.

6.3 定积分的换元积分法和分部积分法

由 6.2 节可知，定积分 $\int_a^b f(x)\mathrm{d}x$ 的计算可以转化为不定积分的计算，所以不定积分中的很多技巧也可以利用到定积分的计算中. 本节主要研究定积分的换元积分法和分部积分法.

6.3.1 定积分的换元积分法

定理 6.3.1 假设

(1) $f(x)$在$[a, b]$上连续；

(2) 函数 $x=\varphi(t)$在$[\alpha, \beta]$上是单值的且有连续导数；

(3) 当 t 在区间$[\alpha, \beta]$上变化时，$x=\varphi(t)$的值在$[a, b]$上变化，且 $\varphi(\alpha)=a$、$\varphi(\beta)=b$，则有

$$\int_a^b f(x)\mathrm{d}x = \int_\alpha^\beta f[\varphi(t)]\varphi'(t)\mathrm{d}t$$

这个公式叫做定积分的换元公式.

应用换元公式时应注意：

(1) 当 $\alpha>\beta$ 时，换元公式仍成立.

(2) 用 $x=\varphi(t)$把原变量 x 代换成新变量 t 时，积分限也要换成相应于新变量 t 的积分限.

(3) 求出 $f[\varphi(t)]\varphi'(t)$的一个原函数 $\Phi(t)$后，不必像计算不定积分那样再把 $\Phi(t)$变换成原变量 x 的函数，而只要把新变量 t 的上、下限分别代入 $\Phi(t)$中然后相减就行了.

例 6.3.1 计算 $\int_0^{\frac{\pi}{2}} \cos^5 x \sin x\,\mathrm{d}x$.

解 令 $t=\cos x$，则 $\mathrm{d}t=-\sin x\,\mathrm{d}x$. 且当 $x=\dfrac{\pi}{2}$时，$t=0$；当 $x=0$ 时，$t=1$. 所以

$$\int_0^{\frac{\pi}{2}} \cos^5 x \sin x \, dx = -\int_1^0 t^5 \, dt = \left[\frac{t^6}{6}\right]_0^1 = \frac{1}{6}$$

例 6.3.2 计算 $\int_0^{\pi} \sqrt{\sin^3 x - \sin^5 x} \, dx$.

解 因为

$$f(x) = \sqrt{\sin^3 x - \sin^5 x} = |\cos x| (\sin x)^{\frac{3}{2}}$$

在 $\left[0, \frac{\pi}{2}\right]$ 上，$|\cos x| = \cos x$；在 $\left[\frac{\pi}{2}, \pi\right]$ 上，$|\cos x| = -\cos x$，所以

$$\begin{aligned}
\int_0^{\pi} \sqrt{\sin^3 x - \sin^5 x} \, dx &= \int_0^{\pi} |\cos x| (\sin x)^{\frac{3}{2}} dx \\
&= \int_0^{\frac{\pi}{2}} \cos x (\sin x)^{\frac{3}{2}} dx - \int_{\frac{\pi}{2}}^{\pi} \cos x (\sin x)^{\frac{3}{2}} dx \\
&= \int_0^{\frac{\pi}{2}} (\sin x)^{\frac{3}{2}} d(\sin x) - \int_{\frac{\pi}{2}}^{\pi} (\sin x)^{\frac{3}{2}} d(\sin x) \\
&= \left[\frac{2}{5} (\sin x)^{\frac{5}{2}}\right]_0^{\frac{\pi}{2}} - \left[\frac{2}{5} (\sin x)^{\frac{5}{2}}\right]_{\frac{\pi}{2}}^{\pi} \\
&= \frac{4}{5}
\end{aligned}$$

例 6.3.3 计算 $\int_{\sqrt{e}}^{e^{\frac{3}{4}}} \frac{dx}{x \sqrt{\ln x (1 - \ln x)}}$.

解

$$\begin{aligned}
\int_{\sqrt{e}}^{e^{\frac{3}{4}}} \frac{dx}{x \sqrt{\ln x (1 - \ln x)}} &= \int_{\sqrt{e}}^{e^{\frac{3}{4}}} \frac{d(\ln x)}{\sqrt{\ln x (1 - \ln x)}} = \int_{\sqrt{e}}^{e^{\frac{3}{4}}} \frac{d(\ln x)}{\sqrt{\ln x} \sqrt{(1 - \ln x)}} \\
&= 2 \int_{\sqrt{e}}^{e^{\frac{3}{4}}} \frac{d\sqrt{\ln x}}{\sqrt{1 - (\sqrt{\ln x})^2}} = 2 \left[\arcsin(\sqrt{\ln x})\right]_{\sqrt{e}}^{e^{\frac{3}{4}}} \\
&= \frac{\pi}{6}
\end{aligned}$$

例 6.3.4 计算 $\int_0^a \frac{1}{x + \sqrt{a^2 - x^2}} dx \ (a > 0)$.

解 令 $x = a \sin t$，则 $dx = a \cos t \, dt$. 当 $x = a$ 时，$t = \frac{\pi}{2}$；当 $x = 0$ 时，$t = 0$. 所以

$$\begin{aligned}
\int_0^a \frac{1}{x + \sqrt{a^2 - x^2}} dx &= \int_0^{\frac{\pi}{2}} \frac{a \cos t}{a \sin t + \sqrt{a^2 (1 - \sin^2 t)}} dt \\
&= \int_0^{\frac{\pi}{2}} \frac{\cos t}{\sin t + \cos t} dt = \frac{1}{2} \int_0^{\frac{\pi}{2}} \left(1 + \frac{\cos t - \sin t}{\sin t + \cos t}\right) dt \\
&= \frac{1}{2} \cdot \frac{\pi}{2} + \frac{1}{2} \left[\ln |\sin t + \cos t|\right]_0^{\frac{\pi}{2}} = \frac{\pi}{4}
\end{aligned}$$

利用微积分基本公式，我们可以得到以下积分技巧：

当 $f(x)$ 在 $[-a, a]$ 上连续，且有

① $f(x)$为偶函数，则 $\int_{-a}^{a} f(x)\mathrm{d}x = 2\int_{0}^{a} f(x)\mathrm{d}x$；

② $f(x)$为奇函数，则 $\int_{-a}^{a} f(x)\mathrm{d}x = 0$.

例 6.3.5 计算 $\int_{-1}^{1} \frac{2x^2 + x\cos x}{1+\sqrt{1-x^2}}\mathrm{d}x$.

解

$$\int_{-1}^{1} \frac{2x^2 + x\cos x}{1+\sqrt{1-x^2}}\mathrm{d}x = \int_{-1}^{1} \frac{2x^2}{1+\sqrt{1-x^2}}\mathrm{d}x + \int_{-1}^{1} \frac{x\cos x}{1+\sqrt{1-x^2}}\mathrm{d}x \text{（被积函数奇偶性）}$$

$$= 4\int_{0}^{1} \frac{x^2}{1+\sqrt{1-x^2}}\mathrm{d}x = 4\int_{0}^{1} \frac{x^2(1-\sqrt{1-x^2})}{1-(1-x^2)}\mathrm{d}x$$

$$= 4\int_{0}^{1} (1-\sqrt{1-x^2})\mathrm{d}x$$

$$= 4 - 4\int_{0}^{1} \sqrt{1-x^2}\,\mathrm{d}x \qquad \text{（减去单位圆面积）}$$

$$= 4 - \pi$$

6.3.2 定积分的分部积分法

计算不定积分有分部积分法，相应地，计算定积分也有分部积分法.

设函数 $u(x)$、$v(x)$在区间$[a, b]$上具有连续导数 $u'(x)$、$v'(x)$，则有

$$(uv)' = u'v + uv'$$

分别求这等式两端在$[a, b]$上的定积分，并注意到

$$\int_{a}^{b} (uv)'\mathrm{d}x = [uv]_a^b$$

便得

$$[uv]_a^b = \int_{a}^{b} u'v\,\mathrm{d}x + \int_{a}^{b} uv'\,\mathrm{d}x$$

移项就有

$$\int_{a}^{b} uv'\,\mathrm{d}x = [uv]_a^b - \int_{a}^{b} vu'\,\mathrm{d}x$$

或简写为

$$\int_{a}^{b} u\,\mathrm{d}v = [uv]_a^b - \int_{a}^{b} v\,\mathrm{d}u$$

这就是定积分的分部积分公式. 可以看到它和不定积分的分部积分公式基本一致，只是多了需要计算函数值的步骤.

例 6.3.6 计算 $\int_{0}^{\frac{1}{2}} \arcsin x\,\mathrm{d}x$.

解 令 $u = \arcsin x$，$\mathrm{d}v = \mathrm{d}x$，则

$$\mathrm{d}u = \frac{\mathrm{d}x}{\sqrt{1-x^2}},\ v = x$$

代入分部积分公式，得

$$\int_0^{\frac{1}{2}}\arcsin x\,dx=[x\arcsin x]_0^{\frac{1}{2}}-\int_0^{\frac{1}{2}}\frac{x\,dx}{\sqrt{1-x^2}}=\frac{1}{2}\cdot\frac{\pi}{6}+\frac{1}{2}\int_0^{\frac{1}{2}}\frac{1}{\sqrt{1-x^2}}d(1-x^2)$$

$$=\frac{\pi}{12}+\left[\sqrt{1-x^2}\right]_0^{\frac{1}{2}}=\frac{\pi}{12}+\frac{\sqrt{3}}{2}-1$$

例 6.3.7 计算$\int_0^{\frac{\pi}{4}}\frac{x\,dx}{1+\cos 2x}$.

解 因为 $1+\cos 2x=2\cos^2 x$，所以

$$\int_0^{\frac{\pi}{4}}\frac{x\,dx}{1+\cos 2x}=\int_0^{\frac{\pi}{4}}\frac{x\,dx}{2\cos^2 x}=\int_0^{\frac{\pi}{4}}\frac{x}{2}d(\tan x)$$

$$=\frac{1}{2}[x\tan x]_0^{\frac{\pi}{4}}-\frac{1}{2}\int_0^{\frac{\pi}{4}}\tan x\,dx$$

$$=\frac{\pi}{8}-\frac{1}{2}[\ln\sec x]_0^{\frac{\pi}{4}}$$

$$=\frac{\pi}{8}-\frac{\ln 2}{4}$$

例 6.3.8 计算$\int_0^1\frac{\ln(1+x)}{(2+x)^2}dx$.

解

$$\int_0^1\frac{\ln(1+x)}{(2+x)^2}dx=-\int_0^1\ln(1+x)\,d\left(\frac{1}{2+x}\right)$$

$$=-\left[\frac{\ln(1+x)}{2+x}\right]_0^1+\int_0^1\frac{1}{2+x}d[\ln(1+x)]$$

$$=-\frac{\ln 2}{3}+\int_0^1\frac{1}{2+x}\cdot\frac{1}{1+x}dx$$

因为$\frac{1}{2+x}\cdot\frac{1}{1+x}=\frac{1}{1+x}-\frac{1}{2+x}$，所以

$$\int_0^1\frac{\ln(1+x)}{(2+x)^2}dx=-\frac{\ln 2}{3}+[\ln(1+x)-\ln(2+x)]_0^1=\frac{5}{3}\ln 2-\ln 3$$

例 6.3.9 设 $f(x)=\int_1^{x^2}\frac{\sin t}{t}dt$，求$\int_0^1 xf(x)dx$.

解 因为$\frac{\sin t}{t}$没有初等形式的原函数，无法直接求出 $f(x)$，所以采用分部积分法

$$\int_0^1 xf(x)dx=\frac{1}{2}\int_0^1 f(x)d(x^2)=\frac{1}{2}[x^2f(x)]_0^1-\frac{1}{2}\int_0^1 x^2d[f(x)]$$

$$=\frac{1}{2}f(1)-\frac{1}{2}\int_0^1 x^2f'(x)dx$$

因为

$$f(x)=\int_1^{x^2}\frac{\sin t}{t}dt,\quad f(1)=\int_1^1\frac{\sin t}{t}dt=0,\quad f'(x)=\frac{\sin x^2}{x^2}\cdot 2x=\frac{2\sin x^2}{x}$$

所以

$$\int_0^1 xf(x)dx=\frac{1}{2}f(1)-\frac{1}{2}\int_0^1 x^2f'(x)dx=-\frac{1}{2}\int_0^1 2x\sin x^2\,dx$$

$$=-\frac{1}{2}\int_0^1\sin x^2\,dx^2=\frac{1}{2}[\cos x^2]_0^1=\frac{1}{2}(\cos 1-1)$$

*6.3.3 无穷限的广义积分

前面介绍的定积分有一个最基本的约束条件：积分区间的有限性. 但在某些实际问题中，常常需要突破这些约束条件. 因此在定积分的计算中，我们还要研究无穷区间上的积分.

定义 6.3.1 设函数 $f(x)$在区间$[a, +\infty)$上连续，取 $b>a$，如果极限 $\lim\limits_{b\to+\infty}\int_a^b f(x)\mathrm{d}x$ 存在，则称此极限为函数 $f(x)$在无穷区间$[a, +\infty)$上的广义积分，记做$\int_a^{+\infty} f(x)\mathrm{d}x$，即

$$\int_a^{+\infty} f(x)\mathrm{d}x = \lim_{b\to+\infty}\int_a^b f(x)\mathrm{d}x$$

这时也称广义积分$\int_a^{+\infty} f(x)\mathrm{d}x$ 收敛；如果上述极限不存在，则称广义积分$\int_a^{+\infty} f(x)\mathrm{d}x$ 发散.

类似地，设函数 $f(x)$在区间$(-\infty, b]$上连续，取 $a<b$. 如果极限 $\lim\limits_{a\to-\infty}\int_a^b f(x)\mathrm{d}x$ 存在，则称此极限为函数 $f(x)$在无穷区间$(-\infty, b]$上的广义积分，记做$\int_{-\infty}^b f(x)\mathrm{d}x$，即

$$\int_{-\infty}^b f(x)\mathrm{d}x = \lim_{a\to-\infty}\int_a^b f(x)\mathrm{d}x$$

这时也称广义积分$\int_{-\infty}^b f(x)\mathrm{d}x$ 收敛；如果上述极限不存在，则称广义积分$\int_{-\infty}^b f(x)\mathrm{d}x$ 发散.

设函数 $f(x)$在区间$(-\infty, +\infty)$上连续，如果广义积分$\int_{-\infty}^c f(x)\mathrm{d}x$ 和$\int_c^{+\infty} f(x)\mathrm{d}x$ 都收敛，则称上述两广义积分之和为函数 $f(x)$在无穷区间$(-\infty, +\infty)$上的广义积分，记做$\int_{-\infty}^{+\infty} f(x)\mathrm{d}x$，即

$$\int_{-\infty}^{+\infty} f(x)\mathrm{d}x = \int_{-\infty}^c f(x)\mathrm{d}x + \int_c^{+\infty} f(x)\mathrm{d}x = \lim_{a\to-\infty}\int_a^c f(x)\mathrm{d}x + \lim_{b\to+\infty}\int_c^b f(x)\mathrm{d}x$$

这时也称广义积分$\int_{-\infty}^{+\infty} f(x)\mathrm{d}x$ 收敛；否则称广义积分$\int_{-\infty}^{+\infty} f(x)\mathrm{d}x$ 发散.

上述广义积分统称为无穷限的广义积分.

例 6.3.10 计算广义积分$\int_{-\infty}^{+\infty}\dfrac{\mathrm{d}x}{1+x^2}$.

解

$$\begin{aligned}\int_{-\infty}^{+\infty}\frac{\mathrm{d}x}{1+x^2} &= \int_{-\infty}^{0}\frac{\mathrm{d}x}{1+x^2}+\int_0^{+\infty}\frac{\mathrm{d}x}{1+x^2}\\ &= \lim_{a\to-\infty}\int_a^0\frac{1}{1+x^2}\mathrm{d}x+\lim_{b\to+\infty}\int_0^b\frac{1}{1+x^2}\mathrm{d}x\\ &= \lim_{a\to-\infty}[\arctan x]_a^0+\lim_{b\to+\infty}[\arctan x]_0^b\\ &= -\lim_{a\to-\infty}\arctan a+\lim_{b\to+\infty}\arctan b\\ &= -\left(-\frac{\pi}{2}\right)+\frac{\pi}{2}\\ &= \pi\end{aligned}$$

例 6.3.11 计算广义积分$\int_{\frac{2}{\pi}}^{+\infty}\frac{1}{x^2}\sin\frac{1}{x}\mathrm{d}x$.

解
$$\begin{aligned}\int_{\frac{2}{\pi}}^{+\infty}\frac{1}{x^2}\sin\frac{1}{x}\mathrm{d}x&=-\int_{\frac{2}{\pi}}^{+\infty}\sin\frac{1}{x}\mathrm{d}\left(\frac{1}{x}\right)=-\lim_{b\to+\infty}\int_{\frac{2}{\pi}}^{b}\sin\frac{1}{x}\mathrm{d}\left(\frac{1}{x}\right)\\&=\lim_{b\to+\infty}\left[\cos\frac{1}{x}\right]_{\frac{2}{\pi}}^{b}=\lim_{b\to+\infty}\left(\cos\frac{1}{b}-\cos\frac{\pi}{2}\right)\\&=1\end{aligned}$$

习 题 6.3

1. 计算下列定积分：

(1) $\int_{\frac{\pi}{3}}^{\pi}\sin\left(x+\frac{\pi}{3}\right)\mathrm{d}x$； (2) $\int_{-2}^{1}\frac{\mathrm{d}x}{(11+5x)^3}$；

(3) $\int_{0}^{\frac{\pi}{2}}\sin x\cos^3 x\,\mathrm{d}x$； (4) $\int_{0}^{\pi}(1-\sin^3 x)\mathrm{d}x$；

(5) $\int_{\frac{\pi}{6}}^{\frac{\pi}{2}}\cos^2 x\,\mathrm{d}x$； (6) $\int_{0}^{\sqrt{2}}\sqrt{2-x^2}\,\mathrm{d}x$；

(7) $\int_{-\sqrt{2}}^{\sqrt{2}}\sqrt{8-2x^2}\,\mathrm{d}x$； (8) $\int_{0}^{\ln 2}\mathrm{e}^x\cos\mathrm{e}^x\,\mathrm{d}x$；

(9) $\int_{-2}^{0}\frac{\mathrm{d}x}{x^2+2x+2}$； (10) $\int_{1}^{4}\frac{1}{1+\sqrt{x}}\mathrm{d}x$；

(11) $\int_{0}^{1}\frac{\mathrm{e}^x}{1+\mathrm{e}^x}\mathrm{d}x$； (12) $\int_{-\frac{1}{2}}^{\frac{1}{2}}\frac{\arcsin^2 x}{\sqrt{1-x^2}}\mathrm{d}x$.

*2. 计算下列广义积分：

(1) $\int_{1}^{+\infty}\frac{1}{x^4}\mathrm{d}x$； (2) $\int_{0}^{+\infty}x\mathrm{e}^{-x^2}\,\mathrm{d}x$.

6.4 定积分的应用

定积分是求某种总量的数学模型，在几何学、物理学、经济学、社会学等方面都有着广泛的应用，显示了它的巨大魅力. 也正是这些广泛的应用，推动着积分学的不断发展和完善. 因此，在学习的过程中，我们不仅要掌握计算某些实际问题的公式，更重要的还在于深刻领会用定积分解决实际问题的基本思想和方法——微元法，不断积累和提高数学的应用能力.

6.4.1 微元法

首先回顾曲边梯形的面积问题.

曲边梯形由连续曲线 $y=f(x)(f(x)\geqslant 0)$、x 轴与两条直线 $x=a$、$x=b$ 所围成(见图6.4.1)，则这个曲边梯形的面积为 $A=\int_a^b f(x)\mathrm{d}x$.

把面积 A 表示为定积分的步骤如下：

(1) 把区间$[a,b]$分成 n 个长度为 $\Delta x_i(i=1,2,\cdots,n)$的小区间，相应地把曲边梯形分成 n 个窄曲边梯形，第 i 个窄曲边梯形的面积为 ΔA_i，则 $A=\sum\limits_{i=1}^{n}\Delta A_i$；

(2) 计算 ΔA_i的近似值，即 $\Delta A_i\approx f(\xi_i)\Delta x_i$，$\xi_i\in\Delta x_i$；

(3) 求和，得 A 的近似值 $A\approx\sum\limits_{i=1}^{n}f(\xi_i)\Delta x_i$；

(4) 求极限，得 A 的精确值 $A=\lim\limits_{\lambda\to 0}\sum\limits_{i=1}^{n}f(\xi_i)\Delta x_i=\int_a^b f(x)\mathrm{d}x$.

注意到，如果我们用 ΔA 表示任一小区间$[x,x+\mathrm{d}x]$上的窄曲边梯形的面积(见图6.4.2)，则整个曲边梯形的面积 $A=\sum\Delta A$，并取 $\Delta A\approx f(x)\mathrm{d}x$，于是 $A\approx\sum f(x)\mathrm{d}x$. 那么整个面积就可以表示为

$$A=\lim\sum f(x)\mathrm{d}x=\int_a^b f(x)\mathrm{d}x$$

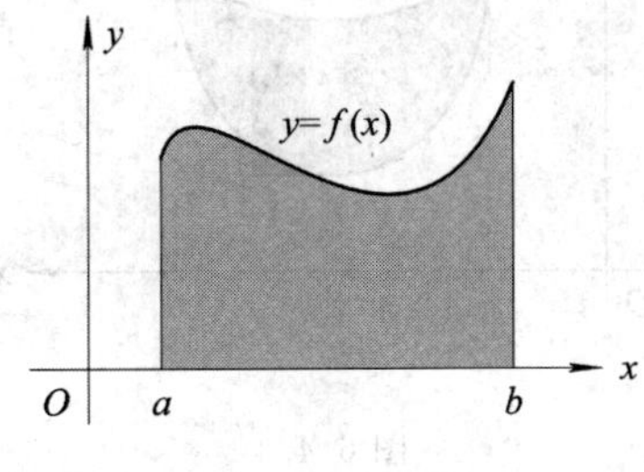

图 6.4.1

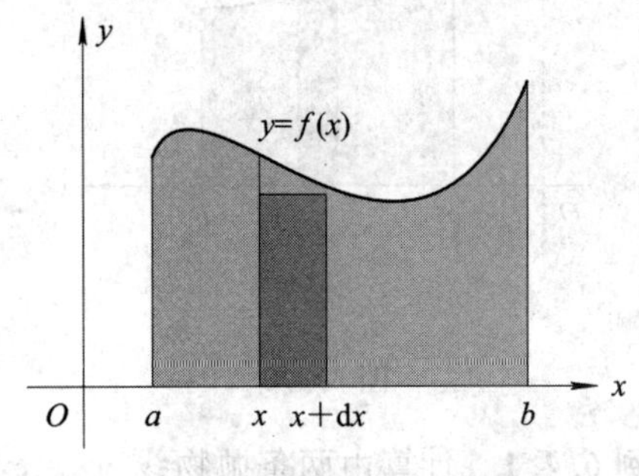

图 6.4.2

一般地，如果某一实际问题中的所求量 U 符合下列条件：

(1) U 是与一个变量 x 的变化区间$[a,b]$有关的量；

(2) U 对于区间$[a,b]$具有可加性，就是说，如果把区间$[a,b]$分成许多部分区间，则 U 相应地分成许多部分量，而 U 等于所有部分量之和；

(3) 部分量 ΔU_i的近似值可表示为 $f(\xi_i)\Delta x_i$，

就可以考虑用定积分来表达这个量 U.

通常写出这个量 U 的积分表达式的步骤如下：

① 根据问题的具体情况，选取一个变量(例如 x 为积分变量)，并确定它的变化区间$[a,b]$.

② 设想把区间$[a,b]$分成 n 个小区间，取其中任一小区间并记为$[x,x+\mathrm{d}x]$，求出相应于这个小区间的部分量 ΔU 的近似值. 如果 ΔU 能近似地表示为$[a,b]$上的一个连续函数在 x 处的值 $f(x)$与 $\mathrm{d}x$ 的乘积，就把 $f(x)\mathrm{d}x$ 称为量 U 的元素且记做 $\mathrm{d}U$，即 $\mathrm{d}U=f(x)\mathrm{d}x$.

③ 以所求量 U 的元素 $f(x)\mathrm{d}x$ 为被积表达式，在区间$[a, b]$上作定积分，得 $U=\int_a^b f(x)\mathrm{d}x$，即为所求量 U 的积分表达式.

这个方法通常叫做微元法.

我们可以将微元法应用到很多方面，如平面图形的面积、旋转体的体积、平面曲线的弧长、功、水压力、引力和平均值等.

6.4.2 直角坐标系下平面图形的面积

对于直角坐标系下的平面图形(见图 6.4.3)，我们可以将曲边梯形的面积直接表示为曲边的函数的定积分，即

$$\text{曲边梯形的面积 } A=\int_a^b f(x)\mathrm{d}x$$

另外，当曲边梯形由上、下两条曲线构成时(见图 6.4.4)，可以利用上、下两条曲线的函数之差，构成微元，进行积分即可，即

$$\text{曲边梯形的面积 } A=\int_a^b [f_2(x)-f_1(x)]\mathrm{d}x$$

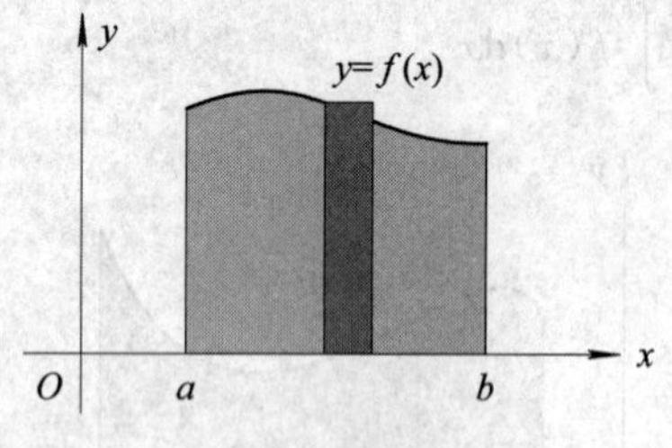

图 6.4.3

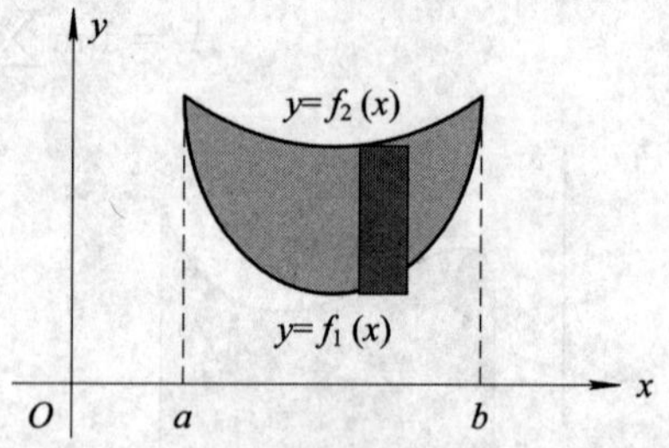

图 6.4.4

例 6.4.1 计算由两条抛物线 $y^2=x$ 和 $y=x^2$ 所围成的图形的面积.

解 如图 6.4.5 所示，两曲线的交点为(0, 0)，(1, 1)，选 x 为积分变量，$x\in[0, 1]$，面积元素 $\mathrm{d}A=(\sqrt{x}-x^2)\mathrm{d}x$，则

$$A=\int_0^1(\sqrt{x}-x^2)\mathrm{d}x=\left[\frac{2}{3}x^{\frac{3}{2}}-\frac{x^3}{3}\right]_0^1=\frac{1}{3}$$

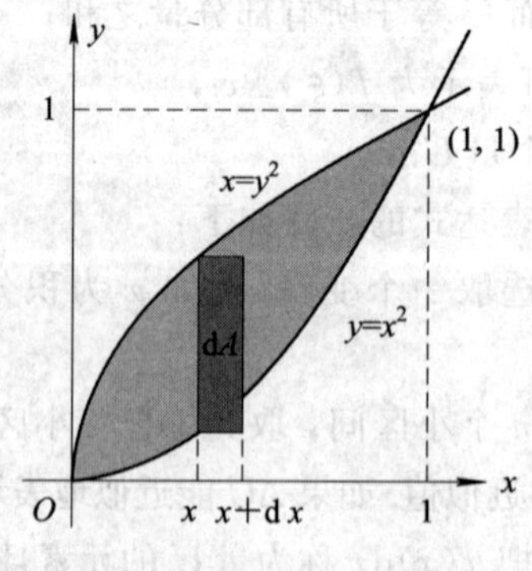

图 6.4.5

例 6.4.2 计算由曲线 $y=x^3-6x$ 和 $y=x^2$ 所围成的图形的面积.

解 如图 6.4.6 所示，先求出两曲线的交点. 解方程组

$$\begin{cases} y = x^3 - 6x \\ y = x^2 \end{cases}$$

得交点(0, 0)，(−2, 4)，(3, 9).

选 x 为积分变量，$x\in[-2, 3]$，则当 $x\in[-2, 0]$时，

$$dA_1 = (x^3 - 6x - x^2)dx$$

当 $x\in[0, 3]$时，

$$dA_2 = (x^2 - x^3 + 6x)dx$$

于是所求面积 $A=A_1+A_2$，即

$$A = \int_{-2}^{0}(x^3 - 6x - x^2)dx + \int_{0}^{3}(x^2 - x^3 + 6x)dx = \frac{253}{12}$$

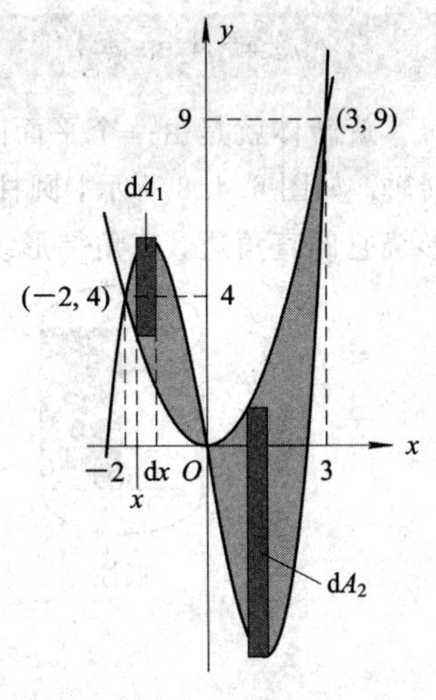

图 6.4.6

需要注意的是，例 6.4.2 中各积分区间上的曲线不同，所以被积函数的形式也有所不同.

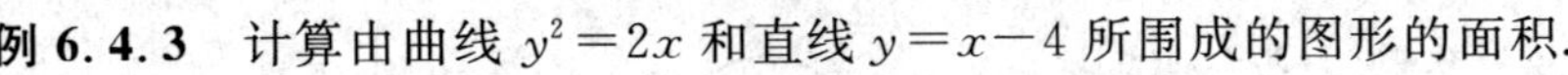

例 6.4.3 计算由曲线 $y^2=2x$ 和直线 $y=x-4$ 所围成的图形的面积.

解 如图 6.4.7 所示，先求出两曲线的交点. 解方程组

$$\begin{cases} y^2 = 2x \\ y = x - 4 \end{cases}$$

得交点(2, −2)和(8, 4).

选 y 为积分变量，$y\in[-2, 4]$，则

$$dA = \left(y + 4 - \frac{y^2}{2}\right)dy$$

于是所求面积

$$A = \int_{-2}^{4} dA = 18$$

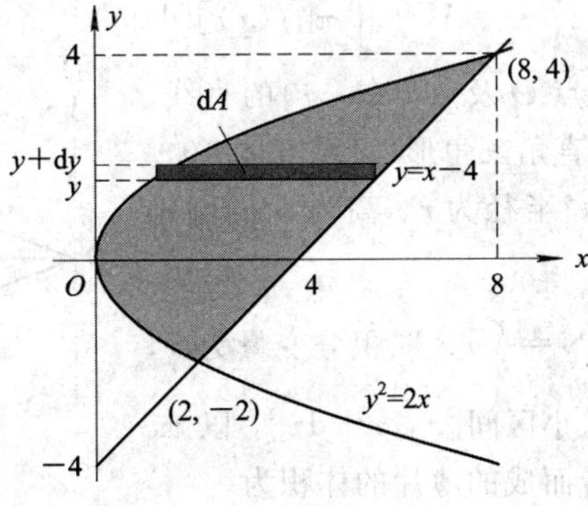

图 6.4.7

从例 6.4.3 中我们可以看到，对于某些问题来说，可以用 y 作为积分变量，这样可以达到简化积分的效果.

6.4.3 旋转体的体积

旋转体就是由一个平面图形绕这平面内一条直线旋转一周而成的立体. 这直线叫做旋转轴. 如图 6.4.8 所示，圆柱、圆锥、圆台可以分别看成是由矩形绕它的一条边、直角三角形绕它的直角边、直角梯形绕它的直角腰旋转一周而成的立体.

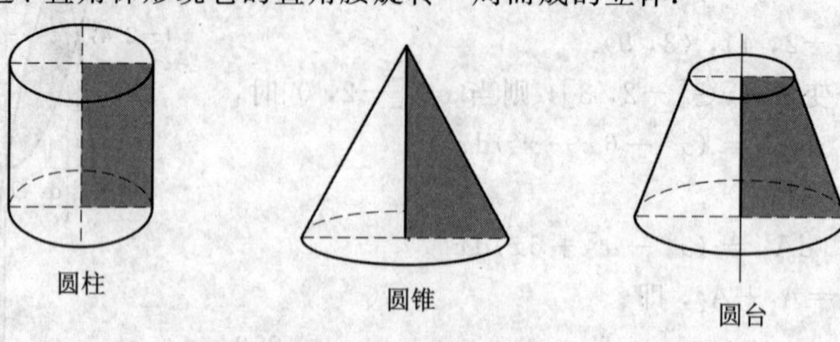

图 6.4.8

一般地，如果旋转体(见图 6.4.9)是由连续曲线 $y=f(x)$、直线 $x=a$、$x=b$ 及 x 轴所围成的曲边梯形绕 x 轴旋转一周而成的立体，那么这个旋转体的体积为多少?

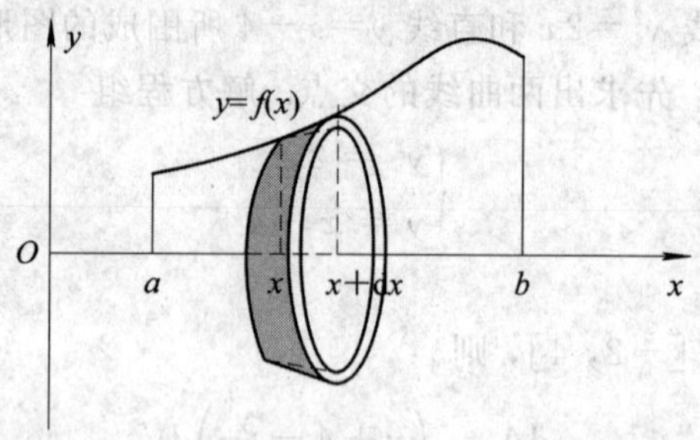

图 6.4.9

取积分变量为 x，$x\in[a, b]$，在$[a, b]$上任取小区间$[x, x+\mathrm{d}x]$，取以 $\mathrm{d}x$ 为底的窄边梯形绕 x 轴旋转而成的薄片的体积为体积元素，即 $\mathrm{d}V=\pi[f(x)]^2\mathrm{d}x$，则旋转体的体积为

$$V=\int_a^b \pi[f(x)]^2\mathrm{d}x$$

例 6.4.4 连接坐标原点 O 及点 $P(h, r)$的直线、直线 $x=h$ 及 x 轴围成一个直角三角形(见图 6.4.10). 将它绕 x 轴旋转构成一个底半径为 r、高为 h 的圆锥体，计算圆锥体的体积.

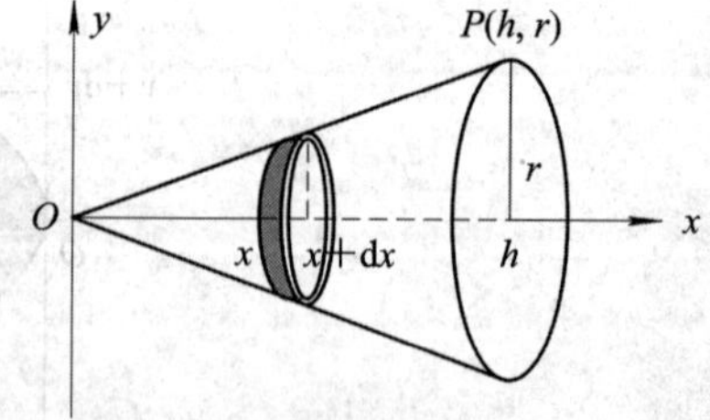

图 6.4.10

解 OP 的直线方程为 $y=\frac{r}{h}x$. 取积分变量为 x，$x\in[0, h]$. 在$[a, b]$上任取小区间$[x, x+\mathrm{d}x]$，以 $\mathrm{d}x$ 为底的窄边梯形绕 x 轴旋转而成的薄片的体积为

$$\mathrm{d}V=\pi\left[\frac{r}{h}x\right]^2\mathrm{d}x$$

则圆锥体的体积

$$V=\int_0^h \pi\left(\frac{r}{h}x\right)^2\mathrm{d}x=\frac{\pi r^2}{h^2}\left[\frac{x^3}{3}\right]_0^h=\frac{\pi hr^2}{3}$$

例 6.4.5 求星形线 $x^{\frac{2}{3}}+y^{\frac{2}{3}}=a^{\frac{2}{3}}(a>0)$绕 x 轴旋转而成的旋转体的体积.

解 如图 6.4.11 所示，因为 $y^{\frac{2}{3}}=a^{\frac{2}{3}}-x^{\frac{2}{3}}$，所以

$$y^2=(a^{\frac{2}{3}}-x^{\frac{2}{3}})^3,\qquad x\in[-a,a]$$

旋转体的体积

$$V=\int_{-a}^{a}\pi(a^{\frac{2}{3}}-x^{\frac{2}{3}})^3\,\mathrm{d}x=\frac{32}{105}\pi a^3$$

类似地，如果旋转体(见图 6.4.12)是由连续曲线 $x=\varphi(y)$、直线 $y=c$、$y=d$ 及 y 轴所围成的曲边梯形绕 y 轴旋转一周而成的立体，则体积为

$$V=\int_{c}^{d}\pi[\varphi(y)]^2\,\mathrm{d}y$$

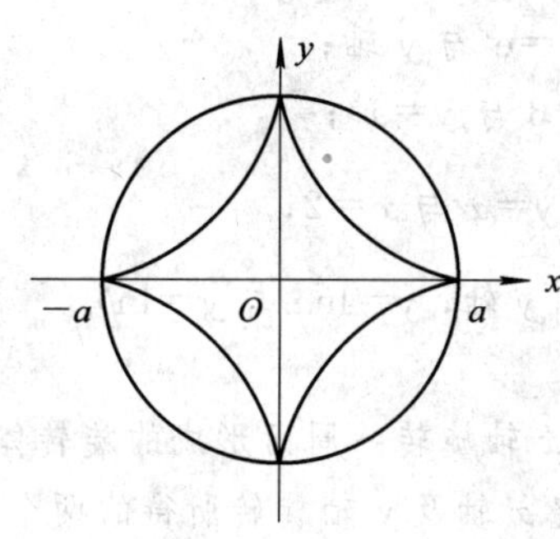

图 6.4.11

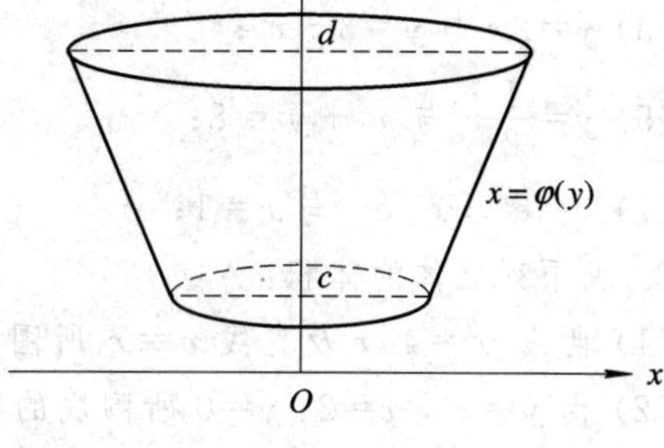

图 6.4.12

例 6.4.6 求摆线 $x=a(t-\sin t)$，$y=a(1-\cos t)$的一拱与 $y=0$ 所围成的图形分别绕 x 轴、y 轴旋转而成的旋转体的体积.

解 绕 x 轴旋转而成的旋转体的体积为

$$\begin{aligned}V_x&=\int_0^{2\pi a}\pi y^2(x)\,\mathrm{d}x\\&=\pi\int_0^{2\pi}a^2(1-\cos t)^2\cdot a(1-\cos t)\,\mathrm{d}t\\&=\pi a^3\int_0^{2\pi}(1-3\cos t+3\cos^2 t-\cos^3 t)\,\mathrm{d}t\\&=5\pi^2a^3\end{aligned}$$

绕 y 轴旋转而成的旋转体的体积可看成平面图形 $OABC$ 与 OBC(见图 6.4.13)分别绕 y 轴旋转而成的旋转体的体积之差. 因此所求的体积为

$$\begin{aligned}V_y&=\int_0^{2a}\pi x_2^2(y)\,\mathrm{d}t-\int_0^{2a}\pi x_1^2(y)\,\mathrm{d}t\\&=\pi\int_{2\pi}^{\pi}a^2(t-\sin t)^2\cdot a\sin t\,\mathrm{d}t-\pi\int_0^{\pi}a^2(t-\sin t)^2\cdot a\sin t\,\mathrm{d}t\\&=\pi a^3\int_0^{2\pi}(t-\sin t)^2\sin t\,\mathrm{d}t\\&=6\pi^3a^3\end{aligned}$$

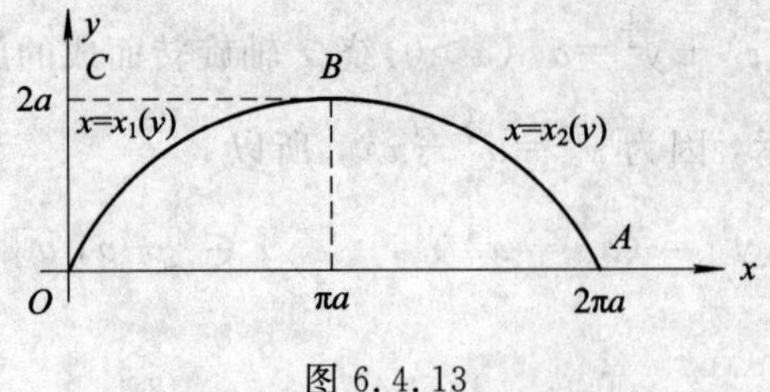

图 6.4.13

习 题 6.4

1. 求下列曲线所围图形的面积：

(1) $y=\sqrt{x}$ 与 $y=x$；　(2) $y=\mathrm{e}$，$y=\mathrm{e}^x$ 与 y 轴；

(3) $y=2x$ 与 $y=3-x^2$；　(4) $y=2x+3$ 与 $y=x^2$；

(5) $y=\dfrac{1}{2}x^2$ 与 $x^2+y^2=8$；　(6) $y=\dfrac{1}{x}$，$y=x$ 与 $x=2$；

(7) $y=\mathrm{e}^x$，$y=\mathrm{e}^{-x}$ 与 $x=1$；　(8) $y=\ln x$，y 轴，$y=\ln a$ 与 $y=\ln b$.

2. 求下列立体的体积：

(1) 曲线 $y^2=4ax$ 及直线 $x=x_0$ 所围成的图形绕 x 轴旋转一周而形成的旋转体；

(2) 由 $y=x^3$，$x=2$，$y=0$ 所围成的图形，分别绕 x 轴及 y 轴旋转所得的两个旋转体.

自测题 6

一、填空题

1. 设 $f(x)=\begin{cases}\dfrac{1}{2}(x^2+1), & 0\leqslant x<1\\ \dfrac{1}{3}(x-1), & 1\leqslant x\leqslant 2\end{cases}$，则 $g(x)=\int_0^x f(u)\mathrm{d}u$ 在区间(0，2)内(　　).

A. 无界　　B. 递减　　C. 不连续　　D. 连续

2. 设 $f(x)$在[1，2]上连续，且 $\int_1^2 xf(x)\mathrm{d}x=0$，则必有(　　).

A. 在[1，2]上 $f(x)\equiv 0$　　B. 在[1，2]的某个小区间上 $f(x)\equiv 0$

C. 在[1，2]上至少有一点 ξ，使 $f(\xi)=0$　　D. 不可能有 $\xi\in[1,2]$使 $f(\xi)=0$

3. 若连续函数 $f(x)$满足 $f(x)=\int_0^{2x} f\left(\dfrac{t}{2}\right)\mathrm{d}t+\ln 2$，则 $f(x)=$(　　).

A. $\mathrm{e}^x\ln 2$　　B. $\mathrm{e}^{2x}\ln 2$　　C. $\mathrm{e}^x+\ln 2$　　D. $\mathrm{e}^{2x}+\ln 2$

4. 设 $\alpha(x)=\int_0^{5x}\dfrac{\sin t}{t}\mathrm{d}t$，$\beta(x)=\int_0^{\sin x}(1+t)^{\frac{1}{t}}\mathrm{d}t$，则当 $x\to 0$ 时，$\alpha(x)$是 $\beta(x)$的(　　).

A. 高阶无穷小　　B. 低阶无穷小

C. 同阶但不等价无穷小　　D. 等价无穷小

5. 设 $f(x)$ 在闭区间 $[a, b]$ 上连续，且 $f(x)>0$，则方程 $\int_a^x f(t)\mathrm{d}t+\int_b^x \frac{1}{f(t)}\mathrm{d}t=0$ 在开区间 (a, b) 内的根有（　　）.

A. 0 个　　B. 1 个　　C. 2 个　　D. 无穷多个

6. 设函数 $f(x)$ 连续，且 $F(x)=\int_x^{\mathrm{e}^{-x}} f(t)\mathrm{d}t$，则 $F'(x)=$（　　）.

A. $-\mathrm{e}^{-x}f(\mathrm{e}^{-x})-f(x)$　　B. $-\mathrm{e}^{-x}f(\mathrm{e}^{-x})+f(x)$

C. $\mathrm{e}^{-x}f(\mathrm{e}^{-x})-f(x)$　　D. $\mathrm{e}^{-x}f(\mathrm{e}^{-x})+f(x)$

二、填空题

1. 设函数 $f(x)$ 连续，且 $\int_0^{x^2-1} f(t)\mathrm{d}t=x$，则 $f(7)=$__________.

2. $\frac{\mathrm{d}}{\mathrm{d}x}\int_{x^2}^{x} x\cos t^2\mathrm{d}t=$__________.

3. 已知曲线 $y=f(x)$ 过点 $\left(0,-\frac{1}{2}\right)$，且其上任一点 (x,y) 处的切线斜率为 $x\ln(1+x^2)$，则 $f(x)=$__________.

三、解答题

1. 设 $f(x)=\frac{1}{1+x^2}+\sqrt{1-x^2}\int_0^1 f(x)\mathrm{d}x$，求 $\int_0^1 f(x)\mathrm{d}x$.

2. 计算下列定积分：

(1) $\int_{\frac{\pi}{4}}^{\frac{\pi}{2}} \frac{x}{\sin^2 x}\mathrm{d}x$；　　(2) $\int_{-\frac{\pi}{2}}^{\frac{\pi}{2}} (\cos^4 x+\sin^3 x)\mathrm{d}x$；

(3) $\int_{-1}^{1} x^2\sqrt{1-x^2}\mathrm{d}x$；　　(4) $\int_0^{\pi} |\cos x|\sqrt{\sin^2 x+1}\mathrm{d}x$；

(5) $\int_1^{+\infty} \frac{\arctan x}{x}\mathrm{d}x$.

3. 已知 $f(x)=\begin{cases}\frac{1}{1+x}, & x\geqslant 0\\ \frac{1}{1+\mathrm{e}^x}, & x<0\end{cases}$，求 $\int_{-1}^{1} f(x)\mathrm{d}x$.

4. 求由曲线 $y=\ln x$ 与直线 $y=(\mathrm{e}+1)-x$、$y=0$ 所围成的平面图形的面积.

5. 试求由 $xy\leqslant 4$、$y\geqslant 1$、$x>0$ 所确定的图形绕 y 轴旋转所得立体的体积.

阅读材料 6

集合论之父——康托

康托，德国数学家，19 世纪数学伟大成就之一——集合论的创立人，1845 年 3 月 3 日出生于俄国彼得堡一个犹太商人的家庭，1856 年全家迁居德国法兰克福. 康托先后就学于苏黎世大学、哥廷根大学、法兰克福大学和柏林大学，主要学习哲学、数学和物理. 在柏林大学，他受到著名分析学家魏尔施特拉斯的影响，对纯粹数学产生了兴趣. 1867 年，他以

求不定方程 $ax^2+by^2+cz^2=0$ 的整数解(其中 a、b、c 为任意整数)的博士论文获哲学博士学位. 1869 年来到哈勒大学，历任教师、副教授、教授. 康托自幼对数学有浓厚兴趣. 23 岁获博士学位，以后一直从事数学教学与研究. 他所创立的集合论已被公认为全部数学的基础.

1874 年康托的有关无穷的概念，震撼了知识界. 康托凭借古代与中世纪哲学著作中关于无限的思想而导出了关于数的本质的新的思想模式，建立了处理数学中的无限的基本技巧，从而极大地推动了分析与逻辑的发展. 他研究数论和用三角级数唯一地表示函数等问题，发现了惊人的结果：证明有理数是可列的，而全体实数是不可列的.

康托 29 岁(1874 年)时在《数学杂志》上发表了关于集合论的第一篇论文，提出了"无穷集合"这个数学概念，引起了数学界的极大关注，他引进了无穷点集的一些概念，如基数、势、序数等，试图把不同的无穷离散点集和无穷连续点集按某种方式加以区分，他还构造了实变函数论中著名的"康托集"，"康托序列". 1874 年，他证明了代数数集和有理数集的可数性和实数集的不可数性，建立了实数连续性公理，被称为"康托公理". 1877 年，他证明了一条线段上的点能够和正方形上的点建立一一对应，从而证明了直线上、平面上、三维空间乃至高维空间的所有点的集合，都有相同的势. 1879 年至 1884 年，他着重研究无穷数与超越数理论，最重要的著作是《超越数理论基础》.

康托的工作给数学发展带来了一场革命. 由于他的理论超越直观，所以曾受到当时一些大数学家的反对，就连被誉为"博大精深，富于创举"的数学家庞加莱也把集合论比做有趣的"病理情形"，甚至他的老师克罗内克还击康托是"神经质"，"走进了超越数的地狱". 对于这些非难和指责，康托仍充满信心，他说："我的理论犹如磐石一般坚固，任何反对它的人都将搬起石头砸自己的脚."他还指出："数学的本质在于它的自由性，不必受传统观念束缚."这种争辩持续了十年之久. 康托由于经常处于精神压抑之中，致使他 1884 年患了精神分裂症，最后死于精神病院.

然而，历史终究公平地评价了他的创造，集合论在 20 世纪初已逐渐渗透到了各个数学分支，成为了分析理论、测度论、拓扑学及数理科学中必不可少的工具. 20 世纪初世界上最伟大的数学家希尔伯特在德国传播了康托的思想，把他称为"数学家的乐园"和"数学思想最惊人的产物". 英国哲学家罗素把康托的工作誉为"这个时代所能夸耀的最巨大的工作".

现代数学的发展告诉我们，康托的集合论是自古希腊时代以来两千多年里，人类认识史上第一次给无穷建立起抽象的形式符号系统和确定的运算. 集合论从本质上揭示了无穷的特性，使无穷的概念发生了一次革命性的变化，并渗透到所有的数学分支，从根本上改造了数学的结构，促进了数学许多新的分支的建立和发展，成为实变函数论、代数拓扑、群论和泛函分析等理论的基础，还给逻辑学和哲学也带来了深远的影响.

资料来源：百度百科

第二部分

线 性 代 数

算术是人类知识最古老，也许是最最古老的一个分支；然而它的一些最深奥的秘密与其最平凡的真理是密切相连的.

——H. J. S. 史密斯

线性代数以线性问题为主要研究对象，具有广泛的应用性，特别是在数字化时代，大量的工程实际问题和计算结果最后都通过计算线性方程组的解得出，这就更促进了线性代数的广泛应用和发展. 另外，线性代数将数学的主要特点高度集中地浓缩于一身，学生通过对线性代数的学习，可得到良好的思维能力，运算能力，抽象及分析、综合与推理能力的严格训练.

第7章 行列式

在线性代数中，行列式是很重要的一个基本工具，在数学学科及其他领域，如经济、管理等，都要用到它. 本章主要介绍 n 阶行列式的定义及其性质、行列式的计算；用克莱姆法则求解 n 元线性方程组的解.

本章的基本要求如下：

(1) 了解二阶、三阶行列式的定义，掌握用对角线法计算二阶、三阶行列式的方法.

(2) 理解 n 阶行列式的定义.

(3) 掌握 n 阶行列式的性质，会用行列式的性质来计算行列式.

(4) 熟练掌握克莱姆法则，掌握 n 个方程的 n 元齐次线性方程组只有零解和非零解的判断方法.

7.1 行列式的定义

为了给出 n 阶行列式的定义，先来研究二阶、三阶行列式的结构.

7.1.1 二阶行列式

定义 7.1.1 由 4 个元素 $a_{ij}(i=1, 2; j=1, 2)$排成两行两列，并定义

$$\begin{vmatrix} a_{11} & a_{12} \\ a_{21} & a_{22} \end{vmatrix} = a_{11}a_{22} - a_{12}a_{21}$$

式$\begin{vmatrix} a_{11} & a_{12} \\ a_{21} & a_{22} \end{vmatrix}$称为二阶行列式.

定义 7.1.1 中，数 a_{11}、a_{12}、a_{21}、a_{22} 称为行列式的元素，横排称为行，竖排称为列. 元素 a_{ij} 的第一个下标 i 称为行标，表明该元素位于第 i 行；第二个下标 j 称为列标，表明该元素位于第 j 列.

由定义 7.1.1 可知：

(1) 二阶行列式是一些项的代数和，每一项都是两个元素的乘积，这两个元素位于不同的行、不同的列.

(2) 二阶行列式是由 4 个数按一定的规律运算所得的代数和，这个规律性表现在行列式的记号中就是“对角线法则”. 如图 7.1.1 所示，把 a_{11} 到 a_{22} 的实连线称为主对角线，把 a_{12} 到 a_{21} 的虚连线称为副对角线. 于是，二阶行列式便等于主对角线上两元素之积减去副

$$\begin{vmatrix} a_{11} & a_{12} \\ a_{21} & a_{22} \end{vmatrix}$$

图 7.1.1

对角线上两元素之积.

例 7.1.1　计算行列式　$D=\begin{vmatrix}3 & -1\\ 2 & 1\end{vmatrix}$.

解　$D=\begin{vmatrix}3 & -1\\ 2 & 1\end{vmatrix}=3-(-2)=5$

下面利用二阶行列式的概念来讨论二元线性方程组的解.

设有二元线性方程组

$$\begin{cases}a_{11}x_1+a_{12}x_2=b_1 & (7.1.1a)\\ a_{21}x_1+a_{22}x_2=b_2 & (7.1.1b)\end{cases}$$

将式(7.1.1a)乘以 a_{22} 与式(7.1.1b)乘以 a_{12} 相减，得

$$(a_{11}a_{22}-a_{12}a_{21})x_1=b_1a_{22}-b_2a_{12} \tag{7.1.2}$$

将式(7.1.1b)乘以 a_{11} 与式(7.1.1a)乘以 a_{21} 相减，得

$$(a_{11}a_{22}-a_{12}a_{21})x_2=b_2a_{11}-b_1a_{21} \tag{7.1.3}$$

利用二阶行列式的定义，记

$$D=a_{11}a_{22}-a_{12}a_{21}=\begin{vmatrix}a_{11} & a_{12}\\ a_{21} & a_{22}\end{vmatrix}$$

$$D_1=b_1a_{22}-b_2a_{12}=\begin{vmatrix}b_1 & a_{12}\\ b_2 & a_{22}\end{vmatrix},\ D_2=b_2a_{11}-b_1a_{21}=\begin{vmatrix}a_{11} & b_1\\ a_{21} & b_2\end{vmatrix}$$

则式(7.1.2)、式(7.1.3)可改写为 $Dx_1=D_1$，$Dx_2=D_2$.

在系数行列式 $D\neq 0$ 的条件下，式(7.1.1a)和式(7.1.1b)有唯一解，即

$$x_1=\frac{D_1}{D},\quad x_2=\frac{D_2}{D}$$

例 7.1.2　解方程组$\begin{cases}2x_1+3x_2=8\\ x_1-2x_2=-3\end{cases}$.

解

$$D=\begin{vmatrix}2 & 3\\ 1 & -2\end{vmatrix}=2\times(-2)-3\times 1=-7$$

$$D_1=\begin{vmatrix}8 & 3\\ -3 & -2\end{vmatrix}=8\times(-2)-3\times(-3)=-7$$

$$D_2=\begin{vmatrix}2 & 8\\ 1 & -3\end{vmatrix}=2\times(-3)-8\times 1=-14$$

因 $D\neq 0$，故题设方程组有唯一解，即

$$x_1=\frac{D_1}{D}=\frac{-7}{-7}=1,\quad x_2=\frac{D_2}{D}=\frac{-14}{-7}=2$$

7.1.2　三阶行列式

定义 7.1.2　由 9 个元素 a_{ij} $(i=1,2,3;\ j=1,2,3)$ 排成三行三列，并定义

$$\begin{vmatrix}a_{11} & a_{12} & a_{13}\\ a_{21} & a_{22} & a_{23}\\ a_{31} & a_{32} & a_{33}\end{vmatrix}=a_{11}a_{22}a_{33}+a_{12}a_{23}a_{31}+a_{13}a_{21}a_{32}-a_{11}a_{23}a_{32}-a_{12}a_{21}a_{33}-a_{13}a_{22}a_{31}$$

式$\begin{vmatrix} a_{11} & a_{12} & a_{13} \\ a_{21} & a_{22} & a_{23} \\ a_{31} & a_{32} & a_{33} \end{vmatrix}$称为三阶行列式.

由定义 7.1.2 不难发现，三阶行列式共有六项，每一项均为来自不同行、不同列的三个元素的乘积.为便于记忆，给出图 7.1.2 所示的方法. 此方法称为对角线法则(显然，二阶行列式也适用该对角线法则).图 7.1.2 中实线上三元素的乘积冠正号，虚线上三元素的乘积冠负号.

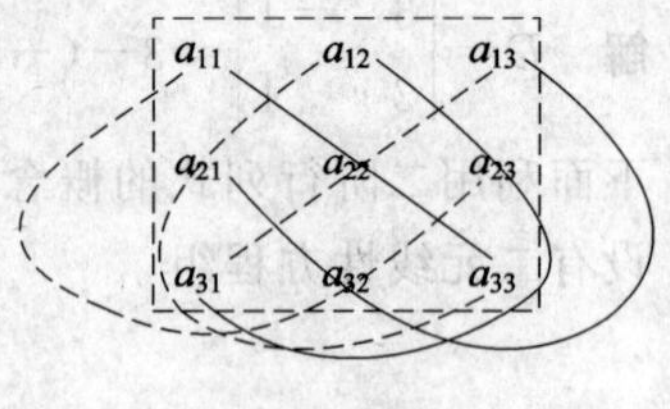

图 7.1.2

例 7.1.3 计算三阶行列式 $D=\begin{vmatrix} 1 & 2 & -3 \\ -2 & 2 & 1 \\ -3 & 4 & -2 \end{vmatrix}$.

解 按对角线法则，有

$$\begin{aligned} D &= 1\times2\times(-2)+2\times1\times(-3)+(-3)\times(-2)\times4-1\times1\times4 \\ &\quad -2\times(-2)\times(-2)-(-3)\times2\times(-3) \\ &=-4-6+24-4-8-18=-16 \end{aligned}$$

例 7.1.4 求解方程

$$\begin{vmatrix} 1 & 1 & 1 \\ 2 & 3 & x \\ 4 & 9 & x^2 \end{vmatrix}=0$$

解 方程左端的三阶行列式

$$D=3x^2+4x+18-9x-2x^2-12=x^2-5x+6$$

由 $x^2-5x+6=0$ 解得 $x=2$ 或 $x=3$.

由定义 7.1.2 可知：

(1) 三阶行列式的每项都是不同行、不同列的三个元素的乘积.

(2) 三阶行列式还可以写成

$$\begin{aligned} \begin{vmatrix} a_{11} & a_{12} & a_{13} \\ a_{21} & a_{22} & a_{23} \\ a_{31} & a_{32} & a_{33} \end{vmatrix} &= a_{11}(a_{22}a_{33}-a_{23}a_{32})-a_{12}(a_{21}a_{33}-a_{23}a_{31})+a_{13}(a_{21}a_{32}-a_{22}a_{31}) \\ &= a_{11}\begin{vmatrix} a_{22} & a_{23} \\ a_{32} & a_{33} \end{vmatrix}-a_{12}\begin{vmatrix} a_{21} & a_{23} \\ a_{31} & a_{33} \end{vmatrix}+a_{13}\begin{vmatrix} a_{21} & a_{22} \\ a_{31} & a_{32} \end{vmatrix} \end{aligned} \tag{7.1.4}$$

(3) 在式(7.1.4)中，a_{11}、a_{12}、a_{13}后面的二阶行列式是从原三阶行列式中分别划去元素 a_{11}、a_{12}、a_{13}所在的行与列后剩下的元素按原来顺序所组成的，分别称其为元素 a_{11}、a_{12}、a_{13}的余子式，记为 M_{11}、M_{12}、M_{13}，即

$$M_{11}=\begin{vmatrix} a_{22} & a_{23} \\ a_{32} & a_{33} \end{vmatrix},\quad M_{12}=\begin{vmatrix} a_{21} & a_{23} \\ a_{31} & a_{33} \end{vmatrix},\quad M_{13}=\begin{vmatrix} a_{21} & a_{22} \\ a_{31} & a_{32} \end{vmatrix}$$

令 $A_{ij}=(-1)^{i+j}M_{ij}$，称其为元素 a_{ij} 的代数余子式.

于是，式(7.1.4)也可以表示为

$$\begin{vmatrix} a_{11} & a_{12} & a_{13} \\ a_{21} & a_{22} & a_{23} \\ a_{31} & a_{32} & a_{33} \end{vmatrix} = a_{11}A_{11} + a_{12}A_{12} + a_{13}A_{13} = \sum_{j=1}^{3} a_{1j}A_{1j} \tag{7.1.5}$$

例如

$$D = \begin{vmatrix} 1 & 0 & 3 \\ -1 & 4 & 2 \\ 5 & 1 & -3 \end{vmatrix}$$

中第一行元素的余子式分别为

$$M_{11} = \begin{vmatrix} 4 & 2 \\ 1 & -3 \end{vmatrix} = -14,\ M_{12} = \begin{vmatrix} -1 & 2 \\ 5 & -3 \end{vmatrix} = -7$$

$$M_{13} = \begin{vmatrix} -1 & 4 \\ 5 & 1 \end{vmatrix} = -21$$

对应的代数余子式分别为

$$A_{11} = (-1)^{1+1}M_{11} = (-1)^2 \times (-14) = -14$$
$$A_{12} = (-1)^{1+2}M_{12} = (-1)^3 \times (-7) = 7$$
$$A_{13} = (-1)^{1+3}M_{13} = (-1)^4 \times (-21) = -21$$

所以

$$D = \begin{vmatrix} 1 & 0 & 3 \\ -1 & 4 & 2 \\ 5 & 1 & -3 \end{vmatrix} = a_{11}A_{11} + a_{12}A_{12} + a_{13}A_{13}$$
$$= 1 \times (-14) + 0 \times 7 + 3 \times (-21) = -77$$

注意 根据上述推导过程，读者也可以得到三阶行列式按其他行或列展开的展开式. 例如，三阶行列式按第二列展开的展开式为

$$\begin{vmatrix} a_{11} & a_{12} & a_{13} \\ a_{21} & a_{22} & a_{23} \\ a_{31} & a_{32} & a_{33} \end{vmatrix} = a_{12}A_{12} + a_{22}A_{22} + a_{32}A_{32} = \sum_{i=1}^{3} a_{i2}A_{i2} \tag{7.1.6}$$

此外，关于三阶行列式的上述概念也可以推广到更高阶的行列式中去.

类似于二元线性方程组的讨论，对三元线性方程组

$$\begin{cases} a_{11}x_1 + a_{12}x_2 + a_{13}x_3 = b_1 \\ a_{21}x_1 + a_{22}x_2 + a_{23}x_3 = b_2 \\ a_{31}x_1 + a_{32}x_2 + a_{33}x_3 = b_3 \end{cases}$$

记

$$D = \begin{vmatrix} a_{11} & a_{12} & a_{13} \\ a_{21} & a_{22} & a_{23} \\ a_{31} & a_{32} & a_{33} \end{vmatrix},\quad D_1 = \begin{vmatrix} b_1 & a_{12} & a_{13} \\ b_2 & a_{22} & a_{23} \\ b_3 & a_{32} & a_{33} \end{vmatrix}$$

$$D_2 = \begin{vmatrix} a_{11} & b_1 & a_{13} \\ a_{21} & b_2 & a_{23} \\ a_{31} & b_3 & a_{33} \end{vmatrix},\quad D_3 = \begin{vmatrix} a_{11} & a_{12} & b_1 \\ a_{21} & a_{22} & b_2 \\ a_{31} & a_{32} & b_3 \end{vmatrix}$$

若系数行列式 $D\neq0$，则该方程组有唯一解，即

$$x_1=\frac{D_1}{D},\quad x_2=\frac{D_2}{D},\quad x_3=\frac{D_3}{D}$$

例 7.1.5 解三元线性方程组 $\begin{cases}x_1-2x_2+x_3=-2\\2x_1+x_2-3x_3=1\\-x_1+x_2-x_3=0\end{cases}$.

解 注意到系数行列式

$$D=\begin{vmatrix}1&-2&1\\2&1&-3\\-1&1&-1\end{vmatrix}$$

$$=1\times(-1)^{1+1}\begin{vmatrix}1&-3\\1&-1\end{vmatrix}-2\times(-1)^{1+2}\begin{vmatrix}2&-3\\-1&-1\end{vmatrix}+1\times(-1)^{1+3}\begin{vmatrix}2&1\\-1&1\end{vmatrix}$$

$$=1\times2-2\times5+1\times3=-5\neq0$$

同理，可得

$$D_1=\begin{vmatrix}-2&-2&1\\1&1&-3\\0&1&-1\end{vmatrix}=-5$$

$$D_2=\begin{vmatrix}1&-2&1\\2&1&-3\\-1&0&-1\end{vmatrix}=-10$$

$$D_3=\begin{vmatrix}1&-2&-2\\2&1&1\\-1&1&0\end{vmatrix}=-5$$

故所求方程组的解为

$$x_1=\frac{D_1}{D}=1,\quad x_2=\frac{D_2}{D}=2,\quad x_3=\frac{D_3}{D}=1$$

7.1.3 n 阶行列式

在前面，我们定义了二阶行列式，并指出了三阶行列式可通过按行或列展开的方法转化为二阶行列式来计算，一般地，可给出 n 阶行列式的一种归纳定义.

定义 7.1.3 由 n^2 个元素 $a_{ij}(i,j=1,2,\cdots,n)$ 组成的记号

$$D_n=\begin{vmatrix}a_{11}&a_{12}&\cdots&a_{1n}\\a_{21}&a_{22}&\cdots&a_{2n}\\\vdots&\vdots&&\vdots\\a_{n1}&a_{n2}&\cdots&a_{nn}\end{vmatrix}$$

称为 n 阶行列式，其中横排称为行，竖排称为列. 一般记做 $D_n=\det(a_{ij})$，它表示一个由确定的递推运算关系所得到的数：当 $n=1$ 时，规定 $D_1=|a_{11}|=a_{11}$；当 $n=2$ 时，

$$D_2=\begin{vmatrix}a_{11}&a_{12}\\a_{21}&a_{22}\end{vmatrix}=a_{11}a_{22}-a_{12}a_{21}$$

当 $n>2$ 时，

$$D_n = a_{11}A_{11} + a_{12}A_{12} + \cdots + a_{1n}A_{1n} = \sum_{j=1}^{n} a_{1j}A_{1j} \tag{7.1.7}$$

其中 A_{ij} 称为元素 a_{ij} 的代数余子式，且 $A_{ij}=(-1)^{i+j}M_{ij}$. 这里 M_{ij} 为元素 a_{ij} 的余子式，它是由 D_n 划去元素 a_{ij} 所在的行与列后余下的元素按原来顺序构成的 $n-1$ 阶行列式.

例如四阶行列式

$$D = \begin{vmatrix} 1 & 3 & 0 & 1 \\ 3 & 0 & 1 & 4 \\ 1 & 1 & 2 & 1 \\ 0 & 1 & 1 & 0 \end{vmatrix}$$

中第一行元素的余子式分别为

$$M_{11} = \begin{vmatrix} 0 & 1 & 4 \\ 1 & 2 & 1 \\ 1 & 1 & 0 \end{vmatrix} = -3, \quad M_{12} = \begin{vmatrix} 3 & 1 & 4 \\ 1 & 2 & 1 \\ 0 & 1 & 0 \end{vmatrix} = 1$$

$$M_{13} = \begin{vmatrix} 3 & 0 & 4 \\ 1 & 1 & 1 \\ 0 & 1 & 0 \end{vmatrix} = 1, \quad M_{14} = \begin{vmatrix} 3 & 0 & 1 \\ 1 & 1 & 2 \\ 0 & 1 & 1 \end{vmatrix} = -2$$

对应的代数余子式分别为

$$\begin{aligned} A_{11} &= (-1)^{1+1}M_{11} = (-1)^2 \times (-3) = -3 \\ A_{12} &= (-1)^{1+2}M_{12} = (-1)^3 \times 1 = -1 \\ A_{13} &= (-1)^{1+3}M_{13} = (-1)^4 \times 1 = 1 \\ A_{14} &= (-1)^{1+4}M_{14} = (-1)^5 \times (-2) = 2 \end{aligned}$$

例 7.1.6 计算行列式 $D_4 = \begin{vmatrix} 3 & 0 & 0 & -5 \\ -4 & 1 & 0 & 2 \\ 6 & 5 & 7 & 0 \\ -3 & 4 & -2 & -1 \end{vmatrix}$.

解 由行列式的定义，有

$$\begin{aligned} D_4 &= 3 \cdot (-1)^{1+1} \begin{vmatrix} 1 & 0 & 2 \\ 5 & 7 & 0 \\ 4 & -2 & -1 \end{vmatrix} + (-5) \cdot (-1)^{1+4} \begin{vmatrix} -4 & 1 & 0 \\ 6 & 5 & 7 \\ -3 & 4 & -2 \end{vmatrix} \\ &= 3\left[1 \cdot (-1)^{1+1} \begin{vmatrix} 7 & 0 \\ -2 & -1 \end{vmatrix} + 2 \cdot (-1)^{1+3} \begin{vmatrix} 5 & 7 \\ 4 & -2 \end{vmatrix}\right] \\ &\quad + 5\left[(-4) \cdot (-1)^{1+1} \begin{vmatrix} 5 & 7 \\ 4 & -2 \end{vmatrix} + 1 \cdot (-1)^{1+2} \begin{vmatrix} 6 & 7 \\ -3 & -2 \end{vmatrix}\right] \\ &= 3[-7 + 2(-10-28)] + 5[(-4) \cdot (-10-28) - (-12+21)] \\ &= 466 \end{aligned}$$

例 7.1.7 计算行列式 $D_4 = \begin{vmatrix} 0 & a_{12} & 0 & 0 \\ 0 & 0 & 0 & a_{24} \\ a_{31} & 0 & 0 & 0 \\ 0 & 0 & a_{43} & 0 \end{vmatrix}$.

解 由行列式的定义，有

$$D_4 = a_{12} \cdot (-1)^{1+2} \cdot \begin{vmatrix} 0 & 0 & a_{24} \\ a_{31} & 0 & 0 \\ 0 & a_{43} & 0 \end{vmatrix}$$

$$= - a_{12} \cdot a_{24} (-1)^{1+3} \cdot \begin{vmatrix} a_{31} & 0 \\ 0 & a_{43} \end{vmatrix}$$

$$= - a_{12} a_{24} a_{31} a_{43}$$

式(7.1.7)称为 n 阶行列式按第一行展开的展开式. 事实上，我们可以证明 n 阶行列式可按其任意一行或列展开. 例如，将定义中的 n 阶行列式按第 i 行或第 j 列展开，可得展开式

$$D_n = a_{i1}A_{i1} + a_{i2}A_{i2} + \cdots + a_{in}A_{in} = \sum_{k=1}^{n} a_{ik}A_{ik} \quad (i = 1, 2, \cdots, n) \quad (7.1.8)$$

或

$$D_n = a_{1j}A_{1j} + a_{2j}A_{2j} + \cdots + a_{nj}A_{nj} = \sum_{k=1}^{n} a_{kj}A_{kj} \quad (j = 1, 2, \cdots, n) \quad (7.1.9)$$

例 7.1.8 计算行列式 $D_4 = \begin{vmatrix} 3 & 2 & 0 & 8 \\ 4 & -9 & 2 & 10 \\ -1 & 6 & 0 & -7 \\ 0 & 0 & 0 & 5 \end{vmatrix}$.

解 因为第三列中有三个零元素，可按第三列展开，得

$$D_4 = 2 \cdot (-1)^{2+3} \begin{vmatrix} 3 & 2 & 8 \\ -1 & 6 & -7 \\ 0 & 0 & 5 \end{vmatrix}$$

对于上面的三阶行列式，按第三行展开，得

$$D_4 = (-2) \cdot 5 \cdot (-1)^{3+3} \begin{vmatrix} 3 & 2 \\ -1 & 6 \end{vmatrix} = -200$$

注意 由此可见，计算行列式时，选择先按零元素多的行或列展开可大大简化行列式的计算，这是计算行列式的常用技巧之一.

7.1.4 几个常用的特殊行列式

形如 $\begin{vmatrix} a_{11} & 0 & \cdots & 0 \\ a_{21} & a_{22} & \cdots & 0 \\ \vdots & \vdots & & \vdots \\ a_{n1} & a_{n2} & \cdots & a_{nn} \end{vmatrix}$ 与 $\begin{vmatrix} a_{11} & a_{12} & \cdots & a_{1n} \\ 0 & a_{22} & \cdots & a_{2n} \\ \vdots & \vdots & & \vdots \\ 0 & 0 & \cdots & a_{nn} \end{vmatrix}$ 的行列式分别称为下三角行列式与上三角行列式，其特点是主对角线以上(下)的元素全为零.

我们先来计算下三角行列式的值. 根据 n 阶行列式的定义，每次均通过按第一行展开的方法来降低行列式的阶数，而每次第一行都仅有第一项不为零，故有

$$\begin{vmatrix} a_{11} & 0 & \cdots & 0 \\ a_{21} & a_{22} & \cdots & 0 \\ \vdots & \vdots & & \vdots \\ a_{n1} & a_{n2} & \cdots & a_{nn} \end{vmatrix} = a_{11}(-1)^{1+1}\begin{vmatrix} a_{22} & 0 & \cdots & 0 \\ a_{32} & a_{33} & \cdots & 0 \\ \vdots & \vdots & & \vdots \\ a_{n2} & a_{n3} & \cdots & a_{nn} \end{vmatrix}$$

$$= a_{11}a_{22}(-1)^{1+1}\begin{vmatrix} a_{33} & 0 & \cdots & 0 \\ a_{43} & a_{44} & \cdots & 0 \\ \vdots & \vdots & & \vdots \\ a_{n3} & a_{n4} & \cdots & a_{nn} \end{vmatrix}$$

$$= \cdots = a_{11}a_{22}\cdots a_{nn}$$

对上三角行列式，可每次通过按最后一行展开的方法来降低行列式的阶数，而每次最后一行都仅有最后一项不为零，同样可得

$$\begin{vmatrix} a_{11} & a_{12} & \cdots & a_{1n} \\ 0 & a_{22} & \cdots & a_{2n} \\ \vdots & \vdots & & \vdots \\ 0 & 0 & \cdots & a_{nn} \end{vmatrix} = a_{11}a_{22}\cdots a_{nn}$$

特别地，非主对角线上元素全为零的行列式称为对角行列式，易知

$$\begin{vmatrix} a_{11} & 0 & \cdots & 0 \\ 0 & a_{22} & \cdots & 0 \\ \vdots & \vdots & & \vdots \\ 0 & 0 & \cdots & a_{nn} \end{vmatrix} = a_{11}a_{22}\cdots a_{nn}$$

综上所述，上、下三角行列式和对角行列式的值都等于其主对角线上元素的乘积.

7.2 行列式的性质与计算

行列式的计算是一个重要的问题，也是一个麻烦的问题. 当行列式阶数较大时，使用行列式定义计算行列式工作量很大. 本节讨论的行列式的性质，不仅可以用来简化行列式的计算，而且在行列式理论研究中发挥着重要的作用.

7.2.1 行列式的性质

记

$$D = \begin{vmatrix} a_{11} & a_{12} & \cdots & a_{1n} \\ a_{21} & a_{22} & \cdots & a_{2n} \\ \vdots & \vdots & & \vdots \\ a_{n1} & a_{n2} & \cdots & a_{nn} \end{vmatrix}, \quad D^{\mathrm{T}} = \begin{vmatrix} a_{11} & a_{21} & \cdots & a_{n1} \\ a_{12} & a_{22} & \cdots & a_{n2} \\ \vdots & \vdots & & \vdots \\ a_{1n} & a_{2n} & \cdots & a_{nn} \end{vmatrix}$$

行列式 D^{T} 称为行列式 D 的转置行列式.

性质 7.2.1 行列式与它的转置行列式相等，即 $D^{\mathrm{T}}=D$.

例如

$$D=\begin{vmatrix}2 & 3\\4 & 5\end{vmatrix}=2\times5-4\times3=-2$$

它的转置行列式

$$D^{\mathrm{T}}=\begin{vmatrix}2 & 4\\3 & 5\end{vmatrix}=2\times5-3\times4=-2=D$$

注意　性质 7.2.1 表明，在行列式中行与列的地位是对称的. 因此，凡是有关行的性质，对列也同样成立，反之亦然.

性质 7.2.2　互换行列式的两行(列)，行列式变号.

符号说明：$r_i\leftrightarrow r_j$ 表示行列式中第 i 行与第 j 行互换($c_i\leftrightarrow c_j$ 表示交换行列式中 i，j 两列).

例如

$$\begin{vmatrix}1 & 2 & 1\\0 & 1 & -1\\2 & -1 & 0\end{vmatrix}\xlongequal{r_1\leftrightarrow r_2}-\begin{vmatrix}0 & 1 & -1\\1 & 2 & 1\\2 & -1 & 0\end{vmatrix}\quad(\text{第一、二行互换})$$

$$\begin{vmatrix}1 & 2 & 1\\0 & 1 & -1\\2 & -1 & 0\end{vmatrix}\xlongequal{c_2\leftrightarrow c_3}-\begin{vmatrix}1 & 1 & 2\\0 & -1 & 1\\2 & 0 & -1\end{vmatrix}\quad(\text{第二、三列互换})$$

推论 7.2.1　如果行列式有两行(列)完全相同，则此行列式等于零.

证　把这两行互换，有 $D=-D$，故 $D=0$.

例如

$$\begin{vmatrix}1 & 1 & 0\\1 & 1 & 0\\5 & \sqrt{2} & 7\end{vmatrix}=0\quad(\text{第一、二两行相等})$$

$$\begin{vmatrix}-2 & 1 & 1\\4 & 2 & 2\\7 & -3 & -3\end{vmatrix}=0\quad(\text{第二、三列相等})$$

性质 7.2.3　行列式的某一行(列)中所有的元素都乘以同一数 k，等于用数 k 乘此行列式，即

$$\begin{vmatrix}a_{11} & a_{12} & \cdots & a_{1n}\\\vdots & \vdots & & \vdots\\ka_{i1} & ka_{i2} & \cdots & ka_{in}\\\vdots & \vdots & & \vdots\\a_{n1} & a_{n2} & \cdots & a_{nn}\end{vmatrix}=k\begin{vmatrix}a_{11} & a_{12} & \cdots & a_{1n}\\\vdots & \vdots & & \vdots\\a_{i1} & a_{i2} & \cdots & a_{in}\\\vdots & \vdots & & \vdots\\a_{n1} & a_{n2} & \cdots & a_{nn}\end{vmatrix}$$

第 i 行(列)乘以 k，记做 $r_i\times k$(或 $c_i\times k$).

例如，若 $D=\begin{vmatrix}1 & 0 & 2\\3 & -1 & 0\\1 & 2 & -1\end{vmatrix}$，则

$$\begin{vmatrix} -2 & 0 & -4 \\ 3 & -1 & 0 \\ 1 & 2 & -1 \end{vmatrix} = (-2)\begin{vmatrix} 1 & 0 & 2 \\ 3 & -1 & 0 \\ 1 & 2 & -1 \end{vmatrix} = -2D$$

又

$$\begin{vmatrix} 4 & 0 & 2 \\ 12 & -1 & 0 \\ 4 & 2 & -1 \end{vmatrix} = 4\begin{vmatrix} 1 & 0 & 2 \\ 3 & -1 & 0 \\ 1 & 2 & -1 \end{vmatrix} = 4D$$

推论 7.2.2 行列式的某一行(列)中所有元素的公因子可以提到行列式的外面.

第 i 行(列)提出公因子 k，记做 $r_i \div k$(或 $c_i \div k$).

推论 7.2.3 行列式中如果有两行(列)元素成比例，则此行列式等于零.

例如

$$\begin{vmatrix} 1 & -1 & 2 \\ 0 & 1 & 5 \\ \sqrt{2} & -\sqrt{2} & 2\sqrt{2} \end{vmatrix} = 0 \quad (\text{因为第三行是第一行的}\sqrt{2}\text{倍})$$

$$\begin{vmatrix} 1 & 4 & 1 & 0 \\ 2 & 8 & 3 & 5 \\ 0 & 0 & 1 & 4 \\ -1 & -4 & -5 & 7 \end{vmatrix} = 0 \,(\text{因为第一列与第二列成比例，即第二列是第一列的 4 倍})$$

性质 7.2.4 若行列式的某一行(列)的元素都是两元素之和，则此行列式可以写成两个行列式之和.

设

$$D = \begin{vmatrix} a_{11} & a_{12} & \cdots & a_{1j}+b_1 & \cdots & a_{1n} \\ a_{21} & a_{22} & \cdots & a_{2j}+b_2 & \cdots & a_{2n} \\ \vdots & \vdots & & \vdots & & \vdots \\ a_{n1} & a_{n2} & \cdots & a_{nj}+b_n & \cdots & a_{nn} \end{vmatrix}$$

则 D 等于下列两个行列式之和：

$$D = \begin{vmatrix} a_{11} & a_{12} & \cdots & a_{1j} & \cdots & a_{1n} \\ a_{21} & a_{22} & \cdots & a_{2j} & \cdots & a_{2n} \\ \vdots & \vdots & & \vdots & & \vdots \\ a_{n1} & a_{n2} & \cdots & a_{nj} & \cdots & a_{nn} \end{vmatrix} + \begin{vmatrix} a_{11} & a_{12} & \cdots & b_1 & \cdots & a_{1n} \\ a_{21} & a_{22} & \cdots & b_2 & \cdots & a_{2n} \\ \vdots & \vdots & & \vdots & & \vdots \\ a_{n1} & a_{n2} & \cdots & b_n & \cdots & a_{nn} \end{vmatrix}$$

例如

$$\begin{vmatrix} 2 & 3 \\ 1 & 1 \end{vmatrix} = \begin{vmatrix} 1+1 & 3+0 \\ 1 & 1 \end{vmatrix} = \begin{vmatrix} 1 & 3 \\ 1 & 1 \end{vmatrix} + \begin{vmatrix} 1 & 0 \\ 1 & 1 \end{vmatrix}$$

$$\begin{vmatrix} 1 & 1+\sqrt{2} & 5 \\ 0 & 3-2 & 7 \\ 2 & -1-\sqrt{2} & -1 \end{vmatrix} = \begin{vmatrix} 1 & 1+(\sqrt{2}) & 5 \\ 0 & 3+(-2) & 7 \\ 2 & -1+(-\sqrt{2}) & -1 \end{vmatrix} = \begin{vmatrix} 1 & 1 & 5 \\ 0 & 3 & 7 \\ 2 & -1 & -1 \end{vmatrix} + \begin{vmatrix} 1 & \sqrt{2} & 5 \\ 0 & -2 & 7 \\ 2 & -\sqrt{2} & -1 \end{vmatrix}$$

性质 7.2.5 把行列式的某一行(列)的各元素乘以同一数然后加到另一行(列)对应的元素上去，行列式的值不变.

例如，以数 k 乘第 j 行加到第 i 行上，则有

$$D=\begin{vmatrix} a_{11} & \cdots & a_{1n} \\ \vdots & & \vdots \\ a_{i1} & \cdots & a_{in} \\ \vdots & & \vdots \\ a_{j1} & \cdots & a_{jn} \\ \vdots & & \vdots \\ a_{n1} & \cdots & a_{nn} \end{vmatrix} \xlongequal{r_i+kr_j} \begin{vmatrix} a_{11} & \cdots & a_{1n} \\ \vdots & & \vdots \\ a_{i1}+ka_{j1} & \cdots & a_{in}+ka_{jn} \\ \vdots & & \vdots \\ a_{j1} & \cdots & a_{jn} \\ \vdots & & \vdots \\ a_{n1} & \cdots & a_{nn} \end{vmatrix} = D_1 \qquad (i \neq j)$$

证 由性质 7.2.4 及性质 7.2.3 和推论 7.2.3 有

$$D_1=\begin{vmatrix} a_{11} & \cdots & a_{1n} \\ \vdots & & \vdots \\ a_{i1} & \cdots & a_{in} \\ \vdots & & \vdots \\ a_{j1} & \cdots & a_{jn} \\ \vdots & & \vdots \\ a_{n1} & \cdots & a_{nn} \end{vmatrix} + \begin{vmatrix} a_{11} & \cdots & a_{1n} \\ \vdots & & \vdots \\ ka_{j1} & \cdots & ka_{jn} \\ \vdots & & \vdots \\ a_{j1} & \cdots & a_{jn} \\ \vdots & & \vdots \\ a_{n1} & \cdots & a_{nn} \end{vmatrix} = D+0=D$$

以数 k 乘第 j 行加到第 i 行上，记做 r_i+kr_j；以数 k 乘第 j 列加到第 i 列上，记做 c_i+kc_j.

例如

$$\begin{vmatrix} 1 & 3 & -1 \\ 1 & 4 & -1 \\ 2 & 3 & 1 \end{vmatrix} \xlongequal{r_2-r_1} \begin{vmatrix} 1 & 3 & -1 \\ 0 & 1 & 0 \\ 2 & 3 & 1 \end{vmatrix}$$（表示第一行乘以 -1 后加到第二行上，其值不变）

$$\begin{vmatrix} 1 & 3 & -1 \\ 1 & 4 & -1 \\ 2 & 3 & 1 \end{vmatrix} \xlongequal{c_3+c_1} \begin{vmatrix} 1 & 3 & 0 \\ 1 & 4 & 0 \\ 2 & 3 & 3 \end{vmatrix}$$（表示第一列乘以 1 后加到第三列上，其值不变）

性质 7.2.6 行列式 D 的某一行(列)元素与另一行(列)的代数余子式的乘积之和等于零，即

$$a_{i1}A_{k1}+a_{i2}A_{k2}+\cdots+a_{in}A_{kn}=\sum_{j=1}^{n}a_{ij}A_{kj}=0 \qquad (i\neq k) \tag{7.2.1}$$

$$a_{1j}A_{1l}+a_{2j}A_{2l}+\cdots+a_{nj}A_{nl}=\sum_{i=1}^{n}a_{ij}A_{il}=0 \qquad (j\neq l) \tag{7.2.2}$$

例如，行列式 $\begin{vmatrix} 1 & 3 & 2 \\ 1 & 4 & -1 \\ 2 & 5 & 1 \end{vmatrix}$ 第一行的元素与第三行元素的代数余子式的乘积为零，

即

$$1\times\begin{vmatrix} 3 & 2 \\ 4 & -1 \end{vmatrix}+3\times\left(-\begin{vmatrix} 1 & 2 \\ 1 & -1 \end{vmatrix}\right)+2\times\begin{vmatrix} 1 & 3 \\ 1 & 4 \end{vmatrix}=0$$

由行列式的定义及性质 7.2.6，可得如下推论.

推论 7.2.4 n 阶行列式 $D=\det(a_{ij})$，则有

$$\sum_{k=1}^{n} a_{ki}A_{kj} = \begin{cases} D, & \text{当 } i=j \text{ 时} \\ 0, & \text{当 } i\neq j \text{ 时} \end{cases}$$

或

$$\sum_{k=1}^{n} a_{ik}A_{jk} = \begin{cases} D, & \text{当 } i=j \text{ 时} \\ 0, & \text{当 } i\neq j \text{ 时} \end{cases}$$

7.2.2　行列式的计算

计算行列式时，常用行列式的性质，把它化为三角形行列式来计算．例如化为上三角形行列式的步骤如下：

(1) 如果第一列第一个元素为零，先将第一行与其他行交换使得第一列第一个元素不为零；然后把第一行分别乘以适当的数加到其他各行，使得第一列除第一个元素外其余元素全为零．

(2) 再用同样的方法处理除去第一行和第一列后余下的低一阶行列式，如此继续下去，直至使它成为上三角形行列式，这时主对角线上元素的乘积就是所求行列式的值．

例 7.2.1　设 $\begin{vmatrix} a_{11} & a_{12} & a_{13} \\ a_{21} & a_{22} & a_{23} \\ a_{31} & a_{32} & a_{33} \end{vmatrix}=1$，求 $\begin{vmatrix} 6a_{11} & -2a_{12} & -10a_{13} \\ -3a_{21} & a_{22} & 5a_{23} \\ -3a_{31} & a_{32} & 5a_{33} \end{vmatrix}$．

解　利用行列式的性质，有

$$\begin{vmatrix} 6a_{11} & -2a_{12} & -10a_{13} \\ -3a_{21} & a_{22} & 5a_{23} \\ -3a_{31} & a_{32} & 5a_{33} \end{vmatrix} = -2\begin{vmatrix} -3a_{11} & a_{12} & 5a_{13} \\ -3a_{21} & a_{22} & 5a_{23} \\ -3a_{31} & a_{32} & 5a_{33} \end{vmatrix}$$

$$= (-2)\cdot(-3)\cdot 5\begin{vmatrix} a_{11} & a_{12} & a_{13} \\ a_{21} & a_{22} & a_{23} \\ a_{31} & a_{32} & a_{33} \end{vmatrix}$$

$$= (-2)\cdot(-3)\cdot 5\cdot 1 = 30$$

例 7.2.2　计算 $D=\begin{vmatrix} 3 & 1 & -1 & 2 \\ -5 & 1 & 3 & -4 \\ 2 & 0 & 1 & -1 \\ 1 & -5 & 3 & -3 \end{vmatrix}$．

解

$$D \xlongequal{c_1\leftrightarrow c_2} -\begin{vmatrix} 1 & 3 & -1 & 2 \\ 1 & -5 & 3 & -4 \\ 0 & 2 & 1 & -1 \\ 5 & 1 & 3 & -3 \end{vmatrix} \xlongequal[r_4+5r_1]{r_2-r_1} \begin{vmatrix} 1 & 3 & -1 & 2 \\ 0 & -8 & 4 & -6 \\ 0 & 2 & 1 & -1 \\ 0 & 16 & -2 & 7 \end{vmatrix}$$

$$\xlongequal{r_2\leftrightarrow r_3} \begin{vmatrix} 1 & 3 & -1 & 2 \\ 0 & 2 & 1 & -1 \\ 0 & -8 & 4 & -6 \\ 0 & 16 & -2 & 7 \end{vmatrix} \xlongequal[r_4-8r_2]{r_3+4r_2} \begin{vmatrix} 1 & 3 & -1 & 2 \\ 0 & 2 & 1 & -1 \\ 0 & 0 & 8 & -10 \\ 0 & 0 & -10 & 15 \end{vmatrix}$$

$$\xlongequal{r_4+\frac{5}{4}r_3}\begin{vmatrix}1&3&-1&2\\0&2&1&-1\\0&0&8&-10\\0&0&0&\frac{5}{2}\end{vmatrix}=40$$

注意 上述解法中，先用运算 $c_1\leftrightarrow c_2$（表示交换第一、二列），其目的是把 a_{11} 换成 1，再利用运算 $r_i-a_{i1}r_1$ 把 $a_{i1}(i=2,3,4)$ 变成 0；第二步把 r_2-r_1 和 r_4+5r_1 写在一起，这是两次运算；至于后面的 r_2-r_3，道理相同. 值得注意的是，要尽量避免元素变成分数，否则将给后面的计算增加困难.

例 7.2.3 计算

$$D=\begin{vmatrix}3&1&1&1\\1&3&1&1\\1&1&3&1\\1&1&1&3\end{vmatrix}$$

解 这个行列式的特点是各列 4 个数之和都是 6. 现把二、三、四行同时加到第一行，提出公因子 6，然后各行减去第一行，即得

$$D\xlongequal{r_1+r_2+r_3+r_4}\begin{vmatrix}6&6&6&6\\1&3&1&1\\1&1&3&1\\1&1&1&3\end{vmatrix}\xlongequal{r_1\div 6}6\begin{vmatrix}1&1&1&1\\1&3&1&1\\1&1&3&1\\1&1&1&3\end{vmatrix}\xlongequal[r_4-r_1]{\substack{r_2-r_1\\r_3-r_1}}6\begin{vmatrix}1&1&1&1\\0&2&0&0\\0&0&2&0\\0&0&0&2\end{vmatrix}=48$$

注意 仿照上述方法可得到更一般的结果，即

$$\begin{vmatrix}a&b&b&\cdots&b\\b&a&b&\cdots&b\\b&b&a&\cdots&b\\\vdots&\vdots&\vdots&&\vdots\\b&b&b&\cdots&a\end{vmatrix}=[a+(n-1)b](a-b)^{n-1}$$

例 7.2.4 计算

$$D_4=\begin{vmatrix}a_1&-a_1&0&0\\0&a_2&-a_2&0\\0&0&a_3&-a_3\\1&1&1&1\end{vmatrix}$$

解 根据行列式的特点，可将第一列加至第二列，然后将第二列加至第三列，再将第三列加至第四列，目的是使 D_4 中的零元素增多.

$$D_4\xlongequal{c_2+c_1}\begin{vmatrix}a_1&0&0&0\\0&a_2&-a_2&0\\0&0&a_3&-a_3\\1&2&1&1\end{vmatrix}\xlongequal{c_3+c_2}\begin{vmatrix}a_1&0&0&0\\0&a_2&0&0\\0&0&a_3&-a_3\\1&2&3&1\end{vmatrix}\xlongequal{c_4+c_3}\begin{vmatrix}a_1&0&0&0\\0&a_2&0&0\\0&0&a_3&0\\1&2&3&4\end{vmatrix}$$

$$=4a_1a_2a_3$$

注意 (1)上述各例中都用到把几个运算写在一起的省略写法，这里要注意各个运算的次序一般不能颠倒，这是由于后一次运算是作用在前一次运算结果上的缘故.

$$\begin{vmatrix} a & b \\ c & d \end{vmatrix} \xlongequal{r_1+r_2} \begin{vmatrix} a+c & b+d \\ c & d \end{vmatrix} \xlongequal{r_2-r_1} \begin{vmatrix} a+c & b+d \\ -a & -b \end{vmatrix}$$

$$\begin{vmatrix} a & b \\ c & d \end{vmatrix} \xlongequal{r_2-r_1} \begin{vmatrix} a & b \\ c-a & d-b \end{vmatrix} \xlongequal{r_1+r_2} \begin{vmatrix} c & d \\ c-a & d-b \end{vmatrix}$$

可见，当两次运算次序不同时所得的结果不同.

例如

$$\begin{vmatrix} 3+1 & 2-2 \\ -1+2 & 3+0 \end{vmatrix} = \begin{vmatrix} 4 & 0 \\ 1 & 3 \end{vmatrix} = 12$$

而

$$\begin{vmatrix} 3 & 2 \\ -1 & 3 \end{vmatrix} + \begin{vmatrix} 1 & -2 \\ 2 & 0 \end{vmatrix} = (9+2)+(0+4) = 15$$

因此

$$\begin{vmatrix} 3+1 & 2-2 \\ -1+2 & 3+0 \end{vmatrix} \neq \begin{vmatrix} 3 & 2 \\ -1 & 3 \end{vmatrix} + \begin{vmatrix} 1 & -2 \\ 2 & 0 \end{vmatrix}$$

一般来说，下式是不成立的：

$$\begin{vmatrix} a_{11}+b_{11} & a_{12}+b_{12} \\ a_{21}+b_{21} & a_{22}+b_{22} \end{vmatrix} \neq \begin{vmatrix} a_{11} & a_{12} \\ a_{21} & a_{22} \end{vmatrix} + \begin{vmatrix} b_{11} & b_{12} \\ b_{21} & b_{22} \end{vmatrix}$$

(2) r_i+r_j 与 r_j+r_i 有区别，运算 r_i+kr_j 不能写做 kr_j+r_i（这里不能套用加法的交换律）.

例 7.2.5 计算 $D=\begin{vmatrix} a & b & c & d \\ a & a+b & a+b+c & a+b+c+d \\ a & 2a+b & 3a+2b+c & 4a+3b+2c+d \\ a & 3a+b & 6a+3b+c & 10a+6b+3c+d \end{vmatrix}$.

解 从第四行开始，后一行减前一行：

$$D \xlongequal[r_2-r_1]{\substack{r_4-r_3 \\ r_3-r_2}} \begin{vmatrix} a & b & c & d \\ 0 & a & a+b & a+b+c \\ 0 & a & 2a+b & 3a+2b+c \\ 0 & a & 3a+b & 6a+3b+c \end{vmatrix} \xlongequal[r_3-r_2]{r_4-r_3} \begin{vmatrix} a & b & c & d \\ 0 & a & a+b & a+b+c \\ 0 & 0 & a & 2a+b \\ 0 & 0 & a & 3a+b \end{vmatrix}$$

$$\xlongequal{r_4-r_3} \begin{vmatrix} a & b & c & d \\ 0 & a & a+b & a+b+c \\ 0 & 0 & a & 2a+b \\ 0 & 0 & 0 & a \end{vmatrix} = a^4$$

此外，在行列式的计算中，还将行列式的性质与行列式按行(列)展开的方法结合起来使用. 一般可先用行列式的性质将行列式中某一行(列)化为仅含有一个非零元素，再将行列式按行(列)展开，化为低一阶的行列式，如此继续下去，直到化为二阶行列式为止.

例 7.2.6　计算行列式 $D=\begin{vmatrix}1 & 2 & 3 & 4\\1 & 0 & 1 & 2\\3 & -1 & -1 & 0\\1 & 2 & 0 & -5\end{vmatrix}$.

解

$$D=\begin{vmatrix}1 & 2 & 3 & 4\\1 & 0 & 1 & 2\\3 & -1 & -1 & 0\\1 & 2 & 0 & -5\end{vmatrix}\xlongequal[r_4+2r_3]{r_1+2r_3}\begin{vmatrix}7 & 0 & 1 & 4\\1 & 0 & 1 & 2\\3 & -1 & -1 & 0\\7 & 0 & -2 & -5\end{vmatrix}$$

$$=(-1)\times(-1)^{3+2}\begin{vmatrix}7 & 1 & 4\\1 & 1 & 2\\7 & -2 & -5\end{vmatrix}\xlongequal[r_3+2r_2]{r_1-r_2}\begin{vmatrix}6 & 0 & 2\\1 & 1 & 2\\9 & 0 & -1\end{vmatrix}$$

$$=1\times(-1)^{2+2}\begin{vmatrix}6 & 2\\9 & -1\end{vmatrix}=-6-18=-24$$

例 7.2.7　计算行列式 $D=\begin{vmatrix}5 & 3 & -1 & 2 & 0\\1 & 7 & 2 & 5 & 2\\0 & -2 & 3 & 1 & 0\\0 & -4 & -1 & 4 & 0\\0 & 2 & 3 & 5 & 0\end{vmatrix}$.

解

$$D=\begin{vmatrix}5 & 3 & -1 & 2 & 0\\1 & 7 & 2 & 5 & 2\\0 & -2 & 3 & 1 & 0\\0 & -4 & -1 & 4 & 0\\0 & 2 & 3 & 5 & 0\end{vmatrix}=(-1)^{2+5}\cdot 2\begin{vmatrix}5 & 3 & -1 & 2\\0 & -2 & 3 & 1\\0 & -4 & -1 & 4\\0 & 2 & 3 & 5\end{vmatrix}$$

$$=-2\cdot 5\begin{vmatrix}-2 & 3 & 1\\-4 & -1 & 4\\2 & 3 & 5\end{vmatrix}\xlongequal[r_3+r_1]{r_2+(-2)r_1}-10\begin{vmatrix}-2 & 3 & 1\\0 & -7 & 2\\0 & 6 & 6\end{vmatrix}$$

$$=-10\cdot(-2)\begin{vmatrix}-7 & 2\\6 & 6\end{vmatrix}=20(-42-12)=-1080$$

7.3　克莱姆法则

引例 7.3.1　对三元线性方程组

$$\begin{cases}a_{11}x_1+a_{12}x_2+a_{13}x_3=b_1\\a_{21}x_1+a_{22}x_2+a_{23}x_3=b_2\\a_{31}x_1+a_{32}x_2+a_{33}x_3=b_3\end{cases}$$

在其系数行列式 $D\neq 0$ 的条件下，已知它有唯一解：

$$x_1=\frac{D_1}{D},\quad x_2=\frac{D_2}{D},\quad x_3=\frac{D_3}{D}$$

其中

$$D=\begin{vmatrix} a_{11} & a_{12} & a_{13} \\ a_{21} & a_{22} & a_{23} \\ a_{31} & a_{32} & a_{33} \end{vmatrix},\quad D_1=\begin{vmatrix} b_1 & a_{12} & a_{13} \\ b_2 & a_{22} & a_{23} \\ b_3 & a_{32} & a_{33} \end{vmatrix}$$

$$D_2=\begin{vmatrix} a_{11} & b_1 & a_{13} \\ a_{21} & b_2 & a_{23} \\ a_{31} & b_3 & a_{33} \end{vmatrix},\quad D_3=\begin{vmatrix} a_{11} & a_{12} & b_1 \\ a_{21} & a_{22} & b_2 \\ a_{31} & a_{32} & b_3 \end{vmatrix}$$

对更一般的线性方程组是否有类似的结果？答案是肯定的. 在引入克莱姆法则之前，我们先介绍有关 n 元线性方程组的概念.

形如

$$\begin{cases} a_{11}x_1+a_{12}x_2+\cdots+a_{1n}x_n=b_1 \\ a_{21}x_1+a_{22}x_2+\cdots+a_{2n}x_n=b_2 \\ \qquad\vdots \\ a_{n1}x_1+a_{n2}x_2+\cdots+a_{nn}x_n=b_n \end{cases} \tag{7.3.1}$$

的方程组称做 n 元线性方程组. 当其右端的常数项 $b_1, b_2, \cdots, b_n$ 不全为零时，该线性方程组称为非齐次线性方程组；当 $b_1, b_2, \cdots, b_n$ 全为零时，该线性方程组称为齐次线性方程组.

本节主要研究方程的个数与未知量的个数相等时，线性方程组的解法.

7.3.1 非齐次线性方程组

n 元线性方程组与二、三元线性方程组相类似，它的解可以用 n 阶行列式表示.

定理 7.3.1(克莱姆法则) 如果线性方程组(7.3.1)的系数行列式不等于零，即

$$D=\begin{vmatrix} a_{11} & a_{12} & \cdots & a_{1n} \\ a_{21} & a_{22} & \cdots & a_{2n} \\ \vdots & \vdots & & \vdots \\ a_{n1} & a_{n2} & \cdots & a_{nn} \end{vmatrix}\neq 0$$

则线性方程组(7.3.1)有唯一解，其解为

$$x_1=\frac{D_1}{D},\ x_2=\frac{D_2}{D},\ \cdots,\ x_n=\frac{D_n}{D} \tag{7.3.2}$$

其中，$D_j(j=1, 2, \cdots, n)$是将系数行列式 D 中第 j 列的元素用方程组右端的常数项代替后所得到的 n 阶行列式，即

$$D_j=\begin{vmatrix} a_{11} & \cdots & a_{1,j-1} & b_1 & a_{1,j+1} & \cdots & a_{1n} \\ a_{21} & \cdots & a_{2,j-1} & b_2 & a_{2,j+1} & \cdots & a_{2n} \\ \vdots & & \vdots & \vdots & \vdots & & \vdots \\ a_{n1} & \cdots & a_{n,j-1} & b_n & a_{n,j+1} & \cdots & a_{nn} \end{vmatrix}$$

证明略.

例 7.3.1 用克莱姆法则求解线性方程组 $\begin{cases}2x_1+3x_2+5x_3=2\\x_1+2x_2=5\\3x_2+5x_3=4\end{cases}$.

解 $D=\begin{vmatrix}2&3&5\\1&2&0\\0&3&5\end{vmatrix}\xlongequal{r_1-r_3}\begin{vmatrix}2&0&0\\1&2&0\\0&3&5\end{vmatrix}=2\begin{vmatrix}2&0\\3&5\end{vmatrix}=2\times2\times5=20$

$$D_1=\begin{vmatrix}2&3&5\\5&2&0\\4&3&5\end{vmatrix}\xlongequal{r_1-r_3}\begin{vmatrix}-2&0&0\\5&2&0\\4&3&5\end{vmatrix}=(-2)\times2\times5=-20$$

$$D_2=\begin{vmatrix}2&2&5\\1&5&0\\0&4&5\end{vmatrix}\xlongequal{r_1-2r_2}\begin{vmatrix}0&-8&5\\1&5&0\\0&4&5\end{vmatrix}\xlongequal{r_1\leftrightarrow r_2}-\begin{vmatrix}1&5&0\\0&-8&5\\0&4&5\end{vmatrix}=-\begin{vmatrix}-8&5\\4&5\end{vmatrix}=60$$

$$D_3=\begin{vmatrix}2&3&2\\1&2&5\\0&3&4\end{vmatrix}\xlongequal{r_1-2r_2}\begin{vmatrix}0&-1&-8\\1&2&5\\0&3&4\end{vmatrix}\xlongequal{r_1\leftrightarrow r_2}-\begin{vmatrix}1&2&5\\0&-1&-8\\0&3&4\end{vmatrix}=-\begin{vmatrix}-1&-8\\3&4\end{vmatrix}=-20$$

由克莱姆法则，可得

$$x_1=\frac{D_1}{D}=-1,\quad x_2=\frac{D_2}{D}=3,\quad x_3=\frac{D_3}{D}=-1$$

例 7.3.2 设曲线 $y=a_0+a_1x+a_2x^2+a_3x^3$ 通过四点(1,3)、(2,4)、(3,3)、(4,−3)，求系数 a_0、a_1、a_2、a_3.

解 把四个点的坐标代入曲线方程，得线性方程组

$$\begin{cases}a_0+a_1+a_2+a_3=3\\a_0+2a_1+4a_2+8a_3=4\\a_0+3a_1+9a_2+27a_3=3\\a_0+4a_1+16a_2+64a_3=-3\end{cases}$$

其系数行列式

$$D=\begin{vmatrix}1&1&1&1\\1&2&4&8\\1&3&9&27\\1&4&16&64\end{vmatrix}\xlongequal[r_4-r_1]{\substack{r_2-r_1\\r_3-r_1}}\begin{vmatrix}1&1&1&1\\0&1&3&7\\0&2&8&26\\0&3&15&21\end{vmatrix}=2\cdot3\begin{vmatrix}1&1&1\\1&4&13\\1&5&21\end{vmatrix}$$

$$\xlongequal[r_3-r_1]{r_2-r_1}6\cdot\begin{vmatrix}1&1&1\\0&1&6\\0&2&14\end{vmatrix}=6\cdot\begin{vmatrix}1&6\\2&14\end{vmatrix}$$

而

$$D_1=\begin{vmatrix}3&1&1&1\\4&2&4&8\\3&3&9&27\\-3&4&16&64\end{vmatrix}\xlongequal[c_1-3c_2]{\substack{c_4-c_3\\c_3-c_2}}\begin{vmatrix}0&1&0&0\\-2&2&2&4\\-6&3&6&18\\-15&4&12&48\end{vmatrix}=(-1)^3\begin{vmatrix}-2&2&4\\-6&6&18\\-15&12&48\end{vmatrix}$$

$$\xlongequal{c_1+c_2} -\begin{vmatrix} 0 & 2 & 4 \\ 0 & 6 & 18 \\ -3 & 12 & 48 \end{vmatrix} = -(-3)\begin{vmatrix} 2 & 4 \\ 6 & 18 \end{vmatrix} = 36$$

类似地，计算可得

$$D_2 = \begin{vmatrix} 1 & 3 & 1 & 1 \\ 1 & 4 & 4 & 8 \\ 1 & 3 & 9 & 27 \\ 1 & -3 & 16 & 64 \end{vmatrix} = -18, \quad D_3 = \begin{vmatrix} 1 & 1 & 3 & 1 \\ 1 & 2 & 4 & 8 \\ 1 & 3 & 3 & 27 \\ 1 & 4 & -3 & 64 \end{vmatrix} = 24$$

$$D_4 = \begin{vmatrix} 1 & 1 & 1 & 3 \\ 1 & 2 & 4 & 4 \\ 1 & 3 & 9 & 3 \\ 1 & 4 & 16 & -3 \end{vmatrix} = -6$$

故由克莱姆法则，得唯一解

$$a_0 = 3,\ a_1 = -\frac{3}{2},\ a_2 = 2,\ a_3 = -\frac{1}{2}$$

即曲线方程为

$$y = 3 - \frac{3}{2}x + 2x^2 - \frac{1}{2}x^3$$

例 7.3.3　大学生在饮食方面存在很多问题，多数大学生不重视吃早餐，日常饮食也没有规律. 为了身体的健康就需制定营养改善计划，大学生每天的配餐中需要摄入一定的蛋白质、脂肪和碳水化合物，表 7.3.1 给出了这三种食物提供的营养以及大学生正常所需的营养(它们的质量以适当的单位计量).

表 7.3.1

营　养	单位食物所含的营养量			所需营养量
	食物一	食物二	食物三	
蛋白质	36	51	13	33
脂肪	0	7	1.1	3
碳水化合物	52	34	74	45

试根据这个问题建立一个线性方程组，并通过求解方程组来确定每天需要摄入上述三种食物的量.

解　设 x_1、x_2、x_3 分别为三种食物的量，则由表中的数据可得出下列线性方程组：

$$\begin{cases} 36x_1 + 51x_2 + 13x_3 = 33 \\ 0x_1 + 7x_2 + 1.1x_3 = 3 \\ 52x_1 + 34x_2 + 74x_3 = 45 \end{cases}$$

由克莱姆法则可得

$$D = \begin{vmatrix} 36 & 51 & 13 \\ 0 & 7 & 1.1 \\ 52 & 34 & 74 \end{vmatrix} = 15\,486.8, \quad D_1 = \begin{vmatrix} 33 & 51 & 13 \\ 3 & 7 & 1.1 \\ 45 & 34 & 74 \end{vmatrix} = 4293.3$$

$$D_2 = \begin{vmatrix} 36 & 33 & 13 \\ 0 & 3 & 1.1 \\ 52 & 45 & 74 \end{vmatrix} = 6069.6, \quad D_3 = \begin{vmatrix} 36 & 51 & 33 \\ 0 & 7 & 3 \\ 52 & 34 & 45 \end{vmatrix} = 3612$$

则

$$x_1 = \frac{D_1}{D} = 0.277, \quad x_2 = \frac{D_2}{D} = 0.392, \quad x_3 = \frac{D_3}{D} = 0.233$$

从而我们每天摄入 0.277 个单位的食物一、0.392 个单位的食物二、0.233 个单位的食物三就可以保证我们的健康饮食了.

一般来说，用克莱姆法则求线性方程组的解时，计算量是比较大的. 对具体的数字线性方程组，当未知数较多时往往可用计算机来求解. 用计算机求解线性方程组目前已经有了一整套成熟的方法.

克莱姆法则在一定条件下给出了线性方程组解的存在性、唯一性，与其在计算方面的作用相比，克莱姆法则更具有重大的理论价值. 撇开求解公式，克莱姆法则可叙述为下面的定理.

定理 7.3.2 如果线性方程组(7.3.1)的系数行列式 $D\neq 0$，则线性方程组(7.3.1)一定有解，且解是唯一的.

7.3.2 齐次线性方程组

对于齐次线性方程组

$$\begin{cases} a_{11}x_1 + a_{12}x_2 + \cdots + a_{1n}x_n = 0 \\ a_{21}x_1 + a_{22}x_2 + \cdots + a_{2n}x_n = 0 \\ \qquad \vdots \\ a_{n1}x_1 + a_{n2}x_2 + \cdots + a_{nn}x_n = 0 \end{cases} \tag{7.3.3}$$

$x_1 = x_2 = \cdots x_n = 0$ 一定是它的解，这个解叫做齐次线性方程组的零解. 如果一组不全为零的数是该方程组(7.3.3)的解，则它叫做齐次线性方程组(7.3.3)的非零解. 齐次线性方程组(7.3.3)一定有零解，但不一定有非零解. 把定理 7.3.1 应用于齐次线性方程组(7.3.3)可得如下定理.

定理 7.3.3 如果齐次线性方程组(7.3.3)的系数行列式 $D\neq 0$，则它仅有零解.

注意 由于齐次线性方程组一定有零解 $x_j=0(j=1, 2, \cdots n)$，故定理 7.3.3 的逆否命题为：若齐次线性方程组(7.3.3)有非零解，则 $D=0$.

例 7.3.4 λ 取何值时，齐次线性方程组

$$\begin{cases} (5-\lambda)x_1 + 2x_2 + 2x_3 = 0 \\ 2x_1 + (6-\lambda)x_2 = 0 \\ 2x_1 + (4-\lambda)x_3 = 0 \end{cases}$$

有非零解？

解 由定理 7.3.3 可知，若该齐次线性方程组有非零解，则其系数行列式 $D=0$，而

$$D = \begin{vmatrix} 5-\lambda & 2 & 2 \\ 2 & 6-\lambda & 0 \\ 2 & 0 & 4-\lambda \end{vmatrix}$$

$$= (5-\lambda)(6-\lambda)(4-\lambda)-4(4-\lambda)-4(6-\lambda)$$
$$= (5-\lambda)(2-\lambda)(8-\lambda)$$

由 $D=0$，得 $\lambda=2$、$\lambda=5$ 或 $\lambda=8$.

不难验证，当 $\lambda=2$、5 或 8 时，此齐次线性方程组有非零解.

例 7.3.5 设方程组 $\begin{cases} x+y+z=a+b+c \\ ax+by+cz=a^2+b^2+c^2 \\ bcx+cay+abz=3abc \end{cases}$，试问 a、b、c 满足什么条件时，方程组有唯一解？并求出该唯一解.

解

$$D=\begin{vmatrix} 1 & 1 & 1 \\ a & b & c \\ bc & ca & ab \end{vmatrix} \xlongequal[c_2-c_3]{c_1-c_2} \begin{vmatrix} 0 & 0 & 1 \\ a-b & b-c & c \\ c(b-a) & a(c-b) & ab \end{vmatrix}$$

$$\xlongequal[c_2\div(b-c)]{c_1\div(a-b)} (a-b)(b-c)\begin{vmatrix} 0 & 0 & 1 \\ 1 & 1 & c \\ -c & -a & ab \end{vmatrix}$$

$$=(a-b)(b-c)\begin{vmatrix} 1 & 1 \\ -c & -a \end{vmatrix}$$

$$=(a-b)(b-c)(c-a)$$

显然，当 a、b、c 互不相等时，$D\neq0$，该方程组有唯一解. 又

$$D_1=\begin{vmatrix} a+b+c & 1 & 1 \\ a^2+b^2+c^2 & b & c \\ 3abc & ca & ab \end{vmatrix} \xlongequal{c_1-bc_2-cc_3} \begin{vmatrix} a & 1 & 1 \\ a^2 & b & c \\ abc & ca & ab \end{vmatrix}$$

$$\xlongequal{c_1\div a} a\begin{vmatrix} 1 & 1 & 1 \\ a & b & c \\ bc & ca & ab \end{vmatrix}=aD$$

同理可得 $D_2=bD$，$D_3=cD$. 于是

$$x=\frac{D_1}{D}=a,\quad y=\frac{D_2}{D}=b,\quad z=\frac{D_3}{D}=c$$

注意 克莱姆法则的意义主要在于它给出了方程组的解与系数的关系，这一点在以后许多问题的讨论中是很重要的，但是用此方法解方程组不太方便，因为计算量很大，以后章节中还会介绍其他更简便的方法.

习 题 7

1. 计算下列二阶行列式：

(1) $\begin{vmatrix} 2 & 3 \\ -1 & 4 \end{vmatrix}$； (2) $\begin{vmatrix} -1 & 1 \\ 2 & -4 \end{vmatrix}$； (3) $\begin{vmatrix} a & b \\ a^2 & b^2 \end{vmatrix}$.

2. 计算下列三阶行列式：

(1) $\begin{vmatrix} -2 & -4 & 1 \\ 3 & 0 & 3 \\ 5 & 4 & -2 \end{vmatrix}$；(2) $\begin{vmatrix} 2 & 0 & 3 \\ 1 & -2 & -1 \\ -1 & 8 & 3 \end{vmatrix}$；　(3) $\begin{vmatrix} 1 & 1 & 1 \\ a & b & c \\ a^2 & b^2 & c^2 \end{vmatrix}$.

3. x 为何值时，$\begin{vmatrix} 3 & 1 & x \\ 4 & x & 0 \\ 1 & 0 & x \end{vmatrix} \neq 0$?

4. 求行列式 $\begin{vmatrix} -3 & 0 & 4 \\ 5 & 0 & 3 \\ 2 & -2 & 1 \end{vmatrix}$ 中元素 2 与 −2 的代数余子式.

5. 用行列式的性质计算下列各行列式：

(1) $\begin{vmatrix} 34215 & 35215 \\ 28092 & 29092 \end{vmatrix}$；　(2) $\begin{vmatrix} 103 & 100 & 204 \\ 199 & 200 & 395 \\ 301 & 300 & 600 \end{vmatrix}$；

(3) $\begin{vmatrix} -ab & ac & ae \\ bd & -cd & de \\ bf & cf & -ef \end{vmatrix}$；　(4) $\begin{vmatrix} 1 & 1 & 1 & 1 \\ -1 & 1 & 1 & 1 \\ -1 & -1 & 1 & 1 \\ -1 & -1 & -1 & 1 \end{vmatrix}$；

(5) $\begin{vmatrix} 0 & 0 & 0 & 4 \\ 0 & 0 & 3 & 0 \\ 0 & 2 & 0 & 0 \\ 1 & 0 & 0 & 0 \end{vmatrix}$；　(6) $\begin{vmatrix} a & 1 & 0 & 0 \\ -1 & b & 1 & 0 \\ 0 & -1 & c & 1 \\ 0 & 0 & -1 & d \end{vmatrix}$.

6. 证明：

(1) $\begin{vmatrix} a_1+kb_1 & b_1+c_1 & c_1 \\ a_2+kb_2 & b_2+c_2 & c_2 \\ a_3+kb_3 & b_3+c_3 & c_3 \end{vmatrix} = \begin{vmatrix} a_1 & b_1 & c_1 \\ a_2 & b_2 & c_2 \\ a_3 & b_3 & c_3 \end{vmatrix}$；

(2) $\begin{vmatrix} a_1 & 0 & 0 & b_1 \\ 0 & a_2 & b_2 & 0 \\ 0 & b_3 & a_3 & 0 \\ b_4 & 0 & 0 & a_4 \end{vmatrix} = (a_2a_3-b_2b_3)(a_1a_4-b_1b_4)$.

7. 用克莱姆法则解下列方程组：

(1) $\begin{cases} 6x_1-4x_2=10 \\ 5x_1+7x_2=29 \end{cases}$；　(2) $\begin{cases} x_1+x_2-2x_3=-3 \\ 5x_1-2x_2+7x_3=22 \\ 2x_1-5x_2+4x_3=4 \end{cases}$；

(3) $\begin{cases} bx-ay+2ab=0 \\ -2cy+3bz-bc=0 \\ cx+az=0 \end{cases}$　$(abc\neq 0)$.

8. 当 λ 取何值时，齐次线性方程组 $\begin{cases}\lambda x+y+z=0\\ x+\lambda y-z=0\\ 2x-y+z=0\end{cases}$ 有非零解？

9. 当 λ、μ 取何值时，齐次线性方程组 $\begin{cases}\lambda x_1+x_2+x_3=0\\ x_1+\mu x_2+x_3=0\\ x_1+2\mu x_2+x_3=0\end{cases}$ 有非零解？

自测题7

一、选择题

1. 下列选项中是五阶行列式中的一项是(　　).

A. $a_{12}a_{31}a_{23}a_{45}a_{34}$　　B. $-a_{31}a_{22}a_{43}a_{14}a_{55}$

C. $-a_{13}a_{21}a_{34}a_{42}a_{51}$　　D. $a_{12}a_{21}a_{55}a_{43}a_{34}$

2. 行列式 $\begin{vmatrix}k & 2 & 1\\ 2 & k & 0\\ 1 & -1 & 1\end{vmatrix}=0$ 的充分必要条件是(　　).

A. $k=-2$　　B. $k=-2$ 或 $k=3$

C. $k\neq-2$ 且 $k\neq3$　　D. $k=3$

3. 若行列式 $D=\begin{vmatrix}a_{11} & a_{12} & a_{13}\\ a_{21} & a_{22} & a_{23}\\ a_{31} & a_{32} & a_{33}\end{vmatrix}=1$，则行列式 $D=\begin{vmatrix}4a_{11} & 2a_{11}-a_{12} & a_{13}\\ 4a_{21} & 2a_{21}-a_{22} & a_{23}\\ 4a_{31} & 2a_{31}-a_{32} & a_{33}\end{vmatrix}=$(　　).

A. -12　　B. 12　　C. -4　　D. 24

4. 如果线性方程组 $\begin{cases}2x_1+kx_2=c_1\\ kx_1+2x_2=c_2\end{cases}$ (c_1、c_2 为不等于零的常数)有唯一解，则 k 必须满足(　　).

A. $k=0$　　B. $k=-2$ 或 $k=2$

C. $k\neq-2$ 或 $k\neq2$　　D. $k\neq-2$ 且 $k\neq2$

二、填空题

1. $\begin{vmatrix}3 & 2\\ -1 & -5\end{vmatrix}=$________，$\begin{vmatrix}1 & 1\\ x & y\end{vmatrix}=$________.

2. 在行列式 $D_3=\begin{vmatrix}a_{11} & a_{12} & a_{13}\\ a_{21} & a_{22} & a_{23}\\ a_{31} & a_{32} & a_{33}\end{vmatrix}$ 中，元素 a_{12} 的余子式为________，代数余子式为________.

3. $\begin{vmatrix} 2 & 0 & 1 \\ -1 & 8 & 3 \\ 1 & -1 & -1 \end{vmatrix}=$________，$\begin{vmatrix} 1 & 1 & 1 & 0 \\ 1 & 1 & 0 & 1 \\ 1 & 0 & 1 & 1 \\ 0 & 1 & 1 & 1 \end{vmatrix}=$________，$\begin{vmatrix} a & b & c \\ b & c & a \\ c & a & b \end{vmatrix}=$________.

4. 已知三阶行列式 D 的第三列的元素分别为 -1、2、5，它们的余子式依次为 5、3、-2，则 $D=$________.

5. 若齐次线性方程组 $\begin{cases} \lambda x_1+x_2+x_3=0 \\ x_1+\lambda x_2+x_3=0 \\ x_1+x_2+x_3=0 \end{cases}$ 只有零解，则 λ 应满足的条件是________.

三、计算题

1. (1) $\begin{vmatrix} 5 & 2 & 2 & 2 \\ 2 & 5 & 2 & 2 \\ 2 & 2 & 5 & 2 \\ 2 & 2 & 2 & 5 \end{vmatrix}$；　(2) $\begin{vmatrix} 99 & 100 & 203 \\ 202 & 200 & 397 \\ 298 & 300 & 601 \end{vmatrix}$.

2. 解方程 $\begin{vmatrix} 1 & 1 & 1 \\ 1 & 2 & x \\ 3 & x & 6 \end{vmatrix}=0$.

3. 已知空间的点(1，1，1)、(2，3，-1)、(3，-1，-1)在平面 $ax+by+cz=d$ 上，求该平面方程.

阅读材料 7

芝诺悖论

芝诺悖论是古希腊数学家芝诺提出的一系列关于运动的不可分性的哲学悖论. 这些悖论由于被记录在亚里士多德的《物理学》一书中而为后人所知. 芝诺提出这些悖论是为了支持他的老师巴门尼德关于“存在”不动、是一的学说. 这些悖论中最著名的两个是:“阿基里斯跑不过乌龟”和“飞矢不动”. 这些方法现在可以用微积分(无限)的概念解释，但还是无法用微积分解决，因为微积分原理存在的前提是存在广延(如，有广延的线段经过无限分割，还是由有广延的线段组成，而不是由无广延的点组成)，而芝诺悖论中既承认广延，又强调无广延的点. 这些悖论之所以难以解决，是因为它集中强调后来以笛卡尔和伽桑迪为代表的机械论的分歧点. 这些悖论其实都可以简化为：$\frac{1}{0}=\infty$.

1. 阿基里斯悖论

阿基里斯是古希腊神话中善跑的英雄. 在他和乌龟的竞赛中，他的速度为乌龟的 10 倍，乌龟在前面 100 米跑，他在后面追，但他不可能追上乌龟. 因为在竞赛中，追者首先必须到达被追者的出发点，当阿基里斯追到 100 米时，乌龟已经又向前爬了 10 米，于是，一个新的起点产生了；阿基里斯必须继续追，而当他追到乌龟爬的这 10 米时，乌龟又已经向前爬了1米，阿基里斯只能再追向那个1米．就这样，乌龟会制造出无穷个起点，它总能在起点与自己之间制造出一个距离，不管这个距离有多小，但只要乌龟不停地奋力向前爬，阿基里斯就永远也追不上乌龟！

类似阿基里斯追上乌龟之类的追赶问题，我们可以用无穷数列的求和，或者简单建立起一个方程组就能算出所需要的时间．那么既然我们都算出了追赶所花的时间，我们还有什么理由说阿基里斯永远也追不上乌龟呢？然而问题出在这里：我们在这里有一个假定，那就是假定阿基里斯最终是追上了乌龟，才求出的那个时间．但是芝诺悖论的实质在于要求我们证明为何能追上．上面说到无穷个步骤是难以完成的．

以上初等数学的解决办法，是从结果推往过程的．悖论本身的逻辑并没有错，它之所以与实际相差甚远，在于这个芝诺与我们采取了不同的时间系统．人们习惯于将运动看做时间的连续函数，而芝诺的解释则采取了离散的时间系统．即无论将时间间隔取的再小，整个时间轴仍是由有限的时间点组成的．换句话说，连续时间是离散时间将时间间隔取为无穷小的极限．

其实这归根到底是一个时间的问题．譬如说，阿基里斯的速度是10 m/s，乌龟的速度是1 m/s，乌龟在前面100 m．实际情况是阿基里斯必然会在100/9秒之后追上乌龟．按照悖论的逻辑，这100/9秒可以无限细分，给我们一种好像永远也过不完的印象．但其实根本不是如此．这就类似于有1秒时间，我们先要过一半即1/2秒，再过一半即1/4秒，再过一半即1/8秒，这样下去我们永远都过不完这1秒，因为无论时间再短也可无限细分．但其实我们真的就永远也过不完这1秒了吗？显然不是．其实时间的流动是匀速的，1/2、1/4、1/8秒，时间越来越短，看上去无穷无尽，其实加起来只是个常数而已，也就是1秒．所以说，芝诺的悖论是不存在的．

2. 飞矢不动悖论

设想一支飞行的箭在每一时刻，位于空间中的一个特定位置．由于时刻无持续时间，箭在每个时刻都只能是静止的．鉴于整个运动期间只包含时刻，而每个时刻又只有静止的箭，所以芝诺断定，飞行的箭总是静止的，它不可能在运动．

上述结论也适用于时刻有持续时间的情况．对于这种情况，时刻将是时间的最小单元．假设箭在这样一个时刻中运动了，那么它将在这个时刻的开始和结束位于空间的不同位置．这说明时刻具有一个起点和一个终点，从而至少包含两部分．但这明显与时刻是时间的最小单元这一前提相矛盾．因此，即使时刻有持续时间，飞行的箭也不可能在运动．总之，飞矢不动．

飞矢不动悖论的标准解决方案如下：箭在每个时刻都不动这一事实不能说明它是静止的．运动与时刻里发生什么无关，而与时刻间发生什么有关．如果一个物体在相邻时刻在相同的位置，那么我们说它是静止的，反之它就是运动的．

资料来源：百度百科

第8章　矩阵及其运算

矩阵是线性代数的主要研究对象和工具，它在数学的其他分支以及自然科学、现代经济学、管理学和工程技术领域等方面具有广泛的应用. 矩阵是研究线性变换、向量的线性相关性及线性方程组的解法等有力的且不可替代的工具，在线性代数中具有重要的地位.

本章主要介绍矩阵的概念、矩阵的基本运算及矩阵的逆等内容. 矩阵的概念及相关运算贯穿线性代数的始终，因此要全面理解和深入掌握.

本章的基本要求如下：

(1) 理解矩阵的概念，了解零矩阵、单位矩阵、数量矩阵、对角矩阵、上(下)三角矩阵、对称矩阵和反对称矩阵的概念及它们的性质.

(2) 熟练掌握矩阵的线性运算(即矩阵的加法与矩阵的数乘)、矩阵的乘法运算、矩阵的转置以及它们的运算规律，了解方阵的幂和方阵乘积的行列式.

(3) 理解逆矩阵的概念，掌握逆矩阵的性质以及矩阵可逆的充分必要条件. 了解伴随矩阵的概念，会用伴随矩阵求可逆矩阵.

(4) 掌握初等矩阵的概念，了解初等变换与初等矩阵之间的对应关系，掌握利用初等变换求逆矩阵的方法.

8.1　矩阵的概念

8.1.1　矩阵的定义

线性方程组是经济研究和经济管理中常见的一类数学模型，第7章仅对未知量和方程个数相同的线性方程组进行了讨论，而未知量和方程个数不相同时的线性方程组，可设为

$$\begin{cases} a_{11}x_1 + a_{12}x_2 + \cdots + a_{1n}x_n = b_1 \\ a_{21}x_1 + a_{22}x_2 + \cdots + a_{2n}x_n = b_2 \\ \quad\vdots \\ a_{m1}x_1 + a_{m2}x_2 + \cdots + a_{mn}x_n = b_m \end{cases} \tag{8.1.1}$$

它的解还没有讨论，不过可以明显地感觉到其解完全取决于未知量前面的系数及常数项，取决于由这些数构成的一个矩形表，即

$$\begin{pmatrix} a_{11} & a_{12} & \cdots & a_{1n} & b_1 \\ a_{21} & a_{22} & \cdots & a_{2n} & b_2 \\ \vdots & \vdots & & \vdots & \vdots \\ a_{m1} & a_{m2} & \cdots & a_{mn} & b_m \end{pmatrix} \tag{8.1.2}$$

例 8.1.1　设有线性方程组

$$\begin{cases}2x_1-x_2+x_3+x_4=1\\x_1+x_2-3x_3+2x_4=-2\\x_2+2x_3-x_4=-1\\3x_1-2x_2+x_3+3x_4=4\end{cases}$$

未知量前面的系数及常数项构成一个矩形表，即

$$\begin{pmatrix}2&-1&1&1&1\\1&1&-3&2&-2\\0&1&2&-1&-1\\3&-2&1&3&4\end{pmatrix}$$

例 8.1.2　某企业生产 4 种产品，各种产品的季度产值(万元)见表 8.1.1.

表 8.1.1

产值 产品 / 季度	产品 1	产品 2	产品 3	产品 4
1	45	56	60	70
2	40	55	55	80
3	50	50	60	80
4	55	60	60	85

则该企业各季度产值可以用数表表示成

$$\begin{pmatrix}45&56&60&70\\40&55&55&80\\50&50&60&80\\55&60&60&85\end{pmatrix}$$

从表中可以看出该企业各种产品季度产值，同时也揭示了产值随季度变化的规律、季增长率和年产量等情况.

实际中，这种矩形表还有许多，如果不考虑这些数字的具体含义而抽象出来，这种矩形阵表就称做矩阵.

定义 8.1.1　由 $m\times n$ 个数 a_{ij} $(i=1, 2, \cdots, m;\ j=1, 2, \cdots, n)$按一定次序排列成的 m 行 n 列的矩形数表

$$\boldsymbol{A}=\begin{pmatrix}a_{11}&a_{12}&\cdots&a_{1n}\\a_{21}&a_{22}&\cdots&a_{2n}\\\vdots&\vdots&&\vdots\\a_{m1}&a_{m2}&\cdots&a_{mn}\end{pmatrix}\tag{8.1.3}$$

称为 m 行 n 列矩阵，或 $m\times n$ 矩阵，简称矩阵. 这 $m\times n$ 个数 a_{ij} 称为矩阵 $\boldsymbol{A}$ 的元素，简称为元. 数 a_{ij} 位于矩阵 $\boldsymbol{A}$ 的第 i 行第 j 列，称为矩阵 $\boldsymbol{A}$ 的(i, j)元.

式(8.1.3)可简记做 $\boldsymbol{A}=(a_{ij})_{m\times n}$，$m\times n$ 矩阵 $\boldsymbol{A}$ 也记做 $\boldsymbol{A}_{m\times n}$. 一般矩阵用大写字母 $\boldsymbol{A}$, $\boldsymbol{B}$, $\boldsymbol{C}$, …表示.

元素是实数的矩阵称为实矩阵，元素是复数的矩阵称为复矩阵. 本书中的矩阵除特别说明外，都指实矩阵.

定义 8.1.2 两个矩阵的行数相等，列数也相等时，则称它们是同型矩阵.

定义 8.1.3 如果 $\boldsymbol{A}=(a_{ij})$ 与 $\boldsymbol{B}=(b_{ij})$ 是同型矩阵，并且它们的对应元素相等，即 $a_{ij}=b_{ij}$ $(i=1, 2, \cdots, m;\ j=1, 2, \cdots, n)$，则称矩阵 $\boldsymbol{A}$ 与矩阵 $\boldsymbol{B}$ 相等，记做 $\boldsymbol{A}=\boldsymbol{B}$.

8.1.2 几种特殊矩阵

1. 行矩阵和列矩阵

当 $m=1$ 时，

$$\boldsymbol{A}=(a_{11}, a_{12}, \cdots, a_{1n})$$

称做行矩阵(在第 9 章中也称做行向量).

当 $n=1$ 时，

$$\boldsymbol{A}=\begin{pmatrix} a_{11} \\ a_{21} \\ \vdots \\ a_{m1} \end{pmatrix}$$

称做列矩阵(在第 9 章中也称做列向量).

2. 零矩阵

元素都是零的矩阵称为零矩阵，记做 $\boldsymbol{0}$. 注意不同型的零矩阵是不同的. 如

$$\begin{pmatrix} 0 & 0 \\ 0 & 0 \end{pmatrix} \text{与} \begin{pmatrix} 0 & 0 & 0 \\ 0 & 0 & 0 \\ 0 & 0 & 0 \end{pmatrix}$$

是不同的零矩阵.

3. 方阵

$m=n$ 的矩阵称为方阵(又称 n 阶方阵)，记做 $\boldsymbol{A}$.

4. 三角矩阵

如果 n 阶方阵 $\boldsymbol{A}=(a_{ij})$ 中的元素满足条件

$$a_{ij}=0 \quad (i>j;\ i, j=1, 2, \cdots, n)$$

即 $\boldsymbol{A}$ 的主对角线以下的元素都为零，则称 $\boldsymbol{A}$ 为上三角矩阵. 类似地，当 $i<j$ 时，$a_{ij}=0$，称为下三角矩阵. 如

$$\begin{pmatrix} a_{11} & a_{12} & \cdots & a_{1n} \\ & a_{22} & \cdots & a_{2n} \\ & & \ddots & \vdots \\ & & & a_{nn} \end{pmatrix} \text{与} \begin{pmatrix} a_{11} & & & \\ a_{21} & a_{22} & & \\ \vdots & \vdots & \ddots & \\ a_{n1} & a_{n2} & \cdots & a_{nn} \end{pmatrix}$$

分别为 n 阶上三角矩阵和 n 阶下三角矩阵.

5. 对角矩阵

主对角线以外的所有元素都为 0 的方阵

$$A=\mathrm{diag}(a_{11}, a_{12}, \cdots, a_{1n})=\begin{pmatrix} a_{11} & & & \\ & a_{22} & & \\ & & \ddots & \\ & & & a_{nn} \end{pmatrix}$$

称为对角矩阵.

如果对角线元素 $a_{11}=a_{22}=\cdots=a_{nn}=a$，则称 $\boldsymbol{A}$ 为数量矩阵，记做 $a\boldsymbol{E}$.

6. 单位矩阵

主对角线上的元素都为 1 的对角矩阵称为 n 阶单位矩阵，记做 $\boldsymbol{E}_n$ 或 $\boldsymbol{E}$.

$$\boldsymbol{E}_n=\begin{pmatrix} 1 & 0 & \cdots & 0 \\ 0 & 1 & \cdots & 0 \\ \vdots & \vdots & & \vdots \\ 0 & 0 & \cdots & 1 \end{pmatrix}$$

7. 对称矩阵

设 $\boldsymbol{A}$ 为 n 阶方阵，如果满足

$$a_{ij}=a_{ji} \qquad (i, j=1, 2, \cdots, n)$$

则称 $\boldsymbol{A}$ 为对称矩阵.

对称矩阵的特点是：它的元素以主对角线为对称轴对应相等. 例如

$$\begin{pmatrix} 0 & 2 \\ 2 & 1 \end{pmatrix} \text{与} \begin{pmatrix} 1 & 0 & 2 \\ 0 & 2 & -1 \\ 2 & -1 & 3 \end{pmatrix}$$

均为对称矩阵.

8. 反对称矩阵

设 $\boldsymbol{A}$ 为 n 阶方阵，如果满足

$$a_{ij}=-a_{ji} \qquad (i, j=1, 2, \cdots, n)$$

则称 $\boldsymbol{A}$ 为反对称矩阵. 显然反对称矩阵的主对角线上的元素都是零. 例如

$$\begin{pmatrix} 0 & -2 \\ 2 & 0 \end{pmatrix} \text{与} \begin{pmatrix} 0 & 1 & 2 \\ -1 & 0 & 3 \\ -2 & -3 & 0 \end{pmatrix}$$

都为反对称矩阵.

矩阵的应用非常广泛，下面仅举几例.

例 8.1.3　四个城市间单向航线如图 8.1.1 所示. 若令

$$a_{ij}=\begin{cases} 1, & \text{从 } i \text{ 市到 } j \text{ 市有一条单向航线} \\ 0, & \text{从 } i \text{ 市到 } j \text{ 市没有单向航线} \end{cases}$$

则图 8.1.1 可用矩阵表示为

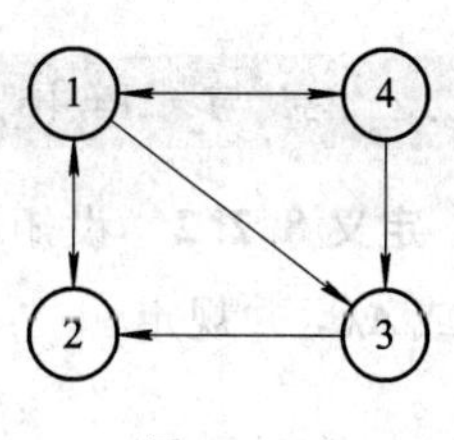

图 8.1.1

$$\boldsymbol{A}=(a_{ij})=\begin{pmatrix} 0 & 1 & 1 & 1 \\ 1 & 0 & 0 & 0 \\ 0 & 1 & 0 & 0 \\ 1 & 0 & 1 & 0 \end{pmatrix}$$

一般地，若干个点之间的单向通道都可用类似的矩阵表示.

8.2 矩阵的运算

8.2.1 矩阵的加法与减法

定义 8.2.1 设有两个 $m\times n$ 矩阵 $\boldsymbol{A}=(a_{ij})$ 和 $\boldsymbol{B}=(b_{ij})$，那么矩阵 $\boldsymbol{A}$ 与 $\boldsymbol{B}$ 的和记做 $\boldsymbol{A}+\boldsymbol{B}$，并规定

$$\boldsymbol{A}+\boldsymbol{B}=\begin{pmatrix} a_{11}+b_{11} & a_{12}+b_{12} & \cdots & a_{1n}+b_{1n} \\ a_{21}+b_{21} & a_{22}+b_{22} & \cdots & a_{2n}+b_{2n} \\ \vdots & \vdots & & \vdots \\ a_{m1}+b_{m1} & a_{m2}+b_{m2} & \cdots & a_{mn}+b_{mn} \end{pmatrix}$$

由定义，不难证明矩阵加法满足下列运算规律(设 $\boldsymbol{A}$、$\boldsymbol{B}$、$\boldsymbol{C}$、$\boldsymbol{0}$ 都是 $m\times n$ 矩阵)：

(1) 交换律：$\boldsymbol{A}+\boldsymbol{B}=\boldsymbol{B}+\boldsymbol{A}$；

(2) 结合律：$(\boldsymbol{A}+\boldsymbol{B})+\boldsymbol{C}=\boldsymbol{A}+(\boldsymbol{B}+\boldsymbol{C})$；

(3) $\boldsymbol{A}+\boldsymbol{0}=\boldsymbol{A}$；

(4) $\boldsymbol{A}+(-\boldsymbol{A})=\boldsymbol{0}$.

设矩阵 $\boldsymbol{A}=(a_{ij})_{m\times n}$，记

$$-\boldsymbol{A}=(-a_{ij})_{m\times n}$$

$-\boldsymbol{A}$ 称为矩阵 $\boldsymbol{A}$ 的负矩阵，显然有

$$\boldsymbol{A}+(-\boldsymbol{A})=\boldsymbol{0}$$

由此规定矩阵的减法为

$$\boldsymbol{A}-\boldsymbol{B}=\boldsymbol{A}+(-\boldsymbol{B})$$

注意 只有当两个矩阵是同型矩阵时，这两个矩阵才能进行加(减)法运算，且同型矩阵之和(差)与原来两个矩阵仍为同型矩阵.

例 8.2.1 设 $\boldsymbol{A}=\begin{pmatrix}1 & 2 & 3\\ 0 & 1 & 2\end{pmatrix}$，$\boldsymbol{B}=\begin{pmatrix}-2 & 3 & 1\\ 1 & 2 & 0\end{pmatrix}$，求 $\boldsymbol{A}+\boldsymbol{B}$.

解

$$\boldsymbol{A}+\boldsymbol{B}=\begin{pmatrix}1+(-2) & 2+3 & 3+1\\ 0+1 & 1+2 & 2+0\end{pmatrix}=\begin{pmatrix}-1 & 5 & 4\\ 1 & 3 & 2\end{pmatrix}$$

8.2.2 数与矩阵相乘

定义 8.2.2 设矩阵 $\boldsymbol{A}=(a_{ij})_{m\times n}$，$\lambda$ 为任意实数，则数 λ 与矩阵 $\boldsymbol{A}$ 的乘积 (λa_{ij}) 记做 $\lambda\boldsymbol{A}$ 或 $\boldsymbol{A}\lambda$，并规定

$$\lambda\boldsymbol{A}=\boldsymbol{A}\lambda=\begin{pmatrix} \lambda a_{11} & \lambda a_{12} & \cdots & \lambda a_{1n} \\ \lambda a_{21} & \lambda a_{22} & \cdots & \lambda a_{2n} \\ \vdots & \vdots & & \vdots \\ \lambda a_{m1} & \lambda a_{m2} & \cdots & \lambda a_{mn} \end{pmatrix}$$

数乘矩阵满足下列运算规律(设 $\boldsymbol{A}$、$\boldsymbol{B}$ 为 $m\times n$ 矩阵，k、λ 为常数)：

(1) $1\boldsymbol{A}=\boldsymbol{A}$；

(2) $(k\lambda)\boldsymbol{A}=k(\lambda\boldsymbol{A})$；

(3) $(k+\lambda)\boldsymbol{A}=k\boldsymbol{A}+\lambda\boldsymbol{A}$；

(4) $\lambda(\boldsymbol{A}+\boldsymbol{B})=\lambda\boldsymbol{A}+\lambda\boldsymbol{B}$.

矩阵相加与数乘矩阵合起来，统称为矩阵的线性运算.

例 8.2.2　已知 $\boldsymbol{A}=\begin{pmatrix}2&1&-1\\3&0&2\end{pmatrix}$，$\boldsymbol{B}=\begin{pmatrix}-1&0&1\\2&3&-1\end{pmatrix}$，求 $\boldsymbol{A}-2\boldsymbol{B}$.

解

$$\begin{aligned}\boldsymbol{A}-2\boldsymbol{B}&=\begin{pmatrix}2&1&-1\\3&0&2\end{pmatrix}-2\begin{pmatrix}-1&0&1\\2&3&-1\end{pmatrix}\\&=\begin{pmatrix}2&1&-1\\3&0&2\end{pmatrix}-\begin{pmatrix}-2&0&2\\4&6&-2\end{pmatrix}\\&=\begin{pmatrix}4&1&-3\\-1&-6&4\end{pmatrix}\end{aligned}$$

例 8.2.3　已知 $\boldsymbol{A}=\begin{bmatrix}3&-1&2&0\\1&5&7&9\\2&4&6&8\end{bmatrix}$，$\boldsymbol{B}=\begin{bmatrix}7&5&-2&4\\5&1&9&7\\3&2&-1&6\end{bmatrix}$，且 $\boldsymbol{A}+2\boldsymbol{X}=\boldsymbol{B}$，求 $\boldsymbol{X}$.

解

$$\boldsymbol{X}=\frac{1}{2}(\boldsymbol{B}-\boldsymbol{A})=\frac{1}{2}\begin{bmatrix}4&6&-4&4\\4&-4&2&-2\\1&-2&-7&-2\end{bmatrix}=\begin{bmatrix}2&3&-2&2\\2&-2&1&-1\\\frac{1}{2}&-1&-\frac{7}{2}&-1\end{bmatrix}$$

8.2.3　矩阵的乘法

设有两个线性运算，即由变量 x_1、x_2、x_3 到变量 y_1、y_2 的一个线性运算，以及由变量 t_1、t_2 到变量 x_1、x_2、x_3 的一个线性运算，分别为

$$\begin{cases}y_1=a_{11}x_1+a_{12}x_2+a_{13}x_3\\y_2=a_{21}x_1+a_{22}x_2+a_{23}x_3\end{cases}\tag{8.2.1}$$

$$\begin{cases}x_1=b_{11}t_1+b_{12}t_2\\x_2=b_{21}t_1+b_{22}t_2\\x_3=b_{31}t_1+b_{32}t_2\end{cases}\tag{8.2.2}$$

若想求出从 t_1、t_2 到 y_1、y_2 的线性变换，可将式(8.2.2)代入式(8.2.1)，便得

$$\begin{cases}y_1=(a_{11}b_{11}+a_{12}b_{21}+a_{13}b_{31})t_1+(a_{11}b_{12}+a_{12}b_{22}+a_{13}b_{32})t_2\\y_2=(a_{21}b_{11}+a_{22}b_{21}+a_{23}b_{31})t_1+(a_{21}b_{12}+a_{22}b_{22}+a_{23}b_{32})t_2\end{cases}\tag{8.2.3}$$

我们把线性变换(8.2.3)叫做线性运算式(8.2.1)与式(8.2.2)的乘积，相应地把式(8.2.3)所对应的矩阵定义为式(8.2.1)与式(8.2.2)所对应的矩阵的乘积，即

$$\begin{bmatrix}a_{11}&a_{12}&a_{13}\\a_{21}&a_{22}&a_{23}\end{bmatrix}\begin{bmatrix}b_{11}&b_{12}\\b_{21}&b_{22}\\b_{31}&b_{32}\end{bmatrix}=\begin{bmatrix}a_{11}b_{11}+a_{12}b_{21}+a_{13}b_{31}&a_{11}b_{12}+a_{12}b_{22}+a_{13}b_{32}\\a_{21}b_{11}+a_{22}b_{21}+a_{23}b_{31}&a_{21}b_{12}+a_{22}b_{22}+a_{23}b_{32}\end{bmatrix}$$

定义 8.2.3 设有矩阵 $\boldsymbol{A}=(a_{ij})_{m\times l}$ 和 $\boldsymbol{B}=(b_{ij})_{l\times n}$，则矩阵 $\boldsymbol{C}$ 称为矩阵 $\boldsymbol{A}$ 与矩阵 $\boldsymbol{B}$ 的乘积，记做 $\boldsymbol{C}=\boldsymbol{AB}$，其中 $\boldsymbol{C}=(c_{ij})_{m\times n}$ 满足

$$c_{ij}=a_{i1}b_{1j}+a_{i2}b_{2j}+\cdots+a_{il}b_{lj}=\sum_{k=1}^{l}a_{ik}b_{kj}\quad(i=1,2,\cdots,m;\ j=1,2,\cdots,n) \tag{8.2.4}$$

由定义 8.2.3 不难发现：

(1) 只有当第一个矩阵(左矩阵)的列数和第二个矩阵(右矩阵)的行数相等时，两矩阵才能相乘；

(2) $\boldsymbol{C}$ 中第 i 行第 j 列的元素 c_{ij} 等于矩阵 $\boldsymbol{A}$ 的第 i 行与矩阵 $\boldsymbol{B}$ 的第 j 列对应元素乘积的和；

(3) 一个行矩阵与一个列矩阵的乘积为一个数，例如

$$\boldsymbol{A}=(a_1,a_2,\cdots,a_n),\quad \boldsymbol{B}=\begin{pmatrix}b_1\\b_2\\\vdots\\b_n\end{pmatrix}$$

则

$$\boldsymbol{AB}=(a_1,a_2,\cdots,a_n)\begin{pmatrix}b_1\\b_2\\\vdots\\b_n\end{pmatrix}=a_1b_1+a_2b_2+\cdots+a_nb_n$$

(4) $\boldsymbol{E}_m\boldsymbol{A}_{m\times n}=\boldsymbol{A}_{m\times n}\boldsymbol{E}_n=\boldsymbol{A}_{m\times n}$，其中 $\boldsymbol{E}$ 为单位矩阵，这说明单位矩阵和矩阵的乘法运算中的作用与数“1”在数的乘法中的作用类似.

例 8.2.4 设

$$\boldsymbol{A}=\begin{pmatrix}2&1\\-1&2\end{pmatrix}\quad 与\quad \boldsymbol{B}=\begin{pmatrix}2&-1&1\\3&0&2\end{pmatrix}$$

求 $\boldsymbol{AB}$.

解

$$\begin{aligned}\boldsymbol{AB}&=\begin{pmatrix}2&1\\-1&2\end{pmatrix}\begin{pmatrix}2&-1&1\\3&0&2\end{pmatrix}\\&=\begin{pmatrix}2\times2+1\times3&2\times(-1)+1\times0&2\times1+1\times2\\(-1)\times2+2\times3&(-1)\times(-1)+2\times0&(-1)\times1+2\times2\end{pmatrix}\\&=\begin{pmatrix}7&-2&4\\4&1&3\end{pmatrix}\end{aligned}$$

注意 这里 $\boldsymbol{BA}$ 没有意义(请读者思考).

例 8.2.5 求矩阵

$$\boldsymbol{A}=\begin{pmatrix}1&-1\\-1&1\end{pmatrix}\quad 与\quad \boldsymbol{B}=\begin{pmatrix}1&-1\\1&-1\end{pmatrix}$$

的乘积 $\boldsymbol{AB}$ 与 $\boldsymbol{BA}$.

解　由定义，可得

$$\boldsymbol{AB}=\begin{pmatrix}1&-1\\-1&1\end{pmatrix}\begin{pmatrix}1&-1\\1&-1\end{pmatrix}=\begin{pmatrix}0&0\\0&0\end{pmatrix}$$

$$\boldsymbol{BA}=\begin{pmatrix}1&-1\\1&-1\end{pmatrix}\begin{pmatrix}1&-1\\-1&1\end{pmatrix}=\begin{pmatrix}2&-2\\2&-2\end{pmatrix}$$

注意　由例 8.2.5 不难得出以下结论：

(1) 矩阵的乘法不满足交换律，即在一般情形下，$\boldsymbol{AB}\neq\boldsymbol{BA}$；

(2) 由 $\boldsymbol{AB}=\boldsymbol{0}$，不能得出 $\boldsymbol{A}=\boldsymbol{0}$ 或 $\boldsymbol{B}=\boldsymbol{0}$ 的结论；

(3) 由 $\boldsymbol{AB}=\boldsymbol{AC}$，且 $\boldsymbol{A}\neq\boldsymbol{0}$，不能推出 $\boldsymbol{B}=\boldsymbol{C}$.

由定义 8.2.3 可以证明，矩阵的乘法和数乘满足下列运算规律(假设运算都是可行的)：

(1) 结合律：$(\boldsymbol{AB})\boldsymbol{C}=\boldsymbol{A}(\boldsymbol{BC})$；

(2) 数乘结合律：$k(\boldsymbol{AB})=(k\boldsymbol{A})\boldsymbol{B}=\boldsymbol{A}(k\boldsymbol{B})$(其中 k 为常数)；

(3) 左分配律：$\boldsymbol{A}(\boldsymbol{B}+\boldsymbol{C})=\boldsymbol{AB}+\boldsymbol{AC}$；

(4) 右分配律：$(\boldsymbol{B}+\boldsymbol{C})\boldsymbol{A}=\boldsymbol{BA}+\boldsymbol{CA}$.

由于矩阵的乘法满足结合律，所以 n 个方阵 $\boldsymbol{A}$ 相乘有意义，因此可以定义方阵 $\boldsymbol{A}$ 的幂.

定义 8.2.4　设 $\boldsymbol{A}$ 是 n 阶方阵，k 为正整数，则称

$$\boldsymbol{A}^k=\boldsymbol{A}\cdot\boldsymbol{A}\cdots\boldsymbol{A}$$

为 $\boldsymbol{A}$ 的 k 次幂.

规定 $\boldsymbol{A}^0=\boldsymbol{E}$，由于矩阵乘法适合结合律，但不满足交换律，因此有

(1) $\boldsymbol{A}^k\boldsymbol{A}^l=\boldsymbol{A}^{k+l}$；

(2) $(\boldsymbol{A}^k)^l=\boldsymbol{A}^{kl}$；

(3) 通常情况下，$(\boldsymbol{AB})^k\neq\boldsymbol{A}^k\boldsymbol{B}^k$.

注意　由 $\boldsymbol{A}^k=\boldsymbol{0}(k>1)$，推不出 $\boldsymbol{A}=\boldsymbol{0}$. 例如，$\boldsymbol{A}=\begin{pmatrix}0&0\\1&0\end{pmatrix}$，$\boldsymbol{A}^2=\boldsymbol{0}$，但 $\boldsymbol{A}\neq\boldsymbol{0}$.

8.2.4　矩阵的转置

定义 8.2.5　已知 $m\times n$ 矩阵 $\boldsymbol{A}=(a_{ij})_{m\times n}$，将 $\boldsymbol{A}$ 的行列依次互换，得到一个 $n\times m$ 矩阵，称为矩阵 $\boldsymbol{A}$ 的转置矩阵，记做 $\boldsymbol{A}^{\mathrm{T}}$ 或 $\boldsymbol{A}'$，即

$$\boldsymbol{A}^{\mathrm{T}}=\begin{bmatrix}a_{11}&a_{21}&\cdots&a_{m1}\\a_{12}&a_{22}&\cdots&a_{m2}\\\vdots&\vdots&&\vdots\\a_{1n}&a_{2n}&\cdots&a_{mn}\end{bmatrix}$$

例如，$\boldsymbol{A}=\begin{pmatrix}2&1&0\\3&-1&1\end{pmatrix}$，则 $\boldsymbol{A}^{\mathrm{T}}=\begin{bmatrix}2&3\\1&-1\\0&1\end{bmatrix}$.

转置矩阵具有下述运算规律(假设运算都是可行的)，即法则：

(1) $(\boldsymbol{A}^{\mathrm{T}})^{\mathrm{T}}=\boldsymbol{A}$；

(2) $(\boldsymbol{A}+\boldsymbol{B})^{\mathrm{T}}=\boldsymbol{A}^{\mathrm{T}}+\boldsymbol{B}^{\mathrm{T}}$;

(3) $(\lambda\boldsymbol{A})^{\mathrm{T}}=\lambda\boldsymbol{A}^{\mathrm{T}}$;

(4) $(\boldsymbol{AB})^{\mathrm{T}}=\boldsymbol{B}^{\mathrm{T}}\boldsymbol{A}^{\mathrm{T}}$.

注意　法则(2)和(4)可以推广到有限个矩阵的情况，即

$$(\boldsymbol{A}_1+\boldsymbol{A}_2+\cdots+\boldsymbol{A}_s)^{\mathrm{T}}=\boldsymbol{A}_1^{\mathrm{T}}+\boldsymbol{A}_2^{\mathrm{T}}+\cdots+\boldsymbol{A}_s^{\mathrm{T}}$$

$$(\boldsymbol{A}_1\cdot\boldsymbol{A}_2\cdots\boldsymbol{A}_s)^{\mathrm{T}}=\boldsymbol{A}_s^{\mathrm{T}}\cdots\boldsymbol{A}_2^{\mathrm{T}}\cdot\boldsymbol{A}_1^{\mathrm{T}}$$

例 8.2.6　已知

$$\boldsymbol{A}=\begin{pmatrix}2&0&-1\\1&3&2\end{pmatrix}\quad 与\quad \boldsymbol{B}=\begin{bmatrix}1&7&-1\\4&2&3\\2&0&1\end{bmatrix}$$

求$(\boldsymbol{AB})^{\mathrm{T}}$.

解　解法一：因为

$$\boldsymbol{AB}=\begin{pmatrix}2&0&-1\\1&3&2\end{pmatrix}\begin{bmatrix}1&7&-1\\4&2&3\\2&0&1\end{bmatrix}=\begin{pmatrix}0&14&-3\\17&13&10\end{pmatrix}$$

所以

$$(\boldsymbol{AB})^{\mathrm{T}}=\begin{bmatrix}0&17\\14&13\\-3&10\end{bmatrix}$$

解法二：

$$(\boldsymbol{AB})^{\mathrm{T}}=\boldsymbol{B}^{\mathrm{T}}\boldsymbol{A}^{\mathrm{T}}=\begin{bmatrix}1&4&2\\7&2&0\\-1&3&1\end{bmatrix}\begin{bmatrix}2&1\\0&3\\-1&2\end{bmatrix}=\begin{bmatrix}0&17\\14&13\\-3&10\end{bmatrix}$$

例 8.2.7　设 $\boldsymbol{A}$ 与 $\boldsymbol{B}$ 是两个 n 阶反对称矩阵，证明：当且仅当 $\boldsymbol{AB}=-\boldsymbol{BA}$ 时，$\boldsymbol{AB}$ 是反对称矩阵.

证　因为 $\boldsymbol{A}$ 与 $\boldsymbol{B}$ 是反对称矩阵，所以

$$\boldsymbol{A}=-\boldsymbol{A}^{\mathrm{T}},\quad \boldsymbol{B}=-\boldsymbol{B}^{\mathrm{T}}$$

若 $\boldsymbol{AB}=-\boldsymbol{BA}$，则

$$(\boldsymbol{AB})^{\mathrm{T}}=\boldsymbol{B}^{\mathrm{T}}\boldsymbol{A}^{\mathrm{T}}=\boldsymbol{BA}=-\boldsymbol{AB}$$

所以 $\boldsymbol{AB}$ 是反对称矩阵.

反之，若 $\boldsymbol{AB}$ 是反对称矩阵，即

$$(\boldsymbol{AB})^{\mathrm{T}}=-\boldsymbol{AB}$$

则

$$\boldsymbol{AB}=-(\boldsymbol{AB})^{\mathrm{T}}=-\boldsymbol{B}^{\mathrm{T}}\boldsymbol{A}^{\mathrm{T}}=-(-\boldsymbol{B})(-\boldsymbol{A})=-\boldsymbol{BA}$$

证毕.

8.2.5　方阵的行列式

定义 8.2.6　由 n 阶方阵 $\boldsymbol{A}$ 的元素所构成的 n 阶行列式(各元素的位置不变)，称为方阵 $\boldsymbol{A}$ 的行列式，记做$|\boldsymbol{A}|$或 $\det\boldsymbol{A}$，即

$$|\boldsymbol{A}| = |(a_{ij})_{m\times n}| = \begin{vmatrix} a_{11} & a_{12} & \cdots & a_{1n} \\ a_{21} & a_{22} & \cdots & a_{2n} \\ \vdots & \vdots & & \vdots \\ a_{n1} & a_{n2} & \cdots & a_{nn} \end{vmatrix} \tag{8.2.5}$$

注意　方阵与行列式是两个不同的概念. n 阶方阵是 n^2 个数按一定方式排成的数表，而 n 阶行列式则是这些数(也就是数表 $\boldsymbol{A}$)按一定的运算法则所确定的一个数.

由 $\boldsymbol{A}$ 确定 $|\boldsymbol{A}|$ 的这个运算满足下述运算规律(设 $\boldsymbol{A}$、$\boldsymbol{B}$ 为 n 阶方阵，k 为常数)：

(1) $|\boldsymbol{A}^{\mathrm{T}}| = |\boldsymbol{A}|$(行列式行列互换，行列式值不变)；

(2) $|k\boldsymbol{A}| = k^n|\boldsymbol{A}|$($n$ 为矩阵的阶数)；

(3) $|\boldsymbol{AB}| = |\boldsymbol{A}||\boldsymbol{B}|$.

注意　对于 n 阶方阵 $\boldsymbol{A}$、$\boldsymbol{B}$，一般来说 $\boldsymbol{AB}\neq\boldsymbol{BA}$，但由(3)可知 $|\boldsymbol{AB}| = |\boldsymbol{BA}|$. 另外，(3)还可以推广到有限个方阵的乘积的行列式，即 $|\boldsymbol{A}_1\boldsymbol{A}_2\cdots\boldsymbol{A}_s| = |\boldsymbol{A}_1||\boldsymbol{A}_2|\cdots|\boldsymbol{A}_s|$.

例 8.2.8　设 $\boldsymbol{A}$ 为三阶矩阵，$|\boldsymbol{A}| = -2$，求 $|2\boldsymbol{A}|$.

解　由于 $\boldsymbol{A}$ 为三阶矩阵，则

$$|2\boldsymbol{A}| = 2^3|\boldsymbol{A}| = 8\times(-2) = -16$$

例 8.2.9　设 $\boldsymbol{A} = \begin{pmatrix} 1 & 0 & -1 \\ 2 & 1 & 0 \\ 3 & 2 & -1 \end{pmatrix}$，$\boldsymbol{B} = \begin{pmatrix} -2 & 1 & 0 \\ 0 & 3 & 1 \\ 0 & 0 & 2 \end{pmatrix}$，则

$$\boldsymbol{AB} = \begin{pmatrix} -2 & 1 & -2 \\ -4 & 5 & 1 \\ -6 & 9 & 0 \end{pmatrix},\quad |\boldsymbol{AB}| = \begin{vmatrix} -2 & 1 & -2 \\ -4 & 5 & 1 \\ -6 & 9 & 0 \end{vmatrix} = 24$$

又

$$|\boldsymbol{A}| = -2,\quad |\boldsymbol{B}| = -12$$

因此

$$|\boldsymbol{AB}| = 24 = (-2)(-12) = |\boldsymbol{A}||\boldsymbol{B}|$$

8.3 可逆矩阵

解一元线性方程 $ax=1$，当 $a\neq0$ 时，存在一个数 $a^{-1}=\dfrac{1}{a}$ 是该方程的解，此时称 a^{-1} 为 a 的倒数，也称为 a 的逆数.

对于一个矩阵 $\boldsymbol{A}$，是否也存在类似的运算？在回答这个问题之前，我们先引入可逆矩阵与逆矩阵的概念.

定义 8.3.1　设 $\boldsymbol{A}$ 为 n 阶方阵，如果存在一个 n 阶方阵 $\boldsymbol{B}$，使

$$\boldsymbol{AB} = \boldsymbol{BA} = \boldsymbol{E}$$

则称矩阵 $\boldsymbol{A}$ 是可逆的，并称矩阵 $\boldsymbol{B}$ 为 $\boldsymbol{A}$ 的逆矩阵(或逆阵).

由定义(8.3.1)可以看出：

(1) $\boldsymbol{A}$ 和 $\boldsymbol{B}$ 的地位是平等的，故 $\boldsymbol{A}$、$\boldsymbol{B}$ 两矩阵互为逆矩阵，也称 $\boldsymbol{A}$ 是 $\boldsymbol{B}$ 的逆矩阵；

(2) 单位矩阵 $\boldsymbol{E}$ 是可逆的，即 $\boldsymbol{E}^{-1}=\boldsymbol{E}$；

(3) 零矩阵是不可逆的，即取不到 $\boldsymbol{B}$，使 $\boldsymbol{0B}=\boldsymbol{B0}=\boldsymbol{E}$；

(4) 如果 $\boldsymbol{A}$ 可逆，那么 $\boldsymbol{A}$ 的逆矩阵是唯一的.

事实上，设 $\boldsymbol{B}$、$\boldsymbol{C}$ 都是 $\boldsymbol{A}$ 的逆矩阵，则有

$$\boldsymbol{B}=\boldsymbol{BE}=\boldsymbol{B}(\boldsymbol{AC})=(\boldsymbol{BA})\boldsymbol{C}=\boldsymbol{EC}=\boldsymbol{C}$$

$\boldsymbol{A}$ 的逆矩阵记做 $\boldsymbol{A}^{-1}$. 即若 $\boldsymbol{AB}=\boldsymbol{BA}=\boldsymbol{E}$，则 $\boldsymbol{B}=\boldsymbol{A}^{-1}$.

例 8.3.1 设 $\boldsymbol{A}=\begin{pmatrix}1&2\\2&3\end{pmatrix}$，$\boldsymbol{B}=\begin{pmatrix}-3&2\\2&-1\end{pmatrix}$，验证 $\boldsymbol{B}$ 是否为 $\boldsymbol{A}$ 的逆矩阵.

解 因为

$$\boldsymbol{AB}=\begin{pmatrix}1&2\\2&3\end{pmatrix}\begin{pmatrix}-3&2\\2&-1\end{pmatrix}=\begin{pmatrix}1&0\\0&1\end{pmatrix}$$

$$\boldsymbol{BA}=\begin{pmatrix}-3&2\\2&-1\end{pmatrix}\begin{pmatrix}1&2\\2&3\end{pmatrix}=\begin{pmatrix}1&0\\0&1\end{pmatrix}$$

即有 $\boldsymbol{AB}=\boldsymbol{BA}=\boldsymbol{E}$，所以 $\boldsymbol{B}$ 是 $\boldsymbol{A}$ 的逆矩阵.

例 8.3.2 设 $\boldsymbol{A}=\begin{pmatrix}2&0\\0&3\end{pmatrix}$，判断 $\boldsymbol{A}$ 是否可逆，如果 $\boldsymbol{A}$ 可逆，求 $\boldsymbol{A}^{-1}$.

解 设 $\boldsymbol{X}=\begin{bmatrix}x_{11}&x_{12}\\x_{21}&x_{22}\end{bmatrix}$，且

$$\boldsymbol{AX}=\begin{pmatrix}2&0\\0&3\end{pmatrix}\begin{bmatrix}x_{11}&x_{12}\\x_{21}&x_{22}\end{bmatrix}=\begin{bmatrix}2x_{11}&2x_{12}\\3x_{21}&3x_{22}\end{bmatrix}=\begin{pmatrix}1&0\\0&1\end{pmatrix}$$

$$\boldsymbol{XA}=\begin{bmatrix}x_{11}&x_{12}\\x_{21}&x_{22}\end{bmatrix}\begin{pmatrix}2&0\\0&3\end{pmatrix}=\begin{bmatrix}2x_{11}&3x_{12}\\2x_{21}&3x_{22}\end{bmatrix}=\begin{pmatrix}1&0\\0&1\end{pmatrix}$$

从而

$$x_{11}=\frac{1}{2},\quad x_{22}=\frac{1}{3},\quad x_{12}=0,\quad x_{21}=0$$

即 $\boldsymbol{X}=\begin{bmatrix}\frac{1}{2}&0\\0&\frac{1}{3}\end{bmatrix}$. 所以 $\boldsymbol{A}$ 是可逆矩阵，且 $\boldsymbol{A}^{-1}=\begin{bmatrix}\frac{1}{2}&0\\0&\frac{1}{3}\end{bmatrix}$.

对于一般的 n 阶矩阵，利用定义来判断矩阵是否可逆或求逆矩阵都比较复杂，以下我们讨论矩阵可逆的充分必要条件以及求逆矩阵的一种有效方法.

定义 8.3.2 若 n 阶方阵 $\boldsymbol{A}$ 的行列式 $|\boldsymbol{A}|\neq 0$，则称 $\boldsymbol{A}$ 是非奇异矩阵(或非退化矩阵)，否则称 $\boldsymbol{A}$ 为奇异矩阵(或退化矩阵).

如果 $\boldsymbol{A}$ 可逆，则存在 $\boldsymbol{B}$ 使得 $\boldsymbol{AB}=\boldsymbol{BA}=\boldsymbol{E}$，则 $|\boldsymbol{A}||\boldsymbol{B}|=1$，所以 $|\boldsymbol{A}|\neq 0$，即 $\boldsymbol{A}$ 是非奇异矩阵. 那么，如果 $\boldsymbol{A}$ 是非奇异矩阵，即 $|\boldsymbol{A}|\neq 0$，$\boldsymbol{A}$ 是否可逆呢？为了研究这个问题，我们先引进伴随矩阵的概念.

定义 8.3.3　设 n 阶方阵 $\boldsymbol{A}=(a_{ij})_{m\times n}$，行列式 $|\boldsymbol{A}|$ 的各个元素的代数余子式 A_{ij} 所构成的如下矩阵

$$\begin{pmatrix} A_{11} & A_{21} & \cdots & A_{n1} \\ A_{12} & A_{22} & \cdots & A_{n2} \\ \vdots & \vdots & & \vdots \\ A_{1n} & A_{2n} & \cdots & A_{nn} \end{pmatrix} \tag{8.3.1}$$

称为矩阵 $\boldsymbol{A}$ 的伴随矩阵，记做 $\boldsymbol{A}^*$.

注意　$\boldsymbol{A}^*$ 的第 i 行第 j 列的元是 A_{ji}，而 A_{ji} 是 $\boldsymbol{A}$ 的第 j 行第 i 列的元 A_{ji} 的代数余子式.

证　由性质 7.2.6 及推论 7.2.4 可得

$$\boldsymbol{AA}^*=\begin{pmatrix} a_{11} & a_{12} & \cdots & a_{1n} \\ a_{21} & a_{22} & \cdots & a_{2n} \\ \vdots & \vdots & & \vdots \\ a_{m1} & a_{m2} & \cdots & a_{mn} \end{pmatrix}\begin{pmatrix} A_{11} & A_{21} & \cdots & A_{n1} \\ A_{12} & A_{22} & \cdots & A_{n2} \\ \vdots & \vdots & & \vdots \\ A_{1n} & A_{2n} & \cdots & A_{nn} \end{pmatrix}$$

$$=\begin{pmatrix} |\boldsymbol{A}| & 0 & \cdots & 0 \\ 0 & |\boldsymbol{A}| & \cdots & 0 \\ \vdots & \vdots & & \vdots \\ 0 & 0 & \cdots & |\boldsymbol{A}| \end{pmatrix}=|\boldsymbol{A}|\boldsymbol{E}$$

即

$$\boldsymbol{AA}^*=|\boldsymbol{A}|\boldsymbol{E} \tag{8.3.2}$$

$$\boldsymbol{A}^*\boldsymbol{A}=\begin{pmatrix} A_{11} & A_{21} & \cdots & A_{n1} \\ A_{12} & A_{22} & \cdots & A_{n2} \\ \vdots & \vdots & & \vdots \\ A_{1n} & A_{2n} & \cdots & A_{nn} \end{pmatrix}\begin{pmatrix} a_{11} & a_{12} & \cdots & a_{1n} \\ a_{21} & a_{22} & \cdots & a_{2n} \\ \vdots & \vdots & & \vdots \\ a_{m1} & a_{m2} & \cdots & a_{mn} \end{pmatrix}$$

$$=\begin{pmatrix} |\boldsymbol{A}| & 0 & \cdots & 0 \\ 0 & |\boldsymbol{A}| & \cdots & 0 \\ \vdots & \vdots & & \vdots \\ 0 & 0 & \cdots & |\boldsymbol{A}| \end{pmatrix}=|\boldsymbol{A}|\boldsymbol{E}$$

即

$$\boldsymbol{A}^*\boldsymbol{A}=|\boldsymbol{A}|\boldsymbol{E} \tag{8.3.3}$$

当 $|\boldsymbol{A}|\neq 0$ 时，由式(8.3.2)和式(8.3.3)有

$$\boldsymbol{A}\left(\frac{1}{|\boldsymbol{A}|}\boldsymbol{A}^*\right)=\left(\frac{1}{|\boldsymbol{A}|}\boldsymbol{A}^*\right)\boldsymbol{A}=\boldsymbol{E}$$

故 $\boldsymbol{A}$ 可逆且 $\boldsymbol{A}^{-1}=\dfrac{1}{|\boldsymbol{A}|}\boldsymbol{A}^*$.

由上述分析可得到下面的定理.

定理 8.3.1 n 阶方阵 $\boldsymbol{A}$ 可逆的充分必要条件是 $|\boldsymbol{A}|\neq 0$，即 $\boldsymbol{A}$ 是非奇异矩阵，且当 $\boldsymbol{A}$ 可逆时

$$\boldsymbol{A}^{-1}=\frac{1}{|\boldsymbol{A}|}\boldsymbol{A}^{*} \tag{8.3.4}$$

定理 8.3.1 给出了求逆矩阵的一种方法. 利用定理 8.3.1 求逆矩阵的方法称为伴随矩阵法.

推论 8.3.1 设 $\boldsymbol{A}$、$\boldsymbol{B}$ 都是 n 阶方阵，若 $\boldsymbol{AB}=\boldsymbol{E}$（或 $\boldsymbol{BA}=\boldsymbol{E}$），则 $\boldsymbol{A}$、$\boldsymbol{B}$ 都是可逆矩阵，且 $\boldsymbol{A}^{-1}=\boldsymbol{B}$，$\boldsymbol{B}^{-1}=\boldsymbol{A}$.

注意 由推论 8.3.1 知，在证明 $\boldsymbol{A}$ 可逆时，只需验证 $\boldsymbol{AB}=\boldsymbol{E}$ 或 $\boldsymbol{BA}=\boldsymbol{E}$ 中一个成立即可.

可逆矩阵还具有以下性质：

(1) 若 $\boldsymbol{A}$ 可逆，则 $\boldsymbol{A}^{-1}$ 亦可逆，且 $(\boldsymbol{A}^{-1})^{-1}=\boldsymbol{A}$；

(2) 若 $\boldsymbol{A}$ 可逆，则 $\boldsymbol{A}^{\mathrm{T}}$ 亦可逆，且 $(\boldsymbol{A}^{\mathrm{T}})^{-1}=(\boldsymbol{A}^{-1})^{\mathrm{T}}$；

(3) 若 $\boldsymbol{A}$ 可逆，数 $\lambda\neq 0$，则 $\lambda\boldsymbol{A}$ 可逆，且 $(\lambda\boldsymbol{A})^{-1}=\frac{1}{\lambda}\boldsymbol{A}^{-1}$；

(4) 若 $\boldsymbol{A}$、$\boldsymbol{B}$ 为同阶方阵且均可逆，则 $\boldsymbol{AB}$ 亦可逆，且

$$(\boldsymbol{AB})^{-1}=\boldsymbol{B}^{-1}\boldsymbol{A}^{-1}$$

(5) 若 $\boldsymbol{A}$ 可逆，则 $|\boldsymbol{A}^{-1}|=\frac{1}{|\boldsymbol{A}|}$.

注意 性质(4)可推广到有限个可逆方阵相乘的情形，即若 $\boldsymbol{A}_1$，$\boldsymbol{A}_2$，…，$\boldsymbol{A}_k$ 为同阶可逆方阵，则 $\boldsymbol{A}_1\boldsymbol{A}_2\cdots\boldsymbol{A}_k$ 也可逆，且 $(\boldsymbol{A}_1\boldsymbol{A}_2\cdots\boldsymbol{A}_k)^{-1}=\boldsymbol{A}_k^{-1}\cdots\boldsymbol{A}_2^{-1}\boldsymbol{A}_1^{-1}$.

例 8.3.3 设 $\boldsymbol{A}=\begin{pmatrix}a & b\\ c & d\end{pmatrix}$，判断何时 $\boldsymbol{A}$ 可逆；当 $\boldsymbol{A}$ 可逆时，求 $\boldsymbol{A}^{-1}$.

解 $\boldsymbol{A}$ 可逆当且仅当 $|\boldsymbol{A}|=\begin{vmatrix}a & b\\ c & d\end{vmatrix}=ad-bc\neq 0$. 当 $ad-bc\neq 0$ 时，

$$\boldsymbol{A}^{-1}=\frac{1}{|\boldsymbol{A}|}\boldsymbol{A}^{*}=\frac{1}{ad-bc}\begin{bmatrix}A_{11} & A_{21}\\ A_{12} & A_{22}\end{bmatrix}=\frac{1}{ad-bc}\begin{pmatrix}d & -b\\ -c & a\end{pmatrix}$$

例 8.3.4 证明矩阵 $\boldsymbol{A}=\begin{pmatrix}1 & 0\\ 0 & 0\end{pmatrix}$ 无逆矩阵.

证 假定 $\boldsymbol{A}$ 有逆矩阵 $\boldsymbol{B}=(b_{ij})_{2\times 2}$ 使 $\boldsymbol{AB}=\boldsymbol{BA}=\boldsymbol{E}_2$，则

$$\begin{pmatrix}1 & 0\\ 0 & 0\end{pmatrix}\begin{bmatrix}b_{11} & b_{12}\\ b_{21} & b_{22}\end{bmatrix}=\begin{bmatrix}b_{11} & b_{12}\\ 0 & 0\end{bmatrix}=\boldsymbol{E}_2=\begin{pmatrix}1 & 0\\ 0 & 1\end{pmatrix}$$

但这是不可能的. 因为由 $\begin{bmatrix}b_{11} & b_{12}\\ 0 & 0\end{bmatrix}=\begin{pmatrix}1 & 0\\ 0 & 1\end{pmatrix}$ 将推出 $0=1$ 的谬论来. 因此 $\boldsymbol{A}$ 无逆矩阵.

例 8.3.5 如果 $\boldsymbol{A}=\begin{bmatrix}a_1 & 0 & \cdots & 0\\ 0 & a_2 & \cdots & 0\\ \vdots & \vdots & & \vdots\\ 0 & 0 & \cdots & a_n\end{bmatrix}$，其中 $a_i\neq 0(i=1, 2, \cdots, n)$. 验证

$$A^{-1} = \begin{pmatrix} \frac{1}{a_1} & 0 & \cdots & 0 \\ 0 & \frac{1}{a_2} & \cdots & 0 \\ \vdots & \vdots & & \vdots \\ 0 & 0 & \cdots & \frac{1}{a_n} \end{pmatrix}$$

证　因为

$$\begin{pmatrix} a_1 & 0 & \cdots & 0 \\ 0 & a_2 & \cdots & 0 \\ \vdots & \vdots & & \vdots \\ 0 & 0 & \cdots & a_n \end{pmatrix}\begin{pmatrix} \frac{1}{a_1} & 0 & \cdots & 0 \\ 0 & \frac{1}{a_2} & \cdots & 0 \\ \vdots & \vdots & & \vdots \\ 0 & 0 & \cdots & \frac{1}{a_n} \end{pmatrix} = \begin{pmatrix} \frac{1}{a_1} & 0 & \cdots & 0 \\ 0 & \frac{1}{a_2} & \cdots & 0 \\ \vdots & \vdots & & \vdots \\ 0 & 0 & \cdots & \frac{1}{a_n} \end{pmatrix}\begin{pmatrix} a_1 & 0 & \cdots & 0 \\ 0 & a_2 & \cdots & 0 \\ \vdots & \vdots & & \vdots \\ 0 & 0 & \cdots & a_n \end{pmatrix}$$

$$= \begin{pmatrix} 1 & 0 & \cdots & 0 \\ 0 & 1 & \cdots & 0 \\ \vdots & \vdots & & \vdots \\ 0 & 0 & \cdots & 1 \end{pmatrix}$$

所以

$$A^{-1} = \begin{pmatrix} \frac{1}{a_1} & 0 & \cdots & 0 \\ 0 & \frac{1}{a_2} & \cdots & 0 \\ \vdots & \vdots & & \vdots \\ 0 & 0 & \cdots & \frac{1}{a_n} \end{pmatrix}$$

例 8.3.6　判断矩阵 $A = \begin{pmatrix} 1 & 2 & 3 \\ 2 & 2 & 1 \\ 3 & 4 & 3 \end{pmatrix}$ 是否可逆，若可逆，求其逆矩阵 A^{-1}.

解　求得 $|A| = \begin{vmatrix} 1 & 2 & 3 \\ 2 & 2 & 1 \\ 3 & 4 & 3 \end{vmatrix} = 2 \neq 0$，所以 A 可逆. 又因为

$$A_{11} = 2,\ A_{21} = 6,\ A_{31} = -4$$
$$A_{12} = -3,\ A_{22} = -6,\ A_{32} = 5$$
$$A_{13} = 2,\ A_{23} = 2,\ A_{33} = -2$$

得

$$A^* = \begin{pmatrix} 2 & 6 & -4 \\ -3 & -6 & 5 \\ 2 & 2 & -2 \end{pmatrix}$$

所以

$$A^{-1}=\frac{1}{|A|}A^*=\begin{pmatrix}1 & 3 & -2\\ -\frac{3}{2} & -3 & \frac{5}{2}\\ 1 & 1 & -1\end{pmatrix}$$

由例 8.3.6 可以看出，对于三阶以上的矩阵，用伴随矩阵法求其逆矩阵的计算量已经很大了，所以有必要研究求逆矩阵的其他方法(我们将在 8.4 节进行介绍).

8.4 矩阵的初等变换

前面对于方阵求逆矩阵时，由于 A^* 的计算量较大，显得较为困难. 本节介绍另一种方法，即用矩阵的初等变换求逆矩阵. 当然，矩阵初等变换的应用并不局限于此，后面将陆续地体现.

8.4.1 初等变换

定义 8.4.1 设矩阵 $A=(a_{ij})_{m\times n}$，下面三种对矩阵 A 的变换：

(1) 交换 A 的 i，j 行(列)，记做 $r_i\leftrightarrow r_j(c_i\leftrightarrow c_j)$；

(2) 用一个非零常数 k 乘以 A 的第 i 行(列)，记做 $kr_i(kc_i)$；

(3) 将 A 的第 j 行(列)的 k 倍加到第 i 行(列)，k 为任意常数，记做$r_i+kr_j(c_i+kc_j)$，称为矩阵的初等行(列)变换. 一般地，矩阵的初等行变换与初等列变换，统称为矩阵的初等变换.

定义 8.4.2 如果矩阵 A 经过有限次初等变换变成矩阵 B，则称矩阵 A 与 B 等价，记为 $A\sim B$(或 $A\rightarrow B$).

矩阵之间的等价关系具有下列基本性质：

(1) 反身性：$A\sim A$；

(2) 对称性：若 $A\sim B$，则 $B\sim A$；

(3) 传递性：若 $A\sim B$，$B\sim C$，则 $A\sim C$.

例 8.4.1 已知矩阵 $A=\begin{pmatrix}1 & -2 & -1 & -2\\ 4 & 1 & 2 & 1\\ 2 & 5 & 4 & -1\\ 1 & 1 & 1 & 1\end{pmatrix}$，对其进行初等变换.

解

$$A=\begin{pmatrix}1 & -2 & -1 & -2\\ 4 & 1 & 2 & 1\\ 2 & 5 & 4 & -1\\ 1 & 1 & 1 & 1\end{pmatrix}\xrightarrow[r_4-r_1]{\substack{r_2-4r_1\\ r_3-2r_1}}\begin{pmatrix}1 & -2 & -1 & -2\\ 0 & 9 & 6 & 9\\ 0 & 9 & 6 & 3\\ 0 & 3 & 2 & 3\end{pmatrix}$$

$$\xrightarrow[r_4-\frac{1}{3}r_2]{r_3-r_2}\begin{pmatrix}1 & -2 & -1 & -2\\ 0 & 9 & 6 & 9\\ 0 & 0 & 0 & -6\\ 0 & 0 & 0 & 0\end{pmatrix}=B$$

这里的矩阵 $\boldsymbol{B}$ 依其形状的特征称为行阶梯形矩阵.

定义 8.4.3　一般地，称满足下列条件的矩阵为行阶梯形矩阵：

(1) 矩阵的零行(元素全为零的行)位于矩阵的下方；

(2) 各非零行的首非零元素(从左至右的第一个不为零的元素)均在上一非零行的首元素的右侧.

对例 8.4.1 中的矩阵 $\boldsymbol{B}=\begin{pmatrix}1&-2&-1&-2\\0&9&6&9\\0&0&0&-6\\0&0&0&0\end{pmatrix}$ 再做初等行变换：

$$\boldsymbol{B}\xrightarrow[-\frac{1}{6}r_3]{\frac{1}{9}r_2}\begin{pmatrix}1&-2&-1&-2\\0&1&\frac{2}{3}&1\\0&0&0&1\\0&0&0&0\end{pmatrix}\xrightarrow[r_2-r_3]{r_1+2r_2}\begin{pmatrix}1&0&\frac{1}{3}&0\\0&1&\frac{2}{3}&0\\0&0&0&1\\0&0&0&0\end{pmatrix}=\boldsymbol{C}$$

称这种特殊形状的阶梯形矩阵 $\boldsymbol{C}$ 为行最简形矩阵.

定义 8.4.4　一般地，称满足下列条件的矩阵为行最简形矩阵：

(1) 各非零行的首非零元都是 1；

(2) 每个首非零元所在列的其余元素都是零.

如果对上述矩阵 $\boldsymbol{C}=\begin{pmatrix}1&0&\frac{1}{3}&0\\0&1&\frac{2}{3}&0\\0&0&0&1\\0&0&0&0\end{pmatrix}$ 再施以初等列变换，则可以将矩阵 $\boldsymbol{C}$ 简化成下面的矩阵：

$$\boldsymbol{C}\xrightarrow[c_3\leftrightarrow c_4]{\substack{c_3-\frac{1}{3}c_1\\ c_3-\frac{2}{3}c_2}}\begin{pmatrix}1&0&0&0\\0&1&0&0\\0&0&1&0\\0&0&0&0\end{pmatrix}=\boldsymbol{D}=\begin{pmatrix}\boldsymbol{E}&\boldsymbol{0}\\\boldsymbol{0}&\boldsymbol{0}\end{pmatrix}$$

矩阵 $\boldsymbol{D}$ 的左上角是一个单位矩阵，其他元素为零，称为标准形.

8.4.2　初等矩阵

矩阵的初等变换是矩阵运算中的一种基本运算，它有着广泛的应用.下面我们进一步介绍有关的知识.

定义 8.4.5　对单位矩阵 $\boldsymbol{E}$ 实施一次初等变换后得到的矩阵称为初等矩阵.

对应于三种初等变换，可以得到以下三种初等矩阵.

(1) 交换 n 阶单位矩阵 $\boldsymbol{E}$ 的第 i，j 行，得到的初等矩阵记做 $\boldsymbol{E}(i,j)$，即

$$E(i,j)=\begin{pmatrix}1 &&&&&&&&\\ &\ddots&&&&&&&\\ &&1&&&&&&\\ &&&0&\cdots&1&&&\\ &&&&1&&&&\\ &&&\vdots&\ddots&\vdots&&&\\ &&&&&1&&&\\ &&&1&\cdots&0&&&\\ &&&&&&1&&\\ &&&&&&&\ddots&\\ &&&&&&&&1\end{pmatrix}\begin{matrix}\\ \\ \\ \leftarrow 第\,i\,行\\ \\ \\ \\ \leftarrow 第\,j\,行\\ \\ \\ \\ \end{matrix} \tag{8.4.1}$$

显然，把单位矩阵 $\boldsymbol{E}$ 的第 i 列与第 j 列交换，得到的初等矩阵仍是 $\boldsymbol{E}(i,j)$.

(2) 用数 $k(k\neq 0)$ 乘以 $\boldsymbol{E}$ 的第 i 行，得到的初等矩阵记做 $\boldsymbol{E}(i(k))$，即

$$E(i(k))=\begin{pmatrix}1&&&&&\\ &\ddots&&&&\\ &&1&&&\\ &&&k&&\\ &&&&1&&\\ &&&&&\ddots&\\ &&&&&&1\end{pmatrix}\begin{matrix}\\ \\ \\ \leftarrow 第\,i\,行\\ \\ \\ \\ \end{matrix} \tag{8.4.2}$$

显然，把单位矩阵 $\boldsymbol{E}$ 的第 i 列乘以数 $k(k\neq 0)$，得到的初等矩阵仍是 $\boldsymbol{E}(i(k))$.

(3) 把 $\boldsymbol{E}$ 的第 j 行的 k 倍加到第 i 行，得到的初等矩阵记做 $\boldsymbol{E}(i,j(k))$，即

$$E(i,j(k))=\begin{pmatrix}1&&&&&\\ &\ddots&&&&\\ &&1&\cdots&k&&\\ &&&\ddots&\vdots&&\\ &&&&1&&\\ &&&&&\ddots&\\ &&&&&&1\end{pmatrix}\begin{matrix}\\ \\ \leftarrow 第\,i\,行\\ \\ \leftarrow 第\,j\,行\\ \\ \\ \end{matrix} \tag{8.4.3}$$

显然，把 $\boldsymbol{E}$ 的第 i 列的 k 倍加到第 j 列，得到的初等矩阵仍是 $\boldsymbol{E}(i,j(k))$.

注意 容易验证，初等矩阵都是可逆的，且它们的逆阵仍为初等矩阵，即

$$\boldsymbol{E}(i,j)^{-1}=\boldsymbol{E}(i,j)$$

$$\boldsymbol{E}(i(k))^{-1}=\boldsymbol{E}\left(i\left(\frac{1}{k}\right)\right)$$

$$\boldsymbol{E}(i,j(k))^{-1}=\boldsymbol{E}(i,j(-k))$$

矩阵的初等变换和初等矩阵具有如下关系.

定理 8.4.1 设 $\boldsymbol{A}=(a_{ij})_{m\times n}$，则

(1) 对 $\boldsymbol{A}$ 实施一次初等行变换，相当于在 $\boldsymbol{A}$ 的左边乘以相应的 m 阶初等矩阵；

(2) 对 $\boldsymbol{A}$ 实施一次初等列变换，相当于在 $\boldsymbol{A}$ 的右边乘以相应的 n 阶初等矩阵.

证明略.

例 8.4.2　设有矩阵 $\boldsymbol{A}=\begin{pmatrix}3 & 0 & 1\\ 1 & -1 & 2\\ 0 & 1 & 1\end{pmatrix}$，而

$$\boldsymbol{E}(1,\ 2)=\begin{pmatrix}0 & 1 & 0\\ 1 & 0 & 0\\ 0 & 0 & 1\end{pmatrix},\ \boldsymbol{E}(3,\ 1(2))=\begin{pmatrix}1 & 0 & 0\\ 0 & 1 & 0\\ 2 & 0 & 1\end{pmatrix}$$

则

$$\boldsymbol{E}(1,\ 2)\boldsymbol{A}=\begin{pmatrix}0 & 1 & 0\\ 1 & 0 & 0\\ 0 & 0 & 1\end{pmatrix}\begin{pmatrix}3 & 0 & 1\\ 1 & -1 & 2\\ 0 & 1 & 1\end{pmatrix}=\begin{pmatrix}1 & -1 & 2\\ 3 & 0 & 1\\ 0 & 1 & 1\end{pmatrix}$$

即在 $\boldsymbol{E}(1,\ 2)$左边乘以 $\boldsymbol{A}$，相当于交换矩阵 $\boldsymbol{A}$ 的第一行与第二行. 又

$$\boldsymbol{A}\boldsymbol{E}(3,\ 1(2))=\begin{pmatrix}3 & 0 & 1\\ 1 & -1 & 2\\ 0 & 1 & 1\end{pmatrix}\begin{pmatrix}1 & 0 & 0\\ 0 & 1 & 0\\ 2 & 0 & 1\end{pmatrix}=\begin{pmatrix}5 & 0 & 1\\ 5 & -1 & 2\\ 2 & 1 & 1\end{pmatrix}$$

即在 $\boldsymbol{E}(3,\ 1(2))$右边乘以 $\boldsymbol{A}$，相当于将矩阵 $\boldsymbol{A}$ 的第三列乘以 2 加于第一列.

例 8.4.3　计算下列矩阵与初等矩阵的乘积：

(1) $\begin{pmatrix}0 & 1 & 0\\ 1 & 0 & 0\\ 0 & 0 & 1\end{pmatrix}\begin{pmatrix}a_{11} & a_{12} & a_{13}\\ a_{21} & a_{22} & a_{23}\\ a_{31} & a_{32} & a_{33}\end{pmatrix}$；　　(2) $\begin{pmatrix}1 & 0 & 0\\ 0 & 1 & 2\\ 0 & 0 & 1\end{pmatrix}\begin{pmatrix}a_{11} & a_{12} & a_{13}\\ a_{21} & a_{22} & a_{23}\\ a_{31} & a_{32} & a_{33}\end{pmatrix}$；

(3) $\begin{pmatrix}a_{11} & a_{12} & a_{13}\\ a_{21} & a_{33} & a_{33}\end{pmatrix}\begin{pmatrix}1 & 0 & 0\\ 0 & 0 & 1\\ 0 & 1 & 0\end{pmatrix}$.

解　(1) $$\begin{pmatrix}0 & 1 & 0\\ 1 & 0 & 0\\ 0 & 0 & 1\end{pmatrix}\begin{pmatrix}a_{11} & a_{12} & a_{13}\\ a_{21} & a_{22} & a_{23}\\ a_{31} & a_{32} & a_{33}\end{pmatrix}=\begin{pmatrix}a_{21} & a_{22} & a_{23}\\ a_{11} & a_{12} & a_{13}\\ a_{31} & a_{32} & a_{33}\end{pmatrix}$$

(2) $$\begin{pmatrix}1 & 0 & 0\\ 0 & 1 & 2\\ 0 & 0 & 1\end{pmatrix}\begin{pmatrix}a_{11} & a_{12} & a_{13}\\ a_{21} & a_{22} & a_{23}\\ a_{31} & a_{32} & a_{33}\end{pmatrix}=\begin{pmatrix}a_{11} & a_{12} & a_{13}\\ a_{21}+2a_{31} & a_{22}+2a_{32} & a_{23}+2a_{33}\\ a_{31} & a_{32} & a_{33}\end{pmatrix}$$

(3) $$\begin{pmatrix}a_{11} & a_{12} & a_{13}\\ a_{21} & a_{22} & a_{23}\end{pmatrix}\begin{pmatrix}1 & 0 & 0\\ 0 & 0 & 1\\ 0 & 1 & 0\end{pmatrix}=\begin{pmatrix}a_{11} & a_{13} & a_{12}\\ a_{21} & a_{23} & a_{22}\end{pmatrix}$$

定理 8.4.2　设 $\boldsymbol{A}$ 为可逆矩阵，则存在有限个初等矩阵 $\boldsymbol{P}_1$，$\boldsymbol{P}_2$，…，$\boldsymbol{P}_l$，使 $\boldsymbol{A}=\boldsymbol{P}_1\boldsymbol{P}_2\cdots\boldsymbol{P}_l$.

证　因 $\boldsymbol{A}\sim\boldsymbol{E}$，故 $\boldsymbol{E}$ 经有限次初等变换可变成 $\boldsymbol{A}$，也就存在有限个初等矩阵 $\boldsymbol{P}_1$，$\boldsymbol{P}_2$，…，$\boldsymbol{P}_l$，使得

$$\boldsymbol{P}_1\boldsymbol{P}_2\cdots\boldsymbol{P}_r\boldsymbol{E}\boldsymbol{P}_{r+1}\cdots\boldsymbol{P}_l=\boldsymbol{A}$$

即

$$\boldsymbol{A}=\boldsymbol{P}_1\boldsymbol{P}_2\cdots\boldsymbol{P}_l$$

由定理 8.4.1 和定理 8.4.2 很容易得到以下几个推论：

推论 8.4.1　n 阶方阵 $\boldsymbol{A}$ 可逆的充分必要条件是 $\boldsymbol{A}$ 等价于 n 阶单位矩阵 $\boldsymbol{E}$.

推论 8.4.2　设 $\boldsymbol{A}$、$\boldsymbol{B}$ 都是 $m\times n$ 矩阵，$\boldsymbol{A}$ 等价于 $\boldsymbol{B}$ 的充分必要条件是：存在 m 阶可逆矩阵 $\boldsymbol{P}$ 和 n 阶可逆矩阵 $\boldsymbol{Q}$，使 $\boldsymbol{PAQ}=\boldsymbol{B}$.

8.4.3　用初等变换求逆矩阵

如果 $\boldsymbol{A}$ 是可逆的，则 $\boldsymbol{A}^{-1}$ 也是可逆的. 由定理 8.4.2 可知，当 $|\boldsymbol{A}|\neq 0$ 时，由 $\boldsymbol{A}=\boldsymbol{P}_1\boldsymbol{P}_2\cdots\boldsymbol{P}_l$，有

$$\boldsymbol{P}_l^{-1}\boldsymbol{P}_{l-1}^{-1}\cdots\boldsymbol{P}_1^{-1}\boldsymbol{A}=\boldsymbol{E} \tag{8.4.4}$$

及

$$\boldsymbol{P}_l^{-1}\boldsymbol{P}_{l-1}^{-1}\cdots\boldsymbol{P}_1^{-1}\boldsymbol{E}=\boldsymbol{A}^{-1} \tag{8.4.5}$$

式(8.4.4)表示对 $\boldsymbol{A}$ 实施一系列的初等行变换变成 $\boldsymbol{E}$，式(8.4.5)表示对 $\boldsymbol{E}$ 实施相同的初等行变换变成 $\boldsymbol{A}^{-1}$.

可以采用下列方法求逆矩阵：将 $\boldsymbol{A}$ 和 $\boldsymbol{E}$ 并排放在一起，组成一个 $n\times 2n$ 矩阵 $(\boldsymbol{A}|\boldsymbol{E})$，对矩阵 $(\boldsymbol{A}|\boldsymbol{E})$ 实施一系列的初等行变换，将其左半部分化为单位矩阵，这时右半部分就化成了 $\boldsymbol{A}^{-1}$，即

$$(\boldsymbol{A}\mid\boldsymbol{E})\xrightarrow{\text{初等行变换}}(\boldsymbol{E}\mid\boldsymbol{A}^{-1})$$

上述方法称为求逆矩阵的初等变换法。用初等变换法求阶数较高的矩阵的逆矩阵，比用伴随矩阵法要方便许多。

例 8.4.4　设 $\boldsymbol{A}=\begin{pmatrix}1&2&3\\2&2&1\\3&4&3\end{pmatrix}$，求 $\boldsymbol{A}^{-1}$.

解

$$(\boldsymbol{A}\mid\boldsymbol{E})=\begin{pmatrix}1&2&3&1&0&0\\2&2&1&0&1&0\\3&4&3&0&0&1\end{pmatrix}\xrightarrow[r_3-3r_1]{r_2-2r_1}\begin{pmatrix}1&2&3&1&0&0\\0&-2&-5&-2&1&0\\0&-2&-6&-3&0&1\end{pmatrix}$$

$$\xrightarrow[r_3-r_2]{r_1+r_2}\begin{pmatrix}1&0&-2&-1&1&0\\0&-2&-5&-2&1&0\\0&0&-1&-1&-1&1\end{pmatrix}\xrightarrow[r_2-5r_3]{r_1-2r_3}\begin{pmatrix}1&0&0&1&3&-2\\0&-2&0&3&6&-5\\0&0&-1&-1&-1&1\end{pmatrix}$$

$$\xrightarrow[r_3\times(-1)]{r_2\times\left(-\frac{1}{2}\right)}\begin{pmatrix}1&0&0&1&3&-2\\0&1&0&-\dfrac{3}{2}&-3&\dfrac{5}{2}\\0&0&1&1&1&-1\end{pmatrix}$$

$$\boldsymbol{A}^{-1}=\begin{pmatrix}1&3&-2\\-\dfrac{3}{2}&-3&\dfrac{5}{2}\\1&1&-1\end{pmatrix}$$

注意　在上述过程中一定不要进行初等列变换.

例 8.4.5　已知矩阵 $\boldsymbol{A}=\begin{pmatrix}1 & 0 & 1\\ 2 & 1 & 0\\ -3 & 2 & -5\end{pmatrix}$，求$(\boldsymbol{E}-\boldsymbol{A})^{-1}$.

解　因为

$$\boldsymbol{A}=\begin{pmatrix}1 & 0 & 1\\ 2 & 1 & 0\\ -3 & 2 & -5\end{pmatrix},\ \boldsymbol{E}-\boldsymbol{A}=\begin{pmatrix}0 & 0 & -1\\ -2 & 0 & 0\\ 3 & -2 & 6\end{pmatrix}$$

则

$$(\boldsymbol{E}-\boldsymbol{A}\mid\boldsymbol{E})=\left(\begin{array}{ccc|ccc}0 & 0 & -1 & 1 & 0 & 0\\ -2 & 0 & 0 & 0 & 1 & 0\\ 3 & -2 & 6 & 0 & 0 & 1\end{array}\right)\xrightarrow{r_1\leftrightarrow r_2}\left(\begin{array}{ccc|ccc}-2 & 0 & 0 & 0 & 1 & 0\\ 0 & 0 & -1 & 1 & 0 & 0\\ 3 & -2 & 6 & 0 & 0 & 1\end{array}\right)$$

$$\xrightarrow{r_2\leftrightarrow r_3}\left(\begin{array}{ccc|ccc}-2 & 0 & 0 & 0 & 1 & 0\\ 3 & -2 & 6 & 0 & 0 & 1\\ 0 & 0 & -1 & 1 & 0 & 0\end{array}\right)$$

$$\xrightarrow{r_1\div(-2)}\left(\begin{array}{ccc|ccc}1 & 0 & 0 & 0 & -\frac{1}{2} & 0\\ 3 & -2 & 6 & 0 & 0 & 1\\ 0 & 0 & -1 & 1 & 0 & 0\end{array}\right)$$

$$\xrightarrow{-\frac{r_2}{2}+\frac{3}{2}r_1}\left(\begin{array}{ccc|ccc}1 & 0 & 0 & 0 & -\frac{1}{2} & 0\\ 0 & 1 & -3 & 0 & -\frac{3}{4} & -\frac{1}{2}\\ 0 & 0 & 1 & -1 & 0 & 0\end{array}\right)$$

$$\xrightarrow[c_2\leftrightarrow c_3]{r_3\times(-1)}\left(\begin{array}{ccc|ccc}1 & 0 & 0 & 0 & -\frac{1}{2} & 0\\ 0 & 1 & 0 & -3 & -\frac{3}{4} & -\frac{1}{2}\\ 0 & 0 & 1 & -1 & 0 & 0\end{array}\right)$$

所以

$$(\boldsymbol{E}-\boldsymbol{A})^{-1}=\begin{pmatrix}0 & -\frac{1}{2} & 0\\ -3 & -\frac{3}{4} & -\frac{1}{2}\\ -1 & 0 & 0\end{pmatrix}$$

利用初等行变换，还可用于求矩阵 $\boldsymbol{A}^{-1}\boldsymbol{B}$. 由

$$\boldsymbol{A}^{-1}(\boldsymbol{A}\mid\boldsymbol{B})=(\boldsymbol{E}\mid\boldsymbol{A}^{-1}\boldsymbol{B})$$

可知，若对矩阵$(\boldsymbol{A}|\boldsymbol{B})$实施初等行变换，把 $\boldsymbol{A}$ 变成 $\boldsymbol{E}$ 时，$\boldsymbol{B}$ 就变成了 $\boldsymbol{A}^{-1}\boldsymbol{B}$.

例 8.4.6　求矩阵 $\boldsymbol{X}$，使 $\boldsymbol{AX}=\boldsymbol{B}$，其中

$$\boldsymbol{A}=\begin{pmatrix}1 & 2 & 3\\ 2 & 2 & 1\\ 3 & 4 & 3\end{pmatrix},\qquad \boldsymbol{B}=\begin{pmatrix}2 & 5\\ 3 & 1\\ 4 & 3\end{pmatrix}$$

解 若 $\boldsymbol{A}$ 可逆，则 $\boldsymbol{X}=\boldsymbol{A}^{-1}\boldsymbol{B}$. 于是

$$(\boldsymbol{A}\mid\boldsymbol{B})=\begin{pmatrix}1&2&3&2&5\\2&2&1&3&1\\3&4&3&4&3\end{pmatrix}\xrightarrow[r_3-3r_1]{r_2-2r_1}\begin{pmatrix}1&2&3&2&5\\0&-2&-5&-1&-9\\0&-2&-6&-2&-12\end{pmatrix}$$

$$\xrightarrow[r_3-r_2]{r_1+r_2}\begin{pmatrix}1&0&-2&1&-4\\0&-2&-5&-1&-9\\0&0&-1&-1&-3\end{pmatrix}$$

$$\xrightarrow[r_2-5r_3]{r_1-2r_3}\begin{pmatrix}1&0&0&3&2\\0&-2&0&4&6\\0&0&-1&-1&-3\end{pmatrix}$$

$$\xrightarrow[r_3\times(-1)]{r_2\times\left(-\frac{1}{2}\right)}\begin{pmatrix}1&0&0&3&2\\0&1&0&-2&-3\\0&0&1&1&3\end{pmatrix}$$

$$\boldsymbol{X}=\begin{pmatrix}3&2\\-2&-3\\1&3\end{pmatrix}$$

注意 也可对矩阵实施初等列变换求逆阵，此时，做 $2n\times n$ 矩阵 $\begin{pmatrix}\boldsymbol{A}\\\boldsymbol{E}\end{pmatrix}$，对 $\begin{pmatrix}\boldsymbol{A}\\\boldsymbol{E}\end{pmatrix}$ 实施一系列的初等列变换，当将其上半部分化为单位矩阵时，其下半部分就化成了 $\boldsymbol{A}^{-1}$.

8.5 矩阵的秩

矩阵的秩的概念是研究线性方程组的重要理论之一，同时在确定向量组的秩、向量组的极大无关组时起着重要作用.

8.5.1 矩阵秩的定义

定义 8.5.1 设 $\boldsymbol{A}$ 是 $m\times n$ 矩阵，在 $\boldsymbol{A}$ 中任取 k 行 k 列（$1\leqslant k\leqslant\min\{m,n\}$），位于 k 行 k 列交叉位置上的 k^2 个元素按原有的次序组成的 k 阶行列式，称为矩阵 $\boldsymbol{A}$ 的一个 k 阶子式.

如果 $\boldsymbol{A}$ 是 n 阶方阵，那么 $\boldsymbol{A}$ 的 n 阶子式就是方阵 $\boldsymbol{A}$ 的行列式 $|\boldsymbol{A}|$.

$m\times n$ 矩阵 $\boldsymbol{A}$ 共有 $C_m^kC_n^k$ 个 k 阶子式. 例如，在矩阵

$$\boldsymbol{A}=\begin{pmatrix}1&-2&-1&-2\\4&1&2&1\\2&5&4&-1\\1&1&1&1\end{pmatrix}$$

中，取第二、三行，第一、二列得到 $\boldsymbol{A}$ 的一个二阶子式 $\begin{vmatrix}4&1\\2&5\end{vmatrix}$，又取第一、二、四行，第二、三、四列得到 $\boldsymbol{A}$ 的一个三阶子式 $\begin{vmatrix}-2&-1&-2\\1&2&1\\1&1&1\end{vmatrix}$.

可以看出，$\boldsymbol{A}$ 的一、二、三阶子式有很多，但是由于 $\boldsymbol{A}$ 是四阶方阵，所以 $\boldsymbol{A}$ 的四阶子式只有一个 $|\boldsymbol{A}|$.

定义 8.5.2　$\boldsymbol{A}=(a_{ij})_{m\times n}$，如果矩阵 $\boldsymbol{A}$ 中有一个不等于零的 r 阶子式 D，而所有的 $r+1$ 阶子式(如果存在的话)都等于零，则 D 称为矩阵 $\boldsymbol{A}$ 的最高阶非零子式. 数 r 称为矩阵 $\boldsymbol{A}$ 的秩，记做 $R(\boldsymbol{A})=r$. 并规定零矩阵的秩为零.

显然，矩阵的秩具有下列性质：

(1) 若矩阵 $\boldsymbol{A}$ 中有某个 s 阶子式不为零，则 $R(\boldsymbol{A})\geqslant s$；

(2) 若 $\boldsymbol{A}$ 中所有 t 阶子式全为零，则 $R(\boldsymbol{A})<t$；

(3) 若 $\boldsymbol{A}$ 为 $m\times n$ 矩阵，则 $0\leqslant R(\boldsymbol{A})\leqslant\min\{m, n\}$；

(4) $R(\boldsymbol{A})=R(\boldsymbol{A}^{\mathrm{T}})$.

当 $R(\boldsymbol{A})=\min\{m, n\}$ 时，称矩阵 $\boldsymbol{A}$ 为**满秩矩阵**，否则称为**降秩矩阵**.

例 8.5.1　求下列矩阵的秩：

(1) $\boldsymbol{A}=\begin{pmatrix}1 & 1\\ 2 & 2\end{pmatrix}$；　(2) $\boldsymbol{A}=\begin{pmatrix}1 & 2 & 4 & 1\\ 2 & 4 & 8 & 2\\ 3 & 6 & 0 & 2\end{pmatrix}$

解　(1) 因为 $\boldsymbol{A}$ 的一阶子式全不等于零，而二阶子式只有一个，即

$$|\boldsymbol{A}|=\begin{vmatrix}1 & 1\\ 2 & 2\end{vmatrix}=0$$

所以，$R(\boldsymbol{A})=1$.

(2) 因为 $\boldsymbol{A}$ 中的二阶子式

$$\begin{vmatrix}4 & 1\\ 0 & 2\end{vmatrix}=8\neq 0$$

$\boldsymbol{A}$ 中的三阶子式共有四个，分别为

$$\begin{vmatrix}1 & 2 & 4\\ 2 & 4 & 8\\ 3 & 6 & 0\end{vmatrix},\quad \begin{vmatrix}1 & 2 & 1\\ 2 & 4 & 2\\ 3 & 6 & 2\end{vmatrix},\quad \begin{vmatrix}1 & 4 & 1\\ 2 & 8 & 2\\ 3 & 0 & 2\end{vmatrix},\quad \begin{vmatrix}2 & 4 & 1\\ 4 & 8 & 2\\ 6 & 0 & 2\end{vmatrix}$$

由计算可知，这四个三阶子式全等于零，所以 $R(\boldsymbol{A})=2$.

8.5.2　用初等变换求矩阵的秩

由例 8.5.1 可知，用定义确定 $\boldsymbol{A}$ 的秩不是一件容易的事. 但对于阶梯形矩阵，确定它的秩变得很简单，它的秩就等于非零行的行数. 所以我们自然会想到用初等行变换把矩阵化为行阶梯形矩阵求秩，但两个等价的矩阵的秩是否相等呢？下面的定理对此做出肯定的回答.

定理 8.5.1　若 $\boldsymbol{A}\sim\boldsymbol{B}$，则 $R(\boldsymbol{A})=R(\boldsymbol{B})$.

定理 8.5.1 表明：初等变换不改变矩阵的秩，而且任何一个 $m\times n$ 矩阵 $\boldsymbol{A}$ 都等价于一个行阶梯形矩阵，且行阶梯形矩阵的秩等于它的非零行的行数. 因此，求矩阵的秩只需要将其化成行阶梯形矩阵，进一步统计非零行数即可.

例 8.5.2 求矩阵$\boldsymbol{A}=\begin{pmatrix}2&0&3&1&4\\3&-5&4&2&7\\1&5&2&0&1\end{pmatrix}$的秩.

解

$$\boldsymbol{A}=\begin{pmatrix}2&0&3&1&4\\3&-5&4&2&7\\1&5&2&0&1\end{pmatrix}\xrightarrow{r_1\leftrightarrow r_3}\begin{pmatrix}1&5&2&0&1\\3&-5&4&2&7\\2&0&3&1&4\end{pmatrix}$$

$$\xrightarrow[r_3-2r_1]{r_2-3r_1}\begin{pmatrix}1&5&2&0&1\\0&-20&-2&2&4\\0&-10&-1&1&2\end{pmatrix}\xrightarrow{r_3-\frac{1}{2}r_2}\begin{pmatrix}1&5&2&0&1\\0&-20&-2&2&4\\0&0&0&0&0\end{pmatrix}$$

$$=\boldsymbol{B}$$

所以 $R(\boldsymbol{A})=R(\boldsymbol{B})=2$.

例 8.5.3 求矩阵$\boldsymbol{A}=\begin{pmatrix}1&0&0&1\\1&2&0&-1\\3&-1&0&4\\1&4&5&1\end{pmatrix}$的秩，并求$\boldsymbol{A}$的一个最高阶非零子式.

解 对$\boldsymbol{A}$做初等行变换，化$\boldsymbol{A}$为行阶梯形矩阵，即

$$\boldsymbol{A}\xrightarrow[r_4-r_1]{\substack{r_2-r_1\\r_3-3r_1}}\begin{pmatrix}1&0&0&1\\0&2&0&-2\\0&-1&0&1\\0&4&5&0\end{pmatrix}\xrightarrow[r_4+4r_3]{r_2+2r_3}\begin{pmatrix}1&0&0&1\\0&0&0&0\\0&-1&0&1\\0&0&5&4\end{pmatrix}$$

$$\xrightarrow[r_3\leftrightarrow r_4]{r_2\leftrightarrow r_3}\begin{pmatrix}1&0&0&1\\0&-1&0&1\\0&0&5&4\\0&0&0&0\end{pmatrix}=\boldsymbol{B}$$

所以 $R(\boldsymbol{A})=3$.

再求$\boldsymbol{A}$的一个最高阶非零子式. 因$R(\boldsymbol{A})=3$，知$\boldsymbol{A}$的最高阶非零子式为三阶. $\boldsymbol{A}$的三阶子式共有$C_4^3\cdot C_4^3=16$个，要从16个子式中找出一个非零子式是比较麻烦的. 考虑$\boldsymbol{A}$的行阶梯形矩阵，由矩阵$\boldsymbol{B}$可知，$\boldsymbol{A}$的第一、二、三列所构成的矩阵

$$\boldsymbol{A}_1=\begin{pmatrix}1&0&0\\1&2&0\\3&-1&0\\1&4&5\end{pmatrix}$$

做初等行变换得到的行阶梯形矩阵为

$$\boldsymbol{A}_1\to\begin{pmatrix}1&0&0\\0&-1&0\\0&0&5\\0&0&0\end{pmatrix}$$

所以$R(\boldsymbol{A}_1)=3$，故$\boldsymbol{A}_1$中必有三阶非零子式，其共有四个三阶子式，从中找一个非零子式

比在 $\boldsymbol{A}$ 中找非零子式容易许多. 经检验可知其第一、三、四行所构成的三阶子式

$$\begin{vmatrix}1 & 0 & 0\\3 & -1 & 0\\1 & 4 & 5\end{vmatrix}=\begin{vmatrix}-1 & 0\\4 & 5\end{vmatrix}\neq 0$$

显然这个子式就是 $\boldsymbol{A}$ 的一个最高阶非零子式.

例 8.5.4

$$\boldsymbol{A}=\begin{pmatrix}1 & -1 & 1 & 2\\3 & \lambda & -1 & 2\\5 & 3 & \mu & 6\end{pmatrix}$$

已知 $R(\boldsymbol{A})=2$，求 λ 和 μ 的值.

解

$$\boldsymbol{A}\xrightarrow[r_3-5r_1]{r_2-3r_1}\begin{pmatrix}1 & -1 & 1 & 2\\0 & \lambda+3 & -4 & -4\\0 & 8 & \mu-5 & -4\end{pmatrix}\xrightarrow{r_3-r_2}\begin{pmatrix}1 & -1 & 1 & 2\\0 & \lambda+3 & -4 & -4\\0 & 5-\lambda & \mu-1 & 0\end{pmatrix}$$

因为 $R(\boldsymbol{A})=2$，故 $\begin{cases}5-\lambda=0\\\mu-1=0\end{cases}$，即 $\lambda=5$，$\mu=1$.

习　题　8

1. 设矩阵 $\boldsymbol{A}=\begin{pmatrix}1 & 4 & 1\\-4 & 2 & 8\end{pmatrix}$，$\boldsymbol{B}=\begin{pmatrix}-2 & 1 & 0\\2 & -5 & 4\end{pmatrix}$，求 $\boldsymbol{A}+\boldsymbol{B}$，$2\boldsymbol{A}-5\boldsymbol{B}$.

2. 设 $\boldsymbol{A}=\begin{pmatrix}1 & 1 & 1\\1 & 1 & -1\\1 & -1 & 1\end{pmatrix}$，$\boldsymbol{B}=\begin{pmatrix}1 & 2 & 3\\-1 & -2 & 4\\0 & 5 & 1\end{pmatrix}$，求 $3\boldsymbol{AB}-2\boldsymbol{A}$ 及 $\boldsymbol{A}^{\mathrm{T}}\boldsymbol{B}$.

3. 计算：

(1) $(1,\ 2,\ 3)\begin{pmatrix}3\\2\\1\end{pmatrix}$；　　(2) $\begin{pmatrix}3\\2\\1\end{pmatrix}(1,\ 2,\ 3)$；

(3) $\begin{pmatrix}1 & 2 & 3\\-2 & 1 & 2\end{pmatrix}\begin{pmatrix}1 & 2 & 0\\0 & 1 & 1\\3 & 0 & -1\end{pmatrix}$；　　(4) $\begin{pmatrix}4 & 3 & 1\\1 & -2 & 3\\5 & 7 & 0\end{pmatrix}\begin{pmatrix}7\\2\\1\end{pmatrix}$；

(5) $(x_1,\ x_2,\ x_3)\begin{pmatrix}a_{11} & a_{12} & a_{13}\\a_{21} & a_{22} & a_{23}\\a_{31} & a_{32} & a_{33}\end{pmatrix}\begin{pmatrix}x_1\\x_2\\x_3\end{pmatrix}$.

4. 举反例说明下列命题是错误的：

(1) 若 $\boldsymbol{A}^2=\boldsymbol{0}$，则 $\boldsymbol{A}=\boldsymbol{0}$；

(2) 若 $\boldsymbol{A}^2=\boldsymbol{A}$，则 $\boldsymbol{A}=\boldsymbol{0}$ 或 $\boldsymbol{A}=\boldsymbol{E}$.

5. 设 $\boldsymbol{A}=\begin{pmatrix}1&2\\1&3\end{pmatrix}$，$\boldsymbol{B}=\begin{pmatrix}1&0\\1&2\end{pmatrix}$，问：

(1) $\boldsymbol{AB}=\boldsymbol{BA}$ 是否成立；

(2) $(\boldsymbol{A}+\boldsymbol{B})^2=\boldsymbol{A}^2+2\boldsymbol{AB}+\boldsymbol{B}^2$ 是否成立；

(3) $(\boldsymbol{A}+\boldsymbol{B})(\boldsymbol{A}-\boldsymbol{B})=\boldsymbol{A}^2-\boldsymbol{B}^2$ 是否成立.

6. 设 $\boldsymbol{A}$、$\boldsymbol{B}$ 都是 n 阶对称矩阵，证明 $\boldsymbol{AB}$ 是对称矩阵的充分必要条件是 $\boldsymbol{AB}=\boldsymbol{BA}$.

7. 求下列矩阵的逆矩阵：

(1) $\begin{pmatrix}1&2\\2&5\end{pmatrix}$；　(2) $\begin{bmatrix}1&2&1\\3&4&-2\\5&-4&1\end{bmatrix}$；　(3) $\begin{bmatrix}1&0&0\\1&2&0\\1&2&3\end{bmatrix}$.

8. 解下列矩阵方程：

(1) $\begin{pmatrix}2&5\\1&3\end{pmatrix}\boldsymbol{X}=\begin{pmatrix}4&-6\\2&1\end{pmatrix}$；

(2) $\boldsymbol{X}\begin{bmatrix}2&1&-1\\2&1&0\\1&-1&1\end{bmatrix}=\begin{pmatrix}1&-1&3\\4&3&2\end{pmatrix}$.

9. 求下列矩阵的秩，并求一个最高阶非零子式：

(1) $\begin{bmatrix}3&1&0&2\\1&-1&2&-1\\1&3&-4&4\end{bmatrix}$；

(2) $\begin{bmatrix}1&2&4\\2&-1&3\\5&1&2\\-1&1&10\end{bmatrix}$.

10. 已知矩阵 $\boldsymbol{A}=\begin{bmatrix}1&1&1\\1&2&1\\2&3&\lambda+1\end{bmatrix}$ 的秩 $R(\boldsymbol{A})=2$，求 λ.

11. 计算下列矩阵：

(1) $\begin{pmatrix}1&1\\0&0\end{pmatrix}^n$；　(2) $\begin{pmatrix}1&0\\\lambda&1\end{pmatrix}^5$；　(3) $\begin{bmatrix}a&0&0\\0&b&0\\0&0&c\end{bmatrix}^3$.

12. 设方阵 $\boldsymbol{A}$ 满足 $\boldsymbol{A}^2-\boldsymbol{A}-2\boldsymbol{E}=\boldsymbol{0}$，证明 $\boldsymbol{A}$ 及 $\boldsymbol{A}+2\boldsymbol{E}$ 都可逆，并求 $\boldsymbol{A}^{-1}$ 及 $(\boldsymbol{A}+2\boldsymbol{E})^{-1}$.

13. 设 $\boldsymbol{A}$ 为 n 阶矩阵，若已知 $|\boldsymbol{A}|=m$，求 $|2|\boldsymbol{A}|\cdot\boldsymbol{A}^{\mathrm{T}}|$.

自测题 8

一、选择题

1. 有矩阵 $\boldsymbol{A}_{3\times2}$、$\boldsymbol{B}_{2\times3}$、$\boldsymbol{C}_{3\times3}$，下列矩阵运算可行的是(　　).

A. $\boldsymbol{AC}$　　B. $\boldsymbol{ABC}$

C. $\boldsymbol{BAC}$　　D. $\boldsymbol{AB}-\boldsymbol{BC}$

2. 下列命题一定成立的是(　　).

A. 若 $\boldsymbol{AB}=\boldsymbol{AC}$，则 $\boldsymbol{B}=\boldsymbol{C}$　　B. $\boldsymbol{AB}=\boldsymbol{0}$，则 $\boldsymbol{A}=\boldsymbol{0}$ 或 $\boldsymbol{B}=\boldsymbol{0}$

C. 若 $\boldsymbol{A}\neq\boldsymbol{0}$，则 $|\boldsymbol{A}|\neq 0$　　D. 若 $|\boldsymbol{A}|\neq 0$，则 $\boldsymbol{A}\neq\boldsymbol{0}$

3. 设 $\boldsymbol{A}$、$\boldsymbol{B}$ 为同阶可逆矩阵，则下列结论错误的是(　　).

A. $(k\boldsymbol{A})^{-1}=k^{-1}\boldsymbol{A}^{-1}$($k$ 为不等于零的数)

B. $|\boldsymbol{A}^{-1}|=|\boldsymbol{A}|^{-1}$

C. $\boldsymbol{A}+\boldsymbol{B}$ 可逆，且 $(\boldsymbol{A}+\boldsymbol{B})^{-1}=\boldsymbol{A}^{-1}+\boldsymbol{B}^{-1}$

D. $\boldsymbol{A}+\boldsymbol{B}$ 不一定可逆，即使 $\boldsymbol{A}+\boldsymbol{B}$ 可逆，一般地 $(\boldsymbol{A}+\boldsymbol{B})^{-1}\neq\boldsymbol{A}^{-1}+\boldsymbol{B}^{-1}$

4. 设 $\boldsymbol{A}$ 为非零 n 阶矩阵，则下列矩阵中不是对称矩阵的是(　　).

A. $\boldsymbol{AA}^{\mathrm{T}}$　　B. $\boldsymbol{A}^{\mathrm{T}}\boldsymbol{A}$

C. $\boldsymbol{A}-\boldsymbol{A}^{\mathrm{T}}$　　D. $\boldsymbol{A}+\boldsymbol{A}^{\mathrm{T}}$

5. 下列矩阵中与矩阵 $\boldsymbol{A}=\begin{pmatrix}1&3&0\\2&1&2\\4&0&1\end{pmatrix}$ 同秩的矩阵是(　　).

A. $\begin{pmatrix}2&1&0\\1&0&3\\0&-1&2\end{pmatrix}$　　B. $\begin{pmatrix}2&4&0\\1&5&-1\end{pmatrix}$

C. $\begin{pmatrix}1&1&0\\1&0&3\\0&-1&3\end{pmatrix}$　　D. $(3\quad 1\quad 6)$

二、填空题

1. 若矩阵 $\boldsymbol{A}=\begin{pmatrix}a_{11}&a_{12}&a_{13}\\a_{21}&a_{22}&a_{23}\end{pmatrix}$，$\boldsymbol{B}=\begin{pmatrix}b_{11}&b_{12}\\b_{21}&b_{22}\\b_{31}&b_{32}\end{pmatrix}$，则乘积 $\boldsymbol{AB}=$________.

2. 矩阵 $\boldsymbol{A}=\begin{pmatrix}1&2&0\\-4&2&3\end{pmatrix}$ 的转置矩阵是________.

3. 设 $\boldsymbol{A}=\begin{pmatrix}4&3\\2&1\end{pmatrix}$，$\boldsymbol{B}=\begin{pmatrix}1&-1\\2&3\end{pmatrix}$，则 $2\boldsymbol{AB}-\boldsymbol{A}^{\mathrm{T}}\boldsymbol{B}=$________，$\boldsymbol{B}^{\mathrm{T}}\boldsymbol{A}-2\boldsymbol{E}=$________.

4. 设 $\boldsymbol{A}$ 为五阶方阵，且 $|\boldsymbol{A}|=3$，则 $|\boldsymbol{A}^{-1}|=$________，$|\boldsymbol{A}^{2}|=$________.

5. 设 $\boldsymbol{A}=\begin{pmatrix}2&3\\3&5\end{pmatrix}$，则 $\boldsymbol{A}^{-1}=$________.

6. 设矩阵 $\boldsymbol{A}=\begin{pmatrix}2&1\\-1&2\end{pmatrix}$，$\boldsymbol{E}$ 为二阶单位矩阵，矩阵 $\boldsymbol{B}$ 满足 $\boldsymbol{BA}=\boldsymbol{B}+2\boldsymbol{E}$，则 $|\boldsymbol{B}|=$________.

7. 已知矩阵 $\boldsymbol{A}=\begin{pmatrix}1&1&1\\1&1&2\\a+1&2&3\end{pmatrix}$，当________时，$R(\boldsymbol{A})=2$；当________时，$R(\boldsymbol{A})=3$.

三、综合题

1. 设矩阵 $\boldsymbol{A}=\begin{pmatrix}1 & -1\\ 2 & 3\end{pmatrix}$，$\boldsymbol{B}=\boldsymbol{A}^2-3\boldsymbol{A}+2\boldsymbol{E}$，求 $\boldsymbol{B}^{-1}$.

2. 设 $\boldsymbol{A}^k=\boldsymbol{0}$（$k$ 为正整数），证明 $(\boldsymbol{E}-\boldsymbol{A})^{-1}=\boldsymbol{E}+\boldsymbol{A}+\boldsymbol{A}^2+\cdots+\boldsymbol{A}^{k-1}$.

3. 设 $\boldsymbol{A}=\begin{bmatrix}-1 & 3 & 2\\ 0 & 1 & 2\\ 0 & 0 & 3\end{bmatrix}$，$\boldsymbol{B}=\begin{bmatrix}2 & 3 & 5\\ 1 & 0 & 2\\ -1 & 1 & -3\end{bmatrix}$，求 $|\boldsymbol{A}\boldsymbol{B}^{\mathrm{T}}|$，$|\boldsymbol{A}|+|\boldsymbol{B}|$，$|3\boldsymbol{A}|$.

阅读材料 8

毕达哥拉斯

毕达哥拉斯是古希腊数学家、哲学家. 他最早悟出万事万物背后都有数的法则在起作用.

毕达哥拉斯在意大利南部的希腊属地克劳东成立了一个社团，这个社团里有男有女，地位一律平等，一切财产都归公有. 社团的组织纪律很严密，甚至带有浓厚的宗教色彩. 每个学员都要在学术上达到一定的水平，加入组织还要经历一系列神秘的仪式，以求达到“心灵的净化”. 他们要接受长期的训练和考核，遵守很多的规范和戒律，并且宣誓永不泄露学派的秘密和学说. 他们相信依靠数学可使灵魂升华，与上帝融为一体，万物都包含数，甚至万物都是数，上帝通过数来统治宇宙. 这是毕达哥拉斯学派和其他教派的主要区别.

毕达哥拉斯学派很重视数学，企图用数来解释一切. 宣称数是宇宙万物的本原，研究数学的目的并不在于使用而是为了探索自然的奥秘. 他们从五个苹果、五个手指等事物中抽象出了五这个数. 这在今天看来很平常的事，但在当时的哲学和实用数学界，算是一个巨大的进步. 在实用数学方面，它使得算术成为可能. 在哲学方面，这个发现促使人们相信数是构成实物世界的基础.

毕达哥拉斯本人以发现勾股定理（西方称毕达哥拉斯定理）著称于世. 该定理早已为巴比伦人所知，不过最早的证明大概可归功于毕达哥拉斯. 他用演绎法证明了直角三角形斜边平方等于两直角边平方之和，即毕达哥拉斯定理（勾股定理）.

毕达哥拉斯对数论做了许多研究，将自然数区分为奇数、偶数、素数、完全数、平方数、三角数和五角数等. 在毕达哥拉斯学派看来，数为宇宙提供了一个概念模型，数量和形状决定一切自然物体的形式，数不但有量的多寡，而且也具有几何形状. 在这个意义上，他们把数理解为自然物体的形式和形象，是一切事物的总根源. 因为有了数，才有几何学上的点，有了点才有线、面和立体，有了立体才有火、气、水、土这四种元素，从而构成万物，所以数在物之先. 自然界的一切现象和规律都是由数决定的，都必须服从“数的和谐”，即服从数的关系.

毕达哥拉斯还通过说明数和物理现象间的联系，来进一步证明自己的理论. 他曾证明用三条弦发出某一个乐音，以及它的第五度音和第八度音时，这三条弦的长度之比为 6∶4∶3. 他从球形是最完美几何体的观点出发，认为大地是球形的，提出了太阳、月亮和行星做均匀圆运动的思想. 他还认为十是最完美的数，所以天上运动的发光体必然有十个.

在几何学方面，毕达哥拉斯学派证明了“三角形内角之和等于两个直角”的论断；研究了黄金分割；发现了正五角形和相似多边形的作法；还证明了正多面体只有五种——正四面体、正六面体、正八面体、正十二面体和正二十面体.

他同时任意地把非物质的、抽象的数夸大为宇宙的本原，认为“万物皆数”，“数是万物的本质”，是“存在由之构成的原则”，而整个宇宙是数及其关系的和谐的体系. 毕达哥拉斯将数神秘化，说数是众神之母，是普遍的始原，是自然界中对立性和否定性的原则.

然而科学不等于圣洁. 科学家不等于道德高尚. 这样的教训古今都有. 公元前500年，古希腊毕达哥拉斯学派的弟子希帕索斯(Hippasus)发现无理数，却被老师处死.

历史的教训在于给人类以教益. 科学完全走出政治强权的阴影，完全走出李森科之流的阴影，这在今天仍然是人类的一项艰巨的任务. 控制论的创立者诺伯特·维纳的话提供了这一事件的反思：“科学是一种生活方式，它只在人们具有信仰自由的时候才能繁荣起来. 基于外界的命令而被迫去遵从的信仰并不是什么信仰，基于这种假信仰而建立起来的社会必然会由于瘫痪而导致灭亡，因为在这样的社会里，科学没有健康生长的基础.”

资料来源：百度百科

第9章 线性方程组

求解线性方程组是线性代数讨论的核心问题之一. 在自然科学和经济管理中的许多问题都可以归结为一般的线性方程组的求解问题，因此讨论线性方程组的解无论在理论上还是在应用上都是很有意义的. 本章主要讨论齐次和非齐次线性方程组的解、解的结构及通解.

本章的基本要求如下：

(1) 熟练掌握判断一个齐次线性方程组有没有非零解的方法，熟练掌握齐次线性方程组通解的求法.

(2) 熟练掌握判断一个非齐次线性方程组是否有解、有多少解的方法，熟练掌握非齐次线性方程组通解的求法.

(3) 理解 n 维向量、向量的线性组合和线性表示的概念，掌握向量的加法和数乘运算.

(4) 理解向量组的线性相关与线性无关的概念，掌握有关的性质及证明线性相关与线性无关的方法，了解极大无关组和向量组的秩的概念。

(5) 了解齐次线性方程组和非齐次线性方程组解的性质和结构.

9.1 线性方程组的消元解法

9.1.1 线性方程组的矩阵表示

形如

$$\begin{cases} a_{11}x_1+a_{12}x_2+\cdots+a_{1n}x_n=b_1 \\ a_{21}x_1+a_{22}x_2+\cdots+a_{2n}x_n=b_2 \\ \qquad\qquad\vdots \\ a_{m1}x_1+a_{m2}x_2+\cdots+a_{mn}x_n=b_m \end{cases} \tag{9.1.1}$$

的方程组，称为线性方程组. 若令

$$\boldsymbol{A}=\begin{pmatrix} a_{11} & a_{12} & \cdots & a_{1n} \\ a_{21} & a_{22} & \cdots & a_{2n} \\ \vdots & \vdots & & \vdots \\ a_{m1} & a_{m2} & \cdots & a_{mn} \end{pmatrix},\quad \boldsymbol{x}=\begin{pmatrix} x_1 \\ x_2 \\ \vdots \\ x_n \end{pmatrix},\quad \boldsymbol{b}=\begin{pmatrix} b_1 \\ b_2 \\ \vdots \\ b_n \end{pmatrix}$$

其中，$\boldsymbol{A}$ 称为系数矩阵，$\boldsymbol{x}$ 称为未知向量，$\boldsymbol{b}$ 称为常数向量，则方程组可用矩阵表示为

$$Ax = b \tag{9.1.2}$$

矩阵 $\boldsymbol{B}=(\boldsymbol{A} \vdots \boldsymbol{b})=\begin{pmatrix} a_{11} & a_{12} & \cdots & a_{1n} & b_1 \\ a_{21} & a_{22} & \cdots & a_{2n} & b_2 \\ \vdots & \vdots & & \vdots & \vdots \\ a_{m1} & a_{m2} & \cdots & a_{mn} & b_n \end{pmatrix}=(\boldsymbol{a}_1, \boldsymbol{a}_2, \cdots, \boldsymbol{a}_n, \boldsymbol{b})$ 称为增广矩阵.

在式(9.1.2)中，若 $\boldsymbol{b}=\boldsymbol{0}$，则线性方程组为 $\boldsymbol{Ax}=\boldsymbol{0}$，称为齐次线性方程组；若 $\boldsymbol{b}\neq\boldsymbol{0}$，则线性方程组为 $\boldsymbol{Ax}=\boldsymbol{b}$，称为非齐次线性方程组.

9.1.2 线性方程组的消元解法——高斯消元法

例 9.1.1 解线性方程组(每写一个方程组，同时写出对应的增广矩阵)

(a) $\begin{cases} x_1+x_2-x_3=0 & ① \\ 2x_1+3x_2+x_3=7 & ② \\ 3x_1-2x_2-2x_3=-3 & ③ \end{cases}$

对应的增广矩阵为

$$\boldsymbol{B}=(\boldsymbol{A} \vdots \boldsymbol{b})=\begin{pmatrix} 1 & 1 & -1 & 0 \\ 2 & 3 & 1 & 7 \\ 3 & -2 & -2 & -3 \end{pmatrix}$$

解 对线性方程组做消元法：式②＋式①×(－2)，式③＋式①×(－3)后，线性方程组及其增广矩阵变为

(b) $\begin{cases} x_1+x_2-x_3=0 \\ x_2+3x_3=7 & ④ \\ -5x_2+x_3=-3 & ⑤ \end{cases}$ $\quad \boldsymbol{B}\to\boldsymbol{C}=\begin{pmatrix} 1 & 1 & -1 & 0 \\ 0 & 1 & 3 & 7 \\ 0 & -5 & 1 & -3 \end{pmatrix}$

式⑤＋式④×5 得

(c) $\begin{cases} x_1+x_2-x_3=0 \\ x_2+3x_3=7 \\ 16x_3=32 & ⑥ \end{cases}$ $\quad \boldsymbol{D}=\begin{pmatrix} 1 & 1 & -1 & 0 \\ 0 & 1 & 3 & 7 \\ 0 & 0 & 16 & 32 \end{pmatrix}$

式⑥×$\frac{1}{16}$得

(d) $\begin{cases} x_1+x_2-x_3=0 \\ x_2+3x_3=7 \\ x_3=2 \end{cases}$ $\quad \boldsymbol{F}=\begin{pmatrix} 1 & 1 & -1 & 0 \\ 0 & 1 & 3 & 7 \\ 0 & 0 & 1 & 2 \end{pmatrix}$

(e) $\begin{cases} x_1=1 \\ x_2=1 \\ x_3=2 \end{cases}$ $\quad \boldsymbol{G}=\begin{pmatrix} 1 & 0 & 0 & 1 \\ 0 & 1 & 0 & 1 \\ 0 & 0 & 1 & 2 \end{pmatrix}$

通过以上解方程的过程，可以看到方程组从(a)到(e)为同解方程组，而矩阵从 $\boldsymbol{A}$ 到 $\boldsymbol{G}$ 是等价的矩阵.

因此，消元法的过程可以看做是对增广矩阵做初等行变换，得到一系列的等价矩阵，虽然这些矩阵形式不同，但它们所对应的方程组为同解方程组，利用这个原理可以解方程

组. 这就是高斯消元法，其步骤如下：

(1) 对增广矩阵 $\boldsymbol{B}=(\boldsymbol{A}\vdots\boldsymbol{b})$ 做初等行变换，直到将增广矩阵化为最简行阶梯形矩阵；

(2) 根据最终的最简行阶梯形矩阵得到与原方程组的同解方程组，从而解出 x_i.

例 9.1.2　解线性方程组

$$\begin{cases}-x_1+3x_3=3\\3x_1-x_2-5x_3=0\\4x_1-x_2+x_3=3\end{cases}$$

解　对增广矩阵做初等行变换

$$\boldsymbol{B}=(\boldsymbol{A}\vdots\boldsymbol{b})=\begin{pmatrix}-1&0&3&3\\3&-1&-5&0\\4&-1&1&3\end{pmatrix}\rightarrow\begin{pmatrix}1&0&0&-1\\0&1&0&-\dfrac{19}{3}\\0&0&1&\dfrac{2}{3}\end{pmatrix}$$

对应的同解方程组为

$$\begin{cases}x_1=-1\\x_2=-\dfrac{19}{3}\\x_3=\dfrac{2}{3}\end{cases}$$

这就是原方程组的解.

9.2　线性方程组有解的判定定理

9.2.1　齐次方程组的解的判定

对于齐次线性方程组

$$\begin{cases}a_{11}x_1+a_{12}x_2+\cdots+a_{1n}x_n=0\\a_{21}x_1+a_{22}x_2+\cdots+a_{2n}x_n=0\\\qquad\vdots\\a_{m1}x_1+a_{m2}x_2+\cdots+a_{mn}x_n=0\end{cases}\tag{9.2.1}$$

它的矩阵形式为

$$\boldsymbol{Ax}=\boldsymbol{0}\tag{9.2.2}$$

齐次线性方程组 $\boldsymbol{Ax}=\boldsymbol{0}$ 总是有解的，因为 $x_1=x_2=\cdots=x_n=0$ 就是它的一个解. 因此，齐次线性方程组(9.2.1)的解只有两种情况：① 唯一解(即只有零解)；② 有无穷多个解(即有非零解). 从而有下面的定理：

定理 9.2.1　齐次线性方程组(9.2.2)有非零解的充分必要条件是系数矩阵 $\boldsymbol{A}$ 的秩 $R(\boldsymbol{A})<n$.

本定理所述条件 $R(\boldsymbol{A})<n$ 的必要性是克莱姆定理的推广(克莱姆定理只适用于 $m=n$ 的情形)，其充分性则包含了克莱姆定理的逆定理.

证 先证必要性. 设方程组(9.2.2)有非零解，要证 $R(\mathbf{A})<n$. 用反证法，设 $R(\mathbf{A})=n$，则在 $\mathbf{A}$ 中应有一个 n 阶非零子式 D_n，从而 D_n 所对应的 n 个方程只有零解(根据克莱姆定理)，这与原方程组有非零解矛盾，因此 $R(\mathbf{A})=n$ 不成立，即 $R(\mathbf{A})<n$.

再证充分性. 设 $R(\mathbf{A})=r<n$，则 $\mathbf{A}$ 的行阶梯形矩阵只含 r 个非零行，从而知其有 $n-r$ 个自由未知量. 任取一个自由未知量为1，其余自由未知量为0，即得方程组的一个非零解.

例 9.2.1 求解齐次线性方程组：

$$\begin{cases}2x_1-4x_2+5x_3+3x_4=0\\3x_1-6x_2+4x_3+2x_4=0\\4x_1-8x_2+17x_3+11x_4=0\end{cases}$$

解 对系数矩阵 $\mathbf{A}$ 做初等行变换，得

$$\mathbf{A}=\begin{pmatrix}2&-4&5&3\\3&-6&4&2\\4&-8&17&11\end{pmatrix}\xrightarrow[r_3-2r_1]{2r_2-3r_1}\begin{pmatrix}2&-4&5&3\\0&0&-7&-5\\0&0&7&5\end{pmatrix}$$

$$\xrightarrow[r_3+r_2]{7r_1+5r_2}\begin{pmatrix}14&-28&0&-4\\0&0&-7&-5\\0&0&0&0\end{pmatrix}\xrightarrow[\left(-\frac{1}{7}\right)r_2]{\frac{1}{14}r_1}\begin{pmatrix}1&-2&0&-\frac{2}{7}\\0&0&1&\frac{5}{7}\\0&0&0&0\end{pmatrix}$$

因 $R(\mathbf{A})=2<4$(方程组中未知数的个数)，所以齐次线性方程组有无穷多个解. 而它的同解线性方程组为

$$\begin{cases}x_1-2x_2-\dfrac{2}{7}x_4=0\\x_3+\dfrac{5}{7}x_4=0\end{cases}$$

选取 x_2、x_4 为自由未知量，令 $x_2=k_1$，$x_4=7k_2$，得

$$\begin{cases}x_1=2k_1+2k_2\\x_2=k_1\\x_3=-5k_2\\x_4=7k_2\end{cases}$$

从而得

$$\begin{pmatrix}x_1\\x_2\\x_3\\x_4\end{pmatrix}=k_1\begin{pmatrix}2\\1\\0\\0\end{pmatrix}+k_2\begin{pmatrix}2\\0\\-5\\7\end{pmatrix}\qquad(k_1,\ k_2\in\mathbf{R})$$

由定理 9.2.1 可以得到下面的推论：

推论 9.2.1 若齐次线性方程组(9.2.1)的方程个数小于未知数的个数，即 $m<n$，则它必有非零解.

证 由矩阵的定义可知，$m\times n$ 矩阵 $\mathbf{A}$ 的秩 $R(\mathbf{A})\leqslant\min\{m,\ n\}=m<n$. 再由定理 9.2.1 知，齐次线性方程组有非零解.

定理 9.2.1 及推论 9.2.1 实际上是克莱姆法则的推广，因此，可以得到下面的推论：

推论 9.2.2 含 n 个方程的 n 元齐次线性方程组有非零解的充分必要条件是系数行列式 $|\mathbf{A}|=0$；方程组仅有零解的充分必要条件是系数行列式 $|\mathbf{A}|\neq 0$.

例 9.2.2 当 λ 为何值时，齐次方程组 $\begin{cases} x_1+x_2+\lambda x_3=0 \\ -x_1+\lambda x_2+x_3=0 \\ x_1-x_2+2x_3=0 \end{cases}$ 有非零解并解之.

解 由于这是含三个方程的三元线性方程组，所以可通过系数行列式是否为零来确定该方程是否有非零解.

$$系数行列式 |\mathbf{A}| = \begin{vmatrix} 1 & 1 & \lambda \\ -1 & \lambda & 1 \\ 1 & -1 & 2 \end{vmatrix} = \begin{vmatrix} 1 & 1 & \lambda \\ 0 & 1+\lambda & 1+\lambda \\ 0 & -2 & 2-\lambda \end{vmatrix} = (1+\lambda)\begin{vmatrix} 1 & 1 & \lambda \\ 0 & 1 & 1 \\ 0 & 0 & 4-\lambda \end{vmatrix}$$

$$= (1+\lambda)(4-\lambda)$$

齐次线性方程组有非零解 $|\mathbf{A}|=0$，即 $(1+\lambda)(4-\lambda)=0$，所以 $\lambda=-1$ 或 $\lambda=4$ 时齐次线性方程组有非零解.

当 $\lambda=-1$ 时，

$$\mathbf{A} = \begin{pmatrix} 1 & 1 & \lambda \\ -1 & \lambda & 1 \\ 1 & -1 & 2 \end{pmatrix} = \begin{pmatrix} 1 & 1 & -1 \\ -1 & -1 & 1 \\ 1 & -1 & 2 \end{pmatrix} \rightarrow \begin{pmatrix} 1 & 1 & -1 \\ 0 & 0 & 0 \\ 0 & -2 & 3 \end{pmatrix} \rightarrow \begin{pmatrix} 1 & 1 & -1 \\ 0 & -2 & 3 \\ 0 & 0 & 0 \end{pmatrix}$$

$$\rightarrow \begin{pmatrix} 1 & 1 & -1 \\ 0 & 1 & -\frac{3}{2} \\ 0 & 0 & 0 \end{pmatrix} \rightarrow \begin{pmatrix} 1 & 0 & \frac{1}{2} \\ 0 & 1 & -\frac{3}{2} \\ 0 & 0 & 0 \end{pmatrix}$$

所以，原方程组同解于 $\begin{cases} x_1+\frac{1}{2}x_3=0 \\ x_2-\frac{3}{2}x_3=0 \end{cases}$.

选 x_3 为自由变量，令 $x_3=c$，得

$$\begin{cases} x_1 = -\frac{1}{2}c \\ x_2 = \frac{3}{2}c \end{cases}$$

从而得

$$\begin{pmatrix} x_1 \\ x_2 \\ x_3 \end{pmatrix} = \begin{pmatrix} -\frac{1}{2} \\ \frac{3}{2} \\ 1 \end{pmatrix} c \qquad (c \in \mathbf{R})$$

当 $\lambda=4$ 时，

$$A=\begin{pmatrix}1&1&\lambda\\-1&\lambda&1\\1&-1&2\end{pmatrix}=\begin{pmatrix}1&1&4\\-1&4&1\\1&-1&2\end{pmatrix}\to\begin{pmatrix}1&1&4\\0&5&5\\0&-2&-2\end{pmatrix}\to\begin{pmatrix}1&1&4\\0&1&1\\0&0&0\end{pmatrix}\to\begin{pmatrix}1&0&3\\0&1&1\\0&0&0\end{pmatrix}$$

所以，原方程组同解于$\begin{cases}x_1+3x_3=0\\x_2+x_3=0\end{cases}$.

选 x_3 为自由变量，令 $x_3=c$，得

$$\begin{pmatrix}x_1\\x_2\\x_3\end{pmatrix}=\begin{pmatrix}-3\\-1\\1\end{pmatrix}c\qquad(c\in\mathbf{R})$$

9.2.2 非齐次方程组的解的判定

对于线性方程组

$$\begin{cases}a_{11}x_1+a_{12}x_2+\cdots+a_{1n}x_n=b_1\\a_{21}x_1+a_{22}x_2+\cdots+a_{2n}x_n=b_2\\\qquad\vdots\\a_{m1}x_1+a_{m2}x_2+\cdots+a_{mn}x_n=b_m\end{cases}\tag{9.2.3}$$

它的矩阵记法为

$$\boldsymbol{Ax}=\boldsymbol{b}\tag{9.2.4}$$

不同的非齐次线性方程组解的情况是不同的：解唯一、解不唯一和无解. 出现上述三种情况主要与线性方程组的系数矩阵的秩和增广矩阵的秩有关. 下面我们将深入地讨论非齐次线性方程组解的情况.

定理 9.2.2 n 元非齐次线性方程组(9.2.3)有解的充分必要条件是系数矩阵 $\boldsymbol{A}$ 的秩等于增广矩阵 $\boldsymbol{B}=(\boldsymbol{A}\vdots\boldsymbol{b})$的秩.

证 先证必要性. 设方程组 $\boldsymbol{Ax}=\boldsymbol{b}$ 有解，要证 $R(\boldsymbol{A})=R(\boldsymbol{B})$. 用反证法，设 $R(\boldsymbol{A})<R(\boldsymbol{B})$，则 $\boldsymbol{B}$ 的行阶梯形矩阵中最后一个非零行对应矛盾方程 $0=1$，这与方程组有解相矛盾. 因此，$R(\boldsymbol{A})=R(\boldsymbol{B})$.

再证充分性. 设 $R(\boldsymbol{A})=R(\boldsymbol{B})$，要证方程组有解. 将 $\boldsymbol{B}$ 化为行阶梯形矩阵，设 $R(\boldsymbol{A})=R(\boldsymbol{B})=r(r\leqslant n)$，则 $\boldsymbol{B}$ 的行阶梯形矩阵中含有 r 个非零行，把这 r 行的第一个非零元所对应的未知量作为非自由未知量，其余 $n-r$ 个作为自由未知量，并令 $n-r$ 个自由未知量全取 0，即可得方程组的一个解.

定理 9.2.2 的证明实际上给出了求解线性方程组(9.2.3)的方法.

记 $\boldsymbol{B}=(\boldsymbol{A}\vdots\boldsymbol{b})$，则由定理 9.2.1 及定理 9.2.2 的结果，可简要总结如下：

(1) $R(\boldsymbol{A})=R(\boldsymbol{B})=n\Leftrightarrow\boldsymbol{Ax}=\boldsymbol{b}$ 有唯一解；

(2) $R(\boldsymbol{A})=R(\boldsymbol{B})<n\Leftrightarrow\boldsymbol{Ax}=\boldsymbol{b}$ 有无穷多解；

(3) $R(\boldsymbol{A})\neq R(\boldsymbol{B})\Leftrightarrow\boldsymbol{Ax}=\boldsymbol{b}$ 无解；

(4) $R(\boldsymbol{A})=n\Leftrightarrow\boldsymbol{Ax}=\boldsymbol{0}$ 只有零解.

(5) $R(\boldsymbol{A})<n\Leftrightarrow\boldsymbol{Ax}=\boldsymbol{0}$ 有非零解.

对于非齐次线性方程组，将增广矩阵 $\boldsymbol{B}$ 化为行阶梯形矩阵，便可直接判断其是否有解. 若有解，将增广矩阵进一步化为行最简形矩阵，便可直接写出其全部解. 其中要注意，

当 $R(\boldsymbol{A})=R(\boldsymbol{B})<n$ 时，$\boldsymbol{B}$ 的行阶梯形矩阵中含有 r 个非零行，把这 r 行的第一个非零元所对应的未知量作为非自由量，其余 $n-r$ 个作为自由未知量.

对于齐次线性方程组，将其系数矩阵化为行最简形矩阵，便可直接写出其全部解.

例 9.2.3　下面非齐次线性方程组

$$\begin{cases}x_1-2x_2+3x_3-x_4=1\\3x_1-x_2+5x_3-3x_4=2\\2x_1+x_2+2x_3-2x_4=3\end{cases}$$

是否有解?

解　对增广矩阵 $\boldsymbol{B}$ 做初等行变换，得

$$\boldsymbol{B}=\begin{pmatrix}1&-2&3&-1&1\\3&-1&5&-3&2\\2&1&2&-2&3\end{pmatrix}\xrightarrow[r_3-2r_1]{r_2-3r_1}\begin{pmatrix}1&-2&3&-1&1\\0&5&-4&0&-1\\0&5&-4&0&1\end{pmatrix}$$

$$\xrightarrow{r_3-r_2}\begin{pmatrix}1&-2&3&-1&1\\0&5&-4&0&-1\\0&0&0&0&2\end{pmatrix}$$

可见 $R(\boldsymbol{A})=2$，$R(\boldsymbol{B})=3$，故方程组无解.

例 9.2.4　解线性方程组：

$$\begin{cases}x_1+x_2-3x_3+x_4=1\\x_1+5x_2-9x_3-x_4=0\\3x_1-x_2-3x_3=4\end{cases}$$

解　对线性方程组的增广矩阵 $\boldsymbol{B}$ 做初等行变换，得

$$\boldsymbol{B}=\begin{pmatrix}1&1&-3&1&1\\1&5&-9&-1&0\\3&-1&-3&0&4\end{pmatrix}\xrightarrow[r_3-3r_1]{r_2-r_1}\begin{pmatrix}1&1&-3&1&1\\0&4&-6&-2&-1\\0&-4&6&-3&1\end{pmatrix}$$

$$\xrightarrow[r_3+r_2]{4r_1-r_2}\begin{pmatrix}4&0&-6&6&5\\0&4&-6&-2&-1\\0&0&0&-5&0\end{pmatrix}\xrightarrow[\substack{r_2\times\frac{1}{4}\\ r_3\times\left(-\frac{1}{5}\right)}]{r_1\times\frac{1}{4}}\begin{pmatrix}1&0&-\frac{3}{2}&\frac{3}{2}&\frac{5}{4}\\0&1&-\frac{3}{2}&-\frac{1}{2}&-\frac{1}{4}\\0&0&0&1&0\end{pmatrix}$$

$$\xrightarrow[r_2+\frac{1}{2}r_3]{r_1-\frac{3}{2}r_3}\begin{pmatrix}1&0&-\frac{3}{2}&0&\frac{5}{4}\\0&1&-\frac{3}{2}&0&-\frac{1}{4}\\0&0&0&1&0\end{pmatrix}=\boldsymbol{R}$$

矩阵 $\boldsymbol{R}$ 对应的线性方程组为

$$\begin{cases}x_1-\dfrac{3}{2}x_3=\dfrac{5}{4}\\x_2-\dfrac{3}{2}x_3=-\dfrac{1}{4}\\x_4=0\end{cases}$$

将 x_3 看成自由未知数，取 $x_3=2k$，k 为任意实数，得

$$\begin{cases} x_1 = 3k + \dfrac{5}{4} \\ x_2 = 3k - \dfrac{1}{4} \\ x_3 = 2k \\ x_4 = 0 \end{cases}$$

可写成下列的解向量形式：

$$\begin{pmatrix} x_1 \\ x_2 \\ x_3 \\ x_4 \end{pmatrix} = \begin{pmatrix} 3k+\dfrac{5}{4} \\ 3k-\dfrac{1}{4} \\ 2k \\ 0 \end{pmatrix} = \begin{pmatrix} 3k \\ 3k \\ 2k \\ 0 \end{pmatrix} + \begin{pmatrix} \dfrac{5}{4} \\ -\dfrac{1}{4} \\ 0 \\ 0 \end{pmatrix}$$

即得

$$\begin{pmatrix} x_1 \\ x_2 \\ x_3 \\ x_4 \end{pmatrix} = k\begin{pmatrix} 3 \\ 3 \\ 2 \\ 0 \end{pmatrix} + \begin{pmatrix} \dfrac{5}{4} \\ -\dfrac{1}{4} \\ 0 \\ 0 \end{pmatrix} \quad (k \in \mathbf{R})$$

例 9.2.5 设有线性方程组：

$$\begin{cases} (1+\lambda)x_1 + x_2 + x_3 = 0 \\ x_1 + (1+\lambda)x_2 + x_3 = 3 \\ x_1 + x_2 + (1+\lambda)x_3 = \lambda \end{cases}$$

问 λ 为何值时，此方程组

(1) 有唯一解；

(2) 无解；

(3) 有无穷多解？并在有无穷多解时求通解.

解 对增广矩阵 $\boldsymbol{B}=(\boldsymbol{A} \vdots \boldsymbol{b})$ 做初等行变换把它变为行阶梯形矩阵，有

$$\boldsymbol{B} = \begin{pmatrix} 1+\lambda & 1 & 1 & 0 \\ 1 & 1+\lambda & 1 & 3 \\ 1 & 1 & 1+\lambda & \lambda \end{pmatrix} \xrightarrow{r_1 \leftrightarrow r_3} \begin{pmatrix} 1 & 1 & 1+\lambda & \lambda \\ 1 & 1+\lambda & 1 & 3 \\ 1+\lambda & 1 & 1 & 0 \end{pmatrix}$$

$$\xrightarrow[r_3-(1+\lambda)r_1]{r_2-r_1} \begin{pmatrix} 1 & 1 & 1+\lambda & \lambda \\ 0 & \lambda & -\lambda & 3-\lambda \\ 0 & -\lambda & -\lambda(2+\lambda) & -\lambda(1+\lambda) \end{pmatrix}$$

$$\xrightarrow{r_3+r_2} \begin{pmatrix} 1 & 1 & 1+\lambda & \lambda \\ 0 & \lambda & -\lambda & 3-\lambda \\ 0 & 0 & -\lambda(3+\lambda) & (1-\lambda)(3+\lambda) \end{pmatrix}$$

(1) 当 $\lambda \neq 0$ 且 $\lambda \neq -3$ 时，$R(\boldsymbol{A})=R(\boldsymbol{B})=3$，方程组有唯一解；

(2) 当 $\lambda=0$ 时，$R(\mathbf{A})=1$，$R(\boldsymbol{B})=2$，方程组无解；

(3) 当 $\lambda=-3$ 时，$R(\mathbf{A})=R(\boldsymbol{B})=2$，方程组有无穷多个解.

当 $\lambda=-3$ 时，

$$B \to \begin{pmatrix} 1 & 1 & -2 & -3 \\ 0 & -3 & 3 & 6 \\ 0 & 0 & 0 & 0 \end{pmatrix} \to \begin{pmatrix} 1 & 0 & -1 & -1 \\ 0 & 1 & -1 & -2 \\ 0 & 0 & 0 & 0 \end{pmatrix}$$

由此便得通解

$$\begin{cases} x_1 = x_3 - 1 \\ x_2 = x_3 - 2 \end{cases} \quad (x_3 \text{ 可任意取值})$$

即

$$\begin{pmatrix} x_1 \\ x_2 \\ x_3 \end{pmatrix} = k \begin{pmatrix} 1 \\ 1 \\ 1 \end{pmatrix} + \begin{pmatrix} -1 \\ -2 \\ 0 \end{pmatrix} \quad (k \in \mathbf{R})$$

本例中矩阵 $\boldsymbol{B}$ 是一个含参数的矩阵，由于 $\lambda+1$，$\lambda+3$ 等因式可以等于 0，故不宜做诸如 $r_2-\dfrac{1}{\lambda+1}r_1$，$r_2(\lambda+1)$，$r_3\div(\lambda+3)$ 这样的变换. 如果做了这样的变换，则需要对 $\lambda+1=0$（或 $\lambda+3=0$）的情形另做讨论. 因此，对含参数的矩阵做初等变换比较困难.

例 9.2.6 证明方程组 $\begin{cases} x_1-x_2=a_1 \\ x_2-x_3=a_2 \\ x_3-x_4=a_3 \\ x_4-x_5=a_4 \\ x_5-x_1=a_5 \end{cases}$ 有解的充要条件是 $a_1+a_2+a_3+a_4+a_5=0$. 在有解的情况下，求出它的全部解.

证 对增广矩阵 $\boldsymbol{B}$ 做初等变换，得

$$\boldsymbol{B} = \begin{pmatrix} 1 & -1 & 0 & 0 & 0 & a_1 \\ 0 & 1 & -1 & 0 & 0 & a_2 \\ 0 & 0 & 1 & -1 & 0 & a_3 \\ 0 & 0 & 0 & 1 & -1 & a_4 \\ -1 & 0 & 0 & 0 & 1 & a_5 \end{pmatrix} \to \begin{pmatrix} 1 & -1 & 0 & 0 & 0 & a_1 \\ 0 & 1 & -1 & 0 & 0 & a_2 \\ 0 & 0 & 1 & -1 & 0 & a_3 \\ 0 & 0 & 0 & 1 & -1 & a_4 \\ 0 & 0 & 0 & 0 & 0 & \sum\limits_{i=1}^{5} a_i \end{pmatrix}$$

因为原方程组有解，则 $R(\mathbf{A})=R(\boldsymbol{B})$，$\sum\limits_{i=1}^{5} a_i = 0$，所以方程组有解的充要条件是 $\sum\limits_{i=1}^{5} a_i = 0$.

在有解的情况下，原方程组等价于方程组

$$\begin{cases} x_1 - x_2 = a_1 \\ x_2 - x_3 = a_2 \\ x_3 - x_4 = a_3 \\ x_4 - x_5 = a_4 \end{cases}$$

故所求全部解为

$$\begin{cases} x_1 = a_1 + a_2 + a_3 + a_4 + c \\ x_2 = a_2 + a_3 + a_4 + c \\ x_3 = a_3 + a_4 + c \\ x_4 = a_4 + c \\ x_5 = c \end{cases} \quad (c \text{ 为任意实数})$$

9.3 向量及其线性运算

9.3.1 n 维向量

定义 9.3.1 n 个有序的数 $a_1, a_2, \cdots, a_n$ 所组成的数组称为 n 维向量，记为

$$\boldsymbol{\alpha} = \begin{pmatrix} a_1 \\ a_2 \\ \vdots \\ a_n \end{pmatrix} \quad 或 \quad \boldsymbol{\alpha}^{\mathrm{T}} = (a_1, a_2, \cdots, a_n)$$

其中，第 i 个数 a_i 称为向量 $\boldsymbol{\alpha}$ 的第 i 个分量(或坐标).

分量全为 0 的向量称为零向量，记为 $\mathbf{0} = (0, 0, \cdots, 0)$.

当 $n \leqslant 3$ 时，n 维向量可用有向线段表示，但当 $n > 3$ 时，n 维向量不再有这种几何直观形象了.

分量全部为实数的向量称为实向量，分量中有复数的向量称为复向量. 本书中除做特殊说明外，只讨论实向量.

n 维向量可以写成一列，也可以写成一行，分别称为列向量和行向量. 按第 8 章中的规定，也就是行矩阵和列矩阵，并规定行向量与列向量按矩阵的运算规则进行运算. 因此，n 维列向量

$$\boldsymbol{\alpha} = \begin{pmatrix} a_1 \\ a_2 \\ \vdots \\ a_n \end{pmatrix}$$

与 n 维行向量

$$\boldsymbol{\alpha}^{\mathrm{T}} = (a_1, a_2, \cdots, a_n)$$

总看做是不同的向量(按定义 9.3.1，$\boldsymbol{\alpha}$ 与 $\boldsymbol{\alpha}^{\mathrm{T}}$ 应是同一向量).

所有 n 维向量构成的集合称为 n 维向量空间，记为

$$\mathbf{R}^n = \{\boldsymbol{x} = (x_1, x_2, \cdots, x_n)^{\mathrm{T}} \mid x_i \in \mathbf{R}\}$$

若干个同维数的列向量(或同维数的行向量)所构成的集合叫做向量组. 一个向量组中可以含有有限个向量，也可以含有无限个向量.

在解析几何中，如果取定一个空间坐标系$[o: x, y, z]$，并以 $\boldsymbol{i}$、$\boldsymbol{j}$、$\boldsymbol{k}$ 分别表示与三个坐标轴方向一致的单位向量，那么空间的任一向量 $\boldsymbol{\alpha}$ 可分解为

$$\boldsymbol{\alpha} = x\boldsymbol{i} + y\boldsymbol{j} + z\boldsymbol{k}$$

其中，x、y、z 称为向量 $\boldsymbol{\alpha}$ 在坐标系$[o: x, y, z]$中的坐标(或分量). 向量 $\boldsymbol{\alpha}$ 也可以简单地表示为

$$\boldsymbol{\alpha} = \begin{pmatrix} x \\ y \\ z \end{pmatrix}$$

这就是三维向量，它也可以看成按三个分量顺序排列的有序数组. 因此，n 维向量是三维向量的推广.

另外，几何中"空间"通常作为点的集合，即"空间"的元素是点，这样的空间叫做点空间. 我们把三维向量的全体所组成的集合

$$\mathbf{R}^3 = \{\boldsymbol{r} = (x, y, z)^{\mathrm{T}} \mid x, y, z \in \mathbf{R}\}$$

叫做三维向量空间.

向量的集合

$$\boldsymbol{\pi} = \{\boldsymbol{r} = (x, y, z)^{\mathrm{T}} \mid ax + by + cz = d\}$$

也叫做向量空间 $\mathbf{R}^3$ 中的平面.

类似地，n 维向量的全体所组成的集合

$$\mathbf{R}^n = \{\boldsymbol{r} = (x_1, x_2, \cdots, x_n)^{\mathrm{T}} \mid x_1, x_2, \cdots, x_n \in \mathbf{R}\}$$

叫做 n 维向量空间. n 维向量的集合

$$\boldsymbol{\pi} = \{\boldsymbol{x} = (x_1, x_2, \cdots, x_n)^{\mathrm{T}} \mid a_1x_1 + a_2x_2 + \cdots + a_nx_n = b\}$$

叫做 n 维向量空间中的 $n-1$ 维超平面.

例 9.3.1 任意一个 m 行 n 列矩阵 $\mathbf{A}$，它的每一行是一个 n 维行向量，称为矩阵 $\mathbf{A}$ 的行向量，它的每一列是一个 m 维列向量，称为矩阵 $\mathbf{A}$ 的列向量. 矩阵 $\mathbf{A}$ 的各个行构成了 $\mathbf{A}$ 的行向量组，$\mathbf{A}$ 的各个列构成了 $\mathbf{A}$ 的列向量组. 反之，给定了有限个向量构成的向量组，可以用这些向量作为行(列)构成一个矩阵. 向量与矩阵关系密切，既可以利用向量组研究矩阵，也可以利用矩阵研究向量组.

9.3.2 向量的线性运算

n 维向量可如同矩阵一样进行运算.

定义 9.3.2 设 λ 是实数，$\boldsymbol{\alpha}$、$\boldsymbol{\beta}$ 是 n 维向量

$$\boldsymbol{\alpha} = \begin{pmatrix} a_1 \\ a_2 \\ \vdots \\ a_n \end{pmatrix}, \quad \boldsymbol{\beta} = \begin{pmatrix} b_1 \\ b_2 \\ \vdots \\ b_n \end{pmatrix}$$

则

$$\boldsymbol{\alpha} + \boldsymbol{\beta} = \begin{pmatrix} a_1 + b_1 \\ a_2 + b_2 \\ \vdots \\ a_n + b_n \end{pmatrix}, \quad \lambda\boldsymbol{\alpha} = \begin{pmatrix} \lambda a_1 \\ \lambda a_2 \\ \vdots \\ \lambda a_n \end{pmatrix}$$

分别是向量 $\boldsymbol{\alpha}$ 与 $\boldsymbol{\beta}$ 的和以及数 λ 与向量 $\boldsymbol{\alpha}$ 的乘积. 向量加法以及向量的数乘两种运算统称为向量的线性运算. 称 $-\boldsymbol{\alpha}=\begin{pmatrix}-a_1\\-a_2\\\vdots\\-a_n\end{pmatrix}$ 为 $\boldsymbol{\alpha}$ 的负向量.

向量的线性运算满足以下运算规则(设 $\boldsymbol{\alpha}$、$\boldsymbol{\beta}$、$\boldsymbol{\gamma}$ 是 n 维向量，λ、μ 是实数)：

(1) $\boldsymbol{\alpha}+\boldsymbol{\beta}=\boldsymbol{\beta}+\boldsymbol{\alpha}$；

(2) $(\boldsymbol{\alpha}+\boldsymbol{\beta})+\boldsymbol{\gamma}=\boldsymbol{\alpha}+(\boldsymbol{\beta}+\boldsymbol{\gamma})$；

(3) $\boldsymbol{\alpha}+\mathbf{0}=\boldsymbol{\alpha}$；

(4) $\boldsymbol{\alpha}+(-\boldsymbol{\alpha})=\mathbf{0}$；

(5) $1\cdot\boldsymbol{\alpha}=\boldsymbol{\alpha}$；

(6) $\lambda(\mu\boldsymbol{\alpha})=(\lambda\mu)\boldsymbol{\alpha}$；

(7) $\lambda(\boldsymbol{\alpha}+\boldsymbol{\beta})=\lambda\boldsymbol{\alpha}+\lambda\boldsymbol{\beta}$；

(8) $(\lambda+\mu)\boldsymbol{\alpha}=\lambda\boldsymbol{\alpha}+\mu\boldsymbol{\alpha}$.

例 9.3.2 已知 $\boldsymbol{\beta}=(1,0,1)^{\mathrm{T}}$，$\boldsymbol{\gamma}=(3,2,-1)^{\mathrm{T}}$，且 $2\boldsymbol{x}+3\boldsymbol{\beta}=\boldsymbol{\gamma}+4\boldsymbol{x}$，求 $\boldsymbol{x}$.

解

$$\boldsymbol{x}=\frac{1}{2}(3\boldsymbol{\beta}-\boldsymbol{\gamma})=\frac{1}{2}\left(3\begin{pmatrix}1\\0\\1\end{pmatrix}-\begin{pmatrix}3\\2\\-1\end{pmatrix}\right)=\begin{pmatrix}0\\-1\\2\end{pmatrix}$$

定义 9.3.3 所有 n 维实向量组成的集合 $\mathbf{R}^n$，连同它上面定义的线性运算，称为 n 维实向量空间，简称 n 维向量空间，仍记做 $\mathbf{R}^n$.

当 $n=2$ 时，$\mathbf{R}^2$ 是二维向量空间，即平面；当 $n=3$ 时，$\mathbf{R}^3$ 是三维向量空间，即三维几何空间.

定义 9.3.4 设 V 是 $\mathbf{R}^n$ 的非空子集，如果 $\forall\boldsymbol{\alpha},\boldsymbol{\beta}\in V$，$\boldsymbol{\alpha}+\boldsymbol{\beta}\in V$ 且 $\forall k\in\mathbf{R}$，$\boldsymbol{\alpha}\in V$ 总有 $k\boldsymbol{\alpha}\in V$，则称 V 是 $\mathbf{R}$ 的一个子空间.

9.4 向量组的线性相关性

9.4.1 向量组的线性组合

若干个同维向量组成的集合叫做向量组，同维向量之间往往存在某种联系.

例 9.4.1 设向量组 $\boldsymbol{\alpha}_1=\begin{pmatrix}2\\-1\\3\end{pmatrix}$，$\boldsymbol{\alpha}_2=\begin{pmatrix}1\\2\\1\end{pmatrix}$，$\boldsymbol{\alpha}_3=\begin{pmatrix}4\\3\\5\end{pmatrix}$，则它们之间满足关系 $\boldsymbol{\alpha}_3=\boldsymbol{\alpha}_1+2\boldsymbol{\alpha}_2$.

例 9.4.2 设向量组 $\boldsymbol{\alpha}_1=\begin{pmatrix}1\\0\\0\end{pmatrix}$，$\boldsymbol{\alpha}_2=\begin{pmatrix}0\\1\\0\end{pmatrix}$，$\boldsymbol{\alpha}_3=\begin{pmatrix}0\\0\\1\end{pmatrix}$，那么任意三维向量 $\boldsymbol{\alpha}=(a_1,a_2,a_3)$ 都满足 $\boldsymbol{\alpha}=a_1\boldsymbol{\alpha}_1+a_2\boldsymbol{\alpha}_2+a_3\boldsymbol{\alpha}_3$.

定义 9.4.1 给定向量组 **A**: $\boldsymbol{\alpha}_1, \boldsymbol{\alpha}_2, \cdots, \boldsymbol{\alpha}_m$，向量 $k_1\boldsymbol{\alpha}_1+k_2\boldsymbol{\alpha}_2+\cdots+k_m\boldsymbol{\alpha}_m$ 称为向量组 **A** 的一个线性组合，$k_1, k_2, \cdots, k_m$ 这组数称为这个线性组合的系数.

定义 9.4.2 如果存在一组不全为零的实数 $k_1, k_2, \cdots, k_m$，使得

$$\boldsymbol{\alpha}=k_1\boldsymbol{\alpha}_1+k_2\boldsymbol{\alpha}_2+\cdots+k_m\boldsymbol{\alpha}_m$$

即 $\boldsymbol{\alpha}$ 可表示为向量组 $\boldsymbol{\alpha}_1, \boldsymbol{\alpha}_2, \cdots, \boldsymbol{\alpha}_m$ 的一个线性组合，则称 $\boldsymbol{\alpha}$ 可由向量组 $\boldsymbol{\alpha}_1, \boldsymbol{\alpha}_2, \cdots, \boldsymbol{\alpha}_m$ 线性表示.

显然，一个向量组中的每个向量都可由该向量组线性表示. 例如，$\boldsymbol{\alpha}_1, \boldsymbol{\alpha}_2, \cdots, \boldsymbol{\alpha}_m$ 中的第 i 个分量 $\boldsymbol{\alpha}_i$ 可表示为 $0\boldsymbol{\alpha}_1+0\boldsymbol{\alpha}_2+\cdots+1\boldsymbol{\alpha}_i+0\boldsymbol{\alpha}_{i+1}+\cdots+0\boldsymbol{\alpha}_m$.

9.4.2 向量组的线性相关和线性无关

定义 9.4.3 设向量组 **A**: $\boldsymbol{\alpha}_1, \boldsymbol{\alpha}_2, \cdots, \boldsymbol{\alpha}_m$ 是 n 维向量组，如果存在一组不全为零的实数 $k_1, k_2, \cdots, k_m$，使得

$$k_1\boldsymbol{a}_1+k_2\boldsymbol{a}_2+\cdots+k_m\boldsymbol{a}_m=\boldsymbol{0}$$

则称向量组 **A** 是线性相关的；如果上述等式只能在 $k_1, k_2, \cdots, k_m$ 全为零时才成立，则称向量组 **A** 是线性无关的.

显然，由定义 9.4.3 可知，对于只有一个向量 $\boldsymbol{\alpha}$ 的向量组，当 $\boldsymbol{\alpha}=\boldsymbol{0}$ 时，它是线性相关的；当 $\boldsymbol{\alpha}\neq\boldsymbol{0}$ 时，它是线性无关的.

由向量组线性相关的定义不难证明下面几个结论.

定理 9.4.1 向量组 $\boldsymbol{\alpha}_1, \boldsymbol{\alpha}_2, \cdots, \boldsymbol{\alpha}_m$ $(m\geqslant 2)$ 线性相关的充分必要条件是其中至少有一个向量可以由其余 $m-1$ 个向量线性表示.

定理 9.4.2 若向量组 $\boldsymbol{\alpha}_1, \boldsymbol{\alpha}_2, \cdots, \boldsymbol{\alpha}_n$ 线性无关，而向量组 $\boldsymbol{\alpha}_1, \boldsymbol{\alpha}_2, \cdots, \boldsymbol{\alpha}_n, \boldsymbol{\beta}$ 线性相关，则 $\boldsymbol{\beta}$ 可以由 $\boldsymbol{\alpha}_1, \boldsymbol{\alpha}_2, \cdots, \boldsymbol{\alpha}_n$ 线性表示，且表示式唯一.

定理 9.4.3 设 $\boldsymbol{\alpha}_i=(\alpha_{i1}, \alpha_{i2}, \cdots, \alpha_{in})$ $(i=1, 2, \cdots, s)$，则向量组线性相关的充分必要条件是方程组

$$\begin{cases} a_{11}x_1+a_{21}x_2+\cdots+a_{s1}x_s=0 \\ a_{12}x_1+a_{22}x_2+\cdots+a_{s2}x_s=0 \\ \qquad\vdots \\ a_{1n}x_1+a_{2n}x_2+\cdots+a_{sn}x_s=0 \end{cases} \tag{9.4.1}$$

有非零解，而方程组(9.4.1)有非零解当且仅当系数矩阵 **A** 的秩小于 s，即 $R(\boldsymbol{A})<s$；向量组线性无关的充分必要条件是方程组(9.4.1)只有零解.

特别地，当 $s=n$ 时，$\boldsymbol{\alpha}_1, \boldsymbol{\alpha}_2, \cdots, \boldsymbol{\alpha}_n$ 线性相关的充分必要条件是

$$\begin{vmatrix} a_{11} & a_{12} & \cdots & a_{1n} \\ a_{21} & a_{22} & \cdots & a_{2n} \\ \vdots & \vdots & & \vdots \\ a_{n1} & a_{n2} & \cdots & a_{nn} \end{vmatrix}=0$$

$\boldsymbol{\alpha}_1, \boldsymbol{\alpha}_2, \cdots, \boldsymbol{\alpha}_n$ 线性无关的充分必要条件是

$$\begin{vmatrix} a_{11} & a_{12} & \cdots & a_{1n} \\ a_{21} & a_{22} & \cdots & a_{2n} \\ \vdots & \vdots & & \vdots \\ a_{n1} & a_{n2} & \cdots & a_{nn} \end{vmatrix}\neq 0$$

推论 9.4.1 两个向量线性相关的充分必要条件是它们的坐标对应成比例；它们线性无关的充分必要条件是坐标不对应成比例.

推论 9.4.2 n 阶方阵 $\boldsymbol{A}$ 的 n 个行向量(列向量)线性相关的充分必要条件是 $|\boldsymbol{A}|=0$，n 个行向量(列向量)线性无关的充分必要条件是 $|\boldsymbol{A}|\neq 0$，即当且仅当 $\boldsymbol{A}$ 是可逆矩阵.

推论 9.4.3 任何多于 n 个向量的 n 维向量必线性相关.

特别地，$n+1$ 个 n 维向量一定线性相关.

定理 9.4.4 如果向量组 $\boldsymbol{A}$：$\boldsymbol{\alpha}_1$，$\boldsymbol{\alpha}_2$，…，$\boldsymbol{\alpha}_n$ 中有部分向量线性相关，则向量组 $\boldsymbol{A}$ 线性相关. 反言之，如果向量组 $\boldsymbol{A}$：$\boldsymbol{\alpha}_1$，$\boldsymbol{\alpha}_2$，…，$\boldsymbol{\alpha}_n$ 线性无关，则 $\boldsymbol{A}$ 的任意部分组也线性无关.

定理 9.4.5 设

$$\boldsymbol{\alpha}_j=\begin{pmatrix}a_{1j}\\a_{2j}\\\vdots\\a_{rj}\end{pmatrix},\quad \boldsymbol{\beta}_j=\begin{pmatrix}a_{1j}\\a_{2j}\\\vdots\\a_{rj}\\a_{r+1,\,j}\end{pmatrix}\qquad (j=1,\,2,\,\cdots,\,m)$$

即向量 $\boldsymbol{a}_j$ 添上一个分量后得向量 $\boldsymbol{\beta}_j$，如果向量组 $\boldsymbol{A}$：$\boldsymbol{\alpha}_1$，$\boldsymbol{\alpha}_2$，…，$\boldsymbol{\alpha}_m$ 线性无关，则向量组 $\boldsymbol{B}$：$\boldsymbol{\beta}_1$，$\boldsymbol{\beta}_2$，…，$\boldsymbol{\beta}_m$ 也线性无关；反言之，若向量组 $\boldsymbol{B}$ 线性相关，则向量组 $\boldsymbol{A}$ 也线性相关.

注意 定理 9.4.5 是对向量增加一个分量(即维数增加一维)而言的. 如果增加多个分量，结论仍然成立.

例 9.4.3 讨论向量组 $\boldsymbol{\alpha}_1=\begin{pmatrix}1\\3\\-2\\5\end{pmatrix}$，$\boldsymbol{\alpha}_2=\begin{pmatrix}2\\7\\0\\3\end{pmatrix}$ 的线性相关性.

解 因为 $\boldsymbol{\alpha}_1$、$\boldsymbol{\alpha}_2$ 的对应坐标不成比例，所以 $\boldsymbol{\alpha}_1$、$\boldsymbol{\alpha}_2$ 线性无关.

例 9.4.4 讨论向量组

$$\boldsymbol{\alpha}_1=\begin{pmatrix}1\\1\\1\end{pmatrix},\qquad \boldsymbol{\alpha}_2=\begin{pmatrix}1\\2\\1\end{pmatrix},\qquad \boldsymbol{\alpha}_3=\begin{pmatrix}1\\0\\0\end{pmatrix}$$

的线性相关性.

解 设有数 k_1、k_2、k_3，使得

$$k_1\boldsymbol{\alpha}_1+k_2\boldsymbol{\alpha}_2+k_3\boldsymbol{\alpha}_3=\boldsymbol{0}$$

即

$$\begin{cases}k_1+k_2+k_3=0\\k_1+2k_2=0\\k_1+k_2=0\end{cases}$$

由方程组的系数行列式

$$D=\begin{vmatrix}1&1&1\\1&2&0\\1&1&0\end{vmatrix}=-1\neq 0$$

可知，上述的线性方程组只有零解，即 $k_1=k_2=k_3=0$，所以向量组 $\boldsymbol{\alpha}_1$，$\boldsymbol{\alpha}_2$，$\boldsymbol{\alpha}_3$ 是线性无关的.

注意　讨论或证明一个向量组的线性相关性的步骤为：首先按定义，令这个向量组的线性组合等于零向量；再利用方程组的理论确定系数全为零或不全为零，若系数全为零，则向量组线性无关，若不全为零，则向量组线性相关.

*9.5　极大无关组与向量组的秩

9.5.1　等价向量组

定义 9.5.1　给定两个向量组 $\boldsymbol{A}$：$\boldsymbol{\alpha}_1$，$\boldsymbol{\alpha}_2$，…，$\boldsymbol{\alpha}_r$ 和向量组 $\boldsymbol{B}$：$\boldsymbol{\beta}_1$，$\boldsymbol{\beta}_2$，…，$\boldsymbol{\beta}_s$. 若向量组 $\boldsymbol{A}$ 中的每一个向量 $\boldsymbol{\alpha}_i$（$i=1, 2, \cdots, r$）都能由向量组 $\boldsymbol{B}$ 线性表示，即存在矩阵 $\boldsymbol{K}$，使得 $\boldsymbol{A}=\boldsymbol{B}\boldsymbol{K}$，其中

$$\boldsymbol{A}=(\boldsymbol{\alpha}_1, \boldsymbol{\alpha}_2, \cdots, \boldsymbol{\alpha}_r)$$

$$\boldsymbol{B}=(\boldsymbol{\beta}_1, \boldsymbol{\beta}_2, \cdots, \boldsymbol{\beta}_s)$$

则称向量组 $\boldsymbol{A}$ 可以由向量组 $\boldsymbol{B}$ 线性表示；如果向量组 $\boldsymbol{A}$ 可以由向量组 $\boldsymbol{B}$ 线性表示，同时向量组 $\boldsymbol{B}$ 也可以由向量组 $\boldsymbol{A}$ 线性表示，则称向量组 $\boldsymbol{A}$ 与向量组 $\boldsymbol{B}$ 等价.

注意　向量组 $\boldsymbol{A}$ 中的列向量可由向量组 $\boldsymbol{B}$ 中的列向量线性表示⇔矩阵方程 $\boldsymbol{B}\boldsymbol{x}=\boldsymbol{A}$ 有解；向量组 $\boldsymbol{A}$ 中的列向量不能由向量组 $\boldsymbol{B}$ 中的列向量线性表示⇔矩阵方程 $\boldsymbol{B}\boldsymbol{x}=\boldsymbol{A}$ 无解.

向量组的等价具有以下性质：

(1) 反身性：向量组 $\boldsymbol{A}$ 与向量组 $\boldsymbol{A}$ 等价；

(2) 对称性：如果向量组 $\boldsymbol{A}$ 与向量组 $\boldsymbol{B}$ 等价，则向量组 $\boldsymbol{B}$ 与向量组 $\boldsymbol{A}$ 等价；

(3) 传递性：如果向量组 $\boldsymbol{A}$ 与向量组 $\boldsymbol{B}$ 等价，向量组 $\boldsymbol{B}$ 与向量组 $\boldsymbol{C}$ 等价，则向量组 $\boldsymbol{A}$ 与向量组 $\boldsymbol{C}$ 等价.

9.5.2　向量组的秩

定义 9.5.2　设 $\boldsymbol{A}$ 是 n 维向量组，如果满足：

(1) 在 $\boldsymbol{A}$ 中存在 r 个向量 $\boldsymbol{\alpha}_1$，$\boldsymbol{\alpha}_2$，…，$\boldsymbol{\alpha}_r$ 线性无关；

(2) 在 $\boldsymbol{A}$ 中任意 $r+1$ 个向量（如果存在的话）线性相关，

则称 $\boldsymbol{\alpha}_1$，$\boldsymbol{\alpha}_2$，…，$\boldsymbol{\alpha}_r$ 是向量组 $\boldsymbol{A}$ 的一个极大线性无关组，简称极大无关组；数 r 称为向量组 $\boldsymbol{A}$ 的秩.

一个向量组的极大线性无关组的实质是：一方面，从原向量组中挑出一部分向量构成一个新向量组，使新向量组与原向量组等价，从而在一定意义下可用新向量组代替原向量组；另一方面，新向量组中的每个向量都不能由其余的向量线性表示，所以新向量组中没有多余的向量，因而称此向量组为原向量组的一个极大线性无关组.

注意　只含零向量的向量组没有极大无关组，规定只含零向量的向量组的秩为零.

由定义 9.5.2 可得到如下结论：

(1) 线性无关向量组 $\boldsymbol{\alpha}_1$，$\boldsymbol{\alpha}_2$，…，$\boldsymbol{\alpha}_m$ 的极大无关组就是它本身. 因此，线性无关向量组

的秩等于它所含向量的个数.

(2) 设向量组 $\boldsymbol{\alpha}_1, \boldsymbol{\alpha}_2, \cdots, \boldsymbol{\alpha}_r$ 是向量组 $\boldsymbol{A}$ 的一个极大无关组，则对任意 $\boldsymbol{\alpha} \in \boldsymbol{A}$，向量组 $\boldsymbol{\alpha}_1, \boldsymbol{\alpha}_2, \cdots, \boldsymbol{\alpha}_r, \boldsymbol{\alpha}$ 这 $r+1$ 向量必线性相关，由定理 9.4.2 可知，$\boldsymbol{\alpha}$ 可由 $\boldsymbol{\alpha}_1, \boldsymbol{\alpha}_2, \cdots, \boldsymbol{\alpha}_r$ 线性表示，即向量组 $\boldsymbol{A}$ 可由 $\boldsymbol{\alpha}_1, \boldsymbol{\alpha}_2, \cdots, \boldsymbol{\alpha}_r$ 线性表示；反之，向量组 $\boldsymbol{\alpha}_1, \boldsymbol{\alpha}_2, \cdots, \boldsymbol{\alpha}_r$ 是向量组 $\boldsymbol{A}$ 的一部分，从而 $\boldsymbol{\alpha}_1, \boldsymbol{\alpha}_2, \cdots, \boldsymbol{\alpha}_r$ 也可以由向量组 $\boldsymbol{A}$ 线性表示，因此，向量组的极大无关组与向量组本身等价.

定理 9.5.1 向量组中的每个向量都可用其一个极大线性无关组线性表示，且表示是唯一的.

例 9.5.1 设有向量组

$$\boldsymbol{\alpha}_1 = \begin{pmatrix} 1 \\ 1 \\ 1 \end{pmatrix}, \quad \boldsymbol{\alpha}_2 = \begin{pmatrix} 1 \\ 3 \\ 0 \end{pmatrix}, \quad \boldsymbol{\alpha}_3 = \begin{pmatrix} 2 \\ 4 \\ 1 \end{pmatrix}$$

试求向量组的一个极大无关组.

解 因为向量 $\boldsymbol{\alpha}_1, \boldsymbol{\alpha}_2$ 对应分量不成比例，所以向量组 $\boldsymbol{\alpha}_1, \boldsymbol{\alpha}_2$ 线性无关. 又因为 $\boldsymbol{\alpha}_3 = \boldsymbol{\alpha}_1 + \boldsymbol{\alpha}_2$，即向量组 $\boldsymbol{\alpha}_1, \boldsymbol{\alpha}_2, \boldsymbol{\alpha}_3$ 线性相关，所以 $\boldsymbol{\alpha}_1, \boldsymbol{\alpha}_2$ 是向量组 $\boldsymbol{\alpha}_1, \boldsymbol{\alpha}_2, \boldsymbol{\alpha}_3$ 的一个极大无关组.

显然，向量组 $\boldsymbol{\alpha}_1, \boldsymbol{\alpha}_2, \boldsymbol{\alpha}_3$ 任意两个向量对应分量都不成比例，所以 $\boldsymbol{\alpha}_1, \boldsymbol{\alpha}_2, \boldsymbol{\alpha}_3$ 中任意两个向量都是它的极大无关组. 由此可见，一个向量组的极大无关组不唯一.

定义 9.5.3 设 $\boldsymbol{A} = \begin{pmatrix} a_{11} & a_{12} & \cdots & a_{1n} \\ a_{21} & a_{22} & \cdots & a_{2n} \\ \vdots & \vdots & & \vdots \\ a_{m1} & a_{m2} & \cdots & a_{mn} \end{pmatrix}$，记 $\boldsymbol{\alpha}_1 = (a_{11}, a_{12}, \cdots, a_{1n})$，$\boldsymbol{\alpha}_2 = (a_{21}, a_{22}, \cdots, a_{2n})$，$\cdots$，$\boldsymbol{\alpha}_m = (a_{m1}, a_{m2}, \cdots, a_{mn})$，称 $\boldsymbol{\alpha}_1, \boldsymbol{\alpha}_2, \cdots, \boldsymbol{\alpha}_m$ 为矩阵 $\boldsymbol{A}$ 的行向量组；记 $\boldsymbol{\beta}_1 = \begin{pmatrix} a_{11} \\ a_{21} \\ \vdots \\ a_{m1} \end{pmatrix}$，$\boldsymbol{\beta}_2 = \begin{pmatrix} a_{12} \\ a_{22} \\ \vdots \\ a_{m2} \end{pmatrix}$，$\cdots$，$\boldsymbol{\beta}_n = \begin{pmatrix} a_{1n} \\ a_{2n} \\ \vdots \\ a_{mn} \end{pmatrix}$，称 $\boldsymbol{\beta}_1, \boldsymbol{\beta}_2, \cdots, \boldsymbol{\beta}_n$ 为矩阵 $\boldsymbol{A}$ 的列向量组. 称 $\boldsymbol{A}$ 的行向量组的秩为 $\boldsymbol{A}$ 的行秩，$\boldsymbol{A}$ 的列向量组的秩为 $\boldsymbol{A}$ 的列秩.

定理 9.5.2 $m \times n$ 矩阵 $\boldsymbol{A}$ 的秩等于矩阵 $\boldsymbol{A}$ 的列向量组的秩，也等于矩阵 $\boldsymbol{A}$ 的行向量组的秩.

由定理 9.5.2 可知，设 $m \times n$ 矩阵 $\boldsymbol{A}$ 中有一个 r 阶子式 D 不等于零，则 D 所在的 r 个列(行)向量线性无关；$\boldsymbol{A}$ 中所有 $r+1$ 阶子式全等于零，则 $\boldsymbol{A}$ 中任意 $r+1$ 个列(行)向量线性相关. 从而，$\boldsymbol{A}$ 中最高阶非零子式所在的列(行)向量组是 $\boldsymbol{A}$ 的列(行)向量组的一个极大无关组.

例 9.5.2 求矩阵

$$\boldsymbol{A} = \begin{pmatrix} 2 & -3 & 8 & 2 \\ 2 & 12 & -2 & 12 \\ 1 & 3 & 1 & 4 \end{pmatrix}$$

的列向量组的秩和它的一个极大无关组.

解 A 的二阶子式为

$$D=\begin{vmatrix}2 & -3\\ 2 & 12\end{vmatrix}=30\neq 0$$

A 的三阶子式共有 4 个，且都等于零，可见二阶子式 D 是 A 的最高阶非零子式，$R(A)=2$. 由定理 9.5.2 知，A 的列向量组的秩为 2，它的一个极大无关组是

$$\boldsymbol{\alpha}_1=\begin{pmatrix}2\\2\\1\end{pmatrix},\quad \boldsymbol{\alpha}_2=\begin{pmatrix}-3\\12\\3\end{pmatrix}$$

例 9.5.3 求向量组

$$\boldsymbol{\alpha}_1=\begin{pmatrix}1\\2\\3\end{pmatrix},\quad \boldsymbol{\alpha}_2=\begin{pmatrix}1\\0\\-1\end{pmatrix},\quad \boldsymbol{\alpha}_3=\begin{pmatrix}2\\2\\1\end{pmatrix},\quad \boldsymbol{\alpha}_4=\begin{pmatrix}2\\2\\4\end{pmatrix}$$

的一个极大无关组.

解 设 $\boldsymbol{\alpha}_1,\boldsymbol{\alpha}_2,\boldsymbol{\alpha}_3,\boldsymbol{\alpha}_4$ 构成的矩阵 $\boldsymbol{A}=(\boldsymbol{\alpha}_1,\boldsymbol{\alpha}_2,\boldsymbol{\alpha}_3,\boldsymbol{\alpha}_4)$，对 $\boldsymbol{A}$ 做初等行变换，可得

$$\boldsymbol{A}=\begin{pmatrix}1 & 1 & 2 & 2\\ 2 & 0 & 2 & 2\\ 3 & -1 & 1 & 4\end{pmatrix}\xrightarrow[r_3-3r_1]{r_2-2r_1}\begin{pmatrix}1 & 1 & 2 & 2\\ 0 & -2 & -2 & -2\\ 0 & -4 & -5 & -2\end{pmatrix}$$

$$\xrightarrow[\left(-\frac{1}{2}\right)\times r_2]{r_3-2r_2}\begin{pmatrix}1 & 1 & 2 & 2\\ 0 & 1 & 1 & 1\\ 0 & 0 & -1 & 2\end{pmatrix}=\boldsymbol{A}_1$$

由此可知 $R(\boldsymbol{A})=3$，所以向量组 $\boldsymbol{\alpha}_1,\boldsymbol{\alpha}_2,\boldsymbol{\alpha}_3,\boldsymbol{\alpha}_4$ 的秩为 3，$\boldsymbol{A}_1$ 的三阶子式

$$D=\begin{vmatrix}1 & 1 & 2\\ 0 & 1 & 1\\ 0 & 0 & -1\end{vmatrix}=-1\neq 0$$

由此可知，$\boldsymbol{\alpha}_1,\boldsymbol{\alpha}_2,\boldsymbol{\alpha}_3$ 是向量组 $\boldsymbol{\alpha}_1,\boldsymbol{\alpha}_2,\boldsymbol{\alpha}_3,\boldsymbol{\alpha}_4$ 的一个极大无关组.

9.5.3 极大无关组和秩的求法

向量组的秩、向量组的极大无关组以及向量之间的线性关系是向量理论非常重要的一部分内容，下面的定理介绍了利用初等变换求解向量组的秩以及向量组的极大无关组的方法.

定理 9.5.3 如果矩阵 $\boldsymbol{A}$ 经有限次初等行(列)变换变到矩阵 $\boldsymbol{B}$，则 $\boldsymbol{A}$ 与 $\boldsymbol{B}$ 的行(列)向量组等价，且 $\boldsymbol{A}$ 的任意 r 个列(行)向量与 $\boldsymbol{B}$ 的对应的 r 个列(行)向量有相同的线性相关性.

证明略.

注意 定理 9.5.3 表明，求一个向量组的极大线性无关组时，可以用向量为列做成矩阵 $\boldsymbol{A}$，对 $\boldsymbol{A}$ 做初等行变换化为行阶梯形矩阵，阶梯数即为向量组的秩. 同时在行阶梯形矩阵中取出同样多个线性无关的列向量，则 $\boldsymbol{A}$ 中对应的列向量即为极大线性无关组.

例 9.5.4 求列向量组

$$\boldsymbol{\alpha}_1=\begin{pmatrix}2\\2\\1\end{pmatrix},\quad \boldsymbol{\alpha}_2=\begin{pmatrix}-3\\12\\3\end{pmatrix},\quad \boldsymbol{\alpha}_3=\begin{pmatrix}8\\-2\\1\end{pmatrix},\quad \boldsymbol{\alpha}_4=\begin{pmatrix}2\\12\\4\end{pmatrix}$$

的一个极大无关组和秩.

解 设 $\boldsymbol{\alpha}_1, \boldsymbol{\alpha}_2, \boldsymbol{\alpha}_3, \boldsymbol{\alpha}_4$ 构成的矩阵 $\boldsymbol{A}=(\boldsymbol{\alpha}_1, \boldsymbol{\alpha}_2, \boldsymbol{\alpha}_3, \boldsymbol{\alpha}_4)$，对 $\boldsymbol{A}$ 做初等行变换，可得

$$\boldsymbol{A}=\begin{pmatrix} 2 & -3 & 8 & 2 \\ 2 & 12 & -2 & 12 \\ 1 & 3 & 1 & 4 \end{pmatrix} \xrightarrow[\substack{r_2-2r_1 \\ r_3-2r_1}]{r_1\leftrightarrow r_3} \begin{pmatrix} 1 & 3 & 1 & 4 \\ 0 & 6 & -4 & 4 \\ 0 & -9 & 6 & -6 \end{pmatrix}$$

$$\quad\ \boldsymbol{\alpha}_1 \quad \boldsymbol{\alpha}_2 \quad \boldsymbol{\alpha}_3 \quad \boldsymbol{\alpha}_4$$

$$\xrightarrow{r_3+\frac{3}{2}r_2} \begin{pmatrix} 1 & 3 & 1 & 4 \\ 0 & 6 & -4 & 4 \\ 0 & 0 & 0 & 0 \end{pmatrix} = \boldsymbol{B}$$

$\boldsymbol{B}$ 中有两个阶梯，所以向量组 $\boldsymbol{\alpha}_1, \boldsymbol{\alpha}_2, \boldsymbol{\alpha}_3, \boldsymbol{\alpha}_4$ 的秩为 2. $\boldsymbol{\alpha}_1, \boldsymbol{\alpha}_2, \boldsymbol{\alpha}_3, \boldsymbol{\alpha}_4$ 的任意两个向量都可以是极大无关组.

*9.6 线性方程组解的结构

在 9.2 节中，我们已经介绍了线性方程组有解的判定定理以及求解线性方程组的一般方法. 线性方程组解的情况有三种：有唯一解、无解和有无穷多解. 有唯一解时，我们只需求出唯一解；对于有无穷多解的情形，一般情况下是先确定自由未知量，再将其他未知量用自由未知量表示，从而给出方程组的一般解. 事实上，线性方程组的解可以看成是一个列向量，当有无穷多解时，方程组的全体解即解集是一些列向量的集合. 方程组的解有哪些性质？解向量之间是什么关系？这都是值得我们注意的. 在有了对向量的线性运算、线性关系的基本认识后，我们就可以回答上述问题了.

9.6.1 齐次线性方程组的解的结构

设 n 元齐次线性方程组

$$\begin{cases} a_{11}x_1+a_{12}x_2+\cdots+a_{1n}x_n=0 \\ a_{21}x_1+a_{22}x_2+\cdots+a_{2n}x_n=0 \\ \qquad\vdots \\ a_{m1}x_1+a_{m2}x_2+\cdots+a_{mn}x_n=0 \end{cases} \tag{9.6.1}$$

它的矩阵形式为

$$\boldsymbol{Ax}=\boldsymbol{0} \tag{9.6.2}$$

其中，$\boldsymbol{A}=(a_{ij})_{m\times n}$，$\boldsymbol{x}=(x_1, x_2, \cdots, x_n)^{\mathrm{T}}\in\mathbf{R}^n$，$\boldsymbol{0}=(0, 0, \cdots, 0)^{\mathrm{T}}\in\mathbf{R}^n$.

若 $x_1=\xi_{11}, x_2=\xi_{21}, \cdots, x_n=\xi_{n1}$ 是齐次方程组(9.6.1)的解，那么

$$\boldsymbol{x}=\boldsymbol{\xi}_1=\begin{pmatrix} \xi_{11} \\ \xi_{21} \\ \vdots \\ \xi_{n1} \end{pmatrix}$$

称为齐次线性方程组(9.6.1)的解向量，也是矩阵方程(9.6.2)的解.

根据矩阵方程(9.6.2)，我们来讨论解向量的性质.

性质 9.6.1 若 $\boldsymbol{\xi}_1$、$\boldsymbol{\xi}_2$ 为矩阵方程(9.6.2)的解，则 $\boldsymbol{x}=\boldsymbol{\xi}_1+\boldsymbol{\xi}_2$ 也是矩阵方程(9.6.2)的解.

证 只要验证 $\boldsymbol{x}=\boldsymbol{\xi}_1+\boldsymbol{\xi}_2$ 满足矩阵方程(9.6.2)即可.

$$\boldsymbol{A}(\boldsymbol{\xi}_1+\boldsymbol{\xi}_2)=\boldsymbol{A}\boldsymbol{\xi}_1+\boldsymbol{A}\boldsymbol{\xi}_2=\boldsymbol{0}+\boldsymbol{0}=\boldsymbol{0}$$

性质 9.6.2 若 $\boldsymbol{\xi}_1$ 为矩阵方程(9.6.2) 的解，k 为实数，则 $\boldsymbol{x}=k\boldsymbol{\xi}_1$ 也是矩阵方程(9.6.2)的解.

证

$$\boldsymbol{A}(k\boldsymbol{\xi}_1)=k(\boldsymbol{A}\boldsymbol{\xi}_1)=k\boldsymbol{0}=\boldsymbol{0}$$

性质 9.6.1 和性质 9.6.2 表明：如果 $\boldsymbol{\xi}_1, \boldsymbol{\xi}_2, \cdots, \boldsymbol{\xi}_t$ 是齐次线性方程组(9.6.1)的解，则它们的线性组合

$$k_1\boldsymbol{\xi}_1+k_2\boldsymbol{\xi}_2+\cdots+k_t\boldsymbol{\xi}_t$$

仍是齐次线性方程组(9.6.1)的解. 其中 $k_1, k_2, \cdots, k_t\in\mathbf{R}$.

我们知道当齐次线性方程组(9.6.1)有非零解时，事实上也就有无穷多解. 如果能确定出解向量组的秩并能求出该解向量组的一个极大无关组，那么方程组的全部解就可以表示了，解的结构也就清楚了.

定义 9.6.1 设 $\boldsymbol{\xi}_1, \boldsymbol{\xi}_2, \cdots, \boldsymbol{\xi}_t$ 是齐次线性方程组(9.6.1)的 t 个解，如果

(1) $\boldsymbol{\xi}_1, \boldsymbol{\xi}_2, \cdots, \boldsymbol{\xi}_t$ 线性无关；

(2) 齐次线性方程组任一个解都可由 $\boldsymbol{\xi}_1, \boldsymbol{\xi}_2, \cdots, \boldsymbol{\xi}_t$ 线性表示，

则称 $\boldsymbol{\xi}_1, \boldsymbol{\xi}_2, \cdots, \boldsymbol{\xi}_t$ 为齐次线性方程组(9.6.1)的一个基础解系. 表达式

$$\boldsymbol{x}=k_1\boldsymbol{\xi}_1+k_2\boldsymbol{\xi}_2+\cdots+k_t\boldsymbol{\xi}_t \qquad (k_1, k_2, \cdots, k_t\in\mathbf{R})$$

称为齐次线性方程组(9.6.1)的通解.

由 9.2 节知，只有当齐次线性方程组有非零解时，才存在基础解系.

定理 9.6.1 设 n 元齐次线性方程组(9.6.1)有非零解(即其系数矩阵的秩 $R(\boldsymbol{A})=r<n$)，则它必有基础解系，且基础解系所含线性无关的解的个数等于 $n-r$(这里 $n-r$ 也是齐次线性方程组(9.6.1)的自由未知量的个数).

证 不妨设齐次线性方程组(9.6.1)系数矩阵 $\boldsymbol{A}$ 的前 r 个列线性无关，则 $\boldsymbol{A}$ 可以经过有限次初等行变换化成行最简形矩阵，从而得齐次线性方程组(9.6.1)的同解线性方程组为

$$\begin{cases}x_1+b_{11}x_{r+1}+b_{12}x_{r+2}+\cdots+b_{1,n-r}x_n=0\\x_2+b_{21}x_{r+1}+b_{22}x_{r+2}+\cdots+b_{2,n-r}x_n=0\\\quad\vdots\\x_r+b_{r1}x_{r+1}+b_{r2}x_{r+2}+\cdots+b_{r,n-r}x_n=0\end{cases}\tag{9.6.3}$$

其中，$x_{r+1}, x_{r+2}, \cdots, x_n$ 是 $n-r$ 个自由未知数，取 $x_{r+1}=k_1, x_{r+2}=k_2, \cdots, x_n=k_{n-r}$，得

$$\begin{cases}x_1=-b_{11}k_1-b_{12}k_2-\cdots-b_{1,n-r}k_{n-r}\\x_2=-b_{12}k_1-b_{22}k_2-\cdots-b_{2,n-r}k_{n-r}\\\quad\vdots\\x_r=-b_{r1}k_1-b_{r2}k_2-\cdots-b_{r,n-r}k_{n-r}\\x_{r+1}=k_1\\x_{r+2}=k_2\\\quad\vdots\\x_n=k_{n-r}\end{cases}$$

若令

$$\boldsymbol{x}=\begin{pmatrix}x_1\\x_2\\\vdots\\x_r\\x_{r+1}\\x_{r+2}\\\vdots\\x_n\end{pmatrix},\ \boldsymbol{\xi}_1=\begin{pmatrix}-b_{11}\\-b_{21}\\\vdots\\-b_{r1}\\1\\0\\\vdots\\0\end{pmatrix},\ \boldsymbol{\xi}_2=\begin{pmatrix}-b_{12}\\-b_{22}\\\vdots\\-b_{r2}\\0\\1\\\vdots\\0\end{pmatrix},\ \cdots,\ \boldsymbol{\xi}_{n-r}=\begin{pmatrix}-b_{1,\,n-r}\\-b_{2,\,n-r}\\\vdots\\-b_{r,\,n-r}\\0\\0\\\vdots\\1\end{pmatrix}$$

得齐次线性方程组(9.6.1)的通解为

$$\boldsymbol{x}=k_1\boldsymbol{\xi}_1+k_2\boldsymbol{\xi}_2+\cdots+k_{n-r}\boldsymbol{\xi}_{n-r}\qquad(k_1,\ k_2,\ \cdots,\ k_{n-r}\in\mathbf{R})\tag{9.6.4}$$

下面说明 $\boldsymbol{\xi}_1$, $\boldsymbol{\xi}_2$, …, $\boldsymbol{\xi}_{n-r}$ 就是齐次线性方程组(9.6.1)的一个基础解系.

(1) 当自由未知数 x_{r+1}, x_{r+2}, …, x_n 分别取

$$\begin{pmatrix}x_{r+1}\\x_{r+2}\\\vdots\\x_n\end{pmatrix}=\begin{pmatrix}1\\0\\\vdots\\0\end{pmatrix},\ \begin{pmatrix}0\\1\\\vdots\\0\end{pmatrix},\ \cdots,\ \begin{pmatrix}0\\0\\\vdots\\1\end{pmatrix}$$

代入式(9.6.3)，分别可得方程组(9.6.1)的 $n-r$ 个解 $\boldsymbol{\xi}_1$, $\boldsymbol{\xi}_2$, …, $\boldsymbol{\xi}_{n-r}$(即 $\boldsymbol{\xi}_1$, $\boldsymbol{\xi}_2$, …, $\boldsymbol{\xi}_{n-r}$ 都是齐次线性方程组(9.6.1)的解)；

(2) 因为 $\boldsymbol{\xi}_1$, $\boldsymbol{\xi}_2$, …, $\boldsymbol{\xi}_{n-r}$ 后 $n-r$ 个分量组成了 $n-r$ 个 $n-r$ 维的向量，这 $n-r$ 个向量是线性无关的，从而 $\boldsymbol{\xi}_1$, $\boldsymbol{\xi}_2$, …, $\boldsymbol{\xi}_{n-r}$ 也是线性无关的；

(3) 齐次线性方程组(9.6.1)任一解都可由 $\boldsymbol{\xi}_1$, $\boldsymbol{\xi}_2$, …, $\boldsymbol{\xi}_{n-r}$ 线性表示. 这是因为设

$$\boldsymbol{x}=\boldsymbol{\xi}=\begin{pmatrix}\lambda_1\\\vdots\\\lambda_r\\\lambda_{r+1}\\\vdots\\\lambda_n\end{pmatrix}$$

是齐次线性方程组(9.6.1)的任一解. 做向量

$$\boldsymbol{\eta}=\lambda_{r+1}\boldsymbol{\xi}_1+\lambda_{r+2}\boldsymbol{\xi}_2+\cdots+\lambda_n\boldsymbol{\xi}_{n-r}$$

由于 $\boldsymbol{\xi}_1$, $\boldsymbol{\xi}_2$, …, $\boldsymbol{\xi}_{n-r}$ 是方程组(9.6.1)的解，故 $\boldsymbol{\eta}$ 也是方程组(9.6.1)的解. 比较 $\boldsymbol{\eta}$ 与 $\boldsymbol{\xi}$，可知它们后面 $n-r$ 个分量对应相等. 由于它们都满足方程组(9.6.3)，可知它们的前 r 个分量亦必对应相等(方程组(9.6.3)表明任一解的前 r 个分量由后 $n-r$ 个分量唯一确定). 因此，$\boldsymbol{\xi}=\boldsymbol{\eta}$，即

$$\boldsymbol{\xi}=\lambda_{r+1}\boldsymbol{\xi}_1+\lambda_{r+2}\boldsymbol{\xi}_2+\cdots+\lambda_n\boldsymbol{\xi}_{n-r}$$

从而，$\boldsymbol{\xi}_1$, $\boldsymbol{\xi}_2$, …, $\boldsymbol{\xi}_{n-r}$ 是齐次线性方程组(9.6.1)的一个基础解系，其所含线性无关解的个数恰等于 $n-r$.

设 $\boldsymbol{\xi}_1$, $\boldsymbol{\xi}_2$, …, $\boldsymbol{\xi}_{n-r}$ 是齐次线性方程组(9.6.1)的一个基础解系. 由定义 9.6.1 可知，齐

次线性方程组(9.6.1)的任一解可由基础解系线性表示为

$$\boldsymbol{x}=k_1\boldsymbol{\xi}_1+k_2\boldsymbol{\xi}_2+\cdots+k_{n-r}\boldsymbol{\xi}_{n-r}\qquad (k_1,\ k_2,\ \cdots,\ k_{n-r}\in\mathbf{R})$$

它包含了齐次线性方程组的全部解，所以它是齐次线性方程组的通解.

设 n 元齐次线性方程组(9.6.1)的系数矩阵的秩 $R(\mathbf{A})=r<n$，方程组的解的集合为 V，则 $V\subset\mathbf{R}^n$ 且 $\forall\boldsymbol{\alpha},\boldsymbol{\beta}\in V$，$\boldsymbol{\alpha}+\boldsymbol{\beta}\in V$；$\forall k\in\mathbf{R}$，$\boldsymbol{\alpha}\in V$，$k\boldsymbol{\alpha}\in V$. 因此 V 是 $\mathbf{R}^n$ 的子空间，故常将齐次线性方程组的解的集合称为解空间.

注意 自由未知量的选取不唯一，不一定恰好是后 $n-r$ 个未知量，即使自由未知量选定了，基础解系也可以不唯一.

例 9.6.1 求齐次线性方程组

$$\begin{cases}x_1-x_2+5x_3-x_4=0\\x_1+x_2-2x_3+3x_4=0\\3x_1-x_2+8x_3+x_4=0\\x_1+3x_2-9x_3+7x_4=0\end{cases}$$

的基础解系.

解 对系数矩阵 $\mathbf{A}$ 做初等行变换，得

$$\mathbf{A}=\begin{pmatrix}1&-1&5&-1\\1&1&-2&3\\3&-1&8&1\\1&3&-9&7\end{pmatrix}\xrightarrow[r_4-r_1]{\substack{r_2-r_1\\r_3-3r_1}}\begin{pmatrix}1&-1&5&-1\\0&2&-7&4\\0&2&-7&4\\0&4&-14&8\end{pmatrix}$$

$$\xrightarrow[r_2\times\frac{1}{2}]{\substack{r_4-2r_2\\r_3-r_2}}\begin{pmatrix}1&-1&5&-1\\0&1&-\frac{7}{2}&2\\0&0&0&0\\0&0&0&0\end{pmatrix}\xrightarrow{r_1+r_2}\begin{pmatrix}1&0&\frac{3}{2}&1\\0&1&-\frac{7}{2}&2\\0&0&0&0\\0&0&0&0\end{pmatrix}$$

从而可知 $R(\mathbf{A})=2<4$. 原方程组的同解线性方程组为

$$\begin{cases}x_1+\frac{3}{2}x_3+x_4=0\\x_2-\frac{7}{2}x_3+2x_4=0\end{cases}$$

其中，x_3、x_4 是自由未知数，取 $x_3=2k_1$，$x_4=k_2$，得原线性方程组的通解为

$$\begin{pmatrix}x_1\\x_2\\x_3\\x_4\end{pmatrix}=k_1\begin{pmatrix}-3\\7\\2\\0\end{pmatrix}+k_2\begin{pmatrix}-1\\-2\\0\\1\end{pmatrix}\qquad (k_1,\ k_2\in\mathbf{R})$$

所以，原线性方程组的基础解系为

$$\boldsymbol{\xi}_1=\begin{pmatrix}-3\\7\\2\\0\end{pmatrix},\quad \boldsymbol{\xi}_2=\begin{pmatrix}-1\\-2\\0\\1\end{pmatrix}$$

其通解可由基础解系表示为

$$x = k_1\xi_1 + k_2\xi_2 \quad (k_1, k_2 \in \mathbf{R})$$

例 9.6.2 求齐次线性方程组 $\begin{cases} x_1+x_2-x_3-x_4=0 \\ 2x_1-5x_2+3x_3+2x_4=0 \\ 7x_1-7x_2+3x_3+x_4=0 \end{cases}$ 的基础解系与通解.

解 对系数矩阵 $\boldsymbol{A}$ 做初等行变换，化为行最简矩阵：

$$\boldsymbol{A} = \begin{pmatrix} 1 & 1 & -1 & -1 \\ 2 & -5 & 3 & 2 \\ 7 & -7 & 3 & 1 \end{pmatrix} \longrightarrow \begin{pmatrix} 1 & 0 & -\frac{2}{7} & -\frac{3}{7} \\ 0 & 1 & -\frac{5}{7} & -\frac{4}{7} \\ 0 & 0 & 0 & 0 \end{pmatrix}$$

得到原方程组的同解方程组

$$\begin{cases} x_1 = \frac{2}{7}x_3 + \frac{3}{7}x_4 \\ x_2 = \frac{5}{7}x_3 + \frac{4}{7}x_4 \end{cases}$$

令 $\begin{pmatrix} x_3 \\ x_4 \end{pmatrix} = \begin{pmatrix} 1 \\ 0 \end{pmatrix}, \begin{pmatrix} 0 \\ 1 \end{pmatrix}$，即得基础解系

$$\boldsymbol{\eta}_1 = \begin{pmatrix} \frac{2}{7} \\ \frac{5}{7} \\ 1 \\ 0 \end{pmatrix}, \quad \boldsymbol{\eta}_2 = \begin{pmatrix} \frac{3}{7} \\ \frac{4}{7} \\ 0 \\ 1 \end{pmatrix}$$

并由此得到通解

$$\begin{pmatrix} x_1 \\ x_2 \\ x_3 \\ x_4 \end{pmatrix} = c_1 \begin{pmatrix} \frac{2}{7} \\ \frac{5}{7} \\ 1 \\ 0 \end{pmatrix} + c_2 \begin{pmatrix} \frac{3}{7} \\ \frac{4}{7} \\ 0 \\ 1 \end{pmatrix} \quad (c_1, c_2 \in \mathbf{R})$$

9.6.2 非齐次线性方程组解的结构

设 n 元非齐次线性方程组为

$$\begin{cases} a_{11}x_1 + a_{12}x_2 + \cdots + a_{1n}x_n = b_1 \\ a_{21}x_1 + a_{22}x_2 + \cdots + a_{2n}x_n = b_2 \\ \vdots \\ a_{m1}x_1 + a_{m2}x_2 + \cdots + a_{mn}x_n = b_m \end{cases} \tag{9.6.5}$$

它的矩阵记法为

$$\boldsymbol{Ax} = \boldsymbol{b} \tag{9.6.6}$$

其中 $\boldsymbol{A}=(a_{ij})_{m\times n}$，$\boldsymbol{x}=(x_1, x_2, \cdots, x_n)^{\mathrm{T}}\in\mathbf{R}^n$，$\boldsymbol{b}=(b_1, b_2, \cdots, b_n)^{\mathrm{T}}\neq\mathbf{0}$. 将 $b_1, b_2, \cdots, b_n$

全换为零，即得齐次线性方程组(9.6.1)，称其为非齐次线性方程组(9.6.5)的导出组. 容易验证线性方程组非齐次线性方程组(9.6.5)的解与其导出组(9.6.1)的解有着密切的联系.

性质 9.6.3 如果 $\boldsymbol{\eta}_1$、$\boldsymbol{\eta}_2$ 都是非齐次线性方程组(9.6.5)的解，则 $\boldsymbol{x}=\boldsymbol{\eta}_2-\boldsymbol{\eta}_1$ 是其导出组(9.6.1)的解.

证 因为

$$\boldsymbol{A}(\boldsymbol{\eta}_1-\boldsymbol{\eta}_2)=\boldsymbol{A}\boldsymbol{\eta}_2-\boldsymbol{A}\boldsymbol{\eta}_1=\boldsymbol{b}-\boldsymbol{b}=\boldsymbol{0}$$

所以，$\boldsymbol{x}=\boldsymbol{\eta}_2-\boldsymbol{\eta}_1$ 是其导出组(9.6.1)的解.

性质 9.6.4 如果 $\boldsymbol{x}=\boldsymbol{\eta}^*$ 是非齐次线性方程组(9.6.5)的解，$\boldsymbol{x}=\boldsymbol{\xi}$ 是其导出组(9.6.1)的解，则 $\boldsymbol{x}=\boldsymbol{\xi}+\boldsymbol{\eta}^*$ 仍是非齐次线性方程组(9.6.5)的解.

证 因为

$$\boldsymbol{A}(\boldsymbol{\xi}+\boldsymbol{\eta}^*)=\boldsymbol{A}\boldsymbol{\xi}+\boldsymbol{A}\boldsymbol{\eta}^*=\boldsymbol{0}+\boldsymbol{b}=\boldsymbol{b}$$

所以，$\boldsymbol{x}=\boldsymbol{\xi}+\boldsymbol{\eta}^*$ 仍是非齐次线性方程组(9.6.5)的解.

由性质 9.6.3 可知，如果求得非齐次线性方程组(9.6.5)的一个解 $\boldsymbol{\eta}^*$，则方程组(9.6.5)的任一解 $\boldsymbol{\eta}$ 总可表示为

$$\boldsymbol{\eta}=\boldsymbol{\eta}^*+(\boldsymbol{\eta}-\boldsymbol{\eta}^*)=\boldsymbol{\eta}^*+\boldsymbol{\xi}$$

其中，$\boldsymbol{\xi}=\boldsymbol{\eta}-\boldsymbol{\eta}^*$ 是其导出组(9.6.1)的解.

由性质 9.6.4 可知，对于非齐次线性方程组(9.6.5)的一个解 $\boldsymbol{\eta}^*$，当 $\boldsymbol{\xi}$ 取遍其导出组(9.6.1)的全部解时，$\boldsymbol{\eta}=\boldsymbol{\eta}^*+\boldsymbol{\xi}$ 就取遍了非齐次线性方程组(9.6.5)的全部解.

综合性质 9.6.3 与性质 9.6.4，即有如下结论.

定理 9.6.2 设 $\boldsymbol{\eta}^*$ 是非齐次线性方程组(9.6.5)的一个解(通常称为特解)，$\boldsymbol{\xi}_1$，$\boldsymbol{\xi}_2$，…，$\boldsymbol{\xi}_{n-r}$ 是其导出组(9.6.1)的一个基础解系，则

$$\boldsymbol{x}=k_1\boldsymbol{\xi}_1+k_2\boldsymbol{\xi}_2+\cdots+k_{n-r}\boldsymbol{\xi}_{n-r}+\boldsymbol{\eta}^*\qquad(k_1,k_2,\cdots,k_{n-r}\in\mathbf{R})$$

是方程组(9.6.5)的解，又称之为非齐次线性方程组(9.6.5)的通解.

定理 9.6.2 说明非齐次方程组的全部解可以表示为它的一个特解加上导出组的基础解系的线性组合.

求非齐次线性方程组全部解的关键是求出一个特解及其导出组的一个基础解系.

注意 非齐次方程组的解的全体不构成一个向量空间，故非齐次线性方程组没有基础解系这种说法.

例 9.6.3 求解线性方程组：

$$\begin{cases}x_1-x_2-x_3+x_4=0\\x_1-x_2+x_3-3x_4=1\\x_1-x_2-2x_3+3x_4=-\dfrac{1}{2}\end{cases}$$

解 对增广矩阵做初等行变换，得

$$(\boldsymbol{A}\vdots\boldsymbol{b})=\begin{pmatrix}1&-1&-1&1&0\\1&-1&1&-3&1\\1&-1&-2&3&-\dfrac{1}{2}\end{pmatrix}\xrightarrow[r_3-r_1]{r_2-r_1}\begin{pmatrix}1&-1&-1&1&0\\0&0&2&-4&1\\0&0&-1&2&-\dfrac{1}{2}\end{pmatrix}$$

$$\xrightarrow[\substack{r_2\times\frac{1}{2}\\ r_3+r_2}]{r_1-r_3}\begin{pmatrix}1 & -1 & 0 & -1 & \frac{1}{2}\\ 0 & 0 & 1 & -2 & \frac{1}{2}\\ 0 & 0 & 0 & 0 & 0\end{pmatrix}$$

可见 $R(\boldsymbol{A})=R(\boldsymbol{A}\vdots\boldsymbol{b})=2$，故方程组有无穷多解，原方程组的同解方程组为

$$\begin{cases}x_1-x_2-x_4=\frac{1}{2}\\ x_3-2x_4=\frac{1}{2}\end{cases}$$

取 x_2、x_4 为自由未知数，并令 $x_2=0$，$x_4=0$，代入上面方程组，得方程组的一个特解：

$$\boldsymbol{\eta}^*=\begin{pmatrix}\frac{1}{2}\\ 0\\ \frac{1}{2}\\ 0\end{pmatrix}$$

原方程组的导出组的同解方程组为

$$\begin{cases}x_1=x_2+x_4\\ x_3=2x_4\end{cases}$$

令 $x_2=k_1$，$x_4=k_2$，得导出组的通解为

$$\begin{pmatrix}x_1\\ x_2\\ x_3\\ x_4\end{pmatrix}=k_1\begin{pmatrix}1\\ 1\\ 0\\ 0\end{pmatrix}+k_2\begin{pmatrix}1\\ 0\\ 2\\ 1\end{pmatrix}$$

其中

$$\boldsymbol{\xi}_1=\begin{pmatrix}1\\ 1\\ 0\\ 0\end{pmatrix},\quad \boldsymbol{\xi}_2=\begin{pmatrix}1\\ 0\\ 2\\ 1\end{pmatrix}$$

是其导出组的一个基础解系. 所以原非齐次线性方程组的通解为

$$\boldsymbol{x}=k_1\boldsymbol{\xi}_1+k_2\boldsymbol{\xi}_2+\boldsymbol{\eta}^*\qquad (k_1, k_2\in\mathbf{R})$$

例 9.6.4 设四元非齐次线性方程组 $\boldsymbol{Ax}=\boldsymbol{b}$ 的系数矩阵 $\boldsymbol{A}$ 的秩为 3，已知它的三个解向量为 $\boldsymbol{\eta}_1$、$\boldsymbol{\eta}_2$、$\boldsymbol{\eta}_3$，其中

$$\boldsymbol{\eta}_1=\begin{pmatrix}3\\ -4\\ 1\\ 2\end{pmatrix},\quad \boldsymbol{\eta}_2+\boldsymbol{\eta}_3=\begin{pmatrix}4\\ 6\\ 8\\ 0\end{pmatrix}$$

求该方程组的通解.

解 依题意，方程组 $\boldsymbol{Ax}=\boldsymbol{b}$ 的导出组的基础解系含 $4-3=1$ 个向量，于是导出组的任

何一个非零解都可作为其基础解系.

显然

$$\boldsymbol{\eta}_1-\frac{1}{2}(\boldsymbol{\eta}_2+\boldsymbol{\eta}_3)=\begin{pmatrix}1\\-7\\-3\\2\end{pmatrix}\neq\mathbf{0}$$

是导出组的非零解，可作为其基础解系. 故方程组 $\boldsymbol{Ax}=\boldsymbol{b}$ 的通解为

$$\boldsymbol{x}=\boldsymbol{\eta}_1+c\left[\boldsymbol{\eta}_1-\frac{1}{2}(\boldsymbol{\eta}_2+\boldsymbol{\eta}_3)\right]=\begin{pmatrix}3\\-4\\1\\2\end{pmatrix}+c\begin{pmatrix}1\\-7\\-3\\2\end{pmatrix}\quad(c\text{ 为任意常数})$$

*9.7　线性方程组的应用

本节给出了一些线性数学模型，即每个模型都用线性方程组来表示，通常写成矩阵的形式. 由于自然现象通常都是线性的，或者当变量取值在合理范围内时近似于线性，因此线性模型的研究非常重要. 此外，线性模型比复杂的非线性模型更易于用计算机进行计算.

9.7.1　网络流模型

网络流模型广泛应用于交通、运输、通信、电力分配、城市规划、任务分派以及计算机辅助设计等众多领域. 当科学家、工程师和经济学家研究某种网络中的流量问题时，线性方程组就自然产生了. 例如，城市规划设计人员和交通工程师监控城市道路网络内的交通流量，经济学家分析产品通过批发商和零售商网络从生产者到消费者的分配等. 大多数网络流模型中的方程组都包含了数百甚至上千个未知量和线性方程.

一个网络由一个点集以及连接部分或全部点的直线或弧线构成. 网络中的点称做联结点(或节点)，网络中的连接线称做分支. 每一分支中的流量方向已经指定，并且流量(或流速)已知或者已标为变量. 网络流的基本假设是网络中流入与流出的总量相等，并且每个联结点流入和流出的总量也相等.

图 9.7.1(a)、(b)分别说明了流量从一个或两个分支流入联结点. x_1、x_2 和 x_3 分别表示从其他分支流出的流量，x_4 和 x_5 表示从其他分支流入的流量. 因为流量在每个联结点守恒，所以有 $x_1+x_2=60$ 和 $x_4+x_5=x_3+80$. 在类似的网络模式中，每个联结点的流量都可以用一个线性方程来表示. 网络分析要解决的问题就是：在部分信息(如网络的输入量)已知的情况下，确定每一分支中的流量.

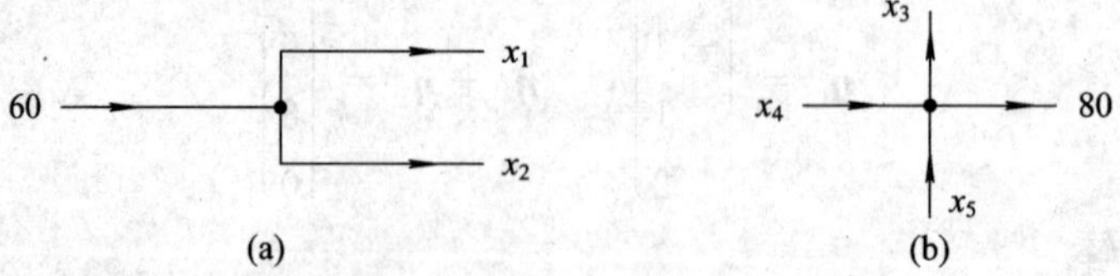

图 9.7.1

例 9.7.1 图 9.7.2 的网络给出了在下午一两点钟，某市区部分单行道的交通流量(以每刻钟通过的汽车数量来度量). 试确定网络的流量模式.

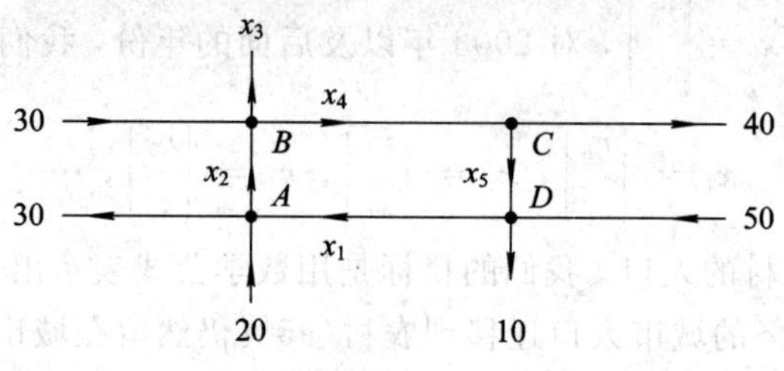

图 9.7.2

解 根据网络流模型的基本假设，在节点(交叉口)A、B、C、D 处，我们可以分别得到下列方程：

$$A: x_1 + 20 = 30 + x_2$$
$$B: x_2 + 30 = x_3 + x_4$$
$$C: x_4 = 40 + x_5$$
$$D: x_5 + 50 = 10 + x_1$$

此外，该网络的总流入量(20＋30＋50)等于网络的总流出量(30＋x_3＋40＋10)，化简得 $x_3=20$. 把这个方程与整理后的前四个方程联立，得如下方程组：

$$\begin{cases} x_1 - x_2 = 10 \\ x_2 - x_3 - x_4 = -30 \\ x_4 - x_5 = 40 \\ x_1 - x_5 = 40 \\ x_3 = 20 \end{cases}$$

取 $x_5=c$(c 为任意常数)，则网络的流量模式表示为

$$x_1 = 40 + c,\ x_2 = 30 + c,\ x_3 = 20,\ x_4 = 40 + c,\ x_5 = c$$

网络分支中的负流量表示与模型中指定的方向相反. 由于街道是单行道，因此变量不能取负值，这导致变量在取正值时也有一定的局限.

9.7.2 人口迁移模型

在生态学、经济学和工程学等许多领域中经常需要对随时间变化的动态系统进行数学建模，此类系统中的某些量常按离散时间间隔来测量，这样就产生了与时间间隔相应的向量序列$\{\boldsymbol{x}_0, \boldsymbol{x}_1, \boldsymbol{x}_2, \cdots\}$，其中 $\boldsymbol{x}_k$ 表示第 k 次测量时系统状态的有关信息，而 $\boldsymbol{x}_0$ 常被称为初始向量.

如果存在矩阵 $\boldsymbol{A}$，并给定初始向量 $\boldsymbol{x}_0$，使得 $\boldsymbol{x}_1=\boldsymbol{A}\boldsymbol{x}_0$，$\boldsymbol{x}_2=\boldsymbol{A}\boldsymbol{x}_1$，…，即

$$\boldsymbol{x}_{n+1} = \boldsymbol{A}\boldsymbol{x}_n \quad (n = 0, 1, 2, \cdots) \tag{9.7.1}$$

则称方程(9.7.1)为一个线性差分方程或者递归方程.

人口迁移模型考虑的问题是人口的迁移或人群的流动. 但是这个模型还可以广泛应用于生态学、经济学和工程学的许多领域. 这里我们考察一个简单的模型，即某城市及其周边郊区在若干年内的人口变化的情况. 该模型显然可用于研究我国当前农村的城镇化与城

市化过程中农村人口与城市人口的变迁问题.

设定一个初始的年份，比如 2002 年，用 r_0、s_0 分别表示这一年城市和农村的人口. 设 $\boldsymbol{x}_0$ 为初始人口向量，即 $\boldsymbol{x}_0=\begin{pmatrix} r_0 \\ s_0 \end{pmatrix}$，对 2003 年以及后面的年份，我们用向量

$$\boldsymbol{x}_1=\begin{pmatrix} r_1 \\ s_1 \end{pmatrix},\ \boldsymbol{x}_2=\begin{pmatrix} r_2 \\ s_2 \end{pmatrix},\ \boldsymbol{x}_3=\begin{pmatrix} r_3 \\ s_3 \end{pmatrix},\ \cdots$$

表示出每一年城市和农村的人口. 我们的目标是用数学公式表示出这些向量之间的关系.

假设每年大约有 5% 的城市人口迁移到农村(95% 仍然留在城市)，有 12% 的农村人口迁移到城市(88% 仍然留在农村)，如图 9.7.3 所示，忽略其他因素对人口规模的影响，则一年之后，城市与农村人口的分布分别为

$$r_0\begin{pmatrix} 0.95 \\ 0.05 \end{pmatrix}\begin{matrix}\text{留在城市} \\ \text{移居农村}\end{matrix},\quad s_0\begin{pmatrix} 0.12 \\ 0.88 \end{pmatrix}\begin{matrix}\text{移居城市} \\ \text{留在农村}\end{matrix}$$

因此，2003 年全部人口的分布为

$$\begin{pmatrix} r_1 \\ s_1 \end{pmatrix}=r_0\begin{pmatrix} 0.95 \\ 0.05 \end{pmatrix}+s_0\begin{pmatrix} 0.12 \\ 0.88 \end{pmatrix}=\begin{pmatrix} 0.95 & 0.12 \\ 0.05 & 0.88 \end{pmatrix}\begin{pmatrix} r_0 \\ s_0 \end{pmatrix}$$

即

$$\boldsymbol{x}_1=\boldsymbol{M}\boldsymbol{x}_0$$

其中，$\boldsymbol{M}=\begin{pmatrix} 0.95 & 0.12 \\ 0.05 & 0.88 \end{pmatrix}$ 称为迁移矩阵.

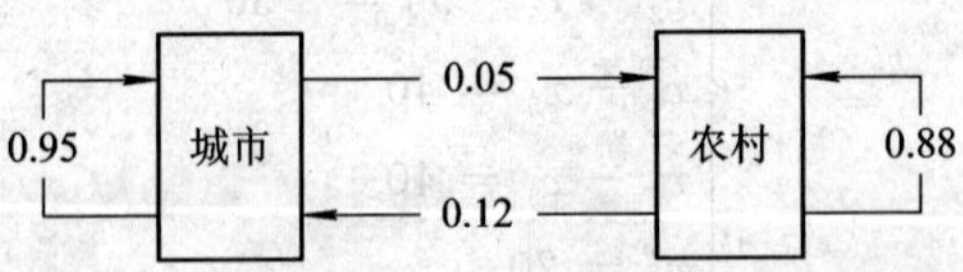

图 9.7.3

如果人口迁移的百分比保持不变，则可以继续得到 2004 年，2005 年，… 的人口分布公式：

$$\boldsymbol{x}_2=\boldsymbol{M}\boldsymbol{x}_1,\ \boldsymbol{x}_3=\boldsymbol{M}\boldsymbol{x}_2,\ \cdots$$

一般地，有

$$\boldsymbol{x}_{n+1}=\boldsymbol{A}\boldsymbol{x}_n\qquad (n=0,1,2,\cdots)$$

这里，向量序列 $\{\boldsymbol{x}_0, \boldsymbol{x}_1, \boldsymbol{x}_2, \cdots\}$ 描述了城市与农村人口在若干年内的分布变化.

注意 如果一个人口迁移模型经验证基本符合实际情况的话，我们就可以利用它进一步预测未来一段时间内人口分布变化的情况，从而为政府决策提供有力的依据.

例 9.7.2 已知 2008 年的城市人口为 500 000 000，农村人口为 780 000 000. 计算 2010 年的人口分布.

解 因 2008 年的初始人口为 $\boldsymbol{x}_0=\begin{pmatrix} 500\,000\,000 \\ 780\,000\,000 \end{pmatrix}$，故对 2009 年，有

$$\boldsymbol{x}_1=\begin{pmatrix} 0.95 & 0.12 \\ 0.05 & 0.88 \end{pmatrix}\begin{pmatrix} 500\,000\,000 \\ 780\,000\,000 \end{pmatrix}=\begin{pmatrix} 568\,600\,000 \\ 711\,400\,000 \end{pmatrix}$$

对 2010 年，有

$$x_2 = \begin{pmatrix} 0.95 & 0.12 \\ 0.05 & 0.88 \end{pmatrix}\begin{pmatrix} 568\ 600\ 000 \\ 711\ 400\ 000 \end{pmatrix} = \begin{pmatrix} 625\ 538\ 000 \\ 654\ 462\ 000 \end{pmatrix}$$

即 2010 年的城市人口为 625 538 000，农村人口为 654 462 000.

9.7.3 物资调运问题

例 9.7.3 有三个生产同一产品的工厂 A_1、A_2 和 A_3，其年产量分别为 40(吨)、20(吨)和 10(吨)，该产品每年有两个用户 B_1 和 B_2，其用量分别为 45(吨)和 25(吨)，由各产地 A_i 到各用户 B_j 的距离 C_{ij}(公里)如表 9.7.1 所示($i=1, 2, 3$；$j=1, 2$)，各厂的产品如何调配才能使运费最少？

表 9.7.1

C_{ij}	A_1	A_2	A_3
B_1	45	58	92
B_2	58	72	36

解 为了解决这个问题，我们假设各厂调运到各用户的产品数量分别如表 9.7.2 所示.

表 9.7.2

	A_1	A_2	A_3
B_1	x_1	x_2	x_3
B_2	x_4	x_5	x_6

容易看出，三个厂的总产量与两个用户的总用量刚好相等，所以对产地来说产品应全部调出，因此有

$$x_1 + x_4 = 40 \tag{9.7.2}$$

$$x_2 + x_5 = 20 \tag{9.7.3}$$

$$x_3 + x_6 = 10 \tag{9.7.4}$$

同时对用户来说调来的产品刚好是所需要的，因此又有

$$x_1 + x_2 + x_3 = 45 \tag{9.7.5}$$

$$x_4 + x_5 + x_6 = 25 \tag{9.7.6}$$

从式(9.7.2)到式(9.7.6)就是 $x_1, \cdots, x_6$ 应满足的一些条件.

下面再来看如何刻画运费. 我们知道，在道路情况相同的情况下运费与距离成正比，因此把 x_1(吨)的货物由 A_1 运到 B_1 的运费为 $45x_1$ 的倍数，而把 x_1(吨)的货物由 A_1 运到 B_2 的运费为 $58x_4$ 的倍数，因此，它们的和

$$S = 45x_1 + 58x_2 + 92x_3 + 58x_4 + 72x_5 + 36x_6 \tag{9.7.7}$$

就可以用来刻画运费. 所以，这个物资运费问题就是在条件式(9.7.2)到式(9.7.6)下，求使得 S 最小的 $x_1, x_2, x_3, x_4, x_5, x_6$.

习 题 9

1. 设 $\boldsymbol{\alpha}_1=(3, 5, -3)^{\mathrm{T}}$，$\boldsymbol{\alpha}_2=(2, -2, 3)^{\mathrm{T}}$，$\boldsymbol{\alpha}_3=(4, 1, -3)^{\mathrm{T}}$，求：

(1) $\boldsymbol{\alpha}_1+\boldsymbol{\alpha}_2-\boldsymbol{\alpha}_3$；　　(2) $3\boldsymbol{\alpha}_1-2\boldsymbol{\alpha}_2+\boldsymbol{\alpha}_3$.

2. 设 $3(\boldsymbol{\alpha}_1-\boldsymbol{\alpha})+2(\boldsymbol{\alpha}_2+\boldsymbol{\alpha})=5(\boldsymbol{\alpha}_3+\boldsymbol{\alpha})$，其中 $\boldsymbol{\alpha}_1=(2,5,1,3)^{\mathrm{T}}$，$\boldsymbol{\alpha}_2=(10,1,5,10)^{\mathrm{T}}$，$\boldsymbol{\alpha}_3=(4,1,-1,1)^{\mathrm{T}}$，求 $\boldsymbol{\alpha}$.

3. 判断下列向量组的线性相关性，并说明理由：

(1) $\boldsymbol{\alpha}_1=\begin{pmatrix}1\\2\\3\end{pmatrix}$，$\boldsymbol{\alpha}_2=\begin{pmatrix}3\\1\\5\end{pmatrix}$；

(2) $\boldsymbol{\alpha}_1=\begin{pmatrix}1\\1\\0\end{pmatrix}$，$\boldsymbol{\alpha}_2=\begin{pmatrix}0\\1\\1\end{pmatrix}$，$\boldsymbol{\alpha}_3=\begin{pmatrix}3\\1\\2\end{pmatrix}$，$\boldsymbol{\alpha}_4=\begin{pmatrix}1\\3\\3\end{pmatrix}$；

(3) $\boldsymbol{\alpha}_1=\begin{pmatrix}1\\1\\2\end{pmatrix}$，$\boldsymbol{\alpha}_2=\begin{pmatrix}1\\3\\0\end{pmatrix}$，$\boldsymbol{\alpha}_3=\begin{pmatrix}3\\-1\\10\end{pmatrix}$.

4. 设向量组 $\boldsymbol{\alpha}_1=\begin{pmatrix}1\\2\\3\end{pmatrix}$，$\boldsymbol{\alpha}_2=\begin{pmatrix}1\\1\\1\end{pmatrix}$，$\boldsymbol{\alpha}_3=\begin{pmatrix}1\\3\\k\end{pmatrix}$，问：

(1) k 为何值时，$\boldsymbol{\alpha}_1,\boldsymbol{\alpha}_2,\boldsymbol{\alpha}_3$ 线性无关；

(2) k 为何值时，$\boldsymbol{\alpha}_1,\boldsymbol{\alpha}_2,\boldsymbol{\alpha}_3$ 线性相关，若 $\boldsymbol{\alpha}_1,\boldsymbol{\alpha}_2,\boldsymbol{\alpha}_3$ 线性相关，将 $\boldsymbol{\alpha}_3$ 表示为 $\boldsymbol{\alpha}_1,\boldsymbol{\alpha}_2$ 的线性组合.

*5. 求下列向量组的秩及其一个极大无关组：

(1) $\boldsymbol{\alpha}_1=\begin{pmatrix}2\\1\\1\end{pmatrix}$，$\boldsymbol{\alpha}_2=\begin{pmatrix}1\\2\\-1\end{pmatrix}$，$\boldsymbol{\alpha}_3=\begin{pmatrix}-2\\3\\0\end{pmatrix}$；

(2) $\boldsymbol{\alpha}_1=\begin{pmatrix}1\\1\\3\\1\end{pmatrix}$，$\boldsymbol{\alpha}_2=\begin{pmatrix}-1\\1\\-1\\3\end{pmatrix}$，$\boldsymbol{\alpha}_3=\begin{pmatrix}5\\-2\\8\\9\end{pmatrix}$，$\boldsymbol{\alpha}_4=\begin{pmatrix}-1\\3\\1\\7\end{pmatrix}$.

*6. 设向量组 $\boldsymbol{\alpha}_1=\begin{pmatrix}a\\3\\1\end{pmatrix}$，$\boldsymbol{\alpha}_2=\begin{pmatrix}2\\b\\3\end{pmatrix}$，$\boldsymbol{\alpha}_3=\begin{pmatrix}1\\2\\1\end{pmatrix}$，$\boldsymbol{\alpha}_4=\begin{pmatrix}2\\3\\1\end{pmatrix}$ 的秩为 2，求 a 和 b.

7. 解下列线性方程组：

(1) $\begin{cases}x_1+2x_2+x_3=1\\x_2-x_3=0\\2x_1+3x_2=-2\end{cases}$；　　(2) $\begin{cases}x_1+2x_2+x_3=1\\x_2-x_3=0\\x_1+x_2+2x_3=1\end{cases}$.

*8. 判别下列线性方程组是否有解. 若有解，分别说明方程组解的情况，并求出通解.

(1) $\begin{cases}4x_1+2x_2-x_3=2\\3x_1-x_2+2x_3=10\\11x_1+3x_2=8\end{cases}$；　　(2) $\begin{cases}x_1-2x_2+x_3=-5\\x_1+5x_2-7x_3=2\\3x_1+x_2-5x_3=-8\end{cases}$；

(3) $\begin{cases} x_1+2x_2-3x_3=0 \\ 2x_1+5x_2+2x_3=0 \\ 3x_1-x_2-4x_3=0 \\ 7x_1+8x_2-8x_3=0 \end{cases}$.

*9. 求下列齐次线性方程组的一个基础解系：

(1) $\begin{cases} 6x_1+x_2+x_3+x_4=0 \\ 16x_1+x_2-x_3+5x_4=0 \\ 7x_1+2x_2+3x_3=0 \end{cases}$； (2) $\begin{cases} x_1+3x_2+2x_3=0 \\ 2x_1-x_2+3x_3=0 \\ 3x_1-5x_2+4x_3=0 \\ x_1+17x_2+4x_3=0 \end{cases}$.

10. 求下列非齐次线性方程组的通解：

(1) $\begin{cases} 2x_1+3x_2+x_3=1 \\ x_1+x_2-x_3=2 \\ 4x_1+7x_2+8x_3=-1 \\ x_1+3x_2+8x_3=-4 \end{cases}$； (2) $\begin{cases} x_1-x_2+x_4=0 \\ 2x_1-x_3-2x_4=0 \\ -2x_2-x_3+4x_4=2 \end{cases}$

11. 问 a 为何值时，方程组

$$\begin{cases} x_1+x_2-x_3=1 \\ 2x_1+(a+2)x_2-3x_3=3 \\ 3ax_2-(a+2)x_3=3 \end{cases}$$

(1) 有唯一解？(2) 无解？(3) 有无穷多个解？并求出通解.

*12. 设四元非齐次线性方程组的系数矩阵的秩为 3，已知 $\boldsymbol{\eta}_1$、$\boldsymbol{\eta}_2$、$\boldsymbol{\eta}_3$ 是它的三个解向量，且 $\boldsymbol{\eta}_1=\begin{pmatrix}2\\3\\4\\5\end{pmatrix}$， $\boldsymbol{\eta}_2+\boldsymbol{\eta}_3=\begin{pmatrix}1\\2\\3\\4\end{pmatrix}$，求该方程组的通解.

自测题 9

一、选择题

1. 向量组 $\boldsymbol{\alpha}_1,\boldsymbol{\alpha}_2,\cdots,\boldsymbol{\alpha}_r$ 的秩不为零的充分必要条件是(　　).

A. $\boldsymbol{\alpha}_1,\boldsymbol{\alpha}_2,\cdots,\boldsymbol{\alpha}_r$ 中至少有一个非零向量

B. $\boldsymbol{\alpha}_1,\boldsymbol{\alpha}_2,\cdots,\boldsymbol{\alpha}_r$ 全是非零向量

C. $\boldsymbol{\alpha}_1,\boldsymbol{\alpha}_2,\cdots,\boldsymbol{\alpha}_r$ 线性无关

D. $\boldsymbol{\alpha}_1,\boldsymbol{\alpha}_3,\cdots,\boldsymbol{\alpha}_r$ 线性相关

2. 设 $\boldsymbol{A}$ 为 n 阶矩阵，且 $|\boldsymbol{A}|=0$，则(　　).

A. $\boldsymbol{A}$ 的列秩等于零

B. $\boldsymbol{A}$ 的秩为零

C. $\boldsymbol{A}$ 的任一列向量可由其他列向量线性表示

D. $\boldsymbol{A}$ 中必有一列向量可由其他列向量线性表示

3. 已知 a、b、c 是互不相等的实数，则方程组 $\begin{cases} x_1+x_2=1 \\ ax_1+bx_2=c \\ a^2x_1+bx_2=c \end{cases}$ 一定(　　).

A. 无解　　B. 唯一解　　C. 零解　　D. 无穷多解

4. 线性方程组 $\begin{cases} \lambda x-y=a \\ -x+\lambda y=b \end{cases}$ 有唯一解，则 λ 应满足的条件是(　　).

A. λ 可以是任意实数　　B. $\lambda=\pm 1$

C. $\lambda\neq\pm 1$　　D. $\lambda\neq 0$

5. 若 $\boldsymbol{x}_1$、$\boldsymbol{x}_2$ 是线性方程组 $\boldsymbol{Ax}=\boldsymbol{b}$ 的两个解，且 $\boldsymbol{x}_1\neq\boldsymbol{x}_2$，则下列线性组合一定是 $\boldsymbol{Ax}=\boldsymbol{0}$ 解的是(　　).

A. $\boldsymbol{x}_1+\boldsymbol{x}_2$　　B. $\boldsymbol{x}_1-\boldsymbol{x}_2$　　C. $2\boldsymbol{x}_1-\boldsymbol{x}_2$　　D. $2\boldsymbol{x}_1+\boldsymbol{x}_2$

6. 设 $\boldsymbol{x}_1$ 是非齐次线性方程组 $\boldsymbol{Ax}=\boldsymbol{b}(\boldsymbol{b}\neq\boldsymbol{0})$ 的解，$\boldsymbol{x}_2$ 是对应齐次线性方程组 $\boldsymbol{Ax}=\boldsymbol{0}$ 的解，则向量 $3\boldsymbol{x}_1+2\boldsymbol{x}_2$ 是下列哪个方程组的解？(　　)

A. $\boldsymbol{Ax}=\boldsymbol{b}$　　B. $\boldsymbol{Ax}=2\boldsymbol{b}$　　C. $\boldsymbol{Ax}=5\boldsymbol{b}$　　D. $\boldsymbol{Ax}=3\boldsymbol{b}$

二、填空题

1. 设 $\boldsymbol{\alpha}=(1, 1, 2, 3, 4, 6)^{\mathrm{T}}$，则它是一个______维向量，它的第三个分量是______.

2. 设 $\boldsymbol{\alpha}=(-1, 2, -3, 4)^{\mathrm{T}}$，$\boldsymbol{\beta}=(0, 1, 2, 3)^{\mathrm{T}}$，则 $\boldsymbol{\alpha}-\boldsymbol{\beta}=$______，$2\boldsymbol{\alpha}+3\boldsymbol{\beta}=$______.

3. 设 $\boldsymbol{\beta}=(3, 5, -6)^{\mathrm{T}}$，$\boldsymbol{\alpha}_1=(1, 0, 1)^{\mathrm{T}}$，$\boldsymbol{\alpha}_2=(1, 1, 1)^{\mathrm{T}}$，$\boldsymbol{\alpha}_3=(0, -1, -1)^{\mathrm{T}}$，将向量 $\boldsymbol{\beta}$ 表示成 $\boldsymbol{\alpha}_1$，$\boldsymbol{\alpha}_2$，$\boldsymbol{\alpha}_3$ 的线性组合，则 $\boldsymbol{\beta}=$______.

4. 若向量组 $\boldsymbol{\alpha}_1=(\lambda, 1, 1)^{\mathrm{T}}$，$\boldsymbol{\alpha}_2=(1, \lambda, 1)^{\mathrm{T}}$，$\boldsymbol{\alpha}_3=(1, 1, \lambda)^{\mathrm{T}}$ 线性相关，则 $\lambda=$____.

5. 已知向量组 $\boldsymbol{\alpha}_1=(1, -1, 2, 4)^{\mathrm{T}}$，$\boldsymbol{\alpha}_2=(0, 3, 1, 2)^{\mathrm{T}}$，$\boldsymbol{\alpha}_3=(3, 0, 7, 14)^{\mathrm{T}}$，$\boldsymbol{\alpha}_4=(1, -1, 2, 0)^{\mathrm{T}}$，$\boldsymbol{\alpha}_5=(2, 1, 5, 6)^{\mathrm{T}}$，则该向量组的一个极大线性无关组是________.

6. 方程组 $\begin{cases} 3x_1+2x_2-x_3=2 \\ 3x_1-x_2+2x_3=4 \\ 5x_1+3x_2=-8 \end{cases}$ 的系数矩阵是________，增广矩阵是________.

7. 线性方程组 $\boldsymbol{Ax}=\boldsymbol{b}$ 有解的充分必要条件是________.

*8. 设 n 元齐次线性方程组的系数矩阵为 $\boldsymbol{A}$，则当 $R(\boldsymbol{A})$______n 时，方程组存在基础解系，基础解系中解向量的个数是______. 它与方程组中自由未知量的个数______(填“相等”或“不相等”).

三、综合题

1. 已知向量 $\boldsymbol{\alpha}=(3, 5, 7, 9)^{\mathrm{T}}$，$\boldsymbol{\beta}=(-1, 5, 2, 0)^{\mathrm{T}}$.

(1) 如果 $\boldsymbol{\alpha}+\boldsymbol{\xi}=\boldsymbol{\beta}$，求 $\boldsymbol{\xi}$；

(2) 如果 $3\boldsymbol{\alpha}-2\boldsymbol{\eta}=5\boldsymbol{\beta}$，求 $\boldsymbol{\eta}$.

2. 求 t 的值，使向量组 $\boldsymbol{\alpha}_1=\begin{pmatrix}1\\2\\0\\3\end{pmatrix}$，$\boldsymbol{\alpha}_2=\begin{pmatrix}2\\7\\1\\1\end{pmatrix}$，$\boldsymbol{\alpha}_3=\begin{pmatrix}3\\0\\-2\\t\end{pmatrix}$ 线性相关.

*3. 设 $\boldsymbol{\alpha}_1=\begin{pmatrix}2\\0\\2\end{pmatrix}$，$\boldsymbol{\alpha}_2=\begin{pmatrix}3\\1\\1\end{pmatrix}$，$\boldsymbol{\alpha}_3=\begin{pmatrix}2\\1\\0\end{pmatrix}$，$\boldsymbol{\alpha}_4=\begin{pmatrix}4\\2\\0\end{pmatrix}$.

(1) 求向量组$\{\boldsymbol{\alpha}_1，\boldsymbol{\alpha}_2，\boldsymbol{\alpha}_3，\boldsymbol{\alpha}_4\}$的秩和一个极大线性无关组.

(2) 把其余向量写成极大无关组的线性组合.

*4. 已知 $\boldsymbol{A}$ 为 4×4 矩阵，秩 $R(\boldsymbol{A})=3$，已知非齐次线性方程组 $\boldsymbol{Ax}=\boldsymbol{b}$ 的三个解 $\boldsymbol{\alpha}_1$、$\boldsymbol{\alpha}_2$、$\boldsymbol{\alpha}_3$满足条件：

$$\boldsymbol{\alpha}_1=(1,\ 0,\ 2,\ 3)^{\mathrm{T}},\quad \boldsymbol{\alpha}_2+\boldsymbol{\alpha}_3=(1,\ 1,\ -1,\ 4)^{\mathrm{T}}$$

求方程组 $\boldsymbol{Ax}=\boldsymbol{b}$ 的通解.

5. 设有线性方程组$\begin{cases}ax_1+x_2+x_3=a-3\\x_1+ax_2+x_3=-2\\x_1+x_2+ax_3=-2\end{cases}$，讨论 a 取何值时，

(1) 方程组有唯一解；

(2) 方程组无解；

(3) 方程组有无穷多解.

阅读材料 9

科学天才——莱布尼茨

戈特弗里德·威廉·莱布尼茨，德国最重要的自然科学家、数学家、物理学家、历史学家和哲学家，一位举世罕见的科学天才，和牛顿同为微积分的创建人. 他的研究成果还遍及力学、逻辑学、化学、地理学、解剖学、动物学、植物学、气体学、航海学、地质学、语言学、法学、哲学、历史、外交等. “世界上没有两片完全相同的树叶”就是出自他之口，他还是最早研究中国文化和中国哲学的德国人，对丰富人类的科学知识宝库做出了不可磨灭的贡献. 然而，由于他创建了微积分，并精心设计了非常巧妙简洁的微积分符号，从而使他以伟大数学家的称号闻名于世.

17 世纪下半叶，欧洲科学技术迅猛发展，由于生产力的提高和社会各方面的迫切需要，经各国科学家的努力与历史的积累，建立在函数与极限概念基础上的微积分理论应运而生. 微积分思想，最早可以追溯到希腊由阿基米德等人提出的计算面积和体积的方法. 1665 年牛顿创始了微积分，莱布尼茨在 1673 年至 1676 年间也发表了微积分思想的论著. 以前，微分和积分作为两种数学运算、两类数学问题，是分别加以研究的. 卡瓦列利、巴罗、沃利斯等人得到了一系列求面积(积分)、求切线斜率(导数)的重要结果，但这些结果都是孤立的，不连贯的. 只有莱布尼茨和牛顿将积分和微分真正联系起来，明确地找到了两者内在的直接联系：微分和积分是互逆的两种运算. 而这是微积分建立的关键所在. 只有确立了这一基本关系，才能在此基础上构建系统的微积分学. 他们从对各种函数的微分和求积公式中，总结出共同的算法程序，使微积分方法普遍化，发展成用符号表示的微积分运算法则. 因此，微积分“是牛顿和莱布尼茨大体上完成的，但不是由他们发明的”(恩格斯《自然辩证法》).

然而关于微积分创立的优先权，数学上曾掀起了一场激烈的争论．实际上，牛顿在微积分方面的研究虽早于莱布尼茨，但莱布尼茨成果的发表则早于牛顿．莱布尼茨在1684年10月发表的《教师学报》上的论文——“一种求极大极小的奇妙类型的计算”，在数学史上被认为是最早发表的微积分文献．牛顿在1687年出版的《自然哲学的数学原理》的第一版和第二版中也写道：“十年前在我和最杰出的几何学家G. W. 莱布尼茨的通信中，我表明我已经知道确定极大值和极小值的方法、作切线的方法以及类似的方法，但我在交换的信件中隐瞒了这方法……这位最卓越的科学家在回信中写道，他也发现了一种同样的方法．他陈述了他的方法，它与我的方法几乎没有什么不同，除了他的措词和符号外．”但在第三版及以后再版时，这段话被删掉了．因此，后来人们公认牛顿和莱布尼茨是各自独立地创建微积分的．牛顿从物理学出发，运用集合方法研究微积分，其应用上更多地结合了运动学，造诣高于莱布尼茨．莱布尼茨则从几何问题出发，运用分析学方法引进微积分概念，得出运算法则，其数学的严密性与系统性是牛顿所不及的．莱布尼茨认识到好的数学符号能节省思维劳动，运用符号的技巧是数学成功的关键之一．因此，他发明了一套适用的符号系统，如引入$\mathrm{d}x$表示x的微分，$\int$表示积分，$\mathrm{d}^n x$表示n阶微分，等等．这些符号进一步促进了微积分学的发展．1713年，莱布尼茨发表了《微积分的历史和起源》一文，总结了自己创立微积分学的思路，说明了自己成就的独立性．

莱布尼茨的物理学成就也是非凡的．他发表了《物理学新假说》，提出了具体运动原理和抽象运动原理，认为运动着的物体，不论多么渺小，它将带着处于完全静止状态的物体的部分一起运动．他还对笛卡尔提出的动量守恒原理进行了认真的探讨，提出了能量守恒原理的雏型，并在《教师学报》上发表了“关于笛卡尔和其他人在自然定律方面的显著错误的简短证明”，提出了运动的量的问题，证明了动量不能作为运动的度量单位，并引入动能概念，第一次认为动能守恒是一个普通的物理原理．他又充分地证明了“永动机是不可能”的观点．

莱布尼茨对中国的科学、文化和哲学思想十分关注，是最早研究中国文化和中国哲学的德国人．他向耶稣会来华传教士格里马尔迪了解到了许多有关中国的情况，包括养蚕纺织、造纸印染、冶金矿产、天文地理、数学文字，等等，并将这些资料编辑成册出版．在《中国近况》一书的绪论中，莱布尼茨写道：“全人类最伟大的文化和最发达的文明仿佛今天汇集在我们大陆的两端，即汇集在欧洲和位于地球另一端的东方的欧洲——中国．”“中国这一文明古国与欧洲相比，面积相当，但人口数量则已超过．”“在日常生活以及经验地应付自然的技能方面，我们是不分伯仲的．我们双方各自都具备通过相互交流使对方受益的技能．在思考的缜密和理性的思辨方面，显然我们要略胜一筹．但在时间哲学，即在生活与人类实际方面的伦理以及治国学说方面，我们实在是相形见拙了．”在这里，莱布尼茨不仅显示出了不带“欧洲中心论”色彩的虚心好学精神，而且为中西文化双向交流描绘了宏伟的蓝图，极力推动这种交流向纵深发展，使东西方人民相互学习，取长补短，共同繁荣进步．

莱布尼茨为促进中西文化交流做出了毕生的努力，产生了广泛而深远的影响．他的虚心好学、对中国文化平等相待，不含“欧洲中心论”偏见的精神难能可贵，值得后世永远敬仰、效仿．

资料来源：百度百科

第三部分

概率论与数理统计

在表面上是偶然性在起作用的地方，这种偶然性始终是受内部的隐蔽着的规律支配的，而问题是在于发现这些规律.

——马克思

概率作为一门数学学科，诞生于17世纪中叶，它来源于对机会游戏的研究. 统计理论源于古代，然而它正式诞生于19世纪后期. 建立了概率论才奠定了统计学发展的理论基础，而统计学的发展又为概率论的应用提供了有力的工具，两者互相推动，迅速发展.

概率论是数学的一个分支，它研究随机现象的数量规律. 一方面，它有自己独特的概念和方法；另一方面，它与其他数学分支又有紧密的联系，它是现代数学的重要组成部分. 概率论的应用几乎遍及所有的科学技术领域，例如，天气预报、地震预报、产品的抽样调查，工农业生产和国民经济的各个部门，在通信工程中可用以提高信号的抗干扰性、分辨率等.

第10章 随机事件及其概率

在自然界和人类生活中，我们经常会遇到两类现象：确定性现象和随机现象.

确定性现象是在一定条件下必然发生的现象. 例如：向上抛一粒石子必然下落，同性电荷必不相互吸引，等等. 对这类问题我们研究的是这类现象中某些量的确定性关系.

随机现象是在一定条件下，可能出现这样的结果，也可能出现那样的结果，而在试验或观察之前不能预知确切的结果. 例如：抛一枚硬币，落地时，可能出现正面朝上，也可能出现反面朝上，在每次抛掷之前，无法确定会出现何种结果；又如，用同一门炮向同一目标发射多枚同种炮弹，各次弹着点不一样，且在一次射击之前无法预测弹着点的确切位置.

确定性现象与随机现象是自然界与人类生活中的常见现象. 人们在长期的实践中经过研究，发现随机现象虽然每次或几次的观测结果是不确定的，但是，当试验或者观测结果大量重复时，各种结果的出现有一定的规律性. 例如，排除人为因素，男性与女性婴儿的出生比例大约各占一半. 这种规律性称为统计规律性，它是随机现象本身蕴含的内在规律性. 概率论就是要研究和揭示这种统计规律性并指导社会实践.

本章主要讲述随机试验、样本空间、随机事件、事件间的关系与运算、概率的统计定义、概率的性质、古典概型、几何概型、条件概率、概率的乘法公式、全概率公式、贝叶斯公式、事件的独立性等内容.

本章的基本要求如下：

(1) 理解随机事件的概念，掌握事件之间的关系与运算.

(2) 理解事件频率的概念，了解概率的统计定义.

(3) 理解概率的古典定义，会计算简单的古典概率.

(4) 了解概率的基本性质及概率加法定理.

(5) 了解条件概率的概念、概率的乘法公式.

(6) 理解事件的独立性概念.

10.1 随机事件

10.1.1 随机试验

在概率论中，我们将具有下述三个特点的试验称为随机试验，也简称为试验，常用字

母 E 表示.

(1) 可以在相同的条件下重复地进行；

(2) 每次试验的可能结果不止一个，并且能事先明确试验的所有可能结果；

(3) 进行一次试验之前不能确定哪一个结果会出现.

在这里，我们把试验作为一个含义广泛的术语，它包括各种各样的科学试验，甚至对某一事物的某一特征的观察也认为是一种试验. 下面就是一些试验的例子：

E_1：抛一枚硬币，观察正面 H、反面 T 出现的情况；

E_2：将一枚硬币抛五次，观察出现正面的次数；

E_3：抛一枚骰子，观察出现的点数；

E_4：记录车站售票处一天内售出的车票数；

E_5：一口袋中装有许多红色、白色、蓝色的乒乓球，在其中任取两只，观察它们的颜色；

E_6：记录某地一昼夜的最高温度和最低温度.

10.1.2 样本空间

随机试验的每一个可能的结果称为基本事件或样本点，常用 e 表示. 基本事件是不能也不必分解的试验结果. 全体基本事件构成的集合称为基本事件空间或样本空间，记为 S.

例如：10.1.1 节中的 6 个随机试验的样本空间分别为

$S_1=\{H, T\}$；

$S_2=\{0, 1, 2, 3, 4, 5\}$；

$S_3=\{1, 2, 3, 4, 5, 6\}$；

$S_4=\{1, 2, \cdots, n\}$，这里的 n 是售票处一天内准备出售的车票数；

$S_5=\{$红白，红蓝，蓝白，红红，蓝蓝，白白$\}$；

$S_6=\{(x, y)\mid T_0\leqslant x\leqslant y\leqslant T_1\}$，这里 x 表示最低温度，y 表示最高温度，并设这一地区的温度不会小于 T_0，也不会大于 T_1.

10.1.3 随机事件

在随机试验中，可能发生也可能不发生的事情就叫随机事件. 随机事件常用大写字母 A, B, C, …表示，它是样本空间 S 的子集合. 在每次试验中，当且仅当子集 A 中的一个样本点出现时，称事件 A 发生.

例如，在 E_3 中，如果用 A 表示事件"掷出奇点数"，那么 A 是一个随机事件. 由于在一次投掷中，当且仅当掷出的点数是 1、3、5 中的任何一个时才称事件 A 发生了，所以我们把事件 A 表示为 $A=\{1, 3, 5\}$. 同样地，若用 B 表示事件"掷出偶点数"，那么 B 也是一个随机事件，$B=\{2, 4, 6\}$.

对于一个试验 E，在每次试验中必然发生的事件，称为 E 的必然事件；在每次试验中都不发生的事件，称为 E 的不可能事件. 例如，在 E_3 中，"掷出的点数不超过 6" 就是必然事件，用集合表示这 事件就是 E_3 的样本空间 $S_3=\{1, 2, 3, 4, 5, 6\}$. 而事件"掷出的点数大于 6" 是不可能事件，这个事件不包括 E_3 的任何一个可能的结果，所以用空集 $\varnothing$ 表示. 对于一个试验 E，它的样本空间 S 是 E 的必然事件，空集 $\varnothing$ 是不可能事件. 必然事件与不可能事件虽已无随机性可言，但在概率论中，常把它们当做两个特殊的随机事件，这样做是为了数学处理上的方便.

10.1.4 事件间的关系与运算

用集合定义事件后，便可用集合的语言来叙述和研究事件的关系和运算.下面给出这些关系和运算在概率中的提法，并根据“事件发生”的含义，给出它们在概率中的含义.

设试验 E 的样本空间为 S，而 A、B、$A_k(k=1, 2, \cdots)$ 是 S 的子集.

(1) 事件的包含与相等. 若事件 A 发生必然导致事件 B 发生，则称事件 A 包含事件 B，记为 $A\subset B$. 若 $A\subset B$ 且 $B\subset A$，即 $A=B$，则称事件 A 与事件 B 相等.

例如，从 1, 2, 3, …, 10 这 10 个数中任取一个，$A=\{$取数 2$\}=\{2\}$，$B=\{$取偶数$\}=\{2, 4, 6, 8, 10\}$，这时，$A\subset B$.

(2) 事件的和. 事件 A 与事件 B 至少有一个发生的事件称为事件 A 与事件 B 的和事件，记为 $A\cup B$. 事件 $A\cup B$ 发生意味着：或事件 A 发生，或事件 B 发生，或事件 A 与事件 B 都发生.

事件的和可以推广到多个事件的情景. 设有 n 个事件 $A_1, A_2, \cdots, A_n$，定义它们的和事件为$\{A_1, A_2, \cdots, A_n$ 中至少有一个发生$\}$，记为 $\bigcup\limits_{k=1}^{n} A_k$.

例如，统计某办公室一天内接到的电话数，$A=$“接到 10 至 15 个电话”，$B=$“接到 12 至 20 个电话”，则 $A\cup B=$“接到 10 至 20 个电话”.

(3) 事件的积. 事件 A 与事件 B 都发生的事件称为事件 A 与事件 B 的积事件，记为 $A\cap B$，也简记为 AB. 事件 $A\cap B$(或 AB)发生意味着：事件 A 发生且事件 B 也发生，即 A 与 B 都发生.

类似地，可以定义 n 个事件 $A_1, A_2, \cdots, A_n$ 的积事件 $\bigcap\limits_{k=1}^{n} A_k=\{A_1, A_2, \cdots, A_n$ 都发生$\}$.

例如，从 1, 2, 3, …, 10 这 10 个数中任取一个，$A=\{$取 3 的倍数$\}=\{3, 6, 9\}$，$B=\{$取偶数$\}=\{2, 4, 6, 8, 10\}$，则 $AB=\{$取数 6$\}=\{6\}$. 显然，$AS=A$，$AA=A$.

(4) 事件的差. 事件 A 发生而事件 B 不发生的事件称为事件 A 与事件 B 的差事件，记为 $A-B$.

例如，从 1, 2, 3, …, 10 这 10 个数中任取一个，$A=\{$取奇数$\}=\{1, 3, 5, 7, 9\}$，$B=\{$取 3 的倍数$\}=\{3, 6, 9\}$，则 $A-B=\{1, 5, 7\}$，$B-A=\{6\}$.

(5) 互不相容事件(互斥). 若事件 A 与事件 B 不能同时发生，即 $AB=\varnothing$，则称事件 A 与事件 B 是互斥的，或称它们是互不相容的. 若事件 $A_1, A_2, \cdots, A_n$ 中的任意两个都互斥，则称这些事件是两两互斥的.

例如，从 1, 2, 3, …, 10 这 10 个数中任取一个，$A=\{$取立方数$\}=\{1, 8\}$，$B=\{$取 3 的倍数$\}=\{3, 6, 9\}$，则 $AB=\varnothing$，A 与 B 是互不相容的.

(6) 对立事件. “A 不发生”的事件称为事件 A 的对立事件，记为 $\overline{A}$. A 和 $\overline{A}$ 满足：$A\cup\overline{A}=S$，$A\overline{A}=\varnothing$，$\overline{\overline{A}}=A$.

例如，从 1, 2, 3, …, 10 这 10 个数中任取一个，$A=\{$取奇数$\}=\{1, 3, 5, 7, 9\}$，$B=\{$取偶数$\}=\{2, 4, 6, 8, 10\}$，这时 A 与 B 对立.

(7) 事件运算满足的定律. 设 A、B、C 为事件，则有

交换律：$A\cup B=B\cup A$；$AB=BA$.

结合律：$(A\cup B)\cup C=A\cup(B\cup C)$；$(AB)C=A(BC)$.

分配律：$(A\cup B)C=(AC)\cup(BC)$；$(AB)\cup C=(A\cup C)(B\cup C)$.

对偶律：$\overline{A\cup B}=\overline{A}\,\overline{B}$；$\overline{AB}=\overline{A}\cup\overline{B}$.

例 10.1.1　向指定目标射三枪，观察射中目标的情况. 用 A_1、A_2、A_3 分别表示事件"第 1、2、3 枪击中目标"，试用 A_1、A_2、A_3 表示以下各事件：

(1) 只击中第一枪；

(2) 只击中一枪；

(3) 三枪都没击中；

(4) 至少击中一枪.

解　(1) 事件"只击中第一枪"，意味着第二枪不中，第三枪也不中，所以，可以表示成 $A_1\overline{A}_2\overline{A}_3$.

(2) 事件"只击中一枪"，并不指定击中哪一枪. 三个事件"只击中第一枪"、"只击中第二枪"、"只击中第三枪"中，任意一个发生，都意味着事件"只击中一枪"发生. 同时，因为上述三个事件互不相容，所以，可以表示成 $A_1\overline{A}_2\overline{A}_3+\overline{A}_1A_2\overline{A}_3+\overline{A}_1\overline{A}_2A_3$.

(3) 事件"三枪都没击中"，就是事件"第一、二、三枪都未击中"，所以，可以表示成 $\overline{A}_1\overline{A}_2\overline{A}_3$.

(4) 事件"至少击中一枪"，就是事件"第一、二、三枪至少有一次击中"，所以，可以表示成 $A_1\cup A_2\cup A_3$ 或

$$A_1\overline{A}_2\overline{A}_3+\overline{A}_1A_2\overline{A}_3+\overline{A}_1\overline{A}_2A_3+A_1A_2\overline{A}_3+A_1\overline{A}_2A_3+\overline{A}_1A_2A_3+A_1A_2A_3$$

10.2　随机事件的概率

除必然事件和不可能事件这两种极端情况外，随机事件的发生带有偶然性，但不同的事件发生的可能性是有大小之分的. 在现实生活中，人们最关心的也是随机事件发生可能性的大小. 例如，商业保险机构为获得较大利润，就必须研究个别意外事件发生的可能性的大小，由此去计算保险费和赔偿费的多少.

正如一根绳子有长度，一块土地有面积，在一次试验中，虽然事件 A 发生与否具有随机性，但它发生的可能性的大小是客观存在的. 于是，直观上我们将表示事件 A 出现可能性大小的一个数称为事件 A 的概率，记为 $P(A)$.

10.2.1　概率的统计定义

设 E 为任一随机试验，A 为其中的某一事件，在相同条件下，把 E 独立地重复做 n 次，n_A 表示事件 A 在这 n 次试验中出现的次数(称为频数)，称比值 $f_n(A)=\frac{n_A}{n}$ 为事件 A 在这 n 次试验中出现的频率.

显然，频率 $f_n(A)$ 的大小表示了在 n 次试验中事件 A 发生的频繁程度，但是它随着试验次数的变化而变化，因此，用频率来描述事件发生可能性的大小有一定的局限性. 单独

进行一次试验，其结果难以预料，但当多次重复这个试验时，就会呈现某种规律性.

例 10.2.1　将一枚硬币掷 n 次，观察在 n 次试验中"正面向上"这个事件 A 出现的可能性的大小，两位学者的试验结果如表 10.2.1 所示.

表 10.2.1

试验者	掷硬币次数 n	正面向上次数 m	频率 m/n
蒲丰(Buffon)	4040	2048	0.5069
K. 皮尔逊(K. Pearson)	12 000	6019	0.5016
	24 000	12 012	0.5005

从表中可以看出，出现正面的频率在 0.5 附近徘徊，逐渐稳定于 0.5，我们把频率的这种特性称为稳定性，把数值 $p=0.5$ 称为频率的稳定值. 这种"频率的稳定性"即通常所说的统计规律性. 因此事件 A 发生的可能性的大小就可以用这个数量指标来描述.

定义 10.2.1　设有随机试验 E，若当试验的次数 n 充分大时，事件 A 的发生频率 $f_n(A)$ 稳定在某数 p 附近摆动，而且随着试验次数的增大，摆动的幅度越来越小，则称数 p 为事件的概率，记为 $P(A)=p$.

概率的这种定义，称为概率的统计定义.

注意　(1) 统计定义是以试验为基础的，但这并不是说概率取决于试验. 事件 A 出现的概率是事件 A 的一种属性，它完全决定于事件 A 本身的结果，是先于试验客观存在的.

(2) 概率的统计定义只是描述性的，一般不能用来计算事件的概率. 通常只能在 n 充分大时，以事件出现的频率作为事件概率的近似值.

概率的另一比较精确的定义如下：

定义 10.2.2　设随机试验 E 的样本空间为 S，若对于 E 的每一个事件 A 都有一个实数 $P(A)$ 与之对应，且 $P(A)$ 满足下列三个条件：

(1) 非负性：对 E 中的每一个事件 A，有 $0\leqslant P(A)\leqslant 1$；

(2) 规范性：$P(S)=1$；

(3) 可列可加性：对于两两互不相容的事件 $A_1, A_2, \cdots, A_n, \cdots$，有

$$P\left(\bigcup_{k=1}^{+\infty} A_k\right)=\sum_{k=1}^{+\infty} P(A_k)$$

则称 $P(A)$ 为事件 A 的概率.

10.2.2　概率的基本性质

由概率的定义及事件的运算关系，可以证明以下性质：

(1) $0\leqslant P(A)\leqslant 1$；

(2) $P(\varnothing)=0$，$P(S)=1$；

(3) 若 $AB=\varnothing$，则 $P(A\cup B)=P(A)+P(B)$；

(4) $P(\overline{A})=1-P(A)$；

(5) $P(B-A)=P(B\overline{A})=P(B)-P(AB)$，特别地，若 $A\subset B$，则 $P(B-A)=P(B)-P(A)$，$P(B)\geqslant P(A)$；

(6) 对任意两个事件 A、B，有

$$P(A \cup B)=P(A)+P(B)-P(AB)$$

这条性质可以推广到多个事件. 设 A_1, A_2, …, A_n是任意 n 个事件，则有

$$P(A_1 \cup A_2 \cup \cdots \cup A_n)=\sum_{i=1}^{n} P(A_i)-\sum_{1 \leqslant i<j \leqslant n} P(A_i A_j) + \sum_{1 \leqslant i<j<k \leqslant n} P(A_i A_j A_k)+\cdots+(-1)^{n+1} P(A_1 A_2 \cdots A_n)$$

例 10.2.2 设事件 A、B 的概率分别为$\frac{1}{3}$、$\frac{1}{2}$. 在下列三种情况下分别求 $P(B\overline{A})$ 的值：

(1) A 与 B 互斥； (2) $A \subset B$； (3) $P(AB)=\frac{1}{8}$.

解 由性质(5)知，$P(B\overline{A})=P(B)-P(AB)$.

(1) 因为 A 与 B 互斥，则 $AB=\varnothing$，于是

$$P(B\overline{A})=P(B)-P(AB)=P(B)=\frac{1}{2}$$

(2) 因为 $A \subset B$，所以

$$P(B\overline{A})=P(B)-P(AB)=P(B)-P(A)=\frac{1}{2}-\frac{1}{3}=\frac{1}{6}$$

(3) $P(B\overline{A})=P(B)-P(AB)=\frac{1}{2}-\frac{1}{8}=\frac{3}{8}$.

10.2.3 等可能概型(古典概型)

先看下面的例子：

例 10.2.3 从 30 名学生中随机挑选一人参加社会实践，显然，每个人都可能被选到，即有 30 个样本点，而且由于选到 30 名学生中的任何一名机会均等，故选到每名学生的可能性都是$\frac{1}{30}$.

归纳一下，此试验有以下两个特点：

(1) 每次试验只有有限个结果(有限性)；

(2) 每个试验结果出现的可能性相同(等可能性).

我们称具有以上两个特点的试验为等可能概型，也称为古典概型.

这类随机现象由于它的大量存在，在概率论发展的初期即被注意. 许多最初的概率论的结果也是对它做出的.

根据古典概型的特征，我们给出在古典概型中事件的概率计算公式：

设随机试验 E 的样本空间为$S=\{e_1, e_2, \cdots, e_n\}$，$P(e_i)=\frac{1}{n}$. 若事件 A 包含 k 个基本事件，则

$$P(A)=\frac{A\text{中包含的样本点数}}{\text{样本点总数}}=\frac{k}{n}$$

例 10.2.4 一袋中有 8 个大小形状相同的球，其中 5 个黑色球，3 个白色球. 现从袋中随机地取出两个球，求取出的两个球都是黑色球的概率.

解 从 8 个球中取出两个，不同的取法有 C_8^2 种. 若以 A 表示事件{取出的两球是黑球}，那么使事件 A 发生的取法为 C_5^2 种，从而

$$P(A)=\frac{C_5^2}{C_8^2}=\frac{5}{14}$$

例 10.2.5 在箱中装有 100 个产品，其中有 3 个次品，为检查产品质量，从这箱产品中任意抽 5 个，求抽得 5 个产品中恰有一个次品的概率.

解 从 100 个产品中任意抽取 5 个产品，共有 C_{100}^5 种抽取方法，事件 A={有 1 个次品，4 个正品}的取法共有 $C_3^1C_{97}^4$ 种取法，故得事件 A 的概率为

$$P(A)=\frac{C_3^1C_{97}^4}{C_{100}^5}\approx 0.138$$

例 10.2.6 将 N 个球随机地放入 n 个盒子中($n>N$)，求：

(1) 每个盒子最多有一个球的概率；

(2) 某指定的盒子中恰有 $m(m<N)$ 个球的概率.

解 这显然也是等可能问题.

先求 N 个球随机地放入 n 个盒子的方法总数. 因为每个球都可以落入 n 个盒子中的任何一个，有 n 种不同的放法，所以 N 个球放入 n 个盒子共有 $\underbrace{n\times n\times\cdots\times n}_{N}=n^N$ 种不同的放法.

(1) 事件 A={每个盒子最多有一个球}的放法. 第一个球可以放进 n 个盒子之一，有 n 种放法；第二个球只能放进余下的 $n-1$ 个盒子之一，有 $n-1$ 种放法；…；第 N 个球只能放进余下的 $n-N+1$ 个盒子之一，有 $n-N+1$ 种放法. 所以共有 $n(n-1)\cdots(n-N+1)$ 种不同的放法. 故得事件 A 的概率为

$$P(A)=\frac{n(n-1)\cdots(n-N+1)}{n^N}$$

(2) 事件 B={某指定的盒子中恰有 m 个球}的放法. 先从 N 个球中任选 m 个分配到指定的某个盒子中，共有 C_N^m 种选法；再将剩下的 $N-m$ 个球任意分配到剩下的 $n-1$ 个盒子中，共有 $(n-1)^{N-m}$ 种放法. 所以，事件 B 的概率为

$$P(B)=\frac{C_N^m(n-1)^{N-m}}{n^N}$$

注意 有许多问题和本例具有相同的数学模型. 例如，假设每人的生日在一年 365 天中的任一天是等可能的(都为 1/365)，那么随机选取 N 个人($N\leqslant 365$)，他们的生日各不相同的概率可由本例(1)的结果给出(这里 $n=365$)，即

$$\frac{365\cdot 364\cdot\cdots(365-N+1)}{365^N}$$

因而，N 个人中至少有两人生日相同的概率为

$$P=1-\frac{365\cdot 364\cdot\cdots(365-N+1)}{365^N}$$

若取 $N=64$，可计算得 $P=0.997$. 这意味着，在仅有 64 个人的班级里，“至少有两人生日相同”这一事件的概率与 1 相差无几，如果做调查，几乎总是会出现这种情况的.

例 10.2.7 在 1～9 的整数中可重复地随机取 6 个数组成 6 位数，求下列事件的概率：

(1) 6 个数完全不同；

(2) 6 个数不含奇数；

(3) 6 个数中 5 恰好出现 4 次.

解　从 9 个数中允许重复地取 6 个数进行排列，共有 9^6 种排列方法.

(1) 事件 $A=\{6$ 个数完全不同$\}$的取法有 $9\times8\times7\times6\times5\times4$ 种，故

$$P(A)=\frac{9\times8\times7\times6\times5\times4}{9^6}=0.11$$

(2) 事件 $B=\{6$ 个数不含奇数$\}$的取法. 因为 6 个数只能在 2、4、6、8 四个数中选，每次有 4 种取法，所以共有 4^6 种取法. 故

$$P(B)=\frac{4^6}{9^6}$$

(3) 事件 $C=\{6$ 个数中 5 恰好出现 4 次$\}$的取法. 因为 6 个数中 5 恰好出现 4 次可以是 6 次中的任意 4 次，出现的方式有 C_6^4 种，剩下的两种只能在 1、2、3、4、6、7、8、9 中任取，共有 8^2 种取法. 故

$$P(C)=\frac{C_6^4 8^2}{9^6}$$

*10.2.4　几何概型

古典概型只考虑了有限等可能结果的随机试验的概率模型. 当基本事件有无穷多个时，不能按古典概型计算概率. 这类问题一般可以通过几何方法来求解.

如果一个试验具有以下两个特点：

(1) 样本空间 S 是一个大小可以计量的几何区域(如线段、平面、立体)；

(2) 向区域内任意投一点，落在区域 S 内任意点处都是“等可能的”.

那么，随机点落在区域 A 的概率为

$$P(A)=\frac{A\text{ 的计量}}{S\text{ 的计量}}$$

称上式定义的概率为几何概率.

例 10.2.8　在区间$[0, 4]$上任投一点，求此点落入区间$(1, 2)$内的概率.

解　因必然事件 S 就是区间$[0, 4]$，故按几何概率的定义可得所求概率

$$P=\frac{\text{区间}(1, 2)\text{ 的长度}}{\text{区间}[0, 4]\text{ 的长度}}=\frac{1}{4}$$

例 10.2.9　甲、乙两人相约 8 至 12 点在预定地点会面，先到的人等候另一人 30 分钟后离去，求甲、乙两人能会面的概率.

解　以 X、Y 分别表示甲、乙两人到达的时刻，那么 $8\leqslant X\leqslant12$，$8\leqslant Y\leqslant12$. 若以(X, Y)表示平面上的点的坐标，则所有基本事件可以用这平面上的边长为 4 的一个正方形：$8\leqslant X\leqslant12$、$8\leqslant Y\leqslant12$ 内的所有点表示出来. 两人能会面的充分必要条件是 $|X-Y|\leqslant\frac{1}{2}$(图 10.2.1 中阴影部分)，所以所求的概率为

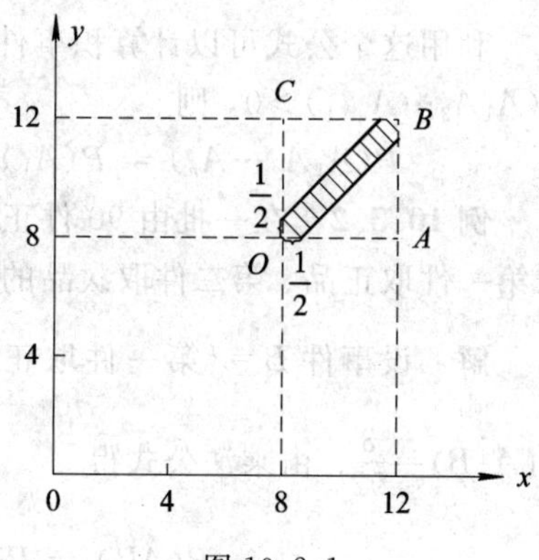

图 10.2.1

$$P=\frac{\text{阴影部分的面积}}{\text{正方形 }OABC\text{ 的面积}}=\frac{16-2\left[\frac{1}{2}\left(4-\frac{1}{2}\right)^{2}\right]}{16}=\frac{15}{64}$$

10.3 条件概率

10.3.1 条件概率

在概率论中，常会遇到这样的问题：在已知事件 B 发生的条件下，求事件 A 发生的概率. 这时，因为求 A 的概率是在已知 B 发生的条件下，所以称为在事件 B 发生的条件下事件 A 发生的条件概率，记为 $P(A|B)$. 条件概率的本质仍是一个概率，只不过在附加条件下，样本空间变小了，其计算公式稍有变化.

例 10.3.1 某师范大学教育系一年级共有学生 100 人，其中女生 80 人，来自甲省的 40 人中有女生 35 人. 设事件 A 为从全年级学生中任抽取一人为女生，事件 B 为从全年级学生中任抽取一人来自甲省，求从来自甲省的学生中任抽取一人为女生的概率.

解 显然 $P(A)=0.8$，$P(B)=0.4$，而 $P(A|B)=35/40\neq P(A)$，即附加条件 B 之后，A 的概率发生了变化，而

$$P(A\mid B)=\frac{35/100}{40/100}=\frac{P(AB)}{P(B)}$$

注意 上式中分子分母同除以 100，这一步是关键.

由此引入条件概率的一般定义：

定义 10.3.1 设 A、B 是两个事件，且 $P(B)>0$，称

$$P(A\mid B)=\frac{P(AB)}{P(B)}$$

为在事件 B 发生的条件下事件 A 发生的条件概率.

10.3.2 乘法公式

由条件概率的定义，可推得概率的乘法公式：

定理 10.3.1(乘法公式) 设 $P(A)>0$，$P(B)>0$，则有

$$P(AB)=P(A)P(B|A)=P(B)P(A|B)$$

利用这个公式可以计算积事件的概率. 乘法公式可以推广到 n 个事件的情形：若 $n\geqslant 2$，$P(A_1A_2\cdots A_{n-1})>0$，则

$$P(A_1A_2\cdots A_n)=P(A_1)P(A_2|A_1)P(A_3|A_1A_2)\cdots P(A_n|A_1\cdots A_{n-1})$$

例 10.3.2 在一批由 90 件正品、3 件次品组成的产品中，不放回接连抽取两件产品，求第一件取正品、第二件取次品的概率.

解 设事件 $B=\{$第一件取正品$\}$，事件 $A=\{$第二件取次品$\}$. 按题意，$P(B)=\frac{90}{93}$，$P(A|B)=\frac{3}{92}$. 由乘法公式得

$$P(AB)=P(B)P(A\mid B)=\frac{90}{93}\times\frac{3}{92}=0.0315$$

例 10.3.3　两个学生依次从10道试题中各抽取一题口试，设抽到每道题是等可能的. 如果第一个学生把抽到的题放回去，第二个学生再抽，求两个学生都抽到试题1的概率.

解　设第 i 个学生抽到试题1的事件为 $A_i(i=1, 2)$，则两个学生都抽到试题1的事件为 A_1A_2. 由乘法公式得

$$P(A_1A_2)=P(A_1)P(A_2\mid A_1)$$

由于抽取方式是有放回的，因此第二个学生抽到试题1的概率不受第一个学生是否抽到试题1的影响，即

$$P(A_2\mid A_1)=P(A_2)$$

故

$$P(A_1A_2)=P(A_1)P(A_2)=\frac{1}{10}\times\frac{1}{10}=\frac{1}{100}$$

由此可以看出，一个事件的概率也有可能不受另一个事件发生与否的影响，我们称此为两个事件独立.

定义 10.3.2(事件的独立性)　设 A、B 是两事件，若满足 $P(AB)=P(A)P(B)$，则称事件 A、B 相互独立.

利用事件独立的定义和条件概率，我们可以很容易地得到下面两个定理.

定理 10.3.2　设事件 A、B 相互独立，且 $P(AB)>0$，则 $P(A|B)=P(A)$.

定理 10.3.3　若四对事件 $\{A, B\}$，$\{\overline{A}, B\}$，$\{A, \overline{B}\}$，$\{\overline{A}, \overline{B}\}$ 中有一对是相互独立的，则另外三对也是相互独立的.

在实际问题中，我们一般不用定义来判断两事件 A、B 是否相互独立，而是相反，从试验的具体条件以及试验的具体本质分析去判断它们有无关联，是否独立. 如果独立，就可以用定义中的公式计算积事件的概率.

例 10.3.4　两门高射炮彼此独立地射击一门敌机，设甲炮击中敌机的概率为0.9，乙炮击中敌机的概率为0.8，求敌机被击中的概率.

解　设 A={甲炮击中敌机}，B={乙炮击中敌机}，那么，{敌机被击中}$=A\cup B$. 因为 A 与 B 相互独立，所以有

$$\begin{aligned}P(A\cup B)&=P(A)+P(B)-P(AB)=P(A)+P(B)-P(A)P(B)\\&=0.9+0.8-0.9\times 0.8=0.98\end{aligned}$$

注意　事件的独立性与互斥是不一样的. 互斥性表示两个事件不能同时发生，而独立性则表示它们彼此不影响.

10.3.3　全概率公式和贝叶斯公式

1. 全概率公式

在概率论中经常遇到要计算某些复杂事件的概率，解决此问题的方法通常是把一个复杂事件分解为若干个互不相容的简单事件的和，再通过分别计算简单事件的概率，利用概率的可加性，来求得复杂事件的概率. 这就引入了全概率公式.

定理 10.3.4(全概率公式)　若 A_1，A_2，…，A_n 为样本空间 S 的一个事件组，且满足：

(1) A_1，A_2，…，A_n 两两互不相容，且 $P(A_i)>0(i=1, 2, \cdots, n)$；

(2) $A_1\cup A_2\cup\cdots\cup A_n=S$，

则对 S 中的任意一个事件 B 都有

$$P(B)=P(A_1)P(B|A_1)+P(A_2)P(B|A_2)+\cdots+P(A_n)P(B|A_n)$$

其实，因 $B=BS=B(A_1\cup A_2\cup\cdots\cup A_n)=BA_1\cup BA_2\cup\cdots\cup BA_n$，由于 A_i 互不相容，故由可加性及乘法公式，可得上述结论.

例 10.3.5 某厂有四个分厂生产同一种产品，这四个分厂的产量分别占该厂总产量的 15%、20%、30%、35%，又知这四个分厂的次品率依次为 0.05、0.04、0.03、0.02，现从该厂产品中任取一件，问恰好抽到次品的概率为多少?

解 令 B 为任取一件为次品，A_i 为任取一件为第 i 个分厂生产的产品($i=1, 2, 3, 4$)，则由全概率公式得

$$\begin{aligned} P(B) &= \sum_{i=1}^{4} P(A_i)P(B\mid A_i) \\ &= 0.15\times 0.05+0.2\times 0.04+0.3\times 0.03+0.35\times 0.02 \\ &= 0.0315 = 3.15\% \end{aligned}$$

2. 贝叶斯公式

在概率论的计算中，另一个重要的公式就是贝叶斯公式.

设 B 是样本空间 S 的一个事件，$A_1, A_2, \cdots, A_n$ 为 S 的一个事件组，且满足:

(1) $A_1, A_2, \cdots, A_n$ 互不相容，且 $P(A_i)>0(i=1, 2, \cdots, n)$;

(2) $A_1\cup A_2\cup\cdots\cup A_n=S$,

则

$$P(A_k\mid B)=\frac{P(A_kB)}{P(B)}=\frac{P(A_k)P(B|A_k)}{P(A_1)P(B|A_1)+\cdots+P(A_n)P(B|A_n)}$$

这个公式称为贝叶斯公式，也称为后验概率公式.

例 10.3.6 在例 10.3.5 中，若该厂规定，出了次品要追究有关分厂的责任. 现在从生产产品中任取一件发现为次品，但该件产品是哪一分厂生产的标志已脱落，问厂方如何处理这件次品较为合理? 换句话说，哪个分厂的责任应该较大?

解 从概率的角度考虑，显然按 $P(A_i|B)$ 的大小追究各分厂的责任较为合理. 由条件概率定义以及全概率公式可知

$$P(A_i\mid B)=\frac{P(A_iB)}{P(B)}=\frac{P(A_i)P(B\mid A_i)}{\sum_{i=1}^{4}P(A_i)P(B\mid A_i)}$$

如若考虑第 4 分厂应承担的责任，则

$$P(A_4\mid B)=\frac{0.35\times 0.02}{0.0315}=0.222$$

即第 4 分厂应承担 22.2%的责任. 同理可算出 $P(A_1|B)$、$P(A_2|B)$、$P(A_3|B)$.

习 题 10

1. 写出下列随机试验的样本空间.

(1) 同时掷三颗骰子，记录三颗骰子点数之和；

(2) 会议室的所有人员是教师、学生或工人，从中随机地喊出一个人出来，考查被喊人的职业；

(3) 记录一个班级一次考试的平均分数(以百分制记分)；

(4) 记录某话务员在一个工作日内接听电话的次数；

(5) 生产产品直到有10件正品为止，记录生产产品的总件数.

2. 从某班学生中任选一名学生，设$A=\{$选出的学生是男生$\}$，$B=\{$选出的学生是数学爱好者$\}$，$C=\{$选出的学生是班干部$\}$，试问下列运算结果分别表示什么事件：

(1) ABC；　(2) $\overline{A}B\,\overline{C}$；　(3)$\overline{A\cup C}$；　(4)$A-(B\cup C)$.

3. 设$S=\{1, 2, \cdots, 10\}$，$A=\{2, 3, 4\}$，$B=\{3, 4, 5\}$，$C=\{5, 6, 7\}$，具体写出下列各式表示的集合.

(1) $\overline{A}\cup B$；　(2) $\overline{A}B$；　(3) $\overline{\overline{A}B}$；　(4) $\overline{A\,\overline{BC}}$；　(5) $\overline{A(B\cup C)}$.

4. 随机点x在区间$[a, b]$上这一事件记做$\{x \mid a\leqslant x\leqslant b\}$，设$\Omega=\{x \mid 0\leqslant x\leqslant 5\}$，$A=\{x \mid 1\leqslant x\leqslant 3\}$，$B=\{x \mid 2< x\leqslant 4\}$. 具体写出下列各事件.

(1) $A\cup B$；　(2) AB；　(3) $\overline{A}$；　(4) $A-B$.

5. 某教研室共有20名教师，其中中老年教师12名，年轻教师8名，现要选4名优秀教师，问：

(1) 至少有1名年轻教师的概率；

(2) 有2名年轻教师的概率.

6. 已知$A\subset B$，$P(A)=0.2$，$P(B)=0.3$，求：

(1) $P(\overline{A})$；　(2) $P(A\cup B)$；　(3) $P(AB)$；　(4)$P(\overline{A}B)$；　(5)$P(A-B)$.

7. 设A、B、C是三个事件，$P(A)=P(B)=P(C)=\dfrac{1}{4}$，$P(AB)=P(BC)=\dfrac{1}{8}$，$P(AC)=0$. 求：

(1) A、B、C都发生的概率；

(2) A、B、C至少有一个发生的概率；

(3) A、B、C都不发生的概率.

8. 袋中有10个球，8红2白，现从袋中任取两次，每次取一个球做不放回抽样，求下列事件的概率：

(1) 两次都是红球；

(2) 两次中一次取红球，另一次取白球；

(3) 至少有一次取到白球；

(4) 第二次取到白球.

9. 设某事件分两阶段进行，已知通过第一阶段试验的概率为60%，通过第二阶段试验的概率为40%. 问通过第一阶段试验再通过第二阶段试验的概率是多少？

10. 某商店出售尚未过关的某电子产品，进货10件，其中有3件是次品，已经出售2件，现从剩下的8件产品中任取一件，求这件是正品的概率.

11. 有两批产品：第一批20件，其中有5件特级品；第二批12件，其中有2件特级品. 今按下列两种方法抽样：

(1) 将两批产品混在一起，从中任取 2 件；

(2) 从第一批中任取 2 件混入第二批中，再从混合后的第二批中抽取 2 件.

试分别求出两种抽样情况下所抽两件都是特级品的概率.

12. 某工厂有甲、乙、丙三个车间，它们生产同一种产品，每个车间产量分别占该工厂总产量的 25％、35％、40％，每个车间的产品中次品率的概率分别为 0.05、0.04、0.02. 现从该厂总产品中任取一件产品，结果是次品，求取出这个次品是乙车间生产的概率.

13. 甲、乙、丙三人各自去破译一个密码，他们能译出的概率分别为$\frac{1}{3}$、$\frac{1}{4}$、$\frac{1}{5}$. 试求：

(1) 恰有一人能译出的概率；

(2) 密码能被破译的概率.

自测题 10

一、选择题

1. 设 A、B 为两随机事件，且 $B\subset A$，则下列式子中正确的是(　　).

A. $P(A+B)=P(A)$　　B. $P(AB)=P(A)$

C. $P(B|A)=P(B)$　　D. $P(B-A)=P(B)-P(A)$

2. 以 A 表示事件“甲种产品畅销，乙种产品滞销”，则其对立事件$\overline{A}$为(　　).

A. “甲种产品滞销，乙种产品畅销”　　B. “甲、乙两种产品均畅销”

C. “甲种产品滞销”　　D. “甲种产品滞销或乙种产品畅销”

3. 袋中有 50 个乒乓球，其中 20 个黄的，30 个白的，现在两个人不放回地依次从袋中随机各取一球，则第二人取到黄球的概率是(　　).

A. $\frac{1}{5}$　　B. $\frac{2}{5}$　　C. $\frac{3}{5}$　　D. $\frac{4}{5}$

4. 对于事件 A、B，下列命题中正确的是(　　).

A. 若 A、B 互不相容，则$\overline{A}$与$\overline{B}$也互不相容

B. 若 A、B 相容，那么$\overline{A}$与$\overline{B}$也相容

C. 若 A、B 互不相容，且概率都大于零，则 A、B 也相互独立

D. 若 A、B 相互独立，那么$\overline{A}$与$\overline{B}$也相互独立

5. 若 $P(B|A)=1$，则下列命题中正确的是(　　).

A. $A\subset B$　　B. $B\subset A$　　C. $A-B=\varnothing$　　D. $P(A-B)=0$

二、填空题

1. 设 A、B、C 是三个随机事件. 试用 A、B、C 分别表示事件：

(1) A、B、C 至少有一个发生________；

(2) A、B、C 中恰有一个发生________；

(3) A、B、C 不多于一个发生________.

2. 设 A、B 为随机事件，$P(A)=0.5$，$P(B)=0.6$，$P(B|A)=0.8$，则 $P(B\cup A)=$ ________.

3. 若事件 A 和事件 B 相互独立，$P(A)=\alpha$，$P(B)=0.3$，$P(\overline{A}\cup B)=0.7$，则 $\alpha=$ ________.

4. 将 C、C、E、E、I、N、S 7 个字母随机地排成一行，那么恰好排成英文单词 SCIENCE的概率为________.

5. 甲、乙两人独立地对同一目标射击一次，其命中率分别为 0.6 和 0.5. 现已知目标被命中，则它是甲射中的概率为________.

三、计算题

1. 10 把钥匙中有 3 把能打开门，今任意取两把，求能打开门的概率.

2. 任意将 10 本书放在书架上，其中有两套书，一套 3 本，另一套 4 本. 求下列事件的概率：

(1) 3 本一套放在一起；

(2) 两套各自放在一起；

(3) 两套中至少有一套放在一起.

3. 调查某单位得知：购买空调的占 15%，购买电脑的占 12%，购买 DVD 的占 20%；其中购买空调与电脑的占 6%，购买空调与 DVD 的占 10%，购买电脑和 DVD 的占 5%，三种电器都购买的占 2%. 求下列事件的概率：

(1) 至少购买一种电器的；

(2) 至多购买一种电器的；

(3) 三种电器都没购买的.

4. 仓库中有十箱同样规格的产品，已知其中有五箱、三箱、二箱依次为甲、乙、丙厂生产的，且甲厂、乙厂、丙厂生产的这种产品的次品率依次为 $\frac{1}{10}$、$\frac{1}{15}$、$\frac{1}{20}$. 从这十箱产品中任取一件产品，求取得正品的概率.

5. 一箱产品，A、B 两厂生产分别占 60%、40%，其次品率分别为 1%、2%. 现在从中任取一件为次品，问此时该产品是哪个厂生产的可能性最大？

6. 有标号 $1\sim n$ 的 n 个盒子，每个盒子中都有 m 个白球、k 个黑球. 从第一个盒子中取一个球放入第二个盒子，再从第二个盒子任取一球放入第三个盒子，依次继续，求从最后一个盒子取到的球是白球的概率.

阅读材料 10

希尔伯特和他的二十三个问题

希尔伯特是德国数学家，生于东普鲁士哥尼斯堡(前苏联加里宁格勒)附近的韦劳.

中学时代，希尔伯特就是一名勤奋好学的学生，对于科学，特别是数学表现出浓厚的兴趣. 1880 年，他不顾父亲让他学法律的意愿，进入哥尼斯堡大学攻读数学. 1884 年获得博士学位，后来又在这所大学里取得讲师资格和升任副教授. 1893 年，希尔伯特被任命为正教授，1895 年转入格廷根大学任教授，此后一直在格廷根生活和工作，于 1930 年退休. 在此期间，他成为柏林科学院通讯院士，并曾获得施泰纳奖、罗巴切夫斯基奖和波约伊奖. 1930 年，希尔伯特获得瑞典科学院的米塔格-莱福勒奖，1942 年成为柏林科学院荣誉院士.

希尔伯特是对 20 世纪数学有深刻影响的数学家之一. 他领导了著名的格廷根学派，使格廷根大学成为当时世界数学研究的重要中心，并培养了一批对现代数学发展做出重大贡献的杰出数学家. 希尔伯特的数学工作可以划分为几个不同的时期，每个时期他几乎都集中精力研究一类问题.

按时间顺序，他的主要研究内容有不变式理论、代数数域理论、几何基础、积分方程、物理学、一般数学基础，其间穿插的研究课题有狄利克雷原理和变分法、华林问题、特征值问题、“希尔伯特空间”等. 在这些领域中，他都做出了重大的或开创性的贡献.

希尔伯特认为，科学在每个时代都有它自己的问题，而这些问题的解决对于科学发展具有深远意义. 他指出：“只要一门科学分支能提出大量的问题，它就充满着生命力，而问题缺乏则预示着独立发展的衰亡和终止.”在 1900 年巴黎国际数学家代表大会上，希尔伯特发表了题为《数学问题》的著名讲演. 他根据过去特别是 19 世纪数学研究的成果和发展趋势提出了 23 个最重要的数学问题. 这 23 个问题通称希尔伯特问题，后来成为许多数学家力图攻克的难关，对现代数学的研究和发展产生了深刻的影响，并起了积极的推动作用. 希尔伯特问题中有些现已得到圆满解决，有些至今仍未解决. 他在讲演中所阐述的相信每个数学问题都可以解决的信念，对于数学工作者是一种巨大的鼓舞. 他说：“在我们中间，常常听到这样的呼声：这里有一个数学问题，去找出它的答案！你能通过纯思维找到它，因为在数学中没有不可知.”1930 年，在接受哥尼斯堡荣誉市民称号的讲演中，针对一些人信奉的不可知论观点，他再次满怀信心地宣称：“我们必须知道，我们必将知道.”

希尔伯特的《几何基础》(1899 年)是公理化思想的代表作，书中把欧几里得几何学加以整理，成为建立在一组简单公理基础上的纯粹演绎系统，并开始探讨公理之间的相互关系与研究整个演绎系统的逻辑结构. 1904 年，希尔伯特又着手研究数学基础问题，经过多年酝酿，于 20 世纪 20 年代初，提出了如何论证数论、集合论或数学分析一致性的方案. 他建议从若干形式公理出发将数学形式化为符号语言系统，并从不假定实无穷的有穷观点出发，建立相应的逻辑系统，然后再研究这个形式语言系统的逻辑性质，从而创立了元数学和证明论. 希尔伯特的目的是试图对某一形式语言系统的无矛盾性给出绝对的证明，以便克服悖论所引起的危机，一劳永逸地消除对数学基础以及数学推理方法可靠性的怀疑. 然而，1930 年，年青的奥地利数理逻辑学家哥德尔(K. Gödel，1906—1978)获得了否定的结果，证明了希尔伯特方案是不可能实现的. 但正如哥德尔所说，希尔伯特有关数学基础的方案“仍不失其重要性，并继续引起人们的高度兴趣”.

希尔伯特的著作有《希尔伯特全集》(三卷，其中包括他的著名的《数论报告》)、《几何基础》、《线性积分方程一般理论基础》等，与其他人合著的有《数学物理方法》、《理论逻辑基础》、《直观几何学》、《数学基础》等.

资料来源：百度百科

第 11 章　随机变量及其分布

在概率论中，随机变量是一个与事件及概率同样重要的基本概念. 随机变量是随机试验结果的数量化. 这一概念的引入，使得许多概率论问题得以简化而归结为普通函数的运算，这样就能利用数学分析的结果研究随机现象的规律性. 对随机变量的研究已成为概率论的中心内容.

本章主要讲述随机变量与分布函数、一维离散型随机变量及其概率分布、连续型随机变量及其概率密度等内容.

本章的基本要求如下：

(1) 了解随机变量的概念、离散型随机变量及其概率分布的概念和性质、连续型随机变量及其概率密度的概念和性质.

(2) 了解分布函数的概念与性质,会利用概率分布计算有关事件的概率.

(3) 掌握二项分布、泊松分布、正态分布，了解均匀分布与指数分布.

(4) 会求简单随机变量函数的概率分布.

11.1　随机变量的概念

为了全面地研究随机试验的结果，揭示随机现象的统计规律性，我们将随机试验的结果与实数对应起来，将随机试验的结果数量化，引入随机变量的概念. 有些随机事件本身就表现为一种数量，如某城市的年降雨量，某次考试的成绩等. 另外，有些事件不表现为数量，如做一道正误判断题是“对”还是“错”，掷一次硬币是出现“正面”还是“反面”等，但可以给它们以数量标识，比如“正面”记为 1，“反面”记为 0，“选对”记为 1，“选错”记为 0. 这样，对任意一样本点 $e\in S$，都可以让一个数与之对应，记为 $X(e)$. 显然 $X(e)$ 是随试验结果不同而变化的一个变量，称之为随机变量. 简言之，反映随机事件的变量叫随机变量.

定义 11.1.1　设随机试验 E 的样本空间为 $S=\{e\}$，$X=X(e)$ 是定义在样本空间 S 上的实值单值函数. 若对于任意实数 x，集合 $\{e|X(e)\leqslant x\}$ 有确定的概率，则称 $X=X(e)$ 为随机变量.

有许多随机试验，它的结果本身是一个数，即样本点 e 是一个数. 我们令 $X=X(e)=e$，那么 X 就是一个随机变量. 例如，用 Y 表示某学校一天的缺课人数，W 表示某商场一个月的营业额，Z 表示某工厂一天的耗电量，那么 Y、W、Z 都是随机变量. 本书中，我们一般以大写字母(如 X，Y，Z，W，…)表示随机变量，而以小写字母(x，y，z，w，…)表示实数.

随机变量是建立在随机事件基础上的一个概念，事件发生的可能性对应于一定的概率，那么随机变量也以一定的概率取各种可能值. 按其取值情况的不同，实际中常考虑两类随机变量：离散型随机变量和连续型随机变量.

11.2 离散型随机变量及其概率分布

有些随机变量，它全部可能取到的不相同的值是有限多个或可数多个，这种随机变量称为离散型随机变量，它的分布称为离散型分布. 例如，掷骰子，X 表示骰子的点数，它只能取 1、2、3、4、5、6 这六个值，它是一个离散型随机变量. 又如，某城市的 110 报警电话台一昼夜收到的呼唤次数也是离散型随机变量.

11.2.1 离散型随机变量的分布律

容易知道，要掌握一个离散型随机变量 X 的统计规律，必须且只需知道 X 的所有可能的取值以及取每一个可能值的概率.

定义 11.2.1 设离散型随机变量 X 所有可能的取值为 $x_k(k=1, 2, \cdots)$，X 取各个可能值的概率，即事件$\{X=x_k\}$的概率为

$$P\{X = x_k\} = p_k \qquad (k = 1, 2, \cdots) \tag{11.2.1}$$

则我们称式(11.2.1)为离散型随机变量 X 的分布律. 分布律也可以用表格形式来表示，如表 11.2.1 所示.

表 11.2.1

X	x_1	x_2	$\cdots$	x_k	$\cdots$
概率	p_1	p_2	$\cdots$	p_k	$\cdots$

离散型随机变量 X 的分布律具有如下性质：

(1) 非负性：$p_k \geqslant 0$ $(k=1, 2, \cdots)$； (11.2.2)

(2) 归一性：$\sum\limits_k p_k = 1$. (11.2.3)

表 11.2.1 直观地表示了随机变量 X 取各个值的概率的规律. X 取各个值各占一些概率，这些概率合起来是 1. 可以想象成：概率 1 以一定的规律分布在各个可能值上. 这就是式(11.2.1)称为分布律的缘故.

例 11.2.1 设一辆汽车在开往目的地的道路上需经过两组信号灯，每组信号灯以 1/2 的概率允许或禁止汽车通过. 以 X 表示汽车首次停下时，它已通过的信号灯的组数(设各组信号灯的工作是相互独立的)，求 X 的分布律.

解 以 p 表示每组信号灯禁止汽车通过的概率，易知 X 的分布律为

X	0	1	2
概率	p	$(1-p)p$	$(1-p)^2$

或写成

$$P\{X=k\}=(1-p)^k p \qquad (k=0,1)$$
$$P\{X=2\}=(1-p)^2$$

以 $p=\frac{1}{2}$ 代入得

X	0	1	2
概率	0.5	0.25	0.25

11.2.2　几种常见的离散型概率分布

1. 0-1 分布

如果随机变量 X 只可能取 0 与 1 两个值，它的分布律是

$$P\{X=k\}=p^k(1-p)^{1-k} \qquad (k=0,1;\ 0<p<1)$$

则称 X 服从 0-1 分布或两点分布.

0-1 分布的分布律也可写成

X	0	1
概率	$1-p$	p

对于一个随机试验，如果它的样本空间只包含两个元素，即 $S=\{e_1, e_2\}$，我们总能在 S 上定义一个服从 0-1 分布的随机变量

$$X=X(e)=\begin{cases}0, & \text{当 } e=e_1 \text{ 时}\\ 1, & \text{当 } e=e_2 \text{ 时}\end{cases}$$

来描述这个随机试验的结果. 例如，检查产品的质量是否合格、某试验是否成功、抛硬币是否出现正面等都可以用 0-1 分布的随机变量来描述. 0-1 分布是经常遇到的一种分布.

2. 二项分布（n 重伯努利分布）

若随机变量 X 的分布律为

$$P\{X=k\}=C_n^k p^k q^{n-k} \qquad (k=0,1,\cdots,n;\ 0<p<1,\ q=1-p)$$

则称 X 服从参数为 n，p 的二项分布，记为 $X\sim B(n, p)$.

二项分布的实际背景是 n 重伯努利试验，它是一种很重要的数学模型，有广泛的应用，是研究最多的模型之一. 现实生活中有许多现象程度不同地符合模型条件，而不一定分厘不差.

设试验 E 只有两个可能的结果：A 及 $\overline{A}$，则称 E 为伯努利试验. 设 $P(A)=p(0<p<1)$，此时 $P(\overline{A})=1-p$. 将 E 独立、重复地进行 n 次，则称这一串重复的独立试验为 n 重伯努利试验.

这里“重复”是指每次试验的条件相同，从而保证 $P(A)=p$ 在各次试验中保持不变；“独立”是指各次试验的结果互不影响，即若以 A_i 表示第 i 次试验的结果，A_i 为 A 或 $\overline{A}$，$i=1, 2, \cdots, n$. “独立”是指 $P(A_1A_2\cdots A_n)=P(A_1)P(A_2)\cdots P(A_n)$.

若以 X 表示 n 重伯努利试验中事件 A 发生的次数，则 X 是一个随机变量，其所有可能的取值为 0，1，2，…，n. 由于各次试验是相互独立的，因此事件 A 在指定的 $k(0\leqslant k\leqslant n)$ 次试验中发生，在其他 $n-k$ 次试验中 A 不发生（例如在前 k 次试验中发生，而在后 $n-k$ 次

试验中不发生)的概率为

$$\underbrace{p\cdot p\cdots p}_{k\text{个}}\underbrace{(1-p)\cdot(1-p)\cdots(1-p)}_{n-k\text{个}}=p^k(1-p)^{n-k}$$

这种指定的方式共有 C_n^k 种，它们是两两互不相容的，故在 n 次试验中 A 发生 k 次的概率为 $C_n^k p^k(1-p)^{n-k}$，记 $q=1-p$，即有

$$P\{X=k\}=C_n^k p^k q^{n-k}\qquad(k=0,1,2,\cdots,n)$$

显然

$$P\{X=k\}\geqslant 0\qquad(k=0,1,2,\cdots,n)$$

$$\sum_{k=0}^{n}P\{X=k\}=\sum_{k=0}^{n}C_n^k p^k q^{n-k}=(p+q)^n=1$$

即 $P\{X=k\}$ 满足条件式(11.2.2)和式(11.2.3). 注意到 $C_n^k p^k q^{n-k}$ 刚好是二项式 $(p+q)^n$ 的展开式中出现 p^k 的那一项，故我们称随机变量 X 服从参数为 n，p 的二项分布，记为 $X\sim B(n,p)$.

特别地，当 $n=1$ 时二项分布化为

$$P\{X=k\}=p^k q^{1-k}\qquad(k=0,1)$$

这就是 0-1 分布.

例 11.2.2 某人购买彩票，设每次买一张，中奖率为 0.01，共买 500 次，试求他至少中奖两次的概率.

解 将每次购买彩票看成是一次试验，设中奖的次数为 X，则 $X\sim B(500,0.01)$. X 的分布律为

$$P\{X=k\}=C_{500}^k(0.01)^k(0.99)^{500-k}\qquad(k=0,1,\cdots,500)$$

于是所求概率为

$$\begin{aligned}P\{X\geqslant 2\}&=1-P\{X=0\}-P\{X=1\}\\&=1-(0.99)^{500}-500\times(0.01)\times(0.99)^{499}\\&\approx 0.96\end{aligned}$$

这个概率很接近于 1. 我们讨论这一结果的实际意义. 虽然每次彩票的中奖率很小(为 0.01)，但如果购买 500 次，则中奖至少两次是几乎可以肯定的. 这一事实说明，一个事件尽管在一次试验中发生的概率很小，但只要试验次数很多，而且试验是独立地进行的，那么这一事件的发生几乎是肯定的. 这也告诉人们决不能轻视小概率事件.

在上面式子中，要直接计算 $C_{500}^k(0.01)^k(0.99)^{500-k}$，$k=0,1$ 是相当麻烦的. 下面我们介绍一种简便的近似算法，即二项分布的逼近：

设 $X\sim B(n,p)$，当 n 很大(指 $n\geqslant 10$)，p 很小(指 $p\leqslant 0.1$)，且 $\lambda=np$ 是一个大小适当的数(通常 $0<np\leqslant 8$)时，有

$$C_n^k p^k(1-p)^{n-k}\approx\frac{\lambda^k}{k!}e^{-\lambda}\qquad(k=0,1,2,\cdots)$$

而 $\frac{\lambda^k}{k!}e^{-\lambda}$ 的值可查附表 1.

回到例 11.2.2. 有 $\lambda=500\times 0.01=5$，因此

$$P\{X\geqslant 2\}\approx 1-\sum_{k=0}^{1}\frac{5^k}{k!}e^{-5}=\sum_{k=2}^{+\infty}\frac{5^k}{k!}e^{-5}\approx 0.96$$

例 11.2.3(寿命保险问题)　设某保险公司的某人寿保险险种有 2500 人投保，在一年内，每个人死亡的概率为 0.002，且每个人是否死亡是相互独立的，每个参加保险的人在 1 月 1 日须交 12 元保险费，而在死亡时家属可从保险公司领取 2000 元赔偿金. 试求：

(1) 保险公司亏本的概率；

(2) 保险公司获利分别不少于 10 000 元、20 000 元的概率.

解　(1) 以“年”为单位来考虑，在一年的 1 月 1 日，保险公司总收入为

$$2500 \times 12 = 30\,000(\text{元})$$

设 X 为 2500 个投保人中在未来一年内死亡的人数，对每个人而言，在未来一年是否死亡相当于做一次伯努利试验，2500 人就是做 2500 重伯努利试验，因此 $X \sim B(2500, 0.002)$，则保险公司在这一年中应付出 $2000X$(元). 要使保险公司亏本，则必须 $2000X > 30\,000$，即 $X>15$(人)，因此

$$\begin{aligned} P\{\text{保险公司亏本}\} &= P\{X > 15\} = 1 - \sum_{k=0}^{15} C_{2500}^{k}(0.002)^{k}(0.998)^{2500-k} \\ &\approx 1 - \sum_{k=0}^{15} \frac{5^k}{k!}\mathrm{e}^{-5} = \sum_{k=16}^{+\infty} \frac{5^k}{k!}\mathrm{e}^{-5} \\ &\approx 0.000\,069 \end{aligned}$$

由此可见，在一年里，保险公司亏本的概率是很小的.

(2) $$\begin{aligned} P\{\text{保险公司获利不少于 10000 元}\} &= P\{30\,000 - 2000X \geqslant 10\,000\} = P\{X \leqslant 10\} \\ &= \sum_{k=0}^{10} C_{2500}^{k}(0.002)^{k}(0.998)^{2500-k} \\ &\approx \sum_{k=0}^{10} \frac{5^k}{k!}\mathrm{e}^{-5} = 1 - \sum_{k=11}^{+\infty} \frac{5^k}{k!}\mathrm{e}^{-5} \\ &\approx 0.986\,305 \end{aligned}$$

即保险公司获利不少于 10 000 元的概率在 98%以上.

$$\begin{aligned} P\{\text{保险公司获利不少于 20 000 元}\} &= P\{30\,000 - 2000X \geqslant 20\,000\} = P\{X \leqslant 5\} \\ &= \sum_{k=0}^{5} C_{2500}^{k}(0.002)^{k}(0.998)^{2500-k} \\ &\approx \sum_{k=0}^{5} \frac{5^k}{k!}\mathrm{e}^{-5} = 1 - \sum_{k=6}^{+\infty} \frac{5^k}{k!}\mathrm{e}^{-5} \\ &\approx 0.615\,961 \end{aligned}$$

以上结果说明“保险公司为什么乐于开展保险业务”的道理.

3. 泊松分布

设随机变量 X 所有可能的取值为 0，1，2，…，而取各个值的概率为

$$P\{X = k\} = \frac{\lambda^k \mathrm{e}^{-\lambda}}{k!} \qquad (k = 0, 1, 2, \cdots)$$

其中 $\lambda>0$ 是常数，则称 X 服从参数为 λ 的泊松(Poisson)分布，记为 $X\sim\pi(\lambda)$.

1837 年，法国数学家泊松发现，当 n 很大，p 很小，$\lambda=np$ 时，有

$$C_n^k p^k q^{n-k} \approx \frac{\lambda^k \mathrm{e}^{-\lambda}}{k!}$$

即当 n 充分大而 p 很小时，服从二项分布 $B(n, p)$ 的随机变量近似地服从参数为 $\lambda=np$ 的

泊松分布.

很多实际问题中的随机变量可以利用泊松分布来描述. 例如：单位时间光临某超市的顾客数，某公司一月中发生的事故数，某种非常病的发病数，书中每页出现的错字数，某段时间内发生的意外事件(如车祸、火灾)的次数等.

例 11.2.4　某商店出售某种商品. 根据经验，此商品的月销售量 X 服从 $\lambda=3$ 的泊松分布. 问在月初进货时要库存多少件此种商品，才能以 99%的概率不脱销？

解　设月初库存 M 件，依题意

$$P\{X=k\}=\frac{3^k}{k!}\mathrm{e}^{-3}\qquad(k=0,1,2,\cdots)$$

那么

$$P\{X\leqslant M\}=\sum_{k=0}^{M}\frac{3^k}{k!}\mathrm{e}^{-3}=1-\sum_{k=M+1}^{+\infty}\frac{3^k}{k!}\mathrm{e}^{-3}\geqslant 0.99$$

查附表 1，可知 M 最小应是 8，即月初进货时要库存 8 件此种商品，才能以 99%的概率不脱销.

11.3　连续型随机变量及其概率密度

和离散型随机变量只可能取有限多个或可数多个值不同，像某地区的气温、某产品的寿命等随机变量，由于它们的取值不能一一列出，取值可以充满某个区间，所以不能用离散型随机变量的分布来描述它们的统计规律. 我们定义这类随机变量为连续型随机变量.

11.3.1　分布函数、密度函数及其性质

定义 11.3.1　设 X 是随机变量，x 是任意实数，函数

$$F(x)=P\{X\leqslant x\}$$

称为 X 的分布函数. 显然，$F(x)$有以下性质：

(1) $F(x)$是一个不减函数. 即对于任意实数 x_1、x_2($x_1<x_2$)，有

$$F(x_2)-F(x_1)=P\{x_1<X\leqslant x_2\}\geqslant 0$$

(2) $0\leqslant F(x)\leqslant 1$，且

$$F(-\infty)=\lim_{x\to-\infty}F(x)=0,\ F(+\infty)=\lim_{x\to+\infty}F(x)=1$$

下面我们只从几何上说明上面两个性质. 在图 11.3.1 中，将区间端点 x 沿数轴无限向左移动(即 $x\to-\infty$)，则“随机点 X 落在点 x 左边”这一事件趋于不可能事件，从而其概率趋于 0，即有 $F(-\infty)=0$；又若将点 x 无限向右移动(即 $x\to+\infty$)，则“随机点 X 落在点 x 左边”这一事件趋于必然事件，从而其概率趋于 1，即有 $F(+\infty)=1$.

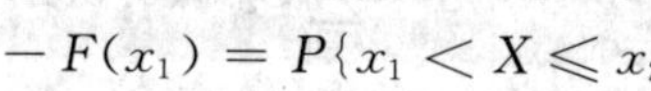

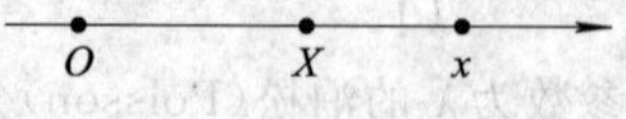

图 11.3.1

(3) $F(x+0)=F(x)$，即 $F(x)$是右连续的.

有了分布函数的概念，我们给出连续型随机变量的定义.

定义 11.3.2　设随机变量 X 的分布函数为 $F(x)$，若存在非负函数 $f(x)$，使对任意实数 x，有

$$F(x) = P\{X \leqslant x\} = \int_{-\infty}^{x} f(x)\mathrm{d}x \tag{11.3.1}$$

则称 X 为连续型随机变量，$f(x)$为 X 的概率密度函数(简称密度函数)，并称 X 的分布为连续型分布.

由式(11.3.1)，据高等数学的知识可知，连续型随机变量的分布函数是连续函数.

密度函数 $f(x)$具有以下性质：

(1) $f(x)\geqslant 0$；

(2) $\int_{-\infty}^{+\infty} f(x)\mathrm{d}x = 1$；

(3) 对于任意实数 x_1、x_2($x_1\leqslant x_2$)，有

$$P\{x_1 < X \leqslant x_2\} = F(x_2) - F(x_1) = \int_{x_1}^{x_2} f(x)\mathrm{d}x$$

(4) 若 $f(x)$在点 x 处连续，则有 $F'(x)=f(x)$.

由性质(2)可知，介于曲线 $y=f(x)$与 Ox 轴之间的面积等于 1(见图 11.3.2). 由性质(3)可知，X 落在区间$(x_1, x_2]$的概率 $P\{x_1<X\leqslant x_2\}$等于区间$(x_1, x_2]$上曲线 $y=f(x)$之下的曲边梯形的面积(见图 11.3.3)，且可以证明，对任意一个常数 a，$-\infty<a<+\infty$，有 $P\{X=a\}=0$. 由性质(4)可知，在 $f(x)$的连续点 x 处有

$$f(x) = \lim_{\Delta x\to 0^+} \frac{F(x+\Delta x)-F(x)}{\Delta x} = \lim_{\Delta x\to 0^+} \frac{P\{x < X \leqslant x+\Delta x\}}{\Delta x} \tag{11.3.2}$$

从这里我们看到密度函数的定义与物理中的线密度的定义相类似，这就是为什么称 $f(x)$为密度函数的缘故.

由式(11.3.2)可知，若不计高阶无穷小，则有

$$P\{x < X \leqslant x+\Delta x\} \approx f(x)\Delta x \tag{11.3.3}$$

这表示 X 落在小区间$(x, x+\Delta x]$上的概率近似地等于 $f(x)\Delta x$.

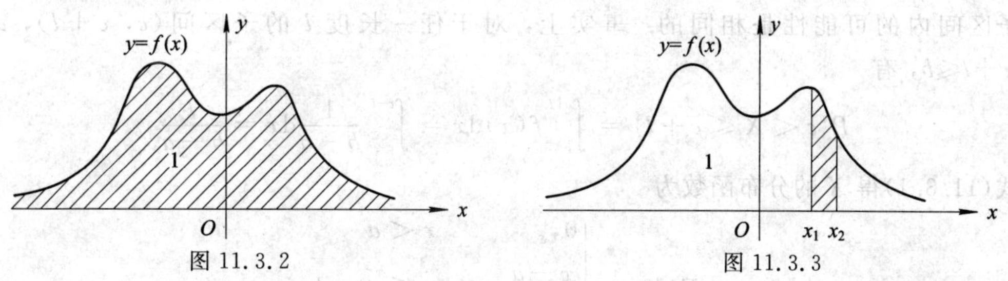

图 11.3.2　　　　图 11.3.3

例 11.3.1　设随机变量 X 具有密度函数

$$f(x) = \begin{cases} a\mathrm{e}^{-3x}, & x>0 \\ 0, & x\leqslant 0 \end{cases}$$

试求：(1) 常数 a；(2) $P\{X>0.1\}$；(3) X 的分布函数 $F(x)$.

解　(1) 由于 $\int_{-\infty}^{+\infty} f(x)\mathrm{d}x = 1$，即

$$\int_{-\infty}^{+\infty} f(x)\mathrm{d}x = \int_{0}^{+\infty} a\mathrm{e}^{-3x}\,\mathrm{d}x = \frac{1}{-3}\int_{0}^{+\infty} a\mathrm{e}^{-3x}\mathrm{d}(-3x) = \frac{a}{-3}\mathrm{e}^{-3x}\Big|_{0}^{+\infty} = \frac{a}{3} = 1$$

得 $a=3$. 于是 X 的密度函数为

$$f(x)=\begin{cases}3\mathrm{e}^{-3x}, & x>0\\ 0, & x\leqslant 0\end{cases}$$

(2) $P\{X>0.1\}=\int_{0.1}^{+\infty}f(x)\mathrm{d}x=\int_{0.1}^{+\infty}3\mathrm{e}^{-3x}\mathrm{d}x\approx 0.7408.$

(3) 由定义 $F(x)=\int_{-\infty}^{x}f(t)\mathrm{d}t$ 知：当 $x\leqslant 0$ 时，$F(x)=0$；当 $x>0$ 时，

$$F(x)=\int_{-\infty}^{x}f(t)\mathrm{d}t=\int_{0}^{x}3\mathrm{e}^{-3x}\mathrm{d}x=1-\mathrm{e}^{-3x}$$

所以

$$F(x)=\begin{cases}1-\mathrm{e}^{-3x}, & x>0\\ 0, & x\leqslant 0\end{cases}$$

11.3.2　几种常见的连续型分布

1. 均匀分布

定义 11.3.3　设随机变量 X 的密度函数为

$$f(x)=\begin{cases}\dfrac{1}{b-a}, & a<x<b\\ 0, & 其他\end{cases}\tag{11.3.4}$$

则称 X 在区间 (a, b) 内服从均匀分布，其中 a、b 为两个参数，且 $a<b$，并记为 $X\sim U(a, b)$.

$f(x)$ 的图形如图 11.3.4 所示，显然，$f(x)\geqslant 0$，且 $\int_{-\infty}^{+\infty}f(x)\mathrm{d}x=1$.

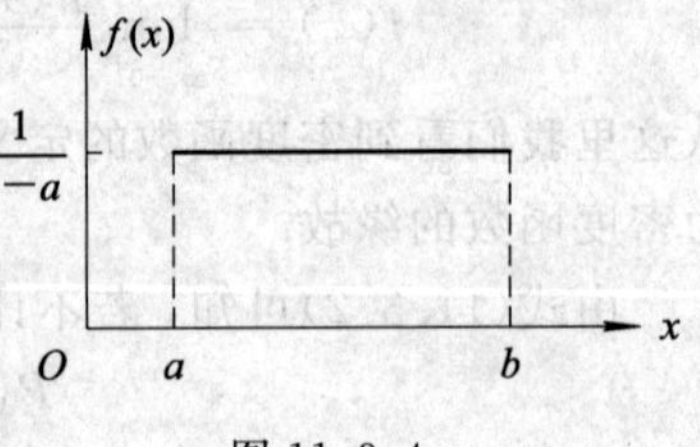

图 11.3.4

在区间 (a, b) 内服从均匀分布的随机变量 X 具有下述意义的等可能性，即它落在区间 (a, b) 中任意等长度的子区间内的可能性是相同的. 事实上，对于任一长度 l 的子区间 $(c, c+l)$，$a\leqslant c<c+l\leqslant b$，有

$$P\{c<X\leqslant c+l\}=\int_{c}^{c+l}f(x)\mathrm{d}x=\int_{c}^{c+l}\frac{1}{b-a}\mathrm{d}x=\frac{l}{b-a}$$

由式(11.3.1)得 X 的分布函数为

$$F(x)=\begin{cases}0, & x<a\\ \dfrac{x-a}{b-a}, & a\leqslant x<b\\ 1, & x\geqslant b\end{cases}$$

例 11.3.2　已知某路公交车每 5 分钟一趟，设 X 表示乘客在某车站的候车时间，求乘客候车时间不超过 3 分钟的概率.

解　显然，连续型随机变量 X 在 $[0, 5]$ 内服从均匀分布，故

$$f(x)=\begin{cases}\dfrac{1}{5}, & x\in[0, 5]\\ 0, & 其他\end{cases}$$

因而，$P(0 < X \leqslant 3) = \int_0^3 \frac{1}{5}\mathrm{d}x = \frac{3}{5}$，即候车时间不超过 3 分钟的概率为$\frac{3}{5}$.

2. 指数分布

定义 11.3.4　设随机变量 X 的密度函数为

$$f(x) = \begin{cases} \lambda \mathrm{e}^{-\lambda x}, & x > 0 \\ 0, & \text{其他} \end{cases} \tag{11.3.5}$$

其中 $\lambda>0$ 为常数，则称 X 服从参数为λ 的指数分布，记为 $X\sim e(\lambda)$.

易知 $f(x)\geqslant 0$，且$\int_{-\infty}^{+\infty} f(x)\mathrm{d}x = 1$. 图 11.3.5 中画出了 $\lambda=3$，$\lambda=1$，$\lambda=1/2$ 时 $f(x)$的图形.

由式(11.3.5)容易得到随机变量 X 的分布函数为

$$F(x) = \begin{cases} 1 - \mathrm{e}^{-\lambda x}, & x > 0 \\ 0, & \text{其他} \end{cases} \tag{11.3.6}$$

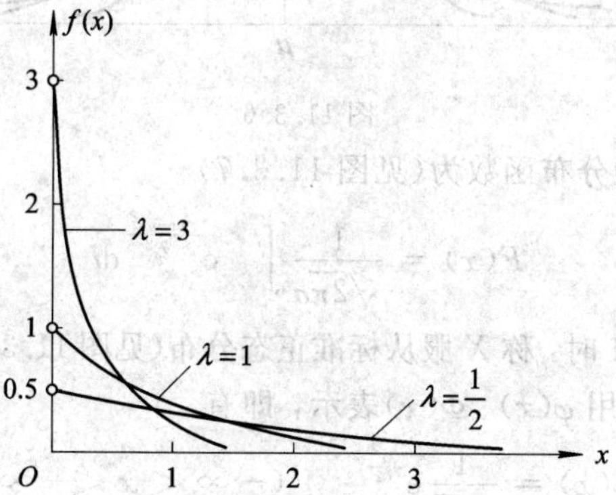

图 11.3.5

指数分布常见于下列情形：电子元件的使用寿命，随机服务系统的服务时间，机器正常工作的时间等. 指数分布在可靠性理论与排队论中有广泛的应用.

3. 正态分布

正态分布是概率统计中最重要的一种连续型分布，这是因为自然界及社会现象中，许多随机变量的取值都具有“中间多，两头少，左右对称”的特性. 例如，一大群人的身高，在正常状态下，个子很高或很矮的占少数，而大多数是中等身高. 又如在教育研究中，某门课程全体学生考试的原始分数一般呈现高分和低分的人较少，而中等成绩的人较多. 这些现象如用概率密度函数表示，其概率密度图像呈现一个“钟形”，因此，我们给出以下定义.

定义 11.3.5　设随机变量 X 的密度函数为

$$f(x) = \frac{1}{\sqrt{2\pi}\sigma}\mathrm{e}^{-\frac{(x-\mu)^2}{2\sigma^2}} \qquad (-\infty < x < +\infty) \tag{11.3.7}$$

其中 μ、$\sigma(\sigma>0)$为常数，则称 X 服从参数为 μ，σ 的正态分布或高斯分布，记为 $X\sim N(\mu, \sigma^2)$.

$f(x)$的图形如图 11.3.6 所示，正态分布的两个参数 μ 和 σ 分别称为位置参数和刻度参数. μ 决定曲线的对称位置，σ 决定曲线的陡缓和宽窄形态. 图 11.3.6 给出了固定 μ 值，σ 分别为 0.5、1.0、1.5 时的正态概率密度曲线. 它除满足密度函数的基本性质之外，还具有以下性质：

(1) $f(x)$相对于直线 $x=\mu$ 对称，在 $x=\mu\pm\sigma$ 处有拐点，且在 $x=\mu$ 处达到最大值.

(2) 当 x 趋于无穷时，曲线以 $y=0$ 为渐近线.

(3) 当 μ 固定时，σ 越大，曲线越平缓；σ 越小，曲线越陡.

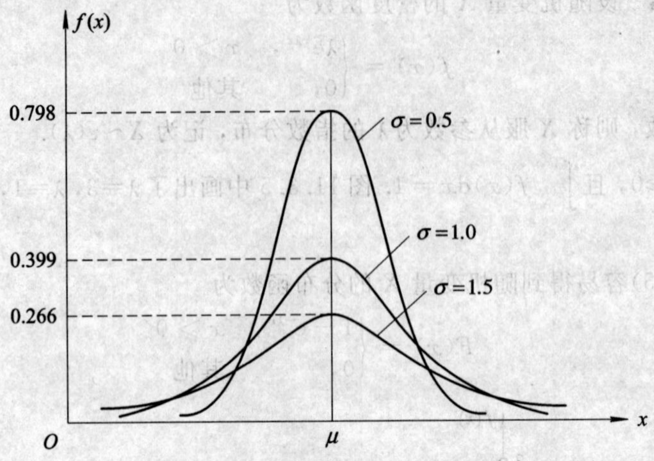

图 11.3.6

由式(11.3.7)得 X 的分布函数为(见图 11.3.7)

$$F(x)=\frac{1}{\sqrt{2\pi}\sigma}\int_{-\infty}^{x}e^{-\frac{(t-\mu)^2}{2\sigma^2}}\,dt \tag{11.3.8}$$

特别地，当 $\mu=0$，$\sigma=1$ 时，称 X 服从标准正态分布(见图 11.3.8)，记为 $X\sim N(0,1)$. 其密度函数和分布函数分别用 $\varphi(x)$、$\Phi(x)$表示，即有

$$\varphi(x)=\frac{1}{\sqrt{2\pi}}e^{-\frac{x^2}{2}}\quad(-\infty<x<+\infty) \tag{11.3.9}$$

$$\Phi(x)=\frac{1}{\sqrt{2\pi}}\int_{-\infty}^{x}e^{-\frac{t^2}{2}}\,dt \tag{11.3.10}$$

易知

$$\Phi(-x)=1-\Phi(x) \tag{11.3.11}$$

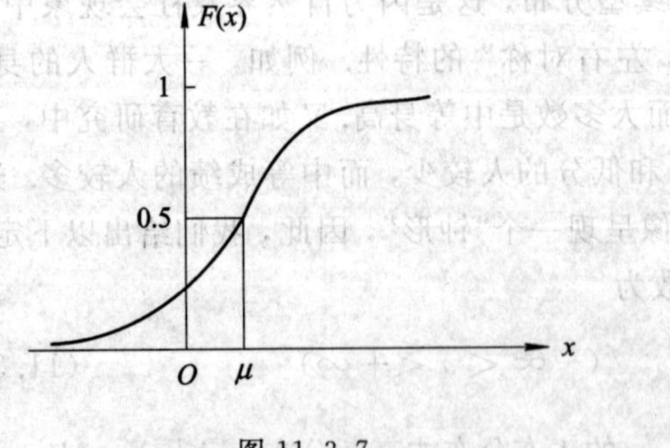

图 11.3.7

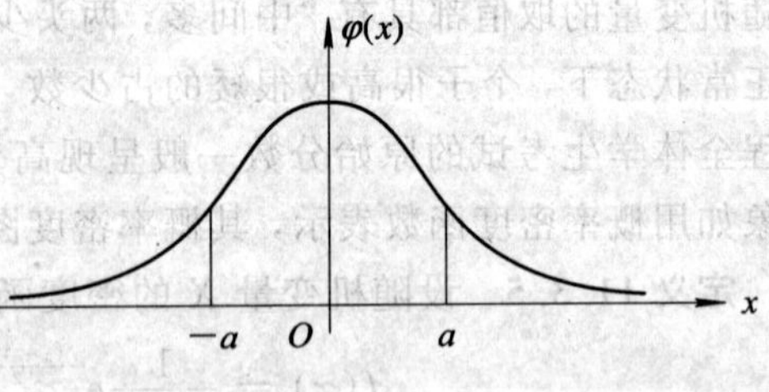

图 11.3.8

标准正态分布函数 $\Phi(x)$在正态分布的概率计算中起着重要作用，人们已编制了 $\Phi(x)$的函数值表可供查用(见附表 2). 利用坐标变换 $Z=\dfrac{X-\mu}{\sigma}$，我们可以把正态分布 $X\sim N(\mu,\sigma^2)$转换为标准正态分布 $Z\sim N(0,1)$.

例 11.3.3　设 $X\sim N(1, 4)$，计算：

(1) $P\{0<X\leqslant 1.6\}$；　(2) $P\{X>2\}$；　(3) $P\{|X|\leqslant 4\}$.

解　(1)
$$P\{0<X\leqslant 1.6\}=\Phi\left(\frac{1.6-1}{2}\right)-\Phi\left(\frac{0-1}{2}\right)=\Phi(0.3)-\Phi(-0.5)$$
$$=0.6179-[1-\Phi(0.5)]=0.6179-1+0.6915$$
$$=0.3094$$

(2)
$$P\{X>2\}=1-P\{X\leqslant 2\}=1-\Phi\left(\frac{2-1}{2}\right)=1-\Phi(0.5)=1-0.6915=0.3085$$

(3)
$$P\{|X|\leqslant 4\}=P\{-4\leqslant X\leqslant 4\}=\Phi\left(\frac{4-1}{2}\right)-\Phi\left(\frac{-4-1}{2}\right)=\Phi(1.5)-\Phi(-2.5)$$
$$=\Phi(1.5)-[1-\Phi(2.5)]=\Phi(1.5)-1+\Phi(2.5)$$
$$=0.3935$$

设 $X\sim N(\mu, \sigma^2)$，由 $\Phi(x)$ 的函数表还能得到（见图 11.3.9）：

$$P\{\mu-\sigma<X<\mu+\sigma\}=\Phi(1)-\Phi(-1)=2\Phi(1)-1=0.6826$$
$$P\{\mu-2\sigma<X<\mu+2\sigma\}=\Phi(2)-\Phi(-2)=0.9544$$
$$P\{\mu-3\sigma<X<\mu+3\sigma\}=\Phi(3)-\Phi(-3)=0.9974$$

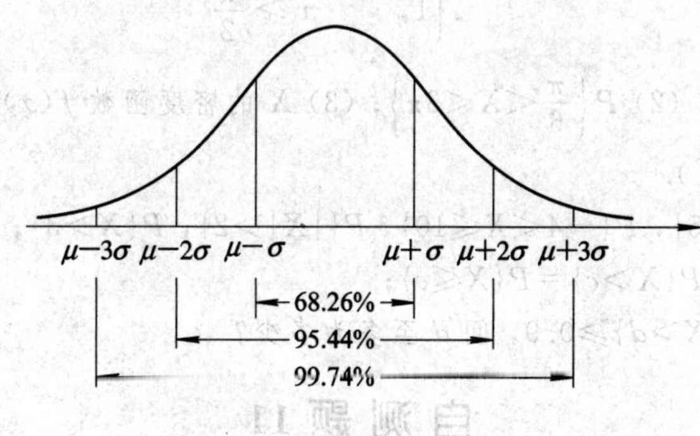

图 11.3.9

由此可见，在一次试验中，X 的值落在区间 $(\mu-3\sigma, \mu+3\sigma)$ 以外的概率可以忽略不计，这就是通常所说的 3σ 规则.

习　题　11

1. 从含有 10 个黑球及 3 个白球的袋中一个一个地随机摸球，在下列三种情形下，分别求出直到摸得黑球为止所需次数 X 的分布律：

(1) 每次取出的球，待观察颜色后，立即放回袋中再取下一个；

(2) 每次取出的球都不放回袋中；

(3) 每次取出一个球后总是放回一个黑球.

2. 一袋中装有 5 个编号为 1、2、3、4、5 的乒乓球，从袋中同时取 3 只，以 X 表示取出的 3 只乒乓球中的最大号码，写出随机变量 X 的分布律.

3. 假定人在一年 365 天中的任一天出生的概率是一样的，试问：在一个 730 人的单位中，至少有两人生于元旦的概率是多少？

4. 设随机变量 $X \sim \pi(\lambda)$，已知 $P\{X=1\}=P\{X=2\}$，求 $P\{X=4\}$ 的值.

5. 设随机变量 X 的密度函数为

$$f(x)=\begin{cases} ax, & 0<x<1 \\ 0, & \text{其他} \end{cases}$$

试求：(1) 常数 a；(2) X 的分布函数 $F(x)$.

6. 设随机变量 X 的分布函数为

$$F(x)=\begin{cases} 1-a\mathrm{e}^{-0.4x}, & x>0 \\ 0, & x \leqslant 0 \end{cases}$$

试求：(1) 常数 a；(2) $P\{X \geqslant 4\}$；(3) $P\{3<X<4\}$；(4) $P\{X=2.5\}$；(5) X 的密度函数 $f(x)$.

7. 设随机变量 X 在 $(1, 6)$ 内服从均匀分布，求 t 的方程 $t^2+Xt+1=0$ 有实根的概率.

8. 设随机变量 X 的分布函数为

$$F(x)=\begin{cases} 0, & x<0 \\ \sin x, & 0 \leqslant x<\dfrac{\pi}{2} \\ 1, & x \geqslant \dfrac{\pi}{2} \end{cases}$$

试求：(1) $P\left\{X<\dfrac{\pi}{4}\right\}$；(2) $P\left\{\dfrac{\pi}{6}<X<3\pi\right\}$；(3) X 的密度函数 $f(x)$.

9. 设 $X \sim N(3, 2^2)$.

(1) 求 $P\{2<X \leqslant 5\}$，$P\{-4<X \leqslant 10\}$，$P\{|X|>2\}$，$P\{X>3\}$；

(2) 确定 c，使得 $P\{X>c\}=P\{X \leqslant c\}$；

(3) 设 d 满足 $P\{X>d\} \geqslant 0.9$，问 d 至多为多少？

自测题 11

一、选择题

1. 设 $X \sim N(\mu, \sigma^2)$，那么当 σ 增大时，$P\{|X-\mu|<\sigma\}=($　　$)$.

A. 增大　　B. 减少　　C. 不变　　D. 增减不定

2. 设 X 的密度函数为 $f(x)$，分布函数为 $F(x)$，且 $f(x)=f(-x)$，那么对任意给定的 a 都有(　　).

A. $f(-a)=1-\int_0^a f(x)\mathrm{d}x$　　B. $F(-a)=\dfrac{1}{2}-\int_0^a f(x)\mathrm{d}x$

C. $F(a)=F(-a)$　　D. $F(-a)=2F(a)-1$

3. 下列函数中，可作为某一随机变量的分布函数的是(　　).

A. $F(x)=1+\dfrac{1}{x^2}$　　B. $F(x)=\dfrac{1}{2}+\dfrac{1}{\pi}\arctan x$

C. $F(x)=\begin{cases} \dfrac{1}{2}(1-\mathrm{e}^{-x}), & x>0 \\ 0, & x \leqslant 0 \end{cases}$

D. $F(x)=\int_{-\infty}^{x} f(t)\mathrm{d}t$，其中$\int_{-\infty}^{+\infty} f(t)\mathrm{d}t=1$

4. 假设随机变量 X 的分布函数为 $F(x)$，密度函数为 $f(x)$. 若 X 与 $-X$ 有相同的分布函数，则下列各式中正确的是（　　）.

A. $F(x)=F(-x)$　　B. $F(x)=-F(-x)$

C. $f(x)=f(-x)$　　D. $f(x)=-f(-x)$

5. 已知随机变量 X 的密度函数 $f(x)=\begin{cases}Ae^{-x}, & x\geqslant\lambda\\ 0, & x<\lambda\end{cases}$，$\lambda>0$，$A$ 为常数，则概率 $P\{\lambda<X<\lambda+a\}(a>0)$ 的值（　　）.

A. 与 a 无关，随 λ 的增大而增大　　B. 与 a 无关，随 λ 的增大而减小

C. 与 λ 无关，随 a 的增大而增大　　D. 与 λ 无关，随 a 的增大而减小

二、填空题

1. 设离散型随机变量 X 的分布律为 $P\{X=k\}=5A\left(\frac{1}{2}\right)^k$，$k=1, 2, \cdots$，则 $A=$________.

2. 已知随机变量 X 的密度函数为 $f(x)=\begin{cases}ax+b, & 0<x<1\\ 0, & 其他\end{cases}$，且 $P\{X>\frac{1}{2}\}=\frac{5}{8}$，则 $a=$________，$b=$________.

3. 设 $X\sim N(2, \sigma^2)$，且 $P\{2<X<4\}=0.3$，则 $P\{X<0\}=$________.

4. 一射手对同一目标独立地进行四次射击，若至少命中一次的概率为$\frac{80}{81}$，则该射手的命中率为________.

5. 若随机变量 ξ 在(1, 6)上服从均匀分布，则方程 $x^2+\xi x+1=0$ 有实根的概率是________.

三、解答题

1. 从一批有10个合格品与3个次品的产品中一件一件地抽取产品，各种产品被抽到的可能性相同，求在以下两种情况下，直到取出合格品为止，所求抽取次数的分布率：(1) 放回；(2) 不放回.

2. 设随机变量 X 的密度函数为 $f(x)=Ae^{-|x|}$，$-\infty<x<+\infty$. 求：

(1) 系数 A；

(2) $P\{0\leqslant x\leqslant 1\}$；

(3) 分布函数 $F(x)$.

3. 对球的直径进行测量，设其值均匀地分布在$[a, b]$内，求体积的密度函数.

4. 设在独立重复实验中，每次实验成功的概率为0.5，问需要进行多少次实验，才能使至少成功一次的概率不小于0.9?

5. 公共汽车车门的高度是按男子与车门碰头的机率在0.01以下来设计的，设男子的身高 $X\sim N(168, 7^2)$，问车门的高度应如何确定?

6. 设随机变量 X 的分布函数为 $F(x)=A+B\arctan x$，$-\infty<x<+\infty$. 求：

(1) 系数 A 与 B；

(2) X 落在$(-1,1)$内的概率;

(3) X 的分布密度.

阅读材料 11

诺贝尔经济学奖与数学

诺贝尔奖一开始就没有设立数学奖,可能是基于某种原因使诺贝尔认为不需设置数学奖,或是他从未想过该设数学奖.几十年后唯一的一次扩大的机会给了经济学,尽管只是一种纪念奖,奖金也不是来源于诺贝尔的遗产收入,但毕竟是对经济学科学地位的一种肯定,而诸多科学之基础的数学则无此幸运.

但诺贝尔奖并没有对数学家完全关上大门.在诺贝尔奖上,数学家不让经济学家专美.借用经济学这个敲门砖敲开诺贝尔奖大门的数学家大有人在.

这些人分三种情况.第一种是原来不是专门学经济的或数学的,或学经济学时辅修了数学,或原来是学的与数学比较接近的专业,如物理,研究成果也是以数学应用或数量分析为主,如以计量经济学出名的.他们算是半个学数学出身的.如第一位获得诺贝尔经济学奖的简·丁伯根,并非经济学科班出身.他 19 岁考入荷兰莱顿大学,攻读物理学,于 1929 年获得物理学博士学位,随后转行到经济学.1971 年,诺贝尔经济学奖获得者西蒙·史密斯·库兹涅茨(Simon Kuznets)在研究人口发展趋势及人口结构对经济增长和收入分配关系方面做出了巨大贡献,获得了经济学和数学两个专业的学士学位.1975 年,诺贝尔经济学奖获得者佳林·库普曼斯以优异成绩毕业于乌德勒支大学的数理系,是线性规划经济分析法的创立者.

第二种是数学科班出身,然后转行学经济,数学功底使他们在获奖路上受益匪浅.1972 年,诺贝尔经济学奖获得者英国人约翰·希克斯(John Hicks)17 岁时获取奖学金进入牛津大学克利夫顿学院和巴里奥学院学习数学.1923 年,他以优异的成绩通过了数学学位考试后,转行学经济.约翰·希克斯因其在一般均衡理论和福利经济学理论上的贡献,与美国哈佛大学教授肯尼斯·阿罗分享 1972 年诺贝尔经济学奖.

第三种是以数学家的身份获得诺贝尔经济学奖的获得者,他们在数学领域做出了贡献.1994 年 10 月 11 日,瑞典皇家科学院(The Royal Swedish Academy of Science)宣布美国普林斯顿大学(Princeton University)的数学家约翰·纳什获得当年的诺贝尔奖.后来 Keith Devlin 在美国数学协会(The Mathematical Association of America)的通讯 FOCUS 上写着“此为有 93 年历史的诺贝尔奖第一次颁给一位做纯数学研究的学者”.约翰·纳什广泛涉猎数学王国的每一个分支,如拓扑学、代数几何学、逻辑学、博弈论等,深深地为之着迷.约翰·纳什在上大学时就开始从事纯数学的博弈论研究,1948 年他到普林斯顿大学读数学系的博士学位.那一年他还不到 20 岁.当时普林斯顿可谓人杰地灵,大师如云.爱因斯坦、冯·诺依曼、列夫谢茨(数学系主任)、阿尔伯特·塔克、阿伦佐·切奇、哈罗德·库恩、诺尔曼·斯蒂恩罗德、埃尔夫·福克斯等全都在这里.约翰·纳什更是如鱼得水.1950 年 10 月,他骤感才思潮涌,梦笔生花.其中一个最耀眼的亮点就是日后被称之为“纳什均衡”的非合作博弈均衡的概念.约翰·纳什的主要学术贡献体现在 1950 年和 1951 年的两篇论文之中(包括一篇博士论文). 1950 年他把自己的研究成果写成题为“非合作博弈”的长篇博士论文，1950 年 11 月刊登在美国全国科学院每月公报上，立即引起轰动. 这源于师兄戴维·盖尔之功. 约翰·纳什一日遇到戴维·盖尔，告诉他自己已经将冯·诺依曼的“最小最大原理”推到非合作博弈领域，找到了普遍化的方法和均衡点. 戴维·盖尔听得很认真，他终于意识到约翰·纳什的思路比冯·诺伊曼的合作博弈的理论更能反映现实的情况，而对其严密优美的数学证明极为赞叹. 戴维·盖尔建议他马上整理出来发表. 约翰·纳什当时根本不知道竞争的险恶，从未想过要这么做. 结果还是戴维·盖尔充当了他的“经纪人”，代为起草致科学院的短信，系主任列夫谢茨则亲自将文稿递交给科学院，才得以发表. “纳什均衡”的概念是与著名的“囚犯悖论”联系在一起的，对亚当·斯密“看不见的手”提出了挑战，实际上动摇了西方经济学的基石. 约翰·纳什写的文章不多，但都是精品中的精品.

实际上研究经济的，鲜有不与数学打交道的，从而鲜有不使用数学工具的. 重商学派代表人物，法国经济学家弗朗斯瓦·魁奈的《经济表》，可以说是较早用数量分析方法研究经济中的分配问题. 虽然用的主要是算术方法，但这种分析方法给后人以极大的启示. 无产阶级革命导师马克思曾说过：“一门科学只有成功地运用数学时，才算达到完善的地步了”. 马克思甚至为此在不懈践行着，其《数学手稿》就是最好的见证，这对于当时一位社会学家来说，其数学已达到相当水平. 如果假以时日，其在边际分析上的贡献，也许不亚于马歇尔.

资料来源：百度百科

第12章 随机变量的数字特征

随机变量的概率分布能完整地表示随机变量的统计规律，但在实际问题中往往难以确定所考虑的随机变量的概率分布，而且对有些问题来说，并不需要对随机变量做全面的描述，只需知道它在某些方面的特征. 例如，在研究水稻品种优劣时，时常关心的是稻穗的平均稻谷粒数；再如检查一批学生成绩时，既需要注意学生的平均成绩，又需要注意学生成绩与平均成绩的偏离程度，平均成绩较高、偏离程度较小，教学质量就较好. 从上面的例子可以看出，与随机变量有关的某些数值，虽然不能完整地描述随机变量，但能描述随机变量在某些方面的重要特征. 这些数字特征在理论和实践上具有重要意义.

本章主要讲述离散型随机变量的数学期望、连续型随机变量的数学期望、随机变量的函数的数学期望、数学期望的性质、方差的概念、方差的计算、方差的性质等内容.

本章的基本要求如下：

(1) 理解数学期望与方差的概念，掌握它们的性质与计算方法.

(2) 了解二项分布、泊松分布、正态分布、均匀分布、指数分布的数学期望与方差.

12.1 数学期望

12.1.1 离散型随机变量的数学期望

定义 12.1.1 设离散型随机变量 X 的分布律为

$$p_k = P\{X = x_k\} \qquad (k = 1, 2, \cdots)$$

若

$$\sum_k |x_k| p_k < +\infty$$

则称 $\sum_k x_k p_k$ 为随机变量 X 的数学期望，简称期望或均值，记为 $E(X)$. 即

$$E(X) = \sum_k x_k p_k \tag{12.1.1}$$

期望公式(12.1.1)实际上是随机变量 X 的取值以概率为权的加权平均，其物理意义为：质量为单位 1 的一根金属细棒，其质量散布在坐标为 x_1，x_2，…的质点 M_1，M_2，…上，其中质点 M_k的质量为 p_k，则金属细棒的重心位置就是 $\sum_k x_k p_k$，因此用期望刻画分布的中心位置是合理的.

例 12.1.1 设 X 服从参数为 p 的 0 - 1 分布，求 $E(X)$.

解　X 的分布律为

$$p_k = P\{X = k\} = p^k (1-p)^{1-k} \qquad (k = 0, 1;\ 0 < p < 1)$$

由公式(12.1.1)得

$$E(X) = 0 \times (1-p) + 1 \times p = p$$

例 12.1.2　甲、乙两人进行打靶，所得环数分别记为 X_1、X_2，它们的分布律分别为

X_1	7	8	9	10
概率	0.2	0.2	0.2	0.4

X_2	7	8	9	10
概率	0.1	0.3	0.5	0.1

试评定他们的成绩的好坏.

解　由公式(12.1.1)得

$$E(X_1) = 7 \times 0.2 + 8 \times 0.2 + 9 \times 0.2 + 10 \times 0.4 = 8.8\ (\text{环})$$

这意味着，如果甲进行多次射击，则所得环数的平均值就接近于 8.8. 类似得

$$E(X_2) = 7 \times 0.1 + 8 \times 0.3 + 9 \times 0.5 + 10 \times 0.1 = 8.6\ (\text{环})$$

显然，乙的成绩不如甲的成绩.

例 12.1.3　设 $X \sim B(n, p)$，求 $E(X)$.

解　X 的分布律为

$$p_k = P\{X = k\} = \binom{n}{k} p^k q^{n-k} \qquad (k = 0, 1, 2, \cdots, n;\ q = 1-p)$$

由公式(12.1.1)得

$$\begin{aligned} E(X) &= \sum_{k=0}^{n} k p_k = \sum_{k=1}^{n} k \binom{n}{k} p^k q^{n-k} = \sum_{k=1}^{n} \frac{n!}{(k-1)!(n-k)!} p^k q^{n-k} \\ &= np \sum_{k-1}^{n} \frac{(n-1)!}{(k-1)!(n-1-(k-1))!} p^{k-1} q^{n-1-(k-1)} \quad (\text{令 } l = k-1) \\ &= np \sum_{l=0}^{n-1} \binom{n-1}{l} p^l q^{n-1-l} = np(p+q)^{n-1} = np \end{aligned}$$

例 12.1.4　设 $X \sim \pi(\lambda)$，求 $E(X)$.

解　X 的分布律为

$$P\{X = k\} = \frac{\lambda^k \mathrm{e}^{-\lambda}}{k!} \qquad (k = 0, 1, 2, \cdots;\ \lambda > 0)$$

由公式(12.1.1)得

$$E(X) = \sum_{k=0}^{+\infty} k \frac{\lambda^k \mathrm{e}^{-\lambda}}{k!} = \lambda \mathrm{e}^{-\lambda} \sum_{k=1}^{+\infty} \frac{\lambda^{k-1}}{(k-1)!} = \lambda \mathrm{e}^{-\lambda} \cdot \mathrm{e}^{\lambda} = \lambda$$

12.1.2　连续型随机变量的数学期望

连续型随机变量的数学期望的定义，可以类比离散型随机变量的数学期望的定义而给出，即它可看做是离散型随机变量的数学期望的“演变”：将 $\sum\limits_k x_h p_k$ 中的 x_k 变为 x，p_k 变为 $f(x)\mathrm{d}x$，$\sum$ 变为 $\int$，从而有下述定义.

定义 12.1.2　设连续型随机变量 X 的密度函数为 $f(x)$，若

$$\int_{-\infty}^{+\infty} |x| f(x)\mathrm{d}x < +\infty$$

则称积分 $\int_{-\infty}^{+\infty} xf(x)\mathrm{d}x$ 的值为随机变量 X 的数学期望，记为 $E(X)$. 即

$$E(X) = \int_{-\infty}^{+\infty} xf(x)\mathrm{d}x \tag{12.1.2}$$

数学期望 $E(X)$ 完全由随机变量 X 的概率分布所确定. 若 X 服从某一分布，也称 $E(X)$ 是这一分布的数学期望.

例 12.1.5 设 $X \sim U(a, b)$，求 $E(X)$.

解 X 的密度函数为

$$f(x) = \begin{cases} \dfrac{1}{b-a}, & a < x < b \\ 0, & \text{其他} \end{cases}$$

由公式(12.1.2)得

$$E(X) = \int_{-\infty}^{+\infty} xf(x)\mathrm{d}x = \int_a^b \frac{x}{b-a}\mathrm{d}x = \frac{a+b}{2}$$

即数学期望位于区间(a, b)的中点.

例 12.1.6 设 $X \sim N(\mu, \sigma^2)$，求 $E(X)$.

解 X 的密度函数为

$$f(x) = \frac{1}{\sqrt{2\pi}\sigma}\mathrm{e}^{-\frac{(x-\mu)^2}{2\sigma^2}} \quad (-\infty < x < +\infty)$$

由公式(12.1.2)得

$$E(X) = \frac{1}{\sqrt{2\pi}\sigma}\int_{-\infty}^{+\infty} x\mathrm{e}^{-\frac{(x-\mu)^2}{2\sigma^2}}\mathrm{d}x \xlongequal{\text{令 } t = \frac{x-\mu}{\sigma}} \frac{1}{\sqrt{2\pi}}\int_{-\infty}^{+\infty} (\mu + \sigma t)\mathrm{e}^{-\frac{t^2}{2}}\mathrm{d}t$$

$$= \mu + \frac{1}{\sqrt{2\pi}}\int_{-\infty}^{+\infty} \sigma t\mathrm{e}^{-\frac{t^2}{2}}\mathrm{d}t = \mu$$

12.1.3 数学期望的几个重要性质

以下设所遇到的随机变量的数学期望均存在.

(1) 设 C 是常数，则有 $E(C)=C$；

(2) 设 X 是一个随机变量，C 是常数，则有 $E(CX)=CE(X)$；

(3) 设 X、Y 是两个随机变量，则有 $E(X+Y)=E(X)+E(Y)$，这一性质可以推广到任意有限多个随机变量之和的情况；

(4) 设 X、Y 是两个相互独立的随机变量，则有 $E(XY)=E(X)E(Y)$，这一性质可以推广到任意有限多个相互独立的随机变量之积的情况；

(5) 若 $Y=g(X)$，则当 X 为离散型随机变量时，

$$E(Y) = E[g(X)] = \sum_k g(x_k)P\{X = x_k\} \tag{12.1.3}$$

当 X 为连续型随机变量时，

$$E(Y) = E[g(X)] = \int_{-\infty}^{+\infty} g(x)f(x)\mathrm{d}x \tag{12.1.4}$$

例 12.1.7　将 n 个球随机地放入 m 个盒子中去，设每个球放入各个盒子是等可能的，求有球的盒子数 X 的数学期望.

解　记

$$X_i=\begin{cases}0, & \text{第 } i \text{ 个盒子中无球}\\ 1, & \text{第 } i \text{ 个盒子中有球}\end{cases}\qquad (i=1, 2, \cdots, m)$$

则

$$X=\sum_{i=1}^{m} X_i$$

由题意知，任一个球不落入第 i 个盒子的概率为 $1-\frac{1}{m}$，因此 n 个球都不落入第 i 个盒子的概率为

$$P\{X_i=0\}=\left(1-\frac{1}{m}\right)^n$$

从而

$$P\{X_i=1\}=1-P\{X_i=0\}=1-\left(1-\frac{1}{m}\right)^n \qquad (i=1, 2, \cdots, m)$$

于是

$$E(X_i)=1-\left(1-\frac{1}{m}\right)^n \quad (i=1, 2, \cdots, m)$$

由数学期望的性质(3)，可得

$$E(X)=E\Big(\sum_{i=1}^{m} X_i\Big)=\sum_{i=1}^{m} E(X_i)=m\left[1-\left(1-\frac{1}{m}\right)^n\right]$$

本题是将 X 分解成多个随机变量之和，然后利用数学期望的性质求 X 的数学期望，这种处理方法具有一定的普遍意义，若使用恰当，则可使复杂问题简单化.

12.2　方　　差

随机变量的数学期望反映了它取值的“平均数”，但仅此是不够的，因为它不能反映随机变量取值的分散程度. 例如甲、乙两只手表日走时误差平均值都是 0 s，但甲表的误差范围是 ±1 s，而乙表的误差范围是 ±2 s，显然甲表优于乙表.

12.2.1　方差与标准差

12.1 节中介绍的数学期望 $E(X)$ 是随机变量 X 的一个重要的数字特征，它表示随机变量 X 的平均值，但在实际应用中有时还需要考察 X 与 $E(X)$ 的偏离程度. 例如，有一批灯泡，知其平均寿命是 $E(X)=1800$ h，为了评定这批灯泡质量的好坏，还需进一步考察灯泡寿命 X 与其均值 $E(X)$ 的偏离程度，偏离程度越小，灯泡质量就越稳定.

用什么量去度量这个偏离程度呢？如果用偏差 $X-E(X)$ 来度量，这是一个随机变量，不能以某一次的值为标准，只能以偏差的平均值为准，但 $E[X-E(X)]=0$. 如果用 $E\{|X-E(X)|\}$ 来度量，由于该式带有绝对值，运算不方便. 为运算方便起见，通常是用 $E\{[X-E(X)]^2\}$ 来度量随机变量 X 与其均值 $E(X)$ 的偏离程度.

定义 12.2.1　设 X 是一随机变量，若 $E\{[X-E(X)]^2\}$ 存在，则称 $E\{[X-E(X)]^2\}$ 为 X 的方差，记为 $D(X)$ 或 $\mathrm{Var}(X)$，即

$$D(X)=\mathrm{Var}(X)=E\{[X-E(X)]^2\} \tag{12.2.1}$$

$\sqrt{D(X)}$ 是与随机变量 X 具有相同量纲的量，称 $\sqrt{D(X)}$ 为 X 的标准差或均方差，记为 $\sigma(X)$.

随机变量 X 的方差表示了 X 的取值与其数学期望 $E(X)$ 的偏离程度. 若 $D(X)$ 较小，则表明 X 的取值比较集中在数学期望 $E(X)$ 的附近；反之，若 $D(X)$ 较大，则表明 X 的取值比较分散. 因此，$D(X)$ 是刻画 X 取值分散程度的一个量，它是衡量 X 取值分散程度的一个尺度.

由定义知，方差实际上就是随机变量 X 的函数 $g(X)=[X-E(X)]^2$ 的数学期望. 于是对于离散型随机变量 X，若其分布律为 $p_k=P\{X=x_k\}$，$k=1, 2, \cdots$，按式(12.1.3)，则有

$$D(X)=\sum_k [x_k-E(X)]^2 p_k \tag{12.2.2}$$

对于连续型随机变量 X，若其密度函数为 $f(x)$，按式(12.1.4)，则有

$$D(X)=\int_{-\infty}^{+\infty}[x-E(X)]^2 f(x)\mathrm{d}x \tag{12.2.3}$$

利用期望的性质，容易得到计算方差的简化公式：

$$D(X)=E(X^2)-[E(X)]^2 \tag{12.2.4}$$

例 12.2.1　设随机变量 X 具有数学期望 $E(X)=\mu$，方差 $D(X)=\sigma^2\neq 0$. 记

$$X^*=\frac{X-\mu}{\sigma}$$

求 $E(X^*)$ 和 $D(X^*)$.

解　$$E(X^*)=\frac{1}{\sigma}E(X-\mu)=\frac{1}{\sigma}[E(X)-\mu]=0$$

$$D(X^*)=E(X^{*2})-[E(X^*)]^2=E\left[\left(\frac{X-\mu}{\sigma}\right)^2\right]=\frac{1}{\sigma^2}[E(X-\mu)^2]=\frac{\sigma^2}{\sigma^2}=1$$

即 $X^*=\dfrac{X-\mu}{\sigma}$ 的数学期望为 0，方差为 1. X^* 称为 X 的标准化变量.

例 12.2.2　设随机变量 $X\sim B(1, p)$，其分布律为

$$P\{X=0\}=1-p,\quad P\{X=1\}=p$$

求 $D(X)$.

解　$$E(X)=0\cdot(1-p)+1\cdot p=p$$

$$E(X^2)=0^2\cdot(1-p)+1^2\cdot p=p$$

由式(12.2.4)得

$$D(X)=E(X^2)-[E(X)]^2=p-p^2=p(1-p)$$

例 12.2.3　设 $X\sim\pi(\lambda)$，求 $D(X)$.

解　X 的分布律为

$$P\{X=k\}=\frac{\lambda^k \mathrm{e}^{-\lambda}}{k!}\qquad(k=0, 1, 2, \cdots;\ \lambda>0)$$

例 12.1.4 已经算得 $E(X)=\lambda$，而

$$E(X^2)=E[X(X-1)+X]=E[X(X-1)]+E(X)=\sum_{k=1}^{+\infty}k(k-1)\frac{\lambda^k e^{-\lambda}}{k!}+\lambda$$

$$=\lambda^2 e^{-\lambda}\sum_{k=2}^{+\infty}\frac{\lambda^{k-2}}{(k-2)!}+\lambda=\lambda^2 e^{-\lambda}e^{\lambda}+\lambda=\lambda^2+\lambda$$

因此，由式(12.2.4)得

$$D(X)=E(X^2)-[E(X)]^2=\lambda$$

由此可知，泊松分布的数学期望与方差相等，都等于参数 λ. 因为泊松分布只含有一个参数 λ，所以只要知道它的数学期望或方差就能完全确定它的分布了.

例 12.2.4　设 $X\sim U(a,b)$，求 $D(X)$.

解　X 的密度函数为

$$f(x)=\begin{cases}\dfrac{1}{b-a}, & a<x<b\\ 0, & 其他\end{cases}$$

例 12.1.5 已经算得 $E(X)=\dfrac{a+b}{2}$. 故由式(12.2.4)得

$$D(X)=E(X^2)-[E(X)]^2=\int_a^b x^2\frac{1}{b-a}dx-\left(\frac{a+b}{2}\right)^2=\frac{(b-a)^2}{12}$$

例 12.2.5　设随机变量 X 服从指数分布，其密度函数为

$$f(x)=\begin{cases}\lambda e^{-\lambda x}, & x>0\\ 0, & x\leqslant 0\end{cases}\quad(\lambda>0)$$

求 $E(X)$和 $D(X)$.

解　$E(X)=\int_{-\infty}^{+\infty}xf(x)dx=\int_0^{+\infty}x\lambda e^{-\lambda x}dx=-xe^{-\lambda x}\Big|_0^{+\infty}+\int_0^{+\infty}e^{-\lambda x}dx=\dfrac{1}{\lambda}$

$$E(X^2)=\int_{-\infty}^{+\infty}x^2 f(x)dx=\int_0^{+\infty}x^2\lambda e^{-\lambda x}dx=-x^2 e^{-\lambda x}\Big|_0^{+\infty}+\int_0^{+\infty}2xe^{-\lambda x}dx=\frac{2}{\lambda^2}$$

于是由式(12.2.4)得

$$D(X)=E(X^2)-[E(X)]^2=\frac{2}{\lambda^2}-\frac{1}{\lambda^2}=\frac{1}{\lambda^2}$$

即有

$$E(X)=\frac{1}{\lambda},\quad D(X)=\frac{1}{\lambda^2}$$

12.2.2　方差的性质

以下假设所遇到的随机变量的方差均存在.

(1) 设 C 是常数，则 $D(C)=0$；

(2) 设 X 是随机变量，C 是常数，则有 $D(CX)=C^2D(X)$；

(3) 设 X、Y 是两个随机变量，则有

$$D(X+Y)=D(X)+D(Y)+2E\{[X-E(X)][Y-E(Y)]\}\quad(12.2.5)$$

特别地，若 X、Y 相互独立，则有

$$D(X+Y)=D(X)+D(Y)\quad(12.2.6)$$

这一性质可以推广到任意有限多个相互独立的随机变量之和的情况；

(4) $D(X)=0$ 的充分必要条件是 X 以概率 1 取常数 C，即

$$P\{X=C\}=1$$

显然，这里 $C=E(X)$.

例 12.2.6 设 $X\sim B(n, p)$，求 $E(X)$ 和 $D(X)$.

解 由二项分布的定义知，随机变量 X 是 n 重伯努利试验中事件 A 发生的次数，且在每次试验中事件 A 发生的概率为 p. 设 X_k 为第 k 次试验中事件 A 发生的次数($k=1, 2, \cdots, n$)，则 X_k 服从参数为 p 的 0－1 分布，且相互独立，并有

$$X=\sum_{k=1}^{n} X_k$$

由例 12.2.2 知，$E(X_k)=p$，$D(X_k)=p(1-p)$，$k=1, 2, \cdots, n$. 故知

$$E(X)=E\left(\sum_{k=1}^{n} X_k\right)=\sum_{k=1}^{n} E(X_k)=np$$

又由方差性质(3)，可得

$$D(X)=D\left(\sum_{k=1}^{n} X_k\right)=\sum_{k=1}^{n} D(X_k)=np(1-p)$$

即

$$E(X)=np, \quad D(X)=np(1-p)$$

例 12.2.7 设随机变量 X 的密度函数为

$$f(x)=\begin{cases} ax^2+bx+c, & 0\leqslant x\leqslant 1 \\ 0, & \text{其他} \end{cases}$$

已知 $E(X)=0.5$，$D(X)=0.15$，求常数 a、b、c.

解
$$\int_{-\infty}^{+\infty} f(x)\mathrm{d}x=\int_0^1 (ax^2+bx+c)\mathrm{d}x=\frac{a}{3}+\frac{b}{2}+c$$

$$E(X)=\int_{-\infty}^{+\infty} xf(x)\mathrm{d}x=\int_0^1 x(ax^2+bx+c)\mathrm{d}x=\frac{a}{4}+\frac{b}{3}+\frac{c}{2}$$

$$E(X^2)=\int_{-\infty}^{+\infty} x^2 f(x)\mathrm{d}x=\int_0^1 x^2(ax^2+bx+c)\mathrm{d}x=\frac{a}{5}+\frac{b}{4}+\frac{c}{3}$$

由 $\int_{-\infty}^{+\infty} f(x)\mathrm{d}x=1$，$E(X)=0.5$，$E(X^2)=D(X)+[E(X)]^2=0.4$ 得关于 a、b、c 的方程组

$$\begin{cases} \dfrac{a}{3}+\dfrac{b}{2}+c=1 \\ \dfrac{a}{4}+\dfrac{b}{3}+\dfrac{c}{2}=0.5 \\ \dfrac{a}{5}+\dfrac{b}{4}+\dfrac{c}{3}=0.4 \end{cases}$$

解得 $a=12$，$b=-12$，$c=3$.

正态分布的密度函数中的两个参数 μ 和 σ 分别就是该分布的数学期望和均方差，因而正态分布完全可由它的数学期望和方差所确定.

若 $X_i\sim N(\mu_i, \sigma_i^2)$，$i=1, 2, \cdots, n$，且它们相互独立，则它们的线性组合：$C_1X_1+C_2X_2+\cdots+C_nX_n$($C_1, C_2, \cdots, C_n$ 是不全为 0 的常数)仍然服从正态分布，于是由数学期望和方差的性质可知

$$C_1X_1+C_2X_2+\cdots+C_nX_n\sim N\left(\sum_{i=1}^{n}C_i\mu_i,\ \sum_{i=1}^{n}C_i^2\sigma_i^2\right)$$

这是一个重要的结果.

例如，若 $X\sim N(0,1)$，$Y\sim N(1,1)$且 X、Y 相互独立，则 $Z=2X-5Y$ 也服从正态分布，而 $E(Z)=2\times0-5\times1=-5$，$D(Z)=2^2\times1+5^2\times1=29$，故有 $Z\sim N(-5,29)$.

习　题　12

1. 设随机变量 X 的分布律为 $P\left\{X=(-1)^{k+1}\dfrac{5^k}{k}\right\}=\dfrac{4}{5^k}$，$k=1,2,\cdots$，说明 X 的数学期望不存在.

2. 有 3 只球，4 只盒子，盒子的编号为 1、2、3、4. 将球逐个独立、随机地放入 4 只盒子里. 以 X 表示其中至少有 1 只球的盒子的最小号码(例如 $X=3$ 表示第 1 号、第 2 号盒子是空的，第 3 只盒子至少有 1 只球)，试求 $E(X)$.

3. 设随机变量 X 的分布律为

X	-1	0	1
概率	0.4	0.4	0.2

求 $E(X)$、$E(X^2)$、$E(3X^2+5)$.

4. 设随机变量 X 的密度函数为 $f(x)=\mathrm{e}^{-2|x|}$，求 $E(X)$和 $E(X^2)$.

5. 设随机变量 X 服从参数为 λ 的泊松分布($\lambda>0$)，且已知 $E[(X-2)(X-3)]=2$，求 λ 的值.

6. 设随机变量 $X\sim U(a,b)$，求 $E(2X)$和 $E(\mathrm{e}^{-2X})$.

7. 设随机变量 $X_1\sim U(1,3)$，$X_2\sim U(0,2\pi)$.

(1) 求 $E(X_1+3X_2)$和 $E(X_1-3X_2^2)$；

(2) 又设 X_1、X_2 相互独立，求 $E(X_1X_2)$.

8. 设随机变量 X 的密度函数为

$$f(x)=\begin{cases}ax(1-x), & 0\leqslant x\leqslant 1\\ 0, & \text{其他}\end{cases}$$

试求：

(1) 常数 a 的值；

(2) $P\{|X-E(X)|<\sqrt{5D(X)}\}$.

9. 设随机变量 X 的分布函数为

$$F(x)=\begin{cases}0, & x<-1\\ A+B\arcsin x, & -1\leqslant x<1\\ 1, & x\geqslant 1\end{cases}$$

试确定常数 A、B，并求 $E(X)$和 $D(X)$.

10. 设随机变量 X 的密度函数为

$$f(x)=\begin{cases}ax, & 0<x<2\\ cx+b, & 2\leqslant x<4\\ 0, & \text{其他}\end{cases}$$

已知 $E(X)=2$，$P\{1<X<3\}=\dfrac{3}{4}$. 求：

(1) a、b、c 的值；

(2) 随机变量 $Y=e^X$ 的数学期望和方差.

自测题 12

一、选择题

1. 掷一颗均匀的骰子 600 次，那么出现"一点"次数的均值为(　　).

A. 50　　B. 100　　C. 120　　D. 150

2. 设 X_1、X_2、X_3 相互独立并服从参数 $\lambda=3$ 的泊松分布，令 $Y=\dfrac{1}{3}(X_1+X_2+X_3)$，则 $E(Y^2)=$(　　).

A. 1　　B. 9　　C. 10　　D. 6

3. 对于任意两个随机变量 X 和 Y，若 $E(XY)=E(X)\cdot E(Y)$，则(　　).

A. $D(XY)=D(X)\cdot D(Y)$　　B. $D(X+Y)=D(X)+D(Y)$

C. X 和 Y 相互独立　　D. X 和 Y 不独立

4. 设 $X\sim\pi(\lambda)$，且 $E[(X-1)(X-2)]=1$，则 $\lambda=$(　　).

A. 1　　B. 2　　C. 3　　D. 0

5. 设随机变量 X 和 Y 的方差存在且不等于 0，则 $D(X+Y)=D(X)+D(Y)$ 是 X 和 Y 的(　　).

A. 不相关的充分条件，但不是必要条件

B. 独立的必要条件，但不是充分条件

C. 不相关的充分必要条件

D. 独立的充分必要条件

二、填空题

1. 已知 $X\sim N(-2, 0.4^2)$，则 $E(X+3)^2=$________.

2. 设 $X\sim N(10, 0.6)$，$Y\sim N(1, 2)$，且 X 与 Y 相互独立，则 $D(3X-Y)=$________.

3. 设 X 的概率密度为 $f(x)=\dfrac{1}{\sqrt{\pi}}e^{-x^2}$，则 $D(X)=$________.

4. 设随机变量 X_1、X_2、X_3 相互独立，其中 X_1 在[0, 6]上服从均匀分布，X_2 服从正态分布 $N(0, 2^2)$，X_3 服从参数为 $\lambda=3$ 的泊松分布，记 $Y=X_1-2X_2+3X_3$，则 $D(Y)=$________.

5. 设 $D(X)=25$，$D(Y)=36$，$p_{xy}=0.4$，则 $D(X+Y)=$________.

三、解答题

1. 盒中有7个球，其中4个白球、3个黑球，从中任抽取3个球，求抽到白球数X的数学期望$E(X)$和方差$D(X)$.

2. 有一物品的重量为1克，2克，…，10克是等概率的，为用天平称此物品的重量准备了三组砝码，甲组有五个砝码分别为1克、2克、2克、5克、10克，乙组分别为1克、1克、2克、5克、10克，丙组分别为1克、2克、3克、4克、10克，只准用一组砝码放在天平的一个称盘里称重量，问哪一组砝码称重物时所用的砝码数平均最少？

3. 公共汽车起点站于每小时的10分、30分、55分发车，该顾客不知发车时间，在每小时内的任一时刻随机到达车站，求乘客候车时间的数学期望(准确到秒).

4. 设排球队A与B比赛，若有一队胜4场，则比赛宣告结束. 假设A、B在每场比赛中获胜的概率均为1/2，试求平均需比赛几场才能分出胜负？

5. 一袋中有n张卡片，分别记为1，2，…，n，从中有放回地抽取出k张，以X表示所得号码之和，求$E(X)$和$D(X)$.

阅读材料12

数学界的"诺贝尔奖"——菲尔兹奖

菲尔兹奖(Fields Medal，全名 The International Medals for Outstanding Discoveries in Mathematics)是一个在国际数学联盟的国际数学家大会上颁发的奖项. 每四年颁奖一次，颁给有卓越贡献的年轻数学家，每次最多4人得奖. 得奖者须在该年元旦前未满40岁. 它是据加拿大数学家约翰·查尔斯·菲尔兹的要求设立的. 菲尔兹奖被视为数学界的诺贝尔奖.

第一次菲尔兹奖颁发于1936年，而后每4年一次. 当时并没有在世界上引起多大注意. 连许多数学专业的大学生也未必知道这个奖，科学杂志也不报道获奖者及其业绩. 然而30年以后的情况就完全不一样了. 每次国际数学家大会的召开，从国际上权威性的数学杂志到一般性的数学刊物，都争相报道获奖人物. 菲尔兹奖的声誉不断提高，终于被人们确认：对于青年人来说，菲尔兹奖是国际上最高的数学奖.

菲尔兹奖的一个最大特点是奖励年轻人，只授予40岁以下的数学家(这一点在刚开始时似乎只是个不成文的规定，后来则正式作出了明文规定)，即授予那些能对未来数学发展起到重大作用的人.

菲尔兹奖是一枚金质奖章和1500美元的奖金，奖章的正面是阿基米德的浮雕头像. 奖金数目与诺贝尔奖金相比可以说是微不足道，但为什么在人们的心目中，它的地位如此崇高呢？主要原因有三：第一，它是由数学界的国际权威学术团体——国际数学联合会主持，从全世界的第一流青年数学家中评定、遴选出来的；第二，它是在每隔4年才召开一次的国际数学家大会上隆重颁发的，且每次获奖者仅2至4名(一般只有2名)，因此获奖的机会比诺贝尔奖还要少；第三，也是最根本的一条是由于得奖人的出色才干，赢得了国际社会的声誉. 正如20世纪著名数学家外尔，对1954年两位获奖者的评价："他们所达到的高度是自己未曾想到的”，“自己从未见过这样的明星在数学天空中灿烂升起”，“数学界为你们二位所做的工作感到骄傲”. 以上三点证明了菲尔兹奖对青年数学家来说是世界上最高的国际数学奖.

菲尔兹奖的授奖仪式，都在每次国际数学家大会开幕式上隆重举行，先由执委会主席(即评委会主席)宣布获奖名单，全场掌声雷动；接着由东道国的重要人物(当地市长、所在国科学院院长甚至国王、总统)或评委会主席或众望所归的著名数学家授予奖章和奖金；最后由一些权威数学家分别、逐一简要评价得奖人的主要数学成就.

资料来源：百度百科

第 13 章　数理统计基础

由前几章可知，概率是描述某事件发生可能性的大小的一个数，其值是确定的. 然而，社会现象中有些结果往往不能随意地准确表示出来. 数理统计是以概率论为基础，依据部分观测去推断整体内在规律的一个数学分支. 它涉及如何对数据进行收集、整理和分析，如何对结论加以表述和解释等问题. 本章仅对数理统计的一些基本概念和基本方法做一简单介绍.

本章主要讲述样本、总体、参数与参数空间、直方图与经验分布函数、统计量、χ^2 分布、t 分布和 F 分布、分位数、正态总体的抽样分布等内容.

本章的基本要求如下：

(1) 理解总体、个体、样本和统计量的概念.

(2) 了解直方图的作法.

(3) 掌握样本均值、样本方差的计算.

(4) 了解 χ^2 分布、t 分布、F 分布的定义，并会查表计算.

(5) 了解分位数的概念，并会查表计算.

(6) 了解正态总体的某些常用统计量的分布.

早期的统计只局限于对整体数据的收集、整理、分析并作出推断，是计量及计数的观测值. 而近代统计则是通过研究整体的一部分来推断整体的特征. 因此，统计作为一门学科，可以归纳为两类：描述统计与推断统计(又称统计推断).

1. 描述统计

简单地说，描述统计是对整个总体的调查与描述. 在描述统计中，人们对所得到的数据进行归类、整理，再计算出反映这些数据特征的一些指标，如平均值、方差等，以便对这些数据进行描述，但并不对更大范围的数据作出结论. 例如，要了解某地区初中生的生长发育情况，就需要经各个指标进行登记、造表，归纳分类，计算出平均身高、体重及标准差等.

描述统计一般有以下几个步骤：

(1) 利用频数分布表或频数分布图对全部数据进行归类整理，从而揭示和发现这组数据的内在规律.

(2) 利用频数分布表计算出反映这组数据集中趋势的量(称之为集中量)，用它来作为这组数据的代表值或水平值. 常见的集中量有平均数、中位数(即一组依大小顺序排列的数据中处于正中间位置的数)和众数(即一组数据中出现次数最多的数).

(3) 计算出反映一组数据变异程度的量(称为差异量数),用它来考察一组数据的分散程度.常见的差异量数有标准差、四分位差(即相对中位数来考察分散程度的量)等.

2. 统计推断

上面我们看到,描述统计是研究对象的全部资料,然而实际中,这样做常常是不可行的. 其原因之一是要得到全部资料,需耗费大量人力、物力、财力和时间,二是有些试验带有破坏性(比如研究一些电子产品的寿命). 因此,许多问题只能通过研究想要了解的全体中相对较少的量的代表样本,并从这些代表样本中得出关于全体的结论. 统计推断就是研究如何对收集到的局部数据进行整理、分析,并对所考察的对象的整体特性做出尽可能准确、可信的推测和判断.其内容包括参数估计、假设检验、方差分析和回归分析等. 统计推断是数理统计的主体.

数理统计是一门应用性很强的学科,目前它已被广泛而深入地应用到科学技术、工农业生产、医疗卫生、生物遗传、气象预报、水文地质、社会经济、人文学科等各个领域中. 可以说,几乎在人类活动的一切领域都能不同程度地找到它的应用. 例如,在航天工程中,航天器的设计、定型和飞行过程中试验数据的处理;在工业生产中,产品质量的检查和控制;在社会经济领域中,抽样调查和市场预测等,都要用到数理统计. 同时,数理统计的广泛应用也促进了其自身的不断发展,使其内容更加丰富. 本章仅对统计推断中的参数估计、假设检验做简单介绍,为今后的应用打下必要的基础.

13.1 总体和样本

试验是科学研究的根本方法之一. 数理统计中的试验都是抽样试验. 总体与样本是抽样试验中最常用的两个基本概念.

13.1.1 总体

总体又称母体,指一个统计问题所研究的对象的全体. 总体中的每一个研究对象称为个体. 例如:研究某钢厂生产的一批钢筋的质量,则这批钢筋就是一个总体,其中每一根钢筋是个体;对某一地区农民家庭的经济情况进行调查,该地区的全体农户是总体,每一农户是个体;为了治理某一江水的污染问题,以 500 毫升的水为单位进行各种化验,这一条江的江水是总体,每 500 毫升的水是个体.总体所含个体的数量称为总体容量. 当总体容量有限时,称为有限总体;否则,称为无限总体. 显然,上述例子中前两个总体都是有限总体,后一个则是无限总体.

在实际研究中,人们所关心的并不是总体中的每个个体本身,而是它们的某一项数量指标,以及这项数量指标取值的分布情况. 如在上述例子中,主要是考察每根钢筋的抗拉强度、每个农民家庭一年的收入、每 500 毫升的水中磷酸盐的浓度,以及每个数值在所有可能的数值中所占的比率. 因此,我们把总体也可以看做由所考察的某一项数量指标所有可能取的值组成的集合,记做 X. 集合 X 中的数值可能有重复,每一个数值表示一个个体，且不相等的数值在 X 中所占的比率可能不同. 总体 X 中的每个数值按一定比率分布的规律称为总体分布.

13.1.2　样本

样本又称子样，指按某一方式从统计总体中抽取的部分个体. 样本中的每个个体又称为样品. 一个样本中所含样品的个数称为样本容量. 抽取样本的过程称为抽样. 抽取样本的方式称为抽样方法.

应当指出，样本是具有二重性的. 一方面，抽样前样本中的每个样品的取值都具有随机性，即每个样品都是随机变量；另一方面，抽样后样本中的样品都是确定的数值. 在理论研究中，我们把样本中的每个样品都看做随机变量. 总体 X 的一个容量为 n 的样本，通常用 n 个随机变量 $X_1, X_2, \cdots, X_n$ 来表示，记做 $(X_1, X_2, \cdots, X_n)$，这是一个 n 维随机变量. 进行一次具体的抽样之后得到 n 个确定的数值，记为 $(x_1, x_2, \cdots, x_n)$，称之为样本 $(X_1, X_2, \cdots, X_n)$ 的一个观测值，简称样本值.

由于从总体中抽取样本可以有各种不同的方法，为了使样本既能很好地反映总体情况，又在数学上便于处理，对所抽取的样本常常提出某些要求，最基本的要求有以下两个：

(1) 样本中的各个样品是独立的随机变量，称为独立性；

(2) 样本中的每一个样品都与总体有相同的概率分布，称为同一性.

基于样本的上述两个基本要求，我们引入以下简单随机样本的概念.

定义 13.1.1　设 $(X_1, X_2, \cdots, X_n)$ 是来自总体 X 的一个样本，若 $X_1, X_2, \cdots, X_n$ 相互独立，且每个样品 $X_i (i=1, 2, \cdots, n)$ 都与总体 X 有相同的概率分布，则称 $(X_1, X_2, \cdots, X_n)$ 为总体 X 的一个简单随机样本，简称样本.

若总体 X 具有分布函数 $F(x)$，则样本 $(X_1, X_2, \cdots, X_n)$ 的联合分布函数为

$$F^*(x_1, x_2, \cdots, x_n) = F(x_1)F(x_2)\cdots F(x_n) \tag{13.1.1}$$

如果总体 X 为离散型随机变量，其概率分布为 $P\{X = x_i\} = p(x_i)$，$i = 1, 2, \cdots$，则样本 $(X_1, X_2, \cdots, X_n)$ 的联合概率分布为

$$P\{X_1 = x_1, X_2 = x_2, \cdots, X_n = x_n\} = p(x_1)p(x_2)\cdots p(x_n) \tag{13.1.2}$$

其中 $x_1, x_2, \cdots, x_n$ 为 $X_1, X_2, \cdots, X_n$ 的任一个可能的观测值；若总体 X 为连续型随机变量，其密度函数为 $f(x)$，则样本 $(X_1, X_2, \cdots, X_n)$ 的联合密度函数为

$$f^*(x_1, x_2, \cdots, x_n) = f(x_1)f(x_2)\cdots f(x_n) \tag{13.1.3}$$

13.1.3　频率直方图

样本既然来自总体，自然带有总体分布的有关信息. 那么当总体分布未知时，可以根据样本值的分布情况来近似地确定总体分布. 频率直方图就是近似估计总体分布的一种简单而常用的形式.

实际中，样本通常是一堆杂乱无章的数据，不经过一定的整理就难于提取有用的信息. 整理数据的一种常用方法是将这些数据的所属区间适当地分成若干个小区间，相应地这些数据也就分成了若干个数组. 若总体为连续型随机变量，以数据在各数组中出现的频率代替相应区间上的概率作频率直方图，便可得到总体密度函数的一种近似估计.

设总体 X 为连续型随机变量的密度函数 $f(x)$ 是未知的，$(x_1, x_2, \cdots, x_n)$ 是 X 的一个样本值，作频率直方图的具体方法如下：

(1) 将样本值适当分组：先从样本值中找出最小值 m 和最大值 M，即

$$m = \min\{x_1, x_2, \cdots, x_n\}, \quad M = \max\{x_1, x_2, \cdots, x_n\}$$

取 a 略小于 m，b 略大于 M，则区间 $[a, b]$ 是包含样本值的区间. 再将区间 $[a, b]$ 等分为一个小区间，分点记为 $a=t_0<t_1<\cdots<t_l=b$，且每个分点 t_i 的值应比样本值多取一位小数. 相应地，样本值也分成了 l 个数组. 每个小区间 $(t_{i-1}, t_i]$ 的长度 $h=(b-a)/l$ 称为组距，小区间的个数 l 称为组数. 经验表明，组数 l 要适当选定，过小会掩盖各组内数据的变动情况，过大则将突出随机性的影响而降低稳定性，从而看不出明显的规律. 当样本容量 $n\geqslant 50$ 时，组数 l 应以 7 到 18 个为宜，且使每个小区间中都有样本值中的数据.

(2) 确定频数和频率：设第 i 个小区间 $(t_{i-1}, t_i]$ 中样本值的个数称为频数 f_i；频数除以样本容量 n，则相应的频率为 $v_i=\dfrac{f_i}{n}(1\leqslant i\leqslant l)$；把第 1 组至第 i 组的频数、频率累加，称为第 i 组的累计频率.

(3) 作频率直方图：在每个小区间 $(t_{i-1}, t_i]$ 上，以小区间为底、y_i 为高作矩形，矩形面积即为 v_i，由 l 个矩形构成的图形就叫做频率直方图. 频率直方图近似总体密度函数 $f(x)$ 的图形，且样本容量 n 愈大，近似程度愈好.

例 13.1.1 某厂生产圆钉的长度 L 是一个连续型随机变量，从中抽取 100 个测量其长度后得数据如下：(单位为 mm)

152.2	156.9	157.3	160.9	159.5	163.8	154.8
160.4	158.5	154.2	155.1	156.9	155.5	161.9
159.1	151.6	162.3	160.4	152.9	148.6	160.2
156.1	160.4	162.7	156.3	160.1	153.5	153.6
149.1	154.2	156.5	159.9	159.9	154.9	154.7
156.1	157.7	152.5	157.7	155.0	160.9	152.6
155.5	155.5	165.5	155.1	155.7	155.2	162.8
152.9	152.0	157.1	158.6	153.6	159.8	150.9
158.3	153.3	158.5	150.5	157.2	155.8	159.9
152.0	161.1	152.5	155.0	156.7	157.5	153.7
164.7	150.0	155.0	158.9	163.7	151.5	164.4
148.1	156.0	163.6	152.7	153.8	156.9	152.7
160.7	151.1	154.1	150.8	147.0	155.6	158.8
151.8	165.8	148.5	161.2	153.8	151.3	150.5
154.0	149.6					

试作出试验数据的频率直方图.

解 因数据中的最小值 $m=147.0$，最大值 $M=165.8$，取 $a=145.95$，$b=165.95$. 将区间 $[145.95, 165.95]$ 10 等分，每个小区间的长 $h=2$. 这样，将 100 个数据分为 10 组，每组数据的频数 f_i 和频率 v_i 及 y_i 值如表 13.1.1 所示. 在每个小区间上以对应的 y_i 值为高作矩形，即得试验数据的频率直方图(见图 13.1.1). 从直观上看，直方图的上边近似于正态密度曲线.

表 13.1.1

各组范围	频数 f_i	频率 $v_i=f_i/100$	$y_i=v_i/2$
145.95～147.95	1	0.01	0.005
147.95～149.95	5	0.05	0.025
149.95～151.95	10	0.10	0.050
151.95～153.95	16	0.16	0.080
153.95～155.95	20	0.20	0.100
155.95～157.95	15	0.15	0.075
157.95～159.95	12	0.12	0.060
159.95～161.95	10	0.10	0.050
161.95～163.95	6	0.06	0.030
163.95～165.95	5	0.05	0.025

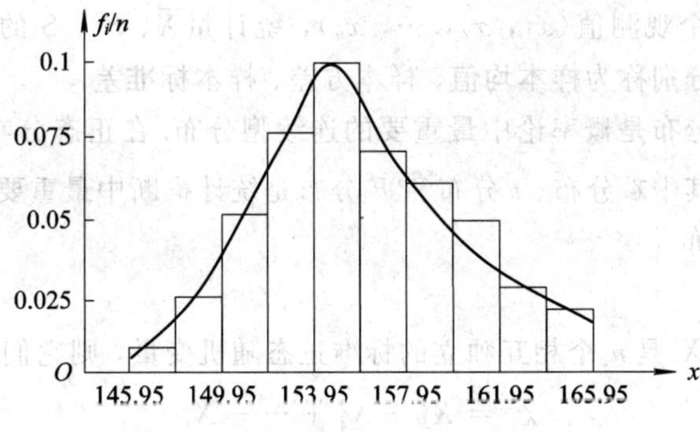

图 13.1.1

13.2 统计量及其分布

样本是总体的代表和反映，但是抽取样本后，并不是直接利用样本进行推断，而是需要借助于样本的函数.

定义 13.2.1 设$(X_1, X_2, \cdots, X_n)$是来自总体 X 的一个样本，且 $g(X_1, X_2, \cdots, X_n)$是$(X_1, X_2, \cdots, X_n)$的一个函数. 若 $g(X_1, X_2, \cdots, X_n)$中不含任何未知参数，则称$g(X_1, X_2, \cdots, X_n)$为统计量.

简言之，统计量是不含未知参数的样本的函数. 由于统计量是用来推断总体分布中某些未知因素的，因此它本身不能含有任何未知参数. 显然，统计量 $g(X_1, X_2, \cdots, X_n)$也是随机变量，若$(x_1, x_2, \cdots, x_n)$是样本$(X_1, X_2, \cdots, X_n)$的一个观测值，则称 $g(x_1, x_2, \cdots, x_n)$为统计量$g(X_1, X_2, \cdots, X_n)$的一个观测值.

下面给出数理统计中最常用的一类统计量. 设$(X_1, X_2, \cdots, X_n)$是来自总体 X 的一个样本，我们定义：

(1) 样本均值：

$$\overline{X}=\frac{1}{n}\sum_{i=1}^{n}X_i \tag{13.2.1}$$

(2) 样本方差：

$$S^2=\frac{1}{n-1}\sum_{i=1}^{n}(X_i-\overline{X})^2 \tag{13.2.2}$$

(3) 样本标准差：

$$S=\sqrt{S^2}=\sqrt{\frac{1}{n-1}\sum_{i=1}^{n}(X_i-\overline{X})^2} \tag{13.2.3}$$

(4) 样本 k 阶原点矩：

$$A_k=\frac{1}{n}\sum_{i=1}^{n}X_i^k \quad (k=1, 2, \cdots) \tag{13.2.4}$$

(5) 样本 k 阶中心矩：

$$B_k=\frac{1}{n}\sum_{i=1}^{n}(X_i-\overline{X})^k \quad (k=1, 2, \cdots) \tag{13.2.5}$$

相应于样本的一个观测值$(x_1, x_2, \cdots, x_n)$，统计量$\overline{X}$、S^2、S 的观测值分别记为 $\overline{x}$、s^2、s. 这些观测值仍分别称为样本均值、样本方差、样本标准差.

我们知道，正态分布是概率论中最重要的连续型分布. 在正态分布的基础上又可产生出各种各样的分布，其中χ^2分布、t 分布和 F 分布是统计推断中最重要的三种连续型分布，通常称为三种重要分布.

1. χ^2分布

设 $X_1, X_2, \cdots, X_n$ 是 n 个相互独立的标准正态随机变量，则它们的平方和

$$\chi^2=X_1^2+X_2^2+\cdots+X_n^2 \tag{13.2.6}$$

称做自由度为 n 的 χ^2 变量，其概率分布称做自由度为 n 的χ^2分布，记为$\chi^2\sim\chi^2(n)$. $f(x)$ 的图形如图 13.2.1 所示.

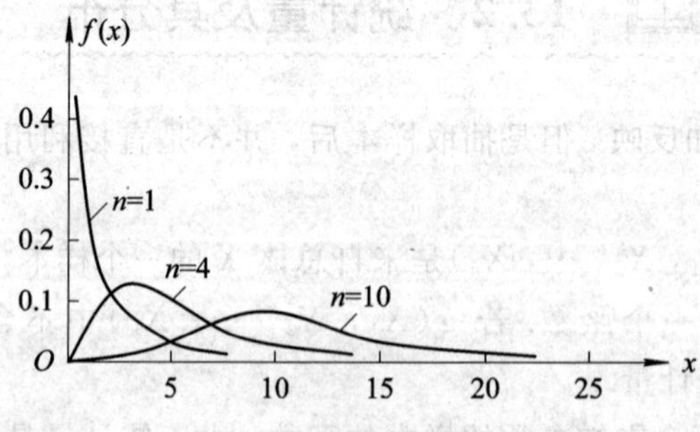

图 13.2.1

由χ^2分布的定义容易证明：若 $X\sim\chi^2(n)$，$Y\sim\chi^2(m)$，且 X 与 Y 相互独立，则

$$X+Y\sim\chi^2(n+m)$$

即两个独立的χ^2变量和仍为χ^2变量，且和的自由度等于两个χ^2变量的自由度之和，称之为χ^2的可加性.

2. t 分布

设 $X \sim N(0, 1)$，$Y \sim \chi^2(n)$，且 X 和 Y 相互独立，则

$$t = \frac{X}{\sqrt{\frac{Y}{n}}} \tag{13.2.7}$$

称做自由度为 n 的 t 变量，其概率分布称做自由度为 n 的 t 分布，记为 $t \sim t(n)$. $f(x)$的图形如图 13.2.2 所示.

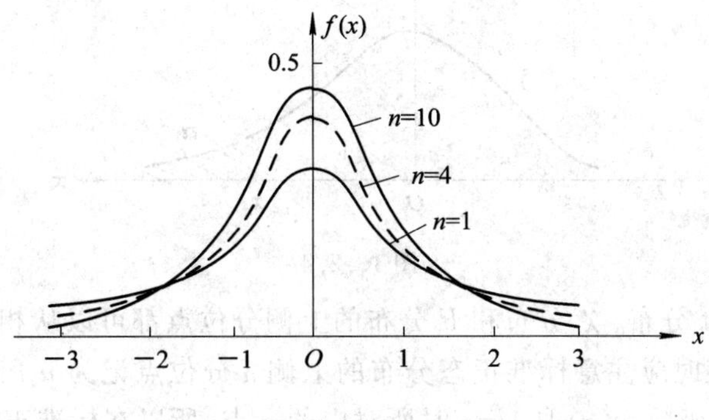

图 13.2.2

由图 13.2.2 可以看出，t 变量的密度曲线关于 $x=0$ 对称，并且形状类似于标准正态变量的密度曲线. 故当 n 很大时，$t(n)$分布近似于 $N(0, 1)$分布，但对于较小的 n，$t(n)$与 $N(0, 1)$相差就很大.

3. F 分布

设 $X \sim \chi^2(n_1)$，$Y \sim \chi^2(n_2)$，且 X 与 Y 相互独立，则

$$F = \frac{X/n_1}{Y/n_2} \tag{13.2.8}$$

称做自由度为(n_1, n_2)的 F 变量，其概率分布称做自由度为(n_1, n_2)的 F 分布，记为 $F \sim F(n_1, n_2)$. 其中 n_1 和 n_2 分别称做 $F(n_1, n_2)$分布的第一自由度和第二自由度. $f(x)$的图形如图 13.2.3 所示.

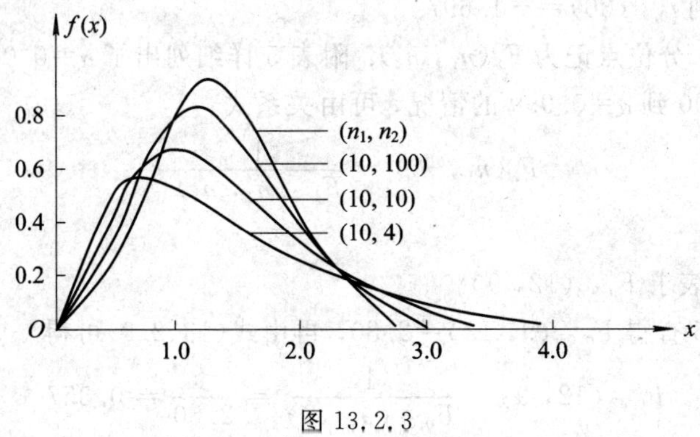

图 13.2.3

由 F 变量的定义容易证明：若 $F \sim F(n_1, n_2)$，则有 $\frac{1}{F} \sim F(n_2, n_1)$.

定义 13.2.2　设 X 是一连续型随机变量，其密度函数为 $f(x)$. 对于给定的正数 α

$(0<\alpha<1)$，称满足

$$P\{X > x_\alpha\} = \int_{x_\alpha}^{+\infty} f(x)\,\mathrm{d}x = \alpha$$

的点 x_α 为 X 的上侧 α 分位点.

X 的上侧 α 分位点 x_α 的几何意义：对于给定的正数 $\alpha(0<\alpha<1)$，在 x 轴上必存在一点 x_α，使得在点 x_α 右侧 X 的密度曲线 $y=f(x)$ 与 x 轴所围成的图形面积等于 α（见图 13.2.4）.

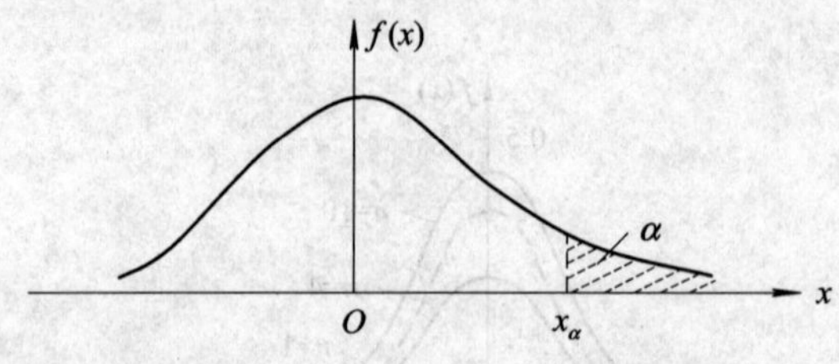

图 13.2.4

标准正态分布、t 分布、χ^2 分布和 F 分布的上侧分位点都可以从相应的附表(附表 2～附表 5)中查得，查表时应注意标准正态分布的上侧 α 分位点记为 u_α. 由 u_α 的几何意义知，u_α 即为标准正态分布函数 $\Phi(z)$ 取 $1-\alpha$ 时所对应的 z 点. 所以在标准正态分布表中查 $\Phi(z)$ 等于 $1-\alpha$ 所对应的 z 点，即得 u_α 的值. 应当注意，当 $0.5<\alpha<1$ 时，$u_\alpha<0$，无法从标准正态分布表中直接查得 u_α，这时可利用 $N(0, 1)$ 分布的对称性，$-u_\alpha=u_{1-\alpha}>0$，通过查 $u_{1-\alpha}$ 的值求得 u_α.

例 13.2.1 查表求 $u_{0.05}$、$u_{0.995}$ 和 $\chi^2_{0.1}(25)$.

解 对于 $u_{0.05}$，$\alpha=0.05$，$1-\alpha=0.95$，从附表 2 中查 $\Phi(z)$ 取 0.95 所对应的 z 点为 1.645，即得 $u_{0.05}=1.645$.

对于 $u_{0.995}$，$\alpha=0.995>0.5$，查表得 $u_{0.005}=2.575$，所以 $u_{0.995}=-2.575$.

对于 $\alpha=0.1$，$n=25$，从附表 4 可查得 $\chi^2_{0.1}(25)=34.382$.

例 13.2.2 查表求 $t_{0.01}(10)$ 和 $t_{0.95}(30)$ 的值.

解 对于 $t_{0.01}(10)$，从附表 3 可查得 $t_{0.01}(10)=2.764$. 对于 $t_{0.95}(30)$，从附表 3 可查得 $t_{0.05}(30)=1.697$，则 $t_{0.95}(30)=-1.697$.

F 分布的上侧 α 分位点记为 $F_\alpha(n_1, n_2)$. 附表 5 详细列出了 $\alpha=0.001$ 到 $\alpha=0.10$ 的上侧分点. 对于 $\alpha=0.90$ 到 $\alpha=0.999$ 的情况，可由关系式

$$F_\alpha(n_1, n_2) = \frac{1}{F_{1-\alpha}(n_2, n_1)} \tag{13.2.9}$$

确定 $F_\alpha(n_1, n_2)$.

例 13.2.3 查表求 $F_{0.95}(12, 9)$.

解 先从附表 5 查得 $F_{0.05}(9, 12)=2.80$，再由式(13.2.9)可得

$$F_{0.95}(12, 9) = \frac{1}{F_{0.05}(9, 12)} = \frac{1}{2.80} = 0.357$$

统计量的分布称为抽样分布. 在用统计量进行统计推断时，常常需要知道它的概率分布. 当总体的分布已知时，统计量的分布理论上是可以确定的，然而要求出其分布的具体表示形式(如分布函数、密度函数、分布律)，一般来说是困难的. 不过当总体为正态总体

时，抽样分布比较容易确定，况且正态总体是最常见的总体.

由于统计量为随机变量，当总体 X 的期望值 μ、方差 σ^2 给定后，容易得到以下重要结论.

定理 13.2.1　设$(X_1, X_2, \cdots, X_n)$是来自总体 X 的一个样本，$E(X)=\mu$，$D(X)=\sigma^2$，则

$$E(\overline{X})=\mu, \quad D(\overline{X})=\frac{\sigma^2}{n}$$

定理 13.2.2　设$(X_1, X_2, \cdots, X_n)$是来自正态总体 $N(\mu, \sigma^2)$的一个样本，$\overline{X}$ 是样本均值，则

$$\overline{X} \sim N\left(\mu, \frac{\sigma^2}{n}\right)$$

由此定理，立即得到 $Z=\dfrac{\overline{X}-\mu}{\sigma}\sqrt{n} \sim N(0, 1)$. 当 σ 已知时，利用 Z 的分布，可以对总体均值 μ 进行推断.

定理 13.2.3　设$(X_1, X_2, \cdots, X_n)$是来自正态总体 $N(\mu, \sigma^2)$的一个样本，$\overline{X}$与 S^2 分别是样本均值和样本方差，则

(1) $\dfrac{(n-1)S^2}{\sigma^2} \sim \chi^2(n-1)$；

(2) $\overline{X}$与 S^2 相互独立.

定理 13.2.4　设$(X_1, X_2, \cdots, X_n)$是来自正态总体 $N(\mu, \sigma^2)$的一个样本，$\overline{X}$与 S^2 分别是样本均值和样本方差，则

$$\frac{\overline{X}-\mu}{\dfrac{S}{\sqrt{n}}} \sim t(n-1) \tag{13.2.10}$$

定理 13.2.5　设$(X_1, X_2, \cdots, X_n)$与$(Y_1, Y_2, \cdots, Y_n)$分别是来自正态总体 $N(\mu_1, \sigma_1^2)$与 $N(\mu_2, \sigma_2^2)$的样本，且二者相互独立. 再设$\overline{X}$与$\overline{Y}$分别是这两个样本的样本均值，S_1^2与 S_2^2 分别是这两个样本的样本方差，则

(1) 当 $\sigma_1^2=\sigma_2^2=\sigma^2$ 时，

$$\frac{(\overline{X}-\overline{Y})-(\mu_1-\mu_2)}{S_\omega\sqrt{\dfrac{1}{n_1}+\dfrac{1}{n_2}}} \sim t(n_1+n_2-2) \tag{13.2.11}$$

其中

$$S_\omega=\sqrt{S_\omega^2}, \quad S_\omega^2=\frac{(n_1-1)S_1^2+(n_2-1)S_2^2}{n_1+n_2-2}$$

(2)

$$\frac{S_1^2/S_2^2}{\sigma_1^2/\sigma_2^2} \sim F(n_1-1, n_2-1) \tag{13.2.12}$$

习　题　13

1. 设总体 X 服从二项分布 $B(1, p)$，即 $P\{X=1\}=p$，$P\{X=0\}=1-p$. 其中 p 是未

知参数，$(X_1, X_2, \cdots, X_5)$是来自总体 X 的一个样本. 指出 $X_1^2+X_3^2$，$\max\{X_1, X_2, \cdots, X_5\}$，$(\overline{X}-p)^2$，$A_2+2p$ 中哪些是统计量，哪些不是？为什么？

2. 从一大批 40 瓦的灯泡中随机抽取 10 个进行寿命试验，得到数据如下(单位为小时)：

1050，1100，1080，1120，1200，1250，1040，1130，1300，1200

求其样本均值$\overline{X}$与样本方差 S^2.

3. 查表求下列上侧分位点的值或近似值：

(1) $u_{0.075}$，$u_{0.75}$；(2) $\chi^2_{0.01}(18)$；(3) $t_{0.95}(36)$；(4) $F_{0.001}(15, 29)$，$F_{0.995}(44, 35)$.

4. 从正态总体 $N(52, 6.3^2)$中随机抽取一个容量为 36 的样本，求样本均值$\overline{X}$落在 50.8 与 53.8 之间的概率.

5. 从总体 $N(3.4, 6^2)$中抽取容量为 n 的样本，如果要求样本均值落在区间(1.4, 5.4)内的概率不小于 0.95，问样本容量 n 至少应取多大？

6. 设$(X_1, X_2, \cdots, X_{10})$是总体 $N(0, 0.2^2)$的一个样本，求 $P\{\sum_{i=1}^{10} X_i^2 > 0.1576\}$.

7. 从总体 $N(10, 4)$中随机抽取一容量为 5 的样本$(X_1, X_2, \cdots, X_5)$，求：

(1) $P\{|\overline{X}-10|<1\}$；

(2) $P\{\max\{X_1, X_2, \cdots, X_5\}>10\}$.

8. 已知 $X\sim t(n)$，求证 $X^2\sim F(1, n)$.

自测题 13

一、选择题

1. 设 $X\sim N(\mu, \sigma^2)$，其中 μ 已知，σ^2 未知，(X_1, X_2, X_3)为来自正态总体 $X\sim N(\mu, \sigma^2)$的样本，则下列选项中不是统计量的是(　　).

A. $X_1+X_2+X_3$　　B. $\max\{X_1, X_2, X_3\}$

C. $\sum_{i=1}^{3} \frac{X_i^2}{\sigma^2}$　　D. $X_1-\mu$

2. 设 $X\sim\beta(1, p)$，$(X_1, X_2, \cdots, X_n)$是来自 X 的样本，那么下列选项中不正确的是(　　).

A. 当 n 充分大时，近似有$\overline{X}\sim N\left(p, \frac{p(1-p)}{n}\right)$

B. $P\{\overline{X}=k\}=C_n^k p^k(1-p)^{n-k}$，$k=0, 1, 2, \cdots, n$

C. $P\{\overline{X}=\frac{k}{n}\}=C_n^k p^k(1-p)^{n-k}$，$k=0, 1, 2, \cdots, n$

D. $P\{X_i=k\}=C_n^k p^k(1-p)^{n-k}$，$1\leqslant i\leqslant n$

3. 若 $X\sim t(n)$，那么$\chi^2\sim$(　　).

A. $F(1, n)$　　B. $F(n, 1)$

C. $\chi^2(n)$　　D. $t(n)$

4. 设$(X_1, X_2, \cdots, X_n)$为来自正态总体$N(\mu, \sigma^2)$的一个简单随机样本，$\overline{X}$是样本均值，记

$$S_1^2=\frac{1}{n-1}\sum_{i=1}^{n}(X_i-\overline{X})^2, \quad S_2^2=\frac{1}{n}\sum_{i=1}^{n}(X_i-\overline{X})^2$$

$$S_3^2=\frac{1}{n-1}\sum_{i=1}^{n}(X_i-\mu)^2, \quad S_4^2=\frac{1}{n}\sum_{i=1}^{n}(X_i-\mu)^2$$

则服从自由度为$n-1$的t分布的随机变量是(　　).

A. $t=\dfrac{\overline{X}-\mu}{\frac{S_1}{\sqrt{n-1}}}$　B. $t=\dfrac{\overline{X}-\mu}{\frac{S_2}{\sqrt{n-1}}}$　C. $t=\dfrac{\overline{X}-\mu}{\frac{S_3}{\sqrt{n}}}$　D. $t=\dfrac{\overline{X}-\mu}{\frac{S_4}{\sqrt{n}}}$

5. 设$(X_1, X_2, \cdots, X_n, X_{n+1}, \cdots, X_{n+m})$是来自正态总体$N(0, \sigma^2)$的容量为$n+m$的样本，则统计量$V=\dfrac{m\sum\limits_{i=1}^{n}X_i^2}{n\sum\limits_{i=n+1}^{n+m}X_i^2}$服从的分布是(　　).

A. $F(m, n)$　B. $F(n-1, m-1)$　C. $F(n, m)$　D. $F(m-1, n-1)$

二、填空题

1. 设$X_1, X_2, \cdots, X_n, \cdots$是独立同分布的随机变量序列，且均值为$\mu$，方差为$\sigma^2$，那么当$n$充分大时，近似有$\overline{X}\sim$________或$\sqrt{n}\dfrac{\overline{X}-\mu}{\sigma}\sim$________. 特别是，当同为正态分布时，对于任意的n，都精确有$\overline{X}\sim$________或$\sqrt{n}\dfrac{\overline{X}-\mu}{\sigma}\sim$________.

2. 设$X_1, X_2, \cdots, X_n, \cdots$是独立同分布的随机变量序列，且$EX_i=\mu$，$DX_i=\sigma^2 (i=1, 2, \cdots)$那么$\dfrac{1}{n}\sum\limits_{i=1}^{n}X_i^2$依概率收敛于________.

3. 设(X_1, X_2, X_3, X_4)是来自正态总体$N(0, 2^2)$的样本，令$Y=(X_1+X_2)^2+(X_3-X_4)^2$，则当$C=$________时，$CY\sim\chi^2(2)$.

4. 设容量$n=10$的样本的观测值为(8, 7, 6, 9, 8, 7, 5, 9, 6)，则样本均值=________，样本方差=________.

5. 设$(X_1, X_2, \cdots, X_n)$为来自正态总体$X\sim N(\mu, \sigma^2)$的一个简单随机样本，则样本均值$X=\dfrac{1}{n}\sum\limits_{i=1}^{n}X_i$服从________.

阅读材料 13

伯努利家族

在科学史上，父子科学家、兄弟科学家并不鲜见，然而，在一个家族跨世纪的几代人中，众多父子、兄弟都是科学家的较为罕见，其中，瑞士的伯努利家族最为突出.

伯努利家族三代人中产生了八位科学家，出类拔萃的至少有三位；而在他们一代又一

代的众多子孙中，至少有一半相继成为杰出人物．伯努利家族的后裔有不少于120位被人们系统地追溯过，他们在数学、科学、技术、工程乃至法律、管理、文学、艺术等方面享有名望，有的甚至声名显赫．最不可思议的是这个家族中有两代人，他们中的大多数数学家并非有意选择数学为职业，然而却忘情地沉溺于数学之中．

老尼古拉·伯努利(Nicolaus Bernoulli，1623—1708)生于巴塞尔，受过良好的教育，曾在当地政府和司法部门任高级职务．他有三个有成就的儿子．其中长子雅格布(Jocob，1654—1705)和第三个儿子约翰(Johann，1667—1748)成为了著名的数学家，第二个儿子小尼古拉(Nicolaus I，1662—1716)在成为彼得堡科学院数学界的一员之前，是伯尔尼的第一个法律学教授．

许多数学成果与雅格布·伯努利的名字相联系，例如悬链线问题(1690年)、曲率半径公式(1694年)、伯努利双纽线(1694年)、伯努利微分方程(1695年)、等周问题(1700年)等．雅格布·伯努利对数学最重大的贡献在概率论研究方面．他从1685年起发表关于赌博游戏中输赢次数问题的论文，后来写成巨著《猜度术》，这本书在他去世后8年，即1713年才得以出版．

最为人们津津乐道的轶事之一是雅格布·伯努利醉心于研究对数螺线，这项研究从1691年就开始了．他发现，对数螺线经过各种变换后仍然是对数螺线，如它的渐屈线和渐伸线是对数螺线，自极点至切线的垂足的轨迹，以极点为发光点经对数螺线反射后得到的反射线，以及与所有这些反射线相切的曲线(回光线)都是对数螺线．

约翰·伯努利的数学成果比雅格布·伯努利的还要多，例如解决悬链线问题(1691年)，提出洛必达法则(1694年)、最速降线(1696年)和测地线问题(1697年)，给出求积分的变量替换法(1699年)，研究弦振动问题(1727年)，出版《积分学教程》(1742年)等．

约翰·伯努利与他同时代的110位学者有通信联系，进行学术讨论的信件约有2500封，其中许多已成为珍贵的科学史文献，例如同他的哥哥雅格布·伯努利以及莱布尼茨、惠更斯等人关于悬链线、最速降线(即旋轮线)和等周问题的通信讨论，虽然相互争论不断，特别是约翰·伯努利和雅格布·伯努利互相指责过于尖刻，使兄弟之间时常造成不快，但争论无疑会促进科学的发展，最速降线问题就导致了变分法的诞生．

约翰·伯努利的另一大功绩是培养了一大批出色的数学家，其中包括18世纪最著名的数学家欧拉、瑞士数学家克莱姆、法国数学家洛必达，以及他的儿子丹尼尔·伯努利和侄子尼古拉二世等．

在伯努利家族中，丹尼尔·伯努利是涉及科学领域较多的人．他出版了经典著作《流体动力学》(1738年)；研究弹性弦的横向振动问题(1741年至1743年)，提出声音在空气中的传播规律(1762年)．他的论著还涉及天文学(1734年)、地球引力(1728年)、潮汐(1740年)、磁学(1743年、1746年)、振动理论(1747年)、船体航行的稳定(1753年、1757年)和生理学(1721年、1728年)等．丹尼尔·伯努利的博学成为伯努利家族的代表．

丹尼尔·伯努利于1747年当选为柏林科学院院士，1748年当选为巴黎科学院院士，1750年当选为英国皇家学会会员．他一生获得过多项荣誉称号．

资料来源：百度百科

*第14章　统计推断

统计推断的基本内容一个是估计问题，即通过样本得到的信息对总体未知参数进行估计；另一个是检验问题，即通过样本得到的信息对总体的某种假设进行判断.

本章主要讲述点估计、矩估计法、估计量的评价标准、区间估计、假设检验等内容.

本章的基本要求如下：

(1) 理解点估计的概念，掌握矩估计法(一阶、二阶)，了解极大似然估计法.

(2) 了解估计量的评价标准(无偏性、有效性、一致性).

(3) 理解区间估计的概念，会求单个正态总体的均值与方差的置信区间.

(4) 理解假设检验的基本思想，掌握假设检验的基本步骤，了解假设检验可能产生的两类错误.

(5) 了解单正态总体的均值与方差的假设检验.

14.1　点估计

参数估计是指由来自总体的样本对总体分布中的未知参数做出的某种形式的估计，它是统计推断的一个重要内容. 参数估计有两种形式：一种是点估计，另一种是区间估计.

14.1.1　点估计

一般地，设总体 X 的分布中含有未知参数 θ，且 $(X_1,X_2,\cdots,X_n)$ 是来自总体 X 的一个样本，$(x_1,x_2,\cdots,x_n)$ 是相应的一个样本值. 若构造一个适当的统计量 $\hat{\theta}(X_1,X_2,\cdots,X_n)$，用其观测值 $\hat{\theta}(x_1,x_2,\cdots,x_n)$ 作为 θ 的近似值，则称 $\hat{\theta}(X_1,X_2,\cdots,X_n)$ 是 θ 的一个估计量，并称 $\hat{\theta}(x_1,x_2,\cdots,x_n)$ 是 θ 的一个估计值. θ 的估计量与估计值统称点估计，简称估计，并都简记为 $\hat{\theta}$.

点估计最常用的方法是矩估计(即以样本的 k 阶原点矩作为相应总体 k 阶原点矩估计).

定义 14.1.1　设 X 为总体，若 $E|X|^k<+\infty$，则称 $E(X^k)$ 为总体 X 的 k 阶原点矩. 又若 $E|X-E(X)|^k<+\infty$，则称 $E[X-E(X)]^k$ 为总体 X 的 k 阶中心矩.

例 14.1.1　设总体 X 的期望 $E(X)=\mu$ 与方差 $D(X)=\sigma^2$ 均存在但未知，$(X_1, X_2, \cdots, X_n)$ 是来自总体 X 的一个样本. 试求 μ 与 σ^2 的矩估计.

解　这里虽未给出总体 X 的分布，却并不妨碍问题的解决，因为我们已经知道

$$a_1 = E(X) = \mu, \quad a_2 = E(X^2) = D(X) + [E(X)]^2 = \sigma^2 + \mu^2$$

按矩估计法，建立矩方程组

$$\begin{cases} \mu = A_1 = \dfrac{1}{n}\sum_{i=1}^{n} X_i \\ \sigma^2 + \mu^2 = A_2 = \dfrac{1}{n}\sum_{i=1}^{n} X_i^2 \end{cases}$$

可解得

$$\begin{cases} \mu = \overline{X} \\ \sigma^2 = \dfrac{1}{n}\sum_{i=1}^{n} X_i^2 - \overline{X}^2 = \dfrac{1}{n}\sum_{i=1}^{n}(X_i - \overline{X})^2 = B_2 \end{cases}$$

故 μ 与 σ^2 的矩估计量为

$$\begin{cases} \hat{\mu} = \overline{X} \\ \hat{\sigma}^2 = B_2 \end{cases}$$

由此可见，不论总体服从何种分布，其期望和方差的矩估计量总是样本均值 $\overline{X}$ 和样本 2 阶中心矩 B_2.

例 14.1.2 设总体 X 的密度函数为

$$f(x) = \begin{cases} (1+\alpha)x^{\alpha}, & x \in (0, 1) \\ 0, & x \notin (0, 1) \end{cases}$$

其中 $\alpha > -1$ 为未知参数. 若$(X_1, X_2, \cdots, X_n)$是来自总体 X 的一个样本，试求 α 的矩估计量.

解 由于总体 X 的分布中仅含一个未知参数，且总体均值为

$$E(X) = \int_{-\infty}^{+\infty} x f(x)\mathrm{d}x = \int_0^1 x(1+\alpha)x^{\alpha}\mathrm{d}x = \frac{1+\alpha}{2+\alpha}$$

根据矩估计法，以样本均值作为总体均值的估计量，建立矩方程

$$\frac{1+\alpha}{2+\alpha} = \overline{X}$$

由此可得 α 的矩估计量为

$$\hat{\alpha} = \frac{1-2\overline{X}}{\overline{X}-1}$$

例 14.1.3 设有一大批产品，其次品率 $p(0<p<1)$是未知的. 现从中随机抽出 10 件，发现 2 件次品. 试求 p 的矩估计值.

解 若次品用“1”表示，正品用“0”表示，则总体 X 服从参数为 p 的 0-1 分布，即

$$P\{X=1\} = p, \quad P\{X=0\} = 1-p$$

于是

$$E(X) = 1 \times p + 0 \times (1-p) = p$$

设$(X_1, X_2, \cdots, X_{10})$为总体 X 的一个容量为 10 的样本，按矩估计法，p 的矩估计量为

$$\hat{p} = \overline{X} = \frac{1}{10}\sum_{i=1}^{10} X_i$$

现在得到的样本值$(x_1, x_2, \cdots, x_{10})$中有 8 个“0”和 2 个“1”，于是 p 的矩估计值为

$$\hat{p}=\frac{1}{10}\sum_{i=1}^{10}x_i=\frac{2}{10}$$

14.1.2 估计量的评价标准

一个未知参数的估计量常常不止一个，选用哪一个比较好呢？这就涉及用什么样的标准来评选估计量的问题. 下面介绍两个常用的标准：无偏性和有效性.

估计量是样本的函数，对于不同的样本观测值可得到不同的估计值. 作为对估计量的一个基本要求，我们希望它的观测值即估计值能在被估计的未知参数附近徘徊，即要求估计量的数学期望等于被估计的未知参数的真值，则这样的估计量与被估计的未知参数无系统偏差. 于是，我们引入无偏性概念.

定义 14.1.2 设$\hat{\theta}$是未知参数θ的一个估计量，若$E(\hat{\theta})=\theta$，则称$\hat{\theta}$是θ的无偏估计量，或者说$\hat{\theta}$作为θ的估计量具有无偏性.

在例 14.1.3 中，由定理 13.2.1 可知，$E(\overline{X})=\mu$，$E(\hat{\sigma}^2)=\frac{n-1}{n}\sigma^2$，故$\overline{X}$是$\mu$的无偏估计量. $\hat{\sigma}^2$不是σ^2的无偏估计量，但是我们可以将$\hat{\sigma}^2$修正为样本方差

$$S^2=\frac{n}{n-1}\hat{\sigma}^2=\frac{1}{n-1}\sum_{i=1}^{n}(X_i-\overline{X})^2$$

由于$E(S^2)=\sigma^2$，故S^2为σ^2的无偏估计量.

对未知参数θ的两个不同的无偏估计量$\hat{\theta}_1$与$\hat{\theta}_2$，怎样进一步比较它们的优劣呢？显然，对于固定的样本容量n，方差较小的估计量较好.

定义 14.1.3 设$\hat{\theta}_1$与$\hat{\theta}_2$是θ的两个无偏估计量，若对固定的样本容量n，有

$$D(\hat{\theta}_1)<D(\hat{\theta}_2)$$

则称$\hat{\theta}_1$比$\hat{\theta}_2$有效.

例 14.1.4 设总体X的期望μ和方差σ^2存在，且(X_1, X_2, X_3)为X的一个样本，试证明下列统计量：

(1) $\hat{\mu}_1=\frac{1}{4}X_1+\frac{1}{2}X_2+\frac{1}{4}X_3$；　(2) $\hat{\mu}_2=\frac{3}{8}X_1+\frac{1}{8}X_2+\frac{1}{2}X_3$；

(3) $\hat{\mu}_3=\frac{1}{3}X_1+\frac{1}{3}X_2+\frac{1}{3}X_3$.

都是μ的无偏估计量，并指出其中哪一个最有效.

证 因为

$$E(\hat{\mu}_1)=E\left(\frac{1}{4}X_1+\frac{1}{2}X_2+\frac{1}{4}X_3\right)=\left(\frac{1}{4}+\frac{1}{2}+\frac{1}{4}\right)\mu=\mu$$

$$E(\hat{\mu}_2)=E\left(\frac{3}{8}X_1+\frac{1}{8}X_2+\frac{1}{2}X_3\right)=\left(\frac{3}{8}+\frac{1}{8}+\frac{1}{2}\right)\mu=\mu$$

$$E(\hat{\mu}_3)=E\left(\frac{1}{3}X_1+\frac{1}{3}X_2+\frac{1}{3}X_3\right)=\left(\frac{1}{3}+\frac{1}{3}+\frac{1}{3}\right)\mu=\mu$$

所以$\hat{\mu}_1$、$\hat{\mu}_2$、$\hat{\mu}_3$都是μ的无偏估计量. 又因为

$$D(\hat{\mu}_1)=D\left(\frac{1}{4}X_1+\frac{1}{2}X_2+\frac{1}{4}X_3\right)=\left(\frac{1}{16}+\frac{1}{4}+\frac{1}{16}\right)\sigma^2=\frac{3}{8}\sigma^2$$

$$D(\hat{\mu}_2)=D\left(\frac{3}{8}X_1+\frac{1}{8}X_2+\frac{1}{2}X_3\right)=\left(\frac{9}{64}+\frac{1}{64}+\frac{1}{4}\right)\sigma^2=\frac{13}{32}\sigma^2$$

$$D(\hat{\mu}_3)=D\left(\frac{1}{3}X_1+\frac{1}{3}X_2+\frac{1}{3}X_3\right)=\left(\frac{1}{9}+\frac{1}{9}+\frac{1}{9}\right)\sigma^2=\frac{1}{3}\sigma^2$$

比较知

$$D(\hat{\mu}_3)<D(\hat{\mu}_1)<D(\hat{\mu}_2)$$

所以$\hat{\mu}_3$ 最有效.

14.2 区间估计

点估计中，$\hat{\theta}$仅是θ的近似，且与θ存在偏差，那么偏差的范围有多大？如何以最大的可信度描述偏差的范围？这个问题即是要以最大的可信度，求出θ所在的区间(称为置信区间).

14.2.1 区间估计

定义 14.2.1 设总体X的分布中含有未知参数θ，且$(X_1, X_2, \cdots, X_n)$为总体X的一个样本. 若对事先给定的$\alpha(0<\alpha<1)$，存在两个统计量$\underline{\theta}$和$\overline{\theta}$，使得

$$P\{\underline{\theta}<\theta<\overline{\theta}\}=1-\alpha$$

则称区间$(\underline{\theta}, \overline{\theta})$是$\theta$的置信度为$1-\alpha$的置信区间，$\underline{\theta}$与$\overline{\theta}$分别称为置信下限与置信上限，$1-\alpha$称为置信度或置信概率.

定义 14.2.1 的含义是：若反复抽样多次(每次的样本容量都相等)，则每次得到的样本值都确定一个区间$(\underline{\theta}, \overline{\theta})$，在这些确定的区间中，包含$\theta$真值的占$100(1-\alpha)\%$，不包含$\theta$真值的占$100\alpha\%$. 这就是说，对于给定的$\alpha$，比如$\alpha=0.05$，若抽样 100 次，则可得到 100 个确定的区间，其中大约有 95 个区间包含θ的真值，有 5 个区间不包含θ的真值. 一般说来，如果样本容量一定，要提高置信度，就需要加大置信区间，从而估计精度就有所下降，反之亦然.

14.2.2 单个正态总体均值与方差的区间估计

设总体$X\sim N(\mu, \sigma^2)$，$(X_1, X_2, \cdots, X_n)$为X的一个样本，由 14.1 节讨论的结果知，μ与σ^2的无偏估计量分别为$\hat{\mu}=\overline{X}$和$\hat{\sigma}^2=S^2$. 在此基础上，下面来确定μ与σ^2的置信区间.

1. 均值μ的置信区间

当σ^2已知时，μ的置信度为$1-\alpha$的置信区间为

$$\left(\overline{X}-\mu_{\frac{\alpha}{2}}\frac{\sigma}{\sqrt{n}}, \overline{X}+\mu_{\frac{\alpha}{2}}\frac{\sigma}{\sqrt{n}}\right) \tag{14.2.1}$$

当σ^2未知时，区间(14.2.1)中含有未知参数σ，不能再用它来估计未知参数μ. 这时，又考虑到S^2是σ^2的无偏估计量，由式(13.2.11)知

$$t=\frac{(\overline{X}-\mu)\sqrt{n}}{S}\sim t(n-1)$$

且此分布与 μ 无关，故对给定的 $1-\alpha$，存在 $t_{\frac{\alpha}{2}}(n-1)$（见图 14.2.1），使得

$$P\left\{\left|\frac{(\overline{X}-\mu)\sqrt{n}}{S}\right|<t_{\frac{\alpha}{2}}(n-1)\right\}=1-\alpha$$

由上式中的绝对值不等式解出 μ 后即得 μ 的 $1-\alpha$ 置信区间为

$$\left(\overline{X}-t_{\frac{\alpha}{2}}(n-1)\frac{S}{\sqrt{n}},\ \overline{X}+t_{\frac{\alpha}{2}}(n-1)\frac{S}{\sqrt{n}}\right) \tag{14.2.2}$$

简记为

$$\left(\overline{X}\pm t_{\frac{\alpha}{2}}(n-1)\frac{S}{\sqrt{n}}\right) \tag{14.2.3}$$

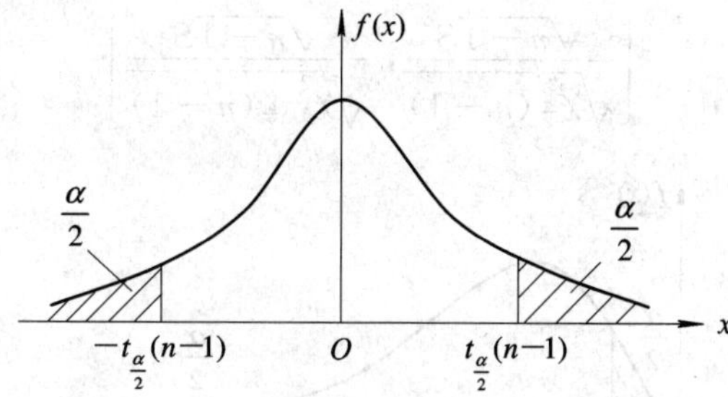

图 14.2.1

例 14.2.1 为了确定某一金属材料的熔点，反复试验 5 次，其结果为（单位为℃）：

1250 1265 1260 1245 1275

试以 95%的置信度估计熔点的真值所在的范围.

解 若用 θ 表示熔点的真值，X 表示试验值，则通常认为 X 是服从正态分布的随机变量，且 $E(X)=\theta$. 现在，我们的问题是，在正态总体方差未知的条件下，确定总体均值 θ 的置信区间. 由题设知，$n=5$，$\alpha=0.05$，于是由 t 分布表（附表 3）可查得

$$t_{\frac{\alpha}{2}}(n-1)=t_{0.025}(4)=2.7764$$

而由所给的试验数据可算得

$$\overline{X}=\frac{1}{5}(1250+1265+1245+1260+1275)=1259$$

$$S^2=\frac{1}{4}[(1250-1259)^2+\cdots+(1275-1259)^2]=142.5$$

故 θ 的置信度为 0.95 的置信区间是

$$\left(\overline{X}\pm t_{\frac{\alpha}{2}}(n-1)\frac{S}{\sqrt{n}}\right)=(1259\pm 14.8)$$

即认为这一金属材料熔点的真值在(1244.2，1273.8)内的可信程度为 95%.

2. 方差 σ^2 的置信区间

由式(13.2.10)可知

$$\chi^2=\frac{(n-1)S^2}{\sigma^2}\sim\chi^2(n-1)$$

且此分布与 σ^2 无关. 由 χ^2 变量的上侧分位点的几何意义知，对于给定的置信度 $1-\alpha$，存在 $\chi^2_{1-\frac{\alpha}{2}}(n-1)$ 与 $\chi^2_{\frac{\alpha}{2}}(n-1)$（见图 14.2.2），使得

$$P\left\{\chi^2_{1-\frac{\alpha}{2}}(n-1)<\frac{(n-1)S^2}{\sigma^2}<\chi^2_{\frac{\alpha}{2}}(n-1)\right\}=1-\alpha$$

即

$$P\left\{\frac{(n-1)S^2}{\chi^2_{\frac{\alpha}{2}}(n-1)}<\sigma^2<\frac{(n-1)S^2}{\chi^2_{1-\frac{\alpha}{2}}(n-1)}\right\}=1-\alpha$$

由此得 σ^2 的置信度为 $1-\alpha$ 的置信区间为

$$\left(\frac{(n-1)S^2}{\chi^2_{\frac{\alpha}{2}}(n-1)},\ \frac{(n-1)S^2}{\chi^2_{1-\frac{\alpha}{2}}(n-1)}\right) \tag{14.2.4}$$

标准差 σ 的置信度为 $1-\alpha$ 的置信区间为

$$\left(\frac{\sqrt{n-1}S}{\sqrt{\chi^2_{\frac{\alpha}{2}}(n-1)}},\ \frac{\sqrt{n-1}S}{\sqrt{\chi^2_{1-\frac{\alpha}{2}}(n-1)}}\right) \tag{14.2.5}$$

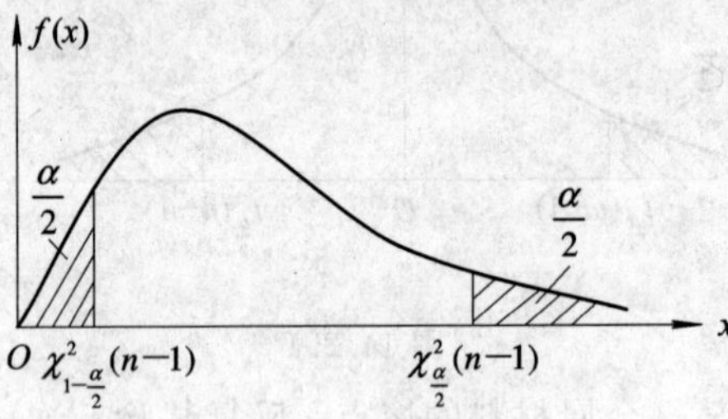

图 14.2.2

例 14.2.2 从一批冷抽铜丝中任取 10 根进行折断力试验，获得数据如下(单位为克)：

578 572 570 568 572 570 570 596 584 572

设这批冷抽铜丝的折断力近似服从正态分布，求总体方差 σ^2 与标准差 σ 的置信度为 0.9 的置信区间.

解 由题意知，$n=10$，$\alpha=0.1$. 经查表(附录 4)得

$$\chi^2_{\frac{\alpha}{2}}(n-1)=\chi^2_{0.05}(9)=16.919,\quad \chi^2_{1-\frac{\alpha}{2}}(n-1)=\chi^2_{0.95}(9)=3.325$$

算得样本方差为

$$S^2=\frac{1}{9}\left[(578-575.2)^2+\cdots+(572-575.2)^2\right]=75.733$$

于是

$$\frac{(n-1)S^2}{\chi^2_{\frac{\alpha}{2}}(n-1)}=\frac{9\times 75.733}{16.919}=40.29$$

$$\frac{(n-1)S^2}{\chi^2_{1-\frac{\alpha}{2}}(n-1)}=\frac{9\times 75.733}{3.325}=204.99$$

由上述结果知，方差 σ^2 的置信度为 0.90 的置信区间为

$$(40.29,\ 204.99)$$

标准差 σ 的置信度为 0.90 的置信区间为

$$(6.35,\ 14.32)$$

14.3 假设检验

14.3.1 假设检验的基本思想和有关概念

所谓假设检验，粗略地讲，就是为了估计某个参数，先给出一个假设，然后用统计方法来检验此假设是否可以接受. 接受假设还是拒绝假设主要根据实际推断原理，小概率事件在一次抽样中是不可能发生的.

例 14.3.1 有一大批产品，须经检验合格后才能出厂，按标准其次品率不得超过 4%. 今从这批产品中任意抽查 10 件，发现有 3 件次品，问这批产品能否出厂？

解 直观上看，这批产品似乎不能出厂，但理论依据何在？现以 p 表示这批产品的次品率，按标准，若 $p\leqslant 0.04$，则这批产品可以出厂；若 $p>0.04$，则这批产品不能出厂. 我们的问题就是要根据"10 件产品中有 3 件次品"这一抽样结果来判断 $p\leqslant 0.04$ 还是 $p>0.04$. 为此，我们先提出两个相互对立的假设

$$H_0: p\leqslant 0.04;\quad H_1: p>0.04$$

然后分析在假设 H_0 成立的前提下会出现什么样的后果. 注意到，在假设 H_0 成立的前提下，出现"10 件产品中有 3 件次品"这一抽样结果的概率

$$\binom{10}{3}p^3(1-p)^7<\binom{10}{3}p^3\leqslant\frac{10\times 9\times 8}{3\times 2}\times 0.04^3<0.01$$

其概率小于 0.01，即"10 件产品中有 3 件次品"这一抽样结果平均在 100 次抽样中难得出现 1 次，也就是说，这是一小概率事件. 而今这一小概率事件在一次抽样中竟然发生了，这是不合理的. 产生这种不合理现象的原因就在于事先作了假设 H_0. 因此，应该拒绝(否定)假设 H_0，接受其对立假设 H_1，即认为这批产品的次品率 $p>0.04$，故按标准这批产品不能出厂.

通常称概率不超过 0.05 的事件为小概率事件，有时也将概率不超过 0.01 或 0.1 的事件作为小概率事件. 小概率事件并非不可能事件，因此，上面我们拒绝 H_0 未必 100% 正确. 但也可能出现相反的情形，即在这批产品中，次品实际上超过 4%，但抽检的 10 件产品恰好全是正品，因此做出假设 H_0 正确并同意产品出厂的"错误决定".

总之，由于样本的随机性，根据样本值来判断待检验的假设是否成立，难免会出现错误. 这种可能发生的错误有两类：一类错误称为"弃真"，是指当原假设 H_0 客观上为真时，却做出了拒绝 H_0 的决策，即犯了"以真为假"的错误，称之为第一类错误，犯第一类错误的概率记为 α；另一类错误称为"取伪"，是指当原假设 H_0 实际上不真时，却做出了接受 H_0 的决策，即犯了"以假为真"的错误，称之为第二类错误，犯第二类错误的概率记为 β. 当然，我们总希望犯上述两类错误的概率 α 与 β 都很小，但实际上，在样本容量 n 固定时，要使 α 与 β 都很小是很难办到的. 要使 α 与 β 都很小，只有充分地增大样本容量 n 才行，而这又是实际不允许的. 基于这种情况，一般遵循控制犯第一类错误的原则，即在控制犯第一类错误的概率不超过 α 的条件下，尽量使犯第二类错误的概率 β 减小，这是因为人们常

常把拒绝 H_0 比错误地接受 H_0 看得更重要些. 这种只对犯第一类错误的概率加以控制，而不考虑犯第二类错误的假设检验，称为显著性检验. 在一般情形下，显著性检验的法则比较容易找到. 因此，本节只讨论显著性检验. 在显著性检验中，如果控制犯第一类错误的概率不超过 α，则称 α 为显著性水平.

综上所述，处理假设检验问题的基本步骤如下：

(1) 根据实际问题的要求，提出原假设 H_0 与备择假设 H_1；

(2) 选取适当的检验统计量 W，并在原假设 H_0 成立的前提下，确定出统计量 W 的概率分布；

(3) 根据具体情况，选取适当的显著性水平 α 及样本容量 n；

(4) 利用 W 的分布求出 W 相应于 α 和 n 的临界值及 H_0 的拒绝域；

(5) 由样本观测值计算出 W 的观测值，并与临界值作比较，决定拒绝原假设 H_0 还是接受原假设 H_0.

14.3.2 单个正态总体均值的双侧检验

设总体 $X \sim N(\mu, \sigma^2)$，均值 μ 未知，$(X_1, X_2, \cdots, X_n)$ 是 X 的一个样本，要求检验假设

$$H_0: \mu = \mu_0$$

μ_0 为已知常数，取显著性水平为 α. 下面分 σ^2 已知和 σ^2 未知两种情况进行讨论.

1. σ^2 已知

在原假设 H_0 成立的前提下，$X \sim N(\mu_0, \sigma^2)$，由定理 13.2.2 知

$$u = \frac{\overline{X} - \mu_0}{\sigma / \sqrt{n}} \sim N(0, 1) \tag{14.3.1}$$

对于给定显著性水平 α 及样本容量 n，由附表 2 可查得 $u_{\frac{\alpha}{2}}$，使

$$P\{|U| \geqslant u_{\frac{\alpha}{2}}\} = \left\{\left|\frac{\overline{X} - \mu_0}{\sigma / \sqrt{n}}\right| \geqslant u_{\frac{\alpha}{2}}\right\} = \alpha \tag{14.3.2}$$

进行一次具体的抽样，并算出样本均值的观测值 $\overline{x}$，若

$$\left|\frac{\overline{x} - \mu_0}{\sigma / \sqrt{n}}\right| \geqslant u_{\frac{\alpha}{2}} \tag{14.3.3}$$

则小概率事件发生了，应拒绝原假设 H_0，即认为总体均值 μ 与常数 μ_0 有显著差异；若

$$\left|\frac{\overline{x} - \mu_0}{\sigma / \sqrt{n}}\right| < u_{\frac{\alpha}{2}} \tag{14.3.4}$$

则接受原假设 H_0，即认为总体均值 μ 与常数 μ_0 无显著差异.

在上面假设检验中，检验统计量 u 是一标准正态变量，这种用标准正态统计量来检验假设的方法称为 u 检验法.

2. σ^2 未知

在原假设 H_0 成立的前提下，$X \sim N(\mu_0, \sigma^2)$，由定理 13.2.4 知

$$t = \frac{\overline{X} - \mu_0}{S / \sqrt{n}} \sim t(n-1) \tag{14.3.5}$$

对于给定的显著性水平 α 及样本容量 n，由附表 3 可查得 $t_{\frac{\alpha}{2}}(n-1)$，使

$$P\{|t| \geqslant t_{\frac{\alpha}{2}}(n-1)\} = P\left\{\left|\frac{\overline{X}-\mu_0}{S/\sqrt{n}}\right| \geqslant t_{\frac{\alpha}{2}}(n-1)\right\} = \alpha \tag{14.3.6}$$

进行一次具体的抽样，并算出样本均值与样本标准差的观测值 $\overline{x}$ 与 s，若

$$\left|\frac{\overline{x}-\mu_0}{s/\sqrt{n}}\right| \geqslant t_{\frac{\alpha}{2}}(n-1) \tag{14.3.7}$$

则小概率事件发生了，应拒绝原假设 H_0，即认为总体均值 μ 与常数 μ_0 有显著差异；若

$$\left|\frac{\overline{x}-\mu_0}{s/\sqrt{n}}\right| < t_{\frac{\alpha}{2}}(n-1) \tag{14.3.8}$$

则接受原假设 H_0，即认为总体均值 μ 与常数 μ_0 无显著差异.

由于这里的检验统计量服从 t 分布，通常称上面的检验方法为 t 检验法.

例 14.3.2 某电器厂生产一种云母片，由长期生产的数据知，云母片的厚度服从正态分布，厚度均值 $\mu_0=0.130$ mm. 现从某天生产的云母片中随机抽取 10 片，测量其厚度，算得样本均值 $\overline{x}=0.146$ mm，样本标准差 $s=0.014$ mm. 问这天生产的云母片的平均厚度与以往有无显著差异？取显著性水平 $\alpha=0.05$.

解 以 X 表示这天生产的云母片的厚度总体，以 μ 和 σ^2 分别表示其均值和方差，按题意，$X\sim N(\mu, \sigma^2)$，μ 和 σ^2 均未知，问题就是要在显著性水平 $\alpha=0.05$ 下检验假设

$$H_0: \mu = \mu_0 = 0.130$$

由于 μ 和 σ^2 均未知，现用 t 检验法来检验，取检验统计量为

$$t = \frac{\overline{X}-\mu_0}{\frac{S}{\sqrt{n}}}$$

对于 $\alpha=0.05$，$n=10$，由附表 3 可查得

$$t_{\frac{\alpha}{2}}(n-1) = t_{0.025}(9) = 2.2622$$

已知 $\overline{x}=0.146$，$s=0.014$，于是统计量 t 的观测值为

$$\frac{\overline{x}-\mu_0}{\frac{s}{\sqrt{n}}} = \frac{0.146-0.130}{\frac{0.014}{\sqrt{10}}} = 3.614$$

显然

$$\left|\frac{\overline{x}-\mu_0}{s/\sqrt{n}}\right| > t_{\frac{\alpha}{2}}(n-1)$$

根据 t 检验法，应拒绝原假设 H_0，即在显著性水平 $\alpha=0.05$ 下可以认为 $\mu\neq\mu_0$，即认为这天生产的云母片的平均厚度与以往有显著差异.

14.3.3 单个正态总体方差的双侧检验

设总体 $X\sim N(\mu, \sigma^2)$，μ 和 σ^2 未知，$(X_1, X_2, \cdots, X_n)$是 X 的一个样本，要求检验假设

$$H_0: \sigma^2 = \sigma_0^2$$

σ_0^2 为已知常数，取显著性水平为 α.

在原假设 H_0 成立的前提下，$X\sim N(\mu, \sigma_0^2)$，由定理 13.2.3 知

$$\chi^2 = \frac{(n-1)S^2}{\sigma^2} \sim \chi^2(n-1) \tag{14.3.9}$$

对于给定的显著性水平 α 及样本容量 n，由附表 4 可查得$\chi^2_{1-\frac{\alpha}{2}}(n-1)$与$\chi^2_{\frac{\alpha}{2}}(n-1)$，使

$$P\left\{\chi^2 \leqslant \chi^2_{1-\frac{\alpha}{2}}(n-1)\right\} = P\left\{\chi^2 \geqslant \chi^2_{\frac{\alpha}{2}}(n-1)\right\} = \frac{\alpha}{2} \tag{14.3.10}$$

进行一次具体的抽样，并算出样本方差 S^2 的观测值 s^2，若

$$\frac{(n-1)s^2}{\sigma^2} \leqslant \chi^2_{1-\frac{\alpha}{2}}(n-1) \tag{14.3.11}$$

或

$$\frac{(n-1)s^2}{\sigma^2} \geqslant \chi^2_{\frac{\alpha}{2}}(n-1) \tag{14.3.12}$$

则小概率事件发生了，应拒绝原假设 H_0，即认为总体方差 σ^2 与常数 σ_0^2 有显著差异；若

$$\chi^2_{1-\frac{\alpha}{2}}(n-1) < \frac{(n-1)s^2}{\sigma^2} < \chi^2_{\frac{\alpha}{2}}(n-1) \tag{14.3.13}$$

则接受原假设 H_0，即认为总体方差 σ^2 与常数 σ_0^2 无显著差异.

由上述 χ^2 统计量给出的检验方法称为 χ^2 检验法.

例 14.3.3 某电池厂生产一种碱性电池，其寿命长期以来服从方差 $\sigma_0^2=5000(\mathrm{h}^2)$ 的正态分布. 今有一批这种电池，从它的生产情况来看，寿命的波动性有所改变. 为判断这一看法是否合乎实际，现从这批电池中随机抽取 26 只，测出其寿命的样本方差为 $s^2=8500(\mathrm{h}^2)$. 问根据这一数据能否断定这批电池的寿命的波动性较以前有显著变化？取显著性水平 $\alpha=0.02$.

解 以 X 表示这批电池的寿命总体，以 μ 与 σ^2 分别表示总体均值与总体方差. 按题意，$X\sim N(\mu, \sigma^2)$，μ 与 σ^2 均未知，问题就是要在显著性水平 $\alpha=0.02$ 下，检验假设

$$H_0: \sigma^2 = \sigma_0^2 = 5000$$

现用χ^2检验法来检验，取检验统计量为

$$\chi^2 = \frac{(n-1)S^2}{\sigma^2}$$

对于 $\alpha=0.02$，$n=26$，由附表 4 可查得

$$\chi^2_{1-\frac{\alpha}{2}}(n-1) = \chi^2_{0.99}(25) = 11.524,\ \chi^2_{\frac{\alpha}{2}}(n-1) = \chi^2_{0.01}(25) = 44.314$$

而检验统计量χ^2的观测值为

$$\frac{(n-1)s^2}{\sigma^2} = \frac{25\times 8500}{5000} = 42.50$$

比较得

$$\chi^2_{1-\frac{\alpha}{2}}(n-1) < \frac{(n-1)s^2}{\sigma^2} < \chi^2_{\frac{\alpha}{2}}(n-1)$$

根据 χ^2 检验法，应接受假设 H_0，即在显著性水平 $\alpha=0.02$ 下可以认为这批电池的寿命的波动性较以前无显著变化.

习 题 14

1. 设总体 X 的密度函数为

$$f(x)=\begin{cases}\dfrac{1}{\theta}\mathrm{e}^{-\frac{x}{\theta}}, & x>0\\ 0, & x\leqslant 0\end{cases}$$

其中$\theta>0$是未知参数，求θ的矩估计.

2. 设总体X服从泊松分布，其分布律为

$$P\{X=x\}=\frac{\lambda^x}{x!}\mathrm{e}^{-\lambda}\qquad(x=1,2,\cdots)$$

试求未知参数$\lambda(\lambda>0)$的矩估计.

3. 设总体X的期望μ和方差σ^2存在，且(X_1,X_2,X_3)为X的一个样本，试证明下列统计量：

(1) $\hat{\mu}_1=\frac{1}{5}X_1+\frac{3}{10}X_2+\frac{1}{2}X_3$；　　(2) $\hat{\mu}_2=\frac{1}{3}X_1+\frac{3}{4}X_2-\frac{1}{12}X_3$，

都是总体均值μ的无偏估计量，并判断哪一个比较有效.

4. 已知某铁厂的铁水的含碳量(%)在正常情况下服从正态分布，且标准差$\sigma=0.108$. 现测量5炉铁水，其含碳量分别为4.28，4.40，4.42，4.35，4.37，试求均值μ的置信度为0.95的置信区间.

5. 从某厂生产的滚珠中随机抽取10个，测得它们的直径分别为(单位为mm)：

14.6　15.0　14.7　15.1　14.9　14.8　15.0　15.1　15.2　14.8

设滚珠的直径服从正态分布$N(\mu,\sigma^2)$，对以下两种情况：

(1) 已知$\sigma=0.16$；

(2) σ未知，

分别求出均值μ的置信度为0.95的置信区间.

6. 某灯泡厂生产一种节能灯泡，其使用寿命(单位为小时)长期以来服从正态分布$N(1600,150^2)$. 现从一批灯泡中随意抽取25只，测得它们的平均寿命为1636小时. 假定灯泡寿命的标准差稳定不变，问这批灯泡的平均寿命是否等于1600小时(取显著性水平$\alpha=0.05$)?

7. 正常人的脉搏平均为72(次/min)，检查10例四乙基铅中毒患者，测得他们的脉搏(次/min)为

54　67　68　78　70　66　67　70　65　69

已知脉搏服从正态分布，在显著性水平$\alpha=0.05$下，问四乙基铅中毒患者与正常人的脉搏有无显著差异?

8. 某食品厂生产一种食品罐头，每罐食品的标准重量为500克. 今从刚生产的一批罐头中随机抽取10罐，称得其重量为(单位为克)

495　510　505　498　503　492　502　512　497　506

假定罐头重量服从正态分布，问这批罐头的平均重量是否合乎标准(取$\alpha=0.05$)?

9. 从某电工器材厂生产的一批保险丝中抽取10根，测试其熔化时间，得到数据如下：

42　65　75　78　71　59　57　68　55　54

设保险丝的熔化时间服从正态分布，问这批保险丝熔化时间的标准差是否等于12(取显著性水平$\alpha=0.01$)?

自测题 14

一、选择题

1. 设$(X_1, X_2, \cdots, X_n)$是取自总体 X 的一个简单样本，则 $E(X^2)$的矩估计是( ).

A. $S_1^2 = \frac{1}{n-1}\sum_{i=1}^{n}(X_i - \overline{X})^2$ B. $S_2^2 = \frac{1}{n}\sum_{i=1}^{n}(X_i - \overline{X})^2$

C. $S_1^2 + \overline{X}^2$ D. $S_2^2 + \overline{X}^2$

2. 在对单个正态总体均值的假设检验中，当总体方差已知时，选用( ).

A. t 检验法 B. u 检验法

C. F 检验法 D. χ^2 检验法

3. 在一个确定的假设检验中，与判断结果相关的因素有( ).

A. 样本值与样本容量 B. 显著性水平 α

C. 检验统计量 D. A、B、C 同时成立

4. 设$(X_1, X_2, \cdots, X_n)$为总体 X 的一个随机样本，$E(X)=\mu$，$D(X)=\sigma^2$，$\hat{\theta}^2 = C\sum_{i=1}^{n-1}(X_{i+1} - X_i)^2$ 为σ^2的无偏估计量，C=( ).

A. $\frac{1}{n}$ B. $\frac{1}{n}-1$

C. $\frac{1}{2}(n-1)$ D. $\frac{1}{n}-2$

5. 设总体 X 服从正态分布 $N(\mu, \sigma^2)$，$(X_1, X_2, \cdots, X_n)$是来自 X 的样本，则σ^2的最大似然估计为( ).

A. $\frac{1}{n}\sum_{i=1}^{n}(X_i-\overline{X})^2$ B. $\frac{1}{n-1}\sum_{i=1}^{n}(X_i-\overline{X})^2$

C. $\frac{1}{n}\sum_{i=1}^{n}X_i^2$ D. $\overline{X}^2$

二、填空题

1. 设总体 $X \sim B(n, p)$，$0<p<1$，$(X_1, X_2, \cdots, X_n)$是来自 X 的样本，n 及 p 的矩估计分别是________.

2. 设总体 $X \sim U[0, \theta]$，$(X_1, X_2, \cdots, X_n)$是来自 X 的样本，则θ的最大似然估计量是________.

3. 设总体 $X \sim N(\mu, 0.9^2)$，$(X_1, X_2, \cdots, X_9)$是容量为 9 的简单随机样本，均值$\bar{x}=5$，则未知参数μ的置信水平为 0.95 的置信区间是________.

4. 测得自动车床加工的 10 个零件的尺寸与规定尺寸的偏差(单位为微米)如下：

+2 +1 −2 +3 +2 +4 −2 +5 +3 +4

则零件尺寸偏差的数学期望的无偏估计量是________.

三、解答题

1. 设$(X_1, X_2, \cdots, X_n)$为总体 X 的一个样本，X 的密度函数

$$f(x)=\begin{cases}\beta x^{\beta-1}, & 0<x<1\\ 0, & \text{其他}\end{cases}$$

$\beta>1$，求参数β的矩估计量和最大似然估计量。

2. 随机地从一批零件中抽取16个，测得长度(单位为cm)分别为

2.14　2.10　2.13　2.15　2.13　2.12　2.13　2.10

2.15　2.12　2.14　2.10　2.13　2.11　2.14　2.11

设零件长度分布为正态分布，试求总体μ的90%的置信区间：(1) 若$\sigma=0.01$ cm；(2) 若σ未知.

3. 设某产品的某项质量指标服从正态分布，已知它的标准差$\sigma=150$，现从一批产品中随机抽取26个，测得该项指标的平均值为1637，问能否认为这批产品的该项指标值为1600($\alpha=0.05$)?

阅读材料14

数学家陈省身

陈省身，1911年10月28日生于浙江嘉兴，少年时就喜爱数学，觉得数学既有趣又较容易，并且喜欢独立思考，自主发展，常常自己主动去看书，不是老师指定什么参考书才去看. 陈省身1927年进入南开大学数学系，该系的姜立夫教授对陈省身影响很大. 在南开大学学习期间，他还为姜立夫当助教. 1930年他毕业于南开大学，1931年考入清华大学研究院，成为中国国内最早的数学研究生之一. 在孙光远博士指导下，发表了第一篇研究论文，内容是关于射影微分几何的. 1932年4月应邀来华讲学的汉堡大学教授布拉希克对陈省身影响不小，使他确定了以微分几何为以后的研究方向. 1934年，他毕业于清华大学研究院. 同年，得到汉堡大学的奖学金，赴布拉希克所在的汉堡大学数学系留学. 在布拉希克研究室他完成了博士论文，研究的是嘉当方法在微分几何中的应用，1936年获得博士学位. 从汉堡大学毕业之后，他来到巴黎. 1936年至1937年间在法国几何学大师E. 嘉当那里从事研究. E. 嘉当每两个星期约陈省身去他家里谈一次，每次一小时. “听君一席话，胜读十年书”. 大师面对面的指导，使陈省身学到了老师的数学语言及思维方式，终身受益. 陈省身数十年后回忆这段紧张而愉快的时光时说，“年轻人做学问应该去找这方面最好的人”.

陈省身先后担任中国西南联大教授，美国普林斯顿高等研究所研究员，芝加哥大学、伯克利加州大学终身教授等，是美国国家数学研究所、南开大学数学研究所的创始所长. 陈省身的数学工作范围较广，包括微分几何、拓扑学、微分方程、几何、李群方面.

1943年，陈省身应美国数学家维布伦(O. Veblen)之邀，到普林斯顿高级研究所工作. 此后两年间，他完成了一生中最重要的工作：证明高维的高斯 博内公式(Gauss-Bonnet Formula)，构造了现今普遍使用的陈示性类(亦说陈氏特征类)，为整体微分几何奠定了基础. 他是发展现代微分几何学的大师.

1946年抗战胜利后，陈省身回到上海，主持中央研究院数学研究所的工作. 此后两三年中，他培养了一批青年拓扑学家. 1949年初，中央研究院迁往台湾，陈省身应普林斯顿

高级研究所所长奥本海默之邀全家迁往美国. 1949 年夏，他在芝加哥大学接替了 E. P. Lane 的教授职位(E. P. Lane 正是陈省身的导师孙光远当年在美留学时的导师)，在此为复兴美国的微分几何做出了重要贡献. 1960 年，陈省身受聘为加州大学伯克利分校教授，直到 1980 年退休为止. 1961 年他当选为美国科学院院士，1963 年至 1964 年间，任美国数学会副主席.

1981 年陈省身在加州大学伯克利分校筹建以纯粹数学为主的美国国家数学研究所，是第一任所长，直到 1984 年退休. 1984 年 8 月 25 日，邓小平设午宴招待陈省身夫妇，支持他任南开大学数学所所长，鼓励他为发展中国数学所做的努力.

改革开放以来，陈省身先生非常关心中国数学事业的复兴，亲自参与组织指导我国数学界开展学术交流和学术活动，特别是 1985 年他创办了南开数学研究所，以南开为基地，亲自主持举办学术活动，在我国数学界的支持下，培养了大批优秀的青年数学家，对改革开放后我国数学事业的迅速崛起发挥了重要作用. 1998 年他再次捐出 100 万美元建立“陈省身基金”，供南开数学所发展使用. 2000 年他与夫人回南开定居，亲自为本科生讲课，指导研究生，招揽人才，推动南开数学学科的发展，为我国的数学事业做出了重大贡献. 2001 年，陈省身有一个设想，那就是在南开大学建立国际数学研究中心. 副校长胡国定在 2001 年 7 月 22 日给中央的信，以陈省身的名义申请建立国际数学研究中心，这件事得到了江泽民的支持.

北京时间 2004 年 12 月 3 日 19 时 14 分，陈省身在天津医科大学总医院逝世.

陈省身在微积分和拓扑学、特别是在整体微分几何研究中的开创性贡献对数学乃至物理学等学科的发展产生了巨大影响. 他被公认为 20 世纪最伟大的数学家之一.

陈省身是美国科学院院士，中国、法国、意大利、俄罗斯、英国等国科学院或皇家学会外籍院士与会员，先后获美国国家科学奖章、以色列沃尔夫奖、中国国际科技合作奖及首届邵逸夫数学科学奖等多项荣誉. 2002 年，陈省身被推选为在北京召开的国际数学家大会名誉主席. 2004 年 11 月 2 日，经国际天文学联合会下属的小天体命名委员会讨论通过，将中国国家天文台施密特 CCD 小行星项目组所发现的永久编号为 1998CS2 号的小行星命名为“陈省身星”，以表彰他的贡献.

2009 年 6 月 2 日，国际数学联盟与陈省身奖基金会联合设立“陈省身奖”，这是国际数学联盟首个以华人数学家命名的数学大奖. 陈省身之女、陈省身奖基金会主席陈璞表示，父亲一生都致力于数学的发展，这项奖项的设立，对他是最好的纪念.

“陈省身奖”旨在表彰成就卓越的数学家. 该奖项每四年评选一次，每次获奖者为一人，且不限年龄. 得奖者除获奖章外，还将获得 50 万美元的奖金. 首个“陈省身奖”于 2010 年 8 月在印度举行的国际数学家大会上颁发.

资料来源：百度百科

第四部分

数学实验

第 15 章 MATLAB 数学实验

15.1 MATLAB 入门

1. MATLAB 简介

MATLAB 是由 MATrix 和 LABoratory 两个词的前三个字母组合而成的，它是 MathWorks 公司于 1982 年推出的一套高性能的数值计算和可视化数学软件，被誉为“巨人肩上的工具”. 由于使用 MATLAB 编程运算与人进行科学计算的思路和表达方式完全一致，所以不像学习其他高级语言，如 Basic、Fortran 和 C 等那样难于掌握. 用 MATLAB 编写程序犹如在演算纸上排列出公式与求解问题，所以 MATLAB 又被称为演算纸式的科学算法语言. 在这个环境下，对所要求解的问题，用户只需简单地列出数学表达式，其结果便以数值或图形方式显示出来.

MATLAB 的含义是矩阵实验室，最初主要用于矩阵的存取，其基本元素是无需定义维数的矩阵. MATLAB 自问世以来，就以数值计算著称. MATLAB 进行数值计算的基本单位是复数数组(或称阵列)，这使得 MATLAB 高度“向量化”. 经过十几年的完善和扩充，MATLAB 现已发展成为线性代数课程上使用的标准工具. 由于它不需定义数组的维数，并给出矩阵函数、特殊矩阵专门的库函数，使之在求解诸如信号处理、建模、系统识别、控制、优化等领域的问题时，显得大为简捷、高效、方便，这是其他高级语言所不能比拟的.

MATLAB 中包括了被称做工具箱(TOOLBOX)的各类应用问题的求解工具. 工具箱实际上是对 MATLAB 进行扩展应用的一系列 MATLAB 函数(称为 M 文件)，它可用来求解各类学科的问题，包括信号处理、图像处理、控制、系统辨识、神经网络等. 随着 MATLAB 版本的不断升级，其所含的工具箱的功能也越来越丰富，因此，应用范围也越来越广泛，成为涉及数值分析的各类工程师不可不用的工具.

2. MATLAB 工作环境

运行 MATLAB 的可执行文件，自动创建 MATLAB 指令视窗(Command Window).

初学者可在指令视窗键入：

<<demo 或 intro(入门演示)

发现指令不知如何使用时，help 命令将告诉我们使用方法. 例：

```
>>help sin
  SIN Sine.
```

```
    SIN(X) is the sine of the elements of X.
Overloaded methods
    help sym/sin. m
```

在 MATLAB 下进行基本数学运算，只需将运算式直接打入提示号(>>)之后，并按 Enter 键即可. 例如：

```
>>(10 * 19+2/4-34)/2 * 3
ans
= 234.7500
```

MATLAB 会将运算结果直接存入一变量 ans，代表 MATLAB 运算后的答案，并将其数值显示在屏幕上.

如果在上述的例子结尾处加上"；"，则计算结果不会显示在指令视窗上，要得知计算值只需键入该变数值即可.

MATLAB 可以将计算结果以不同的精确度的数字格式显示，我们可以在指令视窗上的功能选单上的 Options 下选 Numerical Format，或者直接在指令视窗键入各个数字显示格式的指令.

>>format short（这是默认的）

MATLAB 利用了↑、↓两个游标键可以将所执行过的指令来回重复使用. 按下↑键，则前一次指令重新出现，之后再按 Enter 键，即再执行该指令. 而↓键的功用则是往后执行指令. 其他在键盘上的几个键，如→、←、Delete、Insert，其功能显而易见，试用即知，无须多加说明.

Ctrl+C(即同时按 Ctrl 及 C 两个键)可以用来终止执行中的 MATLAB 的工作.

有三种方法可以结束 MATLAB：

(1) exit；

(2) quit；

(3) 直接关闭 MATLAB 的指令视窗(Command Window).

3. 变量及其命名规则

MATLAB 中有几个预先定义的变量，这些预定义的变量如表 15.1.1 所示.

表 15.1.1

变量名	含　义
ans	预设的计算结果的变量名
eps	MATLAB 定义的正的极小值=2.2204e-16
pi	内建的 π 值
inf	∞值，无限大(1/0)
NaN	无法定义一个数目(0/0)
i 或 j	虚数单位 $i=j=\sqrt{-1}$

键入 clear，则可清除所有定义过的变量名.

变量的命名规则如下：

(1) 变量名区分大小写.

(2) 变量名的第一个字符必须为英文字母，而且变量名最多不能超过 31 个字符.

(3) 变量名可以包含下划线、数字，但不能为空格符、标点.

4. MATLAB 赋值语句

MATLAB 书写表达式的规则与“手写算式”差不多相同.

MATLAB 的每条命令后，若为逗号或无标点符号，则显示命令的结果；若命令后为分号，则禁止显示结果. “%”后面所有文字为注释.

如果一个指令过长，可以在结尾加上...(代表此行指令与下一行连续)，例如：

```
? 3*...
6
ans=18
```

5. MATLAB 常用数学函数

1) 三角函数和双曲函数

三角函数和双曲函数见表 15.1.2.

表 15.1.2

名称	含义	名称	含义	名称	含义
sin	正弦	csc	余割	atanh	反双曲正切
cos	余弦	asec	反正割	acoth	反双曲余切
tan	正切	acsc	反余割	sech	双曲正割
cot	余切	sinh	双曲正弦	csch	双曲余割
asin	反正弦	cosh	双曲余弦	asech	反双曲正割
acos	反余弦	tanh	双曲正切	acsch	反双曲余割
atan	反正切	coth	双曲余切		
acot	反余切	asinh	反双曲正弦		
sec	正割	acosh	反双曲余弦		

2) 指数对数函数

指数对数函数见表 15.1.3.

表 15.1.3

名称	含义	名称	含义	名称	含义
exp	以 E 为底的指数	log10	以 10 为底的对数	pow2	2 的幂
log	自然对数	log2	以 2 为底的对数	sqrt	平方根

3) 复数函数

复数函数见表 15.1.4.

表 15.1.4

名称	含义	名称	含义	名称	含义
abs	绝对值	conj	复数共轭	real	复数实部
angle	相角	imag	复数虚部		

4）取整函数和求余函数

取整函数和求余函数如表 15.1.5.

表 15.1.5

名称	含义	名称	含义
ceil	向+∞取整	rem	求余数
fix	向0取整	round	向靠近整数取整
floor	向−∞取整	sign	符号函数
mod	模除求余		

5）矩阵变换函数

矩阵变换函数见表 15.1.6.

表 15.1.6

名称	含义	名称	含义
fiplr	矩阵左右翻转	diag	产生或提取对角阵
fipud	矩阵上下翻转	tril	产生下三角矩阵
fipdim	矩阵特定维翻转	triu	产生上三角矩阵
rot90	矩阵反时针90°翻转		

6）其他函数

其他函数见表 15.1.7.

表 15.1.7

名称	含义	名称	含义
min	最小值	max	最大值
mean	平均值	median	中位数
std	标准差	diff	相邻元素的差
sort	排序	length	个数
norm	欧氏(Euclidean)范数	sum	总和
prod	总乘积	dot	内积
cumsum	累计元素总和	cumprod	累计元素总乘积
cross	外积		

6. MATLAB 系统命令

MATLAB 系统命令见表 15.1.8.

表 15.1.8

命 令	含 义	命 令	含 义
help	在线帮助	helpwin	在线帮助窗口
helpdesk	在线帮助工作台	demo	运行演示程序
ver	版本信息	readme	显示 readme 文件
who	显示当前变量	whos	显示当前变量的详细信息
clear	清空工作间的变量和函数	pack	整理工作间的内存
load	把文件调入变量到工作间	save	把变量存入文件中
quit/exit	退出 MATLAB	what	显示指定的 MATLAB 文件
lookfor	在 help 里搜索关键字	which	定位函数或文件
path	获取或设置搜索路径	echo	命令回显
cd	改变当前的工作目录	pwd	显示当前的工作目录
dir	显示目录内容	unix	执行 unix 命令
dos	执行 dos 命令	!	执行操作系统命令
computer	显示计算机类型		

7. MATLAB 语言中的关系与逻辑运算

在执行关系及逻辑运算时，MATLAB 将不为零的数值都视为真(True)，而为零的数值则视为假(False). 运算的输出值将判断为真者以 1 表示，而判断为假者以 0 表示. 参与关系或逻辑运算的比较是大小相同的数组或矩阵.

1) 关系运算

关系运算指令见表 15.1.9.

表 15.1.9

指令	含 义
<	小于
<=	小于等于
>	大于
>=	大于等于
==	等于
~=	不等于

例如：

```
a=1:2:11;
b=2:1:7;
a>b
ans=
    0  0  1  1  1  1
a==b
ans=
    0  1  0  0  0  0
```

```
a>=b
ans=
    0  1  1  1  1  1
```

2）逻辑运算

逻辑运算指令见表 15.1.10.

表 15.1.10

指令	含　义
&	逻辑 and
|	逻辑 or
~	逻辑 not

例如：

```
(a<2)|(b>6)
ans=
    1  0  0  0  0  1
c=a+(a>3)|(b<6)
c=
    1  1  1  1  1  1
```

3）逻辑关系函数

逻辑关系函数指令见表 15.1.11.

表 15.1.11

指令	含　义
xor	不相同就取 1，否则取 0
any	只要有非 0 就取 1，否则取 0
all	全为 1 取 1，否则取 0
isnan	是 NaN 取 1，否则取 0
isinf	是 inf 取 1，否则取 0
isfinite	有限大小元素取 1，否则取 0
ischar	是字符串取 1，否则取 0
isequal	相等取 1，否则取 0
ismember	两个矩阵是属于关系取 1，否则取 0
isempty	矩阵为空取 1，否则取 0
isletter	是字母取 1，否则取 0(可以是字符串)
isstudent	学生版取 1
isprime	质数取 1，否则取 0
isreal	实数取 1，否则取 0
isspace	空格位置取 1，否则取 0

例如：

```
isequal(a, b)
ans=0
```

```
isreal(a)
ans=1
isstudent
ans=0
```

8. 矩阵及运算

1）数组

MATLAB 的运算是以数组(array)及矩阵(matrix)方式在做运算的.

建立一个数组时，如果是要个别键入元素，须用中括号[]将元素置于其中. 数组为一维元素所构成，而矩阵为多维元素所组成，例如：

```
>>x=[1 2 3 4 5 6 7 8];                          %一维 1×8 数组
>>x=[1 2 3 4 5 6 7 8; 4 5 6 7 8 9 10 11] ;      %二维 2×8 矩阵，以";"间隔各列的元素
>>x=[1 2 3 4 5 6 7  8;                          %二维 2×8 矩阵，各列的元素分两行键入
     4 5 6 7 8 9 10 11];
>>x(3)                                          %x 的第三个元素
ans=2
>>x([1 2 5])                                    %x 的第一、二、五个元素
ans= 1 4 3
  x(1:5)                                        %x 的前五个元素
ans=
  1 4 2 5 3
>>x(10:end)                                     %x 的十个元素开始往后的元素
ans=
  8 6 9 7 10 8 11
>>x(10:-1:2)                                    %x 的第十个元素开始逆序排到第二个元素为止
ans=
  8 5 7 4 6 3 5 2 4
>>x(find(x>5))                                  %x 中大于 5 的元素
ans=
  6
  7
  8
  6
  9
  7
  10
  8
  11
>>x(4)=100                                      %给 x 的第四个元素重新赋值
x=
  1   2    3  4  5  6   7  8
  4  100   6  7  8  9  10  11
>>x(3)=[]                                       %删除第三个元素
x =
```

```
    Columns 1 through 12
    1 4 100 3 6 4 7 5 8 6 9 7
    Columns 13 through 15
    10 8 11
>>x(16)=1                                   %加入第十六个元素
x=
    Columns 1 through 12
    1 4 100 3 6 4 7 5 8 6 9 7
    Columns 13 through 16
    10 8 11 1
```

2）建立数组

上面的方法只适用于元素不多的情况，但是当元素很多的时候，则须采用以下方式：

```
>>x=(0:0.02:1);            %用冒号":"表示起始值=0、增量值=0.02、终止值=1的矩阵
>>x=linspace(0, 1, 100);   %利用linspace，以间隔起始值=0、终止值=1之间的元素数目
                           %=100
>>a=[]                     %空矩阵
a=
    []
>>zeros(2, 2)              %全为0的2×2矩阵
ans=
    0    0
    0    0
>>ones(3, 3)               %全为1的3×3矩阵
ans=
    1    1    1
    1    1    1
    1    1    1
>>rand(2, 4);              %随机矩阵
>>a=1:7, b=1:0.2:5;        %更直接的方式
>>c=[b a];                 %可利用先前建立的数组a及数组b，组成新数组
>>a=1:1:10;
>>b=0.1:0.1:1;
>>a+b*I                    %复数数组
ans=
    Columns 1 through 4
    1.0000 + 0.1000i   2.0000 + 0.2000i   3.0000 + 0.3000i   4.0000 + 0.4000i
    Columns 5 through 8
    5.0000 + 0.5000i   6.0000 + 0.6000i   7.0000 + 0.7000i   8.0000 + 0.8000i
    Columns 9 through 10
    9.0000 + 0.9000i   10.0000 + 1.0000i
```

在MATLAB的内部数据结构中，每一个矩阵都是一个以列为主(Column-oriented)的数组(array)，因此对于矩阵元素的存取，我们可用一维或二维的索引(Index)来定址.

9. 矩阵的运算

1）经典的算术运算符

经典的算术运算符见表 15.1.12.

表 15.1.12

名称	运算符	MATLAB 表达式
加	＋	a＋b
减	－	a－b
乘	*	a * b
除	/ 或 \	a/b 或 a\b
幂	^	a^b

例如：

```
>>A=1:1:10;
>>B=10:10:100;
>>A+B
ans=
    11 22 33 44 55 66 77 88 99 110
    >>A-B
ans=
    -9 -18 -27 -36 -45 -54 -63 -72 -81 -90
>>A. * B                  %注意这里 A 后加了个“.”
ans=
    10 40 90 160 250 360 490 640 810 1000
>>X=A/B                   %矩阵左除 XA=B
ans=
    0.1
>>A\B                     %矩阵右除，若 X=A\B，则 AX=B
ans=
    0 0 0 0 0 0 0 0 0 0
    0 0 0 0 0 0 0 0 0 0
    0 0 0 0 0 0 0 0 0 0
    0 0 0 0 0 0 0 0 0 0
    0 0 0 0 0 0 0 0 0 0
    0 0 0 0 0 0 0 0 0 0
    0 0 0 0 0 0 0 0 0 0
    0 0 0 0 0 0 0 0 0 0
    0 0 0 0 0 0 0 0 0 0
    1 2 3 4 5 6 7 8 9 10
>>A. /B
ans=
    Columns 1 through 7
      0.1000    0.1000    0.1000    0.1000    0.1000    0.1000    0.1000
    Columns 8 through 10
```

```
    0.1000    0.1000    0.1000
>>A.\B
ans=
    10 10 10 10 10 10 10 10 10 10
>>A.^2
ans=
    1 4 9 16 25 36 49 64 81 100
```

说明：在这里特别要注意有没有加点“.”之间的区别；这些算术运算符所运算的两个数组是否需要长度一致.

2）矩阵转置运算

通过在矩阵变量后加“′”的方法来表示转置运算.

```
a=1:1:10;
b=0:10:90;
a′
ans=
    1
    2
    3
    4
    5
    6
    7
    8
    9
    10
c=a+b*i;
c′        % 共轭转置
ans=
    1.0000
    2.0000 -10.0000i
    3.0000 -20.0000i
    4.0000 -30.0000i
    5.0000 -40.0000i
    6.0000 -50.0000i
    7.0000 -60.0000i
    8.0000 -70.0000i
    9.0000 -80.0000i
    10.0000 -90.0000i
c.′       % 简单转置
ans=
    1.0000
    2.0000 +10.0000i
    3.0000 +20.0000i
```

```
4.0000 +30.0000i
5.0000 +40.0000i
6.0000 +50.0000i
7.0000 +60.0000i
8.0000 +70.0000i
9.0000 +80.0000i
10.0000 +90.0000i
```

15.2 一元函数

实验1　一元函数的图形(基础实验)

1. 实验目的

学习 MATLAB 一元函数绘图命令，进一步理解函数概念.

2. 实验内容

(1) 学习 MATLAB 命令.

MATLAB 绘图命令比较多，我们选编一些常用命令(见表 15.2.1～表 15.2.4)，并简单说明其作用. 这些命令的调用格式，可参阅例题及使用帮助 help 查找.

表 15.2.1　二维绘图函数

命令	含　义
bar	条形图
hist	直方图
plot	简单的线型图形
polar	极坐标图形

表 15.2.2　基本线型和颜色

符号	含　义	符号	含　义
y	黄色	.	点
m	紫红	o	圆圈
c	青色	×	叉号
r	红色	+	加号
g	绿色	*	星号
b	蓝色	—	实线
w	白色	:	点线
k	黑色	-.	点画线
		--	虚线

表 15.2.3 二维绘图工具

命 令	含 义
grid	放置格栅
gtext	用鼠标放置文本
hold	保持当前图形
text	在给定位置放置文本
title	放置图标题
xlabel	放置 x 轴标题
ylabel	放置 y 轴标题
zoom	缩放图形

表 15.2.4 axis 命令

命 令	含 义
axis([x1, x2, y1, y2])	设置坐标轴范围
axis square	当前图形设置为方形
axis equal	坐标轴的长度单位设成相等
axis normal	关闭 axis equal 和 axis square
axis off	关闭轴标记、格栅和单位标志
axis on	显示轴标记、格栅和单位标志

linspace 创建数组命令，调用格式为

x=linspace(x1, x2, n)

创建了 x1 到 x2 之间有 n 个数据的数组.

(2) 绘制函数图形举例.

例 15.2.1 画出 $y=\sin x$ 的图形.

解 输入命令：

```
close all;
x=linspace(0, 2*pi, 100);     %100 个点的 x 坐标
y=sin(x);                     % 对应的 y 坐标
plot(x, y);
```

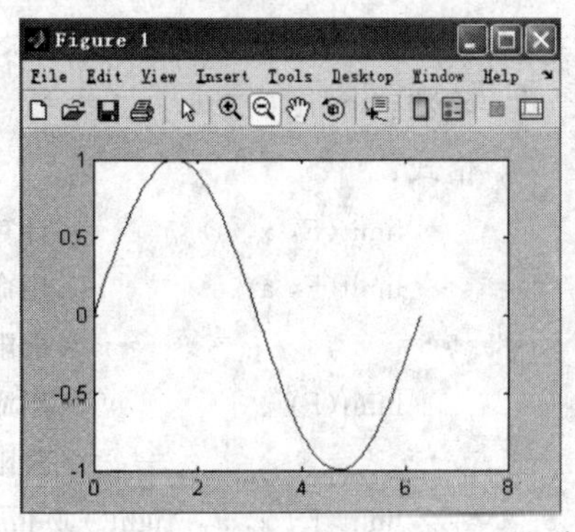

图 15.2.1

运行结果如图 15.2.1 所示.

例 15.2.2 画出 $y=2^x$ 和 $y=(1/2)^x$ 的图形.

解 输入命令：

```
x=-4:0.1:4;
y1=2.^x;
```

```
y2=(1/2).^x;
plot(x, y1, x, y2);
axis([-4, 4, 0, 8])
```

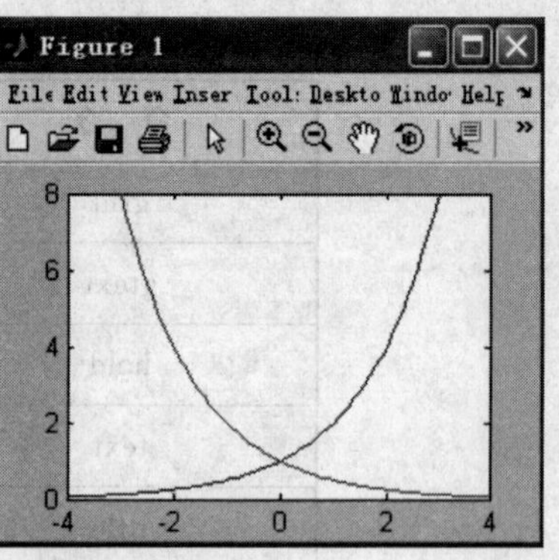

图 15.2.2

运行结果如图 15.2.2 所示.

MATLAB 允许在一个图形中画多条曲线. plot(x1, y1, x2, y2, x3, y3)指令用于绘制y1=f(x1)、y2=f(x2)等多条曲线. MATLAB 自动给这些曲线以不同颜色.

例 15.2.3 画出 $y=\arctan x$ 的图形.

解 输入命令:

```
x=-20:0.1:20; y=atan(x);
plot(x, y, [-20, 20], [pi/2, pi/2], [-20, 20],
[-pi/2, -pi/2])
grid
```

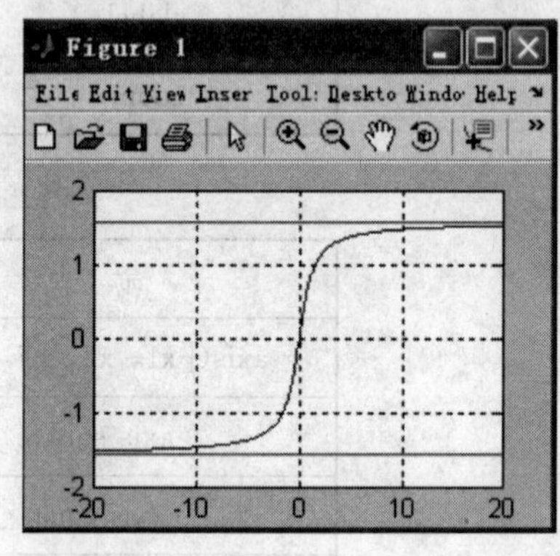

图 15.2.3

运行结果如图 15.2.3 所示.

从图上看, $y=\arctan x$ 是有界函数, $y=\pm\pi/2$ 是其水平渐近线.

3. 实验任务

(1) 画出常见基本初等函数的图形;

(2) 画出 $y=\arcsin x$ 的图形;

(3) 画出 $y=\sec x$ 在$[0, \pi]$之间的图形.

实验 2 极限与连续、导数(基础实验)

1. 实验目的

(1) 理解极限、连续、导数的概念.

(2) 掌握用 MATLAB 软件求函数极限、连续、导数的方法.

2. 实验内容

(1) 学习 MATLAB 命令.

命令 1: 极限.

函数: limit.

格式:

```
limit(F, x, a)          %计算符号表达式 F=F(x)的极限值, 当 x→a 时
limit(F, a)             %用命令 findsym(F)确定 F 中的自变量, 设为变量 x, 再计算 F 的
                        %极限值, 当 x→a 时
limit(F)                %用命令 findsym(F)确定 F 中的自变量, 设为变量 x, 再计算 F 的
                        %极限值, 当 x→0 时
limit(F, x, a, 'right')或 limit(F, x, a, 'left') %计算符号函数 F 的单侧极限: 左极限
                                                 %x→a- 或右极限 x→a+
```

命令 2: 导数(包括偏导数).

函数：diff.

格式：

```
diff(S, 'v')、diff(S, sym('v'))  %对表达式S中指定的符号变量v计算S的1阶导数
diff(S)          %对表达式S中的符号变量v计算S的1阶导数，其中v=findsym(S)
diff(S, n)       %对表达式S中的符号变量v计算S的n阶导数，其中v=findsym(S)
diff(S, 'v', n)  %对表达式S中指定的符号变量v计算S的n阶导数
```

(2) 理解极限、连续、导数的概念.

例 15.2.4

```
>>syms x a t h n;
>>L1=limit((cos(x)-1)/x)
>>L2=limit(1/x^2, x, 0, 'right')
>>L3=limit(1/x, x, 0, 'left')
>>L4=limit((log(x+h)-log(x))/h, h, 0)
>>v=[(1+a/x)^x, exp(-x)];
>>L5=limit(v, x, inf, 'left')
>>L6=limit((1+2/n)^(3*n), n, inf)
```

计算结果为

```
L1=
    0
L2=
    inf
L3=
    -inf
L4=
    1/x
L5=
    [exp(a), 0]
L6 =
    exp(6)
```

例 15.2.5

```
>>syms x y t
>>D1=diff(sin(x^2)*y^2, 2)        %计算∂²/∂x² y² sinx²
>>D2 = diff(D1, y)                %计算∂/∂y(∂²/∂x² y² sin²)
>>D3 = diff(t^6, 6)
```

计算结果为

```
D1=
    -4*sin(x^2)*x^2*y^2+2*cos(x^2)*y^2
D2=
    -8*sin(x^2)*x^2*y+4*cos(x^2)*y
D3=
```

720

3. 实验任务

(1) 求$\lim\limits_{x\to\frac{\pi}{4}}\frac{1+\sin2x}{1-\cos4x}$;

(2) 求 $f(x)=\sin(e^{\arctan(x^2+x)})$的导数.

实验3 函数积分(基础实验)

1. 实验目的

学会用 MATLAB 软件进行有关积分的基本运算.

2. 实验内容

MATLAB 关于积分的命令.

1) 一元函数的数值积分

函数 1:quad.

功能:数值定积分,自适应 Simpleson 积分法.

格式:

```
q=quad(fun, a, b)   %近似地从 a 到 b 计算函数 fun 的数值积分,误差为 10^-6. 若给 fun
                    %输入向量 x,应返回向量 y,即 fun 是一单值函数
```

函数 2:trapz.

功能:梯形法数值积分.

格式:

```
T = trapz(Y)        %用等距梯形法近似计算 Y 的积分. 若 Y 是一向量,则 trapz(Y)为 Y 的
                    %积分;若 Y 是一矩阵,则 trapz(Y)为 Y 的每一列的积分;若 Y 是一多
                    %维数组,则 trapz(Y)沿着 Y 的第一个非单元集的方向进行计算
T=trapz(X, Y)       %用梯形法计算 Y 在 X 点上的积分. 若 X 为一列向量,Y 为矩阵,且
                    %size(Y, 1) = length(X),则 trapz(X, Y)通过 Y 的第一个非单元集的
                    %方向进行计算
```

2) 二元函数重积分的数值计算

命令 1:dblquad.

功能:矩形区域上的二重积分的数值计算.

格式:

```
q=dblquad(fun, xmin, xmax, ymin, ymax)      %调用函数 quad 在区域[xmin, xmax, ymin,
                                            %ymax]上计算二元函数 z=f(x, y)的二重积
                                            %分. 输入向量 x,标量 y,则 f(x, y)必须返
                                            %回一用于积分的向量
q=dblquad(fun, xmin, xmax, ymin, ymax, tol) %用指定的精度 tol 代替缺省精度 10^-6,再
                                            %进行计算
```

命令 2:quad2dggen.

功能:任意区域上二元函数的数值积分.

格式:

```
q=quad2dggen(fun, xlower, xupper, ymin, ymax)  %在由[xlower, xupper, ymin, ymax]指
                                               %定的区域上计算二元函数 z=f(x, y)
                                               %的二重积分
q=dblquad(fun, xlower, xupper, ymin, ymax, tol) %用指定的精度 tol 代替缺省精度 10^-6,
                                               %再进行计算
```

命令 3：符号函数的积分.

函数：int.

格式：

```
R=int(S, v)          %对符号表达式 S 中指定的符号变量 v 计算不定积分. 注意，表达式 R
                     %只是函数 S 的一个原函数，后面没有带任意常数 C
R=int(S)             %对符号表达式 S 中的符号变量 v 计算不定积分，其中 v=findsym(S)
R=int(S, v, a, b)    %对表达式 s 中指定的符号变量 v 计算从 a 到 b 的定积分
R=int(S, a, b)       %对符号表达式 s 中的符号变量 v 计算从 a 到 b 的定积分，其中
                     %v=findsym(S)
```

命令 4：常微分方程的符号解.

函数：dsolve.

格式：

```
r=dsolve('eq1, eq2, …', 'cond1, cond2, …', 'v')
```

例 15.2.6

```
>>fun=inline('3 * x.^2./(x.^3-2 * x.^2+3)');
>>Q1=quad(fun, 0, 2)
>>Q2=quadl(fun, 0, 2)
```

计算结果为

```
Q1=
    3.7224
Q2=
    3.7224
```

例 15.2.7　计算单位圆域上的积分：

$$I = \iint\limits_{x^2+y^2\leqslant 1} e^{-\frac{x^2}{2}} \sin(x^2 + y)\mathrm{d}x\mathrm{d}y$$

解　先把二重积分转化为二次积分的形式：

$$I = \int_{-1}^{1} \mathrm{d}y \int_{-\sqrt{1-y^2}}^{\sqrt{1-y^2}} e^{-\frac{x^2}{2}} \sin(x^2 + y)\mathrm{d}x$$

```
>>f=inline('exp(-x.^2/2). * sin(x.^2+y)','x','y');
>>xlower=inline('-sqrt(1-y.^2)','y'); xupper = inline('sqrt(1-y.^2)', 'y');
>>Q=quad2dggen(fun, xlower, xupper, -1, 1, 1e-4)
```

计算结果为

```
Q=
    0.5368603818
```

例 15.2.8

```
>>syms x z t alpha
>>INT1 = int(-2 * x/(1+x^3)^2)
>>INT2 = int(x/(1+z^2), z)
>>INT3 = int(INT2, x)
>>INT4 = int(x * log(1+x), 0, 1)
>>INT5 = int(2 * x, sin(t), 1)
>>INT6 = int([exp(t), exp(alpha * t)])
```

计算结果为

```
INT1=
    -2/9/(x+1)+2/9 * log(x+1)-1/9 * log(x^2-x+1)-2/9 * 3^(1/2) * atan(1/3 * (2 *
    x-1) * … 3^(1/2))-2/9 * (2 * x-1)/(x^2-x+1)
INT2=
    x * atan(z)
INT3 =
    1/2 * x^2 * atan(z)
INT4=
    1/4
INT5=
    1-sin(t)^2
INT6 =
    [ exp(t), 1/alpha * exp(alpha * t)]
```

3. 实验任务

(1) 计算 $\int x^2 \arcsin x \mathrm{d}x$；

(2) 计算 $\int_0^{\mathrm{e}} x\ln x \mathrm{d}x$.

实验 4 导数的应用

1. 实验目的

(1) 学习 MATLAB 自定义函数.

(2) 加深理解洛必达法则、极值、最值、单调性.

2. 实验内容

学习 MATLAB 自定义函数及求函数最小值命令.

函数关系是指变量之间的对应法则，这种对应法则需要我们告诉计算机，这样，当我们输入自变量时，计算机才会给出函数值. MATLAB 软件包含了大量的函数，比如常用的正弦、余弦函数等. MATLAB 允许用户自定义函数，即允许用户将自己的新函数加到已存在的 MATLAB 函数库中，显然这为 MATLAB 提供了扩展的功能，无庸置疑，这也正是 MATLAB 的精髓所在. 因为 MATLAB 的强大功能就源于这种为解决用户特殊问题的需要而创建新函数的能力. MATLAB 自定义函数是一个指令集合，第一行必须以单词 function 作为引导词，存为具有扩展名“.m”的文件，故称之为函数 M 文件.

函数 M 文件的定义格式如下：

```
function 输出参数＝函数名(输入参数)
函数体
  ⋮
函数体
```

一旦函数被定义，就必须将其存为 M 文件，以便今后可以随时调用. 比如我们希望建立函数 $f(x)=x^2+2x+1$，可以点选菜单 Fill\New\M-fill 打开 MATLAB 文本编辑器，输入：

```
function y=f1(x)
y=x^2+2*x+1;
```

存为 f1. m. 调用该函数时，输入：

```
syms x;
y=f1(x)
```

得结果：y= x^2+2*x+1. 输入：

```
y1=f1(3)
```

得结果：y1=16.

MATLAB 求最小值命令 fmin 的调用格式如下：

```
fmin('f1', a, b)        %给出 f(x)在(a, b)上的最小值点
```

(1) 自定义函数.

例 15.2.9　解一元二次方程 $ax^2+bx+c=0$.

解　我们希望当输入 a、b、c 的值时，计算机能给出方程的两个根. 在文本编辑器中建立名为 rootquad. m 的文件.

```
function [x1, x2]=rootquad(a, b, c)
d=b*b-4*a*c;
x1=(-b+sqrt(d))/(2*a)
x2=(-b-sqrt(d))/(2*a)
```

比如求方程 $2x^2+3x-7=0$ 的根，可用语句：

```
[r1, r2]=rootquad(2, 3, -7)
```

得结果：

```
r1=1.2656
r2=-2.7656
```

(2) 验证洛必达法则.

洛必达法则是指在求$\frac{0}{0}$及$\frac{\infty}{\infty}$的极限时，可用导数之比的极限来计算(如果导数之比的极限存在或为∞).

例 15.2.10　以 $\lim(a^x-b^x)/x(x\to 0)$为例验证洛必达法则.

解　这是$\frac{0}{0}$型极限.

```
syms a b x;
f=a^x-b^x;
```

```
g=x;
L=limit(f/g, x, 0)
```

得结果：L=log(a)-log(b).

```
df=diff(f, x); dg=diff(g, x); L1=limit(df/dg, x, 0)
```

得结果：L1=log(a)-log(b). 从结果可以看出：L=L1.

(3) 函数的单调性与极值.

例 15.2.11 求函数 $f(x)=x^3-6x^2+9x+3$ 的单调区间与极值.

解 求可导函数的单调区间与极值，就是求导函数的正负区间与正负区间的分界点.

利用 MATLAB 解决该问题，我们可以先求出导函数的零点，再画出函数图形，根据图形可以直观看出函数的单调区间与极值.

输入命令：

```
f=x^3-6*x^2+9*x+3;
df=diff(f, x);
s=solve(df)
grid on
```

得结果：ans=[1, 3]，画出函数图形.

```
ezplot(f, [0, 4])
grid on
```

运行结果如图 15.2.4 所示.

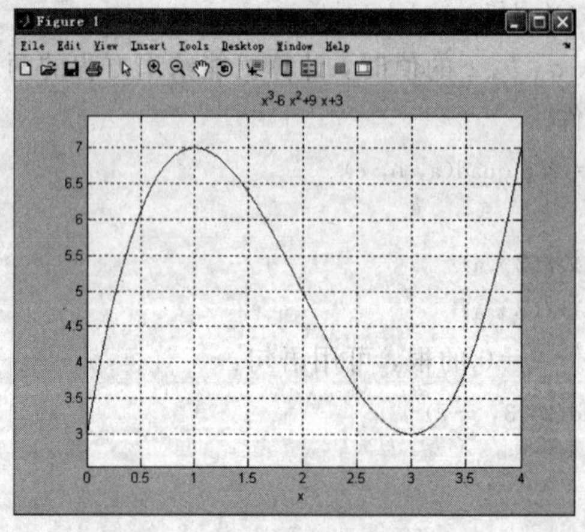

图 15.2.4

从图上看，$f(x)$的单调增区间为$(-\infty, 1)$、$(3, +\infty)$，单调减区间是$(1, 3)$，极大值$f(1)=7$，极小值$f(3)=3$.

我们可以建立一个名为 monotone.m 的 M 文件，用来求函数的单调区间.

```
disp('输入函数(自变量为 x)')
syms x
f=input('函数 f(x)=')
df=diff(f);
s=solve(df)
```

```
ezplot(f)
grid on
```

要求函数 $y=x-\ln(1+x)$ 的单调区间与极值，可调用 monotone. m，输入命令：

```
monotone
```

在 MATLAB 工作区出现以下提示：

```
输入函数(自变量为 x)
函数 f(x)=
```

在光标处输入：x－log(1＋x)，可得结果 s＝0.

从图上看，$f(x)$的单调增区间为$(0, +\infty)$，单调减区间是$(-\infty, 0)$，极小值 $f(0)=0$.

(4) 函数的最值.

调用求函数最小值命令 fmin 时，可得出函数的最小值点. 为求最小值，必须建立函数 M 文件.

例 15.2.12　求函数 $f(x)=(x-3)^2-1$ 在区间$(0, 5)$上的最小值.

解　我们可以建立一个名为 f. m 的函数 M 文件.

```
function y=f(x)
y=(x-3).^2-1;
```

并且调用 fmin 或 fminbnd，即

```
x=fmin('f', 0, 5)
```

得：$x=3$，$f(x)$在最小值点处的值(函数最小值)是 $f(3)=-1$.

求最大值时可用 x＝fmin('－f(x)', a, b).

3. 实验任务

(1) 建立函数 $f(x, a)=a\ \sin x+(1/3)(\sin 3x)$，当 a 为何值时，该函数在 $x=\pi/3$ 处取得极值，它是极大值还是极小值？并求之.

(2) 确定函数 $y=2x^3-6x^2-18x-7$ 的单调区间.

15.3　线性代数

1. 实验目的

熟悉 MATLAB 软件环境，并学会用 MATLAB 软件进行矩阵的基本运算.

2. 实验内容

1) 实数值矩阵输入

不管是任何矩阵(向量)，我们可以直接按行方式输入每个元素：同一行中的元素用逗号“,”或者用空格符来分隔，且空格个数不限；不同的行用分号“;”分隔. 所有元素处于一方括号“[]”内；当矩阵是多维(三维以上)，且方括号内的元素是维数较低的矩阵时，会有多重的方括号. 如：

```
>>Time=[11 12 1 2 3 4 5 6 7 8 9 10]
>>X_Data=[2.32 3.43; 4.37 5.98]
>>Null_M=[]            %生成一个空矩阵
```

2）复数矩阵输入

复数矩阵有两种生成方式.

第一种方式：

```
>>a=2.7; b=13/25;
>>C=[1, 2*a+i*b, b*sqrt(a); sin(pi/4), a+5*b, 3.5+1]
```

第二种方式：

```
>>R=[1 2 3; 4 5 6], M=[11 12 13; 14 15 16]
>>CN=R+i*M
```

3）符号矩阵的生成

在 MATLAB 中输入符号向量或者矩阵的方法和输入数值类型的向量或者矩阵在形式上很相像，只不过要用到符号矩阵定义函数 sym，或者是用到符号定义函数 syms，先定义一些必要的符号变量，再像定义普通矩阵一样输入符号矩阵.

用命令 sym 定义矩阵，这时的函数 sym 实际是在定义一个符号表达式，这时的符号矩阵中的元素可以是任何的符号或者是表达式，而且长度没有限制，只是将方括号置于用于创建符号表达式的单引号中. 如：

```
>>sym_matrix = sym('[a b c; Jack, Help Me!, NO WAY!]')
>>sym_digits = sym('[1 2 3; a b c; sin(x)cos(y)tan(z)]')
```

用命令 syms 定义矩阵，先定义矩阵中的每一个元素为一个符号变量，而后像普通矩阵一样输入符号矩阵. 如：

```
>>syms a b c ;
>>M1 = sym('Classical');
>>M2 = sym('Jazz');
>>M3 = sym('Blues')
>>syms_matrix = [a b c; M1, M2, M3; int2str([2 3 5])]
```

把数值矩阵转化成相应的符号矩阵. 数值型和符号型在 MATLAB 中是不相同的，它们之间不能直接进行转化. MATLAB 提供了一个将数值型转化成符号型的命令，即 sym. 如：

```
>>Digit_Matrix = [1/3 sqrt(2) 3.4234; exp(0.23) log(29) 23^(-11.23)]
>>Syms_Matrix = sym(Digit_Matrix)
```

注意　矩阵是用分数形式还是用浮点形式表示，将矩阵转化成符号矩阵后，都将以最接近原值的有理数形式表示或者是函数形式表示.

4）特殊矩阵的生成

命令 1：全零阵.

函数：zeros.

格式：

```
B=zeros(n)          %生成 n×n 全零阵
B=zeros(m, n)       %生成 m×n 全零阵
```

命令 2：单位阵.

函数：eye.

格式：

```
Y=eye(n)            %生成 n×n 单位阵
```

```
Y=eye(m, n)                    %生成 m×n 单位阵
```

命令 3：全 1 阵.

函数：ones.

格式：

```
Y=ones(n)                      %生成 n×n 全 1 阵
Y=ones(m, n)                   %生成 m×n 全 1 阵
```

命令 4：均匀分布随机矩阵.

函数：rand.

格式：

```
Y=rand(n)                      %生成 n×n 随机矩阵，其元素在(0, 1)内
Y=rand(m, n)                   %生成 m×n 随机矩阵
```

命令 5：产生以输入元素为对角线元素的矩阵.

函数：blkdiag.

格式：

```
out=blkdiag(a, b, c, d, …)     %产生以 a, b, c, d, …为对角线元素的矩阵
```

命令 6：Magic(魔方)矩阵.

函数：magic.

格式：

```
M=magic(n)                     %产生 n 阶魔方矩阵
```

5）矩阵运算

(1) 加、减运算.

运算符："+"和"-"分别为加、减运算符.

运算规则：对应元素相加、减，即按线性代数中矩阵的"+"、"-"运算进行.

(2) 乘法运算.

运算符：*.

运算规则：按线性代数中矩阵乘法运算进行，即放在前面的矩阵的各行元素，分别与放在后面的矩阵的各列元素对应相乘并相加.

① 矩阵的数乘：数乘矩阵.

例如：a=2 * X.

② 向量的点乘(内积)：维数相同的两个向量的点乘.

命令：向量点积.

函数：dot.

格式：

```
C=dot(A, B)        %若 A、B 为向量，则返回向量 A 与 B 的点积，A 与 B 长度相同；
                   %若为矩阵，则 A 与 B 有相同的维数
C=dot(A, B, dim)   %在 dim 维数中给出 A 与 B 的点积
```

③ 向量叉乘.

在数学上，两向量的叉乘是一个过两相交向量的交点且垂直于两向量所在平面的向量. 在 MATLAB 中，向量叉乘用函数 cross 实现.

函数：cross.

格式：

```
C=cross(A, B)            %若 A、B 为向量，则返回 A 与 B 的叉乘
```

(3) 除法运算.

MATLAB 提供了两种除法运算：左除(\)和右除(/). 一般情况下，x=a\b 是方程 a*x =b 的解，而 x=b/a 是方程 x*a=b 的解.

(4) 矩阵乘方.

运算符：^.

运算规则：当 A 为方阵，P 为大于 0 的整数时，A^P 表示 A 的 P 次方，即 A 自乘 P 次；P 为小于 0 的整数时，A^P 表示 A 逆的 P 次方.

(5) 矩阵转置.

运算符：′.

运算规则：若矩阵 A 的元素为实数，则与线性代数中矩阵的转置相同. 若 A 为复数矩阵，则 A 转置后的元素由 A 对应元素的共轭复数构成.

若仅希望转置，则用命令：A.′.

(6) 方阵的行列式.

函数：det.

格式：

```
d=det(X)            %返回方阵 X 的多项式的值
```

(7) 逆命令.

函数：inv.

格式：

```
Y=inv(X)            %求方阵 X 的逆矩阵. 若 X 为奇异阵或近似奇异阵，将给出警告信息
```

(8) 向量的范数.

函数：norm.

格式：

n=norm(X)   %X 为向量，求欧几里得范数，即 $\|X\|_2=\sqrt{\sum|x_k|^2}$

(9) 矩阵的秩.

函数：rank.

格式：

```
k=rank (A)          %求矩阵 A 的秩
k=rank (A, tol)     %tol 为给定误差
```

6) 特征值与二次型

(1) 特征值与特征向量的求法.

设 $\boldsymbol{A}$ 为 n 阶方阵，如果数 λ 和 n 维列向量 $\boldsymbol{x}$ 使得关系式 $\boldsymbol{A}\boldsymbol{x}=\lambda\boldsymbol{x}$ 成立，则称 λ 为方阵 $\boldsymbol{A}$ 的特征值，非零向量 $\boldsymbol{x}$ 称为 $\boldsymbol{A}$ 对应于特征值 λ 的特征向量.

函数：eig.

格式：

```
d=eig(A)                      %求矩阵A的特征值d，以向量形式存放d
d=eig(A, B)                   %A、B为方阵，求广义特征值d，以向量形式存放d
[V, D]=eig(A)                 %计算A的特征值对角阵D和特征向量V，使AV=VD成立
[V, D]=eig(A, 'nobalance')    %当矩阵A中有与截断误差数量级相差不远的值时，该指令可能
                              %更精确. 'nobalance'起误差调节作用
[V, D]=eig(A, B)              %计算广义特征值向量阵V和广义特征值阵D，满足AV=BVD
[V, D]=eig(A, B, flag)        %由flag指定算法计算特征值D和特征向量V. flag的可能值
                              %为：'chol' 表示对B使用Cholesky分解算法，这里A为对称
                              %Hermitian矩阵，B为正定阵；'qz' 表示使用QZ算法，这里
                              %A、B为非对称或非Hermitian矩阵
```

注意 一般特征值问题是求解方程 $\boldsymbol{Ax}=\lambda\boldsymbol{x}$ 解的问题. 广义特征值问题是求解方程 $\boldsymbol{Ax}=\lambda\boldsymbol{Bx}$ 解的问题.

(2) 正交基.

命令：orth.

格式：

```
B=orth(A)    %将矩阵A正交规范化，B的列与A的列具有相同的空间，B的列向量是
             %正交向量，且满足 B' * B = eye(rank(A))
```

7) 秩与线性相关性

(1) 矩阵和向量组的秩以及向量组的线性相关性.

矩阵 $\boldsymbol{A}$ 的秩是矩阵 $\boldsymbol{A}$ 中最高阶非零子式的阶数；向量组的秩通常由该向量组构成的矩阵来计算.

函数：rank.

格式：

```
k=rank(A)      %返回矩阵A的行(或列)向量中线性无关的个数
```

(2) 矩阵化成行最简形.

函数：rref 或 rrefmovie.

格式：

```
R=rref(A)        %用高斯-约当消元法和行主元法求A的行最简形矩阵R
rrefmovie(A)     %给出每一步化简的过程
```

例 15.3.1 计算向量 $\boldsymbol{a}=(1, 2, 3)$、$\boldsymbol{b}=(4, 5, 6)$ 和 $\boldsymbol{c}=(-3, 6, -3)$ 的混合积 $\boldsymbol{a}\cdot(\boldsymbol{b}\times\boldsymbol{c})$.

解 输入命令：

```
>>a=[1 2 3]; b=[4 5 6]; c=[-3 6 -3];
>>x=dot(a, cross(b, c))
```

则结果显示为

```
x=

  54
```

注意 先叉乘后点乘，顺序不可颠倒.

例 15.3.2 求 $\boldsymbol{A}=\begin{pmatrix}1 & 2 & 3\\ 2 & 2 & 1\\ 3 & 4 & 3\end{pmatrix}$ 的逆矩阵.

解 方法一：输入命令：

```
>>A=[1 2 3; 2 2 1; 3 4 3];
>>Y=inv(A)或 Y=A^(-1)
```

则结果显示为

```
Y=
     1.0000     3.0000    -2.0000
    -1.5000    -3.0000     2.5000
     1.0000     1.0000    -1.0000
```

方法二：由增广矩阵 $\boldsymbol{B}=\begin{pmatrix}1&2&3&1&0&0\\2&2&1&0&1&0\\3&4&3&0&0&1\end{pmatrix}$ 进行初等行变换，输入命令：

```
>>B=[1, 2, 3, 1, 0, 0; 2, 2, 1, 0, 1, 0; 3, 4, 3, 0, 0, 1];
>>C=rref(B)           %化行最简形
>>X=C(:, 4:6)         %取矩阵 C 中的 A^(-1)部分
```

则结果显示为

```
C=
    1.0000         0         0    1.0000    3.0000   -2.0000
         0    1.0000         0   -1.5000   -3.0000    2.5000
         0         0    1.0000    1.0000    1.0000   -1.0000
X=
     1.0000     3.0000    -2.0000
    -1.5000    -3.0000     2.5000
     1.0000     1.0000    -1.0000
```

例 15.3.3 求矩阵 $\boldsymbol{A}=\begin{pmatrix}-2&1&1\\0&2&0\\-4&1&3\end{pmatrix}$ 的特征值和特征向量.

解 输入命令：

```
>>A=[-2 1 1; 0 2 0; -4 1 3];
>>[V, D]=eig(A)
```

则结果显示为

```
V =
     -0.7071    -0.2425    0.3015
           0          0    0.9045
     -0.7071    -0.9701    0.3015
D=
     -1     0     0
      0     2     0
      0     0     2
```

即特征值 -1 对应特征向量 $(-0.7071, 0, -0.7071)^{T}$，特征值 2 对应特征向量 $(-0.2425, 0, -0.9701)^{T}$ 和 $(0.3015, 0.9045, 0.3015)^{T}$.

例 15.3.4　将矩阵 $\boldsymbol{A}=\begin{pmatrix}4&0&0\\0&3&1\\0&1&3\end{pmatrix}$ 正交规范化.

解　输入命令：

```
>>A=[4 0 0; 0 3 1; 0 1 3];
>>B=orth(A)
>>Q=B'*B
```

则结果显示为

```
P=

    1.0000         0         0
         0    0.7071   -0.7071
         0    0.7071    0.7071

Q=

    1.0000         0         0
         0    1.0000         0
         0         0    1.0000
```

3. 实验任务

求向量组 $\boldsymbol{\alpha}_1=(1,-2,2,3)$，$\boldsymbol{\alpha}_2=(-2,4,-1,3)$，$\boldsymbol{\alpha}_3=(-1,2,0,3)$，$\boldsymbol{\alpha}_4=(0,6,2,3)$，$\boldsymbol{\alpha}_5=(2,-6,3,4)$的秩，并判断其线性相关性.

第16章 用Excel软件解决数理统计问题

1. 实验目的

学习、掌握用Excel求置信区间、做假设检验的方法.

2. 实验准备

在微软Office的Excel中有许多函数用于数据处理，其中有些涉及数理统计，使用非常方便.

Excel在原安装中可能没有"数据分析"菜单，建立"数据分析"菜单的步骤是:由"工具"菜单中选择"加载宏"，在弹出的"加载宏"对话框中选定"分析工具库"项和"分析数据库-VBA函数"项，然后单击"确定"按钮，"工具"菜单中便增加了"数据分析"子菜单. 该子菜单中包括"描述统计"、"协方差"、"相关系数"、"回归"、"方差分析"、"z-检验"、"t-检验"、"F-检验" 等工具.

3. 实验内容

1）一般统计

(1) 平均数.

Excel计算平均数用AVERAGE函数，其格式如下：

=AVERAGE(数据1，数据2，…，数据30)

例如，输入：

=AVERAGE(1，2，3，4，5)

则得到平均数3. 若要得到位于工作表中E3至E12这组数据的平均数，则输入：

=AVERAGE(E3:E12)

(2) 样本标准差.

样本标准差的定义是

$$S=\sqrt{\frac{\sum (X_i-\overline{X})^2}{n-1}}$$

Excel计算样本标准差的函数是STDEV，其格式如下：

=STDEV(数据1，数据2，…，数据30)

例如，输入：

=STDEV(3，5，6，4，6，7，5)

则得到这组数据的样本标准差为1.35. 若输入：

=STDEV(E3:E12)

则得到位于E3至E12单元格的这组数据的样本标准差.

(3) 样本方差.

样本方差的定义是

$$S^2 = \frac{\sum (X_i - \overline{X})^2}{n-1}$$

Excel计算样本方差使用VAR函数，其格式如下：

=VAR(数据1，数据2，…，数据30)

例如，输入：

=VAR(3，5，6，4，6，7，5)

则得到这组数据的样本方差为1.81. 若输入：

=VAR(E3:E12)

则得到位于E3至E12单元格的这组数据的样本方差.

2) 区间估计

(1) 估计均值.

已知方差，估计均值时，使用CONFIDENCE函数，其格式如下：

CONFIDENCE(显著性水平α，总体标准差，样本容量)

计算结果是$z_{\alpha/2}\frac{\sigma}{\sqrt{n}}$. 再用样本均值加减这个值，即得总体均值的置信区间.

如果已知方差，则先用SQRT函数计算平方根，得标准差，然后才能计算置信区间.

如果已知一组样本值，则还要使用AVERAGE函数计算样本均值，然后才能计算置信区间.

例16.1　已知样本容量$n=25$，总体标准差$\sigma=100$，样本均值$\overline{X}=950$，取$\alpha=0.05$，求均值的置信区间.

解　在Excel的一个单元(例如A1)内输入：

=CONFIDENCE(0.05，100，25)

用鼠标点击其他任意单元，则公式所在单元显示39.19922. 这就是$z_{\alpha/2}\frac{\sigma}{\sqrt{n}}$的值. 然后，在另一个单元格中输入：

=950－A1

则显示910.8008. 这是置信区间的左端点. 用同样的方法可计算出置信区间的右端点，从而得均值的置信区间.

例16.2　对某种钢材的抗剪强度进行了10次测试，测得结果如下(单位为MPa)：

578　572　570　568　572　570　570　596　584　572

若已知抗剪强度服从正态分布$N(\mu, \sigma^2)$，且$\sigma^2=25$，求μ的95%的置信区间.

解　打开Excel的一个新工作表. 在单元格B2，C2，…，K2内分别输入数据：578，572，570，…，572. 在单元格B3内输入：

=AVERAGE(B2:K2)

得到输出$\overline{X}=575.2$. 在单元格B4内输入：

=STDEV(B2:K2)

得到输出 $S=8.702$. 在单元格 B5 内输入：

=CONFIDENCE(0.05，5，10)

得到输出 $z_{\alpha/2}\dfrac{\sigma}{\sqrt{n}}=3.098975$. 在单元格 B6 内输入：

=B3－B5

得到置信下限为 572.101；在单元格 B7 内输入：

=B3＋B5

得到置信上限为 578.299. 因此置信区间为(572.101，578.299).

未知方差、估计均值时，没有这样的可以直接计算的函数，需要一步一步计算.

例 16.3 设总体服从正态分布. 已知样本容量 $n=16$，样本均值 $\overline{X}=503.75$，样本标准差 $S=6.2022$，取 $\alpha=0.05$，求均值 μ 的区间估计.

解 打开 Excel 的一个新工作表. 先用 TINV 函数求 t 分布的分位点，其格式如下：

=TINV(显著性水平 α，自由度 $n-1$)

在单元格 B2 内输入：

=TINV(0.05，15)

则这个单元将显示 2.13145，这是 $t_{\alpha/2}(n-1)=t_{0.025}(15)$ 的值. 在单元格 B3 内输入：

=B2 * 6.2022/SQRT(16)

显示 3.304919，这是 $t_{\alpha/2}(n-1)\dfrac{S}{\sqrt{n}}$ 的值. 在单元格 B4 内输入：

=503.75－B3

得到置信下限为 500.4451；在单元格 B5 内输入：

=503.75＋B3

得到置信上限为 507.0549. 因此置信区间为(500.4451，507.0549).

例 16.4 在例 16.2 中，设方差未知，求 μ 的 95%的置信区间.

解 在例 16.2 中已经算得 $\overline{X}=575.2$，$S=8.702$，而样本容量为 10. 沿用例 16.2 中的工作表. 在单元格 E4 中输入：

=TINV(0.05，9)

得到 $t_{\alpha/2}(n-1)=t_{0.025}(9)=2.26216$. 在单元格 E5 中输入：

=E4 * B4/SQRT(10)

得到 $t_{\alpha/2}(n-1)\dfrac{S}{\sqrt{n}}=6.22539$. 在单元格 E6 中输入：

=B3－E5

得到置信下限为 568.975；在单元格 E7 中输入：

=B3＋E5

得到置信上限为 581.425. 因此置信区间为(568.975，581.425).

注意 TINV(α，n)给出的是 t 分布的上 $\alpha/2$ 分位点.

(3) 估计方差.

估计方差时，要用到 χ^2 分布或 F 分布. 求 χ^2 分布的上 α 分位点的函数为 CHIINV，其格式如下：

=CHIINV($\alpha/2$ 或者 $1-\alpha/2$，自由度 $n-1$)

例 16.5　设总体服从正态分布．已知样本容量 $n=9$，样本标准差 $S=0.007$，取 $\alpha=0.05$，求总体方差的区间估计．

解　打开 Excel 的一个新工作表，在单元格 B2 中输入：

=CHIINV(0.025，8)

显示 17.53454($=\chi^2_{0.025}(8)$)．在单元格 C2 中输入：

=CHIINV(0.975，8)

显示 2.179725($=\chi^2_{0.975}(8)$)．然后用公式 $\left(\dfrac{(n-1)S^2}{\chi^2_{\alpha/2}(n-1)}, \dfrac{(n-1)S^2}{\chi^2_{1-\alpha/2}(n-1)}\right)$ 计算置信区间．在单元格 B3 中输入：

=8＊0.007^2/B2

显示 0.00002236．在单元格 C3 中输入：

=8＊0.007^2/C2

显示 0.0001798．因此总体方差的置信区间为(0.000 022 36，0.000 179 8)．

此外，使用 FINV 函数可以计算 F 分布的上 α 分位点，从而求方差比的置信区间．

3) 假设检验

由于没有一个函数可以一次完成单个正态总体方差未知时均值的 t 检验，因此需要分几步计算．所用的检验统计量为

$$T=\frac{\overline{X}-\mu_0}{\dfrac{S}{\sqrt{n}}}$$

可以用一般统计中介绍的方法计算检验统计量 T 的观测值，再用区间估计中介绍的方法得到 t 分布的上 $\alpha/2$ 分位点(双侧检验时)，比较统计量 T 的观测值 t 和 t 分布的上 $\alpha/2$ 分位点(拒绝域为 $|t|>t_{\alpha/2}$)，便可得到检验结果．

例 16.6　设某一引擎制造商新生产某一种引擎，将生产的引擎装入汽车内进行速度测试，得到行驶速度如下：

250	238	265	242	248
258	255	236	245	261
254	256	246	242	247
256	258	259	262	263

该引擎制造商宣称引擎的平均速度每小时高于 250 km，请问样本数据在显著性水平为 0.025 时是否和他的声明相抵触?

解　(1) 打开 Excel 的一个新工作表．在单元格 B3:F6 中输入样本数据，如表 16.1 所示．

(2) 计算样本平均速度．在单元格 D8 中输入公式：

=AVERAGE(B3:F6)

得到平均速度为 252.05．

(3) 计算标准差．在单元格 D9 中输入公式：

=STDEV(B3:F6)

得到标准差为 8.64185.

表 16.1

	A	B	C	D	E	F	G
1			引擎速度测试				
2							
3		250	238	265	242	248	
4		258	255	236	245	261	
5		254	256	246	242	247	
6		256	258	259	262	263	
7							
8		平均速度		252.05			
9		标准差		8.641 85			
10		样本数		20			
11							
12		t 值		1.060 87			
13		t_a 值		2.093			

(4) 在单元格 D10 中输入样本数 20.

(5) 在单元格 D12 中输入 t 检验值的计算公式：

=(D8−250)/(D9/SQRT(D10))

得到 t 的值为 1.06087.

(6) 在单元格 D13 中输入公式：

=TINV(0.05, 19)

得到 $t_{0.025}$ 的值为 2.093.

现在的检验问题是：

$$H_0:\mu = 250;\quad H_1:\mu > 250$$

拒绝域为 $t > t_{0.025}$，由上面的计算得到 $t = 1.06087 < t_{0.025} = 2.093$，因此检验的结果是不拒绝原假设. 即无充分证据显示支持引擎制造商声明.

附　录

附表 1　泊松分布数值表

$$P=\sum_{k=x}^{+\infty}\frac{\lambda^k e^{-\lambda}}{k!}$$

x	λ=0.2	λ=0.3	λ=0.4	λ=0.5	λ=0.6
0	1.000 000 0	1.000 000 0	1.000 000 0	1.000 000 0	1.000 000 0
1	0.181 269 2	0.259 181 8	0.329 680 0	0.323 469	0.451 188
2	0.017 523 1	0.036 936 3	0.061 551 9	0.090 204	0.121 901
3	0.001 148 5	0.003 599 5	0.007 926 3	0.014 388	0.023 115
4	0.000 056 8	0.000 265 8	0.000 776 3	0.001 752	0.003 358
5	0.000 002 3	0.000 015 8	0.000 061 2	0.000 172	0.000 394
6	0.000 000 1	0.000 000 8	0.000 004 0	0.000 014	0.000 039
7			0.000 000 2	0.000 0001	0.000 0003

x	λ=0.7	λ=0.8	λ=0.9	λ=1.0	λ=1.2
0	1.000 000 0	1.000 000 0	1.000 000 0	1.000 0000	1.000 000 0
1	0.503 415	0.550 671	0.593 430	0.632 121	0.698 806
2	0.155 805	0.191 208	0.227 518	0.264 241	0.337 373
3	0.034 142	0.047 423	0.062 857	0.080 301	0.120 513
4	0.005 753	0.009 080	0.013 459	0.018 988	0.033 769
5	0.000 786	0.001 411	0.002 344	0.003 660	0.007 746
6	0.000 090	0.000 184	0.000 343	0.000 594	0.001 500
7	0.000 009	0.000 021	0.000 043	0.000 083	0.000 251
8	0.000 001	0.000 002	0.000 005	0.000 010	0.000 037
9				0.000 001	0.000 005
10					0.000 001

x	λ=1.4	λ=1.6	λ=1.8	λ=2.0	
0	1.000 000	1.000 000	1.000 000	1.000 000	
1	0.753 403	0.798 103	0.834 701	0.864 665	
2	0.408 167	0.475 069	0.537 163	0.593 994	
3	0.166 502	0.216 642	0.269 379	0.323 323	
4	0.053 725	0.078 813	0.108 708	0.142 876	
5	0.014 253	0.023 682	0.036 407	0.052 652	
6	0.003 201	0.006 040	0.010 378	0.016 563	
7	0.000 622	0.001 336	0.002 569	0.004 533	
8	0.000 107	0.000 260	0.000 562	0.001 096	
9	0.000 016	0.000 045	0.000 110	0.000 237	
10	0.000 002	0.000 007	0.000 019	0.000 046	
11		0.000 001	0.000 003	0.000 008	
12				0.000 001	

续表

$$P=\sum_{k=x}^{+\infty}\frac{\lambda^k e^{-\lambda}}{k!}$$

x	$\lambda=2.5$	$\lambda=3.0$	$\lambda=3.5$	$\lambda=4.0$	$\lambda=4.5$	$\lambda=5.0$
0	1.000 000	1.000 000	1.000 000	1.000 000	1.000 000	1.000 000
1	0.917 915	0.950 213	0.969 803	0.981 684	0.988 891	0.993 262
2	0.712 703	0.800 852	0.864 112	0.908 422	0.938 901	0.959 572
3	0.456 187	0.576 810	0.679 153	0.761 897	0.826 422	0.875 348
4	0.242 424	0.352 768	0.463 367	0.566 530	0.657 704	0.734 974
5	0.108 822	0.184 737	0.274 555	0.371 163	0.467 896	0.559 507
6	0.042 021	0.083 918	0.142 386	0.214 870	0.297 070	0.384 039
7	0.014 187	0.033 509	0.065 288	0.110 674	0.168 949	0.237 817
8	0.004 247	0.011 905	0.026 739	0.051 134	0.086 586	0.133 372
9	0.001 140	0.003 803	0.009 874	0.021 363	0.040 257	0.068 094
10	0.000 277	0.001 102	0.003 315	0.008 132	0.017 093	0.031 828
11	0.000 062	0.000 292	0.001 019	0.002 840	0.006 669	0.013 695
12	0.000 013	0.000 071	0.000 289	0.000 915	0.002 404	0.005 453
13	0.000 002	0.000 016	0.000 076	0.000 274	0.000 805	0.002 019
14		0.000 003	0.000 019	0.000 076	0.000 252	0.000 698
15		0.000 001	0.000 004	0.000 020	0.000 074	0.000 226
16			0.000 001	0.000 005	0.000 020	0.000 069
17				0.000 001	0.000 005	0.000 020
18					0.000 001	0.000 005
19						0.000 001

附表 2　标准正态分布表

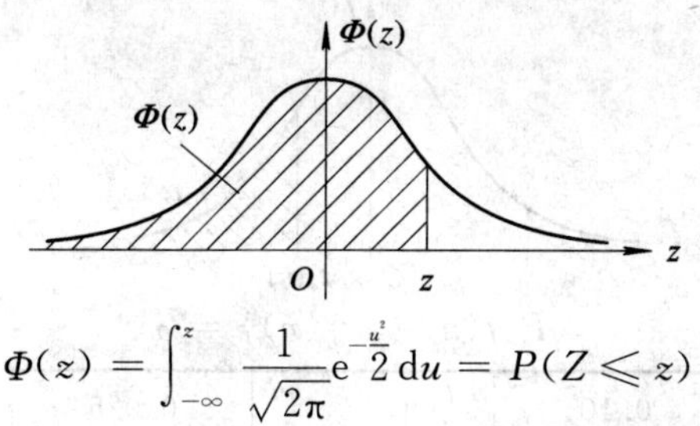

$$\Phi(z)=\int_{-\infty}^{z}\frac{1}{\sqrt{2\pi}}e^{-\frac{u^2}{2}}\,du=P(Z\leqslant z)$$

z	0.00	0.01	0.02	0.03	0.04	0.05	0.06	0.07	0.08	0.09
0.0	0.5000	0.5040	0.5080	0.5120	0.5160	0.5199	0.5239	0.5279	0.5319	0.5359
0.1	0.5398	0.5438	0.5478	0.5517	0.5557	0.5596	0.5636	0.5675	0.5714	0.5753
0.2	0.5793	0.5832	0.5871	0.5910	0.5948	0.5987	0.6026	0.6064	0.6103	0.6141
0.3	0.6179	0.6217	0.6255	0.6293	0.6331	0.6368	0.6406	0.6443	0.6480	0.6517
0.4	0.6554	0.6591	0.6628	0.6664	0.6700	0.6736	0.6772	0.6808	0.6844	0.6879
0.5	0.6915	0.6950	0.6985	0.7019	0.7054	0.7088	0.7123	0.7157	0.7190	0.7224
0.6	0.7257	0.7291	0.7324	0.7357	0.7389	0.7422	0.7454	0.7486	0.7517	0.7549
0.7	0.7580	0.7611	0.7642	0.7673	0.7703	0.7734	0.7764	0.7794	0.7823	0.7852
0.8	0.7881	0.7910	0.7939	0.7967	0.7995	0.8023	0.8051	0.8078	0.8106	0.8133
0.9	0.8159	0.8180	0.8212	0.8238	0.8264	0.8289	0.8315	0.8340	0.8365	0.8389
1.0	0.8413	0.8438	0.8461	0.8485	0.8508	0.8531	0.8554	0.8577	0.8599	0.8621
1.1	0.8643	0.8665	0.8686	0.8708	0.8729	0.8749	0.8770	0.8790	0.8810	0.8830
1.2	0.8849	0.8869	0.8888	0.8907	0.8925	0.8944	0.8962	0.8980	0.8997	0.9015
1.3	0.9032	0.9049	0.9066	0.9082	0.9099	0.9115	0.9131	0.9147	0.9162	0.9177
1.4	0.9192	0.9207	0.9222	0.9236	0.9251	0.9265	0.9278	0.9292	0.9306	0.9319
1.5	0.9332	0.9345	0.9357	0.9370	0.9382	0.9394	0.9406	0.9418	0.9430	0.9441
1.6	0.9452	0.9463	0.9474	0.9484	0.9495	0.9505	0.9515	0.9525	0.9535	0.9545
1.7	0.9554	0.9564	0.9573	0.9582	0.9591	0.9599	0.9608	0.9616	0.9625	0.9633
1.8	0.9641	0.9648	0.9656	0.9664	0.9671	0.9678	0.9686	0.9693	0.9700	0.9706
1.9	0.9713	0.9719	0.9726	0.9732	0.9738	0.9744	0.9750	0.9756	0.9762	0.9767
2.0	0.9772	0.9778	0.9783	0.9788	0.9793	0.9798	0.9803	0.9808	0.9812	0.9817
2.1	0.9821	0.9826	0.9830	0.9834	0.9838	0.9842	0.9846	0.9850	0.9854	0.9857
2.2	0.9861	0.9864	0.9868	0.9871	0.9874	0.9878	0.9881	0.9884	0.9887	0.9890
2.3	0.9893	0.9896	0.9898	0.9901	0.9904	0.9906	0.9909	0.9911	0.9913	0.9916
2.4	0.9918	0.9920	0.9922	0.9925	0.9927	0.9929	0.9931	0.9932	0.9934	0.9936
2.5	0.9938	0.9940	0.9941	0.9943	0.9945	0.9946	0.9948	0.9949	0.9951	0.9952
2.6	0.9953	0.9955	0.9956	0.9957	0.9959	0.9960	0.9961	0.9962	0.9963	0.9964
2.7	0.9965	0.9966	0.9967	0.9968	0.9969	0.9970	0.9971	0.9972	0.9973	0.9974
2.8	0.9974	0.9975	0.9976	0.9977	0.9977	0.9978	0.9979	0.9979	0.9980	0.9981
2.9	0.9981	0.9982	0.9982	0.9983	0.9984	0.9984	0.9985	0.9985	0.9986	0.9986
z	0.0	0.1	0.2	0.3	0.4	0.5	0.6	0.7	0.8	0.9
3.0	0.9987	0.9990	0.9993	0.9995	0.9997	0.9998	0.9998	0.9999	0.9999	1.0000

注：表中末行系函数值 $\Phi(3.0)$，$\Phi(3.1)$，…，$\Phi(3.9)$.

附表 3 t 分布表

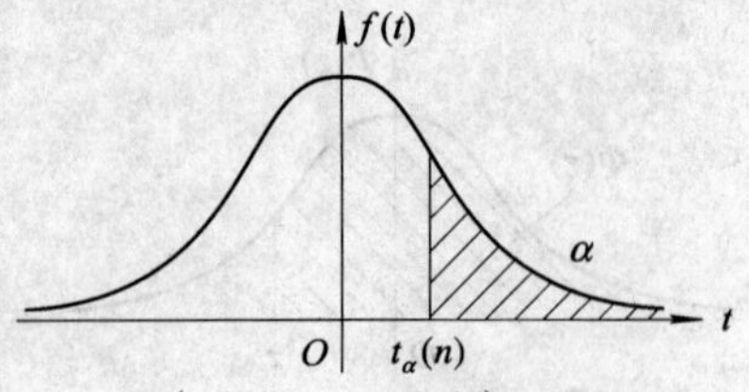

$$P\{t(n) > t_\alpha(n)\} = \alpha$$

n	α=0.25	0.10	0.05	0.025	0.01	0.005
1	1.0000	3.0777	6.3138	12.7062	31.8207	63.6574
2	0.8165	1.8856	2.9200	4.3027	6.9646	9.9248
3	0.7649	1.6377	2.3534	3.1824	4.5407	5.8409
4	0.7407	1.5332	2.1318	2.7764	3.7469	4.6041
5	0.7267	1.4759	2.0150	2.5706	3.3649	4.0322
6	0.7176	1.4398	1.9432	2.4469	3.1427	3.7074
7	0.7111	1.4149	1.8946	2.3646	2.9980	3.4995
8	0.7064	1.3968	1.8595	2.3060	2.8965	3.3554
9	0.7027	1.3830	1.8331	2.2622	2.8214	3.2498
10	0.6998	1.3722	1.8125	2.2281	2.7638	3.1693
11	0.6974	1.3634	1.7959	2.2010	2.7181	3.1058
12	0.6955	1.3562	1.7823	2.1788	2.6810	3.0545
13	0.6938	1.3502	1.7709	2.1604	2.6503	3.0123
14	0.6924	1.3450	1.7613	2.1448	2.6245	2.9768
15	0.6912	1.3406	1.7531	2.1315	2.6025	2.9467
16	0.6901	1.3368	1.7459	2.1199	2.5835	2.9208
17	0.6892	1.3334	1.7396	2.1098	2.5669	2.8982
18	0.6884	1.3304	1.7341	2.1009	2.5524	2.8784
19	0.6876	1.3277	1.7291	2.0930	2.5395	2.8609
20	0.6870	1.3253	1.7247	2.0860	2.5280	2.8453
21	0.6864	1.3232	1.7207	2.0796	2.5177	2.8314
22	0.6858	1.3212	1.7171	2.0739	2.5083	2.8188
23	0.6853	1.3195	1.7139	2.0687	2.4999	2.8073
24	0.6848	1.3178	1.7109	2.0639	2.4922	2.7969
25	0.6844	1.3163	1.7081	2.0595	2.4851	2.7874
26	0.6840	1.3150	1.7056	2.0555	2.4786	2.7787
27	0.6837	1.3137	1.7033	2.0518	2.4727	2.7707
28	0.6834	1.3125	1.7011	2.0484	2.4671	2.7633
29	0.6830	1.3114	1.6991	2.0452	2.4620	2.7564
30	0.6828	1.3104	1.6973	2.0423	2.4573	2.7500
31	0.6825	1.3095	1.6955	2.0395	2.4528	2.7440
32	0.6822	1.3086	1.6939	2.0369	2.4487	2.7385
33	0.6820	1.3077	1.6924	2.0345	2.4448	2.7333
34	0.6818	1.3070	1.6909	2.0322	2.4411	2.7284
35	0.6816	1.3062	1.6896	2.0301	2.4377	2.7238
36	0.6814	1.3055	1.6883	2.0281	2.4345	2.7195
37	0.6812	1.3049	1.6871	2.0262	2.4314	2.7154
38	0.6810	1.3042	1.6860	2.0244	2.4286	2.7116
39	0.6808	1.3036	1.6849	2.0227	2.4258	2.7079
40	0.6807	1.3031	1.6839	2.0211	2.4233	2.7045
41	0.6805	1.3025	1.6829	2.0195	2.4208	2.7012
42	0.6804	1.3020	1.6820	2.0181	2.4185	2.6981
43	0.6802	1.3016	1.6811	2.0167	2.4163	2.9651
44	0.6801	1.3011	1.6802	2.0154	2.4141	2.6923
45	0.6800	1.3006	1.6794	2.0141	2.4121	2.6896

附表 4 χ^2 分布表

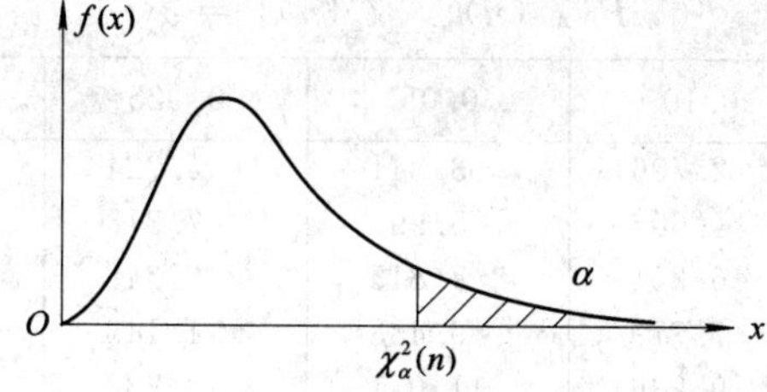

$$P\{\chi^2(n) > \chi_\alpha^2(n)\} = \alpha$$

n	α=0.995	0.99	0.975	0.95	0.90	0.75
1	—	—	0.001	0.004	0.016	0.102
2	0.010	0.020	0.051	0.103	0.211	0.575
3	0.072	0.115	0.216	0.352	0.584	1.213
4	0.207	0.297	0.484	0.711	1.064	1.923
5	0.412	0.554	0.831	1.145	1.610	2.675
6	0.676	0.872	1.237	1.635	2.204	3.455
7	0.989	1.239	1.690	2.167	2.833	4.255
8	1.344	1.646	2.180	2.733	3.490	5.071
9	1.735	2.088	2.700	3.325	4.168	5.899
10	2.156	2.558	3.247	3.940	4.865	6.737
11	2.603	3.053	3.816	4.575	5.578	7.584
12	3.074	3.571	4.404	5.226	6.304	8.438
13	3.565	4.107	5.009	5.892	7.042	9.299
14	4.075	4.660	5.629	6.571	7.790	10.165
15	4.601	5.229	6.262	7.261	8.547	11.037
16	5.142	5.812	6.908	7.962	9.312	11.912
17	5.697	6.408	7.564	8.672	10.085	12.792
18	6.265	7.015	8.231	9.390	10.865	13.675
19	6.844	7.633	8.907	10.117	11.651	14.562
20	7.434	8.260	9.591	10.851	12.443	15.452
21	8.034	8.897	10.283	11.591	13.240	16.344
22	8.643	9.542	10.982	12.338	14.042	17.240
23	9.260	10.196	11.689	13.091	14.848	18.137
24	9.886	10.856	12.401	13.848	15.659	19.037
25	10.520	11.524	13.120	14.611	16.473	19.939
26	11.160	12.198	13.844	15.379	17.292	20.843
27	11.808	12.879	14.573	16.151	18.114	21.749
28	12.461	13.565	15.308	16.928	18.939	22.657
29	13.121	14.257	16.047	17.708	19.768	23.567
30	13.787	14.954	16.791	18.493	20.599	24.478
31	14.458	15.655	17.539	19.281	21.434	25.390
32	15.134	16.362	18.291	20.072	22.271	26.304
33	15.815	17.074	19.047	20.867	23.110	27.219
34	16.501	17.789	19.806	21.664	23.952	28.136
35	17.192	18.509	20.569	22.465	24.797	29.054
36	17.887	19.233	21.336	23.269	25.643	29.973
37	18.586	19.960	22.106	24.075	26.492	30.893
38	19.289	20.691	22.878	24.884	27.343	31.815
39	19.996	21.426	23.654	25.695	28.196	32.737
40	20.707	22.164	24.433	26.509	29.051	33.660
41	21.421	22.906	25.215	27.326	29.907	34.585
42	22.138	23.650	25.999	28.144	30.765	35.510
43	22.859	24.398	26.785	28.965	31.625	36.436
44	23.584	25.148	27.575	29.787	32.487	37.363
45	24.311	25.901	28.366	30.612	33.350	38.291

续表

$$P\{\chi^2(n) > \chi_\alpha^2(n)\} = \alpha$$

n	α=0.25	0.10	0.05	0.025	0.01	0.005
1	1.323	2.706	3.841	5.024	6.635	7.879
2	2.773	4.605	5.991	7.378	9.210	10.597
3	4.108	6.251	7.815	9.348	11.345	12.838
4	5.385	7.779	9.488	11.143	13.277	14.860
5	6.626	9.236	11.071	12.833	15.086	16.750
6	7.841	10.645	12.592	14.449	16.812	18.548
7	9.037	12.017	14.067	16.013	18.475	20.278
8	10.219	13.362	15.507	17.535	20.090	21.955
9	11.389	14.684	16.919	19.023	21.666	23.589
10	12.549	15.987	18.307	20.483	23.209	25.188
11	13.701	17.275	19.675	21.920	24.725	26.757
12	14.845	18.549	21.026	23.337	26.217	28.299
13	15.984	19.812	22.362	24.736	27.688	29.819
14	17.117	21.064	23.685	26.119	29.141	31.319
15	18.245	22.307	24.996	27.488	30.578	32.801
16	19.369	23.542	26.296	28.845	32.000	34.267
17	20.489	24.769	27.587	30.191	33.409	35.718
18	21.605	25.989	28.869	31.526	34.805	37.156
19	22.718	27.204	30.144	32.852	36.191	38.582
20	23.828	28.412	31.410	34.170	37.566	39.997
21	24.935	29.615	32.671	35.479	38.932	41.401
22	26.039	30.813	33.924	36.781	40.289	42.796
23	27.141	32.007	35.172	38.076	41.638	44.181
24	28.241	33.196	36.415	39.364	42.980	45.559
25	29.339	34.382	37.652	40.646	44.314	46.928
26	30.435	35.563	38.885	41.923	45.642	48.290
27	31.528	36.741	40.113	43.194	46.963	49.645
28	32.620	37.916	41.337	44.461	48.278	50.993
29	33.711	39.087	42.557	45.722	49.588	52.336
30	34.800	40.256	43.773	46.979	50.892	53.672
31	35.887	41.422	44.985	48.232	52.191	55.003
32	36.973	42.585	46.194	49.480	53.486	56.328
33	38.058	43.745	47.400	50.725	54.776	57.648
34	39.141	44.903	48.602	51.966	56.061	58.964
35	40.223	46.059	49.802	53.203	57.342	60.275
36	41.304	47.212	50.998	54.437	58.619	61.581
37	42.383	48.363	52.192	55.668	59.892	62.883
38	43.462	49.513	53.384	56.896	61.162	64.181
39	44.539	50.660	54.572	58.120	62.428	65.476
40	45.616	51.805	55.758	59.342	63.691	66.766
41	46.692	52.949	56.942	60.561	64.950	68.053
42	47.766	54.090	58.124	61.777	66.206	69.336
43	48.840	55.230	59.304	62.990	67.459	70.616
44	49.913	56.369	60.481	64.201	68.710	71.893
45	50.985	57.505	61.656	65.410	69.957	73.166

附表 5　F 分布表

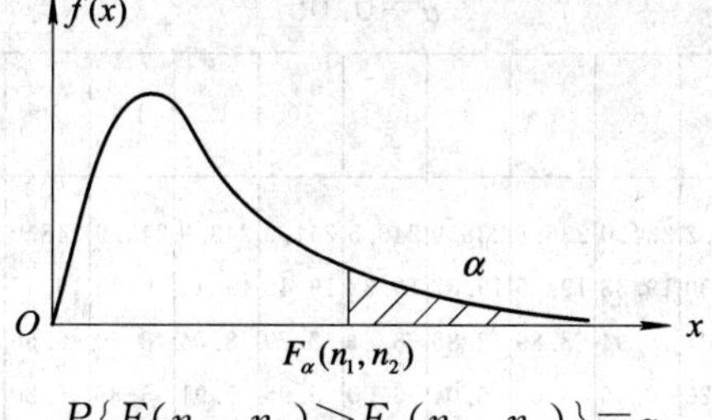

$$P\{F(n_1, n_2)>F_\alpha(n_1, n_2)\}=\alpha$$

$\alpha=0.10$

n_2 \ n_1	1	2	3	4	5	6	7	8	9	10	12	15	20	24	30	40	60	120	∞
1	39.86	49.50	53.59	55.83	57.24	58.20	58.91	59.44	59.86	60.19	60.71	61.22	61.74	62.00	62.26	62.53	62.79	63.06	63.33
2	8.53	9.00	9.16	9.24	9.29	9.33	9.35	9.37	9.38	9.39	9.41	9.42	9.44	9.45	9.46	9.47	9.47	9.48	9.49
3	5.54	5.46	5.39	5.34	5.31	5.28	5.27	5.25	5.24	5.23	5.22	5.20	5.18	5.18	5.17	5.16	5.15	5.14	5.13
4	4.54	4.32	4.19	4.11	4.05	4.01	3.98	3.95	3.94	3.92	3.90	3.87	3.84	3.83	3.82	3.80	3.79	3.78	3.76
5	4.06	3.78	3.62	3.52	3.45	3.40	3.37	3.34	3.32	3.30	3.27	3.24	3.21	3.19	3.17	3.16	3.14	3.12	3.10
6	3.78	3.46	3.29	3.18	3.11	3.05	3.01	2.98	2.96	2.94	2.90	2.87	2.84	2.82	2.80	2.78	2.76	2.74	2.72
7	3.59	3.26	3.07	2.96	2.88	2.83	2.78	2.75	2.72	2.70	2.67	2.63	2.59	2.58	2.56	2.54	2.51	2.49	2.47
8	3.46	3.11	2.92	2.81	2.73	2.67	2.62	2.59	2.56	2.54	2.50	2.46	2.42	2.40	2.38	2.36	2.34	2.32	2.29
9	3.36	3.01	2.81	2.69	2.61	2.55	2.51	2.47	2.44	2.42	2.38	2.34	2.30	2.28	2.25	2.23	2.21	2.18	2.16
10	3.29	2.92	2.73	2.61	2.52	2.46	2.41	2.38	2.35	2.32	2.28	2.24	2.20	2.18	2.16	2.13	2.11	2.08	2.06
11	3.23	2.86	2.66	2.54	2.45	2.39	2.34	2.30	2.27	2.25	2.21	2.17	2.12	2.10	2.08	2.05	2.03	2.00	1.97
12	3.18	2.81	2.61	2.48	2.39	2.33	2.28	2.24	2.21	2.19	2.15	2.10	2.06	2.04	2.01	1.99	1.96	1.93	1.90
13	3.14	2.76	2.56	2.43	2.35	2.28	2.23	2.20	2.16	2.14	2.10	2.05	2.01	1.98	1.96	1.93	1.90	1.88	1.85
14	3.10	2.73	2.52	2.39	2.31	2.24	2.19	2.15	2.12	2.10	2.05	2.01	1.96	1.94	1.91	1.89	1.86	1.83	1.80
15	3.07	3.70	2.49	2.36	2.27	2.21	2.16	2.12	2.09	2.06	2.02	1.97	1.92	1.90	1.87	1.85	1.82	1.79	1.76
16	3.05	2.67	2.46	2.33	2.24	2.18	2.13	2.09	2.06	2.03	1.99	1.94	1.89	1.87	1.84	1.81	1.78	1.75	1.72
17	3.03	2.64	2.44	2.31	2.22	2.15	2.10	2.06	2.03	2.00	1.96	1.91	1.86	1.84	1.81	1.78	1.75	1.72	1.69
18	3.01	2.62	2.42	2.29	2.20	2.13	2.08	2.04	2.00	1.98	1.93	1.89	1.84	1.81	1.78	1.75	1.72	1.69	1.66
19	2.99	2.61	2.40	2.27	2.18	2.11	2.06	2.02	1.98	1.96	1.91	1.86	1.81	1.79	1.76	1.73	1.70	1.67	1.63
20	2.97	2.59	2.38	2.25	2.16	2.09	2.04	2.00	1.96	1.94	1.89	1.84	1.79	1.77	1.74	1.71	1.68	1.64	1.61
21	2.96	2.57	2.36	2.23	2.14	2.08	2.02	1.98	1.95	1.92	1.87	1.83	1.78	1.75	1.72	1.69	1.66	1.62	1.59
22	2.95	2.56	2.35	2.22	2.13	2.06	2.01	1.97	1.93	1.90	1.86	1.81	1.76	1.73	1.70	1.67	1.64	1.60	1.57
23	2.94	2.55	2.34	2.21	2.11	2.05	1.99	1.95	1.92	1.89	1.84	1.80	1.74	1.72	1.69	1.66	1.62	1.59	1.55
24	2.93	2.54	2.33	2.19	2.10	2.04	1.98	1.94	1.91	1.88	1.83	1.78	1.73	1.70	1.67	1.64	1.61	1.57	1.53
25	2.92	2.53	2.32	2.18	2.09	2.02	1.97	1.93	1.89	1.87	1.82	1.77	1.72	1.69	1.66	1.63	1.59	1.56	1.52
26	2.91	2.52	2.31	2.17	2.08	2.01	1.96	1.92	1.88	1.86	1.81	1.76	1.71	1.68	1.65	1.61	1.58	1.54	1.50
27	2.90	2.51	2.30	2.17	2.07	2.00	1.95	1.91	1.87	1.85	1.80	1.75	1.70	1.67	1.64	1.60	1.57	1.53	1.49
28	2.89	2.50	2.29	2.16	2.06	2.00	1.94	1.90	1.87	1.84	1.79	1.74	1.69	1.66	1.63	1.59	1.56	1.52	1.48
29	2.89	2.50	2.28	2.15	2.06	1.99	1.93	1.89	1.86	1.83	1.78	1.73	1.68	1.65	1.62	1.58	1.55	1.51	1.47
30	2.88	2.49	2.28	2.14	2.05	1.98	1.93	1.88	1.85	1.82	1.77	1.72	1.67	1.64	1.61	1.57	1.54	1.50	1.46
40	2.84	2.44	2.23	2.09	2.00	1.93	1.87	1.83	1.79	1.76	1.71	1.66	1.61	1.57	1.54	1.51	1.47	1.42	1.38
60	2.79	2.39	2.18	2.04	1.95	1.87	1.82	1.77	1.74	1.71	1.66	1.60	1.54	1.51	1.48	1.44	1.40	1.35	1.29
120	2.75	2.35	2.13	1.99	1.90	1.82	1.77	1.72	1.68	1.65	1.60	1.55	1.48	1.45	1.41	1.37	1.32	1.26	1.19
∞	2.71	2.30	2.08	1.94	1.85	1.77	1.72	1.67	1.63	1.60	1.55	1.49	1.42	1.38	1.34	1.30	1.24	1.17	1.00

续表(一)

$\alpha=0.05$

n_2 \ n_1	1	2	3	4	5	6	7	8	9	10	12	15	20	24	30	40	60	120	∞
1	161.4	199.5	215.7	224.6	230.2	234.0	236.8	238.9	240.5	241.9	243.9	245.9	248.0	249.1	250.1	251.1	25.2	253.3	254.3
2	18.51	19.00	19.16	19.25	19.30	19.33	19.35	19.37	19.38	19.40	19.41	19.43	19.45	19.45	19.46	19.47	19.48	19.49	19.50
3	10.13	9.55	9.28	9.12	9.01	8.94	8.89	8.85	8.81	8.79	8.74	8.70	8.66	8.64	8.62	8.59	8.57	8.55	8.53
4	7.71	6.94	6.59	6.39	6.26	6.16	6.09	6.04	6.00	5.96	5.91	5.86	5.80	5.77	5.75	5.72	5.69	5.66	5.63
5	6.61	5.79	5.41	5.19	5.05	4.95	4.88	4.82	4.77	4.74	4.68	4.62	4.56	4.53	4.50	4.46	4.43	4.40	4.36
6	5.99	5.14	4.76	4.53	4.39	4.28	4.21	4.15	4.10	4.06	4.00	3.94	3.87	3.84	3.81	3.77	3.74	3.70	3.67
7	5.59	4.74	4.35	4.12	3.97	3.87	3.79	3.73	3.68	3.64	3.57	3.51	3.44	3.41	3.38	3.34	3.30	3.27	3.23
8	5.32	4.46	4.07	3.84	3.69	3.58	3.50	3.44	3.39	3.35	3.28	3.22	3.15	3.12	3.08	3.04	3.01	2.97	2.93
9	5.12	4.26	3.86	3.63	3.48	3.37	3.29	3.23	3.18	3.14	3.07	3.01	2.94	2.90	2.86	2.83	2.79	2.75	2.71
10	4.96	4.10	3.71	3.48	3.33	3.22	3.14	3.07	3.02	2.98	2.91	2.85	2.77	2.74	2.70	2.66	2.62	2.58	2.54
11	4.84	3.98	3.59	3.36	3.20	3.09	3.01	2.95	2.90	2.85	2.79	2.72	2.65	2.61	2.57	2.53	2.49	2.45	2.40
12	4.75	3.89	3.49	3.26	3.11	3.00	2.91	2.85	2.80	2.75	2.69	2.62	2.54	2.51	2.47	2.43	2.38	2.34	2.30
13	4.67	3.81	3.41	3.18	3.03	2.92	2.83	2.77	2.71	2.67	2.60	2.53	2.46	2.42	2.38	2.34	2.30	2.25	2.21
14	4.60	3.74	3.34	3.11	2.96	2.85	2.76	2.70	2.65	2.60	2.53	2.46	2.39	2.35	2.31	2.27	2.22	2.18	2.13
15	4.54	3.68	3.29	3.06	2.90	2.79	2.71	2.64	2.59	2.54	2.48	2.40	2.33	2.29	2.25	2.20	2.16	2.11	2.07
16	4.49	3.63	3.24	3.01	2.85	2.74	2.66	2.59	2.54	2.49	2.42	2.35	2.28	2.24	2.19	2.15	2.11	2.06	2.01
17	4.45	3.59	3.20	2.96	2.81	2.70	2.61	2.55	2.49	2.45	2.38	2.31	2.23	2.19	2.15	2.10	2.06	2.01	1.96
18	4.41	3.55	3.16	2.93	2.77	2.66	2.58	2.51	2.46	2.41	2.34	2.27	2.19	2.15	2.11	2.06	2.02	1.97	1.92
19	4.38	3.52	3.13	2.90	2.74	2.63	2.54	2.48	2.42	2.38	2.31	2.23	2.16	2.11	2.07	2.03	1.98	1.93	1.88
20	4.35	3.49	3.10	2.87	2.71	2.60	2.51	2.45	2.39	2.35	2.28	2.20	2.12	2.08	2.04	1.99	1.95	1.90	1.84
21	4.32	3.47	3.07	2.84	2.68	2.57	2.49	2.42	2.37	2.32	2.25	2.18	2.10	2.05	2.01	1.96	1.92	1.87	1.81
22	4.30	3.44	3.05	2.82	2.66	2.55	2.46	2.40	2.34	2.30	2.23	2.15	2.07	2.03	1.98	1.94	1.89	1.84	1.78
23	4.28	3.42	3.03	2.80	2.64	2.53	2.44	2.37	2.32	2.27	2.20	2.13	2.05	2.01	1.96	1.91	1.86	1.81	1.76
24	4.26	3.40	3.01	2.78	2.62	2.51	2.42	2.36	2.30	2.25	2.18	2.11	2.03	1.98	1.94	1.89	1.84	1.79	1.73
25	4.24	3.39	2.99	2.76	2.60	2.49	2.40	2.34	2.28	2.24	2.16	2.09	2.01	1.96	1.92	1.87	1.82	1.77	1.71
26	4.23	3.37	2.98	2.74	2.59	2.47	2.38	2.32	2.27	2.22	2.15	2.07	1.99	1.95	1.90	1.85	1.80	1.75	1.69
27	4.21	3.35	2.96	2.73	2.57	2.46	2.37	2.31	2.25	2.20	2.13	2.06	1.97	1.93	1.88	1.84	1.79	1.73	1.67
28	4.20	3.34	2.95	2.71	2.56	2.45	2.36	2.29	2.24	2.19	2.12	2.04	1.96	1.91	1.87	1.82	1.77	1.71	1.65
29	4.18	3.33	2.93	2.70	2.55	2.43	2.35	2.28	2.22	2.18	2.10	2.03	1.94	1.90	1.85	1.81	1.75	1.70	1.64
30	4.17	3.32	2.92	2.69	2.53	2.42	2.33	2.27	2.21	2.16	2.09	2.01	1.93	1.89	1.84	1.79	1.74	1.68	1.62
40	4.08	3.23	2.84	2.61	2.45	2.34	2.25	2.18	2.12	2.08	2.00	1.92	1.84	1.79	1.74	1.69	1.64	1.58	1.51
60	4.00	3.15	2.76	2.53	2.37	2.25	2.17	2.10	2.04	1.99	1.92	1.84	1.75	1.70	1.65	1.59	1.53	1.47	1.39
120	3.92	3.07	2.68	2.45	2.29	2.17	2.09	2.02	1.96	1.91	1.83	1.75	1.66	1.61	1.55	1.50	1.43	1.35	1.25
∞	3.84	3.00	2.60	2.37	2.21	2.10	2.01	1.94	1.88	1.83	1.75	1.67	1.57	1.52	1.46	1.39	1.32	1.22	1.00

续表(二)

$\alpha=0.025$

n_2 \ n_1	1	2	3	4	5	6	7	8	9	10	12	15	20	24	30	40	60	120	∞
1	647.8	799.5	864.2	899.6	921.8	937.1	948.2	956.7	963.3	968.6	976.7	984.9	993.1	997.2	1001	1006	1010	1014	1018
2	38.51	39.00	39.17	39.25	39.30	39.33	39.36	39.37	39.39	39.40	39.41	39.43	39.45	39.46	39.46	39.47	39.48	39.49	39.50
3	17.44	16.04	15.44	15.10	14.88	14.73	14.62	14.54	14.47	14.42	14.34	14.25	14.17	14.12	14.08	14.04	13.99	13.95	13.90
4	12.22	10.65	9.98	9.60	9.36	9.20	9.07	8.98	8.90	8.84	8.75	8.66	8.56	8.51	8.46	8.41	8.36	8.31	8.26
5	10.01	8.43	7.76	7.39	7.15	6.98	6.85	6.76	6.68	6.62	6.52	6.43	6.33	6.28	6.23	6.18	6.12	6.07	6.02
6	8.81	7.26	6.60	6.23	5.99	5.82	5.70	5.60	5.52	5.46	5.37	5.27	5.17	5.12	5.07	5.01	4.96	4.90	4.85
7	8.07	6.54	5.89	5.52	5.29	5.12	4.99	4.90	4.82	4.76	4.67	4.57	4.47	4.42	4.36	4.31	4.25	4.20	4.14
8	7.57	6.06	5.42	5.05	4.82	4.65	4.53	4.43	4.36	4.30	4.20	4.10	4.00	3.95	3.89	3.84	3.78	3.73	3.67
9	7.21	5.71	5.08	4.72	4.48	4.32	4.20	4.10	4.03	3.96	3.87	3.77	3.67	3.61	3.56	3.51	3.45	3.39	3.33
10	6.94	5.46	4.83	4.47	4.24	4.07	3.95	3.85	3.78	3.72	3.62	3.52	3.42	3.37	3.31	3.26	3.20	3.14	3.08
11	6.72	5.26	4.63	4.28	4.04	3.88	3.76	3.66	3.59	3.53	3.43	3.33	3.23	3.17	3.12	3.06	3.00	2.94	2.88
12	6.55	5.10	4.47	4.12	3.89	3.73	3.61	3.51	3.44	3.37	3.28	3.18	3.07	3.02	2.96	2.91	2.85	2.79	2.72
13	6.41	4.97	4.35	4.00	3.77	3.60	3.48	3.39	3.31	3.25	3.15	3.05	2.95	2.89	2.84	2.78	2.72	2.66	2.60
14	6.30	4.86	4.24	3.89	3.66	3.50	3.38	3.29	3.21	3.15	3.05	2.95	2.84	2.79	2.73	2.67	2.61	2.55	2.49
15	6.20	4.77	4.15	3.80	3.58	3.41	3.29	3.20	3.12	3.06	2.96	2.86	2.76	2.70	2.64	2.59	2.52	2.46	2.40
16	6.12	4.69	4.08	3.73	3.50	3.34	3.22	3.12	3.05	2.99	2.89	2.79	2.68	2.63	2.57	2.51	2.45	2.38	2.32
17	6.04	4.62	4.01	3.66	3.44	3.28	3.16	3.06	2.98	2.92	2.82	2.72	2.62	2.56	2.50	2.44	2.38	2.32	2.25
18	5.98	4.56	3.95	3.61	3.38	3.22	3.10	3.01	2.93	2.87	2.77	2.67	2.56	2.50	2.44	2.38	2.32	2.26	2.19
19	5.92	4.51	3.90	3.56	3.33	3.17	3.05	2.96	2.88	2.82	2.72	2.62	2.51	2.45	2.39	2.33	2.27	2.20	2.13
20	5.87	4.46	3.86	3.51	3.29	3.13	3.01	2.91	2.84	2.77	2.68	2.57	2.46	2.41	2.35	2.29	2.22	2.16	2.09
21	5.83	4.42	3.82	3.48	3.25	3.09	2.97	2.87	2.80	2.73	2.64	2.53	2.42	2.37	2.31	2.25	2.18	2.11	2.04
22	5.79	4.38	3.78	3.44	3.22	3.05	2.93	2.84	2.76	2.70	2.60	2.50	2.39	2.33	2.27	2.21	2.14	2.08	2.00
23	5.75	4.35	3.75	3.41	3.18	3.02	2.90	2.81	2.73	2.67	2.57	2.47	2.36	2.30	2.24	2.18	2.11	2.04	1.97
24	5.72	4.32	3.72	3.38	3.15	2.99	2.87	2.78	2.70	2.64	2.54	2.44	2.33	2.27	2.21	2.15	2.08	2.01	1.94
25	5.69	4.29	3.69	3.35	3.13	2.97	2.85	2.75	2.68	2.61	2.51	2.41	2.30	2.24	2.18	2.12	2.05	1.98	1.91
26	5.66	4.27	3.67	3.33	3.10	2.94	2.82	2.73	2.65	2.59	2.49	2.39	2.28	2.22	2.16	2.09	2.03	1.95	1.88
27	5.63	4.24	3.65	3.31	3.08	2.92	2.80	2.71	2.63	2.57	2.47	2.36	2.25	2.19	2.13	2.07	2.00	1.93	1.85
28	5.61	4.22	3.63	3.29	3.06	2.90	2.78	2.69	2.61	2.55	2.45	2.34	2.23	2.17	2.11	2.05	1.98	1.91	1.83
29	5.59	4.20	3.61	3.27	3.04	2.88	2.76	2.67	2.59	2.53	2.43	2.32	2.21	2.15	2.09	2.03	1.96	1.89	1.81
30	5.57	4.18	3.59	3.25	3.03	2.87	2.75	2.65	2.57	2.51	2.41	2.31	2.20	2.14	2.07	2.01	1.94	1.87	1.79
40	5.42	4.05	3.46	3.13	2.90	2.74	2.62	2.53	2.45	2.39	2.29	2.18	2.07	2.01	1.94	1.88	1.80	1.72	1.64
60	5.29	3.93	3.34	3.01	2.79	2.63	2.51	2.41	2.33	2.27	2.17	2.06	1.94	1.88	1.82	1.74	1.67	1.58	1.48
120	5.15	3.80	3.23	2.89	2.67	2.52	2.39	2.30	2.22	2.16	2.05	1.94	1.82	1.76	1.60	1.61	1.53	1.43	1.31
∞	5.02	3.69	3.12	2.79	2.57	2.41	2.29	2.19	2.11	2.05	1.94	1.83	1.71	1.64	1.57	1.48	1.39	1.27	1.00

续表(三)

$\alpha=0.01$

n_2 \ n_1	1	2	3	4	5	6	7	8	9	10	12	15	20	24	30	40	60	120	∞
1	4052	4999.5	5403	5625	5764	5859	5928	5982	6022	6056	6106	6157	6209	6235	6261	6287	6313	6339	6366
2	98.50	99.00	99.17	99.25	99.30	99.33	99.36	99.37	99.39	99.40	99.42	99.43	99.45	99.46	99.47	99.47	99.48	99.49	99.50
3	34.12	30.82	29.46	28.71	28.24	27.91	27.67	27.49	27.35	27.23	27.05	26.87	26.69	26.60	26.50	26.41	26.32	26.22	26.13
4	21.20	18.00	16.69	15.98	15.52	15.21	14.98	14.80	14.66	14.55	14.37	14.20	14.02	13.93	13.84	13.75	13.65	13.56	13.46
5	16.26	13.27	12.06	11.39	10.97	10.67	10.46	10.29	10.16	10.05	9.89	9.72	9.55	9.47	9.38	9.29	9.20	9.11	9.02
6	13.75	10.92	9.78	9.15	8.75	8.47	8.26	8.10	7.98	7.87	7.72	7.56	7.40	7.31	7.23	7.14	7.06	6.97	6.88
7	12.25	9.55	8.45	7.85	7.46	7.19	6.99	6.84	6.72	6.62	6.47	6.31	6.16	6.07	5.99	5.91	5.82	5.74	5.65
8	11.26	8.65	7.59	7.01	6.63	6.37	6.18	6.03	5.91	5.81	5.67	5.52	5.36	5.28	5.20	5.12	5.03	4.95	4.86
9	10.56	8.02	6.99	6.42	6.06	5.80	5.61	5.47	5.35	5.26	5.11	4.96	4.81	4.73	4.65	4.57	4.48	4.40	4.31
10	10.04	7.56	6.55	5.99	5.64	5.39	5.20	5.06	4.94	4.85	4.71	4.56	4.41	4.33	4.25	4.17	4.08	4.00	3.91
11	9.65	7.21	6.22	5.67	5.32	5.07	4.89	4.74	4.63	4.54	4.40	4.25	4.10	4.02	3.94	3.86	3.78	3.69	3.60
12	9.33	6.93	5.95	5.41	5.06	4.82	4.64	4.50	4.39	4.30	4.16	4.01	3.86	3.78	3.70	3.62	3.54	3.45	3.36
13	9.07	6.70	5.74	5.21	4.86	4.62	4.44	4.30	4.19	4.10	3.96	3.82	3.66	3.59	3.51	3.43	3.34	3.25	3.17
14	8.86	6.51	5.56	5.04	4.69	4.46	4.28	4.14	4.03	3.94	3.80	3.66	3.51	3.43	3.35	3.27	3.18	3.09	3.00
15	8.68	6.36	5.42	4.89	4.56	4.32	4.14	4.00	3.89	3.80	3.67	3.52	3.37	3.29	3.21	3.13	3.05	2.96	2.87
16	8.53	6.23	5.29	4.77	4.44	4.20	4.03	3.89	3.78	3.69	3.55	3.41	3.26	3.18	3.10	3.02	2.93	2.84	2.75
17	8.40	6.11	5.18	4.67	4.34	4.10	3.93	3.79	3.68	3.59	3.46	3.31	3.16	3.08	3.00	2.92	2.83	2.75	2.65
18	8.29	6.01	5.09	4.58	4.25	4.01	3.84	3.71	3.60	3.51	3.37	3.23	3.08	3.00	2.92	2.84	2.75	2.66	2.57
19	8.18	5.93	5.01	4.50	4.17	3.94	3.77	3.63	3.52	3.43	3.30	3.15	3.00	2.92	2.84	2.76	2.67	2.58	2.49
20	8.10	5.85	4.94	4.43	4.10	3.87	3.70	3.56	3.46	3.37	3.23	3.09	2.94	2.86	2.78	2.69	2.61	2.52	2.42
21	8.02	5.78	4.87	4.37	4.04	3.81	3.64	3.51	3.40	3.31	3.17	3.03	2.88	2.80	2.72	2.64	2.55	2.46	2.36
22	7.95	5.72	4.82	4.31	3.99	3.76	3.59	3.45	3.35	3.26	3.12	2.98	2.83	2.75	2.67	2.58	2.50	2.40	2.31
23	7.88	5.66	4.76	4.26	3.94	3.71	3.54	3.41	3.30	3.21	3.07	2.93	2.78	2.70	2.62	2.54	2.45	2.35	2.26
24	7.82	5.61	4.72	4.22	3.90	3.67	3.50	3.36	3.26	3.17	3.03	2.89	2.74	2.66	2.58	2.49	2.40	2.31	2.21
25	7.77	5.57	4.68	4.18	3.85	3.63	3.46	3.32	3.22	3.13	2.99	2.85	2.70	2.62	2.54	2.45	2.36	2.27	2.17
26	7.72	5.53	4.64	4.14	3.82	3.59	3.42	3.29	3.18	3.09	2.96	2.81	2.66	2.58	2.50	2.42	2.33	2.23	2.13
27	7.68	5.49	4.60	4.11	3.78	3.56	3.39	3.26	3.15	3.06	2.93	2.78	2.63	2.55	2.47	2.38	2.29	2.20	2.10
28	7.64	5.45	4.57	4.07	3.75	3.53	3.36	3.23	3.12	3.03	2.90	2.75	2.60	2.52	2.44	2.35	2.26	2.17	2.06
29	7.60	5.42	4.54	4.04	3.73	3.50	3.33	3.20	3.09	3.00	2.87	2.73	2.57	2.49	2.41	2.33	2.23	2.14	2.03
30	7.56	5.39	4.51	4.02	3.70	3.47	3.30	3.17	3.07	2.98	2.84	2.70	2.55	2.47	2.39	2.30	2.21	2.11	2.01
40	7.31	5.18	4.31	3.83	3.51	3.29	3.12	2.99	2.89	2.80	2.66	2.52	2.37	2.29	2.20	2.11	2.02	1.92	1.80
60	7.08	4.98	4.13	3.65	3.34	3.12	2.95	2.82	2.72	2.63	2.50	2.35	2.20	2.12	2.03	1.94	1.84	1.73	1.60
120	6.85	4.79	3.95	3.48	3.17	2.96	2.79	2.66	2.56	2.47	2.34	2.19	2.03	1.95	1.86	1.76	1.66	1.53	1.38
∞	6.63	4.61	3.78	3.32	3.02	2.80	2.64	2.51	2.41	2.32	2.18	2.04	1.88	1.79	1.70	1.59	1.47	1.32	1.00

续表(四)

$\alpha = 0.005$

n_2 \ n_1	1	2	3	4	5	6	7	8	9	10	12	15	20	24	30	40	60	120	∞
1	16211	20000	21615	22500	23056	23437	23715	23925	24091	24224	24226	24630	24836	24940	25044	25148	25253	25359	25465
2	198.5	199.0	199.2	199.2	199.3	199.3	199.4	199.4	199.4	199.4	199.4	199.4	199.4	199.5	199.5	199.5	199.5	199.5	199.5
3	55.55	49.80	47.47	46.19	45.39	44.84	44.43	44.13	43.88	43.69	43.39	43.08	42.78	42.62	42.47	42.31	42.15	41.99	41.83
4	31.33	26.28	24.26	23.15	22.46	21.97	21.62	21.35	21.14	20.97	20.70	20.44	20.17	20.03	19.89	19.75	19.61	19.47	19.32
5	22.78	18.31	16.53	15.56	14.94	14.51	14.20	13.96	13.77	13.62	13.38	13.15	12.90	12.78	12.66	12.53	12.40	12.27	12.14
6	18.63	14.54	12.92	12.03	11.46	11.07	10.79	10.57	10.29	10.25	10.03	9.31	9.59	9.47	9.36	9.24	9.12	9.00	8.88
7	16.24	12.40	10.88	10.05	9.52	9.16	8.89	8.68	8.51	8.38	8.18	7.97	7.75	7.65	7.53	7.42	7.31	7.19	7.08
8	14.69	11.04	9.60	8.81	8.30	7.95	7.69	7.50	7.34	7.21	7.01	6.81	6.61	6.50	6.40	6.29	6.18	6.06	5.95
9	13.61	10.11	8.72	7.96	7.47	7.13	6.88	6.69	6.54	6.42	6.23	6.03	5.83	5.73	5.62	5.52	5.41	5.30	5.19
10	12.83	9.43	8.08	7.34	6.87	6.54	6.30	6.12	5.97	5.85	5.66	5.47	5.27	5.17	5.07	4.97	4.86	4.75	4.64
11	12.23	8.91	7.60	6.88	6.42	6.10	5.86	5.68	5.54	5.42	5.24	5.05	4.86	4.76	4.65	4.55	4.44	4.34	4.23
12	11.75	8.51	7.23	6.52	6.07	5.76	5.52	5.35	5.20	5.09	4.91	4.72	4.53	4.43	4.33	4.23	4.12	4.01	3.90
13	11.37	8.19	6.93	6.23	5.79	5.48	5.25	5.08	4.94	4.82	4.64	4.46	4.27	4.17	4.07	3.97	3.87	3.76	3.65
14	11.06	7.92	6.68	6.00	5.56	5.26	5.03	4.86	4.72	4.60	4.43	4.25	4.06	3.96	3.86	3.76	3.66	3.55	3.44
15	10.80	7.70	6.48	5.80	5.37	5.07	4.85	4.67	4.54	4.42	4.25	4.07	3.88	3.79	3.69	3.58	3.48	3.37	3.26
16	10.58	7.51	6.30	5.64	5.21	4.91	4.69	4.52	4.38	4.27	4.10	3.92	3.73	3.64	3.54	3.44	3.33	3.22	3.11
17	10.38	7.35	6.16	5.50	5.07	4.78	4.56	4.39	4.25	4.14	3.97	3.79	3.61	3.51	3.41	3.31	3.21	3.10	2.98
18	10.22	7.21	6.03	5.37	4.96	4.66	4.44	4.28	4.14	4.03	3.86	3.68	3.50	3.40	3.30	3.20	3.10	2.99	2.87
19	10.07	7.09	5.92	5.27	4.85	4.56	4.34	4.18	4.04	3.93	3.76	3.59	3.40	3.31	3.21	3.11	3.00	2.80	2.78
20	9.94	6.99	5.82	5.17	4.76	4.47	4.26	4.09	3.96	3.85	3.68	3.50	3.32	3.22	3.12	3.02	2.92	2.81	2.69
21	9.83	6.89	5.73	5.09	4.68	4.39	4.18	4.01	3.88	3.77	3.60	3.43	3.24	3.15	3.05	2.95	2.84	2.73	2.61
22	9.73	6.81	5.65	5.02	4.61	4.32	4.11	3.94	3.81	3.70	3.54	3.36	3.18	3.08	2.98	2.88	2.77	2.66	2.55
23	9.63	6.73	5.58	4.95	4.54	4.26	4.05	3.88	3.75	3.64	3.47	3.30	3.12	3.02	2.92	2.82	2.71	2.60	2.48
24	9.55	6.66	5.52	4.89	4.49	4.20	3.99	3.83	3.69	3.59	3.42	3.25	3.06	2.97	2.87	2.77	2.66	2.55	2.43
25	9.48	6.60	5.46	4.84	4.43	4.15	3.94	3.78	3.64	3.54	3.37	3.20	3.01	2.92	2.82	2.72	2.61	2.50	2.38
26	9.41	6.54	5.41	4.79	4.38	4.10	3.89	3.73	3.60	3.49	3.33	3.15	2.97	2.87	2.77	2.67	2.56	2.45	2.33
27	9.34	6.49	5.36	4.74	4.34	4.06	3.85	3.69	3.56	3.45	3.28	3.11	2.93	2.83	2.73	2.63	2.52	2.41	2.29
28	9.28	6.44	5.32	4.70	4.30	4.02	3.81	3.65	3.52	3.41	3.25	3.07	2.89	2.79	2.69	2.59	2.48	2.37	2.25
29	9.23	6.40	5.28	4.66	4.26	3.98	3.77	3.61	3.48	3.38	3.21	3.04	2.86	2.76	2.66	2.56	2.45	2.33	2.21
30	9.18	6.35	5.24	4.62	4.23	3.95	3.74	3.58	3.45	3.34	3.18	3.01	2.82	2.73	2.63	2.52	2.42	2.30	2.18
40	8.83	6.07	4.98	4.37	3.99	3.71	3.51	3.35	3.22	3.12	2.95	2.78	2.60	2.50	2.40	2.30	2.18	2.06	1.93
60	8.49	5.79	4.73	4.14	3.76	3.49	3.29	3.13	3.01	2.90	2.74	2.57	2.39	2.29	2.19	2.08	1.96	1.83	1.69
120	8.18	5.54	4.50	3.92	3.55	3.28	3.09	2.93	2.81	2.71	2.54	2.37	2.19	2.00	1.08	1.87	1.75	1.61	1.43
∞	7.88	5.30	4.28	3.72	3.35	3.09	2.90	2.74	2.62	2.52	2.36	2.19	2.00	1.90	1.79	1.67	1.53	1.36	1.00

续表(五)

$\alpha=0.001$

n_2 \ n_1	1	2	3	4	5	6	7	8	9	10	12	15	20	24	30	40	60	120	∞
1	4053+	5000+	5404+	5625+	5764+	5859+	5929+	5981+	6023+	6056+	6107+	6158+	6209+	6235+	6261+	6287+	6313+	6340+	6366+
2	998.5	999.0	999.2	999.2	999.3	999.3	999.4	999.4	999.4	999.4	999.4	999.4	999.4	999.5	999.5	999.5	999.5	999.5	999.5
3	167.0	148.5	141.1	137.1	134.6	132.8	131.6	130.6	129.9	129.2	128.3	127.4	126.4	125.9	125.4	125.0	124.5	124.0	123.5
4	74.14	61.25	56.18	53.44	51.71	50.53	49.66	49.00	48.47	48.05	47.41	46.76	46.10	45.77	45.43	45.09	44.75	44.40	44.05
5	47.18	37.12	33.20	31.09	29.75	28.84	28.16	27.64	27.24	26.92	26.42	25.91	25.39	25.14	24.87	24.60	24.33	24.06	23.79
6	35.51	27.00	23.70	21.92	20.81	20.03	19.46	19.03	18.69	18.41	17.99	17.56	17.12	16.89	16.67	16.44	15.21	15.99	15.75
7	29.25	21.69	18.77	17.19	16.21	15.52	15.02	14.63	14.33	14.08	13.71	13.32	12.93	12.73	12.53	12.33	12.12	11.91	11.70
8	25.42	18.49	15.83	14.39	13.49	12.86	12.40	12.04	11.77	11.54	11.19	10.84	10.48	10.30	10.11	9.92	9.73	9.53	9.33
9	22.86	16.39	13.90	12.56	11.71	11.13	10.70	10.37	10.11	9.89	9.57	9.24	8.90	8.72	8.55	8.37	8.19	8.00	7.81
10	21.04	14.91	12.55	11.28	10.48	9.92	9.52	9.20	8.96	8.75	8.45	8.13	7.80	7.64	7.47	7.30	7.12	6.94	6.76
11	19.69	13.81	11.56	10.35	9.58	9.05	8.66	8.35	8.12	7.92	7.63	7.32	7.01	6.85	6.68	6.52	6.35	6.17	6.00
12	18.64	12.97	10.80	9.63	8.89	8.38	8.00	7.71	7.48	7.29	7.00	6.71	6.40	6.25	6.09	5.93	5.76	5.59	5.42
13	17.81	12.31	10.21	9.07	8.35	7.86	7.49	7.21	6.98	6.80	6.52	6.23	5.93	5.78	5.63	5.47	5.30	5.14	4.97
14	17.14	11.78	9.73	8.62	7.92	7.43	7.08	6.80	6.58	6.40	6.13	5.85	5.56	5.41	5.25	5.10	4.94	4.77	4.60
15	16.59	11.34	9.34	8.25	7.57	7.09	6.74	6.47	6.26	6.08	5.81	5.54	5.25	5.10	4.95	4.80	4.64	4.47	4.31
16	16.12	10.97	9.00	7.94	7.27	6.81	6.46	6.19	5.98	5.81	5.55	5.27	4.99	4.85	4.70	4.54	4.39	4.23	4.06
17	15.72	10.66	8.73	7.68	7.02	7.56	6.22	5.96	5.75	5.58	5.32	5.05	4.78	4.63	4.48	4.33	4.18	4.02	3.85
18	15.38	10.39	8.49	7.46	6.81	6.35	6.02	5.76	5.56	5.39	5.13	4.87	4.59	4.45	4.30	4.15	4.00	3.84	3.67
19	15.08	10.16	8.28	7.26	6.62	6.18	5.85	5.59	5.39	5.22	4.97	4.70	4.43	4.29	4.14	3.99	3.84	3.68	3.51
20	14.82	9.95	8.10	7.10	6.46	6.02	5.69	5.44	5.24	5.08	4.82	4.56	4.29	4.15	4.00	3.86	3.70	3.54	3.38
21	14.59	9.77	7.94	6.95	6.32	5.88	5.56	5.31	5.11	4.95	4.70	4.44	4.17	4.03	3.88	3.74	3.58	3.42	3.26
22	14.38	9.61	7.80	6.81	6.19	5.76	5.44	5.19	4.99	4.83	4.58	4.33	4.06	3.92	3.78	3.63	3.48	3.32	3.15
23	14.19	9.47	7.67	6.69	6.08	5.65	5.33	5.09	4.89	4.73	4.48	4.23	3.96	3.82	3.68	3.53	3.38	3.22	3.05
24	14.03	9.34	7.55	6.59	5.98	5.55	5.23	4.99	4.80	4.64	4.39	4.14	3.87	3.74	3.59	3.45	3.29	3.14	2.97
25	13.88	9.22	7.45	6.49	5.88	5.46	5.15	4.91	4.71	4.56	4.31	4.06	3.79	3.66	3.52	3.37	3.22	3.06	2.89
26	13.74	9.12	7.36	6.41	5.80	5.38	5.07	4.83	4.64	4.48	4.24	3.99	3.72	3.59	3.44	3.30	3.15	2.99	2.82
27	13.61	9.02	7.27	6.33	5.73	5.31	5.00	4.76	4.57	4.41	4.17	3.92	3.66	3.52	3.38	3.23	3.08	2.92	2.75
28	13.50	8.93	7.19	6.25	5.66	5.24	4.93	4.69	4.50	4.35	4.11	3.86	3.60	3.46	3.32	3.18	3.02	2.86	2.69
29	13.39	8.85	7.12	6.19	5.59	5.18	4.87	4.64	4.45	4.29	4.05	3.80	3.54	3.41	3.27	3.12	2.97	2.81	2.64
30	13.29	8.77	7.05	6.12	5.53	5.12	4.82	4.58	4.39	4.24	4.00	3.75	3.49	3.36	3.22	3.07	2.92	2.76	2.59
40	12.61	8.25	6.60	5.70	5.13	4.73	4.44	4.21	4.02	3.87	3.64	3.40	3.15	3.01	2.87	2.73	2.57	2.41	2.23
60	11.97	7.76	6.17	5.31	4.76	4.37	4.09	3.87	3.69	3.54	3.31	3.08	2.83	2.69	2.55	2.41	2.25	2.80	1.89
120	11.38	7.32	5.79	4.95	4.42	4.04	3.77	3.55	3.38	3.24	3.02	2.78	2.53	2.40	2.26	2.11	1.95	1.76	1.54
∞	10.83	6.91	5.42	4.62	4.10	3.74	3.47	3.27	3.10	2.96	2.74	2.51	2.27	2.13	1.99	1.84	1.66	1.45	1.00

注：+表示要将所列数乘以 100.

习题参考答案

第 1 章

习题 1.1

1. (1) 不同，$y=\frac{x^2}{x}$的定义域为$\{x\,|\,x\in\mathbf{R},\ x\neq 0\}$，$y=x$ 的定义域为 $\mathbf{R}$；

(2) 相同.

2. (1) $C=3x$，$A=\frac{\sqrt{3}}{4}x^2$；

(2) $x=\frac{\sqrt{2}}{2}d$，$A=\frac{1}{2}d^2$.

3. (1) $x\in\mathbf{R}$；(2) $x\geqslant 0$；(3) $t>0$；(4) $t\geqslant 0$；(5) $-2\leqslant z\leqslant 2$；

(6) $z\in\mathbf{R}$；(7) $x\in\mathbf{R}$，$x\neq 0$ 且 $x\neq 2$；(8) $-1\leqslant x<1$；(9) $x\geqslant 5$.

习题 1.2

1. (1) 单调递增；(2) 单调递增；

(3) 当$-1\leqslant x<1$ 时，为单调递减，当 $1\leqslant x\leqslant 5$ 时，为单调递增；(4) 单调递增.

2. (1) 偶函数；(2) 奇函数；(3) 偶函数；(4) 非奇非偶函数；(5) 奇函数；(6) 偶函数；

(7) 偶函数；(8) 奇函数；(9) 非奇非偶函数；(10) 偶函数；(11) 偶函数；(12) 偶函数.

习题 1.3

1. (1) $y=\frac{x-3}{2}$；(2) $y=\frac{5-x}{4}$；(3) $y=\sqrt[3]{x+1}$；(4) $y=e^x-1$；

(5) $y=2-\sqrt{-x}$；(6) $y=\frac{1-3x}{x-2}$；(7) $y=\sqrt{x}-1$；(8) $y=\frac{2x+3}{x-1}$.

2. (1) 2；(2) 22；(3) x^2+2；(4) $x^2+10x+22$；(5) 5；(6) -2；(7) $x+10$；

(8) x^4-6x^2+6.

习题 1.4

1. (1) 100；(2) $100e^{4.158}$.

2. $A=\pi r^2+\frac{2v}{r}$.

3. $L(x)=-\frac{11}{2}x^2+286x-900$，$L(10)=1410$.

第 2 章

习题 2.1

(1) 收敛，0；(2) 收敛，0；(3) 收敛，3；(4) 收敛，1；(5) 发散；(6) 收敛，$\frac{2}{3}$；(7) 发散；(8) 发散.

习题 2.2

1. (1) -1；(2) 0；(3) 不存在；(4) 不存在.
2. (1) 不存在；(2) 1；(3) 0.

习题 2.3

1. 不一定. 当 $x\to 0$ 时，$x^2\to 0$，$x^3\to 0$，但 $\lim\limits_{x\to 0}\frac{x^2}{x^3}=\infty$.
2. (1) 0；(2) ∞；(3) 0；(4) $-\infty$.
3. (1) 2；(2) 1.

习题 2.4

1. (1) 2；(2) $-\frac{1}{5}$；(3) -1；(4) 3；(5) $\frac{6}{25}$；(6) $2x$；(7) $\frac{4}{7}$；(8) 0；(9) 4；(10) $\frac{1}{4}$；(11) 2；(12) 0；(13) ∞；(14) ∞；(15) $\frac{1}{2\sqrt{2}}$；(16) 0.
2. (1) $\frac{4}{3}$；(2) 1；(3) $\frac{1}{2}$；(4) $\frac{1}{16}$；(5) $\frac{1}{2}$；(6) 2；(7) $-\frac{1}{2}$；(8) x.
3. (1) e^2；(2) e^3；(3) e^2；(4) $e^{\frac{1}{2}}$；(5) e；(6) 9；(7) e^2；(8) 1.

习题 2.5

1. x^2-x^3.
2. (1) $\frac{5}{2}$；(2) $\frac{\sqrt{2}}{2}$；(3) $\frac{1}{2}$；(4) 0；(5) $\frac{3}{2}$；(6) 1；(7) e^{β}；(8) 1；(9) $\frac{3}{2}$.

习题 2.6

1. $f(x)$在 $x=0$ 和 $x=1$ 处发生间断，另外可令 $f(1)=2$ 使得 $f(x)$在 $x=1$ 处连续.
2. 间断.
3. 间断.
4. 间断.

5. $a=1$.

习题 2.7

1. 连续区间为$(-\infty, 1)\cup(1, 2)\cup(2, +\infty)$，$\lim\limits_{x\to 1}f(x)=-2$，$\lim\limits_{x\to 2}f(x)$不存在.

2. (1) 1；(2) 0；(3) $\dfrac{1}{4}$；(4) $-\dfrac{\pi}{2}$.

3. 提示：令 $f(x)=x^5-3x-1$.

4. 提示：令 $F(x)=f(x)-x$.

第 3 章

习题 3.1

1. $f'(x)=10x$，$f'(-1)=-10$.

2. (1) $5x^4$；(2) $\dfrac{2}{3}x^{-\frac{1}{3}}$；(3) $2.6x^{1.6}$；(4) $-\dfrac{1}{2}x^{-\frac{3}{2}}$；(5) $-3x^{-4}$；(6) $\dfrac{10}{3}x^{\frac{7}{3}}$；(7) $\dfrac{7}{6}x^{\frac{1}{6}}$.

3. $y=x+1$，$y=-x+1$.

习题 3.2

1. (1) $3x^2-\dfrac{28}{x^5}+\dfrac{2}{x^2}$；(2) $15x^2-2^x\ln 2+3e^x$；(3) $2\sec^2 x+\sec x\tan x$；

(4) $\cos^2 x-\sin^2 x$；(5) $2x\ln x+x$；(6) $3e^x\cos x-3e^x\sin x$；

(7) $\dfrac{1-\ln x}{x^3}$；(8) $\dfrac{xe^x-2e^x}{x^3}$；(9) $2x\ln x\cos x+x\cos x-x^2\ln x\sin x$；

(10) $\dfrac{\cos x(1+\cos x)+(1+\sin x)\sin x}{(1+\cos x)^2}$.

2. $y=2x$，$y=-\dfrac{1}{2}x$.

3. (1) $10(2x+3)^4$；(2) $4\sin(3-4x)$；(3) $-2e^{-2x}$；(4) $\dfrac{2x}{1+x^2}$；

(5) $3\sin^2 x\cos x$；(6) $-\dfrac{x}{\sqrt{a^2-x^2}}$；(7) $3x^2\sec^2 x^3$；(8) $\dfrac{e^x}{1+e^{2x}}$；

(9) $\dfrac{3\arcsin^2 x}{\sqrt{1-x^2}}$；(10) $\cot x$；(11) $\dfrac{2}{\sqrt{1-(2x-1)^2}}$；(12) $x(1-x^2)^{-\frac{3}{2}}$；

(13) $-e^{-x}\cos 2x-2e^{-x}\sin 2x$；(14) $\dfrac{1}{\sqrt{1-\left(\dfrac{1}{x}\right)^2}}\left(-\dfrac{1}{x^2}\right)$；(15) $-\dfrac{2}{x(1+\ln x)^2}$；

(16) $\dfrac{2x\cos 2x-\sin 2x}{x^2}$；(17) $\dfrac{1}{2\sqrt{x(1-x)}}$；(18) $\dfrac{1}{\sqrt{x^2+a^2}}$；

(19) $\sec x$；(20) $-\csc x$.

4. (1) $2xf'(x^2)$；(2) $f'(\sin x)\cos x-f'(\cos x)\sin x$.

习题 3.3

1. (1) $12x-\frac{1}{x^2}$；(2) $4e^{2x}$；(3) $-2\sin x-x\cos x$；(4) $-2e^{-x}\cos x$.

2. 120.

3. (1) $\frac{y}{y-x}$；(2) $\frac{ay-x^2}{y^2-ax}$；(3) $\frac{e^{x+y}-y}{x-e^{x+y}}$；(4) $\frac{e^y}{1-xe^y}$.

4. $y=-x+\frac{\sqrt{2}}{2}a$，$y=x$.

习题 3.4

1. $\Delta x=1$ 时，$\Delta y=18$，$dy=11$；
   $\Delta x=0.1$ 时，$\Delta y=1.161$，$dy=1.1$；
   $\Delta x=0.01$ 时，$\Delta y=0.110601$，$dy=0.11$.

2. (1) $\left(-\frac{1}{x^2}+\frac{1}{\sqrt{x}}\right)dx$；(2) $(\sin x+x\cos x)dx$；(3) $\frac{3\ln^2(x-2)}{x-1}dx$；
   (4) $-4x\sec^2(1-2x^2)dx$； (5) $(2xe^{2x}+2x^2e^{2x})dx$；
   (6) $[-e^{-x}\sin(2x-1)+2e^{-x}\cos(2x-1)]dx$.

3. (1) $3x$；(2) x^2；(3) $\sin x$；(4) $-\frac{1}{\omega}\cos(\omega x)$；(5) $\ln(1+x)$；(6) $-e^{-x}$.

4. $-43.63\ \text{cm}^2$，$104.72\ \text{cm}^2$.

第 4 章

习题 4.1

3. 共有 3 个实根，分别处在区间(1，2)，(2，3)和(3，4)之间.

习题 4.2

(1) $-\frac{3}{5}$；(2) $-\frac{1}{8}$；(3) $\cos a$；(4) 1；(5) 2；(6) $\frac{m}{n}a^{m-n}$；

(7) $\frac{2}{5}$；(8) 0；(9) 1；(10) $-\frac{1}{2}$；(11) 1；(12) 1；

(13) 1；(14) 1；(15) $+\infty$；(16) e^2.

习题 4.3

1. 单调递减

2. (1) 当 $x\in(-\infty,-1]\cup[3,+\infty)$时，$f(x)$单调递增，当 $x\in(-1,3)$时，$f(x)$单调递减；

(2) 当 $x\in(0, 2]$时，$f(x)$单调递减，当 $x\in(2, +\infty)$时，$f(x)$单调递增；

(3) 当 $x\in\left(-\infty, \frac{1}{2}\right)$时，$f(x)$单调递减，当 $x\in\left(\frac{1}{2}, +\infty\right)$时，$f(x)$单调递增；

(4) 单调递增.

4. (1) 极大值点为$(-1, 17)$，极小值点为$(3, -47)$；(2)极大值点为$\left(\frac{3}{4}, \frac{5}{4}\right)$；

(3) 极小值点为$(0, 0)$；(4) 极大值点为$(0, 4)$，极小值点为$\left(-2, \frac{8}{3}\right)$.

5. (1) 最大值点为$(4, 80)$，最小值点为$(-1, -5)$；

(2) 最大值 $f\left(\frac{3}{4}\right)=f(1)=1$，最小值 $f(-5)=-5+\sqrt{6}$.

6. 最大值点为$(1, -29)$.

7. 宽 5 m，长 10 m.

8. $r=\sqrt[3]{\frac{V}{2\pi}}$, $h=\sqrt[3]{\frac{4V}{\pi}}$, 1∶1.

第 5 章

习题 5.1

1. (1) $-\frac{1}{2}x^{-2}+C$；(2) $\frac{2}{7}x^{\frac{7}{2}}+C$；(3) $\frac{1}{2}x^{\frac{1}{2}}+C$；(4) $\frac{3}{7}x^{\frac{7}{3}}+C$；

(5) $\frac{n}{m+n}x^{\frac{m+n}{n}}+C$；(6) $-\frac{2}{3}x^{-\frac{3}{2}}+C$.

2. (1) $\arctan x-\arcsin x+C$；(2) $e^x-\frac{3}{2}x^{\frac{2}{3}}+C$；(3) $\frac{3^x e^x}{\ln 3+1}+C$；

(4) $\frac{x+\sin x}{2}+C$；(5) $\left(\frac{5}{2}\right)^x\ln\frac{5}{2}+7\left(\frac{3}{2}\right)^x\ln\frac{3}{2}+C$；(6) $\sin x-\cos x+C$；

(7) $-\cot x-\tan x+C$；(8) $-\cot x-x+C$；(9) $-\cos x+x+C$；

(10) $\sec x-\tan x+C$；(11) $\frac{\tan x}{2}+C$；(12) $x-\arctan x+C$；

(13) $x^3-x+\arctan x+C$.

3. $f(x)=\ln|x|+1$.

习题 5.2

1. (1) $\frac{1}{a}$；(2) $\frac{1}{2}$，(3) $\frac{1}{2}$；(4) $\frac{1}{6}$，(5) $\frac{1}{2}$；(6) $\frac{2}{3}$；(7) $-\frac{1}{2}$；

(8) $\frac{1}{2}$；(9) -1；(10) -1.

2. (1) $\frac{1}{4}e^{4x}+C$；(2) $-\frac{1}{8}(3-2x)^4+C$；(3) $-\ln|1-x|+C$；

(4) $-\frac{1}{2}(2-3x)^{\frac{2}{3}}+C$；(5) $-a\cos\frac{x}{a}-\frac{1}{b}e^{bx}+C$；(6) $-2\cos\sqrt{x}+C$；

(7) $-\frac{1}{2}e^{-x^2}+C$；(8) $-\frac{1}{2}\cos x^2+C$；(9) $-\frac{\sqrt{2-3x^2}}{3}+C$；

(10) $-\frac{3}{4}\ln|1-x^4|+C$.

3. (1) $\frac{1}{2}\ln|x^2+2x-5|+C$；(2) $-\frac{1}{3\omega}\cos^3\omega t+C$；(3) $\frac{1}{2\cos^2 x}+C$；

(4) $\frac{3}{2}(\sin x-\cos x)^{\frac{2}{3}}+C$；(5) $\frac{1}{11}\tan^{11}x+C$；(6) $\ln|\ln\ln x|+C$；

(7) $-\frac{1}{\arcsin x}+C$；(8) $-\frac{10^{2\arccos x}}{2\ln 10}+C$；(9) $-\ln\left|\cos\sqrt{1+x^2}\right|+C$；

(10) $(\arctan\sqrt{x})^2+C$.

4. (1) $-\frac{1}{x\ln x}+C$；(2) $\ln|\tan x|+C$；(3) $\frac{\ln(\tan^2 x)}{2}+C$；

(4) $\sin x-\frac{1}{3}\sin^3 x+C$；(5) $\frac{t}{2}+\frac{\sin 2(\omega t+\varphi)}{4\omega}+C$；(6) $\frac{1}{3}\sec^3 x-\sec x+C$；

(7) $\arctan e^x+C$；(8) $\frac{\arcsin\frac{2x}{3}}{2}+\frac{\sqrt{9-4x^2}}{4}+C$；(9) $\frac{x^2}{2}-\frac{9}{2}\ln(9+x^2)+C$；

(10) $\frac{1}{2\sqrt{2}}\ln\left|\frac{\sqrt{2}x-1}{\sqrt{2}x+1}\right|+C$.

5. (1) $\frac{a^2}{2}\arcsin\frac{x}{a}-\frac{x\sqrt{a^2-x^2}}{2}+C$；(2) $\arccos\frac{1}{|x|}+C$；(3) $\frac{x}{\sqrt{1+x^2}}+C$；

(4) $\sqrt{x^2-9}-3\arccos\frac{3}{|x|}+C$；(5) $\sqrt{2x}-\ln(1+\sqrt{2x})+C$；

(6) $\arcsin x-\frac{x}{1+\sqrt{1-x^2}}+C$.

习题 5.3

1. (1) $-x\cos x+\sin x+C$；(2) $x\arcsin x+\sqrt{1-x^2}+C$；(3) $x\ln x-x+C$；

(4) $-xe^{-x}-e^{-x}+C$；(5) $\frac{x^3}{3}\ln x-\frac{x^3}{9}+C$；(6) $2x\sin\frac{x}{2}+4\cos\frac{x}{2}+C$；

(7) $\frac{e^{-x}(\sin x-\cos x)}{2}+C$；(8) $\frac{1}{3}x^3\arctan x-\frac{1}{6}x^2+\frac{1}{6}\ln(1+x^2)+C$；

(9) $x\tan x+\ln|\cos x|-\frac{x^2}{2}+C$；(10) $-\frac{2}{17}\left(4\sin\frac{x}{2}+\cos\frac{x}{2}\right)e^{-2x}+C$；

(11) $-\frac{1}{2}xe^{-2x}-\frac{1}{4}e^{-2x}+C$；(12) $x^2\sin x+2x\cos x-2\sin x+C$.

2. (1) $x\ln^2 x-2x\ln x+2x+C$; (2) $-\dfrac{x\cos 2x}{4}+\dfrac{\sin 2x}{8}+C$;

(3) $\dfrac{1}{2}(x^2-1)\ln(x-1)-\dfrac{1}{4}x^2-\dfrac{1}{2}x+C$; (4) $\dfrac{1}{6}x^3+\dfrac{1}{2}x^2\sin x+x\cos x-\sin x+C$;

(5) $-\dfrac{1}{2}\left(x^2-\dfrac{3}{2}\right)\cos 2x+\dfrac{1}{2}x\sin 2x+C$; (6) $-\dfrac{\ln^3 x+3\ln^2 x+6\ln x+6}{2}+C$;

(7) $3e^{\sqrt[3]{x}}(x^{\frac{2}{3}}-2x^{\frac{1}{3}}+2)+C$; (8) $\dfrac{x[\cos(\ln x)+\sin(\ln x)]}{2}+C$;

(9) $x\arcsin^2 x+2\sqrt{1-x^2}\arcsin x-2x+C$; (10) $\dfrac{x^2}{4}(2\ln^2 x-2\ln x+1)+C$;

(11) $\dfrac{1}{2}e^x-\dfrac{1}{5}e^x\sin 2x-\dfrac{1}{10}e^x\cos 2x+C$; (12) $\dfrac{2}{3}e^{\sqrt{3x+9}}(\sqrt{3x+9}-1)+C$.

第 6 章

习题 6.1

1. $\dfrac{b^3-a^3}{3}+b-a$.

2. (1) $\dfrac{1}{2}$; (2) $e-1$.

3. (1) $\dfrac{5}{2}$; (2) $\dfrac{9\pi}{2}$.

4. (1) $[6, 51]$; (2) $[\pi, 2\pi]$; (3) $\left[\dfrac{\pi}{9}, \dfrac{2\pi}{3}\right]$; (4) $[-2e^2, -2e^{-\frac{1}{4}}]$.

5. (1) $>$; (2) $>$; (3) $>$; (4) $>$.

习题 6.2

1. (1) $\sin x$; (2) $2x\sqrt{1-x^4}$; (3) $\dfrac{3x^2}{\sqrt{1+x^6}}-\dfrac{2x}{\sqrt{1+x^4}}$;

(4) $\cos(\pi\sin^2 x)\cdot\cos x+\cos(\pi\cos^2 x)\sin x$.

2. (1) 1; (2) 2.

3. (1) $\dfrac{3}{2}$; (2) $\dfrac{21}{8}$; (3) $\dfrac{271}{6}$; (4) $\dfrac{\pi}{6}$; (5) $\dfrac{\pi}{3}$; (6) $1+\dfrac{\pi}{4}$; (7) -1; (8) $1-\dfrac{\pi}{4}$.

习题 6.3

1. (1) 0; (2) $\dfrac{51}{512}$; (3) $\dfrac{1}{4}$; (4) $\pi-\dfrac{4}{3}$; (5) $\dfrac{\pi}{6}-\dfrac{\sqrt{3}}{8}$; (6) $\dfrac{\pi}{2}$; (7) $\sqrt{2}(\pi+2)$;

(8) $\sin 2-1$; (9) $\dfrac{\pi}{2}$; (10) $2+2\ln\dfrac{2}{3}$; (11) $\ln(1+e)$; (12) $\dfrac{\pi^3}{324}$.

2. (1) $\frac{1}{3}$；(2) $\frac{1}{2}$.

习题 6.4

1. (1) $\frac{1}{6}$；(2) 1；(3) $\frac{32}{3}$；(4) $\frac{32}{3}$；(5) $6\pi-\frac{4}{3}$；(6) $\frac{3}{2}-\ln 2$；

(7) $e+\frac{1}{e}-2$；(8) $b-a$.

2. (1) $2\pi a x_0^2$；(2) $\frac{128}{7}\pi$，$\frac{64}{5}\pi$.

第 7 章

习题 7

1. (1) 11；(2) 2；(3) $ab(b-a)$.

2. (1) -48；(2) 22；(3) $ab^2+a^2c+bc^2-a^2b-b^2c-ac^2$.

3. $x\neq 0$ 且 $x\neq 2$.

4. 0；29.

5. (1) 6 123 000；(2) 2000；(3) $4abcdef$；(4) 8；(5) 24；(6) $abcd+ab+cd+ad+1$.

7. (1) $x_1=3$，$x_2=2$；(2) $x_1=1$，$x_2=2$，$x_3=3$；(3) $x=-a$，$y=b$，$z=c$.

8. $\lambda=-1$ 或 $\lambda=4$.

9. $\lambda=1$ 或 $\mu=0$.

第 8 章

习题 8

1. $\boldsymbol{A}+\boldsymbol{B}=\begin{pmatrix}-1 & 5 & 1\\ -2 & -3 & 12\end{pmatrix}$；$2\boldsymbol{A}-5\boldsymbol{B}=\begin{pmatrix}12 & 3 & 2\\ -18 & 29 & -4\end{pmatrix}$.

2. $3\boldsymbol{AB}-2\boldsymbol{A}=\begin{pmatrix}-2 & 13 & 22\\ -2 & -17 & 20\\ 4 & 29 & -2\end{pmatrix}$；$\boldsymbol{A}^{\mathrm{T}}\boldsymbol{B}=\begin{pmatrix}0 & 5 & 8\\ 0 & -5 & 6\\ 2 & 9 & 0\end{pmatrix}$.

3. (1) 10；(2) $\begin{pmatrix}3 & 6 & 9\\ 2 & 4 & 6\\ 1 & 2 & 3\end{pmatrix}$；(3) $\begin{pmatrix}10 & 4 & -1\\ 4 & -3 & -1\end{pmatrix}$；(4) $\begin{pmatrix}35\\ 6\\ 49\end{pmatrix}$；

(5) $a_{11}x_1^2+a_{22}x_2^2+a_{33}x_3^2+2a_{12}x_1x_2+2a_{13}x_1x_3+2a_{23}x_2x_3$.

4. (1) 取 $\boldsymbol{A}=\begin{pmatrix}0 & 1\\ 0 & 0\end{pmatrix}$，有 $\boldsymbol{A}\neq\boldsymbol{0}$，而 $\boldsymbol{A}^2=\boldsymbol{0}$；

(2) 取 $\boldsymbol{A}=\begin{pmatrix}1&0\\0&0\end{pmatrix}$，有 $\boldsymbol{A}\neq\boldsymbol{0}$ 或 $\boldsymbol{A}\neq\boldsymbol{E}$，而 $\boldsymbol{A}^2=\boldsymbol{A}$.

5. (1) 不相等；(2) 不相等；(3) 不相等.

7. (1) $\begin{pmatrix}5&-2\\-2&1\end{pmatrix}$；(2) $\begin{pmatrix}-2&1&0\\-\frac{13}{2}&3&-\frac{1}{2}\\-16&7&-1\end{pmatrix}$；(3) $\begin{pmatrix}1&0&0\\-\frac{1}{2}&\frac{1}{2}&0\\0&-\frac{1}{3}&\frac{1}{3}\end{pmatrix}$.

8. (1) $\begin{pmatrix}2&-23\\0&8\end{pmatrix}$； (2) $\begin{pmatrix}-2&2&1\\-\frac{8}{3}&5&-\frac{2}{3}\end{pmatrix}$.

9. (1) 秩为 2，二阶子式 $\begin{vmatrix}3&1\\1&-1\end{vmatrix}=-4$；(2) 秩为 3，三阶子式 $\begin{vmatrix}1&2&4\\2&-1&3\\5&1&2\end{vmatrix}=45$.

10. $\lambda=1$.

11. (1) $\begin{pmatrix}1&1\\0&0\end{pmatrix}$；(2) $\begin{pmatrix}1&0\\5\lambda&1\end{pmatrix}$；(3) $\begin{pmatrix}a^3&0&0\\0&b^3&0\\0&0&c^3\end{pmatrix}$.

12. $\boldsymbol{A}^{-1}=\frac{1}{2}(\boldsymbol{A}-\boldsymbol{E})$，$(\boldsymbol{A}+2\boldsymbol{E})^{-1}=-\frac{1}{4}(\boldsymbol{A}-3\boldsymbol{E})$.

13. $2^n\cdot m^{n+1}$.

第 9 章

习题 9

1. (1) $(1, 2, 3)^{\mathrm{T}}$；(2) $(9, 20, -18)^{\mathrm{T}}$.

2. $(1, 2, 3, 4)^{\mathrm{T}}$.

3. (1) 线性无关；(2) 线性相关；(3) 线性相关.

4. (1) 当 $k\neq5$ 时，线性无关；(2) 当 $k=5$ 时，线性相关，$\boldsymbol{\alpha}_3=2\boldsymbol{\alpha}_1-\boldsymbol{\alpha}_2$.

*5. (1) 秩为 3，极大无关组为 $\boldsymbol{\alpha}_1$，$\boldsymbol{\alpha}_2$，$\boldsymbol{\alpha}_3$；

(2) 秩为 3，极大无关组为 $\boldsymbol{\alpha}_1$，$\boldsymbol{\alpha}_2$，$\boldsymbol{\alpha}_3$.

*6. $a=2$，$b=5$.

7. (1) $\begin{pmatrix}x_1\\x_2\\x_3\end{pmatrix}=\begin{pmatrix}-3\\\frac{4}{3}\\\frac{4}{3}\end{pmatrix}$；(2) $\begin{pmatrix}x_1\\x_2\\x_3\end{pmatrix}=k\begin{pmatrix}-3\\1\\1\end{pmatrix}+\begin{pmatrix}1\\0\\0\end{pmatrix}$ $(k\in\mathbf{R})$.

*8.（1）无解；

（2）有无穷多解，$\begin{pmatrix}x_1\\x_2\\x_3\end{pmatrix}=k\begin{pmatrix}9\\8\\7\end{pmatrix}+\begin{pmatrix}-3\\1\\0\end{pmatrix}\quad(k\in\mathbf{R})$；

（3）只有零解.

*9.（1）$\boldsymbol{\xi}_1=\begin{pmatrix}1\\-11\\5\\0\end{pmatrix}$，$\boldsymbol{\xi}_2=\begin{pmatrix}-2\\7\\0\\5\end{pmatrix}$；（2）$\boldsymbol{\xi}_1=\begin{pmatrix}-11\\-1\\7\end{pmatrix}$.

10.（1）$\begin{pmatrix}x_1\\x_2\\x_3\end{pmatrix}=\begin{pmatrix}5\\-3\\0\end{pmatrix}$；（2）$\begin{pmatrix}x_1\\x_2\\x_3\\x_4\end{pmatrix}=k\begin{pmatrix}1\\2\\0\\1\end{pmatrix}+\begin{pmatrix}-\frac{1}{2}\\-\frac{1}{2}\\-1\\0\end{pmatrix}\quad(k\in\mathbf{R})$.

11.（1）$a\neq0$ 且 $a\neq1$；（2）$a=0$；（3）$a=1$，$\boldsymbol{x}=k\begin{pmatrix}0\\1\\1\end{pmatrix}+\begin{pmatrix}0\\1\\0\end{pmatrix}\quad(k\in\mathbf{R})$.

*12. $\boldsymbol{x}=k\begin{pmatrix}3\\4\\5\\6\end{pmatrix}+\begin{pmatrix}2\\3\\4\\5\end{pmatrix}\quad(k\in\mathbf{R})$.

第 10 章

习题 10

1.（1）$S=\{3, 4, \cdots, 18\}$；（2）$S=$｛教师，学生，工人｝；

（3）$S=\left\{\frac{m}{n}\middle| m=0, 1, 2, \cdots, 100n\right\}$，其中 m 表示一个班级所得的总分；

（4）$S=\{0, 1, 2, \cdots\}$；

（5）$S=\{10, 11, 12, 13, 14, 15, \cdots\}$.

2.（1）选出的人是爱好数学的男生班干部；

（2）选出的人是爱好数学的女生，但不是班干部；

（3）选出的人为不是班干部的女生；

（4）选出的人为不是数学爱好者也不是班干部的男生.

3. (1) $\overline{A}\cup B=\{1, 3, 4, 5, 6, 7, 8, 9, 10\}$; (2) $\overline{A}B=\{5\}$; (3) $\overline{\overline{A}\,\overline{B}}=\{2, 3, 4, 5\}$;
(4) $\overline{A\,\overline{BC}}=\{1, 5, 6, 7, 8, 9, 10\}$; (5) $\overline{A(B\cup C)}=\{1, 2, 5, 6, 7, 8, 9, 10\}$.

4. (1) $\{x|1\leqslant x\leqslant 4\}$; (2) $\{x|2<x\leqslant 3\}$; (3) $\{x|0\leqslant x<1$ 或 $3<x\leqslant 5\}$; (4) $\{x|1\leqslant x\leqslant 2\}$.

5. (1) $1-\dfrac{\binom{12}{4}}{\binom{20}{4}}$; (2) $\dfrac{\binom{8}{2}\binom{12}{2}}{\binom{20}{4}}$.

6. (1) 0.8; (2) 0.3; (3) 0.2; (4) 0.1; (5) 0.

7. (1) 0; (2) 0.5; (3) 0.5.

8. (1) $\dfrac{28}{45}$; (2) $\dfrac{16}{45}$; (3) $\dfrac{17}{45}$; (4) $\dfrac{1}{5}$.

9. $\dfrac{2}{3}$.

10. $\dfrac{7}{10}$.

11. (1) $\dfrac{\binom{7}{2}}{\binom{32}{2}}=\dfrac{21}{496}$; (2) $\dfrac{3}{133}$.

12. 0.4058.

13. (1) $\dfrac{13}{30}$; (2) 0.6.

第 11 章

习题 11

1. (1)

X	1	2	3	…	k	…
P	$\frac{10}{13}$	$\frac{3}{13}\cdot\frac{10}{13}$	$\left(\frac{3}{13}\right)^2\cdot\frac{10}{13}$	…	$\left(\frac{3}{13}\right)^{k-1}\cdot\frac{10}{13}$	…

(2)

X	1	2	3	4
P	$\frac{10}{13}$	$\frac{3}{13}\cdot\frac{10}{12}$	$\frac{3}{13}\cdot\frac{2}{12}\cdot\frac{10}{11}$	$\frac{3}{13}\cdot\frac{2}{12}\cdot\frac{1}{11}$

(3)

X	1	2	3	4
P	$\frac{10}{13}$	$\frac{3}{13}\cdot\frac{11}{13}$	$\frac{3}{13}\cdot\frac{2}{13}\cdot\frac{12}{13}$	$\frac{3}{13}\cdot\frac{2}{13}\cdot\frac{1}{13}$

2.

X	3	4	5
P	$\frac{1}{10}$	$\frac{3}{10}$	$\frac{6}{10}$

3. 0.595.

4. $\frac{2}{3}e^{-2}$.

5. (1) $a=2$；(2) $F(x)=\begin{cases}0, & x<0\\ x^2, & 0\leqslant x<1.\\ 1, & x\geqslant 1\end{cases}$

6. (1) $a=1$；(2) $e^{-1.6}$；(3) $e^{-1.2}-e^{-1.6}$；(4) 0；(5) $f(x)=\begin{cases}0.4e^{-0.4x}, & x>0\\ 0, & x\leqslant 0\end{cases}$.

7. 0.8.

8. (1) $\frac{\sqrt{2}}{2}$；(2) $\frac{1}{2}$；(3) $f(x)=\begin{cases}\cos x, & 0\leqslant x<\frac{\pi}{2}\\ 0, & \text{其他}\end{cases}$.

9. (1) $P\{2<X\leqslant 5\}=0.5328$，$P\{-4<X\leqslant 10\}=0.9996$，$P\{|X|>2\}=0.6977$，$P\{X>3\}=0.5$；

(2) $c=3$；(3) $d\leqslant 0.436$.

第 12 章

习题 12

2. $E(X)=\frac{25}{16}$.

3. $E(X)=-0.2$，$E(X^2)=0.6$，$E(3X^2+5)=6.8$.

4. $E(X)=0$；$E(X^2)=\frac{1}{2}$.

5. $\lambda=2$.

6. $E(2X)=a+b$，$E(e^{-2X})=\frac{e^{-2a}-e^{-2b}}{2(b-a)}$.

7. (1) $E(X_1+3X_2)=2+3\pi$，$E(X_1-3X_2^2)=2-4\pi^2$；(2) $E(X_1, X_2)=2\pi$.

8. (1) $a=6$；(2) $P\{|X-E(X)|<\sqrt{5D(X)}\}=1$.

9. $A=\frac{1}{2}$，$B=\frac{1}{\pi}$，$E(X)=0$，$D(X)=\frac{1}{2}$.

10. (1) $a=\frac{1}{4}$, $b=1$, $c=-\frac{1}{4}$; (2) $E(Y)=\frac{1}{4}(e^2-1)^2$, $D(Y)=\frac{1}{4}e^2(e^2-1)^2$.

第 13 章

习题 13

1. $X_1^2+X_3^2$, $\max\{X_1, X_2, X_3, X_4, X_5\}$都是统计量，但是$(\overline{X}-p)^2$, A_2+2p 却不是统计量.
2. $\overline{X}=\frac{1}{10}\sum_{i=1}^{10}x_i=1147$, $S^2=\frac{1}{10-1}\sum_{i=1}^{10}(X_i-\overline{X})^2=7578.889$.
3. (1) $u_{0.075}=1.4400$, $u_{0.75}=-0.6750$;　(2) $\chi^2_{0.01}(18)=34.805$;
   (3) $t_{0.95}(36)=-1.6883$; (4) $F_{0.001}(15, 29)=3.0400$, $F_{0.995}(44, 35)=0.4459$.
4. 0.8293.
5. 35.
6. 0.95.
7. (1) 0.735; (2) 0.9688.

第 14 章

习题 14

1. $\hat{\theta}=\overline{X}$.
2. $\hat{\lambda}=\overline{X}$.
4. (4.2695, 4.4587).
5. (1) (14.821, 15.019); (2) (14.782, 15.085).
6. 认为这批灯泡的平均寿命等于 1600 小时.
7. 认为四乙基铅中毒患者与正常人的脉搏有显著差异.
8. 认为这批罐头的平均重量合乎标准.
9. 认为这批保险丝熔化时间的标准差等于 12.

自测题参考答案

自测题 1

一、1. B；2. A；3. D.

二、1. -1.

2. $f(x)f(y)$.

3. $\left[-\frac{1}{\sqrt{2}}, \frac{1}{\sqrt{2}}\right]$.

4. $y=\mathrm{e}^x+1$.

三、1. $\arcsin(1+x^2)$，$x\in(-\sqrt{2},\sqrt{2})$.

2. 1.

3. $f[g(x)]=\begin{cases}0, & x<0\\ x^2, & x\geqslant 0\end{cases}$

自测题 2

一、1. A；2. D；3. C；4. B.

二、1. (1) e^6；(2) 0；(3) e^{2a}；(4) $\frac{1}{2}$；(5) $\frac{2}{3}$；(6) $\mathrm{e}^{-\frac{3}{2}}$.

2. 0.

3. $\ln 2$.

自测题 3

一、1. A；2. C；3. C；4. B；5. B；6. C.

二、1. -1.

2. 0.

3. -3.

4. $y'=a^{\arctan x^2}\ln a\cdot\frac{2x}{1+x^4}$.

5. $-\frac{5}{32}$.

6. $\frac{2x}{\sqrt{1+x^2}}$.

7. $\frac{n!}{3}[(-1)^n+2^{n+1}]$.

8. $a=-1$，$b=2$.

自 测 题 4

一、1. A；2. C.

二、1. (1) $\frac{1}{e}$；(2) $\frac{3}{2}$；3. $\frac{1}{2}$；4. $\frac{1}{2}$.

2. $a=-\frac{3}{2}$.

3. $a=-4$，$b=5$.

自 测 题 5

一、1. B；2. B；3. A.

二、1. $\frac{1}{2}(x+\tan x)+C$.

2. $\frac{1}{4}(1+x^3)^{\frac{4}{3}}+C$.

3. $-\frac{1}{3}(1-x^2)^{\frac{3}{2}}+C$.

三、1. (1) $\ln\left|\frac{xe^x}{1+xe^x}\right|+C$；

(2) $\frac{1}{4}[\ln(\tan x)]^2+C$；

(3) $\ln(1-x)-\frac{1}{x}\ln(1-x)+C$；

(4) $e^{2x}\tan x+C$；

(5) $\frac{1}{2}(x^2+1)(\arctan x)^2-x\arctan x+\frac{1}{2}\ln(1+x^2)+C$；

(6) $\tan x-\sec x+C$；

(7) $\frac{\ln x}{1-x}-\ln x+\ln|1-x|+C$；

(8) $\frac{1}{2}(\sec^2 x-\csc^2 x+2\ln|\tan x|+C)$.

2. $\frac{x^2}{\sqrt{1+x^2}}-\sqrt{1+x^2}+C$.

自 测 题 6

一、1. D；2. C；3. B；4. C；5. B；6. A.

二、1. $\frac{1}{12}$.

2. $\int_{x^2}^{0}\cos t^2\,dt-2x^2\cos x^4$.

3. $\frac{1}{2}(1+x^2)[\ln(1+x^2)-1]$.

三、1. $\frac{\pi}{4-\pi}$.

2. (1) $\left(\frac{1}{4}-\frac{1}{3\sqrt{3}}\right)\pi+\frac{1}{2}\ln\frac{3}{2}$；(2) $\frac{3\pi}{8}$；(3) $\frac{\pi}{8}$；(4) $\ln(1+\sqrt{2})+\sqrt{2}$；(5) $\frac{\pi}{4}+\frac{1}{2}\ln 2$.

3. $\ln(1+e)$.

4. $\frac{3}{2}$.

5. 16π.

自 测 题 7

一、1. D; 2. B; 3. C; 4. D.

二、1. -13，$y-x$.

2. $\begin{vmatrix} a_{21} & a_{23} \\ a_{31} & a_{33} \end{vmatrix}$，$-\begin{vmatrix} a_{21} & a_{23} \\ a_{31} & a_{33} \end{vmatrix}$.

3. -17，-3，$3abc-a^3-b^3-c^3$.

4. -21.

5. $\lambda\neq 1$.

三、1. (1) 297；(2) 2300.

2. $x=0$ 或 $x=4$.

3. $4x+y+3z=8$.

自 测 题 8

一、1. B; 2. D; 3. C; 4. C; 5. A.

二、1. $\begin{bmatrix} a_{11}b_{11}+a_{12}b_{21}+a_{13}b_{31} & a_{11}b_{12}+a_{12}b_{22}+a_{13}b_{32} \\ a_{21}b_{11}+a_{22}b_{21}+a_{23}b_{31} & a_{21}b_{12}+a_{22}b_{22}+a_{23}b_{32} \end{bmatrix}$.

2. $\begin{bmatrix} 1 & -4 \\ 2 & 2 \\ 0 & 3 \end{bmatrix}$.

3. $\begin{pmatrix} 12 & 8 \\ 3 & 2 \end{pmatrix}$，$\begin{pmatrix} 6 & 5 \\ 2 & -2 \end{pmatrix}$.

4. $\frac{1}{3}$，9.

5. $\begin{pmatrix} 5 & -3 \\ -3 & 2 \end{pmatrix}$.

6. 2.

7. $a=1$，$a\neq 1$.

三、1. $\boldsymbol{B}^{-1}=\begin{pmatrix} 0 & \frac{1}{2} \\ -1 & -1 \end{pmatrix}$.

3. -12，1，-81.

自测题 9

一、1. A；2. D；3. A；4. C；5. B；6. D.

二、1. 6，2.

2. $(-1, 1, -5, 1)$，$(-2, 7, 0, 17)$.

3. $-11\boldsymbol{\alpha}_1+14\boldsymbol{\alpha}_2+9\boldsymbol{\alpha}_3$.

4. $\lambda=1$ 或 $\lambda=-2$.

5. 极大无关组不唯一，$\boldsymbol{\alpha}_1$，$\boldsymbol{\alpha}_2$，$\boldsymbol{\alpha}_4$ 或 $\boldsymbol{\alpha}_1$，$\boldsymbol{\alpha}_2$，$\boldsymbol{\alpha}_5$ 均可作为极大无关组.

6. $\begin{pmatrix} 3 & 2 & -1 \\ 3 & -1 & 2 \\ 5 & 3 & 0 \end{pmatrix}$，$\begin{pmatrix} 3 & 2 & -1 & 2 \\ 3 & -1 & 2 & 4 \\ 5 & 3 & 0 & -8 \end{pmatrix}$.

7. $R(\boldsymbol{A})=R(\boldsymbol{A}, \boldsymbol{b})$.

*8. $<$；$n-R(\boldsymbol{A})$；相等.

三、1. (1) $\boldsymbol{\xi}=(-4, 0, -5, -9)^{\mathrm{T}}$；(2) $\boldsymbol{\eta}=\left(7, \quad 5, \frac{11}{2}, \frac{27}{2}\right)^{\mathrm{T}}$.

2. $(\boldsymbol{\alpha}_1, \boldsymbol{\alpha}_2, \boldsymbol{\alpha}_3)\rightarrow\begin{pmatrix} 1 & 2 & 3 \\ 0 & 1 & -2 \\ 0 & 0 & t-19 \\ 0 & 0 & 0 \end{pmatrix}$

$t=19$ 时，$R(\boldsymbol{\alpha}_1, \boldsymbol{\alpha}_2, \boldsymbol{\alpha}_3)=2<3$，故$\{\boldsymbol{\alpha}_1, \boldsymbol{\alpha}_2, \boldsymbol{\alpha}_3\}$线性相关.

*3. $(\boldsymbol{\alpha}_1, \boldsymbol{\alpha}_2, \boldsymbol{\alpha}_3, \boldsymbol{\alpha}_4)=\begin{pmatrix} 2 & 3 & 2 & 4 \\ 0 & 1 & 1 & 2 \\ 2 & 1 & 0 & 0 \end{pmatrix}\xrightarrow{\text{初等行变换}}\begin{pmatrix} 1 & 0 & -\frac{1}{2} & -1 \\ 0 & 1 & 1 & 2 \\ 0 & 0 & 0 & 0 \end{pmatrix}$

(1) 向量组的秩为 2，一个极大线性无关组为$\{\boldsymbol{\alpha}_1, \boldsymbol{\alpha}_2\}$；

(2) $\boldsymbol{\alpha}_3=-\frac{1}{2}\boldsymbol{\alpha}_1+\boldsymbol{\alpha}_2$，$\boldsymbol{\alpha}_4=-\boldsymbol{\alpha}_1+2\boldsymbol{\alpha}_2$.

*4. 因为 $n-R(\boldsymbol{A})=4-3=1$，所以 $\boldsymbol{Ax}=\boldsymbol{b}$ 的导出组 $\boldsymbol{Ax}=\boldsymbol{0}$ 的基础解系为$\{\boldsymbol{\alpha}\}$，$\boldsymbol{\alpha}$ 为 $\boldsymbol{Ax}=\boldsymbol{0}$ 的任何一个非零解.

又因为 $\boldsymbol{A}[2\boldsymbol{\alpha}_1-(\boldsymbol{\alpha}_2+\boldsymbol{\alpha}_3)]=2\boldsymbol{A}\boldsymbol{\alpha}_1-\boldsymbol{A}\boldsymbol{\alpha}_2-\boldsymbol{A}\boldsymbol{\alpha}_3=2\boldsymbol{b}-2\boldsymbol{b}=\boldsymbol{0}$，故可取 $\boldsymbol{\alpha}=2\boldsymbol{\alpha}_1-(\boldsymbol{\alpha}_2+\boldsymbol{\alpha}_3)=(1, -1, 5, 2)^{\mathrm{T}}\neq\boldsymbol{0}$ 且 $\boldsymbol{\alpha}$ 是 $\boldsymbol{Ax}=\boldsymbol{0}$ 的一个解.

故 $\boldsymbol{Ax}=\boldsymbol{b}$ 的通解为

$$\boldsymbol{x}=k\boldsymbol{\alpha}+\boldsymbol{\alpha}_1=k\begin{pmatrix}1\\-1\\5\\2\end{pmatrix}+\begin{pmatrix}1\\0\\2\\3\end{pmatrix}\qquad(k\text{ 为任意常数})$$

5. 系数矩阵 $\boldsymbol{A}$ 为三阶方阵，即

$$|\boldsymbol{A}|=\begin{vmatrix}a&1&1\\1&a&1\\1&1&a\end{vmatrix}=(a+2)(a-1)^2$$

(1) 由 Cramer 法则，$\boldsymbol{Ax}=\boldsymbol{b}$ 有唯一解，$|\boldsymbol{A}|\neq 0$，即 $a\neq -2$ 且 $a\neq 1$，此时

$$(\boldsymbol{A}\mid\boldsymbol{b})\rightarrow\begin{bmatrix}1&0&0&\dfrac{a-1}{a+2}\\0&1&0&\dfrac{-3}{a+2}\\0&0&1&\dfrac{-3}{a+2}\end{bmatrix}$$

得唯一解 $\boldsymbol{x}=\dfrac{1}{a+2}(a-1,-3,-3)^{\mathrm{T}}$.

(2) $a=-2$ 时，$(\boldsymbol{A}|\boldsymbol{b})\rightarrow\begin{bmatrix}1&1&-2&-2\\0&-3&3&0\\0&0&0&9\end{bmatrix}$，所以 $\boldsymbol{Ax}=\boldsymbol{b}$ 无解.

(3) $a=1$ 时，$(\boldsymbol{A}|\boldsymbol{b})\rightarrow\begin{bmatrix}1&1&1&-2\\0&0&0&0\\0&0&0&0\end{bmatrix}$，因此 $\boldsymbol{Ax}=\boldsymbol{b}$ 有无穷多解，通解为

$$\boldsymbol{x}=k_1\begin{pmatrix}-1\\1\\0\end{pmatrix}+k_2\begin{pmatrix}-1\\0\\1\end{pmatrix}+\begin{pmatrix}-2\\0\\0\end{pmatrix}$$

自测题 10

一、1. A；2. D；3. B；4. D；5. D.

二、1. (1) $A\cup B\cup C$；

(2) $A\overline{B}\overline{C}\cup\overline{A}B\overline{C}\cup\overline{A}\overline{B}C$；

(3) $\overline{B}\,\overline{C}\cup\overline{A}\,\overline{C}\cup\overline{A}\,\overline{B}$ 或 $A\overline{B}\,\overline{C}\cup\overline{A}B\overline{C}\cup\overline{A}\,\overline{B}C\cup\overline{ABC}$.

2. 0.7.

3. $\dfrac{3}{7}$.

4. $\dfrac{4}{7!}=\dfrac{1}{1260}$.

5. 0.75.

三、1. $\frac{8}{15}$.

2. (1) $\frac{1}{15}$; (2) $\frac{1}{210}$; (3) $\frac{2}{21}$.

3. (1) 0.28; (2) 0.83; (3) 0.72.

4. 0.92.

5. 取出产品是 B 厂生产的可能性大.

6. $m/(m+k)$.

自测题 11

一、1. C; 2. B; 3. B; 4. C; 5. C.

二、1. $\frac{1}{5}$.

2. 1, $\frac{1}{2}$.

3. 0.2.

4. $\frac{2}{3}$.

5. $\frac{4}{5}$.

三、1. (1) $P\{X=k\}=\left(\frac{3}{13}\right)^{k-1}\left(\frac{10}{13}\right)$

(2)

X	1	2	3	4
P	$\frac{10}{13}$	$\left(\frac{3}{13}\right)\left(\frac{10}{12}\right)$	$\left(\frac{3}{13}\right)\left(\frac{2}{12}\right)\left(\frac{10}{11}\right)$	$\left(\frac{3}{13}\right)\left(\frac{2}{12}\right)\left(\frac{1}{11}\right)$

2. (1) $A=\frac{1}{2}$; (2) $\frac{1}{2}(1-e^{-1})$; (3) $F(x)=\begin{cases}\frac{1}{2}e^{x}, & x<0\\ 1-\frac{1}{2}e^{x}, & x\geqslant 0\end{cases}$.

3. $f(x)=\begin{cases}0, & 其他\\ \frac{1}{b-a}\left(\frac{6}{\pi}\right)^{\frac{1}{3}}\frac{1}{3}x^{-\frac{2}{3}}, & x\in\left[\frac{\pi}{6}a^{3}, \frac{\pi}{6}b^{3}\right]\end{cases}$.

4. $n\geqslant 4$.

5. 提示: $P\{X\geqslant h\}\leqslant 0.01$ 或 $P\{X<h\}\geqslant 0.99$, 利用后式求得 $h=184.31$ (查表 $\Phi(2.33)=0.9901$).

6. (1) $A=\frac{1}{2}$, $B=\frac{1}{\pi}$; (2) $\frac{1}{2}$; (3) $f(x)=\frac{1}{\pi(1+x^{2})}$.

测题 12

一、1. B；2. C；3. B；4. A；5. C.

二、1. 1.16.

2. 7.4.

3. $\frac{1}{2}$.

4. 46.

5. 85.

三、1. $E(X)=\frac{12}{7}$, $D(X)=\frac{24}{49}$.

2. 丙组.

3. 10 分 25 秒.

4. 平均需赛 6 场.

5. $E(X)=\frac{k(n+1)}{2}$, $D(X)=\frac{k(n^2-1)}{12}$.

自测题 13

一、1. C；2. B；3. A；4. B；5. C.

二、1. $N\left(\mu, \frac{\sigma^2}{n}\right)$, $N(0, 1)$, $N\left(\mu, \frac{\sigma^2}{n}\right)$, $N(0, 1)$.

2. $\mu^2+\sigma^2$.

3. $\frac{1}{8}$.

4. $\overline{X}=7$, $S^2=2$.

5. $N\left(\mu, \frac{\sigma^2}{n}\right)$.

自测题 14

一、1. D；2. B；3. D；4. C；5. A .

二、1. $\hat{n}=\frac{\overline{X}}{\hat{p}}$, $\hat{p}=1-\frac{S^2}{\overline{X}}$.

2. $\hat{\theta}=\max\{X_1, X_2, \cdots, X_n\}$.

3. [4.412, 5.588].

4. 2.

三、1. $\hat{\beta}_{矩}=\frac{\overline{X}}{1-\overline{X}}$, $\hat{\beta}_{极大}=\frac{-n}{\sum_{i=1}^{n}\ln X_i}$.

2. (1) [2.121, 2.129]；(2) [2.1175, 2.1325].

3. 可以认为这批产品的该项指标为 1600.

参考文献

[1] 吴赣昌. 微积分. 3版. 北京：中国人民大学出版社，2009.

[2] 姚孟臣. 大学文科高等数学. 2版. 北京：高等教育出版社，2007.

[3] 吉尔当诺. 托马斯微积分(影印版). 10版. 北京：高等教育出版社，2004.

[4] 李世栋，乐经良，冯卫国，等. 线性代数. 北京：科学出版社，2001.

[5] 吴赣昌. 大学文科数学. 北京：中国人民大学出版社，2007.

[6] 罗新兵，刘新平，刘妮，等. 大学文科数学. 西安：陕西师范大学出版社，2008.

[7] 刘叶玲，庞栓琴. 线性代数. 西安：西安电子科技大学出版社，2011.

[8] 盛骤，谢式千，潘承毅. 概率论与数理统计. 3版. 北京：高等教育出版社，2001.

[9] 丁正生，杨力，李昌兴. 概率论与数理统计简明教程. 北京：高等教育出版社，2005.

[10] 冯卫兵，夏小刚，郭强，等. 数学实验. 西安：西北工业大学出版社，2010.

[11] 陈怀琛. MATLAB及其在理工课程中的应用指南. 3版. 西安：西安电子科技大学出版社，2011.

[12] 严守权，姚孟臣，张伦传，等. 大学文科数学. 北京：中国人民大学出版社，2005.

[13] 陈光曙，徐新亚. 大学文科数学. 上海：同济大学出版社，2006.

[14] 杨志民，卢军，唐志丰，等. 大学文科数学. 北京：高等教育出版社，2011.